경제지리학개론

AN INTRODUCTION TO ECONOMIC GEOGRAPHY

경제지리학개론

AN INTRODUCTION TO ECONOMIC GEOGRAPHY

Globalization, Uneven Development and Place | Third Edition

대니 맥키넌·앤드루 컴버스 지음 | 박경환·권상철·이재열 옮김

사회평론아카데미

경제지리학개론

2021년 2월 26일 초판 1쇄 펴냄
2022년 3월 15일 초판 2쇄 펴냄

지은이 대니 맥키넌·앤드루 컴버스
옮긴이 박경환·권상철·이재열

책임편집 김혜림·권우철
편집 최세정·이소영·엄귀영
디자인 김진운
본문조판 토비트
마케팅 최민규

펴낸이 고하영
펴낸곳 ㈜사회평론아카데미
등록번호 2013-000247(2013년 8월 23일)
전화 02-326-1545
팩스 02-326-1626
주소 03993 서울특별시 마포구 월드컵북로6길 56
이메일 academy@sapyoung.com
홈페이지 www.sapyoung.com

ISBN 979-11-89946-97-5 93980

일러두기
한국 독자를 위해 옮긴이가 작성한 주석은 '★'로 표기하고, 지은이의 주석은 '*'로 표기했습니다.
개념에 대한 풍부한 이해를 돕고자 1장, 3장, 4장, 6장, 9장, 10장, 12장 말미에 〈심층학습〉을 별도로 마련했습니다.

경제지리학은 역동적으로 변화하는 경제경관을 비판적 시각에서 탐구하는 학문입니다. 이 책은 보다 전문적인 분야를 준비하는 지리(교육)학도를 위한 학부 수준의 개론서로, 학생들이 경제지리학의 다양성과 역동성을 파악할 수 있도록 서술되었습니다. 이 책의 초판과 개정2판은 교수와 학생 모두에게 매우 좋은 평가를 받았습니다. 급변하는 글로벌 경제를 제대로 반영한 혁신적인 도서라는 명성도 얻었습니다. 학생, 교수, 조교를 망라한 이 책의 독자들이 보내온 우호적인 반응에 깊은 감사의 말을 전합니다.

2011년에 출간된 개정2판은 글로벌 금융위기가 한창이었던 때 집필했는데, 개정3판을 위한 작업도 이와 마찬가지로 지속적인 경제적·정치적 혼란 가운데 진행되었습니다. '경제적' 위기만 있는 것은 아닙니다. 지구온난화의 현실이 훨씬 더 명백해짐에 따라 이제는 생태적 위기감마저 감돌고 있습니다. 최근 들어 글로벌 경제를 위협하는 당장의 위기는 잦아들었지만, '회복'의 기미는 여전히 요원해 보입니다. 이 책을 집필하는 중인 2018년 2월까지도 안정기의 재개와 지속적 성장이라는 신호는 좀처럼 나타나지 않고 있습니다. 개정3판에서는 세계경제의 위기 경향성과 더불어 사람과 장소 간 확대되는 불평등, 긴축정책, 글로벌화에 대한 포퓰리즘의 역풍을 현재의 핵심 동향으로 강조합니다.

이러한 변화를 제대로 반영하기 위해 개정3판에서는 상당히 많은 내용을 수정했습니다. '기초', '행위자와 과정', '지금의 현안'으로 구성했던 3부 구조를 4부 형식으로 바꾸었습니다. 1부 '기초'는 이전 판과 비슷하게 경제의 주요 과정에 대한 내용을 다루지만, 기존에 4장으로 구성했던 1부를 3장 체제로 수정·갱신했습니다. 2부 '경제경관의 재편: 역동성과 결과'는 국가, 노동, 발전을 다룬 기존 장들을 업데이트했고 특히 개정2판의 9장(금융의 불균등 지리)을 대폭 수정해 4장(고삐 풀린 자본? 금융 및 투자의 공간적 순환)으로 배치했습니다. 3부 '도시 및 지역 경제의 재조정'과 4부 '경제생활의 재편'에는 앞선 책에서는 전혀 다루지 않은 새로운 내용을 풍부히 보강했습니다. 3부의 8장(연결된 도시: 교통 및 통신과 디지털경제)과 10장(혁신과 창조의 도시경제)은 이번에 추가된 장입니다. 9장(글로벌 생산네트워크와 지역발전)은 초국적기업, 글로벌 상품사슬, 글로벌 생산네트워크를 다룬 장들의 핵심 내용을 한데 모아 재구성했습니다. 4부에서는 11장(소비와 소매업)과 12장(경제지리학과 환경)을 새로 마련했고, 13장(대안적 경제지리)도 업데이트했습니다.

'Box'나 '연습문제' 같은 교수–학습 자료는 그대로 유지했습니다. 출간된 책의 여러 변화와 함께 루트리지(Routledge) 출판사 홈페이지의 eResource 메뉴를 통해 교수와 학생을 위한 보충자료를 제공하는 것도 새로운 시도입니다.

이 책을 위해 지원을 아끼지 않고 끝없는 인내를 보여준 편집자 앤드루 몰드(Andrew Mould)와 에글 시가이트(Egle Zigaite)에게 감사의 말을 전합니다. 그리고 6인의 익명 심사자에게도 큰 도움을 받았습니다. 이들은 개정2판을 출간할 때 훌륭한 제안과 피드백을 제공했고, 이번 개정3판에 대해서도 건설적인 조언을 아끼지 않았습니다.

대니 맥키넌
앤드루 컴버스

이 책은 지리교육 및 지리학을 전공한 학부생과 대학원생에게 경제지리학 분야의 핵심 프레임을 체계적으로 설명하고 오늘날 경제지리의 주요 이슈를 소개하는 개론서입니다. 지역개발론에 관심을 가지고 (공무원, 연구원, 교수 등의 직업 세계에서) 미래를 설계하는 사람들 누구나 이 책을 읽고 도시 및 지역 발전의 개념, 이론, 사례에 대한 기초를 다질 수 있습니다. 이 책은 글로벌화, 불균등발전, 장소에 초점을 맞춰 자본주의와 제도의 진화를 탐구하는 지리정치경제학적 관점을 강조하기 때문에, 경제지리학 분야의 지식을 조직적으로 알기 쉽게 설명합니다. 이는 현대 자본주의에서 사회–공간의 여러 문제, 위기, 불안정성 등이 발생하는 근본적인 메커니즘을 이해하는 데에도 큰 도움이 됩니다. 또한 '지리'정치경제학은 자본과 노동의 관계에만 몰입한 (마르크스주의) 정치경제학적 경직성을 넘어 자본주의의 지리적, 역사적 역동성과 유연성을 포착하는 데에도 유리한 관점을 제공합니다.

지은이 대니 맥키넌과 앤드루 컴버스는 지리정치경제학뿐만 아니라 진화경제지리학 분야를 선도하는 등 학문적 스펙트럼이 넓기 때문에 경제지리학개론을 집필하기에 더할 나위 없이 적합한 인물들입니다. 원서의 초판이 2007년에 출간된 이후 2011년과 2019년 두 차례 개정을 거치며 '문화적 전환' 및 '관계적 전환'의 담론과 실천에 대한 보완이 충실하게 이루어졌습니다. 개정을 거듭하면서 구체적 사례도 비할 데 없이 풍부해졌습니다. 저희 옮긴이들은 초판 발행 직후 번역을 논의한 적이 있는데, 개정3판이 나올 시점까지 미룬 것이 오히려 다행스럽게 느껴질 정도입니다. 금융위기와 긴축의 정치, 노동의 재구조화, 탈글로벌화, 포스트신자유주의적 발전, 에너지 전환, 대안경제(지리)운동 등 오늘날의 중요한 현안을 풍부한 사례와 함께 깊이 있게 다루는 것도 이 책의 빼놓을 수 없는 장점입니다. 그래서 석사 및 박사 과정을 수학하는 대학원생들도 새로운 연구 아이디어의 지침서로 이 책을 활용할 수 있을 것입니다. 이러한 특징 덕분에 이 책은 전 세계에서 가장 널리 읽히는 우수 경제지리학 도서로 평가받고 있습니다.

경제지리학은 지리교육 및 지리학 교육과정에서 중추적 역할을 하지만 다른 인문지리학 분야에 비해 진입장벽이 꽤 높은 편입니다. 우리는 경제지리학을 어려워하고 학습의 두려움마저 호소하는 학생들을 일상에서 자주 만납니다. 이에 대한 근본 원인으로 다음 3가지를 지목할 수 있습니다. 첫째, 경제지리학은 복잡한 경제활동의 현실과 다채로운 경제경관을 흥미롭게 다루고 있지만, 동시에 그것들을 추상화한 개념과 이론이 난무하는 분야입니다. 둘째, 지난 20~30년 동안 경제지리학의 진화와 발전은 따라가기 힘들 정도로 급속하게 진행되었습니다. 이에 탈학습(unlearn)과 재학습(relearn)의 의지와 자세는 경제지리학을 대하는 필수 덕목이 되었습니다. 결과적으로 셋째, 경제지리학은 더 이상 유일한 '정통'과 '정설'의 지배를 받지 않고 여러 가지 중첩된 담론과 실천 양식이 공존·경쟁·경합하며 공진화하는 분야로 거듭났습니다. 오늘날의 경제지리학은 1장에서 상세히 소개하는 바와 같이 '문화'적, '제도'적, '진화'적, '관계'적 접근법이 서로 영향을 주고받으며 발전하고 있습니다.

이처럼 방대한 경제지리학의 지식을 한 권에 담아낸 입문서를 콕 집어 말하는 것은 매우 힘든 일입니다. 공간분석 이론에 정통한 교재에서는 지난 20~30년간의 변화와 최근의 동향을 파악하는 것이 매우 어렵습니다. 최신의 이론, 방법론, 사례를 다루는 도서들은 대체로 부분적인 경향이 있습니다. 문화·제도적 관점을 부각하는 교재에서는 지리정치경제학적 안목이나 관계적 접근법의 부족함이 나타납니다. 관계경제지리학적 설명에 치중한 나머지 지리정치경제학의 유산을 다소 소홀하게 다루는 서적도 있습니다. 그래서 옮긴이를 비롯해 대학에서 강의하는 선생 대부분은 여러 교재의 장점을 살리고 보충 자료를 찾아내어 각자 강의 교안을 개발할 수밖에 없는 처지에 놓여 있습니다. 교원 및 공무원 임용시험, 대학원 수학 등을 위해 경제지리학의 기초를 다지려는 예비 지리교사와 지리학도의 어려움은 더욱 클 것입니다. 이러한 상황을 해결할 실마리를 찾기 위해 이 책의 한국어 번역판을 출간하기로 결심하였습니다. 여러 해 동안 중심 교재로 활용하며 '논리 실증주의 너머의' 경제지리학을 어떤 서적보다 체계적으로 소개하는 입문서라는 확신이 있었기 때문입니다.

번역 작업은 루트리지출판사와 사회평론아카데미 출판사의 협의를 거쳐 2019년 9월에 시작되었습니다. 옮긴이의 뜻만 믿고 요청에 적극적으로 응해준 고하영 대표님의 도움이 아니었다면 결코 성사될 수 없었던 일입니다. 이후의 모든 과정은 옮긴이들의 공동 작업으로 이루어졌지만, 각자의 전문성을 고려해 중점적으로 담당할 장을 정했습니다. 경제지리학의 역사와 사상적 토대, (자본, 금융, 국가 등) 거시적 현안을 다루는 1~5장의 번역은 전남대 박경환 교수가 맡았습니다. 제주대 권상철 교수는 노동(6장), 발전(7장), 환경(12장), 대안적 경제지리(13장) 등 최근에 각광받고 있는 분야를 번역했습니다. 도시 및 지역 경제(8~10장), 소비(11장) 등 보다 전통적인 경제지리학의 관심사와 결론(14장)은 충북대 이재열 교수가 맡아 한글로 옮겼습니다. 초고 작업은 6개월 동안 진행하여 2020년 2월 중에 마무리되었고, 옮긴이 간 조율을 거쳐 같은 해 4월 사회평론아카데미에 초고를 전달했습니다.

그리고 2020년 말까지 10개월간 편집부 김혜림, 권우철 선생님의 도움을 받아 세 차례에 걸쳐 원고를 수정했습니다. 이때 독자의 이해를 돕기 위한 옮긴이주와 심층학습 자료가 추가되었습니다. 전체 원고를 꼼꼼하게 살펴주신 두 분의 노고 덕분에 좀 더 완성도를 갖춘 책을 준비할 수 있었습니다. 디자인, 조판, 행정 업무 등 '보이지 않는 손길'도 있었음을 우리들은 너무나도 잘 알고 있습니다. 출간에 도움을 준 모든 분께 고마움의 뜻을 전합니다. 옮긴이 모두는 이 책을 여러 분들과 협력한 성과로 생각하고 있습니다. 그렇다 하더라도 혹시 있을지 모르는 실수나 오류에 대한 책임은 옮긴이에게 있음을 분명히 밝혀둡니다.

마지막으로 번역을 허락해준 대니 맥키넌, 앤드루 컴버스 교수님께 깊은 감사의 말씀을 전합니다. 한국에서 이 책이 지리교육 및 지리학 전공자, 중등교원 및 공무원 임용시험 수험생, 도시 및 지역 발전 전문가와 지망생, 시민사회 활동가 사이에서 유용하게 쓰이길 바랍니다.

2021년 2월
전남대 박경환
제주대 권상철
충북대 이재열

차례

PART 1
기초

Chapter 1
경제지리학 개관

Chapter 2
경제지리학의 접근

Chapter 3
지역 전문화에서 글로벌 통합으로
: 변동하는 생산의 지리

PART 2

경제경관의 재편: 역동성과 결과

Chapter 4

고삐 풀린 자본? 금융 및 투자의 공간적 순환

Chapter 5

자본주의의 관리: 국가와 경제 거버넌스의 변천

그림 목록

표 목록

PART 1

기초

경제지리학 개관

1.1 도입

2013년 말 샌프란시스코에서는 지역 주민들이 구글의 통근버스를 가로막는 시위가 여러 차례 있었다(Corbyn 2014). 통근버스 자체가 갈등의 원인이었던 것은 아니지만, 구글의 통근버스는 이 지역에서의 젠트리피케이션(gentrification)을 둘러싼 지역사회의 첨예한 문제를 보여주었다. 구글의 부유한 기술자들이 유입되면서 샌프란시스코 베이(Bay) 지역 주민들의 주택 구입에 막대한 피해를 끼쳤기 때문이다(Schafran 2013). 런던 같은 세계도시에서도 이와 똑같은 일이 벌어지고 있다. 최근 샌프란시스코는 도시 특유의 매력과 명성 때문에 '실리콘밸리'의 첨단기술산업 종사자를 위한 침상도시(bedroom city)가 되어가고 있다. 실리콘밸리는 사우스베이 지역의 새너제이(San Jose)와 팔로알토(Palo Alto)를 중심으로 형성된 전자 및 인터넷 산업 클러스터로, 이 분야에서 전 세계를 선도하고 있다. 실리콘밸리의 성장으로 인근 주거지역에서 젠트리피케이션이 급속히 일어남에 따라, 2011년부터 많은 저소득층 주민이 주거공간을 잃고 쫓겨났다(Corbyn 2014). 앞서 언급한 통근버스는 구글 및 기술협력업체 직원들이 실리콘밸리 사무실로 출근하기 위한 것이었기 때문에 이런 긴장관계를 촉발했던 것이다.

이 사례는 첨단기술산업에 토대를 둔 경제발전

과정과 기존의 도시 사회구조 간 충돌을 단적으로 보여주는데, 이러한 현상은 이 책에서 다루는 경제지리학의 핵심 주제이기도 하다. 이 책의 첫 번째 주제는 **글로벌화(globalization)**이다. 글로벌화란 서로 다른 장소에 있는 사람, 기업, 시장 간의 연결이 고도로 발달하여 재화, 서비스, 돈, 정보, 사람이 국가와 대륙의 경계를 넘나들며 이동하는 상태를 말한다. 샌프란시스코 베이 지역은 외부에서 막대한 투자를 유치해 미국에서 벤처캐피털이 가장 많이 집중된 곳이다. 더불어 이 지역은 2008년 금융위기 이전까지만 하더라도 월스트리트의 돈이 몰려들어 주택시장이 활황이었다(Walker and Schafran 2015). 또한 이 지역은 경제성장으로 인해 지난 수십 년간 많은 이민자가 몰려들면서 사회적·인종적 다양성이 비약적으로 확대되었다.

두 번째 주제는 **불균등발전(uneven development)**이다. 어떤 국가나 지역은 다른 곳들에 비해 강한 경제력을 갖고 번영을 누린다. 샌프란시스코 베이 지역은 미국에서 1인당 소득 및 자산이 제일 높은 대도시권이며 부유층 인구도 가장 많다. 그렇지만 이 지역은 앞의 젠트리피케이션 반대 시위에서 알 수 있듯 사회적 불평등이 가장 심각한 곳으로, 미국사회의 불평등 확대를 단적으로 보여주는 곳이기도 하다. 첨단기술산업에 종사하지 않는 수백만 명의 중산층 및 서민은 극도로 높은 생계비를 감당하며 살고 있다. 지난 20년 동안 샌프란시스코와 내륙 베이 지역에서는 급속한 도시화로 주택 가격이 급등했다. 이에 따라 이 지역의 많은 주민은 동쪽의 샌호아킨, 스타니슬라오, 머세드 카운티를 포함하는 센트럴밸리 일대로 계속

밀려나게 되었다(그림 1.1). 흔히 '탈도시화(ex-urbanization)'라 불리는 이러한 현상은 기존의 미개발지역을 교외화하고 있다. 그러나 베이 지역은 강렬했던 주택시장 붐과 마찬가지로, 2008년 금융위기 이후의 경기침체와 주택 압류 등으로 심각한 타격을 받은 곳이기도 하다. 이 타격은 특히 센트럴밸리의 신흥 교외 주거지역에 집중되었는데, 스톡턴의 경우 2013년에 시 정부가 파산을 선언하기에 이르렀다.

세 번째 주제는 **장소(place)**이다. 베이 지역의 젠트리피케이션을 둘러싼 사회적 갈등은 특정 지역이 광범위한 경제적 과정과 어떻게 얽혀 있고, 이 과정이 사회의 구성과 정체성 변동에 어떤 결과를 낳는지를 보여준다. 이는 장소가 얼마나 중요한 주제인지를 드러낸다. 샌프란시스코는 1840년대 말에 시작된 캘리포니아의 금광 붐에서부터 최근의 인터넷 붐에 이르기까지 일련의 연쇄적 투자와 이주 흐름에 영향을 받아왔다. 샌프란시스코에 형성된 대안적인 보헤미안 정체성은 헤이트–애시베리 지구(Haight-Ashbury District)의 히피문화와 카스트로 지구(Castro District)의 동성애자 인권운동 같은 대항문화가 발흥하면서 빚어낸 산물이다.* 일부 주민과 비판론자들은 첨단기술 종사자와 기업가의 유입에 따른 젠트리피케이션으로 인해 백인 부유층 중심의 단일문화(monoculture)가 주류화되면서, 기존의 도시 정체성과

★ 1960년대 미국에서는 사랑과 평화를 핵심으로 하는 청년문화에 기반한 대항문화(counter-culture)운동이 피어났다. 그 중심지인 헤이트-애시베리 지구는 반항적인 10대 청소년과 기성 체제를 거부하는 사람들, 그리고 평화를 부르짖는 이상주의자들의 피난처 역할을 했다. 카스트로 지구는 1970년대에 하비 밀크(Harvey Milk)를 중심으로 형성된 미국의 대표적인 게이 커뮤니티다. 이곳은 인권운동의 성지로 명성이 높다.

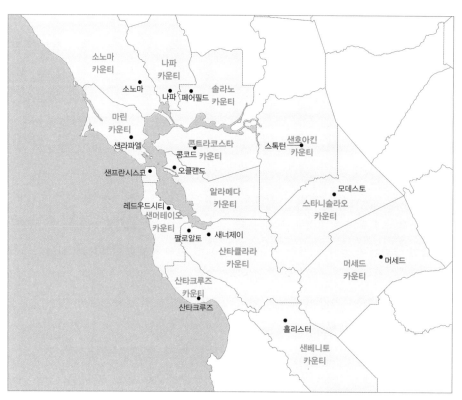

그림 1.1 13개 카운티로 구성된 샌프란시스코 베이 지역 (출처: Schafran 2013: 668, Figure 1)

각양각색의 근린지구가 사라지고 있다고 주장한다(Corbyn 2014). 그렇지만 어떤 사람들은 이러한 백인 부유층 문화는 단지 최근에 일어난 변화에 불과하며, 기존 이주민들이 형성한 문화와 공존할 수 있을 것이라고 보기도 한다.

1.2 핵심 주제: 글로벌화, 불균등발전, 장소

이 절에서는 앞서 베이 지역을 통해 살펴본 3가지 핵심 주제인 글로벌화, 불균등발전, 장소의 중요성에 대해서 논의한다. 이를 위해 우선 지리학의 주요 개념인 **입지**와 **거리**, **스케일**, **공간**, **장소**에 대해 살펴보자.

• **입지**(location)는 지리학에서 가장 기본적인 개념으로, 사람이나 대상물의 상대적인 지리적 위치를 가리킨다(Coe *et al.* 2013). 입지는 사람이나 대상물이 어디에 있는가와 관련된다. 지도와 좌표 체계는 입지에 관한 정보를 정밀한 형태로 표현하는 대표적 방식이다. **거리**(distance)는 입지와 밀접하게 관련된 용어로서 두 개 이상의 지점 사이의 공간이나 구역을 가리킨다. 지리학에서는 사람과 대상물의 입지 이동에 소요되는 노력과 비용을 '**거리마찰**(friction of distance)'이라고 한다. 거리마찰을 극복하려면 시간과 돈이 필요하다. 최근 교통 및 정보통신의 발달로 **초국적기업**(TNCs: Transnational Corporations)이나 은행 같은 경제행위자들이 돈,

재화, 서비스, 정보, 사람 등을 원거리로 이동시킬 수 있게 되었다. 이들은 지난 수십 년에 걸쳐 진행된 세계경제의 재조직화에 큰 영향을 끼쳤다.

- 스케일(scale)은 인간활동이 펼쳐지는 지리적 수준을 지칭하는데, 국지적(로컬) 수준부터 지역적, 국가적, 세계적 수준까지 상이한 스케일이 있다(그림 1.2). 정책 당국이나 언론계 또는 시민사회에서 흔히 사용하는 로컬 경제, 국가 경제, 세계경제 등의 용어에서 알 수 있는 것처럼 스케일은 경제를 조직하는 데 핵심적인 요소다. 경제적 조직화는 여러 스케일에서 이루어지는데, 각 스케일은 상호 배타적으로 분리되어 있다기보다는 중첩되어 영향을 주고받는다.
- 공간(space)은 지표면의 일정한 구역을 가리키는데, 대개 특정 지역이나 국가처럼 경계에 의해 구획되어 있다. 지리적 개념 중에서 가장 추상적이고 정의하기 어려운 공간은 거리나 장소 등 관련 개념과의 관계 속에서 이해하는 것이 좋다. 일반적 의미에서 공간은 거리와 통용되는 개념으로, 두 지점(입지) 사이의 구역과 그 사이를 이동하는 데 걸리는 시간의 형태로 표현된다. 또한 공간은 장소와 대비되어 사용되기도 한다. 대체로 지리학자들은 인간이 공간을 점유하여 생활하는 과정에서 공간이 어떻게 장소로 전환되는가에 관심을 둔다.
- 장소는 어떤 사람이나 집단이 애착을 갖고 살아가는 특정한 구역(공간)을 가리킨다. 장소에는 인간이 부여한 의미와 정체성이 존재한다. 샌프란시스코의 경우처럼 특정 집단이 자신들의 개성과 정체성을 규정짓고 대항문화를 형성해온 과정은 장소와 밀접히 관련되어 있다. 지리학자 팀 크레스웰(Tim Cresswell)은 '공간을 장소로 바꾸기'를 표방하는 이케아의 광고를

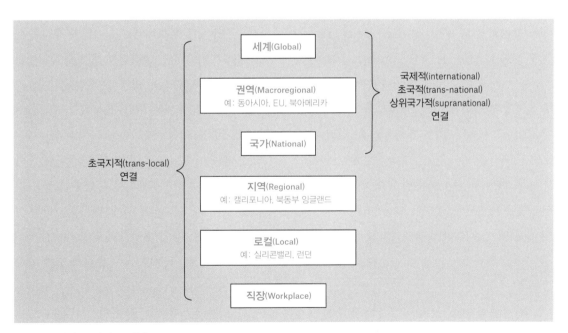

그림 1.2 **지리 분석의 스케일** (출처: *Castree et al.* 2004: xvix)

언급하면서 공간과 장소의 차이를 뚜렷이 구분했다. 즉, 사람들은 가구와 각종 실내 장식품을 사용해서 자신의 주택(house)에 의미를 부여함으로써, 메마르고 빈 공간을 사적이고 편안한 자신만의 집(home)으로 바꾼다. 대학교의 기숙사나 학교 밖 아파트도 이와 마찬가지다. 이런 모든 실천은 공간을 장소로 가꾸고 변화시키는 과정이다(Cresswell 2013).

1.2.1 글로벌화와 공간적 연결

이 책 전체를 관통하는 첫 번째 주제는 경제활동이 재화, 화폐, 정보 및 사람의 흐름을 통해 공간을 가로질러 상호 연결되어 있다는 것이다. 경제적 글로벌화란 서로 다른 장소에 입지한 사람과 기업이 더욱 긴밀하게 연결되어 경제적 과정이 세계적 스케일에서 통합되는 것을 뜻한다. 글로벌화는 재화, 서비스, 화폐, 정보, 사람의 흐름이 더욱 활발하게 국가와 대륙의 경계를 가로지르는 현실의 모습에서 뚜렷이 드러난다. 물론 이런 흐름이 전적으로 새로운 것은 아니다. 인류 역사를 살펴보면 멀리 떨어진 사람과 장소 사이의 물자 교역은 언제나 존재했기 때문이다. 그러나 글로벌화 개념은 이러한 전 세계적인 흐름이 규모와 범위 면에서 지난 수십 년간 비약적으로 증대되었다는 점을 강조한다(Dicken 2015). 여러 장소 간 무역 같은 경제적 상호작용이 매우 증대될 수 있었던 밑바탕은 교통 및 통신 기술의 발전이었다.

1960년대 이후에 제트항공기, 해운의 컨테이너화, 인터넷, 이동통신 등 새로운 교통 및 통신 기술이 등장하기 시작했다. 이러한 '공간축소기술'로 인해 장소 간 이동과 의사소통에 소요되는 시간과 비용이 현저한 속도로 감소했고, 결과적으로 세계의 여러 장소들이 서로 더욱 가까워졌다(그림 1.3).

이와 마찬가지로 인터넷 같은 새로운 정보통신기술(ICT: Information and Communication Technology)의 등장으로 방대한 정보를 적은 비용으로 교환할 수 있게 되면서 '시공간압축(time-space compression)'이 나타났다. 이 용어는 지리학자 데이비드 하비(David Harvey)가 제시한 것이다. 그는 경제발전이 새로운 시장, 노동, 원자재 등을 추구하는 과정에서 반드시 지리적 팽창을 동반한다고 주장하면서, 이러한 자본주의의 필연적 과정을 '시공간압축'이라고 했다(Harvey 1989). 교통 및 통신 인프라에 대한 투자는 지리적 팽창 과정을 촉진하여 정보, 화폐, 재화 등을 더 쉽고 저렴하게 다른 장소로 보냄으로써 거리마찰 효과를 감소시켰다. 결과적으로 시간과 공간은 새로운 기술이 발전하면서 빠른 속도로 압축되어 왔다. 그러나 이미 19세기 말부터 철도, 증기선, 전신, 전화의 발명이 이루어진 것처럼, 시공간압축은 최근 생겨난 전적으로 새로운 과정은 아니다.

글로벌화는 수십 년 전부터 유행한 전문용어다. 글로벌화는 어떤 단일하고 통합된 현상을 지칭하는 것이 아니라, 상호 복잡하게 얽혀 있는 다양한 과정과 활동을 총체적으로 일컫는다(Dicken 2015: 6). 구체적으로는 막대한 규모의 국제 금융 거래, 인터넷 기술의 영향, 글로벌화된 소비시장의 출현, 경제활동을 여러 국가로 이전할 수 있는 TNC의 힘, 중국, 인도, 브라질 등 신흥 경제강국

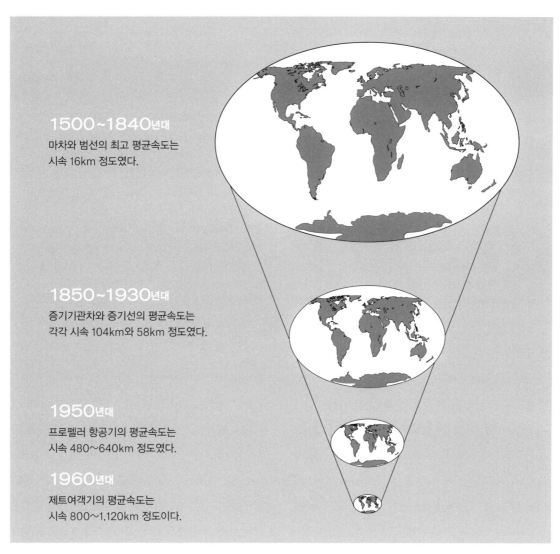

그림 1.3 '축소되는 세계' (출처: Dicken 2003: 92)

의 부상, 글로벌 경제를 통제할 수 있는 국제경제 기구의 권력 등이 포함된다(Box 1.1). 이러한 복잡성을 고려한다면 글로벌화가 사회·경제적 불평등을 일으키는 단일한 궁극적 원인이라고 단정하기는 어렵다. 왜냐하면 그러한 문제를 일으키는 원인에는 여러 가지가 있으며, 대체로 글로벌한 힘의 작동은 국지적 또는 국가적 요인들과 긴밀히 얽혀 있기 때문이다. 또한 글로벌화는 어떤 변화의 최종적인 상태를 지칭하기보다는 현재 진행 중인 '다양한 과정'을 의미한다. "글로벌화를 야기하는 여러 힘들은 틀림없이 존재하지만, 오늘날 우리가 완전히 글로벌화된 세계에 살고 있는 것은 아니다"(앞의 책: 7).

학계나 일반 대중 사이에서 글로벌화라는 용어는 2가지의 상이한 의미로 사용된다(Dicken 2015: 3). 첫째는 '경험적·사실적 표현'으로서 세

Box 1.1

글로벌화에 대한 관리
국제경제기구

국제경제기구들은 제2차 세계대전 이후 고정환율제도를 근간으로 한 브레턴우즈 체제(BWS: Bretton Woods System)의 결과로 만들어졌다. 그러나 1980년대 초반 이후 이 정책은 신자유주의에 의해 재편되어왔다(Box 1.2 참조).

► **국제통화기금(IMF: International Monetary Fund):** 여러 국가 간 통화 협력을 촉진하고 경제 안정과 무역을 뒷받침하는 기구이다. 재정 문제를 겪고 있는 국가에 금융 지원을 하지만, 이는 해당 국가가 일정한 경제개혁을 실행하는 조건하에서 이루어진다(www.imf.org 참조).

► **세계은행(WB: World Bank):** 공식 명칭은 '국제부흥개발은행(IBRD: International Bank for Reconstruction and Development)'으로 주로 저발전국가에 개발 자금을 제공하는 역할을 하며, 빈곤 감소와 국가 간 빈부격차 완화를 위해 다양한 프로그램과 정책을 추진하고 있다(www.worldbank.org 참조).

► **세계무역기구(WTO: World Trade Organization):** 1995년에 창설되었으며, 관세 및 무역에 관한 일반 협정(GATT: General Agreement on Tariffs and Trade)의 후신이다. 개방적인 자유무역체제를 보장하는 역할을 하며, 이를 위해 회원국들은 정기적으로 일련의 '라운드' 또는 회의를 통해 국제 합의를 도출한다(www.wto.org 참조).

계경제의 조직화와 작동 과정에서 일어나는 실제적 변화이다. 이는 흔히 국제무역 규모, 금융 흐름, 인터넷 사용자 수 등 통계적 도표 형식으로 재현된다. 둘째는 자유시장을 강조하는 '이데올로기적 의미'로, 특히 신자유주의 이데올로기와 세계관은 글로벌화를 적극적으로 추진, 달성해야 할 일종의 프로젝트로 간주한다(Dicken 2015: 3; Box 1.2). 실제 이 2가지 의미는 상호 연결되어 있다. 가령 신자유주의 세계관의 신봉자는 국제무역의 증가 같은 글로벌화의 사실적 측면을 강조하는 한편, 그 의미와 중요성을 과장함으로써 경제에 대한 정부의 개입 축소 같은 정치적 목표를 정당화한다. 그러나 위의 두 의미에는 분명한 차이가 있다. 글로벌화의 경험적 측면과 이데올로기적 측면을 분석적으로 면밀히 구별하면, 이 복잡하고 모호한 개념을 더 분명하게 이해할 수 있다.

소련 공산주의의 붕괴와 냉전체제의 종식 이후 글로벌화는 "자유시장 자본주의의 승리"를 주장하는 사람들이 선호하는 용어가 되었다(Jones 2010: 9). 이들은 글로벌화를 모두에게 유익하면서도 불가피한 과정이라고 묘사하면서, 글로벌화가 시장과 자유무역을 통해 자원을 더 효율적으로 배분함으로써 경제적으로 풍요로워지고 장기적으로는 빈곤을 퇴치할 것이라고 주장했다.

1990년대까지만 해도 글로벌화를 좇는 신자유주의 프로젝트에 반대하는 사람들은 많지 않았다. 그러나 1999년 12월 이른바 '시애틀 전투(Battle in Seattle)' 이후 새로운 저항의 흐름이 나타났다. 많은 운동가들이 시애틀에 운집하여 신자유주의적 글로벌화와 WTO가 추진하려는 새로운 무역협상 라운드에 반대하는 시위를 벌였다. 시애틀 전투는 보다 개방적이고 참여적인 '상

Box 1.2

 신자유주의

1970년대 이후의 주요 특징은 세계경제의 정책 변화와 새로운 제도의 출현이다. 이는 많은 정치인과 재계 지도자, 평론가, 이익집단의 사고방식에 강력한 영향을 끼쳤다. 간단히 말해서 신자유주의(neoliberalism)란 자유시장을 추구하고, 사유재산권을 강조하며, 경제에 대한 국가의 개입을 축소하려는 주장을 가리킨다. 신자유주의의 신봉자들은 무역자유화, 금융시장의 규제완화, 해외 투자에 대한 장벽 철폐, 국영기업의 매각과 민영화, 노동시장의 규제완화 등 구체적 개혁 조치를 통해 이러한 목적을 달성하려고 한다. 1970년대 이후 신자유주의는 글로벌 경제정책에 대한 주류적·지배적 사고방식으로 올라서면서, 완전고용을 추구하며 불황기에 국가의 개입을 통해 성장을 촉진했던 기존의 케인스주의를 대체해왔다(5.5 참조).

향식' 글로벌화 모델을 지지하는 **반글로벌화운동**(counter-globalisation movement)의 계기가 되었다. 반글로벌화운동은 하향식의 신자유주의적 글로벌화 모델에 반대한다. 왜냐하면 이러한 정책은 매우 강력해진 기업의 통제력, 민영화·자유화 정책, 개발도상국을 중심으로 나타나는 거대한 불평등 및 빈곤 심화 문제와 직결되기 때문이다. 한편, 2008년 경제위기 이후 반글로벌화운동은 월스트리트 점령운동(Occupy Movement)이나 그리스의 시위에서 알 수 있듯이, 글로벌화 그 자체에 대한 반대보다는 불평등의 문제나 정부의 긴축정책에 대한 항의로 초점이 이동했다. 이처럼 글로벌화는 학계의 끊임없는 논쟁거리일 뿐만 아니라 정치적 저항과 갈등의 주제이기도 하다(Routledge and Cumbers 2009).

글로벌 경제가 더욱 통합되고 있다는 것은 국제무역 규모나 참여국가 수 등의 양적 측면보다 여러 지리적 공간 간의 경제관계가 질적으로 한층 긴밀해졌다는 것을 의미한다(Dicken 2015: 6). 세계경제의 상호연결성이 비약적으로 증대되면서, 경제관계가 강화되고 소비가 늘어나고 있다. 경제지리학자들은 이런 변동이 도시와 지역 경제의 변화에 어떤 영향을 끼치는가에 주목한다. 특히 국가 내 경제 단위들은 외부의 글로벌 흐름과 영향에 노출되는 정도가 한층 높아졌다. 글로벌한 힘이 개별 도시, 지역, 국가 경제에 미치는 영향력은 다음 3가지 핵심 변동을 통해 정리할 수 있다(Coe and Jones 2010).

- **금융화**(financialisation)는 일상생활에서의 금융적 동기, 금융시장, 금융행위자, 금융기구 등의 역할을 강조하는 용어이다(Epstein 2005). 금융화는 이미 1980년대부터 나타났으며, 특히 2008년 금융위기는 (파산하기에는 너무나도 거대한 규모의) 주요 은행에 대한 개개인의 경제 의존도가 얼마나 큰지, 가구당 부채가 얼마나 높은 수준인지를 적나라하게 보여주었다. 금융화의 결과 오늘날 수많은 사람이 주택담보대출, '서브프라임' 대출, 신용카드 등의 금융상품과 서비스에 쉽게 접근해서 대출을 받을 수 있게 되었다.

- **경쟁심화(increased competition)**는 국가 단위의 시장 간 장벽 철폐와 국제무역 자유화의 결과물로, 글로벌화의 핵심 측면이다. 경쟁심화의 영향은 개별 국가, 지역, 도시가 어디에 입지하는가에 따라 매우 상이하게 나타난다. 글로벌화로 인해 (금융업이나 구글 같은 인터넷 검색 업체 등) 일부 산업(기업)은 글로벌 소비시장으로 진출할 수 있게 되었지만, 정부의 전통적인 보호정책이 쇠퇴하고 경쟁이 심해짐에 따라 어떤 산업은 경쟁에서 도태되어 공장 문을 닫고 실업이 발생하는 결과를 낳았다. 특히 선진국에서는 의류업이나 제철 등의 제조업이, 개발도상국의 경우에는 농업을 중심으로 한 1차산업이 경쟁심화에 의해 큰 타격을 입었다. 그 결과 정치적 항의와 시위가 발생하기도 한다.
- **유연화(flexiblisation)**는 글로벌화가 야기한 경쟁심화로 인해 개별 국가나 지역 경제가 더욱 유연하게 변동하는 것을 지칭한다. 각 국가와 지역이 경쟁, 기술 변화, 시장동향, (2008년 금융위기 같은) 외부 경제쇼크와 경기침체 등 여러 변화에 더욱 신속하고 효율적으로 대응하도록 변모하고 있다. 특히 1980년대 이후 선진국의 경제가 2차산업에서 3차산업 중심으로 변동하는 과정에서, 파트타임 및 계약직 고용이 증가하고 고용 안정성이 쇠퇴하면서 고용 및 노동시장 유연화가 부각되기 시작했다. 이러한 변화는 미국, 영국, 호주 등 앵글로-색슨 국가에서 가장 뚜렷하다. 이 국가들은 보다 유연한 노동시장 창출을 옹호하고 노동조합의 힘을 억제하는 등 신자유주의적 정책(Box 1.2)에 대한 의존도가 높다는 공통점이 있다. 기업의 입장에서

유연성이 매력적인 것은 사실이지만, 노동자에게는 불안정성과 위험성이 가중되는 문제점이 있다(Coe and Jones 2010: 6).

1.2.2 불균등발전

자본주의의 가장 기본적인 특징은 경제발전이 지리적으로 불균등하게 이루어진다는 점이다. 불균등발전은 자본주의경제의 고유한 특성으로, 경제성장과 투자는 특정한 입지에 집중될 수밖에 없다는 것을 의미한다. 어떤 지역들은 좋은 지리적 위치, 풍부한 자원이나 자본, 우수한 질과 역량을 갖춘 노동력 등 특정한 '선발 이점(initial advantages)'을 갖고 있다. 선발 이점으로 인해 일단 어떤 지역에서 성장이 가속화되면, 그 지역은 주변의 다른 지역으로부터 자금, 노동, 자원 등을 빨아들이는 경향이 있다. 왜냐하면 이런 지역은 자본에게는 이윤창출 기회를 제공하고, 노동자에게는 풍부한 일자리와 더 높은 임금을 제공하기 때문이다. 결과적으로 주변부 지역은 성장을 주도하는 거점에 자원과 노동을 공급하는 종속적 역할을 하면서 쇠퇴하게 된다.

경제적 불균등발전 과정은 지리적으로 상이한 스케일(그림 1.2)에서 나타난다. 이를 세계적, 지역적, 국지적 스케일에서 차례로 살펴보자.

- 세계적 스케일에서는 북아메리카, 일본, 서유럽 등의 핵심부(core)와 아시아, 라틴아메리카, 아프리카의 개발도상국을 포함한 주변부(periphery) 간 격차가 더욱 뚜렷해지고 있다(그림 1.4). 이러한 경향은 '식민주의'의 유산이다. 유럽과

북아메리카 등 핵심부 국가는 고부가가치 공산품을 제조·생산했던 반면, 이들이 지배했던 식민지는 원료나 농산품 등 부가가치가 낮은 상품을 생산했기 때문이다. 중국 등 동아시아의 일부 국가는 이러한 격차를 성공적으로 극복하면서 지난 25년 이상 급속한 성장과 번영을 이룩했지만, 그 외의 다른 국가는 (특히 사하라 이남 아프리카 지역) 경쟁에서 도태되어 극도로 빈곤한 상태에 처해 있다.

- 개별 국가 내에서도 지역 간 불평등이 뚜렷이 나타나고 있다. 가령 중국의 급속한 경제발전은 남부와 동부 해안지역의 번영을 일으켰지만 내륙지역에서는 빈곤과 저발전 문제가 나타났다(Box 1.3). 이는 선진국에서도 마찬가지인데, 영국의 경우 1930년대 이래 북부와 남부 지역 간

경제적 불평등이 계속되고 있다.

- 도시 내부와 같이 국지적 스케일에서도 불균등발전이 나타난다. 부유한 중산층 근린지구와 공영주택 위주의 빈곤지역 간 사회적 양극화(polarization)가 이를 드러낸다. 가령 캐나다의 주요 도시 8개를 대상으로 한 연구에서는 도시 내부에서의 불평등 정도가 1980년에 비해 2005년에 크게 증가한 것으로 나타났다(Chen et al. 2012). 이는 부유한 가구의 소득은 급속히 증가했지만 저소득 가구의 부는 그대로이거나 오히려 감소했기 때문에 발생한 결과였다. 부유한 사람들은 부유한 주거지역에 군집을 형성하는 패턴을 보였기 때문에 공간적 불평등 또한 증가하게 되었다.

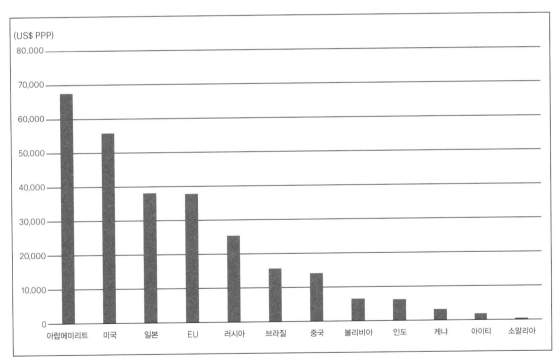

그림 1.4 주요 국가별 1인당 국내총생산(GDP, 2015년 기준)

(출처: www.cia.gov/library/publications/the-world-factbook/rankorder/2004rank.html)

경제발전 과정은 매우 역동적인 성격을 띠는데, 이는 신기술의 출현, 소비 패턴의 변화, 노동과정의 변화 등과 긴밀히 연계되어 있다. 불균등발전 패턴은 시간이 지나면서 주기적으로 재구조화된다. 왜냐하면 투자자본은 최고의 이윤율을 달성하기 위해 여러 입지를 찾아 이동하기 때문이다. 그 결과 신흥 성장지역의 출현은 늘 기존 지역의 정체나 쇠퇴를 동반한다. 시장조건이나 기술 등이 변동하면, 기존에 번영을 구가하던 지역의 전문화된 경제 기반은 수요 감소, 비용 상승, 경쟁 격화,

중국의 급속한 경제성장과 불균등발전

중국은 1978년 공산당 정권이 해외투자를 유인하기 위해 경제를 개방한 이후 급속한 경제발전을 이룩해왔다. 1980년대부터 2012년까지 무려 연평균 10%에 달하는 경제성장을 달성한 중국은 오늘날 세계의 제조업 및 조립산업의 중심이 되었다. 그 결과 2011년 중국의 1인당 GDP는 1978년에 비해 35배나 증가했고, 빈곤층 인구는 5억 명이나 줄었다. 그러나 이러한 경제성장은 환경 파괴와 불평등 증가 문제를 야기했을 뿐만 아니라, 대중의 기대수준이 높아지면서 공산당 정권은 사회적 요구에 부응하는 통치를 펼치기 어려워졌다. 중국 정부에 따르면, 2012~15년 중국의 GDP 성장률은 평균 7% 수준으로 낮아졌다. 많은 전문가들은 이 통계 수치의 정확성에 대해서 회의적인 입장을 갖고 있다. 원유, 구리, 철광석 등 원자재에 대한 중국의 수요가 감소하고 있을 뿐만 아니라 중국 내부의 불평등이 계속 심화되고 있어 경기침체를 우려하는 전문가들이 많다.

1978년 이후 중국의 경험은 지리적 불균등발전이 경제성장 과정에 내재한 문제점이라는 주장을 잘 보여주는 사례다. 대개 지역 간 불평등 수준은 경제·사회적 변동의 속도와 규모를 반영한다. 대체로 급속한 산업화와 경제성장을 경험한 국가에서는 지역 간 불평등이 매우 높게 나타난다(World Bank 2009). 중국은 경제성장에 따른 지역 간 불평등이 매우 복잡한 패턴을 보이지만, 그 중 해안지역과 내륙지역 간 불평등은 뚜렷이 나타나고 있다.

중국의 '문호 개방' 정책은 해안지역에 경제특구(SEZs: Special Economic Zones)를 지정해서 이 지역으로 해외투자를 유치하여 신속히 발전시키는 것에서 출발했다(Wei 1999: 51). 이에 따라 광둥, 장쑤, 저장, 푸젠, 산둥 등 해안지역은 1980~90년대에 급속히 성장한 데 비해, 다른 내륙지역은 발전이 뒤처졌다. 더군다나 내륙지역의 많은 농촌 노동자들은 일자리를 구하기 위해 해안 도시로 역사상 유례가 없는 대규모 이주를 하게 되었다. 그 결과 중국은 1978년 전체의 20%에 불과했던 도시 인구가 오늘날 55%로 급증했다(Anderlini 2015). 중국 전체 노동력의 3분의 1에 해당하는 약 2억 7,500만 명이 돈을 벌기 위해 농촌에 가족들을 남겨두고 도시로 이주해서 살고 있다.★

최근 중국 정부는 내륙 개발에 보다 많은 관심을 기울이고 있는데, 2008년 금융위기 이후 자국의 경제정책을 수출 중심에서 내수경제 위주로 전환하면서 내륙 개발이 본격화되고 있다(Yang 2013). 그 결과 최근 중국 중서부 지역은 급속한 산업화가 진행되고 있다. 가령 쓰촨성에 위치한 직할시인 충칭은 개인용 컴퓨터(PC) 생산의 거점으로 변모했다(Yang 2017). 이는 불균등발전이 갖는 역동적인 속성을 잘 드러낸다. 즉, 급속한 경제성장 시기에는 새로운 생산 거점이 부상하지만, 이와 동시에 기존의 다른 지역은 재구조화를 겪게 된다. 최근 일부 내륙지역의 급속한 경제개발로 해안지역으로의 이주가 눈에 띄게 감소하고 있고, 심지어 해안지역에 거주하는 일부 이주민들은 다시 내륙의 고향으로 되돌아오고 있는 추세다. 충칭에서는 2014년 한 해 동안 무려 30만 명에 달하는 귀환 이주민이 유입되었다.

★ 이들은 흔히 농민공(農民工)이라 불린다.

신제품의 발명, 새로운 생산방식의 도입 등으로 인해 점차 쇠퇴하게 된다. 글로벌 스케일에서는 지난 30년 동안 일어난 동아시아 지역의 눈부신 경제성장에서 이러한 불균등발전의 역동적인 변화가 잘 나타난다(Box 1.3). 선진국의 경우에도 19세기부터 20세기 초까지 석탄, 철강, 조선 등에 전문화되었던 기존의 산업지역들이 쇠퇴한 반면, 선벨트(Sun Belt)로 불리는 미국의 남서부, 독일 남부, 잉글랜드의 케임브리지 등은 새로운 성장 거점이 되었다.

1.2.3 장소의 중요성

이 책이 강조하는 세 번째 주제는 경제활동에서 '장소(place)'가 중요하다는 사실이다. 앞에서 언급한 바와 같이, 지리적 불균등발전 과정에서 생산 거점은 특정 장소를 중심으로 형성되었다. 가령 유럽과 북아메리카에서는 19세기부터 20세기 초에 전문화된 산업지역들이 형성되었다.

> 이러한 장소들은 부문별 및 기능별 노동분업과 관련이 있다. 가령 미국의 경우에는 "피츠버그에서 철강을, 로웰에서 직물을, 디트로이트에서 자동차를 생산하며"(Clark *et al.* 1986: 23), 영국의 경우 "미들랜드에는 철강 노동자, 런던에는 사무직 전문가, 사우스웨일스에는 광부, 옥스퍼드에는 학자들이 모이는"(Storper and Walker 1989: 156) 방식으로 말이다.
>
> (Peck 1996: 14)

비록 이렇게 전문화된 산업지역 중 일부가 오늘날 **탈산업화**(deindustrialization)에 의해 약화되기는 했지만, 산업지역 형성에서 장소는 여전히 중요하다. 가령 오늘날 런던에는 금융업과 사업서비스업(business services)이, 로스앤젤레스에는 영화산업이, 밀라노에는 의류디자인과 패션산업이, 캘리포니아 실리콘밸리에는 전자 및 반도체 산업의 성공 이후 인터넷과 소셜미디어산업이 집중되어 있다.

이와 같은 국지적 경제의 다양성은, 보다 광범위한 불균등발전 과정과 국지적 스케일의 정치적·사회적·경제적·문화적 조건 간 상호작용을 통해 지속적으로 재생산되고 있다. 국지적 조건은 한 장소에서 형성된 특정 산업, 그리고 그와 관련된 각종 제도와 실천이 지니는 경제적 역사를 반영한다. 따라서 '경제경관(economic landscape)'은 기존의 산업 및 관련 제도가 만든 특정 장소의 역사적 유산과, 거시적 경제 변화에 따른 새로운 힘이 상호작용하며 형성한 결과물이다(Massey 1984).

글로벌화가 차별적이고 불균등한 과정으로 진행되면서 여러 장소에 상이한 영향을 미친다는 사실은 최근 더 뚜렷하게 드러나고 있다. 특히 지난 수십 년 동안 몇몇 지역이 하나의 경제 단위로 새롭게 부활하는 것에서 글로벌화의 영향력을 확인할 수 있다. 런던, 실리콘밸리, 타이베이, 중국 광둥 및 상하이 등의 역동적인 경제성장은 오래전부터 번성해왔던 전문화된 생산체계에 뿌리를 내리고 있다. 지리적 근접성은 기업 간 긴밀한 연계와 의사소통을 촉진하기 때문에 정보와 자원의 공유를 가능하게 하는 중요한 요인이다. 풍부한 숙련노동 또한 이 지역들의 중요한 특징이다. 기업은 쉽게 노동력을 구하고 노동자는 해당 지역을 떠나지 않고도 이직할 수 있다. 국지적 생산체계의 이러한 측면들은 혁신과 기업가정신을 발전시켜 기업과 개인의 글로벌 경쟁력을 향상한다.

글로벌화가 문자 그대로 장소를 '사멸'시키는 것은 아니다. 하지만 장소가 명확한 경계로 구분되어 있고 동질적 속성을 지닌다고 보는 전통적인 장소 개념은 글로벌화로 인해 해체되고 있다. 이런 측면에서 장소는 구획된 공간 단위가 아니라 공간적 연결과 관계라는 새로운 관점을 견지할 필요가 있다(Massey 1994). 이러한 맥락에서 영국의 지리학자 도린 매시(Doreen Massey)가 제시했던 **글로벌 장소감**(global sense of place)이라는 개념이 각별한 주목을 받고 있다. 매시는 장소란 만남(meeting)의 장이라고 새롭게 정의하면서, 광범위한 사회적 관계가 발생하고 사람들이 연결되는 일종의 결절(node) 내지 지점(point)이 장소라고 강조했다.

장소의 독특성은 그 장소의 오랜 내적인 역사에 있다기보다, 여러 사회적 관계들이 만나 특정한 군집을 형성하여 그물처럼 함께 엮인다는 점에 있다. … 장소는 특정 경계에 의해 구획된 곳이 아니라 사회적 관계의 네트워크 속에서 하나의 접합된 순간이라고 상상할 수 있다. … 우리는 이러한 상상을 통해 외부지향적이고, 장소를 광범위한 세계와의 연계 속에서 이해하며, 세계적인 것과 지역적인 것을 긍정적인 방향으로 통합하는 장소감을 얻을 수 있다.

(Massey 1994: 154-5)

이런 관점에서 보면 장소란 어떤 정적이고 고정된 실체라기보다는 '과정(process)' 그 자체다. 장소는 자본, 재화, 서비스, 정보, 사람의 흐름을 통해 작동하는 폭넓은 불균등발전 과정과 긴밀하게 연결되어 있다. 예를 들어, 바나나 같은 특정 상품의 이동은 카리브해 일대의 도서 국가들과 영국 내 여러 장소들을 연결하고 있다(Box 1.5 참조).

1.3 경제학과 경제지리학

1.3.1 자본주의경제

'경제'란 생산, 유통, 교환, 소비의 연계 속에서 부가 창출되는 과정을 일컫는다(Hudson 2005: 1). 이러한 과정이 있어 사람들은 물질적 욕구를 충족하고 임금, 이윤, 지대 등을 통해 생계를 유지할 수 있다. '생산'은 특정 상품을 제조하고 공급하기 위해 원료, 토지, 자본, 노동, 지식 등을 필요로 하는데, 이들을 **생산요소**라 한다. 생산은 자연에서 얻은 원료의 공급에 의존하기 때문에, 경제활동은 환경에 직접적인 영향을 끼친다. '상품'이란 상업적으로 판매되는 제품이나 서비스를 총칭한다. 경제의 작동에서 상품은 가장 기본이 되기 때문에, 이런 맥락에서 카를 마르크스(Karl Marx)는 상품이란 자본주의의 '경제 세포 형태(economic cell form)'라고 했다. 오늘날에는 스마트폰부터 여행 상품에 이르기까지 매우 광범위한 종류의 상품이 생산, 소비된다(Box 1.4 및 Box 1.5).

인류 사회는 오랜 세월에 걸쳐 경제활동을 조직하고 구조화해왔는데, 이를 **생산양식**이라 한다.

생산양식은 자원을 어떻게 배분하고, 일을 어떻게 조직하며, 부를 어떻게 분배할 것인지를 결정하는 경제적·사회적 시스템이다. 경제사학자들은 생산양식을 자급자족형에서 노예제, 봉건제, 자본주의, 사회주의에 이르는 다양한 유형으로 분류한다. 각 생산양식에서 주요 **생산요소** 간 관계는 상이하게 나타난다. 자본주의는 오늘날 가장 지배적인 생산양식으로, 과거에 비해 훨씬 글로벌한 스케일에서 작동한다. 자본주의는 공장, 사무실, 장비, 자본 등 생산수단(means of production)의 사적 소유를 특징으로 하므로, 대부분의 사람들은 자신의 노동력을 고용주에게 팔고 임금을 받아 생활해야 한다. 사람들은 임금으로 기업이 생산한 상품을 구입하는데, 이는 자본주의 시스템의 근간을 이루는 시장 수요를 창출한다. 자본주의는 이전의 다른 생산양식에 비해 생산과 소비의 지리적 분리가 명확하게 나타나기 때문에 광범위한

운송 및 유통 네트워크가 필수적이다.

주류 경제학자들은 시장의 역할, 이윤, 경쟁 같은 현대 자본주의경제의 주요 특징이 인간의 행태를 결정하는 자연적이고 영원한 힘이라고 가정한다. 하지만 반드시 그렇지만은 않다는 것에 유념할 필요가 있다. 자본주의는 16~17세기 유럽에서 나타난 역사적으로 매우 특수한 유형의 생산양식이지만, 오늘날에는 사실상 전 지구를 뒤덮고 있는 지배적 체제가 되었다. 자본주의는 이전의 사회와 문화가 형성한 다양한 모자이크를 재편해왔고, 이 과정에서 기존의 로컬 특수성이 거시적인 글로벌 과정과 상호작용하며 커다란 지역적 변화가 나타났다.

자본주의가 오늘날 세계에서 가장 지배적인 생산양식임에는 틀림이 없지만, 모든 경제활동이 본질적으로 자본주의적인 것은 아니다. 최대 이윤추구를 목적으로 하는 공식적 자본주의경제는

Box 1.4

 글로벌 상품사슬

글로벌 상품사슬(GCCs: Global Commodity Chains)은 원자재의 생산 및 공급, 원자재 가공, 부품 생산, 완제품 조립, 그리고 상품의 판매와 소비에 이르는 일련의 과정을 체계적으로 연결한다. GCC에는 다수의 상이한 조직과 행위자가 참여하는데, 농부, 광산 및 플랜테이션 회사, 부품 공급업체, 제조업자, 하청업체, 운송회사, 도매상, 소매상, 소비자 등이 여기에 포함된다. GCC는 여러 장소에서 수행되는 상이한 생산단계를 연결하기 때문에 뚜렷한 지리적 특성을 지닌다(Watts 2014). 대체로 생산과정은 이전 단계의 상품에 대해 새로운 가치나 이윤을 부가하기 때문에, 이 가치를 누가 차지하는가를 둘

러싸고 공급사슬에 참여하는 다수의 행위자들 간에 긴장관계가 발생한다. 대형 소매업체와 이에 납품하는 공급업자 간 관계는 이러한 긴장관계의 좋은 사례다. 가령 2015년 8월 영국의 농부들은 지나치게 낮은 우유 가격에 대해 항의하면서 대형마트에 진열된 우유를 치워버리는 시위를 벌였다. 특정 상품의 생산 및 소비 과정을 탐구함으로써 우리는 글로벌 교역 네트워크 속에서 여러 장소들이 형성하고 있는 경제적 관계를 추적할 수 있고, 일상적으로 소비하는 (우유 같은) 상품들이 어떻게 생산, 유통, 소비되는지를 이해할 수 있다.

Box 1.5

'바나나의 은밀한 생애'

바나나는 세계에서 가장 인기 있는 과일이다. 전 세계의 소비자들은 바나나를 구입하는 데 연간 15조 원을 지출한다(Fairtrade Foundation 2009). 그러나 이 단순한 통계의 배후에는 바나나의 생산과 유통이 다양한 사람과 장소를 연결하면서 형성하는 복잡한 지리적 차원이 있다(Watts 2014). 개별 소비자는 이러한 지리적 연계를 잘 인식하지 못하지만, 실제로 이러한 연계는 영국 등 바나나 시장의 소비자와 아프리카, 카리브해 연안, 라틴아메리카 등 열대지역에서 바나나를 재배하는 농부들 간 사회관계를 형성한다.

소규모 자영농은 독립적으로 또는 기업과 일정한 계약을 맺은 상태에서 바나나를 재배하고, 거대한 다국적기업(multinational corparation)은 직접 경영하는 대규모 상업 플랜테이션 농장에서 바나나를 재배한다. 둘 중 어느 쪽이든 바나나는 일정 기간 재배된 후에 수확, 포장되어 가까운 항구로 수송된다. 최적의 온도가 유지되는 컨테이너에 선적, 운반된 바나나는 목적지 국가의 항구에서 하역된다. 그 이후 특별한 시설에서 일정한 후숙(ripening) 기간을 거친 다음 트럭에 실려 개별 슈퍼마켓으로 운송된다. 서인도제도의 작은 섬인 세인트빈센트에서 출하된 바나나가 해운회사인 기스트라인(Geest Line)에 의해 수출되어 영국 사우샘프턴으로 운반되기까지는 대략 2주 정도 소요된다(Vidal 1999).

모든 상품의 생산, 유통, 교환에는 이러한 복잡한 연계 사슬이 내재되어 있다. 이에 따라 상품사슬에 참여하는 여러 집단은 상품에 부가된 가치를 누가 차지할 것인지를 둘러싸고 갈등을 일으키기도 한다(Watts 2014). 그림 1.5는 30펜스(약 450원)짜리 바나나 한 개의 가치가 상품사슬에 참여하는 다양한 행위자 사이에 어떻게 배분되는지를 보여준다. 영국에서는 슈퍼마켓 간 가격경쟁으로 인해 2004년 대비 2014년의 바나나 가격이 거의 절반 수준인 11펜스(약 170원)까지 하락했다. 반면 같은 시기에 농부들이 바나나 재배에 쏟은 비용은 오히려 두 배나 증가했다(Butler 2014).

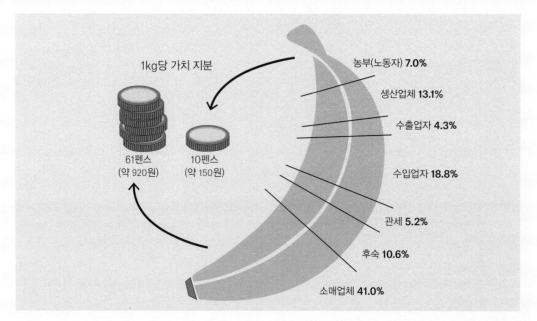

1kg당 가치 지분

61펜스 (약 920원)   10펜스 (약 150원)

농부(노동자) 7.0%

생산업체 13.1%

수출업자 4.3%

수입업자 18.8%

관세 5.2%

후숙 10.6%

소매업체 41.0%

그림 1.5 바나나 조각내기: 바나나 사슬에서 누가 얼마나 차지할까? (2014년 유럽으로 바나나를 수출하는 주요 국가의 사례) (출처: www.bananalink.org.uk/banana-value-chains-eu)

값싼 바나나가 초래한 비용은 대부분 영세한 농부와 플랜테이션 농장의 노동자에게 전가된다. 이는 이들의 수입이나 임금이 절반 이상 줄어든다는 것을 의미한다. 다국적기업 델몬트는 1999년 코스타리카의 대규모 플랜테이션에서 일하는 노동자 4,300명을 한꺼번에 해고한 다음, 노동시간을 더욱 늘리고 임금은 30~50% 이상 삭감하는 조건으로 이들을 재고용했다(Lawrence 2009). 델몬트는 이들의 희생을 대가로 월마트에 바나나를 이전보다 훨씬 저렴한 가격으로 공급할 수 있게 되었다. 이에 대한 대응책으로 많은 지역발전 조직체와 활동가는 공정무역(fair trade)운동을 벌이고 있다. 그 결과 오늘날 영국에서 소비되는 바나나 3개 중 1개는 공정무역 바나나가 되었으며, 세인즈버리, 코옵, 웨이트로즈 같은 대형 소매업체도 이에 동참하고 있다.

사실 다른 목적의 다양한 경제활동 및 동기와 공존하고 있다. 가사노동, 자원봉사, 선물 교환 등은 그 대표적 사례다. 실제로는 많은 비자본주의적 활동이 자본주의와 여러 방식으로 상호작용하고 있기 때문에, 가사노동과 임금노동 간 관계나 소비를 진작하는 선물 구입의 역할 등에 대해 생각해볼 필요가 있다. 지리학자인 깁슨-그레이엄(Gibson-Graham 1996)은 오늘날 **다양한 경제들**이 존재한다는 점을 강조하면서, 경제학자와 경제지리학자가 공식적 자본주의경제에만 몰두하는 경향을 비판한 바 있다. 깁슨-그레이엄의 비판 이후 '다양한' 혹은 '대안적' 경제에 대한 연구가 활발하게 이루어지고 있는데, 비공식 노동, 지역화폐, 협동조합 등에 관한 연구가 대표적이다.

1.3.2 경제지리학적 관점

경제지리학은 경제활동의 입지와 분포, 지리적 불균등발전의 역할, 그리고 국지적·지역적 경제발전 과정에 주목하는 분야다. 대개 경제지리학자는 '무엇이'(어떤 유형의 경제활동이), '어디에서'(어떤 입지에서), '왜'(어떤 원인이나 과정 때문에), '결국 어떻게'(특정 상태나 과정이 야기한 결과와 함의)라는 질문을 던진다. 경제지리학에 대한 다음 정의를 보자.

경제지리학은 지리의 경제학과 경제의 지리학에 관한 학문이다. 경제활동의 공간적 분포가 어떠한가? 이는 어떻게 설명될 수 있는가? 효율적이거나 공평한가? 이는 어떻게 진화해왔으며, 향후에는 어떻게 진화할 것으로 예상되는가? 이러한 진화에 영향을 미치는 정부의 바람직한 역할은 무엇인가?

(Arnott and Wrigley 2001: 1)

이 정의를 토대로 도출할 수 있는 경제지리학의 3가지 핵심 주제는 다음과 같다.

- 첫 번째는 경제 현상의 지리적 분포와 입지를 확인하는 작업이다. 이의 예시인 그림 1.6은 2008년 금융위기 직전 영국 전역에 분포된 금융업 및 사업서비스업 종사자의 비율을 보여준다. 경제지리학자는 이와 같이 일차적으로 경제활동의 분포를 확인하고 지도화(mapping)함으로써 '무엇이' 그리고 '어디에서'라는 기본적인 질문을 던진다.

- 두 번째는 경제활동의 공간적 분포와 패턴을 설명하고 이해하는 작업이다. 이는 이론적 토대 마련과 역사적 측면에서의 고찰을 요하기 때문에 더 어려운 주제다. '왜' 그리고 '어떻게'를 중심으로 하는 더 발전된 물음과 관련되어 있다. 앞의 사례에서 금융업 및 사업서비스업에 종사하는 사람들이 왜 잉글랜드 남동부에 집중되어 있는지를 설명하려면, 경제활동의 공간적 집중에 관한 이론을 검토해야 하고 적어도 1930년대 이후 영국의 경제사를 어느 정도 이해하고 있어야 한다.

- 마지막 주제는 특정한 지리적 이슈나 문제의 해결을 위해 정부나 민간에서 정책을 마련하도록 대안을 제시하거나 자문을 제공하는 것이다. 지리학자는 경제 현상의 분포를 기술하고 설명할 뿐만 아니라 특정 국가나 지역의 경제지리가 어떻게 조직화'되어야(should)' 하는가를 제시한다. 이러한 역할 때문에 경제지리학의 '사

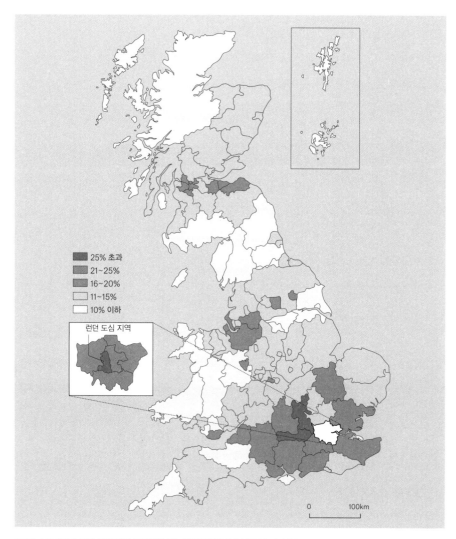

그림 1.6 2005년 영국의 금융업 및 사업서비스업 종사자 분포 (출처: ONS 2006)

회적 적절성(social relevance)'을 둘러싸고 주기적인 논쟁이 벌어지기도 한다.

1.4 정치경제학적 접근

앞서 살펴본 경제지리학이란 무엇인가에 관한 내용을 더 잘 이해하기 위해, 이 절에서는 **정치경제학(political economy)**을 간략히 소개한다. 정치경제학은 경제를 사회적·정치적 맥락 속에서 분석한다. 즉, 정치경제학의 관점은 경제를 개인의 이익에 기초한 독립적인 규칙에 의해 작동하는 분리된 실체로 간주하는 입장과는 대비된다. 정치경제학은 시장에서 일어나는 상품의 교환뿐 아니라, 부가 어떻게 생산되며 다양한 집단에 어떻게 분배되는가에도 관심을 둔다(Barnes 2000). 따라서 정치경제학은 생산과 교환(시장)의 문제와 함께 생산과 분배의 문제를 살핀다는 점에서 주류 미시경제학과 뚜렷이 구별된다. 이 책은 특히 '지리' 정치경제학의 관점을 채택하고 있다. 지리정치경제학은 자본주의경제의 진화와 재구조화 과정을 광범위하게 아우르면서도 매우 분석적으로 이해할 수 있는 프레임이다. 특히 이 관점은 현대 경제지리학의 주요 주제인 글로벌화, 이와 연관된 불균등발전 과정, 그리고 도시 및 지역 경제 등 불균등발전과 특정 장소와의 관련성을 다루는 데 유용하다.

1970년대 이후 경제지리학자들은 지역발전 및 도시 재구조화와 같은 지리적 문제에 접근할 때 정치경제학적 프레임을 적용해왔다(2.4 참조). 이 과정에서 경제지리학자인 에릭 셰퍼드(Eric Shep-ard)가 일컬었던 **지리정치경제학(GPE: Geographical Political Economy)**(Shepard 2011)이 부상하게 되었다. GPE는 다음 3가지 특징을 통해 정의될 수 있다. 첫째, 자본주의는 역사적으로 필연적이거나 자연적인 과정이 아니라 사회 속의 경제활동을 조직하는 여러 방식 중 하나일 따름이다. 따라서 정치경제학은 시간에 따른 사회경제적 관계의 변동을 분석할 때 역사적 특수성을 고려한다. 둘째, 지리는 경제에 대하여 수동적이거나 배경에 불과한 요소가 아니다. 도시 및 지역 경제의 주기적 재구조화에서 알 수 있듯, 지리는 경제발전 과정을 적극적으로 생산한다. 결과적으로 새로운 유형의 경제활동은 새로운 지역의 성장을 일으킴과 동시에 오래된 산업지역의 쇠퇴를 야기한다. 셋째, 경제적 과정은 이에 상응하는 생물리적(biophysical)·사회적·문화적 과정과의 관계 속에서 고려되어야 한다. 천연자원의 이용, 사회계급, 성(젠더) 관계, 정체성의 형성 등이 GPE가 주목하는 주제에 포함될 수 있다. GPE는 개방적이고 탄력적인 적용이 가능하며, 다른 관점에 대해 수용적이다. GPE는 분석 대상인 자본주의가 진화함에 따라 지속적으로 발전해나가고 있다(2.4 참조).

1.4.1 사회관계

사회관계(social relations)는 경제와 사회 간의 일반적 연계를 지칭한다. 개인의 합리성을 가정하는 주류 경제학과 달리, 정치경제학자는 모든 경제활동이 사회관계에 토대를 두고 있다는 점에 주목한다. 이런 맥락에서 사회관계란 고용주, 노동자,

소비자, 정부 당국자 등 경제와 관련된 다양한 집단 간의 관계를 의미한다.

오늘날 가장 지배적인 사회관계는 일터에서의 활동을 구조화하고 있는 고용주와 노동자 간 관계다. 이 두 집단은 각각 사회 내에서 뚜렷이 구별되는 (여러 사회적 위치 중 마르크스가 강조했던 핵심적 위치인) '계급'을 형성한다. 일부 학자들은 '화이트칼라' 노동자가 중산층을 두껍게 형성하면서 고용주와 노동자 간 구별이 상당히 흐릿해졌다고 지적한다. 이 외의 중요한 사회관계로는 생산자와 소비자 간 관계, (제조업체와 납품업체 등의) 기업 간 관계, (감독자와 일반 직원 등의) 노동자 간 관계, 그리고 정부기관과 기업 간 관계 등이 포함된다. 바나나의 사례(Box 1.5)에서 살펴본 바와 같이, 겉보기에는 단순한 하나의 상품 생산이라 할지라도 실제로는 각기 상이한 장소에 토대를 둔 여러 사람 간의 복잡한 사회관계를 형성한다. 그럼에도 불구하고 (가령 선진국의 대형 슈퍼마켓을 이용하는 사람들처럼) 많은 이들은 이런 사회관계를 인식하지 못하는 경우가 많다.

경제가 사회관계에 의해 구조화되어 있다는 점도 중요하지만, 사회가 시간이 흐르면서 진화하기 때문에 사회관계도 계속 변동한다는 점도 인식해야 한다. 앞서 언급한 바와 같이 서양에서는 시장자본주의가 15세기부터 사회 저변의 생산양식이 되면서 봉건제도를 점진적으로 대체하기 시작했다. 귀족과 농민 간 봉건적 관계와 가치가 붕괴되었고, 대신 시장경쟁, 이윤추구, 자본가(고용주)와 노동자(피고용인) 간 임금관계가 경제발전을 형성하는 핵심적 사회관계로 부상했다. 기업 간 경쟁이 더욱 치열해지고 있다는 점도 중요하다. 왜냐하면 기업의 이윤추구 과정에는 끝이 없으므로 시장에서 더 많은 이익을 차지하기 위해 경쟁 상대를 제거해야만 하기 때문이다.

1.4.2 제도와 시장의 구성

정치경제학의 또 다른 특징은 시장을 자기조절능력을 갖춘 자연적 현상으로 간주하기보다 사회적·정치적 규제를 필요로 하는 사회적 구성물로 파악한다는 점이다. 주류 경제학에 따르면 시장은 (있는 그대로 방치해두면) 수요와 공급이 일치하는 균형점에 자연적으로 도달하기 때문에 낭비가 발생하지 않지만, 정치경제학에서는 조절되지 않는 이른바 '자유로운' 시장은 불안정성을 높여 사회에 파괴적 영향을 끼친다고 본다.

'자유시장'이라는 개념은 그 자체로서 이데올로기적이고 정치적인 힘을 갖고 있지만, 실제 현실에서는 모든 경제 단위에 다양한 경제가 혼합되어 있으며 상당한 규모의 공공부문을 포함하고 있다.★ 칼 폴라니가 주장했던 바와 같이 시장이란 광범위한 제도적 양식과 실천에 의해 형성되기 때문에(Box 1.6), 시장의 제도적 토대에 각별히 주목할 필요가 있다(Box 1.7). 이러한 제도적 토대에는 개인 간 사회관계를 구조화하는 문화적 질서, 관습, 규범 등이 포함되는데, 이 요소들은 법률이나 계약에 의한 공식적 관계의 기저를 이루는 신

★ 이에 대해서는 13.3.1의 다양성 경제(diverse economies) 개념을 참고할 수 있다. 참고로 '혼합경제(mixed economy)'체제란 국가가 시장경제의 부작용을 억제하기 위해 시장에 적절히 개입하는 것을 의미한다. 관련된 정책으로는 기업의 독점 금지, 소득 재분배 정책, 정부 주도의 공공사업, 국영기업의 설립 등이 있다. 사실상 오늘날 대부분의 국가는 혼합경제체제를 유지하고 있다.

Box 1.6

칼 폴라니
제도적 과정으로서의 경제

칼 폴라니(Karl Polanyi, 1886-1964)는 경제적 과정의 제도적 토대에 관한 연구로 사회과학계에 널리 알려져 있다. 폴라니는 시장을 보다 광범위한 시각으로 바라보며 시장 사회의 근원을 파악하고자 했는데, 그의 사상은 현재의 글로벌화 과정과 경제의 사회적 '착근성(배태성, embeddedness)'을 이해하는 데 탁월한 통찰력을 제공한다.

1944년에 출간된 폴라니의 『거대한 전환(The Great Transformation)』은 19세기에 나타난 시장 사회의 기원과 발달을 탐구한 저술이다. 그는 토지, 노동, 화폐를 '의제상품(fictitious commodities)'이라고 지칭했다. 왜냐하면 이들은 진짜 상품과는 달리 시장에서 판매되기 위해 생산되는 것이 아니기 때문이다. 이러한 폴라니의 주장은 기존의 정통 경제학 연구자들이 간과했던 점이다. 경제학자들은 가격 메커니즘이 정상적인 상태에서는 수요와 공급의 균형을 이룬다고 가정해왔지만, 폴라니의 의제상품 개념은 이와 달리 순수한 자기조절적 시장경제란 성립될 수 없다는 것을 함축한다. 토지, 노동, 화폐의 공급과 수요를 맞추기 위해서는 반드시 정부의 개입이 필요하기 때문이다. 『거대한 전환』은 경쟁시장이 작동하기 위해서는 국가가 재산권 및 계약의 보장, 노동법 제정, 식량의 안정적인 공급체계 수립, 은행시스템의 조절 등을 통해 일정한 조치를 취해야 한다는 것을 잘 보여준다. 즉, 폴라니의 유명한 표현을 따르자면 '자유방임주의는 계획된 것이다'. 이러한 주장은 19세기 시장 사회에 대해서만이 아닌, 오늘날 신자유주의적 글로벌화 프로젝트에도 동일하게 적용될 수 있다.

폴라니는 1950년대 들어 현대의 시장경제를 넘어 과거의 원시적 경제에 대한 분석에 관심을 두었다. 이는 폴라니가 경제의 범위와 경제적 과정을 형성하는 제도의 역할에 꾸준하게 주목해왔다는 것을 보여주며, 이는 '경제란 제도화된 과정'이라는 그의 유명한 표현에서도 뚜렷이 드러난다. 이처럼 폴라니는 다양한 제도들을 경제의 구성요소로 보았다.

> 경제적 과정을 제도화하면 사회에 통일성과 안정성을 부여할 수 있다. 제도는 사회를 기능적으로 명확하게 구조화하며, 경제적 과정이 일어나는 장소를 변화시킨다. 따라서 우리는 경제에서 역사가 지니는 중요성을 인식해야 하며, 제도와 관련된 가치, 동기, 정책에 주목할 필요가 있다.
>
> (Polanyi [1959] 1992: 34)

제도는 경제적인 것과 비경제적인 것 모두를 아우르지만, 폴라니의 관점을 따르자면 우리는 비경제적인 것의 중요성에 각별히 주목할 필요가 있다. 왜냐하면 경제가 작동하는 데 종교나 정부 등은 통화체계나 신기술 개발만큼이나 중요한 요소이기 때문이다. 이상의 논의를 토대로 한다면, 결국 핵심적인 연구 주제는 "경제적 과정이 상이한 시대와 장소에서 어떻게 제도화되는지"를 분석하는 작업이라고 할 수 있다(Polanyi 1992).

뢰를 창출할 뿐만 아니라 경제를 조절하고 사회복지제도를 운영하기 위해 국가가 시장에 직접적으로 개입하게 만든다.

국가적 스케일에서 핵심적 **제도**(institutions)에는 기업, 시장, 통화체계, 기업가협회, 국가와 공공기관, 노동조합 등이 포함된다. 이러한 제도들은 단지 조직화된 구조일 뿐만 아니라, 구체적인 실천, 전략, 가치 등을 통합하여 구현하고 있으며 시간이 흐르면서 지속적으로 진화한다. 경제지리학자들은 특히 도시와 지역의 경제가 독특한 제도적 장치들에 의해 어떻게 형성되는지에 관심이 많다(Martin 2000). 주요 제도적 양식에는 지방정부, 개발기구, 고용주단체, 기업가협회와 상공회의소, 지역 정치인집단, 노동조합과 그 외의 자발

Box 1.7

영국 주택시장의 구성

최근 사회학, 인류학, 지리학을 포함한 사회과학 분석에서는 그간 경제 분석에서 당연하게 여겨졌던 시장에 대한 전통적 시각을 문제시하고 있다. 이 새로운 접근은 시장이 (자연발생적으로 주어진 것이 아니라) 어떻게 여러 경제행위자에 의해 적극적으로 만들어지는가를 강조한다. 실제로 경제행위자는 시장의 형성과 작동에 다양한 방식으로 관여하고 있다. 스코틀랜드의 도시인 에든버러의 주택시장에 관한 수잔 스미스 등(Smith et al. 2006)의 연구는 이 점을 잘 보여주는 훌륭한 사례다. 이 연구는 부동산 매수자와 매도자 간의 정보 교류를 형성하는 핵심적 '시장 중개인(market intermediaries)'에 초점을 두었다. 시장 중개인에는 부동산 거래 판촉인, 부동산 중개업자, 감정평가사, 개발업자 등이 해당된다. 이 연구는 2008년 금융위기 직전까지의 지속적인 경제 성장기에 수행되었다. 이 때문에 영국의 주택시장은 엄청난 호황을 누리고 있었고, 에든버러는 잉글랜드 동남부 다음으로 부동산 가격 상승률이 높은 지역이었다.

이 연구의 핵심 주제 중 하나는 주택 전문가들이 어떤 방식으로 주택시장을 분리, 독립되고 외부의 영향을 받지 않는 하나의 경제적 실체로 만들어내는지를 파악하는 것이었다. 주택 전문가들은 주택시장이 그 자체로서 생명체인 것처럼 (가령 '뜨거운', '적극적인', '활발한', '굉장한' 등으로 묘사한 것에서 드러나듯이) 간주하고 있었다 (Smith et al. 2006: 86). 이들은 시장력(market forces)에 대한 자신의 세부 지식에 따라 가격을 정하는 등 합리적인 경제 계산 과정을 통해 주택시장에서 일을 수행하고 있었다. 주택 전문가들은 기존의 경제 모델에 따라 주택시장의 특성을 분석했지만, 이러한 분석틀과 호황기의 시장에서 벌어지는 현실 간의 괴리는 갈수록 커졌다. 매수자들의 호가와 실제 판매가 사이의 격차는 더욱 커졌으며, 어떤 매수 대기자들은 25~30%의 웃돈을 주고서라도 부동산을 확보하려고 했다. 시장에서의 의사결정이 혼란스럽고 비정상적이었기 때문에, 엄청난 불확실성을 야기했고 평온하게 작동하던 시장은 무너져버렸다. 흥미롭게도 연구자들은 전문가들이 시장으로부터 이탈했던 것 그 자체가 바로 가격불안을 야기한 요인일 수 있음을 지적했다. 특히 (시장 스스로 강력한 자기조절 능력을 갖고 있다는 믿음하에) 마치 자신들이 시장에 영향을 미칠 수 있는 힘이 없는 것처럼 행동함으로써, 실제로는 주택시장이 통제불가 상태가 되는 것에 일조했다는 것이다(Smith et al. 2006: 92). 연구자들이 말하는 것처럼 "시장은 그 자체로서 경제로 '존재'한다기보다는 문화적·법적·정치적·제도적 장치들의 복잡한 상호작용을 통해 경제로 '만들어지는' 것이다(Smith et al. 2006: 95)."

적으로 모인 단체 등이 포함된다.

'제도적 밀집 또는 집약(institutional thickness or density)' 개념은 다양한 제도적 조직체와 이익집단이 공동의 아젠다를 추구하기 위해 협력할 수 있는 역량을 지칭한다(Amin and Thrift 1994). 제도적 밀집(집약)은 로컬 경제의 성공에서 매우 중요한 요소다. 이탈리아 중부와 북동부에 형성된 다수의 **산업지구(industrial districts)**는 제도적 밀집이 나타난 좋은 사례이다(그림 1.7). 이곳 산업지구에 국지적으로 강하게 잔존하던 공동체적 정치문화는, 1970~80년대 이 지역이 경제적으로 새

★ 산업지구는 영국의 경제학자 알프레드 마셜(Alfred Marshall)이 1890년 출간한 『경제학 원리(The Principles of Economics)』에 제시된 개념이다. 마셜은 잉글랜드 북부에 형성된 전문화된 산업지역—셰필드의 날붙이(cutlery) 가공업 지구, 서부 요크셔 일대의 모직공업 지구 등—에 주목하고 이들 지역을 산업지구라고 했다. 산업지구의 새로운 도약에 대해서는 45쪽 〈심층학습〉을 참고하자.

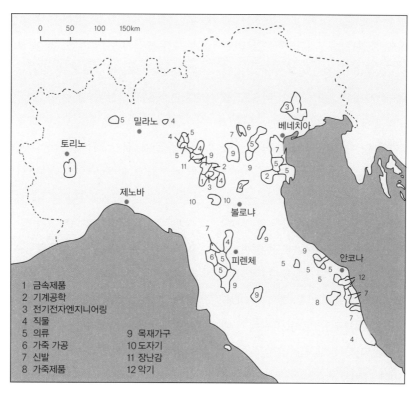

그림 1.7 이탈리아의 산업지구 (출처: Amin 2000: 155)

1 금속제품
2 기계공학
3 전기전자엔지니어링
4 직물
5 의류   9 목재가구
6 가죽 가공   10 도자기
7 신발   11 장난감
8 가죽제품   12 악기

롭게 도약하는 토대가 되었다.* 특히 이들 지역의 정당, 노동조합, 장인협회, 지방정부, 상공회의소, 소기업인 협동조합 등 제도적 조직체들은 소기업을 지원하고 광범위한 서비스를 제공하는 중요한 역할을 했다(Amin 2000). 이를 통해 각 지역에 정교한 지식 및 기술의 저장고(reservior)가 형성되었고, 기업 간 신뢰가 견고해지면서 고도로 협력적인 형태의 혁신을 일으킬 수 있었다.

1.4.3 역사와 진화

주류 경제학은 경제가 항상적이고 보편적인 힘을 갖고 있다고 가정한다. 그러나 정치경제학은 경제가 시간의 흐름에 따라 진화한다고 강조하면서,

역사를 세심하게 살피는 접근법을 택한다. 앞서 살펴보았던 것처럼 자본주의는 역사적으로 특수한 생산양식으로서, 근대 초기 유럽에서 시작되어 전 세계로 확장되어갔다. 자본주의는 성장기와 침체기가 반복적으로 일어나는 역동적이고 불안정한 시스템이어서, 시장이 지나치게 과열되어 활황에 다다른 후에는 이윤이 폭락하면서 위기를 일으킨다. 가령 1990년대 말부터 2000년대 초까지의 지속적인 성장은 과열된 주택시장과 무분별한 은행의 대출 관행을 낳았고, 이것은 2008년 금융위기의 원인이 되어 전 세계적인 경기침체로 이어졌다. 그 결과 매우 더디면서도 지리적으로 불균등한 경제회복 기간이 지금까지 계속되고 있다.

이 책이 채택한 GPE 접근은 그동안 주류 경제

학이 간과해왔던 경제의 변화와 발전의 역사에 관심을 둔다. 이와 관련된 핵심 개념은 '경로의존성(path dependence)'이다. 경로의존성은 경제적 변동과정에 대한 경제행위자의 대응이 과거 그들의 경험과 의사결정에 의해 형성된다는 것을 의미한다. 지리학자들은 이 개념을 '공간화'함으로써 도시와 지역의 성장과 쇠퇴 패턴을 연구하는 데 적용해왔다(2.5.3 참조). GPE는 기존의 지역적 특성과 거시적 변화과정 간 상호작용을 강조한다. 2000년대 들어 샌프란시스코 베이 지역에 페이스북이나 트위터 등 새로운 인터넷 기업과 소셜미디어 기업이 창업, 유입되었던 것은 지역 내 자원, 전문적 지식, 기업가 네트워크 등이 존재했기 때문이며, 이런 환경은 인터넷 및 전자 기업들이 이 지역에 오래전부터 집중해 있었기 때문에 형성될 수 있었다.

1.4.4 권력

경제는 사회관계에 의해 구조화된다. 그러므로 우리는 사회관계의 기저에 작동하는 **권력**(power)의 역할에 주목할 필요가 있다. 권력을 다른 사람들에게 영향을 미칠 수 있는 역량이라고 정의한다면, 사실상 사람들의 관계는 모두 권력을 토대로 맺어진다(Allen 2003). 경제적 관계도 이런 의미에서 보면 예외가 아니다. 권력은 모든 지리적 스케일에 존재하는 경제적 관계에 스며든다. 가계의 경우에 누가 가족의 예산을 정할 것인지, 누가 '밖에 일을 하러 나갈 것인지', 누가 '집에 남아 있을 것인지' 등은 모두 권력과 관련된 사안이다. 회사의 경우 권력은 생산을 통해 창출한 수익

을 고용주와 직원이 어떻게 분배할 것인지 등의 문제와 관련이 있다. 기업 간 관계의 경우에는 대형 소매업체와 제조업체가 중소 공급업체들에 대해 가격을 결정할 수 있는 권력을 갖는 경우가 많다. 국제적 수준에서는 WTO 같은 국제기구와 미국 등의 강대국이 국제무역의 규칙을 결정할 때 다른 국가보다 강한 권력을 행사한다.

Box 1.5에서 살펴보았던 '바나나의 은밀한 생애'는 여러 장소에 입지해 있는 상이한 집단 간 사회관계가 권력에 의해 어떻게 구조화되는지를 잘 보여준다. 기본적인 수준에서 보자면, 상품사슬에서 생산과 유통을 조절하는 다국적기업이나 대형 슈퍼마켓 등의 행위자는 카리브해 지역의 농부나 중앙아메리카의 농장에서 일하는 농업노동자에 비해 훨씬 더 강력한 위치를 점유한다. 이런 의미에서 불평등한 권력관계는 불균등발전 과정을 이해하는 데 핵심 개념이다. 우리는 권력관계가 경제행위자와 장소에 어떠한 영향을 미치는지에 주목할 필요가 있다.

1.5 이 책의 개관

이 장을 포함하고 있는 1부에서는 이 책이 다루는 기본적 개념과 접근을 소개하고, 자본주의의 주요 특징과 지리와의 관련성에 대해 살펴본다. 2장에서는 경제지리학자들이 채택해왔던 주요 접근을 소개하며, 특히 GPE를 비롯하여 1990년대 이후에 급속히 부상했던 문화적·제도적·진화론적·관계적 관점을 상세히 다룬다. 3장은 이 책에서 다루는 역사적 기초를 19세기부터 생산의 지리적 변화

를 중심으로 살펴본다. 식민주의와 산업화, 포디즘, 유연적 축적, 20세기 후반부터 21세기에 이르는 국제 노동분업의 변동에 관한 내용이 포함되어 있다. 이 내용을 통해 경쟁, 노동과정, 혁신, 기술변화 등을 중심으로 하는 자본주의의 역동성을 강조한다.

2부에서는 현대 경제의 지리적 차원을 탐구한다. 4장은 금융 및 투자의 불균등 지리를 화폐, 신용, 부채 간 거시적 관계의 맥락에서 살펴본다. 특히 2008년 금융위기와 그 이후의 글로벌 경기침체 그리고 최근에 이르는 회복 기간을 구체적인 사례로 검토하며, 후반부에는 금융화가 우리의 일상생활과 관련하여 어떤 함의를 갖고 있는지를 알아본다. 5장은 경제에 대한 국가의 역할이 어떻게 변동해왔는지에 초점을 둔다. 전반부에서는 국가의 경제적 역할과 국가의 다양한 유형에 관한 내용을 다루며, 후반부에서는 1980년대 이후 국가의 경제적 역할이 (금융위기 이후의 긴축 프로그램 등을 사례로) 어떻게 변동해왔는지에 주목한다. 6장은 고용의 지리와 글로벌화된 세계경제에서 노동의 역할 변화에 대해 다룬다. 특히 최근 들어 경제발전 과정에서 노동자의 역할이 매우 능동적으로 변화하면서 고용에 영향을 미친다는 점에 주목한다. 7장은 개발도상국의 발전에 관한 내용으로 발전에 대한 주요 접근, 국제적 불평등의 패턴, 시장과 무역의 자유화 추세가 상품의 생산과 생계에 미치는 영향, 그리고 1990년대 후반 이후 라틴아메리카에서 등장한 포스트신자유주의(post-neoliberalism) 국가에 대해서 살펴본다.

3부에서는 이 책이 다루고 있는 광범위한 주제들을 구체적인 지리적 맥락과 이슈를 중심으로 살펴보기 위해 마련되었다. 8장은 교통 및 정보통신기술이 도시 간 상호연결성 증대에 미치는 영향을 살핀다. 우선, 교통 인프라에 대한 투자와 지역발전 간 관계를 설명하고, **디지털경제**(digital economy)의 핵심 부문이 도시로 집중하는 경향을 강조한다. 또한 도시를 기반으로 대두되고 있는 **공유경제**(sharing economy)와 **스마트시티** 정책에 대해서도 살펴본다. 9장은 글로벌 산업이 지리적으로 어떻게 조직되어 있는지, 산업의 핵심 행위자와 지역경제는 어떠한 관계성을 갖고 있는지에 대해서 논의한다. 9장은 특히 '**글로벌 생산네트워크**(GPN: Global Production Network)'에 초점을 두고 GPN의 주요 행위자와 지역의 경제행위자가 형성하는 '**전략적 커플링**(strategic coupling)' 과정을 살펴본다. 또한 지역 발전전략에서 외부의 투자 유치를 둘러싼 논쟁에 대한 검토도 이루어진다. 10장에서는 **집적**(agglomeration), **혁신**(innovation), 창조성의 문제를 검토하며 경제발전에서 지식, 기술, 창조성의 중요성이 더욱 커지고 있음을 강조한다. 10장에서는 특히 도시 집적에 대한 도시경제학적 접근, 지역혁신모델, 리처드 플로리다(Richard Florida)의 창조도시 개념을 집중적으로 조명한다.

이 책의 4부는 주로 경제적 관계의 본질과 방향에서 나타나는 변화를 다룬다. 11장은 소비와 소매업에 관한 논의를 검토하는데, 여기에는 소비 지리의 변화, 새로운 소비 활동 및 기술의 출현, 소매업의 재구조화와 **국제화**(internationalisation)에 관한 내용이 포함된다. 12장은 경제지리학과 환경의 관계에 관한 내용으로 지속가능성 논의, 에너지 기술의 변천, 녹색에너지의 등장, 최근 화두가 되고 있는 재생에너지 부문의 지리 등에 대해 살펴본다. 13장은 주류 자본주의에 도전하고, 이를 넘어서고자 하는 대안적 경제지리의 출현에 관해 논의한다. 주로 반(反)글로벌화운동, 대안적인 로컬 정책, 그리고 (공정무역의 사례를 포함한) 보다 넓은 차원에서의 책무와 정의의 지리에 관한 내용이 포함되어 있다.

마지막 5부에서는 이 책의 주요 내용을 요약하고, 향후에 도시 및 지역의 발전이 어떠한 지리적 패턴으로 전개될 것인가를 고찰한다.

연습문제

최근 여러분이 구입한 상품 하나를 생각해보자. 점심으로 사 먹은 음식이거나 최근에 새로 산 옷이나 운동화일 수도 있고, 몇 시간 전에 마셨던 커피도 좋다.

여러분은 그 상품을 구입할 때 우선적으로 가격을 고려했는가 아니면 상품의 질을 고려했는가? 그 상품의 원산지가 어디인지 라벨이 붙어 있는가? 그 상품은 하필이면 왜 그곳에서 생산되었을까? 그 상품은 어떤 상태에서 생산되었는가? 공장인가, 농장인가, 아니면 수공업자에 의해 만들어진 것인가? 그 상품의 생산과 관련된 주요 행위자는 누구인가? 초국적기업인가, 작은 회사인가, 아니면 농부인가? 이러한 주요 행위자 간에 이익은 어떻게 분배되었을지도 생각해보자.

![심층학습]

제3이탈리아의 번영과 유연전문화

20세기 대량생산체계의 확산으로 경쟁력을 잃고 쇠퇴했던 기존의 산업지구들은, 1980년대 들어 새로운 번영을 맞이했다. 이렇게 재도약에 성공한 '신'산업지구(new industrial district)의 특징은 소비자의 다양한 기호에 부합하면서 세련된 디자인을 갖춘 상품을 만드는 다품종 소량생산체계를 구축했다는 점이다. 이에 주목한 피오르와 세이블(Piore and Sable 1984)은 '유연전문화(flexible specialization)' 개념을 제안했다. 유연전문화란 산업지구에 집적한 소기업들 간에 고도로 분업화된 생산체계를 말한다. 유연전문화가 도입된 산업지구에서는 개별 기업이 전체 공정 중 특정 작업에만 집중해 전문화할 수 있고, 각종 기계와 설비도 공동으로 활용한다. 또한 숙련된 노동력을 필요에 따라 적시에 확보할 수 있다. 피오르와 세이블은 신산업지구에서의 유연전문화가 기존 대량생산체계를 대체하는 '제2차 산업 분화(second industrial divide)'를 일으킬 것으로 보았다. 이러한 유연전문화를 통해 이탈리아, 프랑스, 일본, 덴마크, 스페인 등 선진국 내의 일부 산업지구들이 1980~90년대 급속한 성장을 구가했는데, 그중 가장 대표적인 곳이 바로 '제3이탈리아(Third Italy)'다.

이탈리아는 전통적으로 로마와 안코나(Ancona)를 잇는 이른바 '안코나 라인'을 기준으로 북부와 남부로 구분되는데, 두 지역은 역사적·문화적으로 상이할 뿐만 아니라 경제적으로도 큰 차이가 난다. 북부는 19세기부터 농업 기반의 남부 지역에 비해 산업혁명의 영향을 먼저 받았고 풍부한 수력과 지하자원을 바탕으로 밀라노, 토리노, 제노바 등 북서부 '성장의 삼각지대'를 중심으로 부유한 산업지역을 형성했기 때문이다. 사회주의자 안토니오 그람시(Antonio Gramici)는 북부와 남부 간 불균형의 문제를 이탈리아의 가장 심각한 병폐라고도 했다.

1977년 이탈리아의 사회학자 아르날도 바냐스코(Arnaldo Bagnasco)는 수공업 기반의 소기업이 집중적으로 발달한 이탈리아의 북동부 및 중부에 주목하면서, 이 지역을 북부(제1이탈리아) 및 남부(제2이탈리아)와 구별하여 '제3이탈리아'라고 명명했다. 제3이탈리아의 산업지구들은 토스카나, 에밀리아-로마냐, 베네토 등에 걸쳐 넓게 분포하는데, 특히 프라토(Prato)의 섬유공업, 모더나(Moderna)의 기계

그림 1.8 **이탈리아의 주요 도시와 지역 구분**

공업, 산타크로체(Santa Croce)의 가죽공업(제혁), 카프리(Capri)의 편물(니트)공업, 사수올로(Sassuolo)의 도자기공업(요업) 등이 대표적이다. 시장의 수요 변화에 대처하기 위해 현대적 생산방식에 각 지역의 전통 수공업 기술을 접목했다는 공통점이 있다.

많은 연구자들, 특히 '신지역주의' 경제지리학자들은 제3이탈리아의 성공이 로컬 문화에서 비롯되었다고 분석했다. (산업지구 개념을 제시했던 마셜도 로컬 문화와 사회적 특성이 해당 지역의 경제활동과 밀접한 관련이 있다고 주장한 바 있다.) 로컬 문화가 미친 영향을 5가지로 정리할 수 있다. 첫째, 제3이탈리아에서는 공동체적 정치문화가 뿌리 깊이 정착되어 있었다. 토스카나와 에밀리아-로마냐에는 오랜 사회주의적 전통이, 베네토에는 사회적 응집력이 높은 가톨릭 중심의 문화가 자리하고 있었다. 이러한 문화는 노동조합, 장인협회, 소상공인 협동조합 등 지역의 제도적 자산 형성에 영향을 미쳤고, 기업들이 산업지구 내에서 협력하는 토대로도 작용했다. 둘째, 지방정부 같은 공식적 제도(기구)는 사업장 마련에 필요한 토지와 인프라, 다양한 서비스를 기업에 제공했다. 셋째, 노동조합, 기업가협회, 상공회의소 같은 조직들은 상호 밀접한 네트워크를 형성하여 사업에 필요한 여러 정교한 지식, 기술, 자원의 저장고 역할을 했다. 넷째, 개별 소기업들은 고도로 전문화된 지역 내 생산체계에서 긴밀한 관계를 맺고 공통의 문화에 기반을 둔 수준 높은 신뢰(trust) 관계를 형성했다. 다섯째, 많은 기업들이 지식과 아이디어를 공유하면서 새로운 상품이나 공정을 개발하는 등 지속적인 혁신을 창출했다.

이렇게 제3이탈리아는 로컬 문화와 사회에 뿌리를 둔 유연전문화를 통해 경제적 부흥을 달성할 수 있었다.

• 참고문헌: MacKinnon, D. and Cumbers, A. (2007), *An Introduction to Economic Geography*, Harlow: Pearson, pp. 17-18.

더 읽을거리

Daniels, P. and Jones, A. (2012) Geographies of the economy. In Daniels, P., Bradshaw, M., Shaw, D. and Sidaway, J. (eds) *An Introduction to Human Geography* 4th edition. Harlow: Pearson, pp. 292-313.

경제의 지리적 영향을 간결하고 쉽게 설명하고 있으며, 특히 글로벌 경제의 부상, 불균등발전 과정, 장소와 지역의 역할 변화 등에 초점을 두고 있다. 또한 경제지리의 변천을 핵심적으로 요약하고, 경제에 대한 지리적 접근의 본질에 대해서도 설명하고 있다.

Dicken, P. (2015) *Global Shift: Mapping the Changing Contours of the World Economy*, 7th edition. London: Sage, pp. 1-9, 74-103.

경제 글로벌화의 지리를 핵심 내용으로 한다. 1장은 2008년 경제위기 이후의 경제 글로벌화에 관한 논의를 간결하게 정리하고 있고, 4장은 글로벌화를 촉진하는 '공간축소기술'의 역할을 교통 및 통신 기술의 발전을 통해 설명하고 있다.

Taylor, P.J., Watts, M. and Johnston, R.J. (2002) Geography/globalisation. In Johnston, R.J., Taylor, P. and Watts, M. (eds) *Geographies of Global Change: Remapping The World*, 2nd edition. Oxford: Blackwell, pp. 1-17, also 21-8.

지리학과 글로벌화 이슈 간 관계성을 독창적으로 설명하고 있다. 글로벌화의 도래를 핵심 주제로 하여 글로벌화의 본질을 둘러싼 최근의 정치적 논쟁과 글로벌화의 불균등 지리를 개괄적으로 설명한다.

Watts, M. (2014) Commodities. In Cloke, P., Crang, P. and Goodwin, M. (eds) *Introducing Human Geographies*, 3rd edition. London: Arnold, pp. 391-412.

지리학자의 주요 관심 대상인 상품의 본질에 대해 검토하는 문헌이다. 자본주의에서 상품이 차지하는 경제적 중요성을 강조하는 한편, 상이한 장소에서 이루어지는 생산이 상품사슬과 네트워크를 통해 어떻게 연결되는지를 설명한다.

 웹사이트

www.polity.co.uk/global/

데이비드 헬드 등(David Held, Anthony McGrew, David Goldplatt and Jonathan Perraton)이 2004년에 집필한『글로벌 전환』의 안내용 웹사이트이다. 글로벌화의 핵심 특징을 종합적이면서도 알기 쉽게 설명하고 있다.

www.exchange-values.org

셸리 색스(Shelley Sacks)가 윈드워드제도의 바나나 재배 농가와 여러 대표 단체들과 함께 추진해온 사회적 조각(social sculpture) 프로젝트의 웹사이트이다. 이 웹사이트의 '논쟁과 토론' 방에는 유용한 읽을거리들이 많다. '바나나 전쟁을 넘어', '바나나의 생애', '불공정 무역을 넘어' 등과 함께 지리학자 이안 쿡(Ian Cook)과 루크 드포르게(Luke Desforges)의 논문을 추천한다.

참고문헌

Allen, J. (2003) *Lost Geographies of Power*. Oxford: Blackwell.

Amin, A. (2000) Industrial districts. In Sheppard, E. and Barnes, T.J. (eds) *A Companion to Economic Geography*. Oxford: Blackwell, pp. 149-68.

Amin, A. and Thrift, N. (1994) Living in the global. In Amin, A. and Thrift, N. (eds) *Globalisation, Institutions and Regional Development in Europe*. Oxford: Oxford University Press, pp. 1-22.

Anderlini, J. (2015) China's great migration. *Financial Times*, 30 April.

Arnott, R. and Wrigley, N. (2001) Editorial. *Journal of Economic Geography* 1: 1-4.

Barnes, T.J. (2000) Political economy. In Johnston, R.J., Gregory, D., Pratt, G. and Watts, M. (eds) *The Dictionary of Human Geography*, 4th edition. Oxford: Blackwell, pp. 593-4.

Butler, S. (2014) Banana price war requires government intervention, says Fairtrade Foundation. *The Guardian*, 23 February.

Castree, N., Coe, N., Ward, K. and Samers, M. (2004) *Spaces of Work: Global Capitalism and Geographies of Labour*. London: Sage.

Chen, W.H., Myles, J. and Picot, G. (2012) Why have poorer neighbourhoods stagnated economically while the richer have flourished? Neighbourhood income inequality in Canadian cities. *Urban Studies* 49: 877-96.

Coe, N.M. and Jones, A. (2010) Introduction: the shifting geographies of the UK economy? In Coe, N.M. and Jones, A. (eds) *The Economic Geography of the UK*. London: Sage, pp. 3-11.

Coe, N.M., Kelly, P.F. and Yeung, H.W. (2013) *Economic Geography: A Contemporary Introduction*, 2nd edition. Oxford: Wiley Blackwell.

Corbyn, Z. (2014) San Francisco 2.0. *Observer Magazine*, 23 February, pp. 17-27.

Cresswell, T. (2013) *Place: A Short Introduction*, 3rd edition. Oxford: Blackwell.

Dicken, P. (2003) *Global Shift: Reshaping the Global Economic Map in the 21st Century*, fourth edition. London: Sage.

Dicken, P. (2015) *Global Shift: Mapping the Changing Contours of the World Economy*, 7th edition. London: Sage.

Epstein, G. (2005) *Financialisation and the World Economy*. London: Edward Elgar.

Fairtrade Foundation (2009) *Unpeeling the Banana Trade*. Briefing Paper. London: Fairtrade Foundation.

Gibson-Graham, J.K. (1996) *The End of Capitalism (As We Knew It): A Feminist Critique of Political Economy*. Oxford: Blackwell.

Harvey, D. (1989) *The Condition of Postmodernity*. Oxford: Blackwell.

Hudson, R. (2005) *Economic Geographies: Circuits, Flows and Spaces*. London: Sage.

Jones, A. (2010) *Globalisation: Key Thinkers*. Cambridge: Polity.

Knight, J. (2013) Inequality in China: an overview. *Policy Research Working Paper* 6482. Washington, DC: World Bank.

Lawrence, F. (2009) The banana war's collateral damage is many miles away. *The Guardian*, 13 October.

Martin, R. (2000) Institutionalist approaches to economic geography. In Sheppard, E. and Barnes, T. (eds) *Companion to Economic Geography*. Oxford: Blackwell, pp. 77-97.

Massey, D. (1984) *Spatial Divisions of Labour: Social Structures and the Geography of Production*. London: Macmillan.

Massey, D. (1994) A global sense of place. In Massey, D. (ed) *Place, Space and Gender*. Cambridge: Polity, pp. 146-56.

Peck, J. (1996) *Work-Place: The Social Regulation of Labour Markets*. New York: Guildford.

Polanyi, K. (1944) *The Great Transformation: The*

Political and Economic Origins of Our Time. Boston, MA: Beacon Press.

Polanyi, K. [1959] (1992) The economy as an instituted process. In Granovetter, M. and Swelberg, R. (eds) *The Sociology of Economic Life*. Boulder, CO: Westview Press, pp. 29-51.

Routledge, P. and Cumbers, A. (2009) *Global Justice Networks*. Manchester: Manchester University Press.

Schafran, A. (2013) Origins of an urban crisis: the restructuring of the San Francisco Bay Area and the geography of foreclosure. *International Journal of Urban and Regional Research* 37: 663-88.

Sheppard, E. (2011) Geographical political economy. *Journal of Economic Geography* 11: 319-31.

Smith, S.J., Munro, M. and Christie, H. (2006) Performing (Housing) Markets. *Urban Studies* 43: 81-98.

Vidal, J. (1999) Secret life of a banana. *The Guardian*, 10 November.

Walker, R. and Schafran, A. (2015) The strange case of the Bay Area. *Environment & Planning A* 47; published online 16 October 2014. Doi: 10.1068/a46277.

Watts, M. (2014) Commodities. In Cloke, P., Crang, P. and Goodwin, M. (eds) *Introducing Human Geographies*, 3rd edition. London: Arnold, pp. 391-412.

Wei, Y.D. (1999) Regional inequality in China. *Progress in Human Geography* 23: 49-59.

World Bank (2009) *World Development Report 2009: Reshaping Economic Geography*. Washington, DC: World Bank.

Yang, C. (2013) From strategic coupling to recoupling and decoupling: restructuring global production networks and regional evolution in China. *European Planning Studies* 21: 1046-63

Yang, C. (2017) The rise of strategic partner firms and the reconfiguration of personal computer networks in China: insights from the emerging laptop cluster in Chongqing. *Geoforum* 84: 21-31.

Chapter 02 | 경제지리학의 접근

주요 내용

▶ 경제지리학의 발달
▶ 경제지리학의 주요 접근
　• 과학적 방법과 계량화된 모델링을 강조하는 공간분석
　• 지리적 탐구에 경제학 방법을 적용하는 '신경제지리학'
　• 지리정치경제학
　• 1990년대부터 부상하기 시작한 문화적·제도적·진화론적·관계적 관점을 포함하는 경제지리학의 '새로운' 접근
▶ 이 책의 주요 접근: 제도적·진화론적 접근의 장점을 포함하는 개방적이고 다원적인 지리정치경제학 접근

2.1 도입

어떠한 학문도 자연적으로 존재할 수는 없다. 트레버 반즈(Trevor Barnes)가 주장하는 것처럼, 모든 학문은 특정 시대를 배경으로 사람들에 의해 '고안'된다(Barnes 2000). 최초의 경제지리학 강의는 1893년 코넬대학에서 개설되었다. 1889년

에는 조지 치숌(George G. Chisholm)이 처음으로 영문 교재를 출간했으며, 1925년에 이르러 최초의 경제지리학 학술지인 《경제지리학(Economic Geography)》이 창간되었다. 인접 분야인 경제학 또한 다른 사회과학과 함께 19세기 후반에 자리를 잡기 시작했다. 그러나 이 두 학문은 시작부터 상이한 특성을 보였다.

경제학에서는 경제가 시공간과 무관하게 모든 곳에서 보편적으로 작동하는 시장력(market forces)에 의해 통제된다고 상정한다. 시장은 수많은 판매자와 구매자로 구성되어 있고, 이들은 무엇을 생산하고 소비할지를 판단한다. 즉, 이들이 만들어내는 공급력과 수요력은 한정된 자원을 어떻게 할당할 것인지 결정한다. 주류 신고전파 경제학은 이른바 '경제인'이라는 개념을 전제로, 사람들이 합리적이고 이기적인 방식으로 행동하며 (마치 계산기같이) 언제나 비용과 편익을 저울질함

으로써 대안을 선택한다고 가정한다. 또한 시장은 본질적으로 자기조절 메커니즘을 갖고 있으며 수요와 공급의 힘을 중개하는 가격 메커니즘을 통해 평형 또는 균형 상태에 도달한다고 간주한다(그림 2.1).

이처럼 경제학은 물리학이나 화학처럼 자연과학의 방법론을 채택한 이론적 학문이지만, 경제지리학은 그 자체로 매우 사실적이고 실제적인 기획으로 자리를 잡았다(2.2 참조).

> 학문으로서의 경제지리학은 일반화와 이론화에 집중했던 경제학자의 관심에서 점차 멀어졌지만, 장소에 따라 다르게 나타나는 독특한 경제와 그 관계를 기술하고 설명하고자 했던 지리학자에게 주목을 받았다.
>
> (Barnes and Sheppard 2000: 2-3)

이와 같은 경제지리학의 실제적 성격은 1880년대부터 1930년대까지 크게 융성했던 **상업지리학(commercial geography)**에 의해 확립되었다. 상

업지리학은 세계 곳곳의 장소마다 생산되는 산물이 다르다는 '방대한 지리적 사실'을 기초로 한다. 이 지리적 사실은 전 세계적 무역 시스템의 토대이기도 하다(Barnes 2000: 15). 상업지리학의 발달은 경제지리학이 뚜렷이 독립된 분야로 자리를 잡는 데 중요한 역할을 했다. 발달 과정에서 경제지리학의 결정적 특징이라 할 수 있는 '이론에 대한 거부, 세밀한 사실 강조, 숫자 찬양, 지도로 가시화되는 지리적 범주에 대한 신뢰' 등이 강조되었기 때문이다(Barnes 2000: 16). 그러나 1930년대 들어 경제지리학의 초점은 "글로벌 체계 내의 일반적인 상업관계에서, 경계로 구획된 좁고 독특한 (그리고 특히 모국과 가까운 곳에 있는) 지역들로 이동했다"(Barnes 2000: 18). 이때가 바로 하트션(Hartshorne 1939)이 말했던 **지역지리학(regional geography)**의 시대다. 지역지리학은 '지역 차(지역 특성화, areal differentiation)'에 관한 프로젝트로, 지표면 위의 다양한 특징을 기술하고 해석함으로써 지역적 독특성을 확인하는 분야다.

일반적으로 주류 신고전파 경제학의 형식적·이론적 접근과 지리학의 개방적·사실적인 관심은 뚜렷하게 대비된다. 지리학은 본질적으로 종합적이기 때문에 어떤 과정(process)과 대상(things)을 분리해서 이해하기보다 양자의 관계에 초점을 두지만, 주류 경제학은 분석적이어서 경제를 사회적, 문화적 맥락으로부터 분리하고자 했다(표 2.1). 2장에서 검토하는 3가지 주요 접근의 핵심은 표 2.2로 요약할 수 있다. 이 3가지 접근은 2.5에서 다룰 새로운 접근의 토대가 되었다.

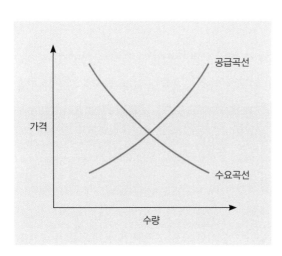

그림 2.1 수요곡선과 공급곡선 (출처: Lee 2002: 337)

표 2.1 경제학과 경제지리학

구분	주류 신고전파 경제학	경제지리학
학문의 성격	분석적. 외부 맥락에서 분리되어 있고, 자체적인 구성요소를 지님	종합적. 대상과 과정 간 관계에 관심을 둠
경제에 대한 정의	자체의 규칙과 '법칙'을 지닌 자율적 영역	보다 광범위한 사회적·정치적·문화적 관계에 근거를 둠
경제적 과정의 토대	이기적 개인의 합리적 행동	모든 개인과 집단은 특정한 지리적 맥락 내에서 행동함. 접근에 따라 강조하는 바가 다름
연구주제	경제의 작동방식과 경제의 구성요소	경제 현상의 공간적 분포
지리의 중요성	무시됨. 경제력은 어떤 곳이든 보편적이고 동일한 영향을 미침	근본적. 학문의 목적 그 자체
불균등발전에 대한 관점	일시적 현상. 최종적으로는 시장력에 의해 제거될 것으로 봄	영속적, 심층적

표 2.2 경제지리학의 주요 접근 1

구분	공간분석	신경제지리학(NEG)	지리정치경제학(GPE)
철학적 토대	실증주의	암묵적인 실증주의	변증법적 유물론*
개념적 원천	신고전파 경제학	신고전파 경제학. 불완전경쟁 및 수확체증 개념을 수용하여 수정함	마르크스주의 경제학, 사회학, 역사학
경제의 개념화	개별 행위자의 합리적 선택에 의해 움직임	개별 행위자의 합리적 선택에 의해 움직임	생산의 사회관계에 의해 구조화됨. 이윤추구와 경쟁에 의해 움직임
지리학적 지향 (장소 및 거시적 과정)	공간적 조직화의 거시적 형태	경제경관을 형성하는 거시적 힘	자본주의 발전의 거시적 과정
지리적 초점	북아메리카의 도시 지역, 영국, 독일	북아메리카와 유럽의 도시 지역	유럽과 북아메리카의 주요 산업지역 및 도시, 개발도상국의 도시와 지역
주요 연구주제	산업 입지, 도시 정주 체계, 기술의 공간적 분산, 토지 이용 패턴	산업 입지, 집적, 도시화	도시화 과정, 선진국의 산업 재구조화, 글로벌 불평등, 저발전
연구방법	설문조사 결과나 2차 데이터를 사용하는 계량적 분석	수학적 모델링	2차 데이터를 정치경제학 범주에 따라 재해석함. 면담 조사나 설문조사도 실시함

* '변증법적'의 의미는 사회의 변화를 서로 대립되는 힘 간의 투쟁이라는 관점에서 접근한다는 것을 말한다(Box 2.2). 유물론은 관념이나 문화보다는 존재의 실질적인 사회경제적 조건을 (가령 생산, 노동, 계급관계, 기술, 자원 등을) 우선적으로 강조하며, 정신보다는 물질이 일차적이라고 본다.

2.2 공간분석

1950년대 중반에 이르러 지역지리학에 대한 불신이 팽배해졌다. 신흥 연구자들은 지역 종합(regional synthesis)이 지리학의 올바른 목적이라는 생각을 점차 거부하면서, 더 과학적인 접근을 추구했다. 특히 1953년 프레드 셰퍼(Fred K. Schaefer)는 기존의 지리학적 성과를 공격하는 설득력 있는 논문을 출간했다. 셰퍼는 지리학자들이 과학적 방법을 사용해서 입지와 공간적 조직화에 관한 일반적 이론과 법칙을 발견해야 한다고 주장했다(Scott 2000). 그의 주장은 당시의 **실증주의적**(positivist) 과학철학에서 유래한 것이었다(Box 2.1).

셰퍼의 철학적 주장은 아이오와대학, 시애틀의 워싱턴대학 등을 중심으로 융성하기 시작한 새롭고 실용적인 연구 스타일과 잘 맞아떨어졌다. 이들 대학에서 공부하던 젊은 지리학자들은 산업입지, 거리, 이동 등에 관한 문제를 분석하는 데 통계적·수학적 방법을 활용하고 있었다(Barnes 2000). 구체적으로 워싱턴대학의 경우 산업 입지와 토지 이용, 도시화와 중심지이론, 운송 네트워크, 교역과 사회적 상호작용의 지리적 역동성 등의 주제에 초점을 둔 **공간분석**(spatial analysis) 연구 프로그램을 개발해서 활발히 운영했다. 1960년대 들어 이 새로운 과학적 지리학은 미국 내 다른 대학의 지리학과에도 널리 영향을 미쳤으며, 영국에서는 케임브리지대학과 브리스톨대학이 새로운 변화의 구심점 역할을 했다. 이런 혁신적 분위기 속에서 버튼(Burton 1963: 151)은 "지

실증주의

실증주의(positivism)의 창시자는 프랑스의 철학자이자 사회학자였던 오귀스트 콩트(Auguste Comte, 1798-1857)이고, 그의 사상은 1920~30년대에 이른바 빈학파(Wiener Kreis) 사상가들에 의해 크게 발전했다. 실증주의는 제2차 세계대전 이후 자연과학의 목적을 설명할 때 대체로 설득력 있는 접근으로 (물론, 특정 세부 주제에서 논쟁이 촉발되기도 했지만) 인정받았다. 그러나 1970년대 이후부터 일부 사회과학자를 중심으로 (많은 인문지리학자를 포함하여) 실증주의를 거부하는 움직임이 일어났다.

실증주의는 실세계가 우리의 인식과는 독립적으로 존재한다는 주장에 입각한다. 실증주의에 따르면 실세계는 근본적 질서와 규칙성을 가지고 있기 때문에 과학의 임무는 이를 발견하고 설명하는 것이다. 즉, 사실(facts)은 중립적인 방법에 의해 직접적으로 관찰, 분석될 수 있다는 것이다. 실증주의의 가장 핵심적인 주장은 사실과 가치의 분리이다. 그렇기 때문에 개인의 신념과 위치는 과학 연구에 영향을 미쳐서는 안 된다. 과학의 목적은 실세계의 사건과 패턴을 설명하고 예측할 수 있는 일반적인 설명 법칙을 제시하는 것이다. 실증주의에 입각한 고전적인 연역적 방법론(이론에서 출발해 구체적 연구를 수행하는 절차)을 따르자면, 과학자들은 우선 가설(어떤 힘이나 관계가 실세계에서 작동하는 방식에 관한 공식적인 진술)을 설정한 후 실험이나 측정을 통해 수집한 데이터로 가설을 검증해야 한다. 최초의 검증으로 타당성을 인정받은 가설은 객관적이고 반복 가능한 절차를 통해 그것이 참이라는 것을 입증받아야 한다. 입증에 성공하면 그 가설은 과학적 법칙이라는 지위를 획득한다.

리학의 정신과 목적에 대한 급진적 변화"를 단행하는 '계량혁명'을 완수할 것을 주창했다. 경제지리학은 이러한 운동의 최전선에 위치하고 있었는데, 경제지리학의 연구 주제들이 계량적 방법을 적용하기에 가장 적합한 분야였기 때문이다.

1950년대 말부터 1960년대까지는 이러한 새로운 접근에 유리했던 시기다. 왜냐하면 당시의 정책 담당자들이 선진국의 경제문제와 도시문제에 많은 관심을 두고, 관련된 학술적 분석과 정책 자문에 지원을 아끼지 않았기 때문이다. 지속적인 경제성장과 과학기술에 대한 사람들의 근본적인 신뢰는 '무엇이든 해결할 수 있다'는 낙관적 분위기를 탄생시켰다. 도시 및 지역 계획 분야에서는 입지, 토지 이용 및 관리, 교통과 관련된 여러 문제에 대응할 수 있는 수단을 적극적으로 채택했다. 이런 맥락에서 기존의 지역지리학은 더욱 퇴보적이고 구시대적인 것으로 간주되었고, 지역지리학이 초점을 두었던 농촌지역과 그에 대한 세밀한 기술이나 분류 작업은 계획가나 정책 담당자에게는 사실상 실용적인 가치가 거의 없는 것처럼 보였다.

1960년대에 **신고전파 경제학 이론**은 계량경제지리학이 활용할 수 있는 개념의 토대를 마련했다(Box 2.2). 지리학자들은 연역적 이론화와 분석의 절차를 일반화하고자 했다. 즉, 그 이전까지는 여러 추론을 단순화하는 데 관심을 두었지만, 점차 실세계의 계량적 데이터로 가설과 모델을 개발하고 검증하는 것으로 관심이 이동했다. 계량

Box 2.2

신고전파의 지역수렴모델

신고전파의 '지역수렴(regional convergence)모델'은 지역 간 불균형을 분석하고 정책적 대안을 제시하는 데 많은 영향을 끼쳤다. 다른 신고전파 경제학 이론과 마찬가지로 지역수렴모델은 상당히 제한된 가정하에 소수의 핵심 변수들이 어떻게 작동하는지에 초점을 둔다. 특히 이 모델은 생산요소 중 (토지는 고정되어 있으므로 제외하고) 자본과 노동의 지역 간 이동에 초점을 둔다. 이 이론을 단순화한 핵심 전제는 시장이 완전경쟁을 특징으로 한다는 것, 생산규모가 증가해도 수익률은 증가하지 않고 일정하다는 것, 노동과 자본의 이동은 무제한적이며 소요되는 비용도 없다는 것, (임금 같은) 요소 가격은 완벽히 유연하다는 것, 생산요소는 상이한 유형이나 집단으로 구성되지 않고 동질적이라는 것, 노동과 자본의 소유자는 모든 지역의 요소별 가격을 완벽히 알고 있다는 것 등이 있다(Armstrong and Taylor 2000: 141).

지역수렴모델은 이러한 가정을 토대로 지역 간 노동과 자본의 이동이 점진적으로 산출이나 소득의 지역 간 차이를 줄이고 장기적으로는 수렴을 달성할 것이라고 예측한다. 이러한 수렴이 발생하는 것은 노동과 자본이 서로 반대 방향으로 이동하기 때문이다(Pike *et al.* 2017: 63). 초기에는 노동이 저임금지역에서 고임금지역으로 이동할 것이다. 그러나 시간이 지남에 따라 고임금지역에서는 인구의 유입으로 인해 자본에 대한 수익(이윤)이 점차 줄어드는 수확체감 현상이 나타날 것이다. 따라서 자본은 고임금지역에서 유출되어 비용이 보다 낮고 수익이 많은 저임금지역으로 유입될 것이다. 이러한 시장의 조절 메커니즘은 장기적으로 지역수렴을 발생시킬 것이다.

이 모델은 단순하면서도 명료하기 때문에 이후 연구와 정책에 많은 영향을 끼쳤다. 이 모델은 지역 간 불평등을 일으키는 핵심적인 힘과 방향성을 뚜렷이 제시한

다. 노동과 자본의 이동은 지역 간 차이를 야기하는 중요한 요인이며, 고임금지역의 경우 성장과 인구 유입으로 인해 비용이 상승하는 경향이 있다는 것도 분명하다. 그러나 이로 인해 지역수렴이 발생한다는 증거는 복합적이다. 역사적 관점에서 볼 때, 서유럽의 경우 급속한 경제성장과 뚜렷한 지역수렴이 나타났던 시기가 있었지만, 1970년대 중반부터는 성장률이 낮아지고 불평등이 높아졌다(Dunford and Perrons 1994). 보다 최근 들어 1인당 GDP로 측정한 EU의 지역 간 불평등을 살펴보면, 2000~08년에는 소득 상위 20% 지역을 소득 하위 20% 지역과 비교할 때 불평등 정도가 3.8배에서 2.5배로 감소했다. 그러나 2008~11년 경제위기 동안 지역격차는 다시 증가했다(European Commission 2014: 3). 이러한 사실은 지역수렴의 경향이 있다고 하더라도 이는 느린 속도로 진행되며 불연속적이라는 것을 함의한다.

신고전파모델과 현실 간 불일치는 이 모델이 기반으로 삼고 있는 비현실적 이론화로 인한 것이다. 즉, 현실적으로 인구 이동에는 비용이 수반될 수밖에 없고, 모든 정보를 완벽하게 아는 것은 불가능하며, 완전경쟁이란 것은 존재하지 않는다. 그럼에도 불구하고 일부 경제학자와 정책 개발자는 이 모델을 신봉하고 있다. 가령 세계은행이 발간한 『2009년 세계개발보고서(World Development Report 2009)』는 개발도상국에서는 일정한 격차 발산의 기간을 지난 후에 장기적으로 지역수렴이 나타날 것이라고 예측했다(Box 2.3).

경제지리학의 선구자 중 한 명인 아이오와대학의 해럴드 매카티(Harold McCarty)는 "대체로 경제지리학은 경제학 분야에서 개념을, 지리학에서 방법론을 차용한다"고 말한 바 있다(McCarty 1940, Barnes 2000: 22에서 재인용).

독일입지이론(German location theory)의 전통은 1950~60년대 새로운 경제지리학이 차용해 지리학에 적용할 수 있는 경제 이론의 원천이었다. 폰 튀넨(Johann Heinrich von Thünen, 1783-1850), 베버(Alfred Weber, 1868-1958), 크리스탈러(Walter Christaller, 1893-1969), 뢰쉬(August Lösch, 1906-1945)의 연구들이 1960년대 북아메리카와 영국을 대상으로 토지 이용 패턴, 산업 입지, 정주 패턴과 시장 지역의 조직화를 설명하고 예측하는 데 적용되었다. 베버의 공업입지론은 원료 산지와 시장 지역과 관련하여, 공장의 입지를 결정할 때 운송비의 중요성을 강조한 이론이다. 그의 이론은 이른바 입지 삼각형(locational triangle)으로 잘 알려져 있다(그림 2.2). P 지점은 원료를 공장으로 운

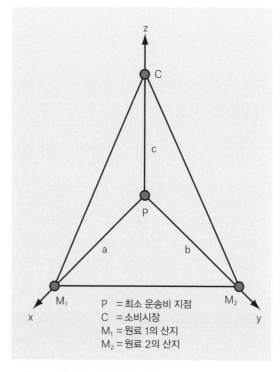

그림 2.2 베버의 입지 삼각형 (출처: Knox and Agnew 1994: 77)

송해오고 완제품을 시장까지 운송할 때 운송비가 최소가 되는 지점이다. 만일 원료의 중량이 제조 과정에서 감소하는 제품이라면, 공장의 입지는 원

료 산지에 가까운 쪽에 입지하게 될 것이다. 반면 원료의 운송비에 비해 제품의 유통 비용이 더 크다면, 공장의 입지는 시장에 가까운 쪽으로 이동하게 될 것이다. 베버는 1929년에 이 모델을 공식 발표했는데, 당시는 석탄 산지를 중심으로 한 중공업이 경제경관을 지배하던 시기였다.

독일입지이론에서 가장 널리 알려진 것은 크리스탈러의 **중심지이론**(central place theory)일 것이다. 중심지이론은 경제적 합리성이나 인구의 균일한 분포 같은 일정한 지리적 조건을 전제로, 하나의 도시 체계 내에서 정주 규모와 분포를 설명한다. 상점의 소유주는 입지적으로 중심을 선택해야 하기 때문에, 육각형의 중심지 네트워크를 형성하며 이는 저차위부터 고차위에 이르기까지 계

층적으로 조직된다(그림 2.3).

이른바 계량혁명은 경제지리학의 성격을 "현장을 기반으로 하는 장인적 형태의 연구에서 장소를 떠나 멀리에서 분석하는 책상머리에서의 기술적(technical) 연구"로 바꾸어버렸다(Barnes 2001: 553). 경제지리학자들은 더 이상 현장에서 지역을 직접 관찰하고 지도화하지 않고, 책상에서 2차 정보와 통계를 이용하여 공간 조직의 패턴을 분석하게 되었다. 물론 모든 경제지리학자가 이런 방법을 채택한 것은 아니었지만, 공간분석은 이 변화를 거부했던 사람들을 점차 주변부로 밀어내고 중심 무대를 차지했다(Barnes 2001). 그러나 1960년대 말부터 이러한 계량지리학의 '정신과 목적'에 질문을 던지는 새로운 지리학자들이 등장함

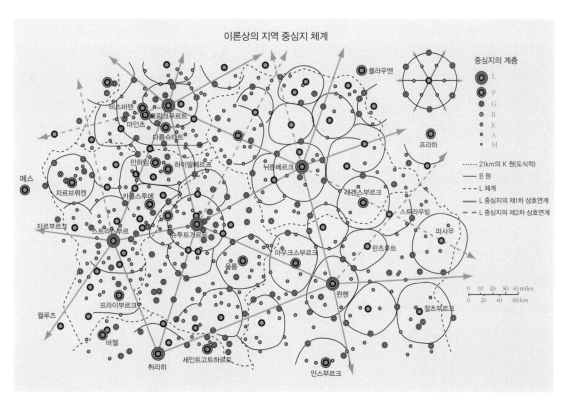

그림 2.3 남부 독일의 중심지 (출처: Christaller 1966: 224-5)

에 따라, 경제지리학은 새로운 전환기를 맞이했다 (2.4 참조).

2.3 신경제지리학

역사적으로 경제학자들은 지리에 큰 관심을 두지 않았다. 지리는 경제의 일반적 작동원리를 이해하려는 그들의 목적에 적절한 탐구주제가 아니었기 때문이다. 이러한 경향은 1990년대 초에 저명한 경제학자인 폴 크루그먼(Paul Krugman)이 경제학의 방법과 도구를 경제지리학 분야의 주제를 분석하는 데 적용하면서 전환기를 맞았다. 크루그먼은 이 새로운 접근을 '**신경제지리학(NEG: New Economic Geography)**'이라고 명명했다. 일부 경제지리학자는 그가 지리 지향적인 경제학을 표방했기 때문에 신경제지리학 대신 '신지리경제학(new geographical economics)'이라고 부르는 것이 정확하다고 주장했다. 경제지리학은 빠른 속도로 많은 경제학자의 관심을 받게 되었고, 이들은 불균등발전, 산업 입지, 도시화 등을 탐구하는 데 수학적 모델링 기법을 적용했다. 2008년에 크루그먼은 경제지리학과 국제무역 분야에서 업적을 인정받아 노벨경제학상을 수상했다.

NEG는 주류 경제학 방법을 적용해서 여러 가정들을 단순화한 모델을 도출했다. 크루그먼(Krugman 2000: 51)은 이 과정을 "바보스럽지만 편리했다"고 표현하기도 했다. NEG는 신고전파 경제학의 기본적인 프레임을 유지하기 때문에, 경제학자들이 미시적 토대(microfoundations)라고 일컫는 개별 행위자의 합리적 결정을 바탕으

로 모델을 설명한다. 산업 입지의 패턴도 이러한 미시적 토대를 근거로 최초로 모델화될 수 있었다. 이러한 획기적인 진전이 가능했던 것은 딕싯(Dixit)과 스티글리츠(Stiglitz)가 1977년에 개발한 모델을 통해 경제학이 불완전경쟁 개념을 수용할 수 있었기 때문이다. 이 모델은 완전경쟁을 가정하는 대신 일부 시장이 소수의 강력한 기업에 의해 지배될 수 있다는 것을 인정했다. 기업은 독점적 권력을 통해 수익을 늘릴 수 있기 때문에 이 모델은 경제지리학적 관점에서도 중요한 함의를 지닌다. 수익률의 증대는 본질적으로 (생산규모에 대한 추가적인 투자로 이윤이 증가하는) 규모의 경제에 의한 것이다. 이는 생산규모를 확대해도 수익률은 일정하거나 감소한다는 (즉, 규모의 경제는 존재하지 않는다는) 신고전파 경제학의 전제와 대비된다(그림 2.4). 재미있게도 NEG는 경제지리학과 지역학의 핵심 주제 중 하나인 운송비 문제를 다루면서, '빙산'의 은유를 통해 이익의 일부는 운송 과정에서 '녹아 없어진다'고 주장한다. 이를 통해 NEG는 운송을 또 하나의 산업으로 포함할 필요성

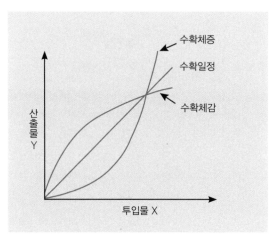

그림 2.4 규모에 대한 수익 (출처: FAO 2010: 10)

을 제거해서 모델을 단순화할 수 있게 되었다.

NEG 모델은 경제경관에서 생산을 특정 지역으로 집중하는 힘과 다수의 입지로 분산하는 힘 사이의 긴장관계를 집중 조명한다. 지리적 집중을 일으키는 구심력 요인에는 시장규모의 효과, 풍부하고 전문적인 노동시장, 해당 입지에서 다른 기업들로부터 구할 수 있는 정보에 대한 접근성 등이 포함된다. 반대로 지리적 분산을 야기하는 원심력은 토지와 같이 비이동적인 (또한 이동성이 상당히 제한적인 노동까지도 포함하는) 생산요소와 교통체증 등 집중에 수반되는 비용 때문에 발생한다. 상당히 많은 NEG 연구들이 상이한 조건에서 이 2가지 힘의 상호작용을 평가하는 데 초점을 두었다. 운송비가 매우 낮거나 운송기술 개선이 있었다고 할지라도 경제를 분산적 패턴에서 집중적 패턴으로 바꿀 수 있다. 집중의 과정은 대체로 핵심부-주변부의 패턴을 야기하는 반면, 분산의 과정은 상대적으로 규모가 비슷한 다수의 전문화된 중심지를 출현시킨다. 이러한 접근은 크루그먼을 포함한 많은 NEG의 주창자에게 실세계의 패턴을 그럴듯하게 설명할 수 있는 유용한 틀을 제공했다. 19세기 미국 북동부 및 중서부 지역에서의 제조업벨트 발달이나(그림 3.10) 최근 중국에서 부상하고 있는 뚜렷한 중심부-주변부 패턴 등은 대표적 사례다(Box 1.3).

NEG는 국제적·국가적 스케일 모두에서 정책 전문가에게 점점 매력적인 접근이 되어가고 있다. 심지어 세계은행에서 발간한 『2009년 세계개발보고서』는 전체 내용을 NEG 접근을 토대로 구성했다(Box 2.3). 그 이유는 NEG 접근이 수학적 모델을 기초로 하기 때문에 '만약이라는 문제 (what if)'에 대해 (달리 말해, 기저의 매개 변수나 의사결정이 변동할 경우 어떤 경제적 결과가 야기될 것인지에 대해) 정책 전문가들이 참고할 수 있는 잠재적 지침을 제공하기 때문이다(Krugman 2011). 그뿐만 아니라 NEG의 연역적 접근은 불균등발전을 다소 협소하게 설명하기 때문에, NEG는 측정가능하고 모델링이 가능한 소수의 변수에 주목한다. 특히 규모의 경제, 운송비, 시장규모와 같은 명확한 입지 요인에 초점을 두는 반면, 더 비가시적이거나 파악하기 어려운 원인은 (특히 정보의 파급, 학습, 기업 간 비공식적 관계 등) 무시한다. 이 점은 상당히 문제가 있다. 운송비가 감소하고 국제적 연결이 증대되는 오늘날, 후자의 원인이야말로 전 세계에 공간적 집중과 불균등발전을 일으키는 가장 중요한 요인이 되고 있기 때문이다(Storper 2011).

결국 NEG는 경제지리학자들이 오랫동안 제기해온 기본적인 질문에 똑같이 초점을 두면서도, 독특하게 경제학적 방법을 토대로 한다. NEG는 1960년대에 유행했던 공간분석을 보다 정교하게 발전시킨 버전에 불과하기 때문에 기본적인 한계를 그대로 공유하고 있고, 이로 인해 많은 경제지리학자에게 "따분한 기시감"을 불러일으킨다(Martin 1999: 70). NEG의 약점은 "사실상 현실에서 가장 중요한 것보다는 모델로 만들기 쉬운 것에 초점을 두는" 경향성이다(Krugman 2000: 59). 이런 접근이 실제 경제경관의 복잡성과 풍부함을 결코 포착할 수 없음에도 불구하고, NEG의 분석적 명료함, 일반 모델의 사용, 목적 달성의 효과성은 경제지리학에 상당히 유용한 교훈을 준다(Storper 2011).

Box 2.3

경제지리학의 재편
『2009년 세계개발보고서』

세계은행은 『2009년 세계개발보고서』에서 개발조건과 동향을 분석하고 정책적 방향을 제시하는 데 NEG 접근법을 사용했다. 이는 밀도(Density), 거리(Distance), 분리(Division)로 구성된 이른바 3D 프레임으로 구성되어 있다(World Bank 2009). 밀도는 사람과 기업의 공간적 집중 정도를 지칭하며, 도시의 성장률이 밀도의 지표로 사용되었다. 거리는 경제활동이 집중된 지역과 상대적으로 낙후된 지역 간 지리적 거리다. 마지막으로 분리는 국내 시장, 규제(조절 제도), 통화(화폐) 등과 관련하여 경제 단위 간 경계와 분리의 효과를 말한다. 밀도는 국지적 스케일에서 가장 우세하게 나타나는 반면, 거리는 국가적 스케일, 분리는 국제적 스케일과 관련되어 있다.

이 보고서의 '주요 메시지'는 경제성장이 결국은 불균형 상태를 야기하므로, 경제활동의 공간적 파급을 확대하려는 (가령 지역정책 같은) 시도가 필요하다는 것이다. 보고서의 2부는 균형성장을 위한 3가지 동력을 제시하는데, 여기에는 집적, 이주, 전문화와 무역이 포함된다. 보고서는 불균형 성장이 포용적 발전과 조화를 이룰 수 있다고 주장한다. 즉, 초기에는 경제적 기회에 대한 접근성이 낮은 곳에 있던 사람들도 결국은 혜택을 누리는 경제적 통합을 달성할 수 있다는 것이다. 이를 위해서는 3가지 정책이 필요하다. 첫째, 정부의 도시화 촉진 정책이다. 정부는 빈곤층을 지원하고 슬럼을 개선하기 위해 효과적인 제도와 관련 인프라를 구축하여 뚜렷한 표적

(targeted) 개입을 실시해야 한다. 둘째, 모든 지역을 통합하는 전 국토적 개발을 통해 낙후된 지역주민을 성장지역으로 이동하도록 장려한다. 셋째, 시장 규모를 늘리고 전문화를 촉진하기 위해서 (가령 서유럽 및 동유럽, 남아메리카, 아프리카 남부 등과 같이) 국가 간 지역적 통합을 추구해야 한다.

한편, 『2009년 세계개발보고서』가 지리에 초점을 두고 흥미로운 데이터와 분석을 제시했지만, 모든 지리학자가 이 보고서를 환영한 것은 아니었다. 그 이유는 개발을 협소하고 한정적으로 제시함으로써 NEG가 제시했던 추상적인 조감도를 그대로 반복하고 있으며, 지리적 복잡성과 맥락을 평가하지 않은 채 몇몇 독립적 요인에만 초점을 두었기 때문이다(Storper 2011). 이 보고서는 빈곤 발생의 사회적·환경적 기원과 영향력을 완전히 누락했고, 정부의 제도 및 정책의 역할은 단지 경제적 통합을 목표로 시장력을 촉진하는 것이라고 설정했다. 또한 이 보고서가 제시하고 있는 경제학자적 시각은 지리학자와 기타 사회과학자의 중요한 연구 업적을 무시하고 있다(Rigg et al. 2009). 결국 이 보고서는 경제지리학 연구 프로그램으로서 NEG가 지닌 힘과 한계를 모두 보여준다. 경제발전의 비전을 단순하면서도 설득력 있게 보여주지만, 유럽과 북아메리카의 경험으로부터 발전에 대한 더 폭넓은 차원의 교훈을 포착하는 데는 실패했다(Storper 2011).

2.4 지리정치경제학

정치경제학은 거시적 분석 프레임이기 때문에, 단일한 이론이나 개념보다는 다양한 접근과 전통을 포괄한다. 정치경제학은 18세기 후반부터 19세기까지 애덤 스미스(Adam Smith)와 데이비드 리카도(David Ricardo)의 고전 정치경제학에서 출발했으며, 마르크스의 급진적 비판론 및 그 후속 논

의와 밀접하게 관련되어 있다(Box 2.4). **지리정치경제학(GPE: Geographical Political Economy)**은 1970년대 마르크스의 정치경제학 접근이 도시 및 지역의 재구조화와 변화를 연구하는 데 적용되면서 부상하기 시작했다. GPE는 자본주의를 여러 경제 조직화의 형태 중 하나로 간주하는 (물론 자본주의가 지배적인 형태이기는 하지만) 포괄적이고 강력한 접근으로, 지리를 경제발전 및 재구조화를

Box 2.4

정치경제학의 전통과 마르크스주의 접근의 기원

정치경제학에 대한 카를 마르크스(Karl Marx)의 기여는 역사적 맥락에서 이해할 필요가 있다. 1817년에 태어난 마르크스는 초창기에는 헤겔의 변증법적 접근에 영향을 받은 독일 철학을 배웠는데, 변증법은 인간관계를 상반된 힘 간의 투쟁으로 이해하는 것이 특징이다(그림 2.5). 그러나 1840년대 들어 마르크스는 점차 경제문제에 관심을 갖기 시작했고 산업혁명과 도시사회의 도래에 깊이 매료되었다. 3권으로 구성된 『자본론(Capital: A Critique of Political Economy)』은 마르크스의 거대한 이론적 프로젝트의 결과로, 19세기 중반 당시 사회를 휩쓸고 있던 극적인 변화를 이해하기 위해서 스미스와 리카도의 고전 정치경제학을 재구성한 것이다(Dowd 2000).

1776년에 출간된 스미스의 『국부론(The Wealth of Nations)』과 1817년에 출간된 리카도의 『정치경제학과 과세의 원리에 대하여(On the Principles of Political Economy and Taxation)』는 시장과 자유무역을 지지했다는 공통점이 있다. 스미스 철학의 핵심은 정부가 경제에 개입하지 않으면 국가는 더 많은 부를 누릴 수 있다는 것이다. 리카도는 국제무역 시스템에서 관세가 없어진다면 각국은 상대적 효율성이 높은 상품의 생산을 전문화하여 전체적 효율성이 훨씬 증진되고 그 결과 각 국가의 부는 더욱 증가할 것이라고 주장했다(Box 3.3).

그러나 두 책 모두 자본주의 초기 단계에 집필되었기 때문에, 당시 중상주의와 결탁한 봉건주의는 (특히 당시의 국가 보호무역주의는) 사회의 진보에 장애물로 여겨졌다. 스미스에게 시장관계와 경쟁의 발전은 봉건주의보다 훨씬 더 진보적이고 평등한 사회를 만들어냄으로써 전통적인 사회적 속박에서 사람들을 해방시키는 것으로 간주되었다. 이런 의미에서 스미스는 18세기의 계몽사상을 상당부분 받아들여 '낡은 체제'를 전복하고자 했던 인물로 평가할 수 있다. 그의 사상은 이후 프랑스혁명과 미국의 독립전쟁에 큰 영향을 끼쳤다.

스미스보다 반세기 이상 늦은 시점에 『자본론』을 집필한 마르크스 또한 자본주의가 봉건사회보다 훨씬 진보했다는 점을 받아들였다. 그렇지만 그는 스미스와 달리 당시 산업자본주의가 야기하는 부정적인 결과를 경험하고 있었다. 공장 생산체계의 증대, 대규모의 도시화, 산업 노동계급의 양산, 소름끼칠 정도의 빈곤과 불결한 생활여건 등은 스미스가 생각했던 자본주의의 유토피아보다는 윌리엄 블레이크(William Blake)의 시에 나오는 '어두운 사탄의 맷돌(dark satanic mills)'과 같았다.★

마르크스에 따르면 계급투쟁은 주인과 노예의 관계, 영주와 농노의 관계부터 자본가와 노동자의 관계에 이르기까지 인간의 역사를 발전시키는 근본적인 원동력이었다. 자본주의하에서 계급관계는 자본에 대한 (그리고 돈, 공장, 장비에 대한) 사적 소유권에 의해 구조화되어 있기 때문에, 이를 소유한 자본가계급과 이를 소유하지 못한 탓에 임금을 대가로 노동을 팔아야 하는 노동자계급을 만들어냈다. 노동자가 생산한 가치는 노동자가 임금으로 받는 가치보다 항상 많으며, 이에 따른 잉여가치는 자본가에 의해 보유, 축적된다. 이러한 잉여가치를 '이윤'이라고 하는데, 이는 계급착취의 근간을 이룬다. 자본주의하에서 수많은 노동자들이 공장이 발달한 산업도시로 몰려드는데, 이는 노동자에게 자신을 착취하는 시스템에 대항할 수 있는 조직화의 수단을 제공한다. 경쟁에 따른 생산의 지속적 확대는 불가피하게 과잉생산(overproduction)을 일으키므로, 결국 노동자계급의 힘이 커져서 시스템이 붕괴된다. 이어 새로운 사회주의 시대가 도래한다. 이런 방식으로 자본주의는 스스로 무덤을 판다(Dowd 2000: 87).

★ '사탄의 맷돌'은 산업혁명이 인간을 통째로 갈아서 바닥 모를 퇴락의 구렁텅이로 몰아넣는다는 것을 공포스럽게 표현한 것이다. 칼 폴라니는 이 시구를 빌려 자신의 저서 『거대한 전환』에서 시장경제란 '사탄의 맷돌'과 같다고 비유했다.

통해 적극적으로 생산된 것으로 이해한다. 또한 GPE는 경제관계를 생물리적(biophysical)·사회적·문화적 과정과 연계해서 이해할 필요성도 강조한다(Sheppard 2011).

2.4.1 지리정치경제학의 기원

1960년대 말부터 1970년대 초까지 계량경제지리학은 사회적 적절성 여부와 사회에의 관심 결여에 대해 비판을 많이 받았다(2.2 참조). 신세대 지리학자들이 볼 때 계량경제지리학은 도시 및 지역 계획과 관련된 기술적인 이슈에만 초점을 둔 협소한 학문이었고, 어떻게 사회가 조직화되어 있는지에 대한 심층적 문제들을 무시하는 학문이었다. 이런 가운데 핵심 이슈로 미국 도시에서의 인종적 분리 심화, (미국의 제국주의적 대외정책을 상징하는) 베트남전쟁, 성 불평등, 도심(inner city)의 게토를 중심으로 하는 빈곤 심화 등이 제기되었다. 당시 대부분의 지리학자는 이러한 문제들에 침묵했다. 데이비드 하비(David Harvey)는 이런 학계를 향해 지리 사상의 혁명을 주장한 선구적 인물이었다(Harvey 1973).

> 계량혁명은 수명이 끝났고, 학문의 위축은 뚜렷한 추세로 자리 잡았다. … 생태문제, 도시문제, 국제무역의 문제 등이 산적해 있다. 그러나 우리에게는 이런 문제에 대해 깊이 있게 한마디 말이라도 건넬 수 있는 역량이 없는 듯하다.
>
> (Harvey 1973: 128-9)

미국의 젊은 지리학자들은 이 절박한 사회적 이슈에 대응하기 위해 새로운 급진주의 지리학을 만들어내고자 했다. 이 운동을 시작한 것은 매사추세츠주의 클라크대학에서 공부하던 대학원생들이었으며, 운동을 이끌었던 리처드 피트(Richard Peet)는 1969년 급진적 학술 저널인 《앤티포드(Antipode: A Radical Journal of Geography)》를 창간하기에 이르렀다.

급진주의 지리학자들은 지적 토대를 마련하기 위해 정치경제학에 관심을 쏟았다. 특히 마르크스의 저작들은 선진자본주의를 비판적으로 분석할 수 있는 프레임을 제공했다. 이를 바탕으로 경제지리학은 다시 한번 학문적 발전의 최전선에 설 수 있었다. 일반적으로 **마르크스주의**는 고정된 대상보다는 과정과 관계를 강조하면서, 상반된 힘 간의 긴장이 추동하는 변화를 명제(thesis)–반명제(antithesis)–합명제(systhesis)라는 변증법적 관점에서 이해하고자 한다(그림 2.5).

> 부르주아지는 [자본가는] 생산도구를 끊임없이 혁신하지 않으면 존재할 수 없다. 따라서 생산관계와

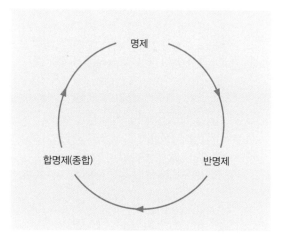

그림 2.5 변증법 (출처: Johnston and Sidaway 2004: 231)

이를 둘러싼 전체 사회관계도 끊임없이 변할 수밖에 없다. … 생산의 끊임없는 혁신, 모든 사회적 상태의 계속되는 교란, 그리고 영구적 불확실성과 동요는 부르주아지의 시대를 이전의 다른 시대들과 구별 짓는 특징이다. 고정되어 있던, 얼어붙어 있던 모든 관계는 … 사라지며, 새롭게 형성된 모든 관계는 미처 굳어지기도 전에 낡은 것이 되어버리고 만다. 견고한 모든 것은 공기 속으로 사라지며, 신성한 모든 것은 세속화된다.

(Marx and Engels [1848] 1967: 83)

이런 관점에서, 도시나 운송시스템 같은 특정한 지리적 대상들은 더 광범위한 관계의 표현일 따름이며, 변화를 추동하는 거시적 힘에 의해 끊임없이 변동하게 된다.

2.4.2 마르크스주의 이론의 발전

마르크스의 저작들은 자본주의의 지리를 지극히 제한적인 수준에서 다루었지만, 데이비드 하비 같은 마르크스주의 지리학자들은 그의 저작을 토대로 이론적 진전을 이루어 지리적 변동에 대한 독창적인 마르크스주의 분석을 발전시켰다(Box 2.5). 이들에 따르면 자본주의의 경제경관은 자본과 노동의 갈등관계에 의해 형성되고 국가에 의해 조절되는데, 이러한 설명은 신고전파 경제학 이론이 단정해온 지역 간 조화로운 균형상태와 확연히 대비된다(Box 2.2).

마르크스주의 지리학의 첫 번째 국면은 자본주의가 어떻게 특정한 지리적 경관을 형성하는가에 집중했다(Smith 2000). 하비는 자신의 대표 저작인 『자본의 한계(The Limits to Capital)』에서 자본이 지니는 지리적 고정성(fixity)과 이동성(mobility) 간의 모순에 대해 다루었다(Harvey 1982). 우선 자본은 일정 기간 동안 특정한 장소에 고정됨으로써 공장, 사무실, 주택, 교통 인프라, 통신 네트워크 같은 건조환경(built environment)을 창출하여 생산이 가능한 조건을 구축한다. 그러나 다

Box 2.5

닐 스미스의 불균등발전
'시소' 이론

닐 스미스(Neil Smith)의 불균등발전 이론은 마르크스주의 경제지리학 발전에 기여한 바가 크다. 스미스에 따르면 불균등발전 과정은 자본주의 원리의 핵심인 공간적 차별화와 균등화의 변증법적 결과물로, 전(前)자본주의 시스템에 의해 형성된 복잡한 경제경관을 바꾸어버렸다. 자본은 투자자에게 가장 높은 이윤을 가져다줄 수 있는 지역으로 이동해서 그곳을 발전시킨다. 그 지역으로 생산의 중심이 지리적으로 이동하면 급속한 발전이 이루어져 다른 지역과의 차별화가 나타나는 반면, 다른 지역들은 여전히 낙후된 상태에 머무르게 된다. 결과적으로 이러한 지역 또는 국가 간에는 생계 및 임금의 수준이 뚜렷한 격차를 보이게 된다. 이와 동시에, 상품과 서비스 시장이 확대되는 과정에서 나타나는 균등화 경향 또한 투자자에게 중요하다. 생산물의 소비를 지탱하려면 소득을 창출해야 하므로, 다른 지역을 식민지처럼 자신의 영역으로 끌어들여 개발할 필요성이 생기기 때문이다.

그러나 시간이 지남에 따라 경제발전으로 임금이나 다

토지 가격이 상승하고, 실업률이 낮아지며, 노동조합의 영향력이 강해지기 때문에, 특정 지역에서의 경제발전 과정은 이윤율을 점차 저하시킴으로써 스스로의 토대를 잠식하는 경향이 나타난다. 다른 지역의 경우 저발전 상태로 인해 낮은 임금, 높은 실업률, 노동조합 부재 등의 특징이 있기 때문에, (보다 발전된 지역으로부터의) 외부 자본을 유인할 수 있는 이윤의 토대를 갖게 된다. 그 결과 자본은 선진화된 지역에서 저발전 지역으로 이동하는 '시소' 현상을 일으킨다. 이는 자본이 이윤율을 유지하기 위해서 상이한 입지 사이를 '점핑'하는 현상이라고 할 수 있다. 이러한 자본의 이동이 바로 불균등발전을 일으키는 것이다. 이런 의미에서 "자본은 메뚜기 떼와 같다. 한 곳을 점유해서 게걸스럽게 모든 것을 먹어치운 후 새로운 곳으로 이동해 이를 반복한다"(Smith 1984: 152).

스미스에 따르면, 자본주의에서 공간의 생산은 주로 3가지 스케일에서 경제적·정치적 조직화를 일으킨다. 도시적, 국가적, 세계적 스케일이 이에 해당된다. 불균등발전의 역동적 성격은 도시 스케일에서 가장 뚜렷하게 나타나는데, 그 이유는 자본이 가장 역동적으로 움직이는 곳이기 때문이다. 그 결과 도시에서는 급속한 젠트리피케이션, 즉 외부 투자와 신흥 중산층 거주자의 유입을 통한 공간적 업그레이드 현상이 생겨난다. 이런 사례로는 스코틀랜드의 도시 글래스고에 있는 과거에 쇠락했던 도심인 머천트시티(Merchant City)가 있다(그림 2.6). 반대로 세계적 스케일에서는 불균등발전 패턴이 가장 공고한 양상을 보이는데, 이는 선진국과 개발도상국 간의 격차가 그 어느 때보다 크다는 사실에서 알 수 있다. 물론 그럼에도 불구하고 동아시아의 경우, 1960년대 이후 지속적인 경제성장을 달성하면서 세계경제의 핵심부로 부상하고 있다.

그림 2.6 글래스고의 젠트리피케이션
(출처: RCAHMS Enterprises: Resource for Urban Design Information (RUDI). Licensor www.scran.ec.uk)

른 한편 자본은 경제환경의 변화에 대응하기 위해 이윤이 더 높은 입지를 찾아 이동하고자 한다 (Box 2.5). 이러한 이동성으로 인해 자본은 당초에 대규모 투자를 했던 기존의 생산 거점으로부터 철수하곤 한다. 그러나 자본은 완전한 이동성을 갖지 못하고 특정한 장소에 투입되어 뿌리를 내려야 한다. 그럼에도 불구하고 자본은 노동에 비해 장소에 대한 고정성이 상대적으로 낮기 때문에 노동보다 공간적으로 우위에 있다.

하비는 자본이 생산과 **소비** 과정에 수반되는 거리마찰을 극복하기 위해 건조환경의 형태로 공간을 생산한다고 주장한다. 건조환경에 대한 투자는 잉여자본을 흡수하고, 중요한 [장소 간] 치환(displacement) 기능을 수행함으로써 자본주의 고유의 과잉생산 경향에 대응하는 '**공간적 조정(spatial fix)**' 수단이 되기 때문이다. 그러나 경제적 조건이 변화하면 이러한 인프라 자체가 추가적 확장의 장애물이 될 수 있다. 특히 다른 곳에 훨씬 더 매력적인 투자 기회가 있을 경우 기존 인프라는 더욱 낡고 쓸모없는 폐물이 되어버린다. 이런 환경에서 자본은 기존 생산 거점을 포기하고 다른 지역에의 투자를 통해 새로운 '공간적 조정'을 창출하는 경향이 있다(Box 2.5). 북아메리카와 서유럽의 경우 1970년대 후반 '러스트벨트(Rust Belt)'에 입지해 있던 기존의 많은 생산 거점이 탈산업화된 반면, '선벨트' 지역에는 신흥 산업 중심지가 형성되었다. 동아시아에 신흥공업국(NICs: Newly Industrialized Countries)이 급속하게 부상했던 현상도 이런 맥락에서 이해될 수 있다.

마르크스주의와 신고전파 경제학 이론이 여러 측면에서 대립적이기는 하지만, 이들의 지역 불균등발전에 대한 논의는 일부 공통점을 가지고 있다(Box 2.2 참조). 두 접근은 자본과 노동이 보다 발전된 지역으로 이동하며, 이 지역에서의 비용 상승 경향이 상대적으로 낙후한 (그래서 비용이 저렴한) 지역으로의 자본 이동을 촉발한다고 강조한다. 신고전파 모델은 이런 과정이 장기적으로는 지역수렴을 야기할 것이라고 보지만, 마르크스주의 접근은 이를 주기적인 재구조화 과정의 일부이자 역동적인 지역 불균등발전의 근본 원인으로 파악한다.

마르크스주의 지리학 발전의 두 번째 국면은 1990년대 초에 시작되었고, 주로 특정 상황과 조건에 대한 마르크스주의적 분석에 집중했다. 대표적인 연구문제는 어떻게 특정 장소들이 보다 광범위한 경제 재구조화 과정에 의해 영향을 받는가에 관한 것이었다. 1995년 도린 매시(Doreen Massey)는 영국에서의 산업 입지 변동을 조사한 자신의 기념비적 연구에서 이른바 '**노동의 공간분업(spatial division of labour)**' 개념을 제시했다. 이는 불평등한 사회관계가 공간상에서 어떻게 전개되는지에 초점을 둔 개념인데, 특히 자본이 원자재·기술·노동비 등의 지리적 차이를 어떻게 이용하여 이윤을 극대화하는지에 주목했다. 이런 관점에서 지역 간 불균형은 전통 이론들이 주장하는 것처럼 그 지역 자체에 내재된 지리적 특수성에 따른 결과일 뿐만 아니라, 지역 간 관계 변동과 광범위한 자본주의경제 내에서의 역할 변화를 반영한다. 또한 국지적 조건도 광범위한 경제적 과정과 일정한 관계를 형성한다. 지리적 조건은 지역적으로 차별화되어 있고, 이는 기업의 투자와 의사결정에 영향을 미쳐 경제의 작동에서 중요한 내부요소로 기능하기 때문이다.

전통 입지이론에서 모든 생산 기능이 동일 지역 내에 국지화되어 있다고 간주했던 것(입지집중형 공간구조)과는 달리, 노동의 공간분업 이론은 시간의 흐름에 따라 대기업이 출현하고 교통 및 통신 기술이 발달하여 생산 거점이 공간적으로 확대된다고 본다(그림 2.7). 공간적으로 생산기능이 (투자, 감독, 통제와 같은) 본사 업무와 일상적으로 루틴화된 업무로 분리되는 과정은 그림 2.7에서와 같이 크게 2가지 유형의 공간적 조직화로 나타난다. 공간적 조직화는 모기업을 위해 특정한 생산활동을 수행하는 분공장(branch plant)의 성장에서 뚜렷이 드러난다. 첫 번째 유형은 '분공장복제형'으로 전체 생산과정이 각각의 분공장에서 이루어지고 경영 기능만 공간적으로 넓게 뻗어 있다. 두 번째 유형은 '부분–과정형'으로 경영과 생산과정이 분리되어 일부 생산과정만이 분공장에서 이루어진다. 이로 인해 각 입지마다 상이한 기능을 수행하는 것이 특징이다. 각 분공장은 대개 한 가지 특정 부분에 전문화되어 있다.

이 2가지 유형의 산업 조직화는 '입지집중형' 공간구조와 비교할 때 불균등발전과 지역 간 불균형을 다양한 양상으로 전개한다. 대개 본사 기능은 잉글랜드 남동부나 뉴욕시처럼 양질의 '사무직' 노동력이 풍부한 핵심부에 입지하는 경향

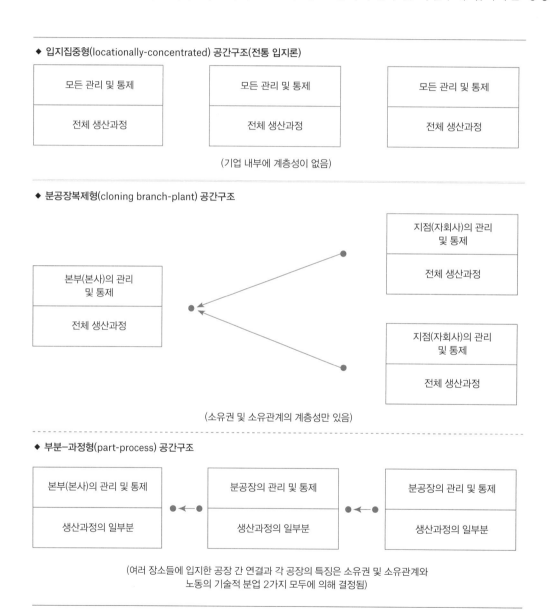

◆ 입지집중형(locationally-concentrated) 공간구조(전통 입지론)

| 모든 관리 및 통제 | 모든 관리 및 통제 | 모든 관리 및 통제 |
| 전체 생산과정 | 전체 생산과정 | 전체 생산과정 |

(기업 내부에 계층성이 없음)

◆ 분공장복제형(cloning branch-plant) 공간구조

| 지점(자회사)의 관리 및 통제 |
| 전체 생산과정 |

| 본부(본사)의 관리 및 통제 |
| 전체 생산과정 |

| 지점(자회사)의 관리 및 통제 |
| 전체 생산과정 |

(소유권 및 소유관계의 계층성만 있음)

◆ 부분–과정형(part-process) 공간구조

| 본부(본사)의 관리 및 통제 | 분공장의 관리 및 통제 | 분공장의 관리 및 통제 |
| 생산과정의 일부분 | 생산과정의 일부분 | 생산과정의 일부분 |

(여러 장소들에 입지한 공장 간 연결과 각 공장의 특징은 소유권 및 소유관계와 노동의 기술적 분업 2가지 모두에 의해 결정됨)

그림 2.7 잠재적 공간구조의 사례 (출처: Massey 1995: 75)

을 보였다. 반면, 숙련된 생산활동은 영국의 웨스트미들랜드 지역이나 미국의 중서부 지역과 같이 기존의 제조업지역에 집중되었다. 루틴화된 조립기능은 1970년대 저임금 노동 공급을 담당한 잉글랜드 북동부나 미국 남부 같은 주변부로 재입지했다. 물론 보다 최근에 생산기능은 국가 내부뿐만 아니라 국제적 스케일에서 공간적으로 재조직화되고 있다. 가령 많은 전자산업 관련 기업은 루틴화된 생산활동과 조립기능을 중국 같은 개발도상국으로 재입지시키고 있다(3.5 참조).

2.4.3 조절접근

조절접근(regulation approach)은 1990년대 경제지리학에 큰 영향을 준 마르크스주의 기반 연구의 새로운 흐름이다. '조절이론'이라고도 일컫는 조절접근은 1970년대 프랑스 경제학자들의 연구에 의해 발전된 이론으로, 자본주의 발전을 안정화하고 지탱하는 데 보다 광범위한 사회적 조절과정의 역할에 관심을 둔다. 이러한 거시적 조절과정은 특정한 제도적 장치들로 표현되며, 자본주의 시스템에 내재된 모순이 주기적으로 야기하는 위기를 조정, 관리하여 새로운 성장이 지속되도록 한다(3장 참조). 조절과정은 이른바 특정한 **조절양식**(modes of regulation)을 통해 응집력을 갖추어 통합적으로 작동한다. 조절양식은 자본주의 발전과정을 형성하는 제도와 관습을 총칭하는 용어다. 조절은 특히 다음의 5가지 측면에 초점을 두고 작동하는데, 여기에는 노동 및 임금 관계, 경쟁 및 기업 조직화 형식, 통화(화폐)체계, 국가, 그리고 국제체제가 포함된다(Boyer 1990). 이러한

조절행위들이 조화롭게 작동하면 일정 기간 동안 안정적 성장이 지속되어 이른바 **축적체제**(regime of accumulation)가 형성된다.

1940년대 이후 2가지 상이한 축적체제가 등장했다(표 2.3). 우선 1930년대 세계적 경기침체 이후 새롭게 등장한 **포디즘**(Fordism)은 미국 자동차 산업의 선도적 기업가로서 대량생산 기술을 도입했던 헨리 포드(Henry Ford)의 이름을 딴 것이다. 포디즘은 노동자의 임금상승과 작업장의 생산성 향상을 통한 대량생산과 대량소비의 긴밀한 연계를 근간으로 한다. 이와 아울러 국가는 영국의 경제학자 존 케인스(John Keynes)의 사상을 토대로 한 개입주의 접근을 채택했다. 케인스는 국가 내 완전고용을 달성하기 위해 정부가 주도적으로 경제 부문의 수요를 관리해야 한다고 강조했다.

그러나 포디즘은 1970년대 초부터 새로운 경제 문제에 직면했고, 1980년대부터는 유연생산(flex-ible production)에 바탕을 둔 축적체제인 이른바 **'포스트포디즘'**의 징후가 나타나기 시작했다. 포스트포디즘에 관한 이론은 소기업의 역할, 첨단 정보 및 통신 기술, 더 분절화되고 개인화된 소비형 태에 주목한다(11장). 그러나 포스트포디즘이 그 이전과 분명하게 구별되고 일관성 있는 축적체제 인가라는 문제는 여전히 논쟁의 여지가 있다. 왜 냐하면 일부 부문에서는 대량생산이 여전히 중요하기 때문이다. 1970년대 이후 가장 뚜렷한 변화는 케인스주의 정책이 폐기되는 대신 신자유주의 접근이 대두되었다는 점이다. 신자유주의는 경제에 대한 국가의 개입을 줄이고 자유시장을 지향하며, 기업가주의의 미덕, 경쟁 및 개인의 자립을 강조한다.

표 2.3 포디즘 조절양식과 포스트포디즘 조절양식

구분	포디즘	포스트포디즘
노동 및 임금 관계	• 생산성 향상을 대가로 한 임금인상 • 노동조합에 대한 완전한 인정 • 국가 수준의 단체교섭 체계	• 노동시장에서 개인의 위치를 토대로 한 유연한 노동시장 • 노동조합에 대한 제한적 인정
경쟁 및 기업 조직화의 형식	• 대기업의 지배 • 공공서비스(인프라) 등 핵심 부문의 국유화	• 대기업과 더불어 중소기업도 핵심 역할을 담당 • 국영기업의 민영화 • 경제의 전반적인 자유화
통화(화폐)체계	• 수요관리와 완전고용에 초점을 둔 통화정책 • 경기팽창과 수축을 촉진하기 위한 수단으로 이자율을 사용함	• 필요한 경우 높은 이자율을 유지하여 인플레이션을 억제함 • 통화의 국제적 통합과 조정(예: 유로화)
국가	• 강한 개입주의 • 케인스주의적 수요관리 정책 • 복지국가를 통한 사회서비스 공급 • 완전고용과 적절한 소득재분배를 목표로 함	• 경제에 대한 국가의 개입을 축소 • 케인스주의적 정책을 폐기하고 신자유주의적 정책을 채택 • 복지지출을 줄이고자 노력하며 공공서비스를 민영화함
국제체제	• 자본주의 진영과 공산주의 진영 간 냉전 • 브레턴우즈 체제(미국 달러화를 기축으로 하는 고정환율제도) • 자유무역, 통화 안정화, 제3세계 개발을 장려함	• 전 지구적 경제통합의 증진 • 변동환율제도 • 자유무역과 해외투자에 대한 개방을 새롭게 강조함 • 개발도상국에 대해 신자유주의적 구조조정 정책을 강제함

2.4.4 마르크스주의 정치경제학의 적절성과 가치

1980년대 후반에 이르러 포스트모더니즘 사조가 등장하면서(Box 2.7), 마르크스주의 지리학은 여러 비판에 직면했다. 특히 1980년대에는 신자유주의 사상이 미국과 영국을 뒤덮고 있었는데, 마르크스주의는 그러한 '신시대'와는 동떨어진 것처럼 보였다. 좌파 정책의 초점 또한 노동, 임금, 복지와 관련된 전통적인 '분배의 정치'에서 여성, 소수민족, 동성애자에 대한 인식과 인권을 중시하는 '정체성의 정치(politics of identity)'로 이동하고 있었다(Crang 1997). 이러한 요구는 종래의 노동운동보다는 다양한 사회운동을 통해 표출되었다.

이와 같은 사회변동의 맥락에서 제기된 마르크스주의 지리학에 대한 주요 비판은 다음 3가지로 요약할 수 있다.

• 마르크스주의는 개인을 구조보다 취약한 존재로 다루기 때문에, 인간 행위성(human agency)을 간과하고 인간의 자율성과 창조성을 충분히 인정하지 않는다. 마르크스주의자들은 계급과 같은 사회적 힘을 우선시하는 경향이 있으며, 개인을 계급 권력과 정체성의 담지자로 해석하여 인간의 행태를 그러한 구조적 틀에서 해석한다.
• 마르크스주의는 경제력과 경제관계를 지나치게 강조한다. 앞서 살펴보았던 것처럼 마르크스주의의 생산 개념은 기존의 경제 개념에 비해

훨씬 광범위한 차원을 아우르기 때문에 경제 결정론적이라는 비판을 받는다. 마르크스주의에서 문화와 사상은 이러한 경제적 토대의 부산물 또는 상부구조로 간주되곤 한다.

- 마르크스주의는 계급을 강조하는 대신 성(젠더)과 인종 같은 다양한 사회적 범주를 무시하는 경향이 있다. 1990년대에 페미니스트 지리학자들은 하비 같은 선도적 마르크스주의자들을 비판하면서 성 이슈를 계급 기반의 마르크스주의 내부로 귀속했다고 지적했다.

이러한 비판이 중요하기는 하지만, 마르크스주의 지리학이 과연 비판가들이 말하는 것처럼 경제결정론적인가에 대해서는 논란의 여지가 있다(Hudson 2006). 이들이 GPE의 부적절성, 무용성, 폐기 필요성을 주장했다고 보기도 어렵다(Box 2.6). 자본주의가 위기에 취약한 불안정한 생산양식이라는 점, 경제는 사회적·정치적·생태적 영역과 분리할 수 없다는 점, 지역의 문제는 보다 광범위한 불균등발전의 과정에서 다루어야 한다는 점 등 마르크스주의 지리학의 핵심 주장은 경제

지리학에 여전히 큰 영향을 미치고 있고 많은 연구자가 이를 수용하고 있다. 특히 2008년 금융위기와 그 이후의 경기침체가 특정 집단과 장소에 미치는 불평등한 영향력을 설명할 때 GPE의 적절성은 새롭게 강조된다.

GPE는 위와 같은 비판에 대응해서 '문화적 전환(cultural turn)', 제도주의, 진화론적 정치경제학 등과 접점을 형성하면서 1990년대 이후 더욱 확산되고 다원화되고 있다. 이처럼 GPE는 다양한 연구 흐름으로 분산되고 있기 때문에 1980~90년대 초와 비교할 때 단일한 학파라고 지칭하기는 어렵다(Jones 2015). GPE는 다양한 이론과 접근을 통해 지식, 정체성, 진화, 실천 등에 대해 새로운 질문을 제기하고 있을 뿐만 아니라, 집적이나 도시 및 지역 성장의 원인 등 전통 경제지리학의 연구문제들을 새로운 관점에서 접근하도록 도움을 준다. 이런 맥락에서 이 책은 '개방적'이고 다원적인 버전의 GPE 접근을 채택하고 있다. 주요 분석 대상인 자본주의의 진화에 탄력적으로 대응하고, 다양한 관점과 주장을 수용하는 접근이기 때문이다(Box 2.6).

Box 2.6

마르크스주의 기반의 GPE는 여전히 적절한가?

1980~90년대 서방에서 신자유주의 사상이 분출하고 소련과 동유럽의 공산주의가 붕괴함에 따라, 마르크스주의와 사회주의 사상을 전면적으로 폐기해야 한다는 분위기가 일었다. 1989년 베를린 장벽의 붕괴는 자유민주주의와 시장자본주의가 사회주의에 대한 이념 전쟁에서 승리했다는 신호탄이었는데, 미국의 보수 논객인 프

란시스 후쿠야마(Francis Fukuyama)는 이를 '역사의 종말'이라고 불렀다. 그러나 1990년대 이후부터 글로벌화에 따른 시장승리주의(market triumphalism)의 정신은 빠른 속도로 퇴색했다. 반글로벌화 진영의 사회운동과 2008년 금융위기 및 그 이후의 경기침체가 글로벌 자본주의의 한계를 뚜렷하게 보여주었기 때문이다.

마르크스는 1990년대 말과 2000년대 초 진지한 분위기 속에서 재발견되었다. 특히 1998년은 그의 대표 저작인 『공산당 선언(The Communist Manifesto)』이 출간된 지 150주년이 되던 해였을 뿐만 아니라 동아시아와 러시아를 집어삼킨 금융위기가 일어난 해였다. 이런 배경은 《파이낸셜타임즈》나 《뉴요커》 같은 "완벽히 부르주아적인 잡지"가 마르크스의 사상에 관한 기사들을 쏟아내도록 촉발했다(Smith 2001: 5). 《뉴요커》의 편집장이었던 존 캐시디(John Cassidy)는 글로벌 금융시스템의 작동을 예견한 마르크스의 분석이 적절했다고 평가하며 마르크스를 '위대한 미래 사상가'라고 격찬했고, "자본주의가 존속하는 한" 마르크스의 분석은 계속 읽을 가치를 지닐 것이라고 말했다(Rees 1998에서 재인용). 마르크스에 대한 월스트리트의 재발견은 그리 오래 지속되지는 않았지만, 2005년 BBC 라디오에서 실시한 청취자 투표에서 마르크스는 전 시대를 통틀어 가장 위대한 철학자로 뽑히기도 했다. 영국의 마르크스주의 역사학자 에릭 홉스봄(Eric Hobsbawm) 또한 『공산당 선언』의 내용이 "글로벌화의 본질과 영향을 놀라울 정도로 정확히 예견하고 있다"고 설명한 바 있다(Seddon 2005에서 재인용).

GPE는 글로벌 자본주의 시스템의 진화를 이해하기 위한 총체적 프레임으로서 가치가 높다. 그러므로 GPE는 오늘날에도 여전히 적절하다. 마르크스가 인류의 지적 발전에 크게 공헌한 점은 공산주의의 기획이라기보다는 자본주의에 대한 분석이다. 비록 마르크스는 지리와 관련해서는 아주 적은 논평만 산발적으로 남겼지만, 그가 지적한 내용들은 하비나 스미스 등 마르크스주의 지리학자의 불균등발전 이론을 통해 수정, 개선되었다. 또한 GPE는 사회적·정치적 책임감을 갖고 있다. 특히 불평등과 사회정의 이슈를 강조하며, 세계를 어떻게 해석할 것인가의 문제만이 아니라 이를 어떻게 변화시킬 것인가에 대해서도 관심을 둔다.

한편 GPE는 모든 문제에 처방을 제시할 수 있는 만병통치약이 아니며, 몇 가지 한계와 약점을 지닌다는 점도 인식해야 한다. GPE는 지난 수십 년간 경제지리학자들이 관심을 쏟아온 문화적·제도적·진화적 관점이 지닌 통찰력을 수용하여 더 발전된 접근으로 거듭날 필요가 있다(2.5 참조). 왜냐하면 그러한 접근을 통해서 인간 행위성과 시장의 사회제도적 구성을 인식하고, 차이에 대한 민감성, 도시 및 지역의 진화와 관련된 이슈 등을 면밀하게 살필 수 있기 때문이다. 요약하면 이 책은 진리에 대한 독점을 주장하기보다는, 다른 관점의 통찰력을 수용하여 분석 대상으로서 자본주의와 공진화하는 개방적, 다원적 GPE를 채택하고 있다.

2.5 경제지리학의 새로운 접근

1990년대 초 이후 경제지리학에는 경제적 과정의 문화적·제도적·진화적 토대를 강조하는 일련의 새로운 접근이 대두되었다. 이러한 접근은 다양한 이론적 배경에서 출발했는데, 여기에는 포스트모더니즘, **포스트구조주의**, 문화 연구, 인류학, 경제사회학, 제도경제학 및 진화경제학 등이 포함된다. 일반적으로 이러한 이론들은 기존의 경제지리학이 간과했거나 주변적이라고 간주했던 차이, 착근성(embeddedness), 진화, 실천 등에 초점을 두었

다. 이러한 '새로운' 접근은 경제학이 아닌 경제지리학 자체에서 뻗어나왔다는 점에서 NEG와는 뚜렷한 차이가 있다.

이러한 경제지리학의 '새로운' 접근은 공간분석이나 마르크스주의 정치경제학과 같은 '기존의' 경제지리학과 상당히 대비된다. 기존의 접근은 경제생활을 형성하는 광범위한 사회적 과정과 문화적 실천을 무시했고 경제행위자들을 본질주의적 또는 환원주의적 관점에서 바라보았기 때문에 여러 비판을 받아왔다(당연히 NEG도 이런 비판에서 예외가 아니었다). 그러나 이러한 새로운 접근

이 GPE 기반 연구와 명백하게 분리되는 것은 아니다. 물론 초창기에는 기존의 관점과 뚜렷하게 대비되기는 했지만, 경제지리학 분야가 점차 빠른 속도로 또 혼성적(hybrid)으로 변화했기 때문에 새로운 접근과 GPE 접근은 중첩되거나 서로를 강화하며 발전해나갔다. 이런 이유에서 새로운 접근은 신선한 개념과 연구문제를 가지고 경제지리학을 (적어도 경제지리학의 상당 부분을) 새로운 방향으로 이끌고자 했다는 점에서 대개 경제지리학의 '전환'이라고 불린다. 이러한 전환은 크게 경제지리학의 문화적 전환, 제도적 전환, 진화(론)적 전환, 그리고 관계적 전환까지 4가지로 나누어 살펴볼 수 있다(표 2.4).

표 2.4 경제지리학의 주요 접근 2

구분	문화경제지리학	제도경제지리학	진화경제지리학	관계경제지리학
철학적 배경	포스트모더니즘, 포스트구조주의, 페미니즘, 포스트식민주의	제도주의	자연과학 및 사회과학에서의 진화론적 접근	포스트구조주의, 제도주의, 행위자-네트워크 접근
이론의 주요 원천	문화연구, 철학, 문예이론	제도경제학, 경제사회학	진화경제학, 생물학	철학, 경제사회학, 과학기술연구(STS: Science and Technology Studies)
경제에 대한 이해	광범위한 사회문화적 관계에 의해 형성됨	사회적 맥락이 중요함. 비공식적 관습 및 규범이 경제활동을 형성함	경제활동과 관계는 역사적으로 진화함. 혁신이 경제를 주도함. 경로의존성의 영향을 받음	광범위한 사회경제적 관계에 착근되어 있음
지리적 지향성 (장소 또는 광범위한 과정)	광범위한 관계의 맥락 속에서 개별 장소와 위치를 강조함	글로벌화의 맥락 속에서 개별 장소를 강조함	경제발전의 광범위한 진화에 초점을 두고, 이를 도시나 지역에 적용함	광범위한 네트워크의 맥락 속에서 특정 장소나 위치에 관심을 둠
지리적 초점	핵심적인 소비 위치. 글로벌 금융 중심지. 작업장(직장)	선진국의 성장 지역	대체로 선진국으로 제한됨. 유럽 지향성이 강함	다양함. 선진국과 개발도상국에서 사례를 발굴
주요 연구주제	정체성, 수행, 담론, 산업 문화	경제발전의 사회제도적 토대. 지역적 착근성. 지식의 지리학	경로의존성 및 고착(lock-in) 효과. 경로분기성(path branching). 산업의 공간적 진화. 산업 클러스터	행위자-네트워크와 실천의 커뮤니티를 통한 일상적 활동. 관계적 도시 및 지역
연구방법	면담, 초점집단, 텍스트 분석, 민족지	사례 연구(면담, 설문, 문헌 자료 분석)	다양함. 계량분석과 사례 연구를 모두 포괄함	사례 연구(면담, 설문, 민족지)

2.5.1 문화경제지리학

경제지리학의 문화적 접근은 1980년대 말부터 1990년대 사이 인문지리학을 포함한 사회과학 전반의 **문화적 전환**(cultural turn)에 의해 촉발되었다. 인문지리학에서는 문화적 전환으로 이른바 '신문화지리학'이 부상했는데, 이는 문화를 개인과 사회집단이 세계를 이해해가는 과정이라고 본다. 이들은 개인적 또는 집단적 정체성을 정의할 때 국적, 인종, 성, 섹슈얼리티(sexuality) 같은 범주에 따라 '타자'와의 차이를 대비시킨다(Jackson

1989). 의미는 언어를 통해 생성되는데, 이때 언어는 단순히 현실에 대한 반영물이 아니라 **'담론(discourses)'**을 통해 현실을 적극적으로 창조한다. 담론이란 특정한 지식을 생산하는 개념, 진술, 실천의 네트워크라고 할 수 있다. 문화적 전환은 **포스트모더니즘** 및 **포스트구조주의** 철학의 부상과 밀접한 관계가 있다. 이들 철학은 개인 정체성의 분절적 성격, 의미의 사회적 구성, 차이와 다양성의 중요성, 그리고 보다 광범위한 사회적 범주와 담론의 효과를 강조한다(Box 2.7).

일부 경제지리학자들은 이러한 광범위한 문화

적 '전환'을 자신의 관심사에 적용함으로써 차이, 정체성, 언어 등을 자신의 연구로 끌어들이고자 했다. 이러한 시도에서 가장 핵심은 경제와 문화를 연결하는 작업이었다. 많은 연구자가 엔터테인먼트, 소매업, 관광 부문의 중요성이 증대된다는 측면에서 경제가 점차 문화적으로 변모한다고 보았고, 반대로 문화가 점차 시장에서 판매·소비될 수 있는 상품이 되어간다는 측면에서는 문화가 점차 경제적으로 변모한다고 보았다.

경제지리학이 문화적 접근을 채택함에 따라 연구자들은 점차 상이한 장소에서 벌어지는 경제활동과 사회문화적 실천 간 연계에 주목했다. 여기에서의 "핵심은 경제적인 것을 약화한다기보다는 경제를 문화적·사회적·정치적 관계 속에 위치시킴으로써 경제적인 것을 맥락화하는 (그리고 경제적인 것에 의미와 경향을 부여하는) 것이었다"(Wills and Lee 1997: xvii). 이런 변화는 경제적인 것을 재설정함으로써 정체성, 의미, 재현 등의 이슈가 경제관계에 어떻게 내포되어 있는가를 제시하는 과정이었다. 이와 같은 문화 인식적 경제지리학 연구들은 크게 다음 4가지 흐름으로 전개되었다.

- 소비에 관한 연구: 이 연구는 특히 쇼핑몰, 슈퍼마켓, 문화유산 공원 등 특정 소비경관이 어떻게 창조되고 경험되는가에 초점을 둔다(11장).
- 작업장(직장)이나 노동시장에서의 성, 수행성 및 정체성에 관한 연구: 이 연구는 피고용인이 문화나 성 규범 속에서 어떻게 특정한 역할이나 임무를 수행하는지에 초점을 둔다. 유명한 연구 사례로 런던 내 상업은행의 직장문화에 관한 린다 맥도웰(Linda McDowell)의 연구가 있다(Box 2.8).
- 금융 및 사업서비스업 부문에서 개인 간 접촉

린다 맥도웰은 런던의 금융 중심지구인 더시티(the City)에서 성(젠더) 관계가 어떻게 구성, 수행되는가에 대해서 연구한 바 있는데, 이는 경제적 이슈를 광범위한 사회문화적 관계와 연결하여 담론·정체성·권력의 문제에 접근한 이른바 문화 인식적인 경제지리학 연구의 대표적 사례다. 맥도웰은 더시티 같은 국제 금융 중심지가 실제 어떻게 작동하는지를 이해하는 데 목적을 두고, "세계경제뿐만 아니라 런던에서도 급진적인 변화가 일어나던 1980년대 말과 1990년대 초, 런던의 투자은행(merchant banks)에 고용된 개별 남성 및 여성의 삶과 경력의 관점에서 더시티를 바라보고자 했다"(McDowell 1997: 4). 맥도웰의 연구는 직장에서의 성 분리와 정체성에 초점을 두면서도 여성의 경험뿐만 아니라 남성의 경험까지 모두 평가했다. 이와 동시에 더시티가 여성에게 얼마나 개방적으로 변화했고 어떠한 직업적 기대감을 주는가를 핵심적인 이슈로 삼았다.

맥도웰의 『자본의 문화(Capital Culture)』는 문화 지향적인 경제지리학 연구의 또 다른 대표적 사례로, 설문조사나 통계자료 등에 대한 관습적 의존을 넘어 직접적인 현장조사를 포함한 질적 연구방법을 사용했다. 그녀는 더시티 내의 모든 상업은행들에 우편 설문조사를 실시했으며, 3개 은행의 직원들에 대해서는 세부적인 면담조사를 수행했다.

이러한 다각적 연구방법은, 회사 내부의 고용 동향 및 관계의 변화에 관한 정보와 개별 직원들이 직장 내 고용 변화 과정을 어떻게 감당하고, 협상하는가에 관한 설명을 하나로 통합하여 이해하는 데 강점이 있다. [즉, 담론의 수행성을 드러낼 수 있다.] 특히 이 연구는 면담조사를 통해 직원들의 일상적인 업무 경험을 검토하면서 이

들이 어떻게 특정한 성 역할을 떠맡아 수행하는지를 분석했다. 이 분석의 중요 주제는 이미지의 중요성, 몸, 자아의 표현 등이었다. 이 연구는 결론적으로 "금융계에는 엘리트주의와 남성중심주의 문화가 팽배하기 때문에" 더시티의 업무 관계와 권력구조 또한 여전히 남성을 선호한다고 지적했다(McDowell 1997: 207).

과 해석 기술의 중요성에 관한 연구: 이 연구는 의사소통 및 상호작용의 버팀목을 구성하는 여러 문화적 실천과 실천이 발생하는 위치, 이에 따라 금융시장에 나타나는 효과 등에 초점을 둔다. 가령 런던 같은 금융 중심지에 관한 연구는 이런 부문에서 **사회적 네트워크(social networks)**와 신뢰(trust)가 상시적 대면접촉의 필요성을 증대하기 때문에 지리적 집중을 일으킨다고 지적한다.

• 기업의 문화와 정체성에 관한 연구: 이 연구는 기업의 관리자나 노동자들이 특정한 담론과 일상적 실천을 통해 어떻게 독특한 기업문화를 창조하는지에 초점을 둔다. 대표적으로 에리카 쉔버거(Erica Schoenberger)는 제록스, DEC, 록히드 등 미국의 대기업에 관한 연구를 수행하면서, 이런 기업들의 문화는 혼란스럽고 예측 불가능한 경제환경을 다룰 때 한계를 지닌다고 지적한 바 있다.

2.5.2 제도경제지리학

경제지리학에서 사용하는 개념 중 일부는 제도경제학에서 비롯되었는데, 제도경제학은 대체로 경

제생활의 사회적 맥락과 제도의 역할을 강조하며, 경제활동을 형성하고 '착근하는' 데 제도의 역할을 중요시한다. 일반적으로 제도란 '게임의 규칙'이라고 정의할 수 있으며, 여기에는 공식적이고 명백한 규칙과 법률부터 보다 비공식적이고 파악하기 어려운 관습이나 규범까지 포함된다. 한 포괄적인 정의에 따르면 제도란 다음과 같다.

제도는 비공식적인 사회규범뿐만 아니라 공식적 규제, 법률, 경제시스템을 포함하며, 이들은 기업, 경영자, 투자자, 노동자 등 경제행위자의 행위를 조정한다. 제도는 노동시장, 교육, 훈련시스템, 노사관계의 레짐(regime), 기업의 거버넌스, 자본시장, 내부 경쟁의 힘과 성격, 협력의 형태 등이 작동되는 방식을 좌우한다. … 종합하면, 제도는 개별 경제행위자의 태도, 가치, 기대를 형성하는 규칙체계를 정한다. 또한 제도는 관습, 루틴화된 일상, 습관, '안정화된 사고습관'을 생산·재생산하며, 태도, 가치, 기대와 더불어 행위자의 경제적 의사결정에도 영향을 끼친다.

(Gertler 2004: 7-8)

이 정의는 제도를 규칙·습관·가치의 집합으로

이해하는 것으로, 주류 경제학자들이 발전시킨 신고전파 경제학 중심의 '신'제도주의*보다는 19세기 후반부터 20세기 초반까지 성행한 '과거의' 제도경제학을 바탕으로 한다. 제도경제학은 경제생활이 단순히 합리적인 개별 행위자의 행동을 통해 이해될 수는 없다고 간주하므로, 기존 경제학 모델을 확장한 문화적 접근과 상당히 유사하다. 실제로 제도는 일련의 습관, 실천(관행) 및 루틴화된 일상을 통해 경제활동을 구조화하고 안정화함으로써, '경제적인 것'과 '사회적인 것'을 연결한다는 점에서 중요하다.

한편 경제사회학에서 차용된 개념들도 경제적 과정이 사회관계에 토대를 둔다는 점을 강조하는 데 영향을 끼쳤다. 경제가 개별 행위자의 합리적 의사결정에 의해 작동하는 독립적 영역이라고 간주했던 전통 경제학과는 반대로, 칼 폴라니 이후 경제사회학자들은 경제란 경제활동의 형성에서 중요한 역할을 하는 사회규범과 제도 속에 사회적으로 구성되어 있다고 주장했다(Box 1.6 참조). 제도는 신고전파 경제학이 주장하는 것처럼 '자유롭게' 작동하는 시장의 바깥에서 개입하는 것이 아니라, 시장관계를 존속시키고, 안정화하며, 조절한다. 여기서 각별히 중요한 점은 '제도적 환경(environment)'과 '제도적 장치(arrangements)'를 구별하는 것이다. 제도적 환경은 경제행위자가 활동할 수 있도록 능력을 부여하고 통제하는 비공식적 관습이나 공식적 규칙을 총칭하는 반면, 제도적 장치는 이러한 넓은 제도적 환경을 반영

하고 구체화하는 특정 조직체로서 시장, 기업, 지방정부, 노동조합 등을 지칭한다(Martin 2000).

제도를 강조하던 경제지리학자들은 '착근성'이라는 사회학적 개념을 '공간적으로' 차용하면서, 경제활동이란 사회관계에 토대를 둘 뿐만 아니라 이른바 '지역적 착근성(territorial embeddedness)'을 통해 특정 장소에 뿌리를 내리고 있다고 강조했다. 가령 온타리오 남부의 첨단제조기술을 연구했던 거틀러(Gertler 1995)는 첨단기술 채택을 촉진하기 위해서는 (기술을 실제로 생산, 분배, 판매하는 조직체인) 생산자와 (기술을 사용하는 제조회사들인) 사용자 사이에 긴밀한 연계가 확보되도록 함께 '거기에 있는 것(being there)'이 중요하다고 설명했다. 독특한 산업 문화에서 공유된 '착근성'은 사용자와 생산자가 정보와 지식을 공유하여 바람직한 훈련제도나 산업적 관행을 개발하게 만들었다. 그렇다고 산업 문화가 늘 지리적으로 정의된다거나 원거리상에서는 학습과 상호작용이 발생하지 않는다는 것은 아니다. 지리적 착근성에 대한 인식이 확대됨에 따라, 많은 연구자가 대기업의 지적 발전과 조직화에 관심을 갖고 어떻게 글로벌 지식과 로컬 지식이 결합되는지를 연구하기 시작했다.

한편 제도주의 관점은 경제지리학에서 이른바 '신지역주의(new regionalism)'의 부상을 촉진했다. 신지역주의는 지역 내 사회·문화적 조건이 경제성장을 촉진하거나 방해하는 중요한 요소임을 강조한다. 특히 지역 내에서 계승되어온 제도적 유산이나 루틴화된 일상은 각 지역이 글로벌화에 대응하는 방식에 영향을 미친다는 점에서 상당히 중요하게 여겨졌다. 그 결과 개별 장소들은

★ 신제도주의 경제학에서는 특정 사회의 정치·사회적 제도에 따라 경제적 생산활동의 결과가 달라진다고 본다. 1960년대 이후 남한과 북한의 경제격차는 이 관점의 가장 대표적 사례로 언급된다.

새롭게 주목을 받게 되었다. 제도경제지리학자들은 미국 캘리포니아의 실리콘밸리, 이탈리아 중부 및 북동부의 산업지구, 독일의 바덴-뷔르템베르크 등의 지역이 어떤 사회·문화적 토대를 갖추어 경제성장과 번영을 이룩했는지를 탐구했다. 발전을 위한 자원을 동원할 때 국지적·지역적 제도의 역할이 중요함을 일컫는 '제도적 밀집 또는 집약(institutional thickness or density)' 개념 또한 이와 밀접히 관련되어 있다(Amin and Thrift 1994). '제도화(institutionalisation)'에는 크게 4가지 수준이 있는데, 여기에는 현존하는 제도의 수, 제도 간 상호작용의 정도, 연합 형성, 핵심 제도 및 행위자 간 공동 아젠다 개발이 포함된다.

제도주의 접근은 경제발전의 맥락 특수적 성격을 강조하기 때문에, 외부자의 시각에서 특정 도시나 지역을 목표로 삼는 '천편일률적인(one size fits all)' 정책 처방을 피해야 한다고 주장한다. 경제지리학자 앙드레 로드리게스-포즈(Andres Rodriguez-Pose)가 주장하는 것처럼, 훌륭하게 계획된 지역경제 발전전략은 자전거와 비교될 수 있다. "두 개의 둥근 바퀴 중 뒷바퀴는 자전거를

앞으로 추동하는 효율적인 공식적·비공식적 제도이고, 앞바퀴는 발전의 상호작용이 일어나는 제도적 환경과 조화를 이루는 맞춤형 발전전략이다"(Rodriguez-Pose 2013: 1042; 그림 2.8). 그럼에도 불구하고 대개의 경우 발전전략은 국지적 제도의 조건에 주목하지 않은 채 단순히 한 장소에서 다른 장소로 이전되는 경향이 있다. 여기에는 3가지의 시나리오가 있다(그림 2.9). 첫째는 '페니파딩(penny-farthing)' 시나리오로서 거대한 전략의 앞바퀴와 초라한 제도적 뒷바퀴가 부조화를 이루는 상태다(그림 2.9a). 둘째는 '네모바퀴(square wheels)' 시나리오로서 전략적 빈약함과 부적절한 제도적 조건으로 인해 경제발전의 자전거가 앞으로 나아갈 수 없는 상태다(그림 2.9b). 마지막은 최악의 시나리오라고 할 수 있는 '자전거 프레임(bicycle frame)' 상황으로서 현실적인 전략도 없고 국지적 제도도 취약하기 때문에 경제발전의 기초적 토대 자체가 거의 없는 상태다(그림 2.9c).

제도적 접근과 '신지역주의'는 1980년대 이후 경제지리학 발전에 큰 영향을 끼치는 과정에서 일부 비판을 받기도 했다. 특히 이 접근은 대체로 기

그림 2.8 지역발전 자전거

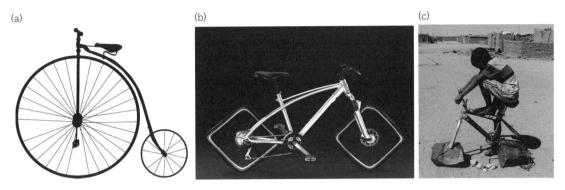

그림 2.9 발전전략과 제도 간 전형적인 불일치: (a) 페니파딩 균형, (b) 네모바퀴, (c) '자전거 프레임' 상황
(출처: (a) Graves & Green Engravings, Boston; (b) Michael Vroegop; (c) Rodriguez-Pose, A. 2013)

술적인(descriptive) 수준에 머물렀기 때문에, 경제발전 조건으로서 제도와 지역적 착근성이 어떤 메커니즘을 통해 지역의 성장과 학습이라는 결과를 낳는지 도출하는 데 실패했다. 많은 연구가 (1980~90년대라는) 일정 시점에 눈에 띄게 성장했던 특정 지역과 산업지구에 주목했지만, 이와 달리 (잉글랜드 남동부의 '자동차 스포츠 밸리'처럼) 제도적으로 "얇은(thin)" 곳이지만 성장을 구가한 지역이나 (독일의 루르 지역이나 잉글랜드 북동부와 같이) 제도적으로 "두터운(thick)" 곳이지만 성공하지 못한 지역도 있었다(Box 2.9). 보다 근본적으로 이 접근은 지역이란 경계로 구획된 공간적 단위라고 이해했는데, 이는 그 이후에 등장한 경제지리학의 '관계적 전환'이라는 측면에서 문제시되었다. 관계적 접근은 전 지구적으로 연결된 현대의 세계에서 상이한 장소를 연결하는 광범위한 네트워크와 관계의 중요성을 강조한다(2.5.4 참조).

2.5.3 진화경제지리학

진화경제지리학(EEG: Evolutionary Economic Geography)은 최근 경제지리학에서 가장 활성화된 분야 중 하나로, 경제경관이 시간의 흐름에 따라 어떻게 변동하는지에 초점을 둔다. EEG는 진화경제학과 생물학의 영향을 받았는데, 주로 경로의존성과 고착(lock-in)의 과정, 산업 공간 클러스터화, 경제발전에서 혁신과 지식의 역할에 관심을 둔다. 진화는 ('적자생존'이나 유전에 의한 행동의 결정과 같은 투박한 개념보다는) 변이(variety), 선택(selection), 보존(retention) 등 다윈주의적 개념을 통해 변화를 이해하려는 접근이다.

EEG의 발전에 큰 영향을 주었던 것은 자본주의란 '창조적 파괴'의 과정이라고 했던 오스트리아의 저명한 경제학자 조지프 슘페터(Joseph Schumpeter)였다. 그가 말한 창조적 파괴란 이윤과 부에 대한 추구가 동력이 되어 혁신과 기술 변동이 창출되는 과정을 지칭한 것이었다. 즉, 새로운 상품, 기술, 회사, 산업, 일자리가 경제에 끊임없이 추가됨과 동시에 오래된 기업, 기술, 상품, 산업, 일자리는 경쟁력을 잃고 사라지는 과정을 말한다(Boschma and Martin 2007: 537).

이와 더불어 EEG는 넬슨과 윈터(Nelson and

Winter 1982)가 제시했던 경제 변화의 진화론에서 영향을 받았다. 이들에 따르면 경제적 진화의 핵심은 기업의 일상적 루틴으로 마치 생물학 이론에서의 유전자와 같다. 기업의 루틴은 조직화된 기술이라고 할 수 있고, 이 기술은 암묵적 (실천적) 지식에 의존한다. 일상적 루틴은 기업 간 경쟁의 기반으로, '최적의' 루틴이 시장에서 선택되며 기업의 성장과 더불어 보존되고 계승된다.

폴 데이비드(Paul David)가 제시한 **경로의존성** 개념 또한 EEG의 발전에 영향을 끼쳤다. 데이비드는 경로의존성이란 "체계적인 힘이 아니라 시간적으로 멀리 떨어진 우연적 요소들에 의해 발생한 사건이" 경제발전에 중대한 영향을 미치는 과정이라고 정의한다(David 1985: 332). 이 과정은 19세기 말 타자기가 도입될 때 쿼티(QWERTY) 배열 자판이 산업 표준으로 떠오르게 된 사례에서 엿볼 수 있다.★ 경로의존성의 가장 핵심적인 함의

....

★ 쿼티 자판은 영어 타자기나 키보드에서 가장 널리 쓰이는 자판 배열로, 자판의 왼쪽 상단에 위치한 여섯 글자를 따서 명명되었다. 1968년 크리스토퍼 숄스(Christopher Sholes)가 개발한 쿼티 자판은 드보락(Dvorak) 자판보다 효율성이 떨어진다는 평가가 있다. 하지만 많은 사람들이 오랫동안 관성적으로 사용해왔으며 오늘날에도 널리 이용된다.

는 경제행위자의 의사결정이 과거의 결정과 경험 및 그에 대한 지식에 의해 형성된다는 점이다. 워커(Walker 2000)는 다음과 같이 지적한다.

현대 경제지리학에서 가장 흥미로운 견해 중 하나는 산업의 역사가 문자 그대로 현재에 구현되어 있다는 주장일 것이다. 즉, 기계나 상품의 디자인에 구현된 기술, 특허나 독특한 역량을 통해 취득한 기업의 자산, 학습으로 얻은 노동 기술 등 과거에 이루어진 선택은 기업이 그 이후에 방법, 계획, 실천을 선택할 때에도 후속적으로 영향을 미친다는 사실이다.

(Walker 2000: 126)

이런 점에서 '락인' 또는 '잠금'으로 불리기도 하는 '고착(lock-in)' 개념 또한 경로의존적인 경제활동이 어떻게 과거 선택의 결과로 지나치게 경직되고 그 속에 갇히는지를 설명하는 데 활용된다. 이는 EEG의 핵심 연구 흐름 중 하나를 형성하고 있고, 특히 역사적으로 오래된 산업지역의 발전 과정을 설명하는 데 활용되고 있다(Box 2.9).

Box 2.9

지역의 경로의존성과 고착
독일 루르 지역의 사례

....

아마도 EEG에서 지역의 경로의존성에 대한 설명으로 가장 잘 알려진 것은 1970~80년대 루르 지역의 석탄, 철강 산업단지에 관한 게르노트 그래버(Gernot Grabher)의 연구일 것이다. 독일 노르트라인-베스트팔렌주의 북서부에 위치한 루르 지역은 독일의 전통적인 경제 중심부로서 500만 명 이상의 인구가 다중심 산업지역

을 형성하고 있고, 주요 대도시로는 도르트문트, 보훔, 에센 등이 있다. 1960년대부터 루르 지역의 산업이 쇠퇴하기 시작했는데, 이는 1970년대 말부터 1980년대 초까지의 심각한 구조적 위기로 이어졌다. 이러한 위기는 고착(lock-in) 과정에 의한 것으로, 석탄, 철강 산업단지들의 지역 간 긴밀한 상호의존성으로 말미암아 지역

발전이 '경직된 전문화'의 덫에 갇혀 있었기 때문이다. 석탄 관련 업체들은 철강업에 대한 공급 연계를 형성하고 있었고, 개별 철강 생산업체들은 다양한 제품 생산으로 전문화되었기 때문에 기계, 전자, 기타 서비스 등 특정 공급업체와의 네트워크를 활용하고 있었다. 그래버는 루르 지역의 고착을 다음 3가지 차원으로 구분해서 설명한다.

① 기능적 고착: 핵심 기업인 주요 철강업체와 그들의 공급업체 간 긴밀한 연계를 지칭한다. 이러한 연계는 장기간에 걸친 안정성과 철강제품에 대한 수요 예측 가능성을 토대로 하므로 공급업체들은 자체적인 연구개발이나 시장 개척에 착수하지 않는다. 따라서 철강 수요가 감소하면 핵심 철강업체뿐만 아니라 그 공급업체도 직접적인 영향을 받게 된다.

② 인지적 고착: 기업이 생각하고 작동하는 방식으로, 일종의 세계관이나 집단 사고(group-think)를 지칭한다. 특히 루르 지역의 기업들은 안정적인 수요 패턴이 오랫동안 지속될 것이라고 전제했기 때문에, 1970년대 초의 침체는 장기적인 쇠퇴의 시작점이라기보다는 일시적인 변동일 것이라고 해석했다. 인지적 고착은 적절한 협력학습 메커니즘이 발달하지 못하게 하므로, 기업이 실험이나 혁신에 나서지 않을 뿐만 아니라 외부 변동의 시그널을 정확히 해석해서 적절히 대응할 수 없게 만든다. 루르 지역의 기업들

은 1970년대 초반의 슬럼프에 대한 대응책으로 제품 생산을 다변화하여 새로운 시장 개척에 나서기보다는 기존의 (상당히 동일한 수준의) 기술과 생산과정에 막대한 투자를 했다.

③ 정치적 고착: 이는 지역 내의 (지방정부, 노동조합, 상공회의소 등) 정치적 행위자가 정책 메커니즘을 혁신과 학습을 촉진하는 방향으로 변화시키지 못하도록 만들었다. 당시만 하더라도 루르 지역은 산업계, (노르트라인-베스트팔렌주의) 지방정부, 노동조합 간 상호 협력관계를 근간으로 하고 있었다. 이러한 보수적 합의의 문화는 중공업 부문에 대한 강력한 정치적 후원의 형태로 표출되었고, 1970년대에 몇몇 대규모 투자 프로그램을 추진하게 만들었다.

그러나 1970년대 후반과 1980년대의 위기로 인해 이러한 고착은 끊어졌고, 지역 중공업 경로는 사실상 파괴되었다. 루르 지역의 기업들은 대규모의 공장 폐쇄와 인력 감축을 단행하는 한편, 사업을 재편하여 기존의 생산품과 관련된 분야와 시장으로 진출하는 등 대응에 나섰다. 이는 이른바 '경로분기(path branching)'로 나아가는 과정으로 볼 수 있다(본문 내용 참조). 특히 많은 기업이 환경기술과 같은 부문으로 이동했는데, 이는 1990년대 초반에 이르러 무려 600개 이상의 기업체와 10만 개의 일자리를 만들어냈다(Grabher 1993: 269).

경제지리학자 론 마틴(Ron Martin)은 데이비드의 연구에서 시작된 경로의존성의 이론화가 제한적으로만 이루어졌음을 비판하면서, 이를 더 개방적인 형태의 국지적 산업 진화 모델로 발전시켰다(Martin 2010). 이 모델의 특징은 '예비형성 국면(preformation phase)'과 '경로창출 국면(path creation phase)'을 구별했다는 점이다. 예비형성 국면이란 기존의 경제적·기술적 조건(이전의 국지적 경제발전 패턴에서 전승된 자원, 역량, 기술, 경험을 포함)이 기존의 산업을 지배하는 단계다. 이어

경로창출 국면은 행위주체 간 실험과 경쟁이 새로운 경로의 출현을 이끌어내는 단계다(그림 2.10). 이는 국지적 수준에서의 이익 증가와 네트워크 연계 발전을 기반으로 하는 '경로발전 국면(path development phase)'으로 이어진다. 이러한 경로 발전은 경로의 갱신을 통한 역동적 과정으로 나아갈 수도 있고 경직성 강화를 통해 고착으로 귀결될 수도 있다(Box 2.9). 또한 마틴은 제도적 환경을 새로운 기술과 산업이 창출되도록 능력을 부여하는 유형과, 반대로 이의 창출을 제약하는

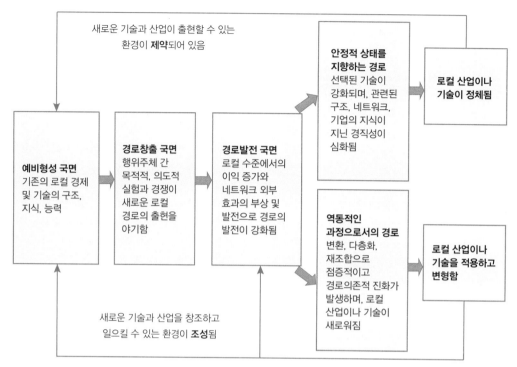

그림 2.10 로컬 산업의 대안적 진화 모형 (출처: Martin 2010: 21)

유형 2가지로 구분한다.

　EEG에서 지역 다각화(분기화)의 과정은 경로 창출의 핵심 메커니즘이며, 어떤 도시나 지역에서 새로운 산업이 성장 경로로 이행하는 것과 깊이 관련된다. 분기화(branching)라는 용어는 이른바 '연관 다양성(related·variety)'이라는 개념에 토대를 둔다. 이 개념은 상호보완적인 다양한 부문을 갖추고 중첩된 지식 기반과 기술적 역량을 갖춘 지역을 지칭할 때 사용된다. 같은 맥락에서 스웨덴의 데이터를 바탕으로 한 연구 결과에 따르면, 특정 지역의 산업은 기술적으로 그 지역 내의 여타 기존 산업들과 연관되어 있는 경우 성장 가능성이 훨씬 높다(Neffke et al. 2011). 그러나 기업 수준에서 실제로 분기화가 발생하는 과정은 EEG에서 그동안 주목을 받지 못했다. 특히 기업 및 관

련 조직체들이 어떻게 기회를 포착하고 자신의 지식과 경쟁력을 새로운 부문 및 시장으로 이전하는가는 각별히 중요한 연구주제다.

　EEG의 또 다른 연구흐름은 산업수명주기(industrial life cycle)에 관한 기존의 연구를 바탕으로 산업의 공간적 진화에 주목했다. 가령 영국의 자동차산업은 진화적 시각에서 1898년부터 1922년 사이 기존의 자전거 및 마차 산업을 근간으로 발전했다(Boschma and Wenting 2007). 영국의 자동차산업이 코번트리와 버밍엄 중심의 웨스트미들랜드 지역에 집중된 것은 이러한 연관 산업으로부터의 지역적 분기화 과정에 따른 결과였다. 특히 사람들이 자신의 지식과 경험을 보유한 채 기존의 회사를 떠나는 기업 분사(spin-off) 과정은 다각화에서 매우 중요한 메커니즘이다. 이는 분사

라는 산업적 역동성을 통해, 성공적인 루틴과 역량이 모기업에서 자회사로 전승되면서 산업 클러스터가 창출된다는 것을 함의한다. 즉, 클러스터가 전문화된 지식과 노동력 및 공급업체의 풀(pool) 같은 기업의 외부 요인에 의하여 형성된다는 전통적 설명에 문제를 제기한다(Boschma and Frenken 2015).

EEG가 상당히 흥미로운 연구 분야로 발전하는 과정에서 EEG의 범위와 방향을 둘러싸고 주기적인 논쟁도 함께 나타났다. 보쉬마와 프렌켄(Boschma and Frenken 2006)은 EEG 및 제도경제지리학을 NEG와 뚜렷하게 구별했지만, 다른 학자들은 제도주의 및 GPE, 관계경제지리학과 긴밀한 연계가 필요하다고 강조했기 때문이다(Hassink et al. 2014; MacKinnon et al. 2009). 현재까지 EEG는 다양한 이론 및 방법의 전개를 특징으로 한다. 특히 계량적 방법과 질적 방법 간 차이가 두드러진다. 일부 연구자는 주류 경제학 및 NEG와 비슷하게 통계적·형식적 모델링 기법에 의존하는 한편, 다른 연구자는 질적인 방법과 사례 연구에 기반을 둔 접근을 채택하고 있다.

2.5.4 관계경제지리학

최근 경제지리학은 지리적 사고의 관계적 전환을 맞이하고 있다. 여기서 핵심인 관계적 사고는 도린 매시가 주창한 '글로벌 장소감'이라는 개념을 토대로 하며, 장소를 광범위한 사회관계들의 접점에서 구성되는 것으로 파악한다(1.2.3 참조). 매시에 따르면 공간에 대한 관계적 접근은 다음 3가지를 전제로 한다(Massey 2005: 9-12). 첫째, 공간은 상호관계의 산물로 이해되어야 한다. 이는 장소 및 장소의 정체성은 선험적으로 존재하기보다는 관계를 통해서 창조된다는 것을 의미한다. 둘째, 공간은 다중성(multiplicity)이라는 가능성을 갖고 있다는 점에 주목해야 한다. 이 다중성은 여러 장소를 연결하는 다양한 관계에 의해 창조된다. 이런 관점은 차이에 대한 포스트모더니즘 관점과 상응한다. 셋째, 공간은 정적이고 안정된 존재(being)라기보다 언제나 변화하는 생성(becoming) 과정에 있다. 이런 관점에서 보자면 글로벌화는 새로운 공간 및 장소들의 관계가 펼쳐지는 시대이므로, 우리는 경계로 구획된 지역을 넘어 경제 네트워크와 지식이 생산, 교환되는 광범위한 순환에 주목할 필요가 있다.

관계경제지리학(relational economic geography)은 경제활동 및 상호작용이 광범위한 사회·경제적 관계에 뿌리를 내리고 있다는 점에 관심을 둔다. 특히 이는 네트워크 연구와도 관련이 있는데, 네트워크란 "사람, 기업, 장소를 상호 연결하고, 지식, 상품, 자본이 지역 내부와 지역 사이에 흐를 수 있게 하는 사회경제적 구조"라고 정의할 수 있다(Aoyama et al. 2011: 181). 이런 관점에서 최근 관계경제지리학에서는 다각적인 경제적 실천에 주목한다. 여기에서 실천은 각계각층의 행위자와 커뮤니티가 자신의 물질적 필요를 충족하고 사회적 재생산을 확보하기 위해 '간신히 버텨내고' '그럭저럭 살아가는' 다양한 세속적인 활동 모습을 일컫는다(Stenning et al. 2010: 64). 존스와 머피(Jones and Murphy 2011)에 따르면, 이와 같은 실천에 대한 관심은 그 자체로 중대한 이론적인 '전환'이라기보다는 (소비 영역에서와 같이) '일상적인' 활동과 겉보기에 '세속적인' 활동에 초점을 둠으로써 보다 광범위한 과정을 이해하려는 방법이다. 예를 들어 알 제임스(Al James)는 유타주를 대상으로 첨단기술 경제의 문화적 착근성을 연구하면서, 모르몬교의 가치들이 지역 기업 내에서 다양한 일상적 실천들을 통해 지탱된다는 것을 지적한 바 있다(James 2007). 이러한 루틴화된 실천에는 다른 직원들과의 모임을 통한 집단적 규범의 강화, 직장 동료에 대한 관찰, 회사의 문화인식적(culturally informed) 의사결정에 대한 집단적 추인, 그리고 모르몬교 직원의 고용 등이 있다.

공간에 대한 관계적 사유는 '관계적 지역'에 대한 새로운 관심을 촉발했다. 관계적 지역이란, 지역을 개방적이며 불연속적인 공간으로 재이미지화한 개념으로, 지역이 맺고 있는 광범위한 사회적 관계에 의해 규정된다(Box 2.10). 정책 개발자,

Box 2.10

초국적 커뮤니티와 지역발전

애나-리 색서니언(Anna-Lee Saxenian)이 수행한 엔지니어 및 사업가들의 초국적 커뮤니티에 관한 연구는 지역 발전에 대한 관계적 접근의 사례를 잘 보여준다. 색서니언은 캘리포니아의 실리콘밸리에 관한 연구로 잘 알려져 있으나(그림 3.8), 최근 들어 초국적 연계와 흐름을 고려하는 방향으로 연구를 다소 수정해왔다.

색서니언은 최근 수십 년에 걸쳐 국제적으로 활동하는 엔지니어와 사업가가 등장하고 있다고 주장하면서 이들을 '신흥 아르고너트(new Argonauts)'★라고 지칭했다(Sexenian 2006). 신흥 아르고너트의 특징은 교육을 받거나 일자리를 구하기 위해 해외로 이동한 후 그 나라에 머물면서 새로운 회사를 창업한다는 점에 있다. 색서니언이 지칭하는 아르고너트의 대표적인 사례는 인도, 중국, 타이완 등의 모국에서 엔지니어링 기술을 배운 후 미국으로 이주하여 사업가가 된 1세대 아시아계 이민자들이다. 점진적으로 이들은 실리콘밸리 같은 미국의 기술 중심 도시에서 경험을 축적하고 관계를 형성함으로써 숙련 기술자들로 구성된 이민자 커뮤니티를 형성해나갔다.

★ 원래 아르고너트는 그리스신화에서 아테나 여신의 도움으로 제작한 배인 아르곤 호를 타고 황금양모를 찾으러 떠났다가 돌아온 영웅 이아손 및 모험가 일행을 지칭하는 용어다. 미국에서는 1849년경 금광을 발굴하기 위해 캘리포니아에 모여들었던 사람들을 지칭하는 용어로 사용되기도 했다.

1960~70년대에는 이러한 아시아계 엔지니어들의 모국과 미국 간 관계가 개발도상국에서 선진국으로의 전통적 이주 패턴과 흡사했다. 그러나 1980년대 후반 들어 새로운 경향이 나타났는데, 이는 미국에서 교육을 받은 엔지니어들이 다시 자신의 모국으로 되돌아가기 시작했다는 점이다. 이는 위의 아시아 국가들의 경제성장과 정보통신기술(ICT)의 발전에서 기인했는데, 결과적으로 많은 기업과 개인이 국제적으로 활동할 수 있는 새로운 기회를 창출했다. 처음만 하더라도 이러한 역이동 흐름은 타이완이나 이스라엘처럼 전통적인 엔지니어 유출국에 국한되었지만, 1990년대 말 들어 인도와 중국으로까지 확대되기 시작했다. 이러한 IT 부문의 엔지니어와 사업가의 초국적 이동 현상은 전통적인 '두뇌 유출(brain drain)' 패턴이 당사국 모두에 호혜적인 '두뇌 순환(brain circulation)'으로 대체되고 있다는 색서니언의 주장을 뒷받침했다. 따라서 신흥 아르고너트들은 주변부에서 핵심부로의 전통적인 일방향적 이동 패턴을 새로운 양방향적 연계로 바꾸고 있다. 이는 핵심부에서 배양된 기능, 자본, 기술을 모국에 주입함으로써 기존 주변부 지역의 성장과 고용 확대에 큰 영향을 끼친다. 그러나 아르고너트 기반의 '두뇌 순환'이 전통적인 '두뇌 유출'과 비교했을 때 그녀가 논의한 몇몇 특정 국가들을 넘어 얼마나 폭넓게 나타나고 있는가의 문제는 논쟁의 여지가 있다.

사회운동가, 학계의 분석가 등은 특정 목적을 달성하기 위해 관계적 지역을 창조한다. 따라서 관계적 지역은 이를 규정하고 창조하는 행위 외에는 어떤 본질적인 성격이나 정체성을 지니지 않는다. 영국 방송대학의 존 앨런(John Allen), 도린 매시, 앨런 코크레인(Allen Cochrane)은 1980년대 이후 영국의 신자유주의적 성장 지역을 상징하는 잉글랜드 남동부에 대한 분석을 사례로 관계적 지역 개념을 제시했다(Allen, Massey and Cochrane 1998). 잉글랜드 남동부에는 경제적 쇠퇴와 박탈이 나타나는 지역이 있는데, 이는 성장과 번영이라는 표면적 이미지를 복잡하게 만들고 교란한다. 따라서 지역의 경계는 외부에 열려 있는 다공질적인 것으로 이해될 필요가 있다(그림 2.11). 이와 같은 지역에 대한 관계적 이론은, 지역을 내적으로 통일성이 있으며 외부와는 뚜렷한 경계로 구획되어 있다고 간주했던 '신지역주의' 사고에 대한 비판으로 이어졌다.

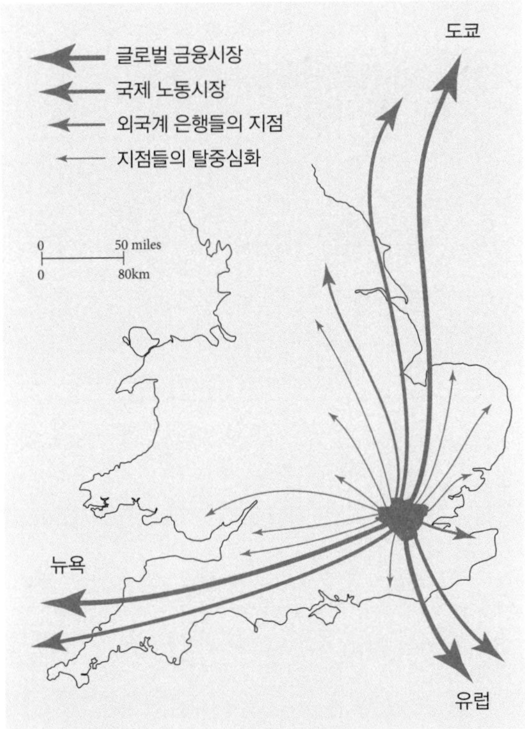

2.6 요약

경제지리학의 주요 접근은 시기에 따라 상당한 변화를 겪어왔다. 이는 앞서 살펴보았던 것처럼 지리학의 발전과정과 그 맥락을 같이한다. 지역 분류와 기술을 토대로 한 전통적인 접근은 1950년대 말과 1960년대 초 계량적인 접근으로 대체되었다. 이 접근은 공간분석의 개념적·기술적 발전을 토대로 한 것이었다. 1970~80년대에는 GPE가 계량적 접근을 대체하기 시작했고, 1990~2000년대에는 또 한번 새로운 접근들이 나타났다. 학문적 지향에서의 이러한 주기적 변동은 대규모의 전면적 전환이라기보다는 대략적 초점과 방향에서 나타나는 변화들이었다. 그렇기 때문에 초창기의 공간분석 이론들과 GPE는 여전히 경제지리학에서 중요한 위치를 차지하고 있다.

이 책은 '새로운' GPE 접근을 선호한다. 이 접근은 1970~80년대 초반의 다소 무겁고 결정론적인 이론을 넘어 더 유연하고 개방적이며, 맥락, 차이, 정체성을 중요시한다는 점에서 새롭다. 이는 부분적으로는 앞에서 살펴보았던 새로운 접근들을 수용한 결과이기도 하다. 특히 이 책의 접근은 '다원적인' GPE라고 할 수 있다. 왜냐하면 GPE 기반의 폭넓은 사유와 분석력을 역사적 변화에 대한 진화론적 초점과 결합하고, 문화적·제

그림 2.11 잉글랜드 남동부의 국제 금융 연계망
(출처: Allen *et al.* 1998: 49)

도적 '전환'과 관련된 맥락과 차이를 민감하게 인식하기 때문이다. 결국 이 책은 "정치적으로 민감한 문화경제학"이라기보다 "문화적으로 민감한 정치경제학"을 채택했다고 할 수 있다(Hudson 2005:15). 또한 거시적으로는 조절이론에 바탕을 두고 있는데, 조절이론은 자본주의를 안정화하고 지탱하기 위해서는 광범위한 사회적 조절과정이 필요함을 강조한다.

GPE에 기반을 둔 이 책은 자본주의의 불균등 발전을 검토하면서 "특정 장소의 개별 경제와 여러 장소 간 연계"에 주목한다(Barnes and Sheppard 2000: 2-3). 경제를 광범위하고 종합적인 시각에서 이해함으로써 경제, 제도, 문화 간 연계를 검토하고, 구체적인 사례를 통해 특정 지리적 환경 속에 형성된 이들의 관계를 면밀히 평가하고자 한다. 또한 차이와 다양성에도 주목하면서, 개별 장소의 독특한 특성이 얼마나 중요한지와 광범위한 경제발전 및 국가 개입 과정에서 지리적 차이가 어떻게 (재)생산되는지를 강조한다.

 연습문제

여러분이 살고 있는 곳에 대형 슈퍼마켓 체인점이나 매장을 하나 오픈한다고 생각해보자.

공간분석, GPE, 문화이론 및 제도주의 접근은 이 이슈에 대해 어떻게 접근할까? 각 접근은 이 이슈의 어떤 측면에 초점을 둘 것으로 생각되는가? 여기에는 사람들의 쇼핑 경험, 해당 기업의 정책 및 실천, 최적 입지 지점의 선정, 소비와 정체성 간의 연계, 기존의 로컬 마트에 미치는 영향, 소비자가 대형 슈퍼마켓을 선호하는 이유, 대형 슈퍼마켓 업체들 간의 경쟁, 슈퍼마켓과 공급업체들의 관계 등이 포함될 수 있을 것이다.

이러한 측면들에 대한 각 접근의 강점과 약점을 평가해보자. 위에서 제시한 각각의 문제를 이해하는 데 어떤 접근이 '가장' 우수할까? 그 이유는 무엇인가? 각 접근의 일부 요소를 접목, 종합하는 방식도 타당할까? 만일 그렇다면 그런 방식은 위의 문제들 중 어떤 것을 이해하는 데 강점을 갖고 있을까?

더 읽을거리

Barnes, T.J. (2000) Inventing Anglo-American economic geography. In Sheppard, E. and Barnes, T.J. (eds) *A Companion to Economic Geography*. Oxford: Blackwell, pp. 11-26.

경제지리학의 형성과 초창기 발전과정을 매력적으로 소개한 글이다. 학문 분야가 어떻게 특정 시기와 장소에서 특정 집단에 의해 특수한 프로젝트로 고안되는지를 강조한다. 전통적 접근과 공간분석에 대한 내용을 포함한다.

Barnes, T.J. (2012) Economic geography. In Johnston, R.J., Gregory, D., Pratt, G. and Watts, M. (eds) *The Dictionary of Human Geography*, 5th edition. Oxford: Blackwell, pp. 178-81.

경제지리학의 관심사와 방법을 간결하게 요약한 글이다. 경제지리학이 역사적으로 어떻게 진화해왔는지를 요약하고, 현대 경제지리학의 광범위한 연구주제들을 개관하고 있다.

Gertler, M.G. (2010) Rules of the game: the place of institutions in regional economic change. *Regional Studies* 41: 1-15.

제도를 포괄적으로 알기 쉽게 설명하고 있으며, 경제지리학과 지역 연구 분야에서 제도에 관한 주요 연구동향을 검토하면서 제도의 중요성을 간과해왔다는 점을 지적한다. 경제지리학에서의 제도 연구를 위한 대안적 접근에 대해 설명한다.

Scott, A.J. (2000) Economic geography: the great half century. In Clark, G., Feldmann, M. and Gertler, M. (eds) *The Oxford Handbook of Economic Geography*. Oxford: Oxford University Press, pp. 18-44.

제2차 세계대전 이후 경제지리학의 발달을 경쾌하게 검토하는 글이다. 특히 공간분석과 정치경제학에 초점을 두고 있으며, 1980년대 이후 로컬리티 연구나 지역의 재발견 등의 주제를 강조한다.

Sheppard, E., Barnes, T.J., Peck, J. and Tickell, A. (2004) Introduction: reading economic geography. In Barnes, T., Peck, J., Sheppard, E. and Tickell, A. (eds) *Reading Economic Geography*. Oxford: Blackwell, pp. 1-9.

경제지리학 분야를 간결하면서도 권위 있게 요약하고 있을 뿐만 아니라, 경제지리학 저널에 게재된 주요 논문을 선택적으로 소개한다. 우선 경제지리학의 주요 역사를 2쪽 분량으로 요약한 후, 경제지리학의 연구주제를 소개한다. 그리고 하나의 지침서로서 경제지리학 분야의 문헌을 비판적으로 개관한다.

Sheppard, E., Barnes, T.J. and Peck, J. (2012) The long decade: economic geography unbound. In Barnes, T.J., Peck, J. and Sheppard, E. (eds) *The Wiley-Blackwell Companion to Economic Geography*. Oxford: Blackwell, pp. 1-24.

학문 분야로서의 경제지리학을 개관하는 중요한 문헌이다. 경제지리학을 간결하면서도 총괄적으로 설명한다. 경제지리학의 주요 주제와 최근의 논의를 알 수 있다.

웹사이트

www.egrg.rgs.org
왕립지리협회(RGS)의 경제지리학연구그룹(EGRG) 웹사이트이다. 학계의 연구자들이 주로 이용하고 있기 때문에, 자료 중 상당 부분은 학생들이 이해하기 어려울 수도 있다. 그러나 경제지리학자들이 어떤 이슈와 주제를 탐구하는지를 파악할 수 있기 때문에 탐색해볼 충분한 가치가 있는 웹사이트이다.

참고문헌

Allen J., Massey D. and Cochrane A. (1998) *Rethinking the Region.* London: Routledge.

Amin, A. and Thrift, N. (1994) Living in the global. In Amin, A. and Thrift, N. (eds) *Globalisation, Institutions and Regional Development in Europe.* Oxford: Oxford University Press, pp. 1-22.

Aoyama, Y., Murphy, J.T. and Hanson S. (2011) *Key Concepts in Economic Geography.* London: Sage.

Armstrong, H. and Taylor, J. (2000) *Regional Economics and Policy,* 3rd edition. London: Blackwell.

Barnes, T.J. (2000) Inventing Anglo-American economic geography. In Sheppard, E. and Barnes, T.J. (eds) *A Companion to Economic Geography.* Oxford: Blackwell, pp. 11-26.

Barnes, T.J. (2001) Retheorising economic geography: from the quantitative revolution to the 'cultural turn'. *Annals of the Association of American Geographers* 91: 546-65.

Barnes, T.J. and Sheppard, E. (2000) The art of economic geography. In Sheppard, E. and Barnes, T.J. (eds) *A Companion to Economic Geography.* Oxford: Blackwell, pp. 1-8.

Boschma, R. and Frenken, K. (2006) Why is economic geography not an evolutionary science? Towards an evolutionary economic geography. *Journal of Economic Geography* 6: 273-302.

Boschma, R. and Frenken, K. (2015) Evolutionary economic geography. *Papers in Evolutionary Economic Geography* 15.18. Utrecht: Utrecht University, Urban and Regional Research Centre. At http://econ.geog.uu.nl/peeg/peeg.html.

Boschma, R.A. and Martin, R. (2007) Constructing an evolutionary economic geography. *Journal of Economic Geography* 7: 537-48.

Boschma, R.A. and Wenting, R. (2007) The spatial evolution of the British automobile industry: does location matter? *Industry and Corporate Change* 16: 213-38.

Boyer, R. (1990) *The Regulation School: A Critical Introduction.* New York: Columbia University Press.

Burton, I. (1963) The quantitative revolution and theoretical geography. *Canadian Geographer* 7: 151-62.

Christaller, W. (1966) *Central Places in Southern Germany,* translated by Baskin, C.W. Englewood Cliffs, NJ: Prentice-Hall.

Cloke, P., Philo, C. and Sadler, D. (1991) *Approaching Human Geography: An Introduction to Contemporary Theoretical Debates.* London: Paul Chapman.

Crang, P. (1997) Introduction: cultural turns and the (re)constitution of economic geography. In Lee, R. and Wills, J. (eds) *Geographies of Economies.* London: Arnold, pp. 3-15.

David, P.A. (1985) Clio and the economics of QW-ERTY. *American Economic Review* 75: 332-7.

Dowd, D. (2000) *Capitalism and its Economics: A Critical History*. London: Pluto.

Dunford, M. and Perrons, D. (1994) Regional inequality, regimes of accumulation and economic development in contemporary Europe. *Transactions of the Institute of British Geographers* NS 19: 163-82.

European Commission (2014) *Investment for Jobs and Growth: Promoting Development and Good Governance in EU Regions and Cities*, 6th Report on Economic, Social and Territorial Cohesion. At http://ec.europa.eu/regional_policy/sources/docoffi c/official/reports/cohesion6/6cr_en.pdf.

FAO (Food and Agriculture Organisation) (2010) Measuring and assessing capacity in fisheries: 2 issues and methods. *FAO Fisheries Technical Paper* 433/2. Rome: Food and Agriculture Organisation of the United Nations.

Gertler, M.S. (1995) 'Being there': proximity, organisation and culture in the development and adoption of advanced manufacturing technologies. *Economic Geography* 71: 1-26.

Gertler, M.S. (2004) *Manufacturing Culture: The Institutional Geography of Industrial Practice*. Oxford: Oxford University Press.

Grabher, G. (1993) The weakness of strong ties: the lock-in of regional development in the Ruhr area. In Grabher, G. (ed) *The Embedded Firm: On the Socio-economics of Industrial Networks*. London: Routledge, pp. 255-77.

Gregory, D. [1989] (1996) Areal differentiation and postmodern human geography. In Agnew, J., Livingstone, D.N. and Rogers, A. (eds) *Human Geography: An Essential Anthology*. London: Blackwell, pp. 211-32.

Hartshorne, R. (1939) *The Nature of Geography: A Critical Survey of the Present in the Light of the Past*. Lancaster, PA: The Association.

Harvey, D. (1973) *Social Justice and the City*. London: Arnold.

Harvey, D. (1982) *The Limits to Capital*. Oxford: Blackwell.

Hassink, R., Klaerding, C. and Marques, P. (2014) Advancing evolutionary economic geography by engaged pluralism. *Regional Studies* 48: 1295-307.

Hudson, R. (2005) *Economic Geographies: Circuits, Flows and Spaces*. London: Sage.

Hudson, R. (2006) On what's right and keeping left: Or why geography still needs Marxian political economy. *Antipode* 38: 374-95.

Jackson, P. (1989) *Maps of Meaning: An Introduction to Cultural Geography*. London: Unwin Hyman.

James, A. (2007) Everyday effects, practices and causal mechanisms of 'cultural embeddedness': learning from Utah's high tech regional economy. *Geoforum* 38: 393-413.

Johnston, R.J. and Sidaway, J.D. (2004) *Geography and Geographers: Anglo-American Human Geography Since 1945*, 6th edition. London: Arnold.

Jones, A. (2015) Geographies of production Ⅱ: political economic geographies: a pluralist direction? *Progress in Human Geography*. Online First, doi 10.1177/0309132515599553.

Jones, A. and Murphy, J.T. (2011) Theorising practice in economic geography: foundations, challenges and possibilities. *Progress in Human Geography* 35: 266-92.

Knox, P. and Agnew, J. (1994) *The Geography of the World Economy*, 2nd edition. London: Arnold.

Krugman, P. (2000) Where in the world is the 'new economic geography'?. In Clark, G., Feldmann, M. and Gertler, M. (eds) *The Oxford Handbook of Economic Geography*. Oxford: Oxford University Press, pp. 49-60.

Krugman, P. (2011) The new economic geography, now middle-aged. *Regional Studies* 45: 1-8.

Lee, R. (2002) Nice maps, shame about the theory? Thinking geographically about the economic. *Progress in Human Geography* 26: 333-55.

Ley, D. (1994) Postmodernism. In Johnston, R.J.,

Gregory, D. and Smith, D.M. (eds) *The Diction-ary of Human Geography*, 3rd edition. Oxford: Blackwell, pp. 466-8.

MacKinnon, D., Cumbers, A., Birch, K., Pike, A. and McMaster, R. (2009) Evolution in economic ge-ography: institutions, political economy and re-gional adaptation. *Economic Geography* 85: 129-50.

Martin, R. (1999) The new 'geographical turn' in economics: some critical reflections. *Cambridge Journal of Economics* 23: 65-91.

Martin, R. (2000) Institutionalist approaches to eco-nomic geography. In Sheppard, E. and Barnes, T. (eds) *Companion to Economic Geography*. Ox-ford: Blackwell, pp. 77-97.

Martin, R. (2010) Rethinking regional path depend-ence: beyond lock-in to evolution. *Economic Geography* 86: 1-27.

Marx, K. and Engels, F. [1848] (1967) *The Commu-nist Manifesto*. London: Penguin.

Massey, D. (1995) *Spatial Divisions of Labour: So-cial Structures and the Geography of Production*, 2nd edition. London: Macmillan.

Massey, D. (2005) *For Space*. London: Sage.

McDowell, L. (1997) *Capital Culture: Gender at Work in the City*. Oxford: Blackwell.

Neffke, F., Henning, M. and Boschma, R. (2011) How do regions diversify over time? Industry relatedness and the development of new growth paths in regions. *Economic Geography* 87: 237-65.

Nelson, R.R. and Winter, S.G. (1982) *An Evolution-ary Theory of Economic Change*. Cambridge, MA: Harvard University Press.

Pike, A., Rodriguez-Pose, A. and Tomaney, J. (2017) *Local and Regional Development*, 2nd edition. London: Routledge.

Rees, J. (1998) The return of Marx? *International Socialism* 79. Available at http://pubs.socialis-treviewindex.org.uk/isj79/rees.htm. Accessed 2 November 2005.

Rigg, J., Bebbington, A., Gough, K.V., Bryceson,

D.F., Agergaard, J., Fold, N. and Tacoli, C. (2009) The World Development Report 2009 'reshapes' economic geography: critical reflections. *Trans-actions of the Institute of British Geographers* NS 34: 128-36.

Rodriguez-Pose, A. (2013) Do institutions matter for regional development? *Regional Studies* 47: 1034-47.

Saxenian, A.L. (2006) *The New Argonauts: Regional Advantage in a Global Economy*. Cambridge, MA: Harvard University Press.

Scott, A.J. (2000) Economic geography: the great half century. In Clark, G., Feldmann, M. and Ger-tler, M. (eds) *The Oxford Handbook of Economic Geography*. Oxford: Oxford University Press, pp. 18-44.

Seddon, M. (2005) Kapital gain: Karl Marx is the Home Counties favourite. *The Guardian*, 14 July.

Sheppard, E. (2011) Geographical political econo-my. *Journal of Economic Geography* 11: 319-31.

Smith, N. (1984) *Uneven Development: Nature, Capital and the Production of Space*. Oxford: Blackwell.

Smith, N. (2001) Marxism and geography in the Anglophone world. *Geographische Revue* 3: 5-22. Available at www.geographische-revue.de/gr2-01.htm.

Stenning, A., Smith, A., Rochovska, A. and Swiatek, D. (2010) *Domesticating Neo-Liberalism: Spaces of Economic Practice and Social Reproduction in Post-Socialist Cities*. Oxford: Wiley-Blackwell.

Storper, M. (2011) From retro to avant-garde: a commentary on Paul Krugman's 'the new eco-nomic geography, now middle-aged'. *Regional Studies* 45: 9-16.

Swyngedouw, E. (2000) The Marxian alternative: historical geographical materialism and the polit-ical economy of capitalism. In Sheppard, E. and Barnes, T.J. (eds) *A Companion to Economic Ge-ography*. Oxford: Blackwell, pp. 40-59.

Walker, R. (2000) The geography of production. In Sheppard, E. and Barnes, T.J. (eds) *A Compan-*

ion to Economic Geography. Oxford: Blackwell, pp. 111-32.

Wills, J. and Lee, R. (1997) Introduction. In Lee, R. and Wills, J. (eds) *Geographies of Economies.*

London: Arnold, pp. xi-xviii.

World Bank (2009) *World Development Report 2009: Reshaping Economic Geography.* Washington, DC: World Bank.

Chapter
03
지역 전문화에서 글로벌 통합으로
변동하는 생산의 지리

주요 내용

▶ 자본주의 생산의 역동성
- 자본의 순환
- 노동과정
- 혁신과 기술 변화
- 산업화와 자본주의의 지리적 팽창
▶ 산업화와 시간의 흐름에 따른 산업지역의 흥망
▶ 포디즘과 유연생산으로의 변동
▶ 탈산업화와 신산업공간의 성장
▶ 글로벌화와 신국제노동분업의 출현

3.1 도입

자본주의 생산양식은 현대 경제를 지배하고 있으며, 이윤추구를 발전의 원동력으로 삼아왔다. 자본주의 생산양식이 등장한 지 400년이 지나면서 단일한 세계경제가 출현했다. 서유럽에서 시작된 **자본주의**가 지리적으로 확산되어 사실상 지구상의 모든 국가와 지역을 포괄하게 된 것이다(Knox

et al. 2003). 이러한 팽창 과정은 특히 19세기 말 정점에 달했던 **식민주의** 과정을 거치며 전자본주의적(pre-capitalist) 사회와 시스템을 바꾸어버렸다. 자본주의는 주기적으로 쇠퇴와 회복을 반복해왔고, 특히 20세기 들어 소련이나 중국 등 공산주의라는 대안적인 사회체제의 도전에 직면하기도 했지만, 현재까지 그 팽창이 계속되고 있다. 글로벌화라 불리는 오늘날의 단계에서는 고도화된 정보통신기술(ICT: Information and Communication Technology)의 발전을 토대로 시장 및 생산의 전 지구적 통합이 일어나고 있다.

생산의 지리 및 조직화는 지난 200년 동안 매우 급진적으로 진화해왔으며, 이를 추동한 것은 이윤추구적인 자본, 노동과정, 기술 변화, 지리적 팽창 간 상호작용이었다. 이러한 생산지리의 변동에 대해 고찰하고 나면, 이 책의 전반적인 내용을 뒷받침하는 역사적 토대를 이해할 수 있다. 그뿐만 아니라 생산지리의 실제 역사를 통해 (이미 1.3과 1.4, 2.4와 2.5에서 살펴본) 자본주의를 좀 더 폭넓은 시각에서 바라볼 수 있다.

산업화의 과정은 19세기에 걸쳐 연속적 성장과 쇠퇴의 물결을 타고 진행되었다. 이 과정에서 유럽과 북아메리카에 고도로 전문화된 산업지역들이 출현·성장했고, 이들의 식민지는 핵심부 국가에 원료와 농산물을 공급하는 역할을 담당했다. 유럽과 북아메리카의 핵심부 산업지역은 제2차 세계대전 이후 대량생산(포디즘)에 의해 지배력이 더욱 강화되었지만, 더 전문화되거나 주변부에 있던 산업지역은 이미 1960년대부터 장기적인 경제적 쇠퇴 국면에 진입하기 시작했다.

1970~80년대는 훨씬 급진적인 변화가 나타났다. 선진국에서는 대규모 **탈산업화(deindustriali-zation)**를 겪으면서 일부 개발도상국의 저비용 지역에 제조업 부문의 투자를 진행하는 '글로벌 변동(global shift)'이 나타났다(Dicken 2015). 또한 이런 글로벌화의 연장선에서 일부 서비스 부문이 저비용 지역으로 재입지하는 이른바 **오프쇼링(offshoring)** 현상이 지속되고 있다. 이러한 글로벌 통합의 논리에 따라 생산은 점차 지리적으로 확산되었고, 여러 국가와 지역에 넓게 '펼쳐진' 상태가 되었다. 그러나 이와 동시에 지역 전문화 요소도 꾸준히 유지되고 있다. 특히 선진 금융서비스업, 연구개발, 회사의 본부 등 고부가가치 기능들은 런던, 뉴욕 같은 세계도시와 캘리포니아의 실리콘밸리 같은 첨단기술 중심부로의 지리적 집중 경향을 보인다.

3.2 자본주의 생산의 역동성

여기에서는 지리정치경제학(GPE: Geographical Political Economy) 접근을 중심으로 자본주의 생산을 이끄는 주요 동력을 살펴보는데, 1장에서 다루었던 거시적 논의들을 보다 역사적인 맥락에서 심층적으로 검토한다. 자본은 경제를 추동하는 핵심 동력이다. 3장에서는 **자본의 순환(circuit of capital)**이라는 추상적인 내용에서 시작해 더 조직화된 형태까지 차례로 살펴본다. 그다음 생산의 또 다른 주요 동력인 노동을 다루는데, 자본주의에서 노동은 본질적으로 '의제상품(fictitious commodity)'이라는 점과 산업 생산에서 **노동분업**의 중요성을 특히 강조한다. **혁신** 및 기술 변화의 과정은 자본의 기본적인 역동성에 기인하는 것으로 경제경관의 재구조화와 깊이 관련되어 있다. 이는 새로운 산업, 기술, 제품을 창출하는 과정임과 동시에 기존 요소의 경쟁력을 제거하는 과정이기도 하다. 성공적인 기업들은 지리적 활동 반경을 확대하고자 하는데, 그 이유는 경쟁에서 살아남기 위해, 이윤을 추구하기 위해, 또는 새로운 시장, 원료, 노동 등에 접근하기 위해서다. 경제는 노동과정, 기술 변화, 지리적 팽창을 비롯한 여러 요인들에 의해 변동하며, 이런 변동에서 자본은 (그리고 보다 작게는 노동 또한) 가장 중요한 역할을 한다.

3.2.1 자본

'자본'은 사람들이 각자 다른 방식으로 사용하는 복잡한 용어다. 이 책에서는 편의상 자본을 '생산 또는 금융시장에 투자되는 돈(화폐)'이라고 간략히 정의한다. 자본가는 자본을 획득한 사람으로, 자본을 통해 생산수단(means of production)을 소유한다. 생산수단의 예로는 토지, 원료, 공장, 사무실, 기계 등이 있다. 경쟁 압력에 대응하기 위해 자본가는 자본의 총량을 늘려 이를 생산에 재투자함으로써 더 높은 이윤을 창출하고자 한다. 자본을 재투자하여 보다 많은 이윤을 얻는 (그리고 그 이윤을 다시 재투자하는) 과정을 **자본축적(capital accumulation)**이라고 한다(Barnes 1997). 자본축적은 이윤추구를 경제발전의 기본 동력으로 삼는 자본주의 시스템의 심장과 같다.

자본주의의 기본적인 경제적 과정은 이윤창출 과정인 자본의 순환이라는 관점에서 이해될 수 있다(Harvey 1982). 첫 번째 단계는 자본이 화폐(M)라는 형태에서 (공장, 기계, 원료 등의) 생산수단(MP)과 노동력(LP)을 구입하여 상품(C) 형태로 전환된다(그림 3.1). 다음 단계는 자본가나 그가 고용한 경영인의 관리하에 생산수단(MP)과 노동력(LP)이 생산과정(P)을 통해 결합되어 시장에서 판매될 수 있는 상품(C*)을 생산한다. 상품의 예로는 자동차, 주택 등의 재화나 미용 서비스 등이 있다. 상품은 자본가가 최초에 투자한 돈에 이윤(Δ)을 합친 가격으로 판매된다. 일부 경제학자들은 이윤을 잉여가치(surplus value)라고 부른다.

상품의 판매를 통해 회수된(실현된) 화폐(M) 중 일부는 생산과정에 재투자되어 새로운 순환을 창출한다. 따라서 자본이 순환할 때마다 전체 자본의 총량은 계속 늘어난다. 이 과정은 자본축적의 근간을 이룬다. 각 순환의 마지막 단계에서 소득이 어떻게 분배되는가는 중요한 정치적 문제이다. 정부는 자본을 전용하여 복지지출과 (교통 인프라, 주택에 대한 투자 등) 기타 국가의 기능에 사용하면서 조절 역할을 수행한다.

자본이 취하는 대표적인 조직 형태가 바로 **기업**이다. 기업은 법적 실체로서 개별 자본가나 다수의 주주들이 기업을 소유한다. 기업은 상품과 함께 자본주의의 기본적인 '경제 세포'라고 할 수 있다(1.3.1 참조). 이 책은 기업을 **역량(자원)기반이론(competence or resource-based theory)**의 관점에서 접근한다.★ 경제학자 이디스 펜로즈(Edith Penrose)가 제시한 이 이론은 기업을 오랜 시간에 걸쳐서 쌓아올린 자산과 역량의 집합체라고 인식한다(Penrose 1959). 펜로즈에 따르면 어떤 기업이 다른 경쟁기업과 구별되는 지점은 상품 생산과정에서 토지, 노동, 자본 등의 자원을 어떻게 (어떠한 비율로) 결합하는가에 달려 있다. 따라서 역량이란 기술, 실천, 지식 등의 집합체라고 할 수 있다. 같은 맥락에서 최근 많은 경영학이론들은 기업이 자신의 '핵심 역량'을 파악하고 발전시키

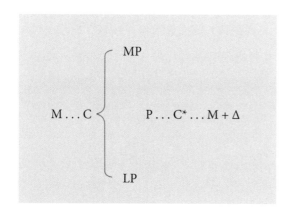

그림 3.1 자본주의의 생산과정
(출처: Castree *et al.* 2004: 28)

★ 역량(자원)기반이론에 대한 좀 더 자세한 설명은 133쪽 〈심층학습〉을 참고하자.

는 데 초점을 두어야 한다는 점을 강조하고 있다.

기업이 발전시킨 지식과 기술은 기업 내에 있는 조직화된 규칙과 일상적 루틴에 착근되어 있다(Taylor and Asheim 2001: 323). 기업은 특정 작업의 반복과 관련된 학습과정을 통해 이런 지식과 기술을 획득하고 발전시켜나간다. 결국 역량 기반 접근은, 기업 내에서 발생하는 학습 및 지식 창조의 역동적 과정에 주목하여 기업의 전략을 이해하고자 한다(Nelson and Winter 1982). 이 접근은 경제지리학에 훌륭하게 부합한다. 기업은 자신이 속한 넓은 지역적 환경에서 경쟁력을 강화할 수 있는 요소를 발굴, 도출한 후 기업의 내부 자원과 통합함으로써 자신만의 독특한 역량을 창조할 수 있기 때문이다.

이와 같이 기업이 무엇이고 어떻게 작동하는가에 대한 추상적인 이론도 중요하지만, 기업의 규모, 소유권, 구조가 매우 다양하다는 점도 주목할 필요가 있다. 실제로 기업의 조직화는 매우 역동적으로 이루어지므로 시간이 지남에 따라 새로운 형태를 취하는 경우가 많다. 19세기의 영웅적인 소기업과 사업가들은 마르크스주의 경제학자들이 이른바 '독점자본'이라고 칭했던 거대한 초국적기업(TNCs: Transnational Corporations)을 탄생시켰다(Baran and Sweezy 1966). 기존 주류 경제학은 소기업이 시장 가격에 영향을 미칠 수 없다고 가정했으나, 거대 기업들이 출현하면서 훨씬 더 정교한 분석이 요구되었다. 이런 연구는 기업의 내부 조직화 방식에 관심을 둔다. 그리고 거대 주식회사(joint-stock company)로의 성장이 소유(주주)와 통제(경영)의 분리를 야기했으며, 거대한 내부 노동시장을 통해 직원을 조직화하고 있다는

점을 강조한다(Doeringer and Piore 1971).

기업은 성장과 팽창을 해야 하므로 투자에 사용할 자본을 필요로 한다. 필요한 자본의 일부는 상품을 시장에 판매해서 창출한 이윤을 통해 내부적으로 충당하지만, 나머지는 은행 대출, 금융시장, 벤처캐피털 등 외부 금융을 통해 조달해야 한다. 대기업은 증권시장에서 개인 또는 기관 투자자를 대상으로 주식이나 채권을 발행, 판매함으로써 추가적인 자본을 확보할 수 있는데, 이를 에쿼티 파이낸스(equity finance)라고 한다. 대체로 대형 합자회사나 주식회사의 주주는 수많은 다양한 사람들로 구성되어 있다. 벤처캐피털은 증권시장에서 평가를 받지 못하는 비상장 기업에게 투자 자본을 제공하는 에쿼티 파이낸스이다. 비상장 기업들은 대체로 규모가 작고 잠재적 성장 가능성이 높기 때문에, 벤처캐피털의 행위자들은 그런 기업에 투자하여 먼 훗날 투자금을 회수함으로써 고수익을 달성하고자 한다. 벤처캐피털은 위험성이 매우 높기 때문에 통상 30% 이상의 수익률이 기대될 때 투자가 이루어진다(Tickell 2005: 249).

자본은 생산요소 중에서 가장 이동성(mobility)이 높다. 이에 비해 노동과 토지는 이동성이 낮고 특정 장소에 묶여 있다. 앞서 살펴본 바와 같이 자본은 높은 수익이나 이윤을 기대할 수 있는 지역으로 집중된다. 따라서 저발전 지역이나 국가는 생산 시설이나 개발 프로젝트에 투자할 자본이 없는 상황에 처한다. 이와 동시에 기업이나 투자자는 늘 다른 지역의 새로운 투자 기회에 반응하므로, 핵심부에 투자된 자본일지라도 영원히 그곳에 머무르지는 않는다. 시간이 지나면 자본의 흐름이 여러 부문과 지역을 오가면서 이른바 '시

소' 효과를 일으킨다(Smith 1984). 많은 국가에서 추진하는 금융 부문의 규제완화는 이러한 상황을 악화시키고 있고, 자본의 축적과정을 더욱 빠르고 변덕스럽게 만들고 있다. 이런 추세가 최고조에 달했던 것은 2008~09년에 벌어진 금융위기와 '대침체(Great Recession)'의 시기다(Harvey 2010). 이와 같은 **자본이전(capital switching)**은 중요한 지리적 차원을 갖고 있다. 대개 자본은 쇠퇴 양상이 뚜렷한 부문의 지역에서 철수하여 보다 매력적인 투자조건을 갖춘 원거리의 '**신산업공간(new industrial spaces)**'으로 이동하기 때문이다. 자본이전과 불균등발전이 미치는 지리적 영향은 20세기 전반에 일어난 잉글랜드 북동부 지역의 사례에서 잘 나타난다(Box 3.1).

자본이전과 그 지리적 영향
잉글랜드 북동부의 사례

Box 3.1

영국은 산업화가 가장 먼저 일어난 곳으로, 19세기 전반에 걸쳐 중공업과 제조업을 중심으로 세계의 다른 지역보다 우위를 선점하며 성장해왔다. 특히 잉글랜드 북동부 지역은 석탄과 철광석 매장량이 풍부했기 때문에 19세기 후반 동안 산업자본주의의 핵심부였다(그림 3.2). 이 지역은 특히 조선업이 발달해서 한때는 전 세계 선박 건조의 40% 가량을 점유했으며, 이외에도 철도 및 교량 엔지니어링과 무기 생산의 중요한 거점이었다. 이는 지역 내 부르주아지의 부상과 관련되어 있었다. 특히 '석탄 콤바인(coal combines)'이라 불린 가족 기반의 자본가계급은 초기에 석탄거래를 통해 부를 축적한 다음 투자 기회를 활용해서 새로운 산업으로 다각화(diversification)를 추진했다.

이 지역의 산업은 점차 다른 국가들(특히 미국과 독일)과의 경쟁에 직면했고 1920년대에는 전 세계적 불황을 겪었다. 이로 인해 시장 쇠퇴와 실업상승 위기가 불거져 결국 1933년 대공황의 정점에서 지역 내 조선업 및 선박 정비업에 종사하는 노동력의 80%가 일자리를 잃고 말았다. 지역 내 자본가들은 위기에 대응하고자 2가지 대안을 마련했다. 하나는 기존 산업에 대한 재투자를 통해 새로운 생산 방법과 기술을 도입하는 것이고, 다른 하나는 새로운 투자영역을 개척하는 것이었다. 대부분의 자본가들은 후자를 선택하여, 이른바 쇠퇴 산업에서 자본을 점진적으로 회수했다. 그리고 자동차 및 항공기 제조업, 공공서비스업, 금융서비스업과 같은 새로운 성장 부문으로 투자처를 전환했다. 지역 자본가들은 1940년대에 석탄산업이 국유화됨에 따라 새로운 투자 기회를 얻게 되었다. 왜냐하면 "광산 및 기계와 같은 고정자산으로 묶여 있던 석탄 소유주들의 자본이 정부의 보상조건을 계기로 갑작스럽게 정부 채권이라는 유동자산으로 전환되었기 때문이다"(Benwell Community Project 1978: 58).

중공업에서 다른 산업으로의 다각화로 인해 '석탄 콤바인'의 관심은 국가적·국제적 수준 모두에서 지리적으로 팽창하게 되었다. 지역 자본가들은 전간기(戰間期, 제1차 세계대전 종결에서 제2차 세계대전 발발까지) 동안 대형 투자신탁회사를 설립해 1930년까지 무역과 금융거래 부문에서 수익을 거두었다. 그러나 이러한 투자신탁회사 중 하나인 타인사이드(Tyneside)의 경우 북동부 지역에 투자한 비율은 전체 투자의 23%에 불과했다. 잉글랜드 북동부 지역은 국가 주도의 재구조화와 새로운 투자 유치를 통해 지역을 현대화하려고 노력했지만, 투자자본이 외부로 유출되면서 19세기~20세기 초까지 누리던 자본주의의 핵심부 지위를 상실하고 1930년대 이후부터 주변부로 전락했다. 이는 오늘날 이곳이 영국 평균보다 경제발전 수준이 낮고 사회적 박탈 정도가 심하다는 사실에서도 잘 드러난다.

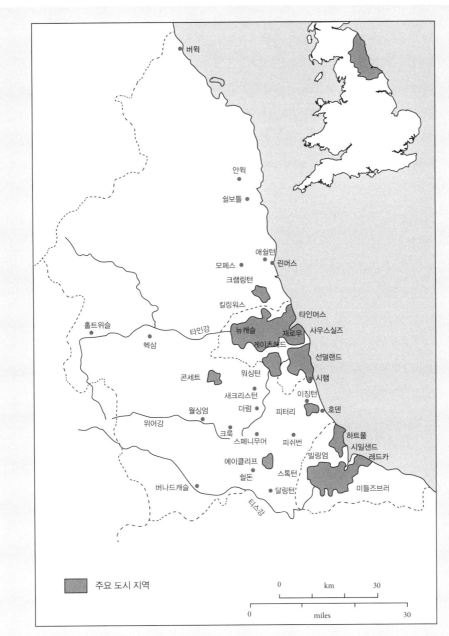

그림 3.2 잉글랜드 북동부의 지역 환경 (출처: Hudson 1989: 4)

3.2.2 노동과정

자본주의 생산양식의 특징은 노동의 지위에서도 나타난다. 자본주의가 출현하기 이전의 사회와 더

이전의 원시사회에서는 인구의 대부분이 노예나 농노로 사실상 주인에게 예속되어 있었다. 그러나 자본주의하에서는 사람들이 봉건적 속박으로부터 해방되어 자신의 노동을 자유롭게 판매할 수

있게 되었다. 노동은 자신의 '노동력'을 팔아서 받은 임금을 생활에 필요한 식량, 옷, 주거 등을 구입하는 데 사용한다. 노동은 자신의 생계를 감당할 수 있는 생산수단이 없다. 반면 자본은 물건을 생산해서 판매해야 하므로 노동을 필요로 한다. 자본과 노동 중 서로를 더 절박하게 필요로 하는 쪽은 노동이다. 왜냐하면 노동은 생계유지에 필요한 임금을 받아야 하므로 생산에 반드시 참여해야 하기 때문이다. 이런 측면에서 자본주의의 사회관계에는 근본적으로 불평등이 내재해 있다. 노동은 자본에 대한 제재 수단으로 (파업 등을 통해) 노동력 제공을 거부할 수 있지만, 생산에 참여할 즉각적인 필요성은 자본에 비해 훨씬 크다. 반면 자본은 일정한 (비록 장기적일 수는 없지만) 기간 동안은 빈 공장이나 사무실을 유지할 능력이 있다.

노동은 상품의 형태를 띠기는 하지만 상품 그 자체로 환원될 수는 없기 때문에 '의제상품'이다 (Polanyi 1944). 그러나 노동은 자본에 의해 구입되어 생산수단과 결합한다는 측면에서는 분명히 상품으로서의 기능도 가진다. 그렇기에 자본이 노동을 구입하는 노동시장이 존재하고, 노동은 노동시장에서 일정한 가격, 곧 임금을 대가로 판매되는 것이다. 하지만 스토퍼와 워커는 마르크스를 인용하면서 다음과 같이 말한다.

노동은 실제 상품과는 근본적으로 다르다. 왜냐하면 노동은 생명과 의식을 지닌 인간에 체화되어 있을 뿐만 아니라, 인간의 활동(일)은 다른 것으로 환원될 수 없는 인간의 존재와 사회생활의 보편적 특징이기 때문이다.

(Storper and Walker 1989: 154)

칼 폴라니(Karl Polanyi)가 지적한 것처럼 노동은 시장에서 판매되기 위해 다른 상품처럼 '생산'되지는 않으며, 교육 및 훈련 시스템을 통해 사회 내부의 노동시장에 진입한다(Box 1.6). 이런 의미에서 노동의 공급은 수요에 대한 '상대적 자율성'을 갖고 있다. 자본은 다른 상품처럼 일정한 수량으로 노동을 구입하는 것이 아니라, 노동자의 노동력과 시간을 구입한다. 노동자는 하루 일과가 끝나면, 공장이나 사무실 문밖에서 자신의 삶을 자유롭게 추구할 수 있다.

이러한 사실은 매우 중요한 함의를 지닌다. 즉, 노동은 시장의 외부에서 재생산되어야 한다는 것이다(Peck 1996). 이런 맥락에서 노동을 유지하기 위해 매일매일 먹고, 입고, 잠자고, 교제하는 이른바 **사회적 재생산**(social reproduction)이 필수적으로 요구된다. 사회적 재생산 과정은 가족, 친구, 지역사회 등에 의존한다. 하비의 유명한 표현을 따르자면, "다른 상품과 달리 노동력은 매일 집으로 돌아가야 한다"(Harvey 1989: 19). 노동 재생산 개념은 일, 집, 지역사회 간 연계에 주목한다. 노동에 관한 많은 연구들은 정규직 임금노동에 초점을 두었기 때문에, 가정에서 이루어지는 (그리고 대부분 여성들에 의한) 가사노동(domestic labour)의 중요성을 간과해왔다(Gregson 2000). 가사노동은 육아, 요리, 청소, 세탁, 다림질 등의 활동을 포함한다. 대체로 무급으로 이루어지는 가사노동은 유급노동 재생산의 토대로 작용한다.

노동은 '의제상품'이기 때문에 지리적으로는 상대적 비이동성(relative immobility)을 특징으로 한다. 노동은 특정한 장소에서 매일 재생산되어야 하기 때문이다. 따라서 대부분의 사람은 직장과 집이 상당히 근접한 곳에 산다. 그 결과 노동시장은 사람들이 통근할 수 있는 거리 정도의 지리적 범위인 국지적 수준에서만 형성된다. 시간이 지나면서 교외 지역이 성장하고 교통이 발달했지만, 여전히 대다수의 사람들은 지역 노동시장(local labour market) 내에서 일하며 살아간다. 스토퍼와 워커는 다음과 같이 지적한다.

> 가족, 교회, 동아리, 학교, 스포츠 동호회, 지역단체 등 일상생활의 중요한 제도들이 형성되려면 시간과 공간적 근접성이 필요하다. … 일단 이런 제도가 형성되면, 개별 참여자에게 혜택을 주면서 오랜 세대를 거쳐 유지, 전승된다. 그 결과 독특하고 영속적인 로컬 커뮤니티와 문화라는 직물이 짜이고 노동경관이라는 옷이 된다.
>
> (Storper and Walker 1989: 157)

이처럼 가족을 부양하고 커뮤니티를 지속시켜야 하는 노동의 상대적 비이동성은 자본의 이동성과는 뚜렷이 대비된다. (물론 그럼에도 불구하고 기업 또한 특정 장소에 대한 투자로 인해 자신의 이동성을 어느 정도 구속할 수밖에 없다는 것을 간과해서는 안 된다.) 결국 경제경관이란 이윤을 쫓는 '자본'과 자신의 이익을 지키고 증진하려는 '노동'이라는 대립적인 힘 간의 상호작용에 의해 형성된다(Peck 1996).

18세기 말부터 20세기 초까지 산업혁명의 주요 특징은 생산을 공장시스템으로 재조직화함으로써 수많은 노동자를 자본가의 통제하에 두는 것이었다. 공장시스템과 산업사회의 핵심 원리는 **노동분업(division of labor)**이었다. 노동분업은 기술적·사회적·지리적 차원에서 이루어진다(Sayer 1995). 노동의 '기술적 분업'이란 생산과정을 고도로 전문화된 부분들로 분리함으로써 개별 노동자가 (여러 가지 일이 아니라) 단일 직무에 집중하게 만드는 것이다(Box 3.2).

노동분업은 구상, 계획, 변형과 같이 보상이 더 높은 작업을 제거하기 때문에 점차 노동의 **탈숙련화(deskilling)**를 야기한다. 예를 들어 18세기에 도자기 공장을 소유했던 조지아 웨지우드(Josiah Wedgwood)는 노동분업을 확대하여 직공들을 "실수를 범하지 않는 기계"로 만들고자 했다(Bryson and Henry 2005: 315에서 재인용). 노동과정의 분리와 분절화는 생산에 대한 고용주의 통제력을 향상하고 노동자들을 시스템 속 작은 톱니바퀴로 만들어버린다.

직장에서 노동의 기술적 분업이 확산되면, 사회에서는 노동의 '사회적 분업'이 일어난다. 노동의 사회적 분업이란 의사와 변호사부터 배관공, 도장공, 건설 노동자에 이르는 사회 내 전문직종을 지칭한다(Sayer and Walker 1992). 이런 측면에서 현대 산업사회는 고도로 복잡한 노동분업을 특징으로 한다. 각 개인은 직무를 수행하는 과정을 통해 다른 사람들과의 사회관계 속으로 진입하며, 이들은 그 속에서 동료, 감독자, 고객, 또는 경쟁자의 역할을 수행한다(1.4 참조). 예를 들어, 학생들은 학위과정 기간에 자신의 역할을 수행하면서 대학 교수들과의 사회관계 속으로 진입한다. 사람들이 수행하는 여러 직업은 사회에서 상이한 가치를 지닌다. 사람들은 넓은 의미에서 이러한 '가치'에 근거해 특정 직업이 사람에게 부여하는 사회적 지위와 명성을 수용한다. 이와 같은 사회적 지위와 명성의 다층적 수준은 노동시장의 수요와

Box 3.2

애덤 스미스와 노동분업

산업화의 싹이 트기 시작한 18세기에 애덤 스미스(Adam Smith)는 노동분업이라는 개념을 그의 저서에서 처음으로 제시하고 발전시켰다. 스미스는 생산에서 노동분업이 시장의 범위에 의해 제한된다고 주장했다. 산업화 이전에 로컬 시장은 수많은 작업을 담당하는 직공이나 장인에 의한 소규모 가내 수공업에 바탕을 두고 있었다. 그러나 18세기 후반에 출현한 글로벌 시장의 급속한 팽창은 이와는 대조적으로 노동의 정교한 기술적 분업에 바탕을 둔 대규모의 공장제 생산이 번성할 수 있는 조건을 창출했다(3.4 참조).

스미스는 바늘 생산에 대한 유명한 사례를 통해 개별 노동자가 단일 직무에 집중하는 것이 여러 활동을 수행하는 것보다 훨씬 효율적이라는 것을 보여주었다.

한 사람이 철사를 꺼내면, 다음 사람이 철사를 길게 펴고, 세 번째 사람이 철사를 자르고, 네 번째 사람이 철사의 끝을 뾰족하게 만들고, 다섯 번째 사람이 바늘귀를 만들 수 있게 반대쪽 끝을 납작하게 만든다. 바늘귀를 만드는 데는 두세 단계의 작업과정이 필요하다. … 이처럼 바늘 제작의 중요한 직무는 대략 8가지 단계로 분리되어 있다.

(Smith 1991: 14-15)

여기에서 핵심은 전문화의 원리이다. 10명의 직공이 일하는 작은 공장에서는 숙련공이 아닌 사람의 경우 하루에 최대 20개의 바늘밖에 만들지 못했다. 그러나 스미스는 노동분업을 통해 전문화가 이루어진 경우, 비록 노동규모가 작아 한 사람이 2~3가지 공정을 담당했음에도 불구하고 10명이 하루에 무려 4만 8,000개의 바늘을 생산하는 것을 목격했다. 결국 노동분업이 확대될수록 생산성은 비약적으로 높아졌다.

스미스에 따르면 노동의 기술적 분업이 공장에서 생산성과 효율성을 향상하는 방식은 다음 3가지로 나타난다(Smith 1991: 13).

▶ 직공들이 같은 동작을 하루에 수천 번 반복하기 때문에 능숙함(dexterity)이 향상된다.
▶ 다양한 작업을 수행하기 위해 여러 도구와 기계 사이를 오가며 낭비했던 시간이 현격하게 줄어든다.
▶ 노동을 기계로 대체하도록 촉진한다. 전문화는 노동과정을 표준화되고 루틴화된 수많은 세부 작업으로 분리하여, 궁극적으로 기계(고정자본)에 의해 수행될 수 있는 작업을 만들어낸다.

공급 패턴과 함께 직업에 따라 차등적인 임금을 결정하는 데 중요한 역할을 한다(Peck 1996).

3.2.3 혁신과 기술 변화

자본주의는 혁신과 새로운 기술을 발전의 토대로 삼는 고도로 역동적인 경제 시스템이다. 경제지리학자인 론 보슈마(Ron Boschma)와 론 마틴(Ron Martin)은 다음과 같이 지적한 바 있다.

변화는 자본주의의 항구적 특징이다. 경제 조직화의 양식으로서 자본주의는 결코 한 곳에 머무르지 않는다. 이윤과 부의 창출이라는 자본주의의 핵심 동력은 경제의 변동과정을 영구적으로 추동한다. 매일매일 새로운 기업, 상품, 기술, 산업, 직업이 생겨나며, 이와 동시에 오래된 기업, 상품, 기술, 산업, 직업이 사라진다. 조지프 슘페터(Joseph Schumpeter)는 이러한 항구적인 변동을 '창조적 파괴'의 과정이라고 하면서, '경제구조 내에서 끊임없이 혁명을 일으켜 오래된 것을 파괴하고 새로운 것을 창조한다'고 말했다(Schumpeter 1943: 82).
(Boschma and Martin 2007: 537)

이러한 '**창조적 파괴(creative destruction)**' 과정은 새로운 제품과 기술의 등장이 기존 제품과 산업을 구식으로 만들어 품질이나 가격 측면에서 이들의 경쟁력을 상실하게 하는 것을 의미한다. 혁신은 대체로 최신 기술을 사용하거나 새로운 기술을 창조함으로써 수요자의 필요에 더욱 부응하려는 시도이다. 오늘날 애플의 아이폰이나 구글의 안드로이드 플랫폼이 초창기 선두업체였던 블랙베리나 노키아 같은 경쟁업체의 제품을 누르고 스마트폰 시장에서 승리를 거둔 것이나, 많은 도시에서 우버가 기존 택시회사들을 위협하면서 성장하는 것은 혁신의 대표적 사례다(Rogers 2015; Yueh 2014). 자본은 이러한 창조적 과정의 일환으로 수익성이 없는 제품 및 산업에서 철수한 후에는 (대체로 기존의 생산 중심지와는 다른 곳에 입지한) 새로운 산업에 투자된다(Box 3.1 참조).

슘페터를 비롯한 일부 학자들은 뚜렷이 구별되는 주기나 파동에는 굵직굵직한 혁신들이 한 '무리(떼)'를 형성하거나 군집을 이루는 경향이 있다고 강조했다. 이런 경향은 흔히 '콘드라티예프 주기(Kondratiev cycles)'로 알려져 있는데, 1920년대에 이 주기를 처음으로 발견했던 소련의 경제학자 니콜라이 콘드라티예프(Nikolai Kondratiev)의 이름에서 따온 명칭이다. 각 주기는 대략 50~60년간 지속되며, 핵심적인 중추 산업, 운송기술, 에너지원 등 특정 기술체계들과 관련되어 있다(그림 3.3). 18세기 이후 대략 5개의 콘드라티예프 주기가 확인되었고, 각 주기는 성장과 침체의 두 국면으로 구성된다(Taylor and Flint 2000: 14).

콘드라티예프 주기는 가격동향 분석에 기초해 성장과 침체 패턴을 설명한다. 약 20년 동안 이어지는 꾸준한 성장세는 급속한 물가상승(인플레이션)으로 정점에 달하고, 이후 가격이 폭락하면서 주기의 최저점으로 내려온다. 한 주기는 대략 50~55년이다. 이러한 패턴이 어떤 메커니즘을 통해 나타나는가에 대해서는 그간 많은 이견과 논쟁이 있었다. 하지만 기본적으로 기업과 사업가에게 새로운 경제적 기회를 제공하는 주요 혁신들이 모이는 시점에 각 주기가 시작된다. 이 단계에서는 기술이 희귀하고 수요가 많기 때문에 제품 가격이 높다. 그러나 기술이 성숙하고 루틴화·표준화되면 제품 가격이 하락한다. 그 결과 시장의 수요에 비해 공급규모가 훨씬 가파르게 성장하여, 시장은 **과잉생산(overproduction)**이라는 자본주의의 근본적인 문제에 봉착하게 된다.

많은 기업은 경쟁 압력을 견디고 이윤을 창출하기 위해서 성장 기간 동안 새로운 기술과 제품에 투자한다. 이에 따라 생산량의 가파른 증가가 지속되어 시장이 더 이상 흡수하지 못하는 지점까지 이르게 된다. 그 결과 가격이 하락하여 이윤과 임금이 감소하며, 기업이 파산하기 시작하고 실업률이 증가한다. 성장기에도 새로운 기술은 끊임없이 창조되어 기존의 제품과 기술을 쓸모없게 만들어버리므로, 노동자집단은 이 과정에서 지속적으로 주변화되고 실업을 경험한다. 가령 1990년대 말부터 2000년대 초의 활황기에 과잉생산 경향은 제조업에서 시작되어 금융서비스업으로 확산되었는데, 그 이유는 은행을 비롯한 금융기

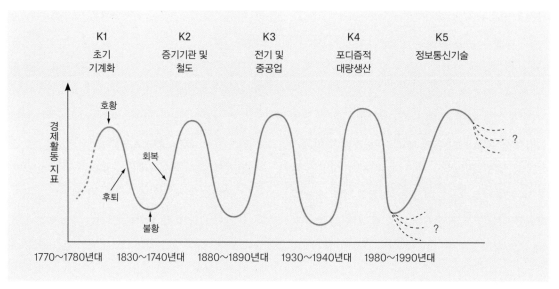

K1	K2	K3	K4	K5
초기 기계화	증기기관 및 철도	전기 및 중공업	포디즘적 대량생산	정보통신기술

경제활동지표

호황

회복

후퇴

불황

?

?

1770~1780년대 1830~1740년대 1880~1890년대 1930~1940년대 1980~1990년대

그림 3.3 콘드라티예프 주기 (출처: Dicken 2003: 88)

업들이 시장의 자금을 동원하여 복잡한 새 금융 상품에 투자했기 때문이다(Blackburn 2008). 결국 은행의 높은 부채수준과 은행 간 복잡하게 얽혀 있던 금융거래 때문에 신용위기(신용경색)가 발생했는데, 이를 촉발한 사건이 바로 미국의 '서브-프라임' 모기지 채무불이행이었다.

3.2.4 식민주의와 자본주의의 지리적 팽창

18세기 후반부터 산업 생산이 성장할 수 있었던 것은 자본주의의 지리적 팽창 때문이었다. 애덤 스미스가 말했던 대로 새로운 기술의 적용과 정교화된 공장제 노동분업의 발전으로 제품 생산이 비약적으로 증가했고, 이러한 생산성 향상은 그에 상응하는 시장의 팽창을 필요로 했다(Box 3.2). 또한 산업화는 전 지구적으로 흩어져 있던 다양한 원료의 대량공급을 필요로 했다. 19세기에는 자본주의적 생산과 무역의 성장을 통해 **국제노동분**업(international division of labour)이 형성되었다. 국제노동분업에서는 유럽과 북아메리카의 선진국이 공산품 생산을 담당했고, 저발전 식민지들은 원료 공급과 식량 생산에 전문화(특화)되었다. 이런 국제무역시스템은 1817년 영국의 경제학자 데이비드 리카도(David Ricardo)가 주장했던 **비교우위론**에 의해 지지받고 정당화되었다(Box 3.3). 비교우위론은 국제무역의 혜택을 강조하면서, 모든 국가는 생산의 상대적 효율성이 우수한 품목에 전문화하여 생산, 수출해야 한다고 주장했다. 최근 들어 비교우위론은 글로벌화에 대한 신자유주의 이데올로기의 지적 토대를 마련하는 데도 기여해왔다.

세계경제의 성장은 16세기 지리상의 탐험 및 발견 시대까지 거슬러 올라갈 수 있다. 지리적 팽창은 산업혁명의 진전을 이끌었으며, 1875~1914년의 이른바 '제국의 시대(age of empire)'에 정점에 달했다(Hobsbawm 1987). 지리적 팽창은 자본

Box 3.3

 무역과 비교우위

비교우위(comparative advantage)란 비용(생산비)에서 열위에 있는 다른 제품이나 수입품과 비교해서 상대적 비용 우위를 가진 제품으로 전문화해서 수출해야 한다는 원리다. 표 3.1을 보면 선진국은 밀과 옷감생산 모두에서 절대우위에 있지만(즉, 더욱 효율적으로 생산하지만), 개발도상국은 밀에서 선진국은 옷감에서 비교우위를 갖는다. 개발도상국에서는 밀이 옷감보다 상대적으로 저렴하기 때문에, 2kg의 밀을 생산하려면 옷감 1m의 생산을 포기하면 된다. 선진국의 경우에는 옷감이 밀보다 상대적으로 저렴하기 때문에, 8m의 옷감을 생산하려면 밀 4kg의 생산을 포기하면 된다. 개발도상국의 경우에는 1m의 옷감을 생산하려면 2kg의 밀 생산을 포기해야 한다. 이처럼 비교우위의 원리는 모든 국가가 포기해야 하는 제품 생산을 최소화하는 방식으로 특정 제품 생산에 전문화해야 한다고 주장한다. 모든 국가는 보다 효율적으로 생산할 수 있는 제품에 전문화하고 나머지 제품들은 수입함으로써 이익을 거둘 수 있다는 것이다.

여기에서 중요한 문제는 비교우위가 발생하는 원천이 무엇인가라는 것이다. 즉, 특정 국가에서 어떤 제품을 다른 제품보다 효율적으로 생산한다는 것은 무엇을 의미하는가? 리카도는 각 국가마다 주어진(자연적으로 부여된) 토지, 노동, 자본 등 생산요소의 부존(endowments)이 다르기 때문이라고 설명한다. 가령 캐나다는 땅이 넓고, 중국은 노동력이 많고, 미국은 자본이 많은

것처럼 말이다. 이처럼 제품 생산에 소요되는 비용은 국가마다 다르기 때문에 필연적으로 무역이 발생하게 된다. 기본적으로 각 국가는 자국에 풍부한 생산요소를 활용해서 저렴한 비용으로 생산할 수 있는 제품에 전문화한다. 이를테면 캐나다는 곡물을, 중국은 의류와 신발을, 그리고 미국은 의약품에 전문화한다. 이런 의미에서 리카도는 무역의 패턴은 자연에 기인한다고 생각했다. 비교우위론은 식민주의 무역시스템 구축에 이용되어, 유럽 국가들은 자본집약적인 공산품을 수출하고 이들의 식민지는 노동집약적, 토지집약적 원료와 곡물을 생산한다는 논리를 정당화했다.

그러나 최근에는 교역 대부분이 생산요소의 부존이 유사한 선진국 간에 나타나고 있다. 노벨경제학상 수상자인 폴 크루그먼(Paul Krugman)과 일부 경제학자들이 주장하고 발전시킨 이른바 **신무역이론(new trade theory)**은 바로 이러한 인식에서 비롯되었다(2.3 참조). 이들에 따르면 비교우위는 단순히 이전부터 존재하던 (생산)요소조건을 반영하는 것이 아니라, 오히려 기술 개발, 노동 숙련도 향상, **규모의 경제(economies of scale)**와 같은 이른바 **경쟁우위(competitive advantage)**에 의해 능동적으로 창조된다. 신무역이론은 시애틀의 항공산업, 남부 독일의 자동차산업, 런던이나 뉴욕의 금융 및 사업서비스업 등과 같이 무역과 지역 전문화의 패턴을 세밀한 수준에서 설명하는 데 도움을 준다.

표 3.1 밀과 옷감의 생산량

구분	밀(kg)	옷감(m)
개발도상국	2	1
선진국	4	8

(출처: Sloman 2000: 659-60)

주의경제 시스템의 고유한 특징으로, 새로운 시장과 원료 산지, 노동 공급처에 대한 탐색을 추동해

왔다. 이 과정에서 세계의 여러 지역은 전 지구적 스케일에서 상호작용하며 경제관계를 형성했다.

마르크스와 엥겔스는 다음과 같이 지적했다.

부르주아지에게는 제품을 내다 팔 시장이 지구 위에서 쉼 없이 팽창되어야만 한다. 이런 필요성에 의해 시장은 어딘가에 둥지를 틀고, 어딘가에 정착하여, 그곳을 다른 곳과 연결한다. … 국가 내에 있던 모든 기존 산업들은 … (현지의 원료가 아닌) 가장 멀리 떨어진 곳에서 조달해온 원료를 사용하는 새로운 산업에 의해 쫓겨난다. 또한 이 새로운 산업이 만들어내는 제품들은 자국뿐만 아니라 지구상 모든 곳에서 소비된다. … 국지적·국가적 폐쇄성과 자급자족을 특징으로 하던 낡아빠진 시대 대신에, 지구상의 모든 국가들이 사방팔방으로 교류하며 상호 의존하는 시대가 눈앞에 있다.

(Marx and Engels [1848] 1967: 83-4)

새로운 시장, 원료, 노동의 공급처에 대한 끊임 없는 탐색은 오늘날 글로벌화의 토대가 되었고, 이는 자본주의의 지리적 팽창 과정의 마지막 장이 될 것으로 예측된다.

식민주의는 18~19세기에 이르러 아시아, 아프리카, 라틴아메리카의 전자본주의 사회들을 강제적으로 변형시켰다. 결과적으로 이 사회들은 "더 이상 지역적인 것을 지향하지 않고, '핵심부'의 경제를 위해 원료와 식량을 생산하는 데 초점을 두게 되었다"(Knox et al. 2003: 250). 랭커셔의 공장에서 필요로 하는 면화가 서인도제도의 노예 플랜테이션에서, 그리고 1790년대부터는 미국 남부 지역에서 공급되었던 것처럼, "현대의 모든 생산 중심지들은 가장 원시적인 방식의 착취를 낳았고 이를 확장시켰다"(Hobsbawm 1999: 36).

이와 동시에 공산품의 소비시장으로서 식민지의 중요성도 점차 커지게 되었다. 1750~70년 사이 직물 수출량은 무려 10배나 증가했는데, 이 중 대부분이 식민지로 수출되었다. 유럽의 직물은 초기에는 아프리카로 수출되다가, 19세기 중반부터는 인도와 극동 지역까지 확대되었다. 근대 직물의 생산은 이 시기 영국이 식민지 시장을 독점하고 있었기에 발달할 수 있었으며, 영국의 독점은 막강한 해군력을 앞세워 세계 무역을 지배했기 때문에 가능했다.

핵심부 국가의 공산품 수출은 전반적으로 주변부의 급속한 탈산업화를 야기했다. 유럽의 근대적 공산품은 식민지 국가의 전통적 제품에 비해 가격이 훨씬 저렴했기 때문에 식민지의 산업 근간을 파괴할 수 있었다. 인도의 전통 방직업은 랭커셔 공장에서 생산된 저렴한 제품으로 인해 대부분 무너졌다. 결과적으로 마르크스(Marx [1867] 1976: 555)가 "면직공들의 뼈가 인도의 벌판을 허옇게 뒤덮고 있다."고 표현했던 것처럼 인도의 토착 면직공들은 궁핍에 빠지게 되었다.

19세기 새로운 교통 및 통신 기술의 발달은 자본주의의 지리적 팽창을 더욱 가속화시켰다. 교통의 경우 철도와 증기선의 발달이 급속한 공간 '축소'를 일으켜 점차 더 많은 상품과 여객이 장거리에 걸쳐 운송될 수 있었다. 가령 1870년 영국의 철도여행 건수는 총 3억 3,650만 건에 달했다(Leyshon 1995: 23). 특히 1840년대 영국의 급속한 철도망 구축 확대는 다음과 같이 막대한 영향을 초래했다.

이것은 [철도는] 모든 면에서 혁명적인 변화였다.

… 그것은 큰 도시의 중심지에서 시골의 구석구석까지 침투해 들어갔다. 철도는 이동의 속도를, 결과적으로 인생의 속도를 바꾸어버렸다. 1시간에 수마일 이동했던 우리는 이제 1시간에 수십 마일을 이동하게 되었다. 철도의 시간표는 거대하고, 전국적이고, 조직적이며, 정확해진 매일매일의 삶을 상징하는 것이었다. … 철도는 다른 어떤 것들도 이루지 못했던 기술적 진보의 무한한 가능성을 열어젖혔다.

(Hobsbawm 1999: 88)

유럽 대륙과 북아메리카뿐만 아니라 유럽의 해외 식민지 전역에 이르기까지 철도망이 건설됨에 따라, 각 지역은 대대적인 투자와 무역에 문호를 개방하게 되었을 뿐만 아니라 석탄, 철광석, 철강에 대한 막대한 수요가 창출되었다. 철도는 북아메리카 대평원지대를 5대호 연안의 주요 항구도시와 북동 해안지역, 그리고 유럽 시장에까지 연결함으로써 19세기 미국의 경제발전에 결정적 영향을 끼쳤다(Leyshon 1995: 28). 시카고 같은 거대 도시들은 교통 허브이자 농산물의 집산 및 가공의 중심지로 성장하여, 미국 내륙의 풍부한 자원을 세계경제와 연결하는 핵심 교점이 되었다(Cronon 1991, 그림 3.4 참조). 증기선 또한 대륙 간 물자와 여객의 이동속도 향상에 중요한 역할을 했고, 중공업과 조선업이 발달할 수 있는 거대 시

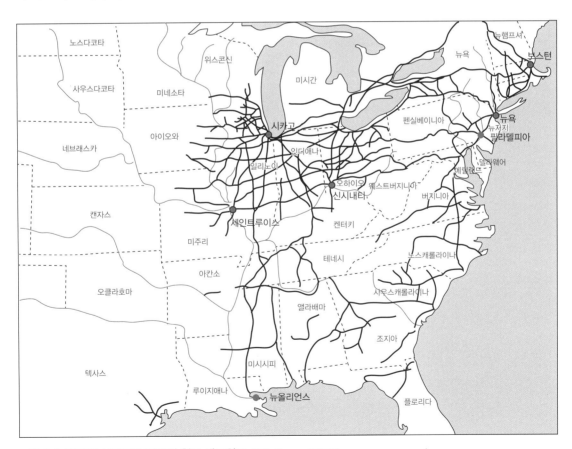

그림 3.4 1861년 시카고와 미국의 철도 네트워크 (출처: Cronon 1991: iii)

장을 창출했다.

　통신 부문의 경우에는 19세기 후반 들어 전신 (1850년대), 전화(1870년대), 라디오(1890년대) 등이 순차적으로 발명되었다. 이러한 기술적 진전은 원거리 의사소통을 촉진하여 지리적으로 떨어져 있는 '저기 먼 곳'과 일상생활 영역을 상호 연결했고, 이후 텔레비전, 인터넷, 위성 통신 개발의 초석을 마련했다. 독일의 철학자 마르틴 하이데거 (Martin Heidegger)는 1916년 자신의 저서에서 다음과 같은 글을 남겼다.

　나는 따분하고 칙칙한 탄광촌에 살고 있다. … 삼류 동네에서는 버스로도 올 만한 거리지만, 교육적·음악적·사회적으로 일류에 속한 동네에서는

상당한 시간이 소요되는 곳이다. 이런 분위기 속의 삶은 점차 녹슬고 무감각해지기 마련이다. 그런데 이러한 단조로움을 깨고 들어온 훌륭한 라디오 세트가 나의 작은 세계를 바꾸고 있다.

(Urry 2000: 125에서 재인용)

　1858년에는 대서양을 가로지르는 전신 케이블이 최초로 구축되어 북아메리카와 유럽 간 신속한 통신이 가능해졌다(Leyshon 1995: 24). 1900년에 전신 케이블이 전 지구적 연결망을 갖춤에 따라 지구 곳곳의 정보들은 엄청나게 축소된 시간과 비용으로 유통되기 시작했다(그림 3.5). 전신이 각별히 중요했던 이유는 전 세계의 무역과 금융 시장의 통합이 전신에 의해 뒷받침되었기 때문이

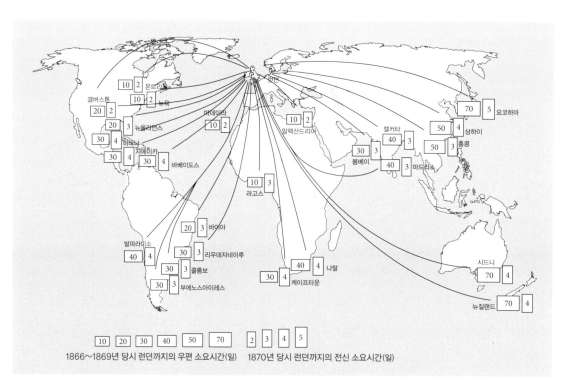

그림 3.5 육·해상 우편(1866~1869)과 전신(1870) 송수신에 소요되었던 시간
(출처: Leyshon 1995: 'Map: Nature's Metropolis with American railroads, 1861')

다. 예를 들어 런던의 무역업자가 뉴욕의 무역업자에게 얼마의 비율로 파운드화를 달러화로 교환할 것인지를 전신을 통해 전달할 수 있었기 때문에, 런던과 뉴욕에 위치한 시장 간 금융거래가 매우 신속하고 용이하게 이루어졌다. 이런 이유로 당시 외환 거래업자들은 미국 달러화 대비 영국 파운드화의 비율을 편의상 자신들의 은어로 '케이블(cable)'이라 부르기도 했다(앞의 책: 25).

3.3 산업화와 지역 전문화

3.3.1 산업화와 지역발전

산업혁명은 급작스럽게 발생한 단일한 변화였다기보다는 연속적인 변동의 물결 속에서 나타난 불확실하고 불균등한 과정이었다(그림 3.3). 좁은 의미에서 산업화란 제조업의 기술 및 조직에서 나타난 일련의 변화로, 자본주의의 경제경관을 급속하게 바꾸어버렸다. 이런 측면에서 산업화란 "동력을 기반으로 한 제조업의 기계화"라고 정의할 수 있다(Remple 연도미상: 1). 기술혁신은 생산성과 생산량의 비약적 증대를 야기한 핵심 기반이었고, 기술적 잠재력을 극대화할 수 있는 공장제 시스템의 출현을 낳았다(Knox *et al.* 2003: 244). 공장은 산업화의 핵심이었고, 기존에 장인을 기반으로 했던 가내 수공업 시스템을 대체해나갔다. 공장으로 인해 자본가들은 대규모 노동 인력을 한 지붕 아래 소집해서 명령을 내릴 수 있게 되었다. 이를 통해 자본가는 노동과정을 통제할 수 있었고, 새로운 기술을 적용하여 노동분업의 효과를 극대

화할 수 있었다(3.3.2 참조).

산업화의 파동(주기)은 역사적 현상이었을 뿐만 아니라 뚜렷한 지리적 성격을 가지고 전개되었다. 일부 국가와 지역은 새로운 기술을 선도해나갔지만 나머지는 상대적으로 뒤처졌다. 산업화는 19세기의 지역적 현상 중 하나로 잉글랜드 북부 및 중부에서 시작되어 유럽 대륙과 북아메리카 지역으로 확산되었다(Pollard 1981). 이 과정에서 특정 지역이 특정 산업 부문에 전문화되는 이른바 **지역의 부문별 전문화**(regional sectoral specialisation) 패턴이 뚜렷이 나타났다. 이는 원료 도입에서 최종 생산에 이르는 전체 생산과정이 한 지역에서 이루어지는 것을 특징으로 한다. 가령 방직, 석탄 및 철광석 채굴, 조선 등의 산업은 잉글랜드 북동부, 사우스웨일스, 스코틀랜드 중부, 프랑스 북동부, 독일의 루르, 미국의 북동부에 집중되었다. 조선업을 비롯한 각종 중공업은 석탄과 철광석을 각각 에너지원과 원료로 사용하기 때문에 이 원료들과 중공업 간에 긴밀한 연계가 형성되었다. 대체로 이런 전문화된 지역들은 이전의 상업 자본주의 시기에 무역을 통해 풍부한 자본을 축적했을 뿐만 아니라, 사업가 및 제조업자 계급의 발흥, 산업화 과정과 방법에 대한 지식, 풍부하고 저렴한 노동, 그리고 로컬 원자재를 해외시장에 연결하는 선진화된 교통 네트워크를 갖추고 있었다.

이처럼 특정 산업지역에서의 생산의 **집적**(agglomeration)은 (즉, 생산의 공간적 집중 패턴은) 17~18세기 잉글랜드에서 출현했던 초기 산업화 시스템과는 대조적이었다(Box 3.4). 당시 각 지역의 상인들은 오두막이나 작업장에 있는 소규

모 자작농이나 장인이 물품을 제조하도록 원료를 '선대(先貸)하는' 것이 일반적이었다. 이러한 가내 생산은 규모가 작았을 뿐만 아니라, 지역 내 광물 자원과 수력을 기반으로 했기 때문에 시골 전역에 걸쳐 넓게 분산되어 있었다.

19세기 말부터 20세기 초까지 케임브리지대학에 재직했던 경제학자 알프레드 마셜(Alfred Marshall)은 전문화된 **산업지구(industrial districts)**의

출현을 관찰하면서 공간적 집적이 창출하는 경제적 이익이 무엇인지를 밝혀냈다. 마셜의 접근은 비용(생산비) 감소를 기반으로 하는 3가지 주요 요인을 강조했다(Malmberg and Maskell 2002).

• **자원의 집단적 공유**: 다수의 기업들은 동일한 입지에 군집을 형성함으로써 집단적으로 자원을 공유한다. 여기에는 (교통, 통신, 전기 등) 기반

Box 3.4

 뮈르달의 누적인과모형

스웨덴의 경제학자 군나르 뮈르달(Gunnar Myrdal 1957)이 제시한 누적인과모형은 지역의 불균등발전 과정을 설명하는 데 유용한 모형이 될 수 있다. 특정 지역에서의 산업 입지는 나선형의 자기 강화(self-reinforcing) 과정을 통해 산업의 공간적 집중을 일으키지만(그림 3.6), 이 과정은 다른 지역에 불리한 효과를 동시에 유발하기 때문에 결과적으로 핵심부–주변부 패턴을 만들어낸다. 특정 지역에서 어떤 산업이 (그 이유가 무엇이든) 일단 성장하기 시작하면, 그 지역은 해당 산업에 다양한 투입물이나 서비스를 공급하는 기업들로 이루어진 보조(지원) 산업을 유인하게 된다. 이와 동시에 산업의 성장은 고용 및 인구 증가를 유발하기 때문에 시장의 팽창을 가져오며, 이는 자본 및 기업의 추가적인 유입으로 이어진다. 나아가 산업의 성장과 인구 증가는 지방정부의 세입을 증가시키기 때문에, 보다 향상된 인프라가 구축되므로 산업발전이 더욱 촉진된다(그림 3.6).

한편, 성장지역에서의 누적인과과정으로 인해 인근 지역은 자본과 노동의 유출을 경험하게 된다. 뮈르달은 (지역발전에서) 2가지 상반된 효과를 지적했다. 첫 번째는 **역류효과(backwash effects)**인데, 이는 성장 지역의 높은 이윤 및 임금으로 인해 인근 지역들로부터 성장지역으로 투자와 사람이 흡입되는 현상을 가리킨다. 결국 성장지역에서의 성장의 선순환은 인근 주변지역의 쇠퇴의 악순환을 유발하므로, 주변지역은 자본 부족과 인구

감소 같은 전형적인 저발전 문제들에 직면한다. '역류' 효과가 우세할수록 산업은 성장지역에 집중되어 결과적으로 중심부와 주변부 간의 격차가 증가한다.

두 번째는 **파급효과(spread effects)**로서 핵심지역의 성장으로 주변지역이 얻게 되는 이익을 지칭한다. 핵심부에서는 식품이나 소비재를 비롯한 각종 제품에 대한 수요가 증가하므로, 주변지역의 기업들은 시장의 성장에 따른 기회를 얻게 된다(Knox et al. 2003: 243). 이와 동시에 핵심지역에서는 토지, 노동, 자본 등에 소요되는 비용이 증가할 뿐만 아니라 교통 혼잡과 같은 도시 문제에 직면하기 때문에, 투자의 흐름이 점차 주변지역으로 밀려난다. 비용증가는 수요증가 및 성장 추세가 이를 지탱하는 인프라의 용량을 초과했다는 것을 함의한다. 흔히 '경기과열(over-heating)'이라고도 지칭되는 이러한 문제는 잉글랜드 남동부 같은 주요 성장지역들의 경제에 주기적으로 영향을 끼쳐왔다. 그 결과 자본은 저비용지역으로 흘러가게 되고, 뒤이어 노동의 흐름도 이를 따르게 된다. 이를 공간적 분산(spatial dispersal) 과정이라고 하는데, 공간적 분산은 산업이 기존의 생산 거점을 이탈하여 새로운 지역으로 이동해가는 것을 지칭한다. 공간적 분산이 상당히 장기간에 걸쳐 우세하게 나타날 경우 지리적으로 더 균등한 경제발전이 나타난다.

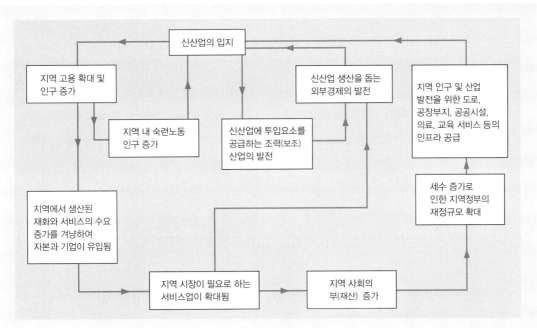

그림 3.6 누적인과관계의 과정 (출처: Chapman and Walker 1991: 74)

시설의 공동 이용, 교육시스템의 연계와 훈련비 분담 등이 포함된다. 자원의 집단적 공유로 인해 개별 기업은 기반시설을 비롯한 각종 자원에 소요되는 비용을 줄일 수 있다.

- 전문화된 투입물(부품)을 공급하는 다양한 중개 및 보조 산업의 성장: 제조업체와 이들에 특정 부품 및 서비스를 공급하는 공급업체가 공동 입지함으로써 운송비가 줄어들고 긴밀한 연계가 발달한다.
- 지역산업이 필요로 하는 기술을 체득한 숙련노동 풀 형성: 피고용인은 자신에게 맞는 일자리를 쉽게 찾을 수 있고, 고용주는 지역에서 숙련노동을 확보할 수 있기 때문에 양자 모두에게 고용 관련 비용이 줄어든다.

이러한 3가지 요소는 **집적경제(agglomeration**

economies)★를 형성한다. 집적경제란 어떤 기업들이 입지적으로 군집을 형성하여 누릴 수 있는 비용절감의 이점이다(Knox *et al.* 2003: 242). 집적경제는 외부경제(external economies)라고도 불리는데, 그 이유는 비용절감이 개별 기업 자체의 실천에서 비롯되었다기보다는 국지적 환경의 광범위한 특징에서 발생하기 때문이다. 집적경제는 흔히 **국지화경제(localisation economies)**와 **도시화경제(urbanisation economies)**로 구별된다. 국지화경제는 (앞에서 언급했던) 업종이 동일한 기업들의 집중에 의해 발생하는 이점을 지칭하는 반면, 도시화경제는 업종이 '상이한' 기업들이 대도시 지역에 집중함으로써 발생하는 이점을 지칭한다. 이러한 집적경제 개념을 바탕으로 하는 **누적**

★ 집적경제에 대한 자세한 설명은 135쪽 〈심층학습〉을 참고하자.

인과모형(cumulative causation model)은 산업의 공간적 집중을 광범위한 불균등발전 과정의 일부로 파악하는 역동적인 이론 기반을 제공한다(Box 3.4; 1.2.2 및 Box 2.5).

콘드라티예프 주기에 따라 지역발전의 패턴을 살펴보면 자본주의 발전이 훨씬 복잡하고 역동적으로 전개되었음을 알 수 있다. 과거에 선도적이었던 (가령 19세기 유럽 및 북아메리카의 산업지역과 같은) 곳들은 1970년대 이후 미국의 '선벨트' 지역이나 동아시아 '신흥' 지역의 도전을 받으며 쇠퇴하게 되었다. 그렇지만 이와 동시에 몇몇 지역은 (특히 뉴욕이나 런던 같은 도시 주위의 핵심 대도시권) 오랜 세월에 걸쳐 여전히 중심적 지위를 유지해오고 있고, 동아시아 이외의 많은 개발도상국은 여전히 세계경제에서 주변부로 남아 있다. 정리하면, 연이은 콘드라티예프 주기와 투자 패턴 사이의 상호작용을 분석하면 세계의 경제지리가 어떻게 전개되어왔는지를 설명할 수 있다.

3.3.2 19세기 산업지역의 발전

첫 번째 콘드라티예프 주기는 1770년대 이후 수력과 증기기관을 기반으로 한 초창기 기계화와 연관되어 있다. 기계화의 중심이던 면직, 석탄, 철 가공업(iron-working)은 원자재와 제품을 운반할 수 있는 하천 수로, 운하, 도로가 구축되면서 급속하게 발달했다. 면직공업은 산업혁명의 핵심이자 변혁의 "페이스메이커"였으며, 최초의 산업지역의 성장 토대를 마련했다(Hobsbawm 1999: 34). 산업혁명은 생산량을 비약적으로 증가시키고 생산비용을 크게 감소시켰다. 이는 **규모의 경**제(economies of scale)에 따른 결과였다. 규모의 경제는 기업이 생산량을 증가시킬수록 각 단위 생산에 소요되는 비용이 감소하는 현상을 말하는데, 결국 생산이 대규모로 이루어질수록 효율성이 더욱 향상된다는 것을 뜻한다. 가령 1760년과 비교할 때 1812년 면사(cotton yarn)의 생산비는 19분의 1로 줄어들었고, 1800년에는 양털을 실로 만드는 데 필요한 노동자의 수가 45분의 1로 줄어들었다(Rempel, 연도 미상: 2). 그러나 1830~40년대에 이르자 시장규모가 공급량을 흡수할 정도로 충분히 성장하지 못함에 따라 점차 기업의 이윤 감소, 임금하락, 실업 증가 등의 현상이 나타났다(Hobsbawm 1999: 54-5; Box 3.5).

제1차 산업화 파동은 영국에서 시작되었는데, 주요 지역으로는 랭커셔, 요크셔의 웨스트라이딩, 웨스트미들랜드, 스코틀랜드 중서부, 사우스웨일스 등이 있다(그림 3.7). 이 지역들은 풍부한 석탄 매장량을 보유하고 있었는데, 1820년대 이후 석탄이 주요 에너지원으로 등장하면서 입지적 이익을 누리게 되었다. 운하시스템의 개발과 개선 또한 원자재와 완제품을 더 저렴한 비용으로 운반하는 데 중요한 역할을 했다.

산업혁명의 핵심인 방직업은 두 지역에 집중되었다. 랭커셔는 면직물 생산에, 요크셔의 웨스트라이딩은 모직물 생산에 전문화되었다. 특히 랭커셔주에 위치한 맨체스터의 경우 1760~1830년 사이 인구가 무려 10배나 증가하는 등 이른바 '방적도시(cottonopolis)'라는 별명을 얻으며 19세기 초 폭발적 성장을 경험했다(Hobsbawm 1999: 34).

제2차 산업화 파동은 직물업 기반의 산업화가 한계에 다다랐던 1840년대에 시작되어 1890년

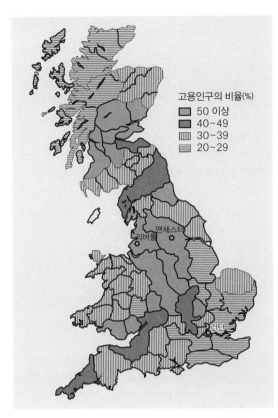

그림 3.7 1851년 당시 영국의 제조업 종사자 비율
(출처: Lee 1986: 32)

1880~1920년대까지 지속된 제3차 산업화 파동의 핵심 동력은 내연기관과 전기의 발명이었는데, 이 시기에는 자동차, 정유, 중화학공업, 플라스틱 산업이 발전했다. 이 시기 새로운 기술 발전을 주도한 독일과 미국은 영국이 점하고 있던 경제 주도권을 빼앗았다. 1890년대 중반부터 1914년까지 호황이 계속되다 뒤이어 전간기 불황(inter-war depression)이 나타나면서, 성장기 이후 침체 국면으로 진입하는 특징적인 패턴은 다시금 분명해졌다.

세 번째 주기에는 '준주변부(intermediate) 유럽'에서 산업화가 진전되었고, 여기에는 제1, 2차 파동에 직접 영향을 받지 않았던 영국, 프랑스, 독일, 벨기에의 일부 지역뿐 아니라 이탈리아 북부, 네덜란드, 스칸디나비아 남부, 오스트리아 동부, 카탈로니아 등이 포함된다(Pollard 1981). 미국 북동부 및 중서부에 형성된 제조업벨트는 누적인과과정으로 그 지위가 더욱 강화되었고(그림 3.10), 일본 또한 산업 성장기에 들어섰다.

이에 비해 스페인, 포르투갈, 스칸디나비아 북부, 아일랜드, 이탈리아 남부, 동부 및 중부 유럽, 발칸반도 등의 주변부 유럽은 성장에서 뒤처지면서 핵심부 지역에 농산물과 노동을 공급하는 종속적 역할로 전문화가 이루어졌다(Knox et al. 2003: 148). 산업 핵심부와 주변부 간의 이러한 관계는 '파급'효과보다는 '역류'효과에 의한 것이었다. 즉, 산업화가 자본과 노동을 빨아들이자, 산업화된 도시지역과 이를 둘러싼 넓은 주변부로 구성된 불균등한 경제경관이 형성되었다(Box 3.4).

영국의 경우 20세기 초반 무렵 소수의 전문화

대까지 지속되었다. 이 시기는 석탄, 철강, 중공업, 조선업에 토대를 두고 경제성장의 기반을 훨씬 견고하게 다져나갔다. 특히 철도를 중심으로 한 교통 부문의 발달이 가장 핵심이었다. 영국의 산업지역은 1840~90년대의 두 번째 콘드라티예프 주기에도 철도, 철강, 중공업을 기반으로 기존의 성공 가도를 이어갔다. 이와 동시에 벨기에 남부, 독일의 루르, 프랑스의 북부, 동부 및 남부 등 유럽 대륙의 산업지역들과 미국의 북동부 지역에서 산업화가 빠른 속도로 진전되었다(그림 3.9). 그러나 1840년대부터 1870년대 초까지의 경기팽창은 시장의 포화와 가격 하락으로 점차 불황으로 바뀌었다.

Box 3.5

직조공의 몰락

18세기 말부터 19세기 초까지 잉글랜드의 직조공들 (handloom weavers)이 경험했던 격동의 운명은, 산업화와 동반된 '창조적 파괴'의 과정이 (특히 노동과정에 대한 신기술 도입의 영향이라는 측면에서) 실제로 어떻게 작동하는지를 잘 보여주는 사례다. 18세기 후반 일련의 기술혁신은 특히 잉글랜드 북부의 랭커셔와 웨스트요크셔의 면직 산업에 큰 영향을 끼쳤다(그림 3.8). 기술혁신에는

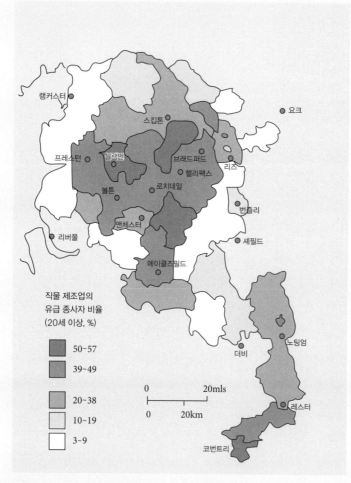

직물 제조업의
유급 종사자 비율
(20세 이상, %)

- 50~57
- 39~49
- 20~38
- 10~19
- 3~9

그림 3.8 1835년 당시 잉글랜드 북부의 직물 공업 입지
(출처: Lawton 1986: 109)

수력 기반의 워터프레임(동력 전달 장치)과 방적기를 결합한 리처드 아크라이트의 수력방적기(1771년), 제임스 하그리브스의 다축방적기(1778년), 크럼프턴의 뮬(mule)방적기(1779년) 등의 발명품이 포함된다. 이로 인해 방적 과정에 혁명이 일어나 원사(yarn)가 대량으로 생산되기 시작했고, 특히 1733년에 발명된 플라잉셔틀(flying shuttle)은 방적 속도를 비약적으로 향상시키는 데 기여했다.

향상된 방적 속도로 인해 원사가 대량생산되어, 원사로 옷감을 짜는 직조공들이 급속하게 늘어났다. 1760~1810년은 이른바 직조공들의 '황금기'로 면 직조공의 수가 3만 명에서 20만 명 이상으로 급증했다(Thompson 1963: 327). 옷감 수요가 많았기 때문에 직조공의 임금은 꾸준하게 상승했으며 신참 직조공도 늘어났다. 그러나 이러한 전반적인 번영의 분위기 속에는 직조공들의 지위 하락이 감춰져 있었다. 직조 부문 노동시장으로의 신규 진입을 제한하던 모든 조치들이 사라져, 직조공에 대한 전통적인 보호제도가 무너졌기 때문이다(앞의 책: 305-6).

보호제도의 철폐로 직조공의 임금은 가히 약탈적인 수준까지 하락하게 되었다. 특히 1800년 이후 면직물 시장이 공급 과잉 상태에 이르자 싸구려 제품들이 늘어났고, 직조공 간 경쟁이 치열해짐에 따라 임금이 급속히 하락했다. 이처럼 직조공의 몰락은 역직기(power-looms)가 도입되기 전부터 나타난 현상이었지만, 직조

공의 경쟁력을 무너뜨린 결정적인 힘은 동력 기반 역직기의 도입과 확산이었다. 가령 볼턴(Bolton)의 경우 직조공의 주당 평균 임금은 1735년 33실링이었던 것이 1815년 14실링으로, 1829~34년에는 5실링으로 급락했다(Hobsbawm 1962: 57). 오두막에서 생산되던 면직물이 공장에서 대량생산되자 직조공들의 전통적 생활방식과 문화는 점차 사라지게 되었다.

비탄과 절망에 빠진 많은 직조공들이 자포자기의 심정으로 역직기와 공장을 부수면서 '기계에 대한 분노'를 쏟아냈다. 직조공들은 이러한 러다이트(Luddite)운동과 더불어 파업을 조직, 실행하거나 정부에 대한 청원을 추진했다. 그러나 이 시대를 휩쓸고 있던 정치경제의 교리는 시장의 '자연적인' 작동에 어떤 개입도 하지 않는다는 것이었기 때문에, 직조공들의 항의에 정부는 진압으로 대응했다.

1820년대에 이르러 대부분의 직조공이 기아상태에 빠졌다(Thompson 1963: 316). 1820년대 초 랭커셔 직물 공업의 핵심부였던 블랙번(Blackburn)의 경우 전체 직조공의 75% 이상이 실업자 상태였다. 1826년 4월 당시 블랙번 구빈원에 '몰아넣어진' 사람들은 (일주일 사이에 입소한 76명을 포함해서) 무려 678명에 달했다(Turner 연도 미상). 산업혁명은 직조공들의 노동을 쓸모없는 것으로 만들어버렸다. 이 사례는 기술혁신이 기존의 장인 기반 산업에 종사하던 숙련노동을 대체해갔던 과정을 잘 보여준다.

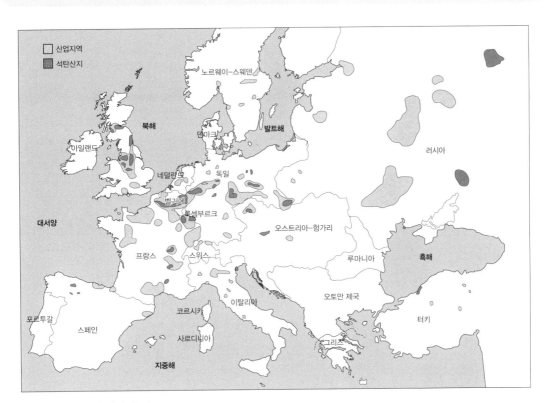

그림 3.9 1875년 당시 유럽 (출처: Pollard 1981)

된 산업지역으로의 공간적 집중 양상이 더욱 뚜렷해졌다. 이 지역들은 대개 석탄산지를 기반으로 1840년대부터 등장한 중공업 부문에 에너지원을 제공했던 곳이다. 직물 공업과 더불어 석탄, 철강, 조선 산업도 고도로 공간 집중적인 패턴을 보였다. 조선 부문의 경우에는 1911년 당시 영국의

그림 3.10 미국의 제조업벨트 (출처: Knox *et al.* 2003: 156)

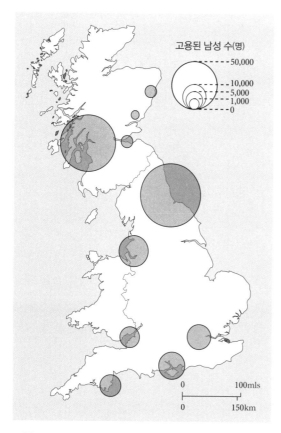

그림 3.11 1911년 당시 영국의 조선업 종사자
(출처: Slaven 1986: 133)

전체 고용자 중 94%가 잉글랜드의 북동부와 스코틀랜드의 중서부에 집중했다(그림 3.11). 이 시기에는 사우스웨일스 또한 석탄, 철강을 중심으로 중공업을 선도했으며, 웨스트미들랜드는 기계 및 금속 가공업으로 전문화되었다. 이들 산업지역은 중공업의 중심지로서 '**구조화된 일관성(structured coherence)**'을 발전시켜, 노동당과 노동조합의 전통이 강한 노동계급 지역이 되었다(Harvey 1982).

3.4 포디즘에서 유연생산으로의 변동

3.4.1 포디즘과 대량생산

20세기 초에는 초창기 수준의 공장시스템이 획기적으로 발전했다. 이 발전은 **포디즘(Fodism)**이라고 불리는데, 이 명칭은 미국의 자동차회사 창업자이자 획기적인 혁신을 이끌었던 헨리 포드(Henry Ford)의 이름에서 유래한 것이다(2.4.3 참조). 포디즘은 노동과정의 강화(intensification)를 토대로 대량생산 기술을 발전시켰다. 생산성 향상으로 노동자의 임금이 상승하자 시장에서 이들의 구매력이 증가했고, 이는 대량생산을 뒷받침할 소비자의 수요를 창출하여 대량생산과 대량소비가 조화를 이루게 되었다. 포디즘은 1930~40년대에 이르러 유럽과 북아메리카에서 대량생산과 대량소비를 근간으로 하는 새로운 **축적체제**로서 지위를 공고히 했다. 또한 수요관리(demand management)라는 케인스주의 경제정책과 복지국가(welfare states)의 발전은 포디즘을 강력하게 뒷받침했다(2.4.3 및 5.3 참조). 포디즘적 노동과정이 발전하게 된 획기적인 계기는 포드가 디트로이트에 있던 자신의 하일랜드파크(Highland Park) 자동차공장에 도입한 하루 5달러의 임금체제였다. 이는 노동회전율을 성공적으로 감축하여, 노동자들은 자신이 생산하는 자동차를 구입할 수 있게 되었다.

포디즘적 생산의 조직화에서 가장 중요한 요소는 **과학적 관리법(scientific management)**이었다. 과학적 관리법은 생산성을 극대화하기 위해 합리적인 원리에 따라 노동을 재조직하는 것으로, 이를 주창했던 프레더릭 테일러(Frederik Taylor)의 이름을 따서 **테일러리즘(Taylorism)**이라고도 불린다. 과학적 관리법의 3대 원리는 다음과 같다(Meegan 1988).

- 고도로 극대화된 노동의 기술적 분업: 작업의 구상(design) 및 계획(planning)은 실행(execution)과 완전히 분리하여 경영자(관리자)에 맡기고, 노동자는 단순하고 반복적인 직무 실행에 더욱 집중하도록 만듦
- 생산과정상 분할된 작업들의 재통합: 작업 계획 및 방향에 대한 지휘권을 완벽하게 행사할 수 있는 경영자의 조정력·통제력이 증대되고 중간관리자와 노동자의 힘은 약화됨
- 경영자가 노동자의 수행과 성과를 면밀하게 모니터링하고 분석함: 이를 위해서는 시간–동작 연구(time-and-motion studies) 같은 기술이 필요함

이러한 조직화의 혁명은 생산성을 향상시킬 수 있는 새로운 기술적 실험을 동반했다. 이중 가장 유명하고 널리 적용된 기술이 바로 '조립라인(assembly line)'인데, 이는 1911~13년 포드의 하일랜드파크에 최초로 구축되었다(그림 3.12). 조립라인은 자동차 생산방식에 혁명을 가져왔다. 노동자들은 더 이상 자동차 조립에 필요한 부품이나 도구를 찾기 위해 공장을 돌아다닐 필요가 없어졌다. 필요한 부품이 노동자 앞으로 전달되기 때문에, 노동자들은 한 장소에 고정적으로 머물며 (대체로 단일한) 주어진 작업만을 반복하게 되었다.

헨리 포드는 "부품을 놓는 사람이 부품을 조이지는 않는다."고 말했다. "볼트를 놓는 사람은 너트를 놓지 않고, 볼트를 놓는 사람이 볼트를 조이지는 않는다." 차대를 조립하는 데 소요되는 평균 시간은 93분으로 단축되었다. 교훈은 명백했다. 하일랜드파크는 불과 수개월 만에 벨트, 조립라인, 조립부품의 분주한 네트워크로 변했다. … 공장 전체가 윙윙거리는 소용돌이 속에서 방대하고, 복잡하

며, 쉼 없는 기계들의 발레 무대가 되어버렸다.

(Lacey 1986, Meegan 1988: 142에서 재인용)

작업 소요시간의 단축과 재구조화로 생산성은 비약적으로 향상되었다. 1911년부터 1914년까지 자동차 생산량은 7만 8,000대에서 무려 4배에 달하는 30만대로 증가했다. 반면 같은 기간 노동인력 규모는 겨우 2배 증가했고, 심지어 1913~14년에는 인력이 줄어들기까지 했다(Meegan 1988: 143). Box 3.6을 통해 포드사에서 일한 경험을 간단하게 맛볼 수 있다(Beynon 1984).

3.4.2 포디즘과 지역 변화

네 번째의 콘드라티예프 주기는 **내구(성)소비재**(consumer durables)의 대량생산을 근간으로 했다. 이 시기 미국의 제조업벨트나 영국의 미들랜드 등 기존의 일부 제조업 지역은 자신의 지위를 더 공고하게 확립했다. 이런 곳들은 대체로 인구가 집중된 도시지역에 인접해 있었기 때문에 포디즘 기반의 시장지향형 산업이 발달하기에 유리했다. 가령 영국의 경우 새로운 대량생산 기반의 산업은 미들랜드와 잉글랜드 동남부에서 집중적으로 발달했다.

특히 1920년대 말과 1930년대에 소련은 급속한 국가 주도의 산업화를 추진했는데, 이는 대체로 제철이나 중공업 등 투입자본의 규모가 큰 산업에 집중되었다(그림 3.13). 이는 상트페테르부르크의 남동부와 우크라이나 동부에서부터 모스크바와 볼가 지역 그리고 우랄산맥에 이르는 거대

그림 3.12 포드 공장의 조립라인 (출처: Mary Evans Picture Library)

포드사에서의 노동 경험

Box 3.6

산업사회학자 휴 베이넌(Huw Beynon)은 1960년대 말부터 1970년대 초 잉글랜드 북서부의 리버풀에 있던 포드 헤일우드 공장의 노동환경을 상세하게 조사한 바 있다. 그의 연구에서 노동자들은 조립라인에서의 작업 경험을 다음과 같이 기술했다(Beynon 1984).

정말 세상에서 가장 따분한 일이었어요. 같은 일을 하고 또 하고 말이죠. 어떤 변화도 없었죠. 그래서 일에 질려버리게 됩니다. 상상 이상으로 지쳐버리게 되죠. 그 자리에 서면 생각이 멈춰버립니다. 생각할 필요가 없기 때문이죠. 몸만 남아서, 그냥 계속하는 수밖에 없죠. 돈을 벌어야 하니까 견디는 겁니다. 지루함에 대한 대가이겠죠. 그 모든 지루함 말입니다.

저에게 기회만 있었다면 직장을 곧바로 옮겼겠죠. 이곳의 환경 때문입니다. 포드는 우리를 사람이라기보다는 기계라고 생각하죠. 늘 우리 머리 꼭대기 위에서 내려다봐요. 하루 내내 매 순간 일하고 있기를 원하죠.
(포드의 헤일우드 공장 노동자, Beynon 1984: 129에서 재인용)

또 다른 노동자에 따르면, '오피스'에서 일하는 사무직 직원은 포드의 일부였지만, 공장의 작업장에서 일하는 사람들은 단지 '숫자'로만 다루어졌다. 특히 자동차 공장에서 일했던 경험이 없는 신입 노동자들에게는 생산과정의 끊임없는 요구에 익숙해진다는 것이 매우 어려운 일이었다. 또한 조립라인 작업은 퇴근 후의 가정생활에도 영향을 미쳤다. 야간 교대 근무자는 다음과 같이 말했다.

언제나 제 아내는 제가 잠자기 전에 꼭 아침을 먹으라고 해요. 베이컨과 계란을 주섬주섬 먹고나면 아내가 식탁을 치워버리죠. 늘 '도대체 내가 이 짓을 언제까지 참아야 하는 걸까?'라는 생각을 해요. 하지만 보수는 높은 편이에요. 옴짝달싹 못하고 갇혀서 사는 느낌이에요. '그래 될 대로 되겠지. 여기 있는 동안은 참는 수밖에.'라고 생각하곤 해요. 포드에서 일한다는 건 이런 거죠. 하지만 나이가 많은 동료들은 속도를 못 따라갈 때가 많아요.
(Joe Dennis, Meegan 1988: 144에서 재인용)

노동자들이 관리자의 지시를 마냥 온순하게 수용하며 수동적으로 대응하지만은 않았다는 점도 중요하다. 특히 노동조합의 역할이 핵심적이었고, 공장 단위의 노동조합 대표 위원회는 노동자의 이익을 대변하고자 했다. 노동자의 일상생활에 가장 큰 영향을 미친 것은 조립라인의 속도였다. 베이넌(Beynon 1984: 148)은 "조립라인의 역사는 속도를 둘러싼 갈등의 역사다."라고 지적했다. 헤일우드에서 벌어진 오랜 갈등과 투쟁의 결과, 조립라인을 잠글 수 있는 열쇠를 노동조합 대표가 갖게 됨으로써 노동자들은 경영진으로부터 승리를 쟁취했다(위의 책: 149). 그것은 곧 노동자가 자신의 작업환경을 더 많이 통제하게 되었음을 의미했다.

한 제조업벨트를 중심으로 이루어졌다(Knox *et al.* 2003: 164). 일본의 경제도 1950~60년대에 연평균 성장률이 10%에 달할 정도로 급속하게 발전했는데, 이를 주도한 것은 조선, 제철 등 전통 중공업과 자동차 및 전자 산업이었다.

유럽과 북아메리카에서 연속적인 주기를 그리며 진행된 지역의 부문별 전문화 패턴은 1920년대에 들어서자 점진적으로 붕괴되기 시작했다. 1920년대의 경제적 쇠퇴는 1930년대 대공황으로 절정에 도달했고, 석탄, 면직, 조선 부문의 생산이 불황에 빠졌다. 그 결과 실업, 폐업, 빈곤이라는 파괴적 결과를 낳았다. 영국의 경우 불황이 정점에 달했던 1931~32년 석탄 광부의 34.5%, 면직 노동자의 43.2%, 선철 노동자의 43.8%, 강철 노동자의 47.9%, 조선 및 선박 수리 노동자의 62%가 실업자가 되었다(Hobsbawm 1999: 187).

실업은 잉글랜드 북부, 스코틀랜드 및 웨일스의 전통적인 산업지역에 집중되었다. 그 결과 1928년 영국 정부는 스코틀랜드 중부, 잉글랜드 북동부, 랭커셔, 사우스웨일스를 특별 지원이 필요한 '불황 지역'으로 지정하는 등 '지역 문제'를 공식적으로 인정하기에 이르렀다(Hudson 2003). 이에 따라 1930년대 영국에서는 남부와 북부 간 경제적·사회적 격차가 뚜렷하게 나타났다. 물론 이러한 지역 간 격차의 뿌리는 훨씬 오래전으로 거슬러 올라간다(Box 3.7). 경제 재정비의 노력으로 1930년대 말부터 단계적으로 경제가 회복되었고,

제2차 세계대전과 그 이후의 재건 과정은 이를 뒷받침했다. 그러나 1960년대 들어 영국의 북부, 미국의 제조업벨트, 프랑스 북동부, 벨기에 남부, 독일의 루르 등 산업지역에서 그동안 잠재되어 있던 문제들이 심각하게 표면화되기 시작했다.

1960~70년대 들어 대량생산 기술이 점차 루틴화·표준화됨에 따라 제4차 콘드라티예프 파동이 쇠퇴기에 접어들었고, 이와 동시에 '신포디즘(neo-Fordism)'이라고 불리는 새로운 국면이 부상했다. 신포디즘으로 산업 입지는 주변부로의 공간적 분산 패턴을 보이기 시작했다. 매시(Massey 1984)가 지적한 바와 같이, 생산과정의 여러 부분들이 상이한 지역에서 수행되는 새로운 **'노동의 공간분업'**이 나타났다. 이런 변화는 지역 간 노동비용 및 특성의 지리적 차이를 반영했다.

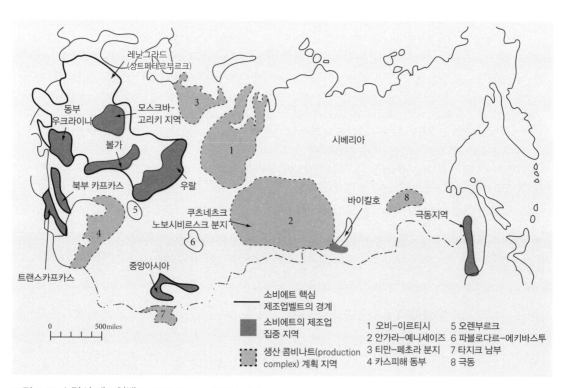

그림 3.13 소련의 제조업벨트 (출처: *Knox et al.* 2003: 164)

점차 많은 기업들이 경영 및 연구개발 기능 등 고차위(higher-level) 일자리를 제품 가공 및 최종 조립 같은 루틴화된 저차위(lower-level) 일자리로부터 분리해나갔다(표 3.2). 다수의 공장을 소유한 거대한 기업들이 등장함에 따라 이러한 노동분업은 더 뚜렷한 공간적 패턴을 보였다. 이들은 고차위 기능을 교육수준이 높고 양질의 인력이 풍부한 도시에 입지시킨 반면, 저차위 기능은 비용이 (특히 임금수준이) 가장 낮은 곳에 입지시켰다. 결국 산업의 조직화가 기업 내 생산단계의 위계에 따라 지역별로 상이하게 이루어지면서 그 공간적 범위 또한 '넓게 확장된' 패턴을 보였다(Massey 1988). 이는 모든 생산단계가 한 지역 내에서 이루어졌던 19세기 지역의 부문별 전문화 패턴과는 뚜렷이 대비되는 변화였다(3.3 참조).

매시의 분석을 영국에 적용하면, 기업 본사와 연구개발 시설이 불균형하게 집중되어 있는 런던 및 잉글랜드 남동부와, '분공장(branch plant)' 활동이 지배적인 스코틀랜드, 웨일스, 잉글랜드 북부 등의 주변부가 서로 분리되어 있음이 뚜렷이 드러난다. 남동부 지역에는 전문적인 관리직 노동이 집중된 반면, 주변부 지역에는 공장에서 루틴화된 작업을 수행하는 저임금 (특히 여성) 노동이 지배적으로 나타난다. 이러한 루틴화된 생산의 공간적 분산은 이른바 '신국제노동분업(NIDL: New International Division of Labour)'을 통해 국제적 스케일에서도 똑같이 나타난다(Froebel et al. 1980). 특히 서양 선진국에 본사를 둔 TNC들은 조립 및 가공 작업의 입지를 비용이 훨씬 저렴한 개발도상국으로 옮겼다(3.5 참조). 그 결과 동아시아 및 동남아시아의 신흥공업국들이 산업 생산의 중요한 거점으로 떠오르게 되었다.

3.4.3 탈산업화와 '신산업공간'

'제5차 콘드라티예프 주기'의 지리는 전자, 컴퓨터, 금융, 사업서비스업, 생명공학 등 새로운 '선도' 산업들의 발흥을 토대로 하며, 이들 산업은 대개 **유연생산(flexible production)** 방식을 채택하고 있다. 이와 동시에 많은 전통 제조업 지대는 1960년대 말부터 심각한 탈산업화를 경험했다. 제조업이 지나친 경쟁, 과잉생산, 수요 감소에 직면하면서 점차 쇠퇴했기 때문이다. 오래된 산업지역들은 높은 실업률, 빈곤, 폐업, 노후화 등의 문

표 3.2 제조업에서의 노동의 공간분업

기능	노동분업의 특징	입지
연구개발	구상, 정신노동 (직무 통제의 수준이 높음)	잉글랜드 남동부
복잡한 제조 및 엔지니어링	복합적임 (약간의 직무 통제가 가능)	웨스트미들랜드 등 기존의 제조업 지역
조립	실행, 반복, 육체노동 (직무 통제력을 갖지 못함)	콘월이나 잉글랜드 북동부 등 주변부 지역

(출처: Massey 1984를 수정하였음)

제를 겪었다. 가령 영국 산업혁명의 본고장이었던 웨스트미들랜드에서는 1971~93년 제조업 부문에서 적어도 50만 개 이상의 일자리가 사라졌는데, 이는 지역 내 전체 제조업 고용자 수의 50%에 달하는 규모였다(Bryson and Henry 2005: 358).

IT 기반의 새로운 기술시스템의 부상에 따른

'창조적 파괴'의 과정은 뚜렷한 지리적 변동을 야기했는데, 대표적으로 미국 북동부 및 중서부 일대의 '러스트벨트'와 남부 및 서부의 '선벨트' 지역, 영국의 북부와 남부 지역(Box 3.7), 독일의 북서부와 남부 지역 등이 포함된다. 예를 들어, (뉴저지, 뉴욕, 펜실베니아 등) 미국의 중부 대서양 연

Box 3.7

 ### 영국의 북부–남부 격차

1930년대 이후 영국에서는 북부와 남부 간 부와 발전의 격차에 대한 우려가 주기적으로 제기되었다(Massey 2001). 1980~90년대 말, 그리고 보다 최근인 2008~09년 금융위기와 침체기에 이르기까지 첨예한 정치 논쟁이 일어났는데, 여기서 가장 핵심적인 문제는 1990년대 중반 이후 런던 및 잉글랜드 남부 지역이 영국 내 다른 지역보다 훨씬 빠르게 성장함에 따라 지역 간 격차가 심화되고 있다는 사실이었다(Martin et al. 2016: 344). 많은 지표들을 보면 영국은 선진국 중 지역 간 격차가 가장 뚜렷하게 나타나는 국가다(McCann 2016). 또한 영국은 다른 선진국보다 가장 중앙집권적인 정부 형태를 갖고 있어서, 각 지방정부는 권력의 분산과 이양을 줄기차게 요구해왔다(Lee 2016).

1980년대에 대처 정부가 이끄는 신자유주의 개혁과 광범위한 탈산업화의 영향은 '두 국가'의 출현을 낳았다. 하나는 성장 산업들이 입지해 있는 번영과 발전의 남부였고, 다른 하나는 폐업, 가난, 실업으로 상처를 입은 정체되고 곤궁한 북부였다(Martin 1988). 1990년대 말 신노동당 정부하에서는 이 격차가 더욱 확대되었는데(Massey 2001), 특히 당시 중앙정부의 많은 장관과 국회의원이 북부 출신이었기 때문에 더 큰 정치적 문제가 되었다. 더 최근인 2010~15년에는 보수당 및 자유민주당의 연합정부가 경제를 부문별로 그리고 지리적으로 재조정함으로써, 잉글랜드 남동부의 금융 및 사업서비스업이 주도하는 경제를 탈피하여 북부 지역에서의 제조업 부활을 지원하려는 정책을 추구했다. 2015년

이후 보수당 정부는 북부 지역에 런던에 상응하는 성장 지역을 만들고 훨씬 많은 권한을 양도하는 이른바 '노던 파워하우스(Northern Powerhouse)'라는 북부 경제회복 계획을 발표했다(Lee 2016).

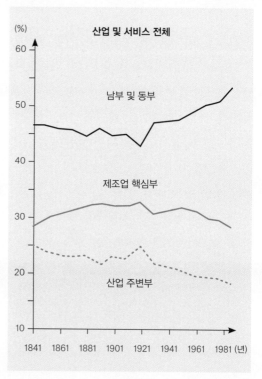

그림 3.14 1841~1981년 영국 내 고용의 지역 분포
(출처: Martin 1988: 392)

마틴(Martin 1988)이 주장하는 것처럼 북부와 남부 간 격차의 뿌리는 1930년대를 넘어 지역 간 불평등의 깊은 골이 생겨났던 19세기까지 거슬러 올라간다. 19세기 당시 북부와 남부는 각각 역동적인 산업화와 활기 없는 조용한 시골이라는 상반된 이미지로 대중들에 각인되어 있었지만, 실제 상황은 이보다 훨씬 복잡했다. 예를 들어, 동남부 지역은 경제가 다원적으로 구성되어 있었기 때문에 19세기 동안 가장 풍요로운 지역이었고, 1850년대부터 이 격차는 더욱 확대되었다. 이와 동시에 많은 북부 지역의 경제는 몇 가지 부문에 집중된 수출 지향 산업에 의존하고 있었기 때문에 상당한 불확실성을 안고 있었다. 이는 마틴이 '산업 주변부(industrial periphery)'라고 지칭한 스코틀랜드, 북부 지역, 웨일스에서 가장 두드러졌다(그림 3.14). 이러한 산업들은 1920년대의 어려운 경제적 상황으로 몰락한 후 북부를 경제적·사회적 위기로 몰아넣었다. 그뿐만 아니라, 앞서 살펴본 바와 같이 전간기에 등장한 신흥 소비산업은 남동부와 미들랜드의 거대 시장으로 유입되었다.

제2차 세계대전 이후 북부 지역은 완만한 성장세를 유지했지만, 남동부 지역은 현대화된 경공업과 서비스 부문을 중심으로 경제성장을 주도했다. 1970~80년대

의 탈산업화는 북부 지역에 치명적인 결과를 낳았지만, 1980~90년대에 급속히 성장한 금융, 사업서비스업 및 첨단기술 제조업은 대부분 남부와 동부 지역에 집중되어 있었기 때문에 이들 지역에 번영을 가져왔다.

1990년대 초 경기침체는 남동부 지역에 심각한 타격을 입혔고, 그 결과 남북 격차는 일시적으로 줄어들었다. 그러나 1993년 이후의 경제 회복과정에서 런던과 동남부 지역이 나머지 다른 지역보다 훨씬 더 빠른 속도로 회복됨에 따라, 지역 간 불평등이 다시 가파르게 증가했다(Martin et al. 2016). 이는 지역 간 불평등이 경제 회복 과정에서 훨씬 더 확대된다는 것을 증명한다. 이런 경향은 특히 1982~89년, 그리고 1992~2007년의 호황기에 가장 뚜렷하게 나타났다(Gardiner et al. 2013: 897). 이 경향은 2010년 이후의 경제회복기에도 동일하게 반복되고 있다. 런던은 2010~12년의 경기침체에서 가장 빨리 회복된 지역이지만(Townsend and Champion 2014), 2008~09년의 불황으로 큰 타격을 입은 북부 및 미들랜드의 많은 도시들은 경제회복에 소요되는 기간이 매우 길어지고 있다(Industrial Communities Alliance 2015).

안 지역은 1969년 대비 1976년의 일자리 수가 175,000개 이상 줄어든 반면, 남부 대서양 연안 지역의 경우 같은 기간 동안 새롭게 생겨난 일자리가 무려 2백만 개에 달했다(Knox et al. 2003: 230). 첨단기술 부문에 대한 새로운 투자는 기존의 산업 핵심부와 뚜렷하게 다른 이른바 '신산업공간(new industrial spaces)'으로의 유입을 가져왔는데, 이는 관리직·전문직 종사자들에게 매력적인 환경을 갖추고 있고 높은 삶의 질을 누릴 수 있는 곳이었기 때문이다. 이는 글로벌 스케일에서 볼 때 컴퓨터 및 반도체 부문에서 일어났던 광범위한 노동의 공간분업에 따른 결과이기도 했다. 가장 전형적인 사례를 들자면, R&D는 실리콘밸

리에서, 숙련 생산은 스코틀랜드의 '실리콘글렌(Silicon Glen)'에서, 조립 및 테스팅은 홍콩과 싱가포르에서, 루틴화된 조립생산은 필리핀, 말레이시아, 인도네시아 등 저임금 지역에서 이루어졌다(위의 책: 235-6).

대체로 유럽과 북아메리카를 중심으로 다음 3가지 유형의 '신산업공간'이 확인되고 있다(Knox et al. 2003: 237).

• 군집화된 중소기업들로 구성된 장인생산 방식 기반의 산업지구: 주로 직물, 보석, 신발, 도자기, 기계, 가구 등 수공업 기반 제품들이 생산된다(그림 1.7). 주요 지역으로는 이탈리아의 중부

및 북동부, 스위스의 유라, 독일 남부, 덴마크의 유틀란트 등이 포함된다. 이런 유형의 생산체계는 높은 비율의 하청과 아웃소싱을 특징으로 하며, 대체로 가족노동과 장인의 숙련 노동에 의존한다.

- 전자산업, 컴퓨터 설계 및 제조업, 제약, 생명공학 등 첨단기술산업 중심지: 주요 지역으로는 미국 캘리포니아의 실리콘밸리(Box 3.8 참조)와 보스턴의 루트128, 영국의 M4 코리도 및 케임브리지, 프랑스의 그르노블 및 소피아-앙티

Box 3.8

'실리콘밸리'의 발전

캘리포니아의 실리콘밸리는 지난 반세기에 걸쳐 세계의 첨단산업 부문에서 가장 유명한 거점으로 성장해온 곳이다. 실리콘밸리의 성공을 벤치마킹하기 위해 각 국가 및 지역의 정부와 개발 당국이 이곳을 주목하고 있다. 실리콘밸리의 발전은 역사적 특수성을 배경으로 하지만, 이 지역의 경험을 통해 특정 첨단산업이 왜 특정 장소에 집중하는지에 관한 일반적 (특히 대학, 숙련노동에의 접근성, 사회적 네트워크의 역할과 관련된) 요인을 이해할 수 있다(Saxenian 1994).

실리콘밸리는 산타클라라 카운티에 속한 곳으로 샌프란시스코 남쪽에서 팔로알토 및 새너제이까지 뻗어 있는 길고 좁은 구역을 지칭한다(그림 3.15). 1940~50년대에 이곳은 인구밀도가 낮고 주로 과일생산에 의존하던 농업지역이었다. 실리콘밸리의 발전 및 변화 과정을 7단계로 요약하면 다음과 같다(Castells and Hall 1994).

① 기술혁신의 역사적 뿌리는 전자공학 분야의 연구 전통을 모태로 했던 20세기 초반으로 거슬러 올라간다. 이 시기 스탠퍼드대학의 한 졸업생이 대학 당국의 지원을 받아 창업한 연방전신회사(Federal Telegraph Company)가 1912년 진공관을 개발하는 데 성공했다. 스탠퍼드대학은 1920년대 전자공학에서 독보적인 지위를 차지하면서 많은 학생들이 졸업 후 회사를 창업하며 지역 내에 머물렀다(위의 책: 15).
② 1950년대에 스탠퍼드 산업단지(Stanford Industrial Park)를 중심으로 첨단산업이 성장하기 시작했는

데, 여기에는 스탠퍼드대학과의 연계가 결정적이었다. 공학을 전공했던 프레더릭 터먼(Frederick Terman) 교수는 스탠퍼드 산업단지를 만드는 데 중요한 역할을 했고, 여기에서 수많은 혁신적인 기업이 생겨났다(Saxenian 1994). 이 시기 또 한 명의 중요한 인물은 당시 유명한 물리학자였던 윌리엄 쇼클리(William Shockley)였다. 그는 1947년 뉴저지의 벨연구소에 재직했을 때 트랜지스터를 개발한 업적으로 1955년 다른 동료 2명과 함께 노벨상을 수상한 인물이다. 쇼클리는 회사를 창업하기 위해 1954년 벨연구소를 떠나 병든 모친과 함께 캘리포니아의 팔로알토로 이사했다. 쇼클리는 쇼클리반도체(Shockley Semiconductor)를 창업한 후 함께 일할 8명의 유능한 젊은 연구원들을 미국 동부에서 데려왔다. 1957년 집적회로를 개발하는 데 성공했던 로버트 노이스(Robert Noyce)가 바로 이 연구원 중 한 명이다. 이처럼 지역 외부에서 모집해온 기술과 노동은 초창기 실리콘밸리의 성공에 핵심적이었다. 점차 8명의 연구원은 쇼클리반도체에서 일하는 것이 어렵다고 인식하고, 1957년에 회사를 떠나 새롭게 페어차일드반도체(Fairchild Semiconductors)를 창립했다.
③ 1960년대는 모기업으로부터의 활발한 분사(spin-off)를 통해 혁신적인 전자회사들이 성장했던 시기다. 페어차일드반도체는 많은 소규모 회사들이 창립되는 과정에서 중요한 인큐베이터 역할을 했으며, 이로 인해 인텔(Intel)이나 내셔널반도체(National Semiconductors) 등의 분사된 회사들이 한동안 '페어칠드런

(fairchildren)'이라는 별명으로 불리기도 했다. 이러한 성장 국면이 가능했던 것은 1960년대 당시 반도체 시장의 50% 이상을 점유했던 군수산업의 전자 부품들에 대한 막대한 수요가 있었기 때문이다(Castells and Hall 1994: 17).

④1970년대는 반도체 회사들이 통합되어 개인용 컴퓨터(PC)가 출현했던 시기다. PC는 1974년 뉴멕시코의 앨버커키(Albuquerque)에서 처음으로 생산되었다. PC의 등장에 고무되어 캘리포니아 베이 지역에서는 이른바 '집에서 만든 컴퓨터 클럽(Home Brew Computer Club)'이라는 컴퓨터 취미 동호회가 만들어졌는데, 이 클럽 멤버에는 빌 게이츠(Bill Gates)와 스티브 워즈니악(Steve Wozniak)도 속해 있었다. 실리콘밸리에서는 이런 동호회의 활동을 기반으로 해서 1976년에 스티브 워즈니악과 스티브 잡스(Steve Jobs)에 의해 애플(Apple Personal Computer)이 창립되었고, 뒤이어 1980년대 초 비노드 코슬라(Vinod Khosla)와 스콧 맥닐리(Scott Mcnealy)가 선마이크로시스템스(Sun Microsystems)를 창립했다('SUN'은 'Stanford University Network'의 약칭이었다). 그 결과 실리콘밸리는 점차 첨단 극소전자공학 및 컴퓨터 산업을 중심으로 전문화가 이루어졌다.

⑤1980~90년대 초반은 컴퓨터 산업 주도의 성장, 생산과정의 국제화, 새로운 혁신 주기 기반의 분사가 일어난 시기였다. 1984~86년에 실리콘밸리는 컴퓨터 산업의 전반적 위축, 일본과의 경쟁심화 등으로 인한 경제적 침체기에 봉착해 2만 1,000명 이상이 해고되었다(위의 책: 20). 실리콘밸리는 이에 대한 지역적 대응의 일환으로 R&D, 설계, 선진적 제조업 부문으로 전문화를 심화시킨 한편, 생산과정이 표준화된 부품의 대량생산 기능은 노동의 공간적 분업의 일환으로서 초창기에는 미국 내 저임금 지역으로, 그 이후에는 다른 저임금 국가들로 입지를 이전시켰다. 이와 동시에 실리콘밸리에서는 사회적 네트워크, 정보, 지역 내 자본 등이 꾸준히 성장을 거듭하여 1980년대 말부터 1990년대 초까지 스타트업(start-ups)의 창업과 분사가 활발하게 일어났다.

⑥실리콘밸리는 전자 및 컴퓨터 산업의 축적된 성공을 바탕으로 1990년대 중반부터 새로운 성장 궤도를 그려나갔는데, 이를 추동한 것은 인터넷 기술의 폭발적 발전이었다. 인터넷 기술은 "이 지역에 마치 폭탄이 떨어진 것처럼 유례없이 뜨거운 경제 붐"을 일으켰는데, 이는 첨단기술을 향한 열광적인 골드러시라고 말할 정도였다(Walker 2006: 121). 1995년 주식시장에서 넷스케이프(Netscape)의 가치가 끝을 모르고 치솟았던 것은 이런 트렌드를 상징적으로 보여준 사건이다. 이 시기에는 야후(Yahoo!)와 같은 다른 스타트업들도 출현했을 뿐 아니라, 2000년 3월에는 인터넷 하드웨어 생산업체인 시스코시스템스(Cisco Systems)의 시장가치가 마이크로소프트에 필적할 정도로 치솟아 세계에서 가장 비싼 회사가 되기도 했다. 실리콘밸리의 성장은 샌프란시스코의 성장으로도 확대되었는데, 특히 마켓스트리트 남쪽 일대에 영화 특수효과, 비디오게임, 전자출판 등 '멀티미디어' 사업체들이 집중했다. 그러나 광범위한 발전 패턴이 늘 성장과 쇠퇴를 반복하는 것처럼, 이러한 뜨거운 성장 열기는 2000년 주식시장의 '닷컴 폭락(dot.com crash, 391쪽 옮긴이주 참조)'이 촉발한 가파른 침체 국면으로 이어졌다. 2002년 당시 나스닥(NASDAQ)의 시가총액 중 77%가 증발했다(위의 책: 129). 이 버블 붕괴로 당시 인터넷 경제의 중심지였던 베이 지역이 미국의 다른 어떤 지역들보다 가장 심각한 타격을 받았다. 실리콘밸리에서는 전체 일자리 중 25%가 사라졌다(The Economist 2004).

⑦2000년대 중반 이후 최근의 성장기는 닷컴 스타트업과 더불어 소셜미디어 및 전자예술(electronic arts) 분야의 진전을 바탕으로 하고 있다. 구글, 페이스북, 이베이, 트위터, 넷플릭스 등 유수의 기업들이 성장을 주도하고 있다.

색스니언(Saxenian 1994)은 실리콘밸리의 성공을 설명하면서 특히 사회적 네트워크(social network)에 주목했다. 그녀에 따르면 사회적 네트워크는 개별 엔지니어와 기업가 사이에 매우 높은 수준의 비형식적 의사소통과 협력을 촉진했으며, 이는 서로 다른 기업에서 일하는 사람이 기술 관련 정보와 아이디어를 빠른 속도로 유통, 공유할 수 있도록 만들었다. 또한 실리콘밸리는 매우 높은 수준의 노동(직장) 이동성을 지니는데, 이처럼 사람들이 직장을 바꾸거나 분사를 통해 벤처 창업을 하는 과정이 기술 확산을 촉진하는 메커니즘으로 작동한다는 점도 중요하다. 초창기 선구자들의 성공은 지역 내부로 풍부한 벤처캐피털을 유입시켰고, 기업가정신과 개인주의에 바탕을 둔 문화를 창조함으로써 후속세대에서도 지속적인 혁신이 일어날 수 있는 토대를 마련했다. 이러한 산업시스템이 지닌 이점은 이루 말할 수 없이 많다. 실리콘밸리는 이러한 지역적 이점과 지속적 혁신을 통해 경쟁우위(competitive advantages)를 유지해오고 있다. 역설적이지만 이런 발전과정은 상당 정도의 기업 간 협력을 전제로 한다(위의 책: 46). 특히 지리적 근접성은 핵심 행위자들 간 활발한 대면접촉과 신뢰를 촉진하기 때문에, 실리콘밸리는 경쟁우위를 유지하는 데 필요한 적응력과 대응력을 갖추게 되었다.

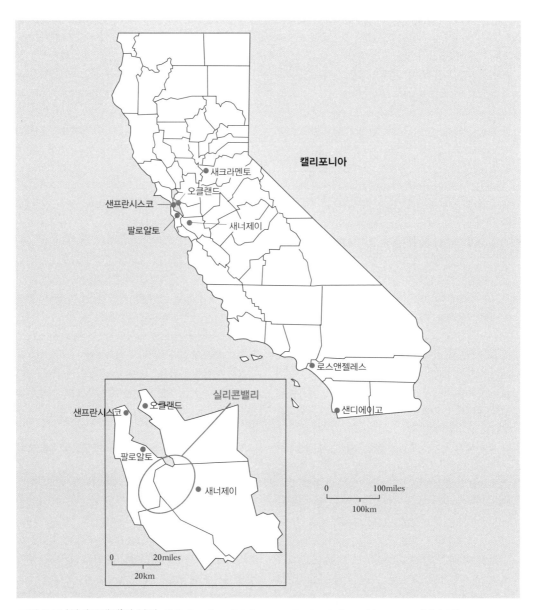

그림 3.15 '실리콘밸리'의 입지 (출처: Castells and Hall 1994: 13. Rand McNally *World Atlas* 1992에서 재인용)

폴리스(앙티브) 등이 포함된다. 이 지역들은 성장률과 혁신 수준이 매우 높고, 소기업 간 네트워크를 기반으로 하지만 일부는 초국적기업으로 성장하기도 한다. 또한 이 지역들은 삶의 질이 높은 대도시들과 인접해 있어 풍부한 인력시장이 형성되어 있고, 이로 인해 숙련노동자들은 해당 지역을 떠나지 않고도 직장을 옮기기가 용이하다. 또한 대학이 함께 입지한 경우가 많아 혁신과 (협력) 학습을 뒷받침하는 R&D 인프라가 발달되어 있다는 점도 중요하다.

- 선진 금융 및 생산자 서비스업의 클러스터: 주로 런던, 뉴욕, 도쿄와 같은 거대한 세계도시 내부의 중심가에 발달해 있다. 런던의 더시티가 대표적 사례다. 이런 지역에는 대기업 본사와 금융기관이 집중해 있고, 이들을 뒷받침하는 회계, 법률서비스, 경영 컨설팅, 광고 등을 전문으로 하는 기업들과 네트워크가 형성되어 있다. 이 지역은 전문화 수준이 매우 높고 숙련된 사무직 노동력이 풍부하지만, 동시에 저임금 여성 및 소수민족 노동력도 많다. 또한 기업 간 일괄(패키지) 거래 비중이 높은 전문 서비스업체들이 지리적으로 상호 근접해 있기 때문에, 지역 내부에서는 활발한 대면접촉이 일어나고 신뢰가 형성된다(Thrift 1994).

3.5 신국제노동분업

3.5.1 국제화 과정

3장에서 다루고 있는 글로벌화는 지난 30년 간 산업 생산의 특징을 결정짓는 핵심 이슈다. 글로벌화는 1960~70년대 생산의 점진적 국제화 과정에서 시작되었는데, 이를 주도한 것은 이윤율을 높이고자 했던 TNC였다.★ 이윤율 상승은 기존의 작업 생산성을 향상시킴으로써 이루어지는데, 이는 노동에 대한 착취 강화, 새로운 기술 개발, 더 효율적인 조직화 등을 통해 이루어진다. 물론 이런 방법이 단기적으로는 성공적인 결과를 가져올 수 있다. 그러나 기업이 원래 입지했던 곳을 옮기지 않는 한 자본에 대한 수익은 시간이 지남에 따라 점차 감소할 수밖에 없다. 왜냐하면 노동자의 조직화 및 저항의 증가, 다른 기업과의 경쟁심화, 기존 기술과 생산방법으로 달성가능한 생산성의 한계 등의 문제는 기업의 입지와 긴밀하게 연결되어 있기 때문이다. 기업이 이러한 이윤율 하락문제를 해결하려면 기존 입지를 떠나 더 저렴한 곳으로 옮기는 수밖에 없다. 기업은 이러한 딜레마를 해결하기 위해 새로운 생산지리를 형성해갈 수밖에 없는데, 데이비드 하비는 이를 '**공간적 조정(공간적 돌파, spatial fix)**'이라고 지칭했다(Harvey 1982). 공간적 조정의 필요성 때문에 자본가들은 다른 어딘가를 새로운 입지로 선택해야 한다. 일차적으로 자본은 국가 내에 재입지함으로써 새로운 노동의 공간분업을 형성한다(Massey 1984). 그러나 국내 차원의 수익성이 한계에 도달하면, 자본은 생산 작업을 국제화하기 시작한다. 1970~80년대에 많은 TNC들은 전후 포디즘 축적 체제의 위기에 대응하는 과정에서 많은 생산 작업을 저비용 지역으로 옮겼다.

★ 초국적기업(TNC)을 개념화한 여러 학자의 논의를 137쪽 〈심층학습〉에서 자세히 다루었다.

일반적으로 해외투자는 새 시장을 개척하거나 새로운 노동력, 원자재를 얻기 위해 이루어진다(3.2.4 참조). 1960~70년대 기업의 입지 이동은 주로 노동비용을 절감하려는 목적에서 이루어지기는 했지만, 일반적으로 해외직접투자(FDI: Foreign Direct Investment)의 상당 부분은 시장에 접근하려는 목적에서 이루어진다. FDI를 추동하는 위의 2가지 요인은 상호 연관되어 있는 경우가 많다. 가령 중국의 경우만 하더라도 대규모의 FDI가 유입된 것은 중국이 거대한 시장과 풍부한 노동력 모두를 갖고 있기 때문이다(Dicken 2015).

3.5.2 신국제노동분업의 형성과 발전

1970~80년대에 발생한 국제화의 흐름은 더 저렴한 노동을 찾는 과정에서 발생했다. 이로 인해 개발도상국으로의 투자가 점차 증가하여 이른바 '**신국제노동분업(NIDL: New International Division of Labour)**'을 형성하게 되었다(Froebel *et al.* 1980). 신국제노동분업은 과거 식민주의 시대에 형성되었던 '구국제노동분업(OIDL: Old International Division of Labour)'을 대체하거나 이를 보다 정교하게 발전시켰다(3.2.4 참조). NIDL

은 1960년대에 경제학자 스티븐 하이머(Stephen Hymer)가 제시한 분석틀로서, TNC가 기업 내 노동분업을 재조직함으로써 새로운 생산지리를 형성하는 방식에 초점을 둔 것이다. 고차위 의사결정 기능과 R&D 활동은 런던, 뉴욕, 파리 등 선진국의 주요 대도시 지역에 집중되어 유지되지만, 보다 루틴화된 생산활동은 노동 숙련도나 기술수준에 따라 국내의 주변 지역들로 분산된다(표 3.3). 이는 3.4.2에서 살펴본 지역 스케일에서의 노동의 공간분업에 상응하는 현상이다. 시간이 지나면서 '밑바닥을 향한 경쟁(race to the bottom)'이 훨씬 치열해지면, 결국 가장 기초적인 생산 기능은 더욱 생산비가 저렴한 해외의 개발도상국에 재입지하게 된다. 반면 선진국에서는 여전히 장기적·전략적 계획 기능과 R&D 기능 등의 고부가가치활동이 존속, 유지된다. NIDL은 글로벌 스케일에서의 노동의 공간분업을 표현한 것으로서, 1970년대 이후 저비용의 개발도상국을 향한 제조업 생산의 '글로벌 변동(global shift)' 과정을 반영하는 모델이다(Dicken 2015). NIDL은 다음 3가지 요소 간 상호작용에 의해 형성, 촉진되어왔다(Wright 2002).

- 노동의 기술적 분업 확대: 작업을 최소한의 훈

표 3.3 하이머가 제시한 신국제노동분업의 전형

기업 내 위계의 수준	주요 대도시(예: 뉴욕)	지역 거점(예: 브뤼셀)	주변부(예: 한국, 아일랜드)
1. 장기적, 전략적 계획	A		
2. 분업에 대한 관리	D	B	
3. 생산, 루틴화된 작업	F	E	C

(출처: Sayer 1985:37)

련만 필요한 루틴화된 단순 기능들로 변환하여 반숙련 노동자들이 이를 수행하도록 했다(3.3.2 참조).

• 컨테이너선박 및 항공과 같은 선진적인 운송기술의 발달: 원자재와 (반)제품이 장거리에 걸쳐 저렴하면서도 효율적으로 운반될 수 있고, 결과적으로 '지리적으로 입지조건에 제약을 받지 않는(footloose)' 생산이 출현하게 되었다.

• 저발전국가에서의 저렴한 도시 노동시장 형성: 저발전국가에서는 '녹색 혁명'과 같은 농업의 현대화·집약화 과정으로 농촌에 유휴 인력이 대거 발생했고, 이들은 도시 지역으로 이주하여 값싸고 풍부한 노동시장을 형성했다.

국가 간 임금격차는 엄청나게 크다(그림 3.16). 따라서 노동집약적 산업에 대한 투자는 저렴한

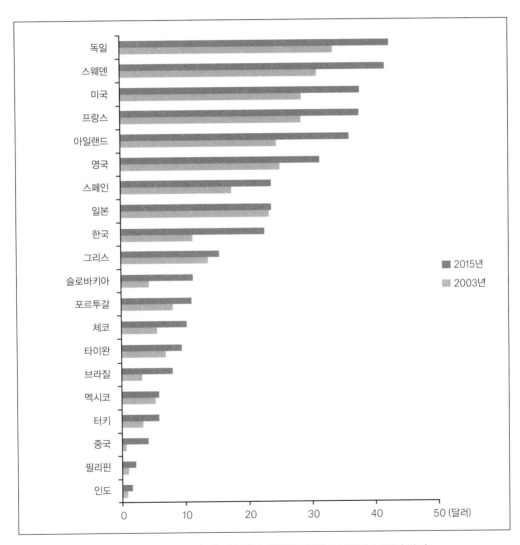

그림 3.16 미국 달러화로 환산한 각국의 제조업 부문 시간당 임금(2003년과 2015년 비교)
(출처: www.conference-board.org, International Labor Comparisons database)

노동력이 풍부한 국가로 유입된다. 특히 NIDL은 의류, 신발, 장난감, 전자제품 등 생산량이 많고 노동집약적인 산업에서 집중적으로 이루어졌다.

1960~70년대에 많은 기업들은 지리적으로 근접한 지역으로 재입지했는데, 가령 서유럽은 남유럽과 북아프리카로, 미국은 멕시코로, 일본은 동아시아의 **신흥공업국(NICs: Newly Industrialising Countries)**으로 이전했다. 개발도상국에서는 고용이 증가했지만, 대체로 글로벌 스탠다드와 비교할 때 노동환경이 열악하고 임금이 낮은 직종에 고용이 집중되었다. 물론 이중 일부는 해당 개발도상국 내의 다른 직종들보다는 임금이 높기도 했다. 개발도상국에 재입지한 생산은 주로 **수출가공지역(EPZs: export processing zones)**에서 이루어졌다. 수출가공지역은 해외기업을 유치하기 위해 조성된 '특구(special zones)'로서, 세금의 완전한 면제나 외국인 소유에 대한 규제완화 등 투자자들에게 추가적인 인센티브를 제공했다. EPZ는 규제수준 및 노동기준이 낮기 때문에 (특히 젊은 여성 노동자들에 대한) 노동착취가 빈번하게 발생한다. 애플을 비롯한 몇몇 글로벌 기업에 전자제품을 납품하는 하청기업인 폭스콘의 경우, 2010년 들어 아시아 지역의 자사 공장에서 노동자의 자살이 폭발적으로 증가함에 따라 많은 비판을 받고 있다.

멕시코 북부의 '마킬라도라(maquiladora)'는 NIDL에 따른 투자 사례로 잘 알려져 있다. 마킬라도라는 1960년대에 형성되기 시작했다가 1994년 북미자유무역협정(NAFTA)이 체결되면서 급속하게 성장한 산업지역이다. 이곳에는 외국인 소유의 (대부분 미국 국적의) TNC가 집중되어 있는데,

이들은 부품을 수입해온 후 해외시장을 겨냥하여 완제품을 조립·수출한다. 마킬라도라는 저렴한 노동비용을 이점으로 형성되었고, 세율이 매우 낮고 환경규제도 상당히 완화되어 있다(Coe et al. 2013: 309). 마킬라도라에는 2011년 4월을 기준으로 5천 개의 공장들이 밀집해 있고 180만 명의 노동자가 고용되어 있다. 그러나 최근 중국과의 경쟁심화와 2008년 금융위기의 타격으로 성장 추세가 꺾이고 있다.

1980년대 이후 지속적으로 나타나는 추세는, 많은 TNC가 개발도상국에 생산시설을 직접 설립·소유한 상태에서 해당 지역 중소기업에 하청(subcontracting)을 주는 방식이다. 이를 통해 TNC는 자사에 납품하는 공급업체들을 수시로 (필요에 따라) 바꿀 수 있고 고정자산 투자에 소요되는 매몰비용(sunk cost)을 낮출 수 있기 때문에, TNC의 입지적 유연성을 극대화하는 전략이라 할 수 있다(Clark 1994). 이처럼 다른 기업에의 아웃소싱이나 하청을 통한 생산의 조직화 과정은 '오프쇼링(offshoring)'이라 불리는 지리적 재입지의 과정과 밀접하게 연관되어 있다. 오프쇼링은 해외의 멀리 떨어진 저비용 국가들로 기업활동의 입지를 일부 이전시키는 것이다. 경영학 분야에서는 오프쇼링을 단순히 아웃소싱이라고 통칭하기도 하지만, 오프쇼링은 지리적 과정을 내포하고 있는 용어라는 점에서 차별점을 갖는다. 한편 오프쇼링은 '니어쇼링(near-shoring)'과도 뚜렷하게 구별된다. 니어쇼링은 서비스 기능 일부를 대체로 경제발전 수준이 비슷하고 국경이 인접한 국가에 (영국-아일랜드 또는 미국-캐나다의 사례처럼) 재입지시키는 전략이다. '온쇼링(on-shoring)'은 서비

스 기능 일부를 동일 국가 내 다른 지역에 재입지시키는 전략이다(Bryson 2006).

의류업체인 나이키는 '독립적인' 공급업체들과의 넓은 연계망을 통해 공간적 유연성을 유지하는 TNC의 전형적인 사례이다. 나이키는 오리건주의 비버턴(Beaverton)에 본사를 두고 있는데, 자사를 사내생산(in-house production)을 하지 않는 '마케팅 및 디자인 업체'라고 규정한다(Coffey 1996). 실제로 생산은 100% 해외의 하청업체들로 아웃소싱되며, 그런 공장의 대부분은 아시아에 위치한다. 나이키는 600개 이상의 공장들로 구성된 '계약 공급사슬(contract supply chains)'을 통해 80만 명 이상을 간접고용하고 있다(Dicken 2015: 160). 이러한 공급사슬의 지리는 시간이 지나면서 보다 비용이 낮은 곳을 쫓아 지속적으로 변화한다. 현재 동아시아 하청공장 중 대다수가 중국에 있고 (167개), 베트남과 태국이 그다음으로 많다.

3.5.3 서비스 산업과 '새로운' 신국제노동분업

지난 20여 년에 걸친 글로벌화의 또 다른 특징은 서비스 부문에서의 FDI 증가 경향으로 10여 년 전부터 주목을 받고 있다. 브라이슨(Bryson 2006)은 이를 '제2차 글로벌 변동(second global shift)'이라고 명명하면서, 특정 서비스 활동이 개발도상국에 국제적으로 재입지하면서 '새로운' 신국제노동분업('new' NIDL, 이하 신NIDL)을 형성하고 있다고 말했다.

이러한 서비스 부문의 오프쇼링은 2000년대 초에 가속화되기 시작하면서 많은 사람들의 관심을 받기 시작했다. 특히 선진국의 많은 학자, 정치인,

노동조합이 서비스 부문의 잠재적 고용감소에 우려를 표명했다. 왜냐하면 이전까지만 하더라도 제조업 부문에서 감소했던 일자리의 일부를 서비스 부문에서 대체하고 있었기 때문이다(Richardson *et al.* 2000). '신NIDL'은 1970~80년대 제조업 부문의 글로벌 변동에 상응하는 과정인데, 주로 다음의 3가지 요인이 복합적으로 이를 추동하고 있다(Gordon *et al.* 2005: 19):

- 통신 및 인터넷 부문의 기술 발전에 따라 "단순 사무직종이 입지조건에 제약을 받지 않게 되면서, 생산비의 공간적 차이에 더욱 민감하게 대응하여 이동성이 증대됨"(Warf 1995: 372)
- 1990년대의 지속적인 성장이 2000년대 들어 점차 둔화되고 경쟁이 치열해짐에 따라, 서비스 부문에 대한 임금인하 압력이 지속적으로 증대됨
- 저임금 국가들 내에 상당 규모의 새로운 숙련 노동 풀이 발견되거나 창출됨

전통적으로 서비스의 생산과 소비는 동일한 지역에서 이루어졌다. 그러나 ICT의 발전 덕분에 많은 기업은 이러한 공간적 한계를 뚫고 가치사슬의 지리적 분산이나 '확장(stretch)'을 이룰 수 있게 되었다(Pisani and Ricart 2016). 이처럼 신NIDL은 기업이 아웃소싱 및 더 발전된 NIDL을 기반으로 서비스 전달의 공간적 범위를 확장하여 노동비용의 지리적 격차를 이용하는 현상을 지칭한다(Hudson 2016).

사실 이처럼 서비스 부문이 (가령 사무기록 관리, 임금 처리 및 계산서 발행, 은행 수표 발행, 보험금 신청 처리 등과 같은 사무 및 관리 업무 등을 포함하는) '후

선업무(back-office)'★ 기능을 중심으로 공간적으로 분산되는 것이 특별히 새로운 것은 아니다. 왜냐하면 그 이전부터 후선업무 기능은 도시 중심부에서 지역 내에서 임대료나 노동비용이 더 저렴한 인근 교외지역으로 재입지해왔기 때문이다. 그러나 신NIDL에서 새로운 점은 ICT가 더 넓은 지역적·세계적 스케일에서 재입지할 수 있는 가능성을 열었다는 사실이다. 이러한 서비스 부문의 국제적 재입지의 대표적인 사례로 뉴욕의 금융업체를 들 수 있다. 이들은 점차 아일랜드 서부 지역으로 일상 관리 업무를 옮겨가고 있다. 아일랜드 정부는 이러한 재입지를 상당히 적극적으로 지원한다. 뉴욕의 금융업체는 자사의 생명보험 청구서류를 아일랜드의 섀넌(Shannon) 공항 인근의 사무실로 보낸 후 데이터로 가공하고, 이를 다시 광통신망이나 인공위성을 통해 뉴욕의 본사로 보낸

다(그림 3.17). 이와 유사한 사례인 카리브해 연안지역은 미국 후선업무 기능의 재입지 위치로 가장 많이 선호된다. 이 지역은 임금이 저렴하고 지리적으로 근접해 있기 때문에, 미국의 기업이 생산설비를 멕시코로 옮겼던 것처럼 후선업무를 (물론 비교적 규모는 작지만) 이곳으로 옮기고 있다. 미국의 아메리칸항공(American Airlines)은 이미 1981년부터 자사가 처리해야 할 항공권을 바베이도스에 있는 자회사로 보내 처리하고 있다. 한편 아메리칸항공은 1987년 도미니카공화국에 두 번째 자회사를 설립했는데, 도미니카공화국의 자회사 임금은 바베이도스 임금의 절반 수준에 불과하다.

전통적 '후선업무' 또는 사업지원 기능과 더불어 상당히 다양한 서비스 업무가 공간적 분산의 영향을 받아 저임금 지역으로 오프쇼링되고 있다. 다음은 그러한 서비스 업무의 내용이다.

★ 후선업무란 거래 체결과 직접적인 관련 없이 그 이후의 과정이나 기타 지원 따위를 맡아 후방에서 도와주는 업무를 의미한다.

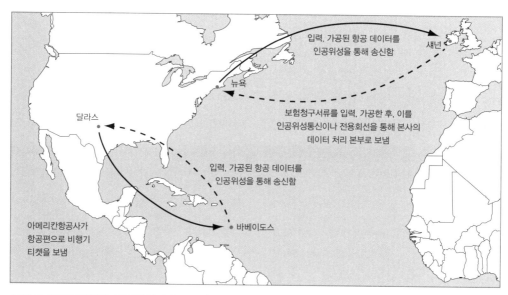

그림 3.17 항공회사와 보험회사의 오프쇼링 (출처: Warf 1995)

- 마케팅, 기술지원, 고객의 일상적 질문 응대 등을 위한 콜센터: 1990년대 초 이후 고객 지원센터 또는 고객 서비스시설 등의 이름으로 급속하게 성장하고 있다. 콜센터는 금융 부문에서 처음 등장했으나, 차츰 여행업·통신업·배달업·기타 규제 완화된 공공서비스 부문으로 확산되고 있다.
- 데이터 처리, 소프트웨어 개발 및 오류 검사, 작동 지원, 출판, 통계 분석 등의 IT 기능
- 사업서비스, 회계, 법률서비스, 인적자원관리, 경영 및 금융 분석 등 이른바 '비즈니스 프로세스 아웃소싱(BPOs: Business Process Outsourcing)'이라 불리는 보다 고차위의 후선업무 기능(Bryson 2016): 특히 KPMG 같은 대형 회계업체들은 ICT 부문의 기술발전에 대응하여 '빅데이터' 부문에 대대적인 투자를 단행하고 있다. 이들은 소수의 통합서비스 허브 기업(플랫폼 기업)의 다양한 고객을 대상으로 광범위한 분석 서비스를 제공한다(Devi 2015).

'제2차 글로벌 변동'의 지리에는 노동비용 외에도 해외 노동자의 교육 및 언어 역량이 큰 영향을 미치고 있다(Bryson 2016). 언어와 문화적 능력은 제1차 글로벌 변동과 비교할 때 훨씬 더 중요하다. 이로 인해 영어, 프랑스어, 스페인어 같은 '글로벌' 언어가 널리 사용되는 국가들에 투자가 집중되는 등 뚜렷한 생산지리가 형성되고 있다. 고객서비스와 고객과의 상호작용이 중요해지고 있기 때문에, 잠재적으로 서비스 공급업체들은 소비자들이 사용하는 언어와 같은 언어를 구사할 수 있는 직원을 선호한다(Box 3.9). 지리적 거리는 문화적 근접성 또는 친화력과 깊은 관련이 있는데, 이는 식민주의라는 역사적 경험에서 기인한다. 19세기 영국이나 프랑스 같은 강대국들은 자국의 언어를 강제로 식민지에 이식함으로써 자신도 모르게 미래 경쟁력의 씨앗을 뿌려놓았던 것이다. 시간적 차이 또한 제2차 글로벌 변동에 중요한 요인으로 작동한다. 많은 글로벌 기업들은 시차가 다른 곳에 위치한 시설들을 '태양의 이동 방향을 따라' 체계적으로 연결하는 전략을 구사함으로써, 고객서비스 제공시간을 연장하거나 심지어 24시간 내내 제공하기도 한다.

인도는 이러한 식민 역사의 맥락과 관련하여 단연 세계 제1의 오프쇼링 목적지로 떠올랐으며, 중국, 말레이시아, 브라질이 그 뒤를 따르고 있다(AT Kearney 2016). 인도는 영어 구사가 가능한 숙련노동이 풍부할 뿐만 아니라 ICT 인프라가 잘 발달된 국가이기 때문이다. 2000년대 초반을 기준으로 영국은 (콜센터 직원의) 초봉이 1만 2,500파운드였지만 같은 시점 인도의 초봉은 2,500파운드에 불과했기 때문에, 영국 기업들로서는 인도가 비용절감 매력이 큰 곳이었다. 최근 인도에서도 인건비가 증가하면서 일부 기업은 서비스 기능을 다시 본국으로 옮겨가고 있지만(Kavanagh 2011), 여전히 인도나 필리핀의 임금수준은 영국 평균의 20%에도 미치지 못하기 때문에 많은 기업들이 오프쇼링을 유지하고 있다(Devi 2015). 이와 동시에, 인도 내에서 콜센터 직종은 초봉이 다른 직종에 비해 3배 이상 높은 수준이기 때문에 인기가 좋으며, 특히 젊은 대졸자들이 선호하는 직업이다(James and Vira 2012: 14).

많은 기업들은 회계나 데이터 분석 등 부가가

Box 3.9

모로코의 서비스 아웃소싱 성장

모로코는 글로벌 오프쇼링의 핵심지는 아니지만 아웃소싱 산업이 상당히 증가하고 있다. 1999년 300명 정도에 불과했던 서비스 아웃소싱의 고용규모는 2016년 7만 명으로 급증했으며, 2015년 한 해 동안의 수입이 7억 8천만 달러에 달했다(Saleh 2016). 이런 성장은 대부분 프랑스 고객을 대상으로 한 서비스 제공에 의한 것인데, 이는 모로코의 문화적 유산이 식민주의의 영향을 받았음을 보여준다.

가령 모로코의 아웃소리카(Outsourica)라는 기업은 직원 800명을 고용해서 (오일메이저 중 하나인) 토털, (대형슈퍼마켓 체인점인) 까르푸, (프랑스 오렌지텔레콤의 모로코 계열사인) 메디텔 등의 프랑스 기업을 대상으로 콜센터, 전자상거래, 기타 후선업무 서비스를 제공한다. 콜센터 직원은 프랑스 고객에게 친근감을 주기 위해 프랑스 이름을 사용한다. 프랑스 사람들은 자신이 통화하고 있는 직원이 모로코에 있는 사람인지 알 수 없다. 이는 인도의 콜센터들이 영국 소비자를 대상으로 서비스 아웃소싱을 할 때 널리 채택되어온 전략이다.

그러나 최근 모로코의 오프쇼링 산업 성장이 점차 둔화되고 있다. 여기에는 2가지 요인이 있다. 첫째, 최근 프랑스 통신회사들이 경쟁심화에 따른 비용절감 압력으로 기존에 유선으로 처리하던 고객 도우미서비스를 온라인시스템으로 바꾸고 있기 때문이다. 둘째, 모로코의 후선업무 서비스 공급업체들이 다른 프랑스어 사용권 국가들과의 임금 경쟁에 직면하고 있기 때문이다.

나아가 프랑스의 후선업무 아웃소싱은 영국이나 미국에 비해 덜 발달된 편이기 때문에 각종 고용보호 규제들이 아웃소싱 확대에 장벽이 되고 있고, 모로코의 아웃소싱 인력이 상대적으로 숙련도가 제한적이기 때문이기도 하다. 이로 인해 모로코 정부는 서비스 아웃소싱을 지원하기 위해 개별 아웃소싱 업체들과 협약을 맺음으로써, 비즈니스 프로세스 아웃소싱과 같은 보다 고차위의 서비스를 제공하려고 노력하고 있다.

치가 높은 고차위 서비스를 점차 저비용 지역으로 이전하고 있는데, 이는 선진국 정책 담당자나 노동조합에게 큰 우려가 되고 있다. 이 추세가 계속될 것은 틀림없지만, 일부 연구에 따르면 이런 재입지 전략은 여러 제약에 직면하고 있다. 왜냐하면 일부 서비스활동의 경우에는 (특히 대면접촉 기반의 의사소통을 필요로 하는 혁신 및 창조와 관련된 서비스의 경우) 표준화나 디지털화가 불가능하고, 소비자들과의 지리적 인접성을 필요로 하기 때문이다. 또한 정보는 본질적으로 개인적이고 민감하며 은밀한 속성을 지니며, 국가 간 표준이나 규제가 상이하다(Pisani and Ricart 2016; UNCTAD 2004). 소비자들은 기업의 서비스가 오프쇼링으로 제공된다는 것을 알아차리면 그 서비스의 품질이 좋지 않다고 인식하는 경향이 있다. 이 때문에 비록 소수의 사례이기는 하지만 일부 서비스의 경우는 다시 본국으로 되돌아오는 '리쇼어링(re-shoring)' 현상이 나타나기도 한다. 예를 들어 2011년 컴퓨터 백업 기업인 카보나이트(Carbonite)는 고객서비스 품질을 향상시키기 위해 인도에 있던 서비스센터를 미국으로 옮긴 바 있다(Walsh et al. 2012). 그러나 일반적으로 오프쇼링에 따른 비용절감 매력은 여전히 매우 높을 뿐만 아니라, 최근 인도를 비롯한 몇몇 개발도상국들은 훨씬 복잡하고 고차원적인 아웃소싱 시장을 잠식해가고 있다. 오늘날에는 로봇공학 기반의 자동화 프로세스가 발전하고 있고, 다수 기업들이 공유 가능한 비즈니스 과정의 표준화가 진척되고 있다. 이런 변화는 아웃소싱 패턴에 더 파괴적인 영향을 가져올 것이다. 선진국에서는 보다 분석적인 기술이 발전하게 될 것이며, 루틴화된 노동은 점차 기계에 의해 대체되거나 시스템 안에 통합되어갈 것이기 때문이다(A.T. Kearney 2016).

3.6 요약

3장에서는 생산지리의 변화에 대해 살펴보면서, 이를 야기한 자본주의 생산의 역동성을 설명하고자 했다. 기본적인 생산과정은 자본의 순환이라는 측면에서 설명했다. 자본의 순환은 자본, 노동, 생산수단을 통합하여 상품을 생산하고, 생산된 상품을 경쟁시장에 내다 팔아 이윤을 얻는 제반 과정을 일컫는다. 기업은 자본주의에서 가장 핵심적인 조직 형태다. 모든 기업은 저마다 고유의 경쟁력과 자산을 갖추고 있으며, 이는 특정한 기술, 실천 또는 지식의 형태로 표현된다. 또한 이 장에서는 노동의 지위에 대해서도 다루었다. 모든 노동자는 임금을 받기 위해 자신의 노동력을 자본가에게 팔지만, 노동은 물품으로 환원이 불가능한 인간적·사회적 속성을 갖고 있기 때문에 '의제상품'으로 간주된다(Polanyi 1944). 노동의 기술적 분업이 계속 진화하면서 형성된 산업자본주의의 근간은 20세기 중반 포디즘적 대량생산을 통해 완숙에 이르렀다. 혁신 및 기술 변화의 과정은 자본주의의 고유한 특징이다. 이는 기업이 끊임없이 이윤을 추구하는 과정에서 필연적으로 경쟁할 수밖에 없기 때문에 나타난다. 경제사학자들은 주요한 혁신들이 '하나의 무리(군집)를 이루는' 경향을 발견했으며, 이는 이른바 경제발전의 '장기 파동' 또는 '콘드라티예프 주기'의 토대가 되었다.

자본주의는 시간이 지남에 따라 필연적으로 새로운 시장과 원자재 또는 새로운 노동력 풀을 찾아내야 하는 시스템이다. 이러한 자본주의의 지리적 팽창은 교통 및 정보통신 기술 부문의 연속적인 혁신을 추동하여 '공간의 축소'를 가져왔다. 구체적으로 살펴보면, 생산의 지리는 19세기 말부터 20세기 초까지는 식민지 시장과 원료 공급을 기반으로 하는 지역의 부문별 전문화 패턴을 형성했지만, 그 이후 오늘날까지 보다 정교한 국제노동분업으로 발전해오고 있다. 전자의 경우에는 모든 생산단계가 특정한 지역 내부에 집중되어 이루어지지만, 국제노동분업은 생산이 지리적으로 '확장'되어 생산과정의 각 부분이 상이한 국가 및 지역으로 분산되어 이루어진다. 1970~80년대에는 루틴화된 제조업 활동들이 공간적으로 분산되어 생산비용이 낮은 개발도상국으로 이전하는 현상이 나타났고(Froebel et al. 1980), 그 이후 오늘날까지는 제2차 '글로벌 변동'이라고 할 수 있는 소비자서비스 부문에서의 노동분업이 나타나고 있다(Bryson 2016). 이러한 일련의 분산 과정이 나타나는 것은 최근 전 세계적으로 나타나고 있는 노동의 과잉공급 때문이다. 특히 중국이나 인도와 같은 개발도상국에서 엄청난 규모의 새로운 인력이 노동시장에 공급되고 있다(Standing 2009). 이는 선진국의 경제에 임금인하 압력을 가중시키고, 자본에 대한 노동의 협상력을 심각한 수준으로 약화시키고 있다(6장 참조). 이와 동시에

R&D와 금융서비스 같은 고차위 활동들은 선진국의 세계도시나 대도시권으로 더욱 집중되고 있다. 고부가가치 경제활동이 대도시 지역에 집적하고 저부가가치 활동이 저임금 지역에 재입지하거나 확산되는 경향은 경제지리의 핵심 패턴이자 '경향적 사실(stylised fact)'이다.

 연습문제

자신이 살고 있는 도시, 지역 또는 국가에 주목해보자. 20세기 초반 이후 그곳에서 진행된 경제 재구조화의 과정을 살펴보고, 다음의 질문들에 대한 대답을 중심으로 간단한 글쓰기를 해보자.

지금까지 주요 산업은 무엇이었나? 그 산업은 주로 어느 시장을 겨냥했으며, 원자재와 부품은 어디에서 공급되었는가? 일련의 산업화 파동은 그곳에 어떤 영향을 끼쳤는가? 그곳의 경제적 번영은 시간의 흐름에 따라 어떻게 변천해왔는가? 경제발전 과정에 영향을 끼친 핵심적인 제도는 무엇인가? 그 제도는 노동의 공간적 분업 및 기술의 변화와 어떤 관계에 있었는가? 1970년대 이후의 탈산업화는 그곳에 영향을 주었는가? 1970년대 이후 새로운 산업이 성장하거나 투자를 유치했는가? 21세기에 그곳의 경제적 전망은 어떠할 것으로 예측되는가?

역량(자원)기반이론

기업에 대한 역량(자원)기반이론은 기업마다 상이한 자원과 역량을 보유한다고 간주하는 경영전략이론이다. 그리고 이러한 차이가 오래 지속되며 기업이 각기 다른 성과를 내는 주요 원인으로 작용한다고 파악한다. '자원'이란 기업이 (반)영구적으로 보유한 유·무형의 자산을 의미하며, ① 물리적 자원(재정, 기술, 설비, 원료, 입지 등), ② 인적 자원, ③ 조직적 자원(조직 구조, 계획, 통제 및 조화 체계, 조직 내 관계, 조직 간 관계 등)으로 범주화할 수 있다. 즉, 자원은 기업이 보유한 모든 것이라고 할 수 있고, '역량'은 이러한 자원을 사용해 기능과 활동으로 드러내는 것이다.

자원 및 역량이 기업의 전략과 성과에 영향을 끼친다고 보는 자원기반 관점은 전통적 경영전략이론과 대척점에 있다. 전통적 이론은 '구조-행동-성과' 패러다임으로 불린다. 시장의 구조(structure)는 전략수립과 같은 기업의 행동(conduct)을 결정하고, 기업의 행동은 곧 기업의 성과(performance)에 영향을 준다고 보기 때문이다. 마이클 포터(Michael Porter)가 제시한 '경쟁우위' 개념과 클러스터이론은 구조-행동-성과 경영전략 담론의 전형적 사례이다(10.3.2 참조).

역량기반 관점은 신고전주의 경제학 기업이론에도 비판적 입장을 취한다. 신고전주의 기업이론의 대표적 개념으로는 로널드 코스(Ronald Coase)의 '거래비용(transaction cost)'이 있다. 코스는 시장을 통한 거래보다 '내부화'가 비용절감과 기업의 조직화를 촉진한다고 이론화했다. 그리고 외부 거래비용이 내부 거래비용보다 높을 때, 다시 말해 고비용 요소의 내부화에 성공했을 때 기업이 성장하고 있다고 보았다.

코스의 거래비용에 대한 논의를 발전시킨 올리버 윌리엄슨(Oliver Williamson)은 투자의 '자산특수성(asset specificity)' 개념을 제시했다. 자산특수성이란 기업 간 관계를 고정시키는 특정 부문의 거래와 투자를 의미한다. 기업 간 거래에서 자산특수성은 시간이 흐르면서 꾸준히 증가한다. 그러므로 관계를 내부화하는 것이 기업에 이익이 되고, 결과적으로 기업은 자산특수성과 관련된 거래비용을 줄이기 위해 '수직적 통합(vertical integration)'을 이루는 조직으로 진화한다. 이것이 윌리엄슨이론의 핵심이다. 이 이론은 특정 부문에 전문화된 대기업 조직의 형성과 경쟁력을 설명할 때 널리 활용된다.

그러나 역량기반 관점에서 자산특수성은 반드시 수직적 통합으로만 귀결되지는 않는다. 자산특수성이 존재하더라도, 기업 간 역량의 차이 때문에 외부적 관계를 맺고 유지하는 것이 더 유리할 수 있기 때문이다. 경제지리학자들은 코스와 윌리엄슨의 대기업 중심 거래비용이론이 적절한지에 대해 의구심을 품고 있다. 특히 마이클 스토퍼(Michael Storper), 앨런 스콧(Allen Scott) 등 캘리포니아학파 경제지리학자들은 자산특수성이론에 대해 통찰력 있는 비판을 제시한다. 이들은 수직적·수평적으로 분화(disintegration)된 중소기업 간에 형성되는 국지적 네트워크를 중시한 마셜의 집적경제이론을 계승·발전시켰다. 내부화가 아니라 공동 입지를 통해서도 거래비용 감소가 가능하다고 본 것이다. 그리고 지역을 기반으로 형성된 신뢰와 협력의 문화, 제도적 자산을 강조하는 '비거래상호의존성(untraded interdependency)' 개념을 제시하면서, 학습과 혁신에 유리한 사회적·지리적 근접성을 바탕으로 한 관계적 네트워크를 수직적 통합의 대안으로 간주했다.

• 참고문헌: 이재열(2016), 「글로벌 생산네트워크 담론의 진화: 기업 및 산업 중심 거버넌스 분석을 넘어서」, 『대한지리학회지』 51(5): 667-690.

규모의 경제와 집적경제에 따른 입지 특색

규모의 경제(economies of scale)란 생산규모가 증가함에 따라 단위 당 생산비가 감소하는 경제적 효과를 지칭한다. 생산비는 크게 불변비용(일반비용)과 가변비용(특수비용)으로 구성된다. 불변비용은 생산량과는 무관하게 필수적으로 발생하는 비용으로 시설비(토지와 건물 등), 일반관리비, 연구개발비 등이 해당된다. 가변비용은 생산량에 따라 변동하는 비용으로 임금과 원료비가 대표적이다. 따라서 생산규모가 증가할수록 단위당 불변비용은 줄어드는 현상을 체감하므로, 총생산비도 함께 감소하는 이익을 누리게 된다. (물론 일정한 생산규모를 넘어서면 가변비용이 증가하여, 생산비가 다시 체증하는 규모의 불경제가 발생하기도 한다.)

이러한 규모의 경제 효과는 다양한 측면에서 나타난다. 우선 대규모 생산은 분업을 촉진하므로 작업이 단순화되어, 저렴한 미숙련노동을 이용할 수 있고 노동비가 적게 든다. 또한 대규모 생산에 필요한 기계설비나 장치를 도입하여 생산성이 향상되므로, 신속한 대량생산이 가능하여 재고량을 적게 유지할 수 있다. 이 외에도 원료나 부품의 대량구입이 가능해지므로 단위당 소요되는 가격과 운송비를 절감할 수 있다. 자본의 규모도 크므로 기술혁신과 추가적 자본 유치, 혁신적 경영 노하우의 도입이 훨씬 유리하다. 따라서 규모의 경제가 중요한 산업이나 부문은 토지비용이 저렴하고 미숙련노동이 풍부하며, 원료와 제품의 운송비를 최소화할 수 있는 곳을 선호하는 경향이 있다.

그림 3.18은 규모의 경제를 도식화한 것이다. 규모의 경제는 다시 내부경제와 외부경제로 세분화할 수 있다. 규모의 내부경제(internal economy)란 생산규모의 증대와 함께 거래비용(transaction cost)를 줄이기 위한 기업 조직의 통합(확대)을 말한다. 규모의 내부화(internalization)는 수직적 통합(vertical integration)과 수평적 통합(horizontal integration)이 포함된다(이희연 2019).

수직적 통합은 자동차산업이나 석유화학 부문에서와 같이 생산과정의 전·후방을 담당하는 여러 기업을 단일 기업으로 통합하는 계열화를 의미한다. 이러한 내부화는 거래비용 감소에 효과적이다. 수평적 통합은 유사하거나 또는 관련된 업종의 기업을 인수·합병하여, 단일 기업으로 내부화하는 것이다. 기업은 수평적 통합

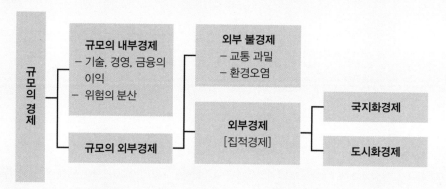

그림 3.18 규모의 경제와 집적경제

을 통해 해당 업종에서 독·과점 시장을 조성하여 이익을 늘릴 수 있고, 산업 연관
성이 높은 관련 업종으로 사업을 확대할 수도 있다.

한편 공간적으로 여러 기업이 인접함으로써 발생하는 규모의 경제 효과를 집적
경제라고 한다. 집적경제는 규모의 경제와 마찬가지로 비용 감소나 수요 유발 등
다양한 외부화(externalization)의 이익을 누린다. 외부화는 크게 국지화경제와 도
시화경제로 구분할 수 있다.

국지화경제는 업종이 같거나 연계성이 높은 산업이 국지적으로 집적하여 얻는
경제적 이익이다. 예컨대 생산 과정에서 부품 및 중간재의 거래비용을 절감하거
나, 각종 장비나 창고, 생산시설을 공동 활용하는 것, 고숙련 노동자 풀 활용 등이
국지화경제에 해당한다. 시장 측면에서는 기업이 국지적 명성(prestige)을 제고하
여 시장을 확장하고 고급화할 수 있고, 공동 브랜드 개발과 마케팅을 통한 비용 절
감, 제품의 다양성 확대를 통한 범위의 경제를 실현할 수 있다. 도시화경제는 대도
시에 대체로 상이한 업종의 기업이 집적함으로써 발생하는 경제적 이익이다. 시장
이 크고 소비 트렌드를 선도하는 대도시에서는 제품 판매와 혁신이 유리하다. 또
교통 및 ICT 인프라를 활용해서 다른 국가나 지역과 활발하게 교류할 수 있어 신
속한 정보의 획득이 가능하다. 또한 대도시는 전문적이고 수준 높은 생산자서비스
를 구할 수 있고, 초국적기업의 주요 기능이 입지해 있어 선진 기술 및 지식의 낙
수효과를 누릴 수 있다. 또한 편리한 생활여건과 공공서비스를 갖추고 있어 고학
력의 전문인력이 집중된다. 도시의 주민들은 일반적으로 개방적이고 자유로우며
다양성을 존중하는 특성이 있는데, 이러한 특성은 혁신을 뒷받침하는 사회적 자본
으로 작용한다(이희연 2019).

• 참고문헌: 이희연(2019), 『경제지리학』, 법문사, pp. 312-316.

초국적기업에 대한 다양한 접근

현대적 의미에서 초국적기업(TNCs: Transnational Corporations)의 담론 형성에 가장 큰 역할을 한 인물은 스테판 하이머(Stephan Hymer)와 레이먼드 버넌(Raymond Vernon)이다. 이들이 등장하기 전까지 TNC는 단순히 자본의 차익거래를 위한 조직으로 인식되었다. 자기자본을 수익이 낮은 국가에서 높은 국가로 이전하는 기업조직 정도로만 TNC를 이해했던 것이다.

이와 달리 하이머는 TNC를 자본뿐 아니라 (기술과 지식, 경영기법, 숙련노동 등) 다양한 '자원'을 새로 진출한 국가로 이전하여 토착기업보다 비교우위를 누리는 주체로 개념화했다. 그는 TNC가 출신 국가에서 점한 비용, 금융, 기술, 판매망 등에서의 우위가 TNC가 동원할 수 있는 자원의 밑바탕으로 작용한다고 가정했다. 따라서 하이머의 개념화는 TNC가 모국에서 얻은 과점적 이익과 지위의 지리적 확장으로 이해할 수 있다.

버넌의 개념화는 '제품수명주기'를 바탕으로 하지만 기본적 논리는 하이머와 비슷하다(10장 심층학습 참조). 버넌은 기업이 경쟁심화에 대응하고자 초국화 전략을 취한다고 보았다. 기술혁신에서 우위를 점한 선진국의 기업은 자국 내 경쟁기업이 등장하면서 시장에서 제품의 '성숙' 및 '쇠퇴' 단계를 맞게 된다. 이로 인해 그동안의 과점적 지위가 약화되면, 처음에는 수출전략을 취하지만 나중에는 생산시설을 해외로 이전한다는 것이다.

하이머는 기업의 공세적인 성향에, 버넌은 수세적인 대응에 초점을 맞춘다는 미묘한 차이는 있지만, 두 학자 모두 일정 정도의 과점적 우위를 장악하고 이를 지리적으로 확장하려는 대기업 조직을 중심으로 TNC를 개념화했다는 공통점이 있다. 그래서 하이머와 버넌의 논의를 일방향적이고 선형적인 대기업 중심의 TNC 담론이라고 평할 수 있다.

하이머-버넌과는 다르게 크리스토퍼 바틀렛(Christopher Bartlett)과 수만트라 고샬(Sumantra Ghoshal)은 기업을 둘러싼 다양한 '환경' 간 상호관계를 중심으로 TNC를 설명했다. 초국적화 전략은 기업이 다양한 환경에 노출되도록 하는데, 이로 인해 기업은 자국에서 이용이 불가능한 '역량'을 학습하여 조직의 혁신을 꾀할 수 있다는 것이다. 그래서 바틀렛과 고샬의 논의는 '조직학습(organizational learning)' 관점이라고도 불린다. TNC가 진출한 국가와 지역에서 자원과 역량을 학습하면, 이것이 새로운 기업 자산으로 발전된다고 인식했기 때문이다. 하이머-버넌이 진출 국가와 지역을 TNC에 내재하는 자원과 역량의 전개 대상으로만 여겼던 전통과는 달리, 바틀렛과 고샬은 진출 국가와 지역의 영향력을 부각시키며 기업 자산과 자원의 역동성을 강조한다.

한편 존 더닝(John Dunning)은 두 관점을 절충하여 'OLI 패러다임'을 제시했다. OLI 패러다임은 TNC가 조직적(Organizational), 입지적(Locational), 내부화(Internalization)의 이점을 가진다고 본다. 먼저 '조직적 이점'은 TNC가 세계적 확장을 통해 규모 및 범위의 경제에서 우위를 점한다는 의미로, 하이머-버넌의 논의와 일맥상통한다. '입지적 이점'과 '내부화 이점'은 조직학습 관점을 수용하여 마련된 개념이다. 입지적 이점은 TNC가 여러 국가와 지역에서 공급사슬 네트워크의 역량, 소비자의 기호 등을 학습한다는 점을 강조한다. 이러한 학습 경험은 TNC의 현지 적응과 기업 조직 전체의 자원과 역량을 강화하는 데 활용된다는 것이 내부화 이점이다.

• 참고문헌: 이재열·박경환(2018), 「초국적기업의 사회적 착근성에 관한 소고: 사업체계론을 중심으로」, 『한국지리학회지』 7(1): 85-96.

더 읽을거리

Bryson, J. R. (2016) Service economies, spatial divisions of expertise and the second global shift. In Daniels, P., Bradshaw, M., Shaw, D., Sidaway, J. and Hall, T. (eds) *An Introduction to Human Geography*, 5th edition. Harlow: Pearson, pp. 343-64.

서비스 경제의 변동에 관한 개괄적 내용을 쉽게 요약한다. 전문지식의 공간적 분업이라는 개념을 소개하면서, 이로 인해 서비스업의 국제적 재입지가 어떻게 변동하는지를 검토한다.

Dicken, P. (2015) *Global Shift: Mapping the Changing Contours of the World Economy*, 7th edition. London: Sage, pp. 1-46, 114-72, 451-76, 510-38.

글로벌화에 관한 경제지리학 분야의 대표적인 저서다. 2장은 글로벌 경제의 변동을 개관하는데, 특히 동아시아로의 중력 이동에 초점을 둔다. 5장은 글로벌 경제를 '움직이고 흔드는' 주요 행위자인 초국적기업의 역할을 평가한다. 14장과 17장에서는 각각 의류업과 사업 서비스업에 대해 상세한 사례 연구를 보여준다.

Leyshon, A. (1995) Annihilating space? The speed-up of communications. In Allen, J. and Hamnett, C. (eds) *A Shrinking World? Global Unevenness and Inequality*. Oxford: Oxford University Press, pp. 11-54.

1장에서 19세기 시공간압축 과정을 역사적 관점에서 고찰하고 있다. 철도와 전신의 발전과 이의 지리적 영향을 상세히 설명한다.

Massey, D. (1984) *Spatial Divisions of Labour: Social Structures and the Geography of Production*. London: Macmillan.

영국의 지리적 변동을 사례로 '노동의 공간적 분업' 개념을 설명하는 책이다.

Wright, R. (2002) Transnational corporations and global divisions of labour. In Johnston, R. J., Taylor, P. and Watts, M. (eds) *Geographies of Global Change: Remapping The World*, 2nd edition. Oxford: Blackwell, pp. 68-77.

시간에 따른 초국적기업의 변동, 그리고 OIDL과 NIDL의 발전 과정을 쉽고 간략하게 설명하고 있다.

웹사이트

www.ft.com
《파이낸셜타임즈》의 홈페이지로 국제 경영 및 투자 동향에 대한 방대한 기사를 찾아볼 수 있다. 특히 오프쇼링이 최근의 세계경제를 어떻게 바꾸고 있는지에 관한 흥미로운 기사들이 주목할 만하다.

www.unctad.org
유엔무역개발회의(UNCTAD: United Nations Conference on Trade and Development)의 홈페이지로 무역, 투자 개발에 관한 풍부한 정보에 접근할 수 있다. 특히 『세계투자보고서(World Investment Report)』에는 투자 동향과 흐름에 대한 상세한 분석 결과가 포함되어 있어서 큰 도움이 된다.

참고문헌

A.T. Kearney (2016) *On the Eve of Disruption.* 2016 A.T. Kearney Global Services Location Index. Chicago: AT Kearney.

Baran, P. and Sweezy, P. (1966) *Monopoly Capital.* New York: Monthly Review Press.

Barnes, T.J. (1997) Introduction: theories of accumulation and regulation: bringing life back into economic geography. In Lee, R. and Wills, J. (eds) *Geographies of Economies.* London: Arnold, pp. 231-47.

Benwell Community Project (1978) *The Making of a Ruling Class.* Benwell Community Project, Final Series No. 6.

Beynon, H. (1984) *Working for Ford*, 2nd edition. Harmondsworth: Pelican.

Blackburn, R. (2008) The subprime crisis. *New Left Review* 50, March – April 2008.

Boschma, R. and Martin, R. (2007) Constructing an evolutionary economic geography. *Journal of Economic Geography* 7: 537-48.

Bryson, J.R. (2006) Off shore, onshore, nearshore and blended-shore: understanding the evolving geographies of 'new international division of service labour'. Paper presented to Association of American Geographers, 2006 Annual Meeting, Chicago, Illinois.

Bryson, J.R. (2016) Service economies, spatial divisions of expertise and the second global shift. In Daniels, P., Bradshaw, M., Shaw, D., Sidaway, J. and Hall, T. (eds) *An Introduction to Human Geography*, 5th edition. Harlow: Pearson, pp. 343 – 64.

Bryson, J. and Henry, N. (2005) The global production system: from Fordism to post-Fordism. In Daniels, P., Bradshaw, M., Shaw, D. and Sidaway, J. (eds) *Human Geography: Issues for the Twenty First Century*, 2nd edition. Harlow: Pearson, pp. 318-36.

Castells, M. and Hall, P. (1994) *Technopoles of the World.* London: Routledge.

Castree, N., Coe, N., Ward, K. and Samers, M. (2004) *Spaces of Work: Global Capitalism and Geographies of Labour.* London: Sage.

Chapman, K. and Walker, D. (1991) *Industrial Location*, 2nd edition. Oxford: Blackwell.

Clark, G.L. (1994) Strategy and structure: corporate restructuring and the scope and characteristics of sunk costs. *Environment & Planning A* 26: 9 – 32.

Coe, N., Kelly P.F. and Yeung, H.W. (2013) *Economic Geography: A Contemporary Introduction*, 2nd edition. Oxford: Wiley Blackwell.

Coffey, W. (1996) The newer international division of labour. In Daniels, P.W. and Lever, W. (eds) *The Global Economy in Transition.* Harlow: Pearson, pp. 40-61.

Cronon, W. (1991) *Nature's Metropolis: Chicago and the Great West.* New York: W.W. Norton.

Devi, S. (2015) Outsourcing moves from Poland to Asia and eventually to robots. *Financial Times*, 24 September.

Dicken, P. (2003) *Global Shift: Reshaping the Global Economic Map in the 21st Century*, 4th edition. London: Sage.

Dicken, P. (2015) *Global Shift: Mapping the Changing Contours of the World Economy*, 7th edition. London: Sage.

Doeringer, P. and Piore, M. (1971) *Internal Labour Markets and Manpower Analysis.* Lexington, MA: Heath Lexington Books.

The Economist (2004) Exit strategy. Can Silicon Valley's magic last? *The Economist*, 1 May.

Froebel, F., Heinrichs, J. and Kreye, O. (1980) *The New International Division of Labour.* Cambridge: Cambridge University Press.

Gardiner, B., Martin, R., Sunley, P. and Tyler, P. (2013) Spatially unbalanced growth in the British economy. *Journal of Economic Geography* 13: 889-928.

Gordon, I., Haslam, C., McCann, P., and Scott-Quinn, B. (2005) *Off shoring and the City of London*. London: The Corporation of London.

Gregson, N. (2000) Family, work and consumption: mapping the borderlands of economic geography. In Sheppard, E. and Barnes, T.J. (eds) *The Companion to Economic Geography*. Oxford: Blackwell, pp. 311-24.

Harvey, D. (1982) *The Limits to Capital*. Oxford: Blackwell.

Harvey, D. (1989) *The Condition of Postmodernity*. Oxford: Blackwell.

Harvey, D. (2010) *The Enigma of Capital*. London: Profile Books.

Hobsbawm, E.J. (1962) *The Age of Revolution, 1789–1848*. London: Weidenfeld and Nicolson.

Hobsbawm, E.J. (1987) *The Age of Empire, 1875–1914*. London: Weidenfeld and Nicolson.

Hobsbawm, E.J. (1999) *Industry and Empire*, 2nd edition. London: Penguin.

Hudson, R. (1989) *Wrecking a Region*. London: Pion.

Hudson, R. (2003) Geographers and the regional problem. In Johnston, R.J. and Williams, M. (eds) *A Century of British Geography*. Oxford: Oxford University Press, pp. 583-602.

Hudson, R. (2016) Rising powers and the drivers of uneven global development. *Area Development & Policy*. Online first. DOI: 10.1080/23792949.2016.1227271.

Industrial Communities Alliance (2015) *Whose Recovery? How the Upturn in Economic Growth Is Leaving Older Industrial Britain Behind*. Barnsley: Industrial Communities Alliance.

James, A. and Vira, B. (2012) Labour geographies of India's new service economy. *Journal of Economic Geography* 12: 841-75.

Kavanagh, M. (2011) Private sector backtracks on 'off shoring'. *Financial Times*, 20 June.

Knox, P., Agnew, J. and McCarthy, L. (2003) *The Geography of the World Economy*, 4th edition. London: Arnold.

Lawton, P. (1986) Textiles. In Langton, J. and Morris, R.J. (eds) *Atlas of Industrialising Britain 1780–1914*. London and New York: Methuen, pp. 106-13.

Lee, C. (1986) Regional structure and change. In Langton, J. and Morris, R.J. (eds) *Atlas of Industrialising Britain 1780–1914*. London and New York: Methuen, pp. 30-33.

Lee, N. (2016) Powerhouse of Cards? Understanding the 'Northern Powerhouse'. SERC Policy Paper 14. Spatial Economic Research Centre, London School of Economics. At www.spatialeconomics.ac.uk/textonly/SERC/publications/download/sercpp014.pdf.

Leyshon, A. (1995) Annihilating space? The speed-up of communications. In Allen, J. and Hamnett, C. (eds) *A Shrinking World? Global Unevenness and Inequality*. Oxford: Oxford University Press, pp. 11-54.

Malmberg, A. and Maskell, P. (2002) The elusive concept of localisation economies: towards a knowledge-based theory of spatial clustering. *Environment and Planning A* 34: 429-49.

Martin, R. (1988) The political economy of Britain's northsouth divide. *Transactions of the Institute of British Geographers* NS 13: 389–418.

Martin, R., Pike, A., Tyler, P. and Gardiner, B. (2016) Spatially rebalancing the UK economy: towards a new policy model? *Regional Studies* 50 (2): 342-57.

Marx, K. [1867] (1976) *Capital*, vol. 1. New York: International Publishers.

Marx, K. and Engels, F. [1848] (1967) *The Communist Manifesto*. London: Penguin.

Massey, D. (1984) *Spatial Divisions of Labour: Social Structures and the Geography of Production*. London: Macmillan.

Massey, D. (1988) Uneven development: social change and spatial divisions of labour. In Allen, J. and Massey, D. (eds) *Uneven Re-development: Cities and Regions in Transition*. London: Hodder and Stoughton, pp. 250-76.

Massey, D. (2001) Geography on the agenda. *Progress in Human Geography* 25: 5-17.

McCann. P. (2016) *The UK National-Regional Economic Problem*. London: Routledge.

Meegan, R (1988) A crisis of mass production? In Allen, J. and Massey, D. (eds) *The Economy in Question*. London: Sage, pp. 136-83.

Myrdal, G. (1957) *Economic Theory and the Under-developed Regions*. London: Duckworth.

Nelson, R.R. and Winter, S.G. (1982) *An Evolutionary Theory of Economic Change*. Cambridge, MA: Harvard University Press.

Peck, J. (1996) *Work-Place: The Social Regulation of Labour Markets*. New York: Guildford.

Penrose, E.T. (1959) *The Theory of the Growth of Firms*. New York: Oxford University Press.

Pisani, N. and Ricart, J.E. (2016) Off shoring of services: a review of the literature and organising framework. *Management International Review* 56: 385-424.

Polanyi, K. (1944) *The Great Transformation: The Political and Economic Origins of Our Time*. Boston, MA: Beacon Press.

Pollard, S. (1981) *Peaceful Conquest: The Industrialisation of Europe 1760–1870*. Oxford: Oxford University Press.

Rempel, G. (undated) The industrial revolution. At www1.udel.edu/fllt/faculty/aml/201files/IndRev.html.

Richardson, R., Belt, V. and Marshall, J.N. (2000) Taking calls to Newcastle: the regional implications of the growth in call centres. *Regional Studies* 34: 357-69.

Rogers, B. (2015) The social costs of Uber. *The University of Chicago Law Review Dialogue* 82: 85-102.

Saleh, H. (2016) Growth slows for Morocco's outsourcing industry. *Financial Times*, 23 March.

Saxenian, A.L. (1994) *Regional Advantage: Culture and Competition in Silicon Valley and Route 128*. Cambridge, MA: Harvard University Press.

Sayer, A. (1985) Industry and space: a sympathetic critique of radical research. *Environment and Planning D: Society and Space* 3: 3-39.

Sayer, A. (1995) *Radical Political Economy: A Critique*. Oxford: Blackwell.

Sayer, A. and Walker, R. (1992) *The New Social Economy: Reworking the Division of Labour*. Oxford: Blackwell.

Schumpeter, J.A. (1943) *Capitalism, Socialism and Democracy*. London: Allen and Unwin.

Slaven, A. (1986) Shipbuilding. In Langton, J. and Morris, R.J. (eds) *Atlas of Industrialising Britain 1780–1914*. London and New York: Methuen, pp. 132-5.

Sloman, J. (2000) *Economics*, 4th edition. Harlow: Prentice Hall.

Smith, A. (1991) *The Wealth of Nations: Inquiry into the Nature and Causes of the Wealth of Nations*. Buffalo, NY: Prometheus Books.

Smith, N. (1984) *Uneven Development: Nature, Capital and the Production of Space*. Oxford: Blackwell.

Standing, G. (2009) *Work after Globalisation: Building Occupational Citizenship*. Cheltenham: Edward Elgar.

Storper, M. and Walker, R. (1989) *The Capitalist Imperative: Territory, Technology and Industrial Growth*. Oxford: Blackwell.

Taylor, M. and Asheim, B. (2001) The concept of the firm in economic geography. *Economic Geography* 77: 315-28.

Taylor P.J. and Flint, C. (2000) *Political Geography: World Economy, Nation-State and Locality*. Harlow: Pearson.

Thompson, E.P. (1963) *The Making of the English Working Class*. London: Penguin.

Thrift, N. (1994) On the social and cultural determinants of international financial centres: the case of the City of London. In Corbridge, S., Thrift, N. and Martin, R. (eds) *Money, Power and Space*. Oxford: Blackwell, pp. 327-55.

Tickell, A. (2005) Money and finance. In Cloke, P., Crang, P. and Goodwin, M. (eds) *Introducing*

Human Geographies, 2nd edition. London: Arnold, pp. 244-52.

Townsend, A. and Champion, T. (2014) The impact of recession on city regions: the British experience, 2008 – 2013. *Local Economy* 29: 38-.

Turner, W. (undated) The decline of the handloom weaver. At www.cottontown.org/Health%20and%20Welfare/Working%20Conditions/Pages/Tough-Times.aspx.

United Nations Conference on Trade and Development (UNCTAD) (2004) *World Investment Report 2004: The Shift Towards Services*. New York and Geneva: United Nations.

Urry, J. (2000) *Sociology Beyond Societies: Mobilities for the Twenty-first Century*. London: Routledge.

Walker, R.A. (2006) The bomb and the bombshell: the new economy bubble and the San Francisco Bay area. In Vertova, G. (ed.) *The Changing Economic Geography of Globalisation: Reinventing Space*. London: Routledge, pp. 121-47.

Walsh, G., Gouthier, M., Gremler, D.D. and Brach, S. (2012) What the eye does not see, the mind cannot reject: can call centre location explain differences in customer evaluations? *International Business Review* 21: 957-67.

Warf, B. (1995) Telecommunications and the changing geographies of knowledge transmission in the late twentieth century. *Urban Studies* 32: 361-78.

Wright, R. (2002) Transnational corporations and global divisions of labour. In Johnston, R.J., Taylor, P. and Watts, M. (eds) *Geographies of Global Change: Remapping The World*, 2nd edition. Oxford: Blackwell, pp. 68-77.

Yueh, L. (2014) Nokia, Apple and creative destruction. At www.bbc.co.uk/news/business-27238877.

PART 2

경제경관의 재편

역동성과 결과

고삐 풀린 자본?
금융 및 투자의 공간적 순환

4.1 도입

옛 노랫말에도 있듯 돈은 "세상이 돌아가도록 만드는" 역할을 한다. 2008~09년 금융위기를 떠올려본다면, 이 말이 새삼 중요하게 와 닿을 것이다. 금융위기는 경제의 기본적인 작동에서 돈의 중요성이 얼마나 큰지를 보여주었을 뿐만 아니라, 우리가 살아가는 글로벌 경제가 화폐의 순환과 금융 흐름을 통해 지리적으로 얼마나 밀접하게 얽혀 있는지를 드러냈다. 돈의 공급이 막히면 경제적·사

회적 붕괴가 현실화될 뿐만 아니라, (현대 경제의 전 지구적 상호연결성으로 인해) 그 파괴적 파장이 걷잡을 수 없는 들불이나 전염병처럼 순식간에 전 세계로 확산되어버린다. 오늘날 돈과 금융의 지리가 갖는 이러한 상호연결성으로 인해, 미국에서 주택시장이 폭락하면 그 여파가 유럽과 아시아로 순식간에 퍼져나갈 수 있다.

지난 30년 동안의 **글로벌화**와 금융 부문 **탈규제(규제완화)**로 인해 미국의 서브프라임 주택시장에서 시작된 금융위기 흐름은 전 세계에 충격파를 일으켰으며, 지금까지도 그 여파는 지속되고 있다. 북아메리카, 서유럽, 중국을 포함한 아시아 각국의 정부들이 대대적인 개입을 실행함으로써 글로벌 금융시스템이 완전히 녹아내리는 것을 막아냈지만, 여전히 완전한 회복은 요원해 보인다. 이러한 금융위기의 지리적 영향 속에서 대다수의 패자와 극소수의 승자가 나타나게 되었다. 또한

금융위기 이후 경제의 지속가능한 성장을 위해서는 정부의 '긴축(austerity)' 정책이 가장 효과적이라는 주장이 대두되었는데, 최근 이에 대한 비판론이 부상하면서 긴축에 대한 많은 논란이 계속되고 있다(5장 참조). 4장에서는 이렇게 역동적이고 불확실해지는 시대를 이해하기 위해, 금융의 공간적 복잡성과 금융의 작동이 어떻게 세계경제를 형성하는지에 대해 살펴본다.

4.2 화폐, 신용, 부채

화폐, 신용, 부채는 자본주의의 작동에서 대단히 중요하다. 화폐가 처음 출현한 때는 무려 3천 년 전 중동지역과 이집트의 고대문명 시기였다. 그러나 화폐가 크게 부각된 시점은 자본주의가 형성되면서부터이다. 자본주의에서 기업이 이윤창출을 위해 각종 사업에 투자하려면 신용이 필요한데, 화폐는 신용의 제공에서 결정적 역할을 하기 때문이다. 본질적인 의미에서 신용과 부채, 그리고 이와 관련된 화폐의 역할은 글로벌 경제의 성장과 지리적 팽창에 필수적이다. 새로운 기술과 혁신은 자본주의 변화의 촉매제이고, 이윤은 자본주의경제를 추진하는 동력이라고 한다면, 화폐와 신용은 자본주의의 윤활유 역할을 한다고 볼 수 있다.

애덤 스미스(Adam Smith) 이후 줄곧 축적되어 온 **경제학** 지식에 따르면, 역사적으로 화폐가 등장한 것은 사회가 복잡해지고 노동분업이 발달함에 따라 기존 (한 상품을 다른 상품과 교환하는) 물물교환(bartering)의 한계를 극복하면서부터였다.

하지만 역사인류학자 데이비드 그레이버(David Graeber)가 2011년 출간한 『부채: 그 첫 5,000년(Debt: The First 5,000 Years)』이 말해주는 것처럼, 사실 그러한 설명에는 아무런 경험적 증거가 없다. 그레이버를 비롯한 일부 학자들은, 화폐는 야망에 찬 국가나 정치 지배자들이 전쟁이나 국가적 탐험의 자금을 조달하기 위한 수단으로 처음 등장했다고 설명한다. 이런 관점에서 보자면, 화폐는 군인의 급료와 식량, 의복 등 각종 군수 물자의 대금지불뿐 아니라 심지어 (전투를 치르기보다는) 적군을 매수하기 위한 방법으로 만들어졌다.

금융이란 얼핏 중립적·기술적 주제인 것 같지만, 이처럼 화폐는 언제나 정치적 구성물이었다. 일반적인 경제학적 주장과는 달리, 화폐는 여러 집단이 평등하게 참여하는 시장 교환의 진화과정에서 유기적(자생적)으로 출현하지 않았다. 정부는 필수품에 대한 대금지불과 신용확보의 수단으로 화폐를 사용하지만, 화폐란 일단 출현하면 교환의 수단으로서 스스로 생명력을 얻는다. 초창기의 화폐로는 주로 금이나 은처럼 고유의 가치를 지닌 것들이 사용되었지만, 점차 금이나 은에 대한 지불을 약속하는 어음과 (오늘날에는) 은행권(bank notes)이 이를 대체하게 되었다.

여기에서 한 가지 주목할 점은 화폐의 기원과 진화는 사회 기저의 권력관계와 밀접하게 얽혀 있다는 사실이다. 만(Mann 2013: 200)이 지적한 것처럼, "화폐의 정치적 힘은 화폐가 (다른 어떤 사회적 관계보다도) 현존하는 질서의 가장 근본적인 조건들이 지속되도록 보장하는 것처럼 보인다는 데 있다." 화폐는 사회 내에서 가장 강력한 집단의 이익에 맞게 동원된다. 이는 [2010~11년의] **유럽재**

정위기(Eurozone sovereign debt crisis)에서 뚜렷하게 드러난 사실이다(4.5.2 참조). 화폐는 결코 중립적인 매개물이 아니다.

4.2.1 화폐의 기능과 조절

기본적으로 화폐는 가치를 측정하고 저장하는 기능을 하며, 모든 상품이나 서비스에 대한 지불 수단으로 통용된다. 고대사회의 경우 금, 은 등의 귀금속으로 화폐를 주조하기 전까지는 곡물, 무기, 가축과 같은 내구성 재화를 거래의 수단으로 사용하기도 했다. 이와 동시에 화폐는 교환 및 순환의 매개물이라는 더 중요한 기능을 담당한다. 화폐는 경제의 작동에서 대단히 중요하다. 화폐는 상품의 교역을 촉진할 뿐만 아니라, 잉여자금을 가진 개인이나 집단이 기업에게 신용을 제공함으로써 기업이 새로운 기술과 상품에 투자할 수 있게 하기 때문이다.

이 때문에 신용은 경제성장과 진화에서 더욱 중요해지고 있다(Dow 1999). 현실에서는 종종 이러한 화폐의 2가지 기능이 상충되기도 한다. 호황기에 신용을 과도하게 확대하면, 경제위기나 침체기에 접어들 때 금융자산의 평가절하로 이어진다(4.4 참조). 최근 수십 년 동안 경제가 더욱 복잡해지고 글로벌화됨에 따라 화폐가 지닌 거래 및 순환의 매개물 역할은 점차 화폐의 가치 저장 기능을 대체하고 있다.

화폐의 세 번째 기능은 (가령 빵과 신발과 같은) 여러 상품의 상대적 가치를 평가할 수 있는 보편적 등가물로서의 작동이다. 이 기능은 특히 지리적으로 중요하다. 왜냐하면 어떤 장소의 투자 가치를 다른 곳과 비교하여 평가할 수 있기 때문이다. 뒤에서도 살펴보겠지만, 화폐가 물질 형태에서 전자 형태로 전환됨에 따라 글로벌화의 광범위한 과정에 따른 **시공간압축**이 훨씬 가속화되어 왔다(Harvey 1989).

화폐가 지닌 상이한 기능들로 인해 정부는 그동안 조절기구나 **중앙은행**(central banks)을 통해 신용의 축소 및 확대에 내재된 화폐 고유의 모순을 통제하고자 해왔다. 영국의 경우 전통적으로 이 역할은 잉글랜드은행이 담당해왔다. 잉글랜드은행은 [1694년에 왕실의 자금 조달을 목적으로 설립된 주식회사였는데] 1946년에 국유화되었다가 1997년 중앙은행으로서 독립적인 활동을 보장받았다. 미국의 중앙은행 기능은 (흔히 'The Fed'라 불리는) 연방준비제도(Federal Reserve)가, 유럽에서는 단일 화폐인 유로화가 유통되면서 유럽중앙은행(ECB: European Central Bank)이 이 기능을 수행하고 있다.

전통적으로 중앙은행은 금리정책을 통해서 자국의 화폐 및 신용의 공급에 영향력을 발휘한다. (금리는 돈을 꾸어주는 사람이 돈을 빌리는 사람에게 요구하는 사실상의 '가격'이며, 차입자는 원금과 함께 이자를 갚아야 한다.) 금리가 올라가면 화폐의 확보에 소요되는 비용이 증가하기 때문에 신용을 축소시키는 결과를 가져오며, 그 반대도 마찬가지다. 금리가 내려가면 신용이 확대된다는 말이다. 결국 중앙은행은 경제위기 때도 신용 공급의 유지를 보장하는 전략적 역할을 수행한다는 측면에서 대금업자(대출기관)들의 '최후의 보루'라고 할 수 있다.

4.2.2 화폐와 자본주의에서 화폐의 사회적 구성

주류 경제학에서는 중앙은행이 화폐를 발행하고 민간은행들이 이를 유통하는 방식을 옹호해왔다. 그리고 민간은행은 대출을 위한 일정 비율의 준비금을 보유하고 있어야 한다. 이처럼 주류 경제학은 화폐 공급을 '중립적인' 것으로 파악하며, 그 자체로는 호황이나 불황을 초래하는 요인이라고 간주하지 않는다. 주류적 관점에서 화폐시장은 완전경쟁의 조건에서 수요와 공급이 일치하는 효율적 시장이다. 따라서 투자는 위험성이 클수록 회피하게 되어 화폐 보유액 대비 부채의 비율은 안정적인 상태를 유지한다. 그러나 이른바 '이단' 경제학자들―경제지리학, 경제사회학, 정치경제학, 제도경제학, 문화경제학 등의 '비주류' 또는 '반주류' 분야에서 활동하는―은 위험의 불확실성과 '불가지성(unknowability)', 화폐 발행에서 민간은행의 신용 창출 역할, 신용과 통화성예금★ 간 불균형에 의한 잠재적 위험을 강조하면서 이러한 주류적 주장에 문제가 있음을 강조한다. 나아가 마르크스주의자와 포스트케인스주의자, 그 외의 이단 경제학자들은 화폐를 정치적·사회적 구성물로 파악하면서 화폐가 경제 형성에 (중립적인 것이 아니라) 능동적으로 영향을 끼친다고 주장한다(Ingham 1996; Gilbert 2005). 이들은 은행 및 금융기관이 어디에 투자하고 어느 투자를 회수할 것인지에 대한 의사결정을 통해 기업이나 개인에게 흘러들어가는 자금의 흐름을 통제할 수 있는

★ 은행의 예금 가운데 평상적인 지급에 대비하여 보유하는 예금으로서 요구불예금으로도 불린다. 보통예금이나 당좌예금 등이 통화성예금에 포함된다.

권력을 갖고 있다고 지적한다(Box 4.1).

이미 오래전 카를 마르크스(Karl Marx)는 민간은행과 투자은행이 자금의 순환을 통제하게 되어 신용공급을 통해 '자본을 창조할' 수 있는 힘을 갖게 될 것이라고 예견했다. 다음의 인용문에서 알 수 있는 바와 같이, 마르크스는 시간이 지남에 따라 화폐시장이 완전경쟁을 통해 작동하기보다는, 시장 경쟁에서의 역학 관계로 인해 거대한 시장 지배력(market power)을 가진 소수의 거대한 조직체에게로 금융이 집중될 것이라고 보았다.

집중화에 대해 말해보자! 신용시스템은 이른바 국영은행과 이를 둘러싼 대형 대부업체 및 고리대금업자에게 엄청나게 집중되는 양상을 띠며 이들 기생충계급에게 터무니없이 막대한 권력을 부여한다. 이는 주기적으로 산업자본가들을 약탈할 뿐만 아니라, 실제 생산에 가장 위험한 방식으로 관여한다. 이 폭력배들은 생산에 대해서는 아무것도 모르며, 아무 관련성도 없다. 1844년과 1845년의 법률은 이런 날강도 집단의 권력이 더욱 강해지고 있다는 증거이며, 이들은 금융업자들과 주식중개업자들로 인해 그 수가 나날이 증가하고 있다.

(Marx 1894: 544-5, Keen 2009에서 재인용)

그뿐만 아니라, 금융 및 투자 활동은 그 외의 경제영역에 심각한 손상을 끼치기도 한다. 가령 생산적인 자본 투자보다는 투기활동을 조장하기도 하고, 금융위기가 닥치면 심지어 완벽히 잘 운영되고 있는 기업에까지 자금을 제한하여 정상적인 기업의 활동을 어지럽히며 마침내 폐업이나 실업을 야기하기까지 한다. 오늘날 많은 학자들은 우

화폐 공급에 대한 대안 이론
통화주의와 포스트케인스주의

Box 4.1

존 케인스(John Keynes)의 연구 이후 영국과 미국에서는 1940년대부터 '포스트케인스주의 경제학(post-Keynesian economics)'이라 불리는 학파가 출현했다. 이 학파에는 조앤 로빈슨(Joan Robinson), 미하일 칼레츠키(Michal Kalecki), 니콜라스 칼도어(Nicholas Kaldor) 등 저명한 학자들이 속해 있다. 포스트케인스주의 경제학자들을 신케인스주의(neo-Keynesian) 학파나 새케인스주의(New Keynesian) 학파와 혼동하지 말아야 한다. 포스트케인스주의자들은 정부의 개입이 없다면 경제는 완전고용과 균형 시장으로 되돌아갈 것이라는 주장을 인정하지 않는다. 이들은 케인스와 마찬가지로 시장경제의 작동에서 총수요의 역할과, 경기 하강 국면에서 정부의 개입 및 안정화 조치가 매우 중요하다고 본다. 그러나 케인스주의 경제학이 제2차 세계대전 이후 점차 주류 경제학을 지향했던 것과는 반대로, 포스트케인스주의 학파는 현대 경제의 작동에서 불확실성, 사회관계, 제도의 영향에 주목해왔다(Arestis 1996).

포스트케인스주의자들은 특히 은행이 신용을 통해 '내생적으로' 화폐 공급을 확대하는 방식을 설명함으로써 현대 자본주의경제에서 화폐의 작동을 이해하는 데

기여해왔다. 이들이 주장하는 '화폐순환이론(monetary circuit theory)'에 따르면, 화폐는 경제 내부에서 창출된다. 그러므로 미국의 신고전파 경제학자 밀턴 프리드먼(Milton Friedman)이 통화주의이론(monetarist theories)에서 주장한 중앙은행이 화폐 공급을 조절하는 방식으로는 화폐를 통제할 수 없다. 프리드먼의 핵심 주장은 주류 경제학의 이른바 '화폐수량설(quantity theory of money)'이 반복적으로 강조하듯, 화폐는 다른 상품과 마찬가지로 유통되는 총량에 따라 가치가 달라진다는 것이었다. 그러므로 인플레이션과 화폐의 가치를 통제하려면 정부가 화폐의 공급을 제한해야 했다. 그러나 1980년대 초 인플레이션을 통제하기 위해 대부분의 정부와 중앙은행에서 시행했던 통화주의 전략은 실패했다. 결국 이들은 국가 내 금리 조정을 통해 인플레이션과 화폐의 흐름을 통제함으로써 사실상 포스트케인스주의의 비판을 수용하게 되었다. 금융위기와 그 이후의 대응 방식은 신용 화폐의 발달로 통화주의 정책이 실효성을 상실했으며 그 대신 민간은행이 주도적인 역할을 할 것이라는 포스트케인스주의의 주장을 입증한 것으로 보인다.

리가 '금융자본주의(financialised capitalism)' 국면에 진입했고(4.6 참조) 여타의 경제영역이 금융의 이익과 투기활동에 더욱 굴복, 순응하고 있다고 주장한다(예: Froud *et al.* 2006; Lapavitsas 2013).

4.3 변동하는 화폐의 지리

화폐와 금융은 처음부터 국제무역의 팽창과 관련되어 있었다. 그러나 자본주의의 도래 이후 화폐

의 지리는 여러 발전단계를 거쳐왔다(표 4.1). 18세기 후반 기술혁신에 필요한 자금은 대개 로컬 및 지역 은행들이 공급했다. 자본주의가 더욱 발달함에 따라 금융 부문에서 소수 집중화 경향이 나타나면서 화폐의 지리는 국가적 금융시스템으로 발전했다. 이는 국가별로 상이한 양상으로 나타났다. 가령 영국의 금융시스템은 런던과 국가 제도를 중심으로 운영되는 반면, 독일의 경우 다수의 지역 은행(지방정부가 흔히 은행을 소유하고 있음)으로 분산된 시스템을 유지하며 기업의 자금 조달에 중요한 역할을 하고 있다(Wojcik and MacDon-

표 4.1 금융시스템의 지리적 발전

지리	국지적/지역적	국가적	글로벌
기간	18~19세기 초반	19세기 후반~1970년대	1970년대 이후
발전의 국면	산업화	국가경제의 성숙기, 서비스 부문의 성장	탈산업화, 흐름의 경제, 초(hyper)자본주의
금융의 목표	로컬 제조업체	국가적 수준의 기업, 해외투자의 증가	금융과 '실물' 경제의 분리 심화, 파생상품 및 선물 거래, 구조화투자회사(SIVs)의 출현
금융의 특징	지역적·국가적 수준의 은행 출현	국가 제도로의 금융 집중화, 자본시장의 성장	은행의 국제화, 헤지펀드의 출현
금융 및 자본의 유형	대출, 위험(모험) 자본, 이윤	지분(share) 자본의 중요성 증대	자본시장 및 신용시장

(출처: Martin 1994: 256, Table 11.1을 수정하였음)

ald-Korth 2015).

더욱 국가 중심적인 금융시스템이 출현함에 따라 은행들의 해외투자 기회가 늘어났고, 이로 인해 금융활동의 국제화가 더욱 빠른 속도로 진전되었다. 대개의 경우 자국 내의 **탈산업화**는 해외시장의 성공적인 지리적 다변화와 함께 진행되었다(Box 3.1). 1970년대 이후 국가의 금융시스템이 점차 글로벌 금융 흐름에 통합되어감에 따라 훨씬 더 심오한 변화가 일어나고 있다. 오늘날 금융시스템과 이른바 '실물' 경제 간 분리가 더욱 가속화되는 것은 이러한 변화 중 하나이다. 오늘날에는 투기 성격의 투자, **파생상품(derivatives)** 같은 새로운 금융상품과 관련된 금융활동의 규모가 크게 증가하고 있다.

4.3.1 금융시스템의 글로벌화

금융 부문에서 글로벌화가 심화되고 있다는 것은 글로벌 금융 흐름의 규모가 증가하고 있다는

점에서 분명하게 드러난다. 1973년 당시 주요 외환 시장의 일일 총거래량(turnover)은 거래대금의 2배 정도인 100~200억 달러였다가 2004년 1조 5,000억 달러로 증가했으며, 2013년 4월에는 거래대금의 95배에 달하는 5조 3,000억 달러로 증가했다(Aalbers and Pollard 2016; BIS 2013: 3). 전자기술의 발달 덕분에 한번의 클릭으로 수십억 달러를 이동시킬 수 있는 **자본의 초이동성(hyper-mobility of capital)**은 그 자체로 국가와 국가경제에 대한 규율효과(disciplining effect)를 갖는다. 이로 인해 각국 정부는 외부의 투자를 유치하고 자본 이탈을 방지하기 위해 기업에 우호적이고 재정적으로 보수적인 (세율을 낮추고 물가상승을 억제하는) 정책을 취하고 있다. 자본의 초이동성은 금융 기반의 새로운 관계적 지리를 창출하고 있고 (2.5.4 참조), 국경을 넘나드는 투자와 화폐의 흐름이 여러 장소들을 훨씬 긴밀하게 연결시킴으로써 이들을 글로벌 금융시스템 안으로 통합하고 있다. 이러한 글로벌 연계로 인해, 2008~09년 당시 미

국의 서브프라임 주택시장을 진앙으로 했던 금융 위기는 순식간에 세계 도처로 번져나갔다.

수많은 요인이 금융의 글로벌화에 영향을 미치지만, 가장 중요한 3가지 요인은 금융시장의 탈규제, 선진 통신기술의 발전, 파생상품을 비롯한 새로운 금융상품의 출현이다.

• 신자유주의 정책을 통한 금융활동의 탈규제(규제완화): 전통적으로 금융시스템은 중앙정부가 세부적인 규칙과 제한 조치를 사용해서 엄격하게 통제해왔다. 이런 조치에는 은행과 보험 간(또는 금융과 산업 간) 엄밀한 분리정책이나 금융시장에 대한 기업의 (특히 외국 기업의) 신규 진입 규제정책이 해당된다. 그러나 1970년대 이후부터 차츰 규제완화 프로그램이 도입되면서 이런 장벽들이 서서히 무너지기 시작했다. 외환시장의 거래에 제한을 두거나 외부로 반출 가능한 자본의 총량을 규제했던 외환과 자본에 대한 통제정책이 폐지되었고, 여러 금융활동을 분리했던 울타리가 사라졌으며, 외국기업의 금융시장 진출을 규제하던 조치도 없어졌다. 1970년대 이후 미국에서는 이러한 일련의 규제완화로 인해 외국계 은행이 미국 내 시장으로 보다 용이하게 진출할 수 있게 되었고, 미국의 은행들 또한 기업 활동을 해외로 확장할 수 있었다. 영국 또한 1986년 10월에 이른바 '빅뱅'이라 불리는 규제완화 조치로 은행과 증권회사를 분리해왔던 장벽이 철폐되었고, 외국기업이 영국의 증권시장으로 진출할 수 있게 되었다. 마찬가지로 프랑스에서도 1987년에 이른바 '리틀뱅'으로 불리는 규제완화 조치로 프

랑스의 증권시장에 외부 투자자와 국내 및 외국계 은행들이 진출하게 되었다(Dicken 2003: 448-9). 1999년 미국은 마지막 탈규제 조치로 소매금융과 투자은행을 분리하기 위해 1933년 제정했던 글래스-스티걸법(GSA: Glass-Steagall Act)★을 폐지했고, 이로써 주택과 부동산 부문 등 '일상적인' 금융시장에서도 투기적 활동이 가능해졌다.

• 선진 통신기술의 발전: 컴퓨터는 지불시스템을 변화시켜 전자화폐가 매우 빠른 속도로 전 지구적으로 유통되도록 했다. 마이크로프로세서 칩이 도입됨에 따라 소비자들은 신용카드나 직불카드 같은 플라스틱으로 대금을 지불할 수 있게 되었다. 또한 기술 혁신으로 사실상 24시간 내내 거래가 가능해져, 세계 주요 금융 중심지의 거래시간 격차를 이용해 수익을 추구할 수 있게 되었다. 근본적인 의미에서 우리는 점차 탈물질화되는 전자화폐의 시대에 살고 있고, 이른바 '현금 없는' 사회로 접어들고 있다(Martin 1999). 무엇보다도 정보통신기술(ICT: Information and Communication Technology)은 금융활동의 속도를 비약적으로 향상해 멀리 떨어진 지역 간에도 즉각적인 거래가 가능해졌다(앞의 책: 14). ICT는 시공간압축을 추동하는 가장 중요한 요인으로, 자본과 정보의 공간적 이동에서 거리마찰을 완전히 없애고 있다(Harvey 1989).

• 금융상품의 비약적 성장: 파생상품이라고 불리

....

★ 미국의 은행법이었던 GSA는 은행업과 증권업의 분리를 주요 골자로 하며, 연방준비제도에 소속된 상업은행들이 비정부 주식을 인수·유통하거나 비투자 등급의 주식에 투자하는 것을 금지하는 내용을 담고 있었다.

는 새로운 금융상품의 등장으로 화폐의 전 지구적 이동성이 크게 향상되었다. 파생상품은 매우 복잡한 상품들을 총칭하는 용어인데, 본질적으로는 "글로벌 금융시장에서 위험과 변동성을 관리하기 위해 통화, 상품, 서비스 등 기초자산의 실적을 근거로 특정한 권리와 의무를 명시하는 계약"을 말한다(Pollard 2005: 347). 이러한 위험과 변동성은 상품의 가격, 통화, 금리와 같은 제도적 수단의 변화와 연관되어 있다.

기본적인 파생상품으로는 선물(어떤 상품을 특정 날짜에 특정 가격으로 구입하겠다는 계약), 스와프(통상적으로 금융기관 등의 중개인을 통해 이자 상환 같은 특정한 의무를 쌍방이 교환하겠다는 계약), 옵션(매수자가 일정한 할증금을 지불하는 대가로 미래의 특정 시점에 미리 지정된 가격으로 자산을 구매할 수 있는 권리) 등이 있다(Tickell 2000: 88). 이러한 파생상품은 2가지 방식으로 거래된다. 첫째는 런던국제금융선물시장이나 시카고상품거래소와 같이 조직적·통제적인 제도를 통해 이루어지는 거래이고, 둘째는 관련 당사자들 간 '장외에서' 이루어지는 거래다. 1980년대 이래 파생상품은 화폐 및 금융 주도의 세계경제를 상징하게 되었으며, ICT는 금융상품의 이동성을 더욱 향상해 실물 상품의 흐름으로부터 금융을 분리하고 있다(Tickell 2003).

4.3.2 금융의 불균등 지리

금융활동의 공간적 상호연결성이 더욱 증대되고 있는 것은 사실이지만, 그렇다고 해서 금융활동의

글로벌화를 과대평가해서는 안 된다(Hirst *et al.* 2009). 글로벌 금융시스템이 더욱 복잡하게 서로 얽히는 가운데 금융 지리의 뚜렷한 불균등성은 여전히 지속되고 있다. 가령 2007년 금융위기 직전까지만 하더라도 전 세계적으로 국가 내 자산 및 금융 흐름의 70%는 북아메리카와 (러시아를 포함한) 유럽이 차지하고 있었고, 국제 금융거래의 대부분은 주요 국가의 핵심적인 금융 중심지 간에 이루어지고 있다(Thompson 2010: 130).

완전하게 글로벌화된 세계라면 아마 다양한 종류의 화폐들이 모두 외환시장에서 비교적 동등하게 거래될 것이다. 그러나 지금까지는 미국의 달러화가 외환시장을 계속 지배하고 있다. 이는 미국이 지정학적으로나 경제적으로 세계경제에서 가장 중요하다는 것을 의미한다(표 4.2 참조). 세계의 모든 국가들이 거래용 화폐로 미국 달러화를 사용한다는 것은 세계의 초강대국으로서 미국의 힘과 권위가 상당하다는 뜻이다. 1998년 이후 연속된 **금융위기**와 유로화 보유액의 증가에도 불구하고 외환시장은 소수의 화폐가 지배하는 상대적 안정성을 보이고 있다. 한편 최근 중국 정부는 자국의 국채를 런던 금융시장에서 거래하기로 합의하는 등 인민폐(위안화)를 글로벌 통화로 유통시키기 위한 노력을 밀어붙이고 있는데, 이는 머지않은 미래에 선진국이 지배하는 현재의 금융시장에 도전이 될 것이다(Moore 2016).

글로벌화가 금융 부문에서의 급속한 시공간압축과 관련되어 있기는 하지만, 그렇다고 지리의 종말을 야기하지는 않는다. 여전히 장소는 중요하다. 세계 금융시장이 실제로는 유동적일 수 있지만, 그 핵심 행위자들은 주요 세계도시 내에 위

표 4.2 글로벌 외환시장 회전율이 높은 화폐의 점유율 및 순위

구분	1998년	순위	2007년	순위	2013년	순위
미국 달러화	86.8%	1	85.6%	1	87.0%	1
유로화	–	32	37.0%	2	33.4%	2
일본 엔화	21.7%	2	17.2%	3	23.0%	3
영국 파운드화	11.0%	3	14.9%	4	11.8%	4
호주 달러화	3.0%	6	6.6%	6	8.6%	5
스위스 프랑화	7.1%	4	6.8%	5	5.2%	6

(출처: Bank for International Settlements)

치한 소수의 특정 지구―런던의 더시티나 뉴욕의 월스트리트―에 집중되어 있다.★ 이런 측면에서 글로벌화의 역설은 소수의 거래자와 분석가의 결정이 금융시장을 지배한다는 점에 있다. 런던과 뉴욕은 지난 1세기 이상 글로벌 경제에서 가장 지배적인 금융 중심지로 기능해왔으며, 앞으로 여러 위기와 침체를 겪더라도 당분간 계속될 것으로 전망된다(표 4.3 참조).

금융거래자, 중개자, 투자자, 경영자 등은 금융의 글로벌화로 막대한 이익을 누리고 있다. 이들은 금융거래와 연계된 어마어마한 액수의 상여금을 지급받는데, 이는 세계의 나머지 인구를 엄청난 격차로 따돌리는 규모다. 개발도상국이나 저소득 국가의 빈곤층들은 금융시스템으로부터 점차 주변화되고 있다. 많은 개발도상국을 괴롭히는 부채위기는 **금융배제(financial exclusion)**와 주변화라는 글로벌 문제로 인식될 필요가 있다. 왜냐하면 이런 국가들은 IMF나 세계은행이 요구하는 조건들을 충족하는 경우에만 추가적인 금융지원을

★ 세계도시와 글로벌도시에 대한 개념적 구분은 182쪽 〈심층학습〉에서 확인할 수 있다.

받을 수 있기 때문이다. 선진국의 많은 저소득층 또한 신용 대부를 얻기 위해 약탈적이고 치명적인 조건들을 감내하고 있다(4.6 참조).

4.4 금융위기와 순환

앞서 살펴본 바와 같이, 자본주의는 시간이 지남에 따라 공간적으로 불균등발전을 일으키는 경향이 있다. 자본주의시스템의 과잉 팽창 때문에 기업의 생산규모가 시장이 흡수 가능한 정도를 넘어서므로, 경제성장기는 시간이 지남에 따라 경기침체, 쇠퇴, 또는 위기 국면에 의해 중단되고 만다. 금융시스템은 이러한 역동적인 불균등발전에서 중요한 역할을 할 뿐만 아니라, [실물 경제에서 비롯된] 불균등발전과 동일한 위기와 순환을 일으킨다(Minsky 1975, 1986; Wolfson 1986). 사실상 금융위기는 보다 광범위한 경제위기의 한 구성요소가 되었는데, 이는 화폐가 대단히 중요한 역할을 하기 때문이다. 신용의 과잉공급은 과잉투기를 불러와 부채수준을 높이고 (주택 등의) 인플레이션

표 4.3 GFCI(국제금융센터지수)에 따른 글로벌 금융 중심지 순위(2015년 9월)

2015년 순위	도시	GFCI 점수*	2010년 순위
1	런던	796	1
2	뉴욕	788	2
3	홍콩	755	3
4	싱가포르	750	4
5	도쿄	725	5
6	서울	724	–
7	취리히	715	8
8	토론토	714	12
9	샌프란시스코	712	15
10	워싱턴 D.C.	711	17
11	시카고	710	7
12	보스턴	707	13
13	제네바	707	9
14	프랑크푸르트	706	11
15	시드니	705	10
16	두바이	704	–
17	몬트리올	703	–
18	밴쿠버	702	–
19	룩셈부르크	700	20
20	오사카	699	–

* GFCI 점수는 경쟁력 및 연결성 지표들에 각 중심지의 경쟁력에 대한 전문가들의 인식도를 설문조사한 값을 합하여 산출한 지수임

(출처: The Global Financial Centers Index 18, Available at: www.longfinance.net/images/GFCI18)

을 일으킨다. 이런 상황에서 발생하는 금융 거품은 결국에는 (마치 금융 중력의 법칙이 작동하는 것처럼) 다양한 방식으로 터지게 되어 있다.

글로벌화는 금융시스템 자체의 위기 경향을 엄청나게 증폭시킴으로써 금융위기를 시·공간적으로 가속화시켰다. 1980년대 이후 금융위기는 공간적인 측면에서 "풍토병 같으면서도 동시에 전염병 같은" 양상으로 전개되어왔다(Harvey 2005: 94). 이는 2008~09년 동안 미국에서 시작되어 전 세계로 퍼져나갔던 금융위기에서도 알 수 있으며, 평균적으로 1986년부터 2001년까지 전 세계 국가 중 25%가 매년 한 번 이상의 금융위기를 경험

했다(Palma 2009: 849).

신자유주의 정책을 기반으로 하는 금융 이동성의 증대와 경제의 규제완화로 세계경제의 불안정성은 더욱 증가하고 있다. 이런 가운데 국제 투자자들은 고수익을 얻기 위해 한 국가에서 다른 국가로 자금을 순식간에 이동할 수 있게 되었다. 국제 투자자들은 상호경쟁과 중대손실의 위험 때문에 상당히 유사한 방식으로 행동하는 경향이 있다. 데이비드 하비(David Harvey)가 일목요연하게 지적한 것처럼 "금융업자들의 '군중심리'는 (어느 누구도 폭락 직전의 화폐를 들고 있는 마지막 사람이 되고 싶지 않기 때문에) 자기실현적 기대(self-fulfilling expectations)를 생산해낸다"(Harvey 2005: 94). 이는 개별 장소에 실로 파괴적인 결과를 가져

온다. 어떤 국가가 자국의 경제를 대외적으로 개방하면 단기 차익을 노린 투기자본이 유입되는데, 해당 국가가 만일 국제 투자자들의 신뢰를 잃게되면 '핫머니(hot money)'★의 급속한 유출이 발생하여 금융시스템이 붕괴되고 경기침체에 빠진다.

멕시코가 적절한 사례이다. 주요 원유 수출국인 멕시코는 1982년 원유 가격이 급락한 이후 경제 및 금융위기로 줄곧 고통을 겪어왔다. 멕시코 정부는 이미 1970년대 경기침체기에 불어난 (대부분 미국의 금융기관에서 빌린) 막대한 규모의 채무

··

★ 국제 금융시장에서 차익을 노리거나 위험을 회피하기 위해 금리나 환율 등의 변동을 노리고 이동하는 투기적·단기적 성격의 부동 자금을 일컫는다.

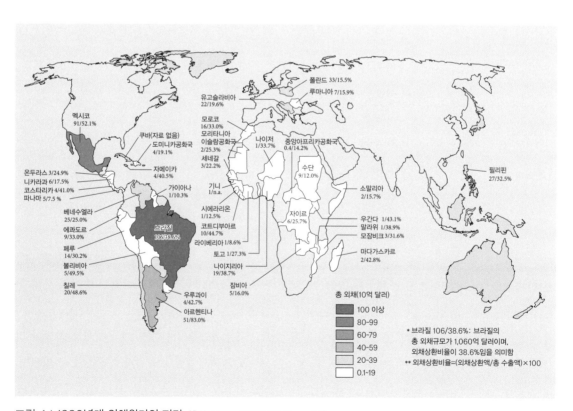

그림 4.1 1980년대 외채위기의 지리 (출처: Harvey 2005: 95, Figure 4.2)

에 대해 불이행을 선언하기도 했다. 멕시코를 진 앙으로 한 금융위기는 빠르게 개발도상국으로 확산되었다(그림 4.1). 1970년대에 서양의 많은 금융기관들은 개발도상국으로 하여금 많은 돈을 빌리도록 조장했고, 개발도상국 정부는 이들로부터 대출받은 자금을 자국 내 많은 발전 프로젝트에 투입했다. 그러나 이자율이 가파르게 상승했던 1980년대 초 이후 이들 채무국 대부분은 부채 상환 능력을 상실하고 말았다(Harvey 2005).

1980년대 중반 이후 멕시코 정부는 IMF로부터 압력을 받아 관세장벽을 낮추고 국영기업의 90%를 민영화했다(Dicken 2003: 192). 그 결과 해외자본의 유입이 급속히 늘어나면서 페소화의 가치가 올라 멕시코 기업들이 수출 경쟁력을 상실하게 되었다. 결국 정부는 페소화 가치를 절하했고 해외자본 유출이 다시 나타났으며, 1995년 또 한번 금융위기를 맞게 되었다. 두 번의 금융위기 모두 다른 국가의 금융시장으로 확산되어 개발도상국 전체에 대한 투자가 위축되었다. 1980년대 이후에 발생한 주요 글로벌 금융위기는 사실상 세계 모든 지역에 영향을 미쳐왔다.

최근의 사태들이 보여준 바와 같이, 기존 경제학의 정설은 호황과 불황 간 방향전환의 경향성을 이해하고 예측하는 데 줄곧 실패하고 있다. 널리 알려진 바와 같이, 영국 여왕인 엘리자베스 2세는 2008~09년의 금융위기로 무려 2,500만 파운드에 달하는 개인자산 손실을 입었는데, 당시 런던정경대학(LSE)의 주류 경제학자들을 만나서 "어떻게 이런 일이 일어날지 아무도 모를 수가 있나요?"라고 반응했다고 한다(Pierce 2008).

주류 경제학자들과 달리 존 케인스나 하이먼 민스키(Hyman Minsky) 같은 비주류 경제학자들은 오래전부터 금융시장에 내재된 불안정성을 경고해왔다. 규제가 없는 금융시장이 어떻게 경제 전반에 거대한 파국을 가져오는지에 대한 민스키의 이론은 지난 20년 이상 무시되어왔지만, 오늘날에는 진지하게 받아들여지고 있다. 민스키는 이른바 '금융불안정성 가설(financial instability hypothesis)'을 1960년대에 처음으로 제시했다. 금융불안정성 가설의 핵심은 다음과 같다. 열광적 투기활동의 결과에 따른 금융기관의 부채 누적은 그 외부의 경제 전반에 연쇄효과를 일으켜 결국 전면적 경기침체로 발전될 수 있다는 점이다(Box 4.2 참조). 누군가 지적했던 바와 같이, "은행가, 거

Box 4.2

민스키의 금융불안정성 가설

민스키의 포스트케인스주의적 접근은, 자본주의경제가 주류 경제학의 균형 모델이 아니라 "실제의 달력 날짜와 함께" 진화하고 움직이는 불안정한 과정이라고 보는 것에서 시작한다(Minsky 1992: 2). 복잡한 자본주의경제에서 은행과 금융기관은 최초에 돈을 예치하는 사람들과 그 돈을 빌려서 투자하는 기업이나 조직체 간의 관계를 중개한다.

민스키는 다른 포스트케인스주의자들과 마찬가지로 은행이 이윤을 추구하는 기관이기 때문에 자신의 활동을 통해 이윤을 얻을 수 있는 새로운 방법들을 개발하는

데 관심을 둔다고 본다. 따라서 은행이 엄격하게 통제되지 않는다면, 은행은 금융혁신을 은행시스템의 핵심으로 삼을 것이다. 왜냐하면 은행은 보다 많은 이윤을 달성하기 위해 신용규모를 확대하고 새로운 신용 융자 상품을 개발하려고 할 것이기 때문이다. 민스키는 은행이 신용을 융자하는 "소득–부채 관계"에는 다음의 3가지 유형이 있다고 제시했다.

► 헤지 단위(Hedge unit): 투자에서 회수된 소득으로 최초의 원금과 이자를 갚을 수 있는 차입자.
► 투기 단위(Speculative unit): 투자에서 회수된 소득으로 이자를 갚을 수 있지만, 원금은 갚을 능력이 없기 때문에 자산을 처분하거나 추가적으로 돈을 빌려야 하는 차입자.
► 폰지 단위(Ponzi unit): 원금과 이자 모두 독자적으로 갚을 능력이 없는 차입자. 이 경우 차입자는 원금과 이자를 상환하기 위해 기초자산에 대한 가치 평가에 의존한다. 폰지 단위 차입자는 종종 돈을 추가로 더 빌려야 하거나 자산을 매각해야 하는 상황에 처한다. 이러한 상황은 "폰지 단위의 자기자본을 감소시키고, 나아가 부채와 미래소득의 사전 약정까지 증가시킨다. 결국 폰지 단위에게 돈을 빌려준 채권자의 안전성은 낮아지게 된다"(위의 책: 7).

민스키에 따르면, 호황 국면의 조건들이 나타나면 금융기관은 점차 헤지 단위에서 보다 위험도가 높은 투기 단위나 폰지 단위로 옮겨가는 경향이 있다. 이는 결국 경제가 "일탈 증폭 시스템"으로 작동한다는 것을 의미한다. 그뿐만 아니라, 만약 인플레이션이 점차 통제될 수 없는 상태가 되어 중앙은행이 금리를 높이면 대출 비용이 증가하기 때문에 투기 단위가 폰지 단위로 바뀐다. 만약 자산가격이 하락하여 투자의 거품이 터지기 시작하면 폰지 차입자들은 더 이상 부채를 상환하지 못하게 되고, 경제시스템 전반에 이들이 널리 퍼져 있으면 결국 금융위기를 촉발하게 된다. 이처럼 금융위기는 (내생적) 시스템 속에서 증폭되는 경향성이 있다.

> 금융불안정성 가설은 경제 순환이 더 이상 (원유가격의 변동이나 전쟁 등) 외생적인 충격에 의해 좌우되지는 않는다는 것을 보여주는 자본주의경제모델이다. 이 가설은 경제순환의 역사가 자본주의경제의 내적 역동성에 의해, 그리고 (감내 가능한 적절한 수준의 파동 내에서 움직이도록 조정하는) 개입 및 규제의 시스템에 의해 형성된 조성물이라는 입장을 견지한다.
>
> (Minsky 1992: 8)

민스키는 변위(displacement), 호황(boom), 희열(euphoria), 차익 실현(profit-taking), 공포(panic)의 5단계로 구성된 금융순환모델을 제시한다. 변위 단계는 투자자들이 새로운 부문의 활동(가령 인터넷이나 주택시장 등)이나 패러다임의 등장에 매혹되었을 때 발생한다. 그 결과 새로운 부문으로 돈이 흘러가고 [탄력을 받아] 신용 호황이 발생한다. 다음에는 5단계 중 가장 핵심 국면인 희열 단계로 이어지는데, 이 단계에서는 자산가격이 폭등하고 신용 융자가 위험도가 높은 차입자에게까지 확대된다. 그리고 새로운 (1980년대의 정크본드, 즉 하위등급의 채권이나 2000년대의 주택담보대출 같은) 금융상품들이 등장한다. 신용 팽창이 일정한 수준에 도달하면, 현명한 증권거래업자들은 수익을 현금화하기 시작한다. 이를 뒤따라 보다 많은 금융기관이 투자를 회수하면, 자산가치가 하락하기 시작하고 위험도가 높아져서 공포 단계에 이른다. 투기 및 폰지에 과부하된 은행들이 점차 취약해지거나 심지어 파산에 이르는 등 파국적 사건들이 발생하면서 자산가치에 대한 사람들의 확신은 급속히 붕괴된다. 공포 단계가 점차 진정되면, 팽창되었던 신용 융자는 지금까지 투기꾼들과 전혀 거래하지 않았던 '정상적인' 경제의 내부로 포섭된다.

래자, 금융업자는 주기적으로 방화범 역할을 하면서 경제 전반을 불더미로 만들어버린다"(Cassidy 2008).

4.5 2008~09년의 위기, 침체 그리고 더딘 회복

2008~09년의 금융위기는 1930년대 대공황 이

래 최악의 경기침체를 촉발했다(그림 4.2 참조). 미국의 경우 GDP의 하락과 위기를 진정시키기 위해 투입된 정부자금을 모두 고려하면 13조 달러에 달하는 손실을 입었다(Blyth 2013: 45). 그 이후 지금까지도 세계경제가 회복되는 기미는 뚜렷하지 않다. 최근 UN이 실시한 세계경제 전망 조사에 따르면, "세계경제는 2015년에 비틀거린 이후 여전히 총 수요가 취약한 상태여서, 물가는 하락하고 선진국을 중심으로 한 금융시장의 변동성은 계속 높아지고 있다"(UN 2016: 1). 그뿐만 아니라 지속가능한 경제성장이 새로운 국면을 맞이했다는 징후도 거의 없으며, 심지어 일부 비평가들은 자본주의 그 자체가 존재의 위기에 직면해 있다고 말한다(Harvey 2010).

지리정치경제학은 이러한 위기를 비판적인 시각에서 평가할 필요가 있다. 특히 "특정 스케일에서 위기가 구체화될 때 실제로 어떤 일이 벌어지고 있는지를 이해하려면 다른 스케일을 동시에 고려해야 하기 때문이다. 단순하게 말해 이러한 스케일들은 상호 연결되어 있을 뿐만 아니라 상호 구성적이기 때문이다"(Christophers 2015: 205-6). 피상적으로 보더라도 이러한 위기에서는 글로벌 흐름과의 상호연결성이 분명히 드러나지만, 이를 보다 심층적으로 이해하려면 IMF, 세계은행, EU 등 경제기구와 경제행위자가 장기간에 걸쳐 위기의 조건들을 만들어냈던 '관계적 지리'를 반드시 살펴보아야 한다. 글로벌 금융 흐름은 일차적으로 런던이나 뉴욕과 같은 세계의 주요 금융 중심지에서 조직화된 후 세계 곳곳에 다양한 영향을 끼쳐왔다. 이런 흐름을 촉진했던 것은 1980~90년대 미국과 영국 등 주요 국가의 정부가 주도했던 신자유주의적 탈규제정책이었으

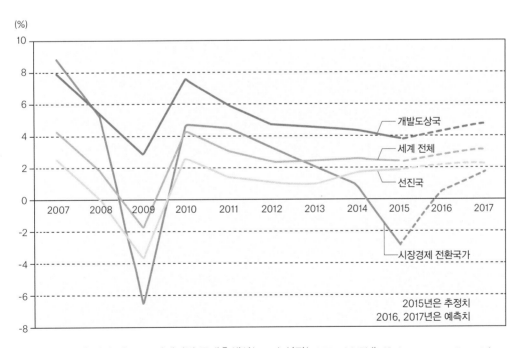

그림 4.2 세계총생산 및 주요 경제권별 국내총생산(GDP) 성장(2007~2017년) (출처: UN 2016: 1, Figure I.1)

며, 이러한 정책이 만들어낸 새로운 질서는 상위 국가적(supranational) 기구들에 의해 유지되어왔다(5.3 참조).

위기가 발생한 최초의 진앙이 미국의 주택시장이었음에도 불구하고 그 영향력이 큰 파장을 일으키며 글로벌 경제 전체로 확대되었던 이유는, 세계의 지역과 국가가 매우 밀접하게 상호 연결되어 있기 때문이다. 그러나 위기 국면이 지나려면 아직도 한참 멀었다. 지금까지는 대체로 3가지 국면이 전개되었다. 첫 번째 국면은 미국의 서브프라임 주택시장을 중심으로 위기가 발생했을 때이고, 두 번째는 2009년 말 이후 이른바 '유럽 재정위기'가 불거졌을 때이다. 그리고 현재 부상하고 있는 세 번째 경제위기는 앞선 두 국면이 촉발한 위기로 거대 개발도상국의 경제를 중심으로 발생하고 있다. 이는 개발도상국이 생산한 1차상품과 저렴한 공산품에 대한 글로벌 수요가 붕괴되면서 나타난 현상이다.

4.5.1 위기의 진앙: 미국의 서브프라임 주택시장

위기의 방아쇠는 2006년 말 미국에서 당겨졌는데, 이른바 '서브프라임' 주택시장에서 주택담보대출에 대한 채무불이행을 선언하는 가구들이 늘어나기 시작했을 때였다(표 4.4 참조). '서브프라임(sub-prime)'은 저소득층 가구들로 구성된 주택시장을 완곡하게 표현하는 용어로, 이들은 상대적으로 불안정한 상태에 있기 때문에 경제환경이 변화할 경우 (주로 금리가 상승할 경우) 채무불이행의 위험이 높다. 2000년대 초 주택시장의 가격이 가

르게 상승하고 열기가 뜨거웠을 때, 민간은행들은 서로 경쟁적으로 서브프라임 주택시장에 자금을 대출하면서도 그 장기적 결과에 대해서는 거의 아무런 주의를 기울이지 않았다. 이 상황은 주택담보대출을 기반으로 한 새로운 [구조금융] 파생상품인 이른바 부채담보부증권(CDOs: Collateralised Debt Obligations)의 등장으로 더욱 악화되었다. CDO는 기존의 개별 주택담보대출채권을 하나로 묶어서 (대개 프라임대출과 서브프라임대출을 함께 패키지로 만들어서) 상품화한 것이다.★ CDO가 금융시장에서 판매되자 서브프라임의 위험이 미국의 은행시스템 전체로 확산되었고, 외국 은행들도 CDO 시장에 깊이 개입했기 때문에 해외로도 위험이 퍼져갔다.

2006년 주택시장 버블이 꺼지기 시작하자 주택 가격이 하락했고 투자자들이 자금을 회수하기 시작했으며, 결과적으로 채무불이행을 선언하는 서브프라임 대출자들이 빠른 속도로 늘어났다. 따라서 새롭게 패키지화된 주택담보대출증권인 CDO의 가치도 함께 하락하기 시작했다. 많은 대형 금융기관들이 보유했던 자산의 가치가 급락했으며, 특히 CDO의 경우에는 어느 누구도 이를 매입하려고 하지 않았다. 2008년 9월 15일에는 미국에서 4번째로 큰 은행인 리먼브라더스(Lehman

★ 원래 CDO란 회사채나 대출채권 등 기업의 채무를 기초자산으로 하여 유동화증권을 발행하는 금융상품의 한 유형을 말한다. 1990년대 중반에 처음 등장한 뒤 미국과 유럽에서 발행규모가 증가했고, 2006년에는 미국을 중심으로 1조 달러 규모의 CDO가 발행될 정도로 성행했다. 2006년 당시 미국의 모기지 전문 대출기관들은 부동산 호황을 틈타 대출자금을 조달하려고 모기지채권이나 모기지담보부증권(MBS: Mortgage Backed Securities)을 대량으로 발행했는데, 투자은행들이 이를 사들여 합성한 뒤 발행·판매한 채권이 바로 CDO다. 2007년 들어 주택담보대출 연체율이 높아지자 CDO의 가격이 폭락하여 주요 금융회사와 투자자들이 큰 손실을 입었고, 미국의 금융위기로 이어졌다.

표 4.4 금융위기 전개의 주요 사건

시기	사건
2006~2007년	주택담보대출에 대한 채무불이행을 선언하는 가구가 증가하기 시작함
2007~2008년	은행이 압류한 주택 저당물을 내다 팔자 시장의 주택가격이 하락하면서 레포(repo), 즉 환매 조건부 채권시장에서 '증발'이 시작됨
2007년 여름	유럽 은행들이 위기에 노출되었음이 드러남. 각국 정부들이 시장에 개입하여 금리를 인하하고, 은행에 자금을 직접 공급했으며, 주택담보대출 부채를 정부 자금으로 매입했음. 영국의 주택담보대출 은행인 노던록(Northern Rock)이 파산 위기에 처하자 (예금주들이 인출을 위해 몰리는) 뱅크런(bank-run) 사태가 일어났고, 결국 2008년 2월 노던록이 국유화됨
2008년 9월	리먼(Lehman)이 파산함. 레포 시장이 동결됨. 중앙은행과 정부가 은행시스템의 붕괴를 막기 위해 유동성을 공급하게 됨. 전 세계적으로 국유화가 일어남
2009년 10월	새로 들어선 그리스 정부는 자국의 재정적자 규모가 GDP 대비 6.5%가 아니라 13%에 달한다는 것을 폭로함
2010~2014년	트로이카(EU, 유럽중앙은행, IMF의 통칭)가 PIIGS 국가(포르투칼, 이탈리아, 아일랜드, 그리스, 스페인)에 대해 긴급자금을 원조하며, 유로존 전체에 긴축 기조가 확산됨
2014~2016년	중국의 성장률이 둔화되기 시작함. 다른 BRIC 경제권 또한 성장률이 하락하고 경기침체에 접어듦

Brothers)가 파산을 선언했다. 핵심 원인은 서브프라임 주택시장에 노출되었기 때문이다. 그리고 다른 미국 은행들도 파산을 면하기 위해 미국 정부로부터 막대한 긴급구제자금을 수혈받았다. 정부가 금융시스템을 엄격히 통제하고 은행이 지역 기반으로 운영되던 30년 전의 상황이었다면, 아마도 이런 정도의 위기는 미국 내 소수의 지역이나 주에 국한되었을 것이다. 그러나 이른바 '금융 혁신' 이후 미국의 주택시장이 광범위한 금융 네트워크에 복잡하게 얽힘에 따라, 이 위기는 걷잡을 수 없는 속도로 전 세계로 퍼져나갔다.

리먼의 파산은 어떤 위기가 광범위한 지리적 연결을 통해 얼마나 급속히 전 세계로 퍼져나갈 수 있는지를 보여준 생생한 사례다. 당시 리먼에 가장 많은 자금을 빌려준 것은 일본 은행들이었는데, 금융위기가 발생하자 일본 정부는 리먼의

일본 내 자회사의 자산을 동결했다. 그 결과 리먼은 파산을 신청할 수밖에 없었다(*Financial Times* 2008). 리먼의 파산으로 직원 2만 5,000명이 일자리를 잃었으며, 세계의 주요 은행 중 리먼과의 거래에 노출된 몇몇 은행들 또한 직접적인 타격을 입었다(표 4.5에서 리먼 사태에 영향을 받은 유럽 은행들을 참고). 독일 은행인 도이치뱅크는 자사가 보유했던 미국계 부동산 펀드 2종에 대해 강제적으로 세이프가드(safeguard) 조치★를 당하게 된 첫 번째 은행이었고(Blackburn 2008), 프랑스에서 가장 큰 은행인 소시에테제네랄은 주택가격 폭락

....

★ 세이프가드는 외환과 무역 부문에서 취해질 수 있다. 본문은 외환 관련 세이프가드로, 국내 외환시장이 크게 불안정해지거나 또는 외환위기가 우려되는 상황에서 외환거래를 일시적으로 제한하는 조치 등을 의미한다. 무역 부문에서의 세이프가드는 특정 품목의 수입이 급증하여 자국 내 업계에 중대 손실이 발생하거나 또는 그러한 우려가 있는 경우, 수입량 제한이나 관세율 조정 등을 시행하는 긴급수입제한 조치를 일컫는다.

표 4.5 2008년 9월 금융 폭락 당시 유럽 은행의 리먼에 대한 트레이딩포지션 노출 규모

은행	국가	발행된 펀드 규모(100만 유로)	
		2008년 2분기	2007년
소시에테제네랄	프랑스	473,329	487,959
크레디트아그리꼴	프랑스	383,995	364,178
BNP파리바	프랑스	–	597,578
나티시스	프랑스	–	202,928
바클레이즈	영국	460,423	352,133
도이치뱅크	독일	1,138,090	1,193,131
크레딧스위스	스위스	277,362	331,807
UBS	스위스	652,972	757,271

(출처: *Financial Times* 2008)

으로 70억 달러의 손실을 입었다.

금융시장 전체가 공포에 사로잡히자 또 다른 중요한 문제가 발생했는데, 이는 은행 간 대출 시장인 (즉, 은행과 금융기관이 서로 단기자금을 주고받는 도매 금융시장인) '레포(repo)' 시장에서 나타났다(Blyth 2013). 이른바 '신용경색'에 빠진 은행들은 서로 자금거래를 중단하기에 이르렀고, 이는 파괴적 결과를 초래했다. 부채가 지나치게 많은 금융기관들은 기존에 보유한 자산의 가치가 하락하거나 증발했기 때문에 단기자금을 조달해야 했는데, 이마저도 불가능해졌기 때문이다. 미국의 투자은행 베어스턴스는 주택담보대출 채권에 과대 노출되어 파산을 선고받은 후 미국 정부의 자금지원을 인센티브로 받은 JP모건에 인수되었다. 영국에서는 뉴캐슬의 모기지은행인 노던록이 레포 시장의 붕괴에 과대 노출되었다는 뉴스가 보도된 이후 자산이 증발하여 운영이 불가능해졌다. 왜냐하면 노던록의 전체 사업 모델이 단기 금융

조달로 주택담보대출을 메우는 방식으로 설정되어 있었기 때문이다. 결국 노던록이 파산하자 영국 정부는 긴급자금을 투입해서 노던록을 국유화했고 이후 다시 민간에 매각했다(Box 4.3). 노던록 사태는 본질적으로 견고하고 안정적인 지역 은행이 규제완화와 위험성이 높은 경영을 통해 어떻게 국제 투기자본의 손에 사로잡혀 몰락하게 되는지를 보여주는 전형적 사례다(Marshall *et al.* 2012).

은행의 파산 위험이 점차 뚜렷해지자, 각국 정부는 신자유주의적 처방전과는 명백하게 모순되는 방식으로 시장에 대한 개입강도를 높였다. 보수적 자유시장주의의 요새였던 미국의 경우, 2008년 9월 의회에서 부실자산 구제프로그램(TARP: Troubled Asset Relief Program) 법안을 통과시켜 7,000억 달러에 달하는 공적자금을 은행의 긴급구제에 쏟아부었다(Lapavitsas 2013: 286). 뒤이어 다른 국가들도 유사한 조치를 단행했다.

Box 4.3

영국 은행의 국유화: '여느 때와는 다른' 단기 우회

노던록은 2008년 2월 국유화되었다. 노동당 정부는 이미 2007년 9월에 노던록을 살리기 위해 250억 파운드(약 37조 원)에 달하는 구제자금을 투입하는 등 은행의 공공 소유를 피하기 위해 가용한 모든 수단을 동원했다. 은행을 국유화한다는 것은 당시 영국 총리였던 고든 브라운과 재무장관인 알리스테어 달링 등의 신자유주의적 각본에는 당초에 없던 것이었다. 그 이후 노던록은 다시 리처드 브랜슨의 버진 그룹에 매각되었고(당시 버진 그룹은 금융사업에는 거의 경험이 없던 기업이었다), 훨씬 더 '유독한' 악성 부채 자산은 정부가 계속 보유하기로 결정했다. 여기에서도 (국가가 '최후의 보루' 역할을 하는) 지배적인 정치경제의 논리가 작동했던 것이다.

노던록의 국유화 이후 훨씬 더 심각한 사건들이 발생했다. 스코틀랜드왕립은행, 핼리팩스/스코틀랜드은행(HBOS) 같은 영국의 많은 대형 은행들뿐만 아니라 브래드퍼드&빙리와 같이 보다 작은 기존의 신용협동조합들까지도 완전히 또는 부분적으로 국유화되었다(표 4.6). 이후 HBOS는 로이드에 의해 인수되었다. 결국 영국 정부는 영국의 4대 은행 중 두 곳의 최대 주주가 되었다. 대출이나 주식 매입 형식으로 은행 부문에 쏟아 부은 자금이 1,239억 3,000만 파운드에 달했고, (연금 부채에 대한) 지급 보증 형식으로 총 3억 3,240만 파운드가 제공되었다(NAO 2011). 은행에 투입된 공적 자금이 최고에 달했던 2009년에는 금리와 수수료를 합해서 총 1조 1,620억 파운드나 되었다(앞의 책).

재무장관이었던 달링은 기업의 이해관계자에게 국유화는 필요악이라고 재빠르게 안심시켰지만, 이는 일시적인 조치에 불과했다.

정부 입장에서는 단기적으로 노던록을 쥐고 있는 것이 더 좋습니다. 앞으로 시장 상황이 좋아지면 노던록의 가치가 올라갈 것이고, 그 이익은 납세자들에게 돌아가기 때문이지요. 장기적으로 노던록은 다시 민영화될 것입니다.
(Alistair Darling, BBC News, 17 February 2008)

달링은 금융 부문 기저의 구조, 은행에 대한 소유권, 은행에 대한 통제 같은 사안들을 재고해야 한다는 당시의 지배적 여론을 받아들이지 않았다. 대신 그는 국유화를 '정상적인' 시장의 기능에서 벗어난 특별한 사건들을 다루기 위한 수단이라고 생각했다. 이 이야기와 관련하여 한 가지 재미있는 사실은, 브라운과 달링이 각각 임기를 마친 뒤에 큰돈을 벌 수 있는 금융계로 들어갔다는 점이다. 브라운은 미국의 자산관리회사인 핌코(Pimco)로, 달링은 미국 은행인 모건스탠리로 영입되었다(Parker and McLannahan 2015). 특히 모건스탠리는 서브프라임 위기를 일으킨 주범으로 판명나면서 미국 법무부가 26억 달러의 벌금을 부과했던 회사이기도 하다(Popper 2015). 이는 정부 정치인과 글로벌 금융 부문 간 공간적·사회적 연계를 보여주는 단적인 사례이다.

표 4.6 2008~2009년 금융위기 동안 국유화된 은행에 정부가 투입한 자금(대출) 및 정부의 지분 규모

은행	대출 자금(10억 유로)	가치	정부 지분(%)
스코틀랜드왕립은행	45.8	36.97	84
로이드	20.5	16.04	43
노던록	421.59	21.59	100
브래드퍼드&빙리	8.55	8.55	100

* 가치는 2011년 3월 31일로 환산한 값임
(출처: NAO 2011)

그러나 이는 일시적인 긴급 처방에 불과했다. 선진국 경제 전반에 걸친 은행 부문의 구조적 취약성이 더욱 명백하게 드러남에 따라 각국 정부들이 은행의 소유 지분을 일부 매입하거나 심지어 완전히 사들이는 대대적인 국유화 물결이 일었다(Cumbers 2012의 1장 참조). 영국의 경우 국내외 모두에서 주택시장에 대한 금융시스템이 몰락하면서 은행시스템의 거의 절반이 공적자금 투입에 의해 공적 소유권으로 이전되었다(Box 4.3 참조).

이 금융위기는 금융권 밖에 있던 일반 미국 시민들에게 참담한 사회적·경제적 결과를 가져왔다. 미국 서브프라임 위기에는 뚜렷한 지리적 패턴이 있는데, 은행에 의한 주택 저당물의 압류와 처분으로 심각한 피해를 입은 지역은 플로리다, 네바다, 캘리포니아 등 주택시장이 극도로 과열되었던 지역이었다(그림 4.3). 중서부 산업지역이나 남부 농촌지역 등 저소득 지역도 큰 피해를 입었다. 주택시장 밖에서도 '신용경색'의 연쇄효과가 나타났는데, 특히 은행들이 갑작스럽게 기업 대출을 줄이면서 1930년대의 대공황 이래 가장 심각한 경기침체가 나타났다. 미국의 실업률은 2007년 여름 4.6%였다가 2009년 10월 2배를 넘는 10.1%로 증가했다(Casaux and Turrini 2011). 이런 효과는 네바다, 캘리포니아, 미시간 등 주택시장이 폭락한 지역에서 가장 심각한 수준으로 나타났다(그림 4.4). 특히 1개의 사업장에

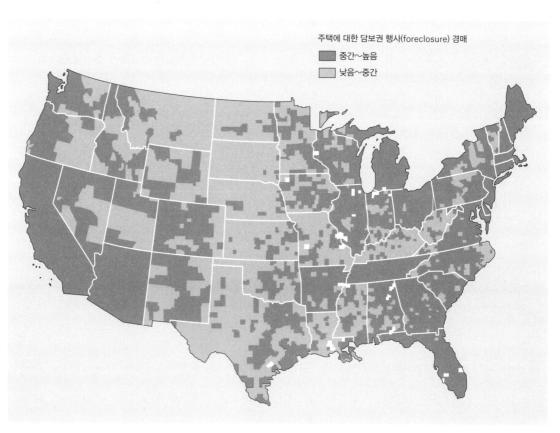

그림 4.3 2009년 5월 당시 미국의 담보권 행사 경매에 압류된 주택의 지리적 분포

그림 4.4 2009년 10월 미국의 실업률 분포 (출처: www.bls.gov/LAU 2012)

서 해고된 인원이 50명 이상인 경우를 일컫는 '대량 해고'는 이러한 심각성을 잘 보여주는 지표인데, 경기침체가 가장 심했던 2009년 2월에는 무려 3,059개의 사업장에서 노동자 326,392명이 해고된 것으로 기록되었다(앞의 책).

4.5.2 유럽재정위기

유럽 은행들은 미국 서브프라임 주택시장의 폭락에 깊이 관여되어 있었다. 그런데 그 이후의 신용경색이 유럽 대륙 전체에 훨씬 파괴적인 영향을 끼치면서, 이른바 유럽재정위기(Eurozone sovereign debt crisis)로 불리는 2차 위기 국면으로 발전했다. 유럽은 2009년 초반까지 대규모의 공적자금을 투입해 은행 부문을 안정화했지만, 이 과정에서 각국 정부의 부채 규모가 드러나고 여론의 주목을 받음에 따라 각국 경제의 지속가능성에 대한 우려가 촉발되었다. 2차 위기 국면의 시작은 2009년 10월로, 새로 집권한 그리스의 중도좌파 정부는 자국의 GDP 대비 재정 적자 규모가 당초에 보고했던 것보다 2배 이상 크다고 공표했다. 이 소식으로 그리스의 신용등급은 순식간에 A등급에서 BBB등급으로 강등되었다. 이는 그리스 정부의 자금 확보 능력에 큰 영향을 끼쳤고, 결과적으로 그리스의 기업들과 소비자들은 훨씬 더 비싼 가격으로 대출을 받아야 했다. 이에 그리스 경제가 글로벌 경기침체로 인해 직면하고 있던 여러 문제들은 한층 더 악화되었다.

그리스의 부채위기가 이웃 국가들로 확산되자 많은 금융 투자자들이 유로존 내 다른 국가들의 채무 상태를 우려하기 시작했는데, 특히 포르투갈, 이탈리아, 아일랜드, 그리스, 스페인으로 구성된 'PIIGS' 국가들로 관심이 집중되었다. 2010년 들어 금융시장에서 채권수익률이 급등하자 아일랜드, 그리스, 포르투갈은 이른바 '트로이카'로 불리는 EU, 유럽중앙은행(ECB) 및 IMF로부터 긴급구제자금을 받았다. 이 국가들은 트로이카의 자금 지원을 받는 대신 채무 상환을 보장하는 조건으로 정부 재정지출을 20% 줄이고 세금을 올려야 했다. 이는 그렇게 해야만 이 국가들의 안정적 성장이 가능하다는 이론을 근거로 한 것이었다. 경제학자인 마크 블리스(Mark Blyth)는 2013년 자신의 저서 『긴축: 그 위험한 생각의 역사(Austerity: The History of a Dangerous Idea)』를 통해, 이러한 신자유주의 기반의 긴축 조치가 실제로는 성장 기반을 마련하기보다는 침체를 더욱 심화시킴으로써 실업률 상승을 유발했다고 지적했다. 부채위기는 특히 청년층에 심각한 영향을 끼쳤는데, 2015년 당시 그리스와 스페인의 청년층 실업률은 각각 무려 41.5%와 36.1%에 달했다.

Box 4.4에서 제시한 바와 같이, 금융위기의 시작은 유럽 국가들의 구조·환경·궤적 등이 각기

다르다는 것을 인식하지 못했던 기획상의 결함이 빚어낸 결과였다. 역사적으로 되짚어보면 19개국의 화폐를 단일 화폐로 통일한다는 것은 EU 내부에서의 지리적 불균등발전 현실과는 정면으로 부딪치는 너무나도 야심찬 프로젝트였던 것이다.

금융위기와 관련하여 상이한 요인들이 PIIGS 국가에 영향을 끼쳤다(Blyth 2013의 3장 참조). 아일랜드와 스페인은 주택시장 버블 및 폭락을 경험했는데, 이는 미국과 영국의 은행들이 벌인 금융적 무모함 같은 데서 비롯되었다. 특히 아일랜드의 부동산 거품은 매우 극단적인 상태까지 이르렀다. 주택 건설이 수요를 크게 앞지르는 초과공급이 발생했는데, 2010년 초에는 국가 전체적으로 (10개 이상의 주택으로 구성된 단지 중 50% 이상의 주택이 공실이거나 건축 중인) 이른바 '유령 주택단지'가 620개에 달했다(Kitchen et al. 2012). 그

지리의 복수? 불균등발전과 유럽재정위기

Box 4.4

유로화는 1999년 1월 1일 유통이 시작되어 2019년 현재 EU 28개 국가 중 19개국에서 사용된다. 오스트리아, 벨기에, 키프로스, 에스토니아, 핀란드, 프랑스, 독일, 그리스, 아일랜드, 이탈리아, 라트비아, 리투아니아, 룩셈부르크, 몰타, 네덜란드, 포르투갈, 슬로바키아, 슬로베니아, 스페인이 이에 해당된다. EU 홈페이지는 유로화가 "유럽 통합의 가장 확실한 상징"이며, "공동 통화로 인해 EU 내에서 자유롭게 외국을 여행할 수 있고 외국의 온라인 쇼핑몰을 이용할 수 있다"고 소개하고 있다(http://europa.eu, 2016년 6월 16일 접속).

그러나 2008~09년 금융위기와 그 이후의 경기침체는 유로화 관리와 유럽의 경제적 수렴 보장 둘 다에 심각한 결함이 내재한다는 것을 드러냈다. 노벨경제학

상 수상자인 폴 크루그먼을 비롯한 다양한 주류 경제학자들과 보다 이단적인 경제학자들은 유로화라는 발상에 문제가 있다는 것을 이미 예견했다. 왜냐하면 유럽 국가들 간에 경제적 격차가 심할 뿐만 아니라 1992년 마스트리히트 조약(Maastricht Treaty)에서 합의된 수렴 기준에는 '통화주의적' 편향이 내재되어 있기 때문이었다. 이 조약은 국가 부채와 인플레이션이 경기의 팽창과 수축 사이클과는 관계없이 매우 낮은 수준으로 유지되어야 함을 명시하고 있다. 이러한 반케인스주의(anti-keynesian)적인 디플레이션 편향은 유로존이 위기와 침체기에 더욱 확장적 경제정책을 취할 정치적 의지와 제도적 역량이 약하다는 것을 의미했다.

또 다른 결함은 (이는 금융위기에서 명백하게 드러난 사실

인데) '최후의 순간에 의지할 수 있는 대부자'로서 유럽중앙은행(ECB)의 힘이 약하다는 것이었다. 대부분의 중앙은행은 금융위기를 진정시키기 위해 화폐를 발행할 수 있고, 통화가치를 절하할 수 있으며, 정상을 벗어난 은행을 구제할 권한을 갖고 있다. 그러나 유럽 각국은 자국의 화폐와 독자적인 행동 능력을 포기했기 때문에 국가의 힘이 지극히 제한되어 있다. 중요한 점은 ECB가 이러한 중앙은행의 힘을 완전하게 위임받지 못하여 유로존의 국경들을 가로지르며 독자적으로 행동할 수 있는 능력이 없고, 각국 정부 또한 자국의 통화를 통제할 권한이 없다는 것이다. 결국 유럽 각국의 정부는 위기에서 벗어나려면 트로이카의 요구 사항을 들어주면서 이에 의지할 수밖에 없었다.

보다 심각한 문제는 유럽 내의 (특히 유로존 핵심부와 남유럽 간) 고질적인 지리적 불균등발전 패턴을 인식하지 못했다는 점이다. 유로화는 ECB에 의해 발행되고 단일 금리를 유지하기 때문에, 투자자와 금융시장은 EU 국가들의 경제적 조건이나 경제 실적이 동일하다고 인식한다. 그렇지만 독일과 다른 회원국 간의 경쟁력이나 생산성의 격차는 더욱 커지고 있다. 블리스가 지적한 바와 같이 "ECB의 도입과 지속적인 반인플레이션 신용

정책으로 채권 매수자들은 외환거래의 위험과 인플레이션의 위험 모두 이제는 옛날이야기가 되었다고 생각하게 되었다. 유로화는 기본적으로 독일 마르크화의 확장이었기 때문에, 이제 모든 유럽인이 독일인이 되어버렸다"(Blyth 2013: 79). 유로화가 만들어질 당시 EU 국가들의 국채 금리는 수렴하는 과정에 있었다. 많은 화폐와 신용이 그리스, 아일랜드, 스페인을 포함한 주변부 유럽으로 집중됨에 따라 소비가 크게 늘어나고 주택 경기가 호황을 이루었다(그림 4.5). 그러나 금융위기의 발발로 '저금리 자금(cheap money)'은 다시 외부로 빠져나갔고, 국채가격의 격차가 다시 확대되었으며, 결국 각국의 '재정위기'로 나타나게 되었다.

결국 많은 사람들이 지적한 바와 같이, 유로화는 유럽의 여러 국가와 지역 간 근본적인 경제적 차이를 무시한 채 통합을 강화하려 했던 정치적 프로젝트였다. 경제지리학자들은 오래전부터 이 점을 문제로 지적해왔다(Dunford and Smith 2000; Hadjimichalis 2011 참조). 유럽재정위기는 기존에 지속되어온 (그리고 심지어 더욱 확대되어온) 지리적 차이를 드러냈다. 또한 이러한 지리적 차이가 사라졌다고 생각했던 통합주의자들의 프로젝트에 큰 타격을 입혔다.

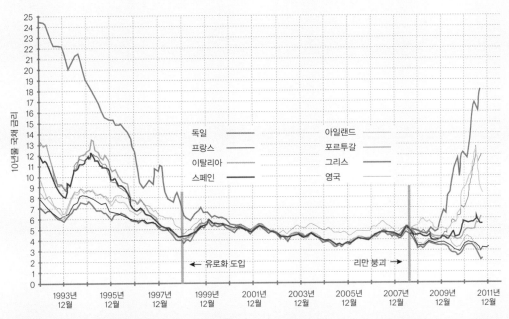

그림 4.5 유로존의 10년물 국채 금리(1993년 1월~2011년 10월) (출처: Blyth 2013: 80, Figure 3.2)

리스의 경우 북유럽 은행에서 빌려온 공공 및 민간 부채가 폭발적으로 증가했고, 포르투갈은 (개발도상국에서 생산된 값싼 제품의 공급에 따른) 의류 및 직물 부문의 수출시장 점유율 감소로 장기적인 경기침체에 빠져들었다. 포르투갈과 이탈리아 정부는 자국의 악화된 무역수지를 만회하기 위해 오랫동안 적자 재정을 운용해왔는데, 이 사실은 그동안 유로존 내의 단일금리정책으로 은폐되어 있었다.

금리가 낮을 당시 대부분의 정부는 자국의 경제적 주변부에 저금리 자금을 많이 투자했지만, (그리스는 예외로 한다면) 어느 정부도 무모할 정도로 과잉 재정지출을 하지는 않았다. 이런 점에서 긴축주의자들의 서사는 사실에 부합하지 않는다. 미국의 경우와 마찬가지로 유럽에서도 공공부문이 고통을 겪은 것은 민간부문의 투기 때문이었다. 블리스의 지적처럼 "모든 국가에서 재정위기는 금융위기의 '결과'였지 그 '원인'은 아니었다"(Blyth 2013: 73). 이러한 지적이 전체적으로 사실이었던 것은 맞지만, 유럽재정위기의 발생에서 복잡한 지리적 상호연결성을 간과해서는 안 된다. 특히 유럽 내 은행들, 정부, 부유한 엘리트층을 포함하는 주요 경제행위자들이 당시 더욱 투기적이고 탈규제화되었던 글로벌 은행시스템 속에 깊이 개입되었다는 사실은 매우 중요하다. 요컨대 금융위기는 앵글로아메리카에서 촉발된 규제완화의 산물이기도 하지만, 프랑스 및 독일 은행들이 위기 확대에 적극적인 역할을 했다는 점, 새로운 그리스 정부가 초기에 자국 내 부유층에 과세하는 데 실패한 점, 저소득층과 주변부 지역에 대한 진보적 과세정책을 통해 소득재분배를 달성해왔던

유럽의 전통에 대한 유럽인들의 책임감이 점차 약화된 점 등을 간과해서는 안 된다.

국가 간에도 경제구조가 상이하지만, 국가 내에도 다양한 편차가 있다는 점을 주목해야 한다. 가령 이탈리아의 북부와 남부처럼 경제적 격차가 큰 곳들도 있고, 스페인의 바스크 지역과 안달루시아 지역처럼 경제수준이 비슷하더라도 지역 정체성은 뚜렷하게 다른 곳들도 있다. 이러한 지역 차이에 대한 이해는 유럽 내에서 경제적 수렴이 약화되는 원인을 파악하고, 이를 기반으로 단일 통화권을 관리하기 위해 어떤 정책이 필요한지를 도출하고자 할 때 중요하다(Fingleton et al. 2015 참조). 정부 정책이 지역 간 불균형을 야기하는 방식은 국가별로 차이가 있지만, 국가 내 주변부 지역을 위기로부터 보호하는 정책을 실행하면 공공부채 수준이 높아지는 경향이 있었다(Crescenzi et al. 2016). 개별 지역 및 도시가 광범위한 글로벌 노동분업 내에서 어떤 자리를 차지하고 있는지를 이해하는 것 또한 매우 중요하다. 유로화가 도입된 이후 (독일, 프랑스, 베네룩스 및 오스트리아 등의) 유로존 핵심부와 (남유럽 및 아일랜드를 포함하는) 지리적 주변부 간 격차는 오히려 심화되었고, 최근의 경기침체가 길어지면서 이런 경향이 한층 더 강해지고 있다(그림 4.6).

4.5.3 개발도상국으로의 위기 전이

현재도 진행 중인 3차 위기 국면은 글로벌 스케일에서 상호 연계된 2가지 문제와 관련되어 있으며, 개발도상국과 저발전국가의 경제를 보다 전반적인 글로벌 경기침체로 끌어들이고 있다. 첫 번

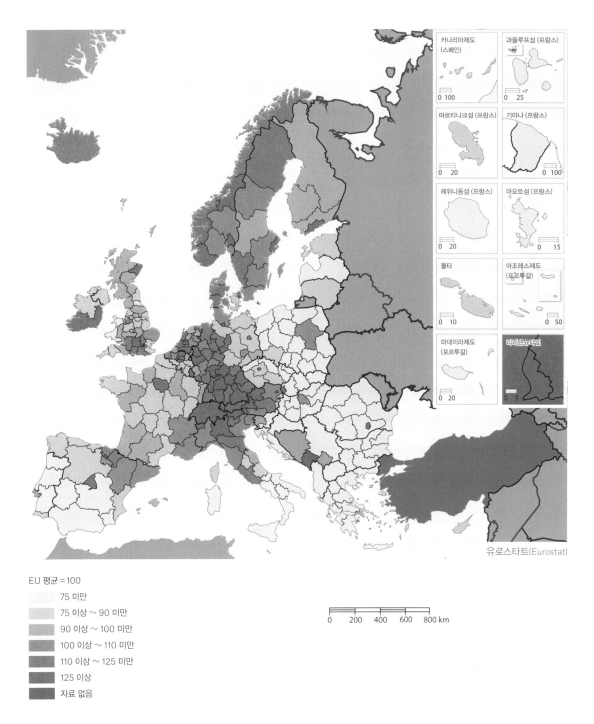

카나리아제도
(스페인)

0 100

과들루프섬 (프랑스)

0 25

마르티니크섬 (프랑스)

0 20

기아나 (프랑스)

0 100

레위니옹섬 (프랑스)

0 20

마요트섬 (프랑스)

0 15

몰타

0 10

아조레스제도
(포르투갈)

0 50

마데이라제도
(포르투갈)

0 20

리히텐슈타인

0 5

유로스타트(Eurostat)

EU 평균 = 100

75 미만

75 이상 ~ 90 미만

90 이상 ~ 100 미만

100 이상 ~ 110 미만

110 이상 ~ 125 미만

125 이상

자료 없음

0 200 400 600 800 km

그림 4.6 구매력 기준(PPS: Purchasing Power Standard)으로 환산한 1인당 GDP: 2014년 EU-28개국의 평균값 대비 NUTS2 지역별 비율 (출처: http://ec.europa.eu/eurostat/cashe/RSI#?vis-nuts2.economy&lang=en)

째는 중국 경제성장률의 둔화다. 중국은 2000년대 들어 거의 연간 10% 수준으로 성장해왔지만, 2014년 들어 성장률이 7%로 둔화되었다(Box 1.3 참조). 이 성장률은 다른 국가에서라면 환호할 만한 수치겠지만, 선진국의 금융위기 이후 세계경제에서 중요한 역할을 해온 중국 경제의 미래에 대한 우려와 회의적 시각을 낳고 있다. UN에 따르면 "중국은 글로벌 성장의 견인차 역할을 해왔다. 중국은 2011년부터 2012년까지 세계총생산 성장의 거의 3분의 1을 차지했으며, 금융위기 이후 강력한 1차상품 수요를 유지하고 다른 국가들의 수출성장을 떠받침으로써 글로벌 성장의 모멘텀을 지탱해왔다"(UN 2016: 3). 그동안 중국 경제는 막대한 국가 투자를 통해 (가령 철강과 같은) 기초 재화를 공급하는 산업을 보호해왔고 대규모 인프라 지출을 통해 국내소비를 진작해왔지만, 최근의 경제성장 둔화로 중국의 이러한 발전 경로에 대한 많은 의문이 쏟아지고 있다.

둘째, 중국 경제의 둔화는 (그리고 선진국에서 지속되고 있는 경제불안은) 다른 국가에게도 중대한 함의를 지닌다. 특히 강력한 경제력을 가진 개발도상국인 (브라질, 러시아, 인도, 중국, 남아프리카공화국으로 구성된) 브릭스(BRICS) 블록에 주목하게 한다(Box 7.6 참조). 인도와 중국을 제외하면 이 국가들은 원자재 중심의 1차상품수출에 크게 의존하고 있는데, 최근에 1차상품가격이 점차 하락하면서 경제성장 둔화와 경기침체가 발생하고 있다(그림 4.7). 인도와 다른 아시아 지역은 상대적으로 강한 성장세를 유지하고 있지만, 중국의 성장 둔화는 전체 글로벌 경제에 대한 우려를 낳고 있다. 최근 국가의 개입이 부동산 투기 버블을 더욱 증폭시켰다는 증거들이 나왔고 부채 기반의 투

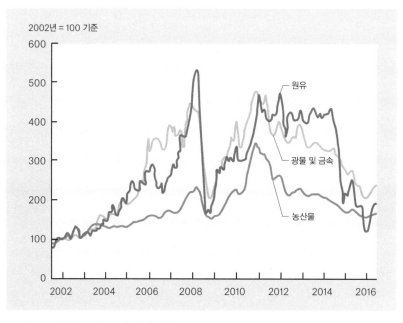

그림 4.7 1차상품군별 월간 가격지수(2002년 1월~2016년 6월)
(출처: UNCTAD 2016: 13. UNCTAD secretariat calculations, based on *UNCTADstat*)

자 규모 증가가 또 다른 글로벌 경기침체를 촉발할 수도 있다는 의견이 대두되면서, 이러한 우려는 더욱 커지고 있다(4.7 참조).

4.6 경제의 금융화?

'금융화(financialisation)'는 글로벌 경제에서 금융활동의 과정과 관련 행위자들의 영향력이 점차 커지는 현상을 이해하기 위한 핵심 개념이다. 2000년대 초 처음 언급되기 시작한 금융화는 오늘날 경제지리학을 포함하여 많은 분야에서 사용하고 있는 용어다(Epstein 2005; Pike and Pollard 2010; Lapavitsas 2013; 1.2 참조). 금융화에 대한 논란은 여러 가지가 있고 이에 관한 문헌도 급속하게 증가하는 추세인데, 여기에서는 다음 3가지 측면에 초점을 두고 논의한다(Stockhammer 2004; van der Zwan 2014). 첫째는 (금융 이외의 경제 부문과 관계된) 금융활동의 성장이고, 둘째는 금융자본과 생산자본 간 관계이며, 셋째는 (사람과 커뮤니티의 일상생활과 관련된) 금융의 역할 증대다.

4.6.1 금융의 성장

전체 경제활동에서 금융활동이 차지하는 비중은 지속적으로 (물론 어떤 지표를 사용했는가에 따라 이러한 경향은 국가별로 차이가 있겠지만) 증가하고 있다. 가령 라파비차스(Lapavitsas 2013)에 따르면, 1980년대 이후 미국, 영국, 독일, 일본의 경우에는 금융자산의 성장이 각 국가의 전체 GDP 성장과의 관계 속에서 이루어졌지만, 영국의 경우 금융 외의 경제 부문과 비교할 때 금융 부문이 가장 강력하게 성장해왔다. 이는 글로벌 금융 이해관계자들의 힘이 영국의 국내경제보다 훨씬 강력하다는 것을 보여주며, "영국 자본주의의 역사적 진화와, 런던의 금융 중심가인 더시티(the City of London)의 지속적인 역할"을 반영하는 것이기도 하다(Lapavitsas 2013: 206). 따라서 이를 근거로 한다면 금융화는 훨씬 글로벌한 과정이기도 하지만, 구체적인 지리적 맥락에 따라 상이한 형태를 띤다는 점을 이해할 필요가 있다. 영국과 미국은 2000년대 들어 독일이나 일본과 비교할 때 훨씬 더 급속한 금융화 과정을 경험했다. 이는 앞서 살펴보았던 것처럼 시장에 대한 규제완화와 (부동산 시장을 중심으로 한) 자산 버블의 영향과 관계가 있다.

금융과 관련하여 앵글로색슨 경제권과 이보다 규제가 강한 경제권 간의 뚜렷한 차이는 고용에서도 드러난다. 영국과 미국은 독일이나 일본과 비교할 때 금융 부문의 고용규모가 훨씬 높다. 그러나 재미있게도 영국과 미국 모두 금융활동의 성장이 유의미한 일자리 증가를 불러오지는 못했다. 이미 1990년대에 영국과 미국은 은행 부문에 자동화 시스템을 도입해 재구조화를 진행한 상태였기 때문이다(Lapavitsas 2013). 최근 영국 의회 보고서에 따르면 2014년 현재 은행 및 보험 부문의 고용규모는 110만 명으로 전체 고용규모의 3.4%를 차지하고 있는데, 이 수치는 1997년 이후 상대적으로 큰 변화가 없는 수준이다(Tyler 2015: 5).

금융화는 낙후된 저발전국이나 신흥 경제권에서도 일어나고 있다. 이러한 국가에서는 강력한 선진국 경제에 의해 강제적으로 금융화가 이루어지는 경우가 많다(위의 책). 라파비차스는 이를

'종속적 금융화'라고 지칭했다. 워싱턴합의를 근간으로 한 신자유주의적 정책의 영향으로 이 국가들의 정부는 자본의 흐름에 대한 장벽을 철폐해왔고, 금융부문에 대한 민영화와 자유화를 단행해야 했으며, 해외 (금융) 기업들의 진입을 허용해왔다(7.3.3 참조). 이런 조치는 금융활동을 더욱 효율화하고 투자 자본의 유입을 촉진한다는 이론을 근거로 한 변화였다. 주류 경제학자들은 글로벌 금융에 대한 제한 조치가 없어지면 결국 자본은 부유한 국가에서 가난한 국가로 흘러간다고 주장해왔다(Lucas 1990).

개발도상국으로 유입되는 일부 금융투자가 있는 것은 사실이지만, 실제로는 1990년대 중반 이후 금융자본 흐름의 주요 방향은 이와 정반대였다(그림 4.8). 민간자본의 흐름은 변동성이 높기 때문에, 금융위기 때와 같이 경제상황이 요동치는 시기에 급속히 유입되었다가 다시 빠르게 유출되는 경향을 보여왔다. 그런데 이런 수치가 포착하지 못하는 점은 규제완화와 글로벌 통합으로 빈곤국가들로부터 상당한 규모의 부정한 자금이 유출된다는 사실이다. 비영리운동단체인 국제금융윤리회의(GFI: Global Financial Integrity)에 따르면 보수적으로 계산하더라도 1970년부터 2008년까지 무려 8,540억 달러의 자금이 아프리카에서 유출되었는데, 이는 대부분 서구의 금융 이해관계자들 및 해외의 금융센터들과 결탁되어 있는 정치 엘리트계급에 의해 빚어진 것이다(Shaxson 2012).

그러나 가장 핵심적인 자본의 흐름은 정부 자금이다. 저발전국은 국제 금융기관으로부터 차입

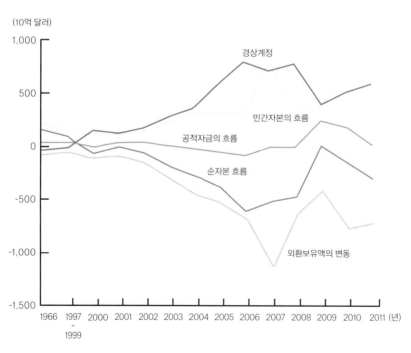

그림 4.8 선진국 및 개발도상국으로의 글로벌 순자본 흐름(1996~2011년)
(출처: Lapavitsas 2013: 247. Figure 46)

한 부채에 대해 꾸준히 이자를 지급해야 할 뿐만 아니라, 글로벌 불확실성의 증대로부터 자국을 보호하고 (워싱턴합의에 따른 인플레이션 억제 조치를 준수하기 위해) 자국의 통화를 달러화 가치에 고정시켜야 하기 때문에 달러화 등 외환 보유액을 계속 늘려야만 했다(Lapavitsas 2013). 역설적이게도 발전론적 입장에서 볼 때 세계의 가장 가난한 국가들이 (자국의 투자 프로그램에 착수하지 못하고) 부족한 자원을 팔아 달러화 비축을 늘려가고 있는 셈이며, 이 국가들은 미국 정부의 국채를 매입함으로써 미국의 시장 금리를 낮추는 데 일조하고 있다.

4.6.2 생산에 대한 금융의 헤게모니

금융화는 금융과 그 외의 경제 부문 간 관계의 질적 변동과 관련되어 있다. 비금융 부문의 활동들이 금융의 요구에 의해 휘둘리고 금융 부문의 이해관계가 '실물' 생산 경제 속으로 침투하고 있다. 이 현상은 신자유주의, 금융시장에 대한 탈규제 정책, 그리고 경제 전반에 걸친 신용 및 금융 규제의 완화와 직결된다. 그뿐만 아니라, 금융의 가치에 대한 인식이 확대되고 더욱 공격적으로 수익이나 지대를 추구★하는 경향이 대두되면서 경제 거버넌스의 레짐(regime)이 변화하는 것도 이에 영향을 미치고 있다.

이러한 레짐 변화의 대표적인 사례는 주식가격을 높이고, 수익을 늘리며, 배당을 확대함으로써 주주의 이익을 우선시하는 '주주가치론(Shareholder Value)'이다(Lazonick and O'Sullivan 2000; Froud *et al.* 2000). 이러한 주주 우선 정책은 기업

의 피고용인이나 소비자 등 다른 이해관계자들을 압도하고 있다.

생산자본과 금융자본 간 관계는 이미 오래전부터 정치경제학자들의 주요 관심사였다(이에 관한 흥미로운 논의로 Lapavitas 2013의 1부를 참조할 것). 케인스는 '금리생활자(불로소득자)의 안락사'를 주장하면서 금융이익은 그 본질상 기생충과 같고 파국적 잠재력을 갖고 있다고 비판했다. 왜냐하면 금융이익은 생산활동에 재투자되어 자본주의를 재건하고 지탱하는 데 도움이 되지 않기 때문이다(Keynes 1973). 애덤 스미스에서 카를 마르크스에 이르는 많은 이론가들은 금융자본과 산업자본 간 갈등을 이미 예견한 바 있다.

마르크스는 금융이익은 시간이 지남에 따라 자본주의의 생산력에 의해 주변화될 것이기 때문에 자본은 결국 생산 부문으로 흡수될 것이며, 자본주의에서 창출된 잉여가치를 둘러싸고 자본과 노동 간 대립이 첨예해질 것이라고 생각했다. 19세기에 은행은 산업의 성장과 기업의 규모 확대에 필요한 자금을 제공하는 역할을 했고(표 4.7), 20세기 들어 대기업과 초국적기업(TNCs: Transnational Corporations)이 등장하면서 마르크스가 주장했던 것이 상당히 현실화되었다. 20세기 중반

★ 경제주체가 자신의 이익(불로소득)을 위해 로비, 약탈, 방어 등 비생산적 활동에 경쟁적으로 자원을 낭비하는 현상을 흔히 '지대추구(rent-seeking)'라고 한다. 지대추구는 공급이 제한된 재화나 서비스 시장에서 독과점적 지위를 획득하여 이익을 극대화하는 활동이다. 지대추구는 새로운 부를 창출하지 않기 때문에 자원의 불평등한 분배, 실질적 부의 감소, 정부 세입 감소, 소득 불균형 심화, 경제 효율성 및 국가경쟁력 약화 등을 유발한다. 지대추구와 관련된 고전적 설명으로, 데이비드 리카도(David Ricardo)의 '차액지대(differential rent)' 개념이 있다. 차액지대란 토지의 희소성과 비옥도의 차이로 발생하는 지대이다. 리카도는 불로소득으로 지주가 얻는 부의 정당성을 비판하면서, 국가 간 곡물의 자유로운 수출입을 허용하는 자유무역을 실시할 것을 주장했다.

표 4.7 금융화의 경로: 자본주의 진화에 따른 금융, 생산, 노동 간 관계 변화와 특징

시기	국면	기업관계의 속성	자본주의 기저의 경제 논리	지리적 표출	주요 권력관계	금융의 역할
19세기	가족 자본주의	소유자가 지배함	민간의 축적과 이익 증대	지역 기반의 소유 및 운영. 지역 시장에서 점차 국가 전체 및 해외시장으로 지리적 확대	산업자본과 노동자 간의 갈등이 격화됨	금융의 주요 역할은 기업의 성장 및 확대와 자본주의의 집중화를 촉진하는 것임
20세기	경영(관리) 주의적 자본주의	경영자(관리자)가 헤게모니를 가짐. 소유와 경영의 분리	성장, 시장 점유, 저렴한 노동 공급의 확보	노동의 공간적 분업이 더욱 확대됨. 대기업과 초국적기업의 자본이 성장함	국내의 기업 자본과 조직화된 노동 간의 대립이 민족국가의 다양한 조절기구를 통해 중재됨 (예: 포디즘)	금융이익의 주변화. 1940년대 이후 (국가적으로 조직화된 자본주의와 자본에 대한 통제와 브레턴우즈 체제가 결합되어) 자본주의의 황금기를 형성함
21세기	금융 자본주의 또는 금리생활자 자본주의	주주가치론	지대추구, 단기적 이익 추구	전 지구적으로 통합된 금융시장과 금융 중심지의 역할. 선진국과 개발도상국의 새로운 의존 관계	주주가치가 생산자본보다 우선함. 자본시장과 산업성장 간 갈등. 소득에서 노동의 몫이 급격히 감소	경제 전반에 걸친 금융의 지배력 확대. 새로운 기업과 제도의 출현(예: 사모펀드, 헤지펀드)

들어 경영(관리)계급의 성장을 옹호하는 관점이 부상하면서 가족자본주의는 점차 퇴색했다. 왜냐하면 경영과 소유를 분리하는 것이 더 효율적이고 생산적인 기업 조직화 방법이며 자본주의의 긍정적 발전과정에 부합한다고 보았기 때문이다(Berle and Means 1932; Chandler 1962).

최근 들어 금융화는 자본주의의 또 다른 구조적 변동을 야기하는 것으로 보인다. 주주의 지위가 더 강화되거나 심지어는 사모펀드(private equity)처럼 새로운 형태의 금융화된 소유방식이 등장하고 있기 때문이다. 이러한 구조적 변동의 대표적 사례로 영국의 공공서비스 부문 민영화를 들 수 있다. 소비자에게 필수적이면서 공급자에게 안정적 수요를 보장하는 공공서비스가 민영화

되면서, 영국에서 이 부문은 최고의 이윤창출 기회로 부상했다. 잉글랜드와 웨일스 지역의 상수도 공급 회사에 대한 2012년 보고서에 따르면, 사모펀드가 완전히 또는 부분적으로 지분을 소유한 회사의 수는 전체 23개 중 13개에 달했다(Tinson and Kenway 2013). 이러한 사례는 공공서비스의 사회적 가치와 이윤추구 간의 잠재적 갈등을 금융화가 증폭시키고 있음을 잘 보여준다.

4.6.3 금융화와 일상생활

금융화의 세 번째 특징은 금융화가 일반 시민들의 일상생활에 깊이 침투해 들어왔다는 점이다. 1980년대 이후 글로벌 자본주의의 가장 중요한

측면 중 하나는 최소한 북아메리카와 서유럽의 경우 실질 임금이 하락했다는 점이다. 이는 부분적으로 노동조합의 힘이 약화되었기 때문이기도 하고, 투자 자본이 임금이 높은 선진국에서 임금이 더 저렴한 개발도상국으로 이탈했기 때문이기도 하다. 미국의 경우 실질 임금은 1970년대 이후 지금까지 정적인 수준에 머물러 있으며, 국가 전체의 경제규모 성장에 대한 비율로 보자면 실질적으로는 감소했다(Harvey 2010: 13).

개별 자본가에게는 실질임금의 감소 경향이 자신들의 수익을 높이기 때문에 좋은 소식이겠지만 전체 경제에는 그렇지 않다. 자본주의에서 임금은 기업이 생산한 제품과 서비스에 대한 구매력이기 때문이다. 실질임금과 구매력의 격차는 금융 부문의 규제완화에 따른 가구당 부채의 폭발적 증가로 메워지고 있다. 이는 특히 중산층 및 저소득층을 대상으로 한 대폭적 신용확대 조치를 통해 이루어지고 있다.

미국의 경우 가구당 부채규모는 1970년대에 4만 달러 수준이었지만 오늘날 13만 달러로 폭증했다(위의 책: 18). 가구당 부채의 증가는 단순히 주택담보대출 시장의 성장 때문만이 아니라, 상품에서부터 기초서비스에 이르는 온갖 종류의 소비재를 구입하려는 욕망에서 비롯된 부채증가의 결과이기도 하다.

특히 오늘날 고등교육을 위한 (대학 등록금과 생계비에 지출되는) 대학생들의 학자금 대출은 대부분의 국가에서 매우 높은 수준에 도달한 상태다. 가구당 부채의 폭증은 앵글로아메리카 경제권에서 가장 뚜렷하지만, 사실상 전 세계적 추세라는 점은 부인할 수 없다. 경영컨설팅 기업인 맥킨지의 조사에 따르면 중국, 말레이시아, 싱가포르 같은 국가에서도 2008~09년 금융위기 이후 가계 및 민간기업의 부채수준이 가파른 속도로 증가하고 있다(McKinsey 2015).

금융화의 결과 일반 시민들의 경제적 정체성에서도 심층적인 변화가 나타나고 있다(Langley 2008). 특히 저축, 연금, 복지에 대한 공급 및 관리의 주체로서 국가의 전통적인 역할이 퇴조함에 따라 돈과 신용 그리고 사회 간 관계가 점진적으로 변동하고 있다. 여기에서 핵심은 "소비자들이 금융의 주체로, 즉 수동적 저축자에서 기업가적 투자자로 탈바꿈하고 있다"는 점이다(Lai 2018: 27). 국가, 금융기관, 미디어 등은 금융 기업가주의 문화를 부채질하면서 개인들로 하여금 자신의 금융상의 미래에 대해 더 큰 책임을 지고 위험을 감수하도록 내몰고 있다.

그 결과 소비자는 부지불식간에 매우 복잡하고 조밀한 금융관계 속으로 얽혀 들어가고 있는데, 이에 대한 소비자의 통제력이나 지식은 지극히 미약한 수준에 머물러 있다. 서브프라임 위기 동안에 이루어진 약탈적 대출은 결과적으로 저임금 소비자에 대한 착취를 야기했다(Box 4.5). 금융위기와 관련하여 라파비차스가 지적했던 바와 같이, "미국에서 2007년 시작된 역사적 금융위기를 촉발한 요인이 주택담보대출에 대한 채무불이행을 선언한 가장 가난한 층위의 노동계급이었다는 점은 정말 놀라운 사실이다. 그뿐만 아니라 금융화의 실질적인 알맹이가 무엇인지를 보여주었다"(Lapavitsas 2013: 276).

Box 4.5

〈빅 쇼트〉와 금융화의 지리

영화 〈빅 쇼트(Big Short)〉는 소수의 금융 분석가 그룹이 금융위기를 예견하고, 금융시장에 역베팅하여 어마어마한 돈을 버는 내용을 담고 있다. [영화의 원작은 2010년 마이클 루이스(Michael Lewis)가 지은 동명의 책으로, 한국에서는 『빅샷』이라는 제목으로 번역서가 출간되었다.]★ 골드만삭스나 모건스탠리와 같은 미국의 대형 투자은행과 유럽의 많은 은행은 엄청난 돈을 서브프라임 주택시장에 쏟아 붓는데, 시장의 '군중심리'를 무시한 이 그룹은 주택 호황의 지속이 불가능하며 결국 피할 수 없는 버블 붕괴가 목전에 있음을 예견한다.

이 시스템의 결함을 처음으로 지적한 사람은 마이클 버리(Michael Burry)라는 캘리포니아의 헤지펀드 관리자였는데, 그는 주택시장의 하락에 투자함으로써 큰돈을 벌 수 있다는 것을 알게 된다. 몇몇 주요 은행과 투자회사는 당연히 주택시장이 계속 상승할 것이라고 생각하고 버리와 신용부도스와프(CDS: Credit Default Swap) 거래 계약을 맺는다. 버리는 주택시장이 2007년 2분기부터 폭락할 것이라는 데 베팅한다. 버리가 글로벌 금융권의 주류 의견과 정반대의 관점을 믿는 이유는 무엇일까? 영화 해설자에 따르면, 버리와 그 동료들은 "경제의 심장부를 차지하고 있는 거대한 거짓말을 보았으며, 그것은 나머지 어설픈 풋내기들이 결코 생각해 볼 엄두도 못 낼 거짓이었다. 그들은 그것을 보았다"(이 말은 거대한 교외지역의 주택단지를 공중에서 조망하는 스크린 샷과 함께 흘러나온다).

버리는 특정 장소를 기반으로 한 사람들의 일상적 경제생활과 투기 버블에 사로잡혀 있는 금융시장 간의 거대한 괴리에 주목했다. 영화 초반부에서 버리는 미국 서부 지역의 수천 명의 주택담보대출 내역이 기록된 스프레드시트를 뚫어지게 바라보는 장면이 나온다(이는 그림 4.3이 보여주듯 주택 저당물 압류위기가 가장 크게 불어닥친 지역이기도 하다). 수많은 주택담보대출이 변동금리로 팔려나갔지만, 소득수준이 낮거나 일자리가 불안한 직종에 종사하는 수많은 사람들은 매달 대출이자를 갚기 위해 버둥거리거나 심지어 연체한 상태로 살고 있었다. 버리는 바로 이 지점에 주목했다. 버리는 만약 금리가 상승한다면, 수많은 사람들이 주택담보대출에 대해 채무불이행 상태에 빠질 것이며, 이는 결국 전체 주택시장의 폭락으로 귀결될 것임을 직감했다(Box 4.2 참조). 버리는 큰돈을 벌려는 관점에서 이러한 상황에 주목했지만, 이는 수백 만 명의 사람들로 하여금 자신들이 거주하던 주택을 잃게 만드는 사회적 결과를 낳았다.

이 영화에서 가장 기억에 남을 만한 장면은, 뉴욕의 투자 관리자였던 마크 바움(Mark Baum)이 자신의 팀원들을 (당시 주택 압류가 가장 높은 곳이었던) 플로리다로 데려가서 주택시장의 폭락이 임박했다는 의심의 진위를 확인하기 위해 실제 일상생활의 모습과 대조해보는 대목이다. 그는 나이트클럽의 어떤 스트리퍼와 얘기하면서, 그녀가 (대출받은 자금으로 투자하는) '레버리징(leveraging)'이라는 금융 문화에 빠져 주택시장 폭락에 취약한 상태로 노출되어 있음을 알게 된다. 월 스트리트의 내부자인 바움은 그녀에게 "당신은 재융자(refinance)를 받지 못할 것"이라고 말한다. 그녀가 "제가 빌린 대출금 모두를 말하는 건가요?"라고 묻자, 바움은 "아니 '대출금 모두'라니 그게 무슨 말입니까?"라고 반문한다. 그러자 그녀는 "저는 주택이 5채고 맨션도 하나 가지고 있단 말이에요."라고 대답한다.

영화 속의 이 장면은 금융 '불로소득자(금리생활자)'의 논리가 어떻게 물질, 사람, 커뮤니티로 구성된 '실물' 경제 속으로 번져나가는지를 보여줌으로써 금융화를 정확하게 포착한다. 동시에 부동산이나 주택이 거주와 쉼이라는 인간의 기본적 필요를 충족하기 위한 (즉, 사용가치를 위한) 것이 아니라 교환가치를 확대하기 위한 금융 자산으로 간주되면서, 금융화가 자본의 급격한 도시화를 수반하는 과정을 조명한다.

★ 증권거래에서 '쇼트(short)'는 공매도를 의미한다. 흔히 선물(futures)이나 옵션(options)시장에서 투자자가 어떤 상품의 미래가치 '하락'을 예측하여 상품을 매도하는 경우를 쇼트(short) 포지션이라 한다. 영화의 제목인 빅 쇼트는 주택가격 하락(폭락)을 예상한 '쇼트 포지션에의 큰 베팅'이라는 뜻을 담고 있다. 반대로 투자자가 미래가치 '상승'을 예측하고 어떤 상품을 매입하면 이를 롱(long) 포지션이라고 한다.

4.7 금융화와 자본의 도시화

금융화의 가장 뚜렷한 특징 중 하나는 자본이 점차 토지, 부동산, 주택에 대한 투자 및 투기로 집중되는 경향이다. 마이클 허드슨(Michael Hudson)과 같은 이단 경제학자들은, 금융화 경제에서 금융시스템이 효용이 있는 재화와 서비스를 사용 및 교환하는 실제의 생산경제로부터 '디커플링(decoupling)'된다고 주장해왔다. 금융화로 인해 부동산에 대한 투기자본은 보다 사회적으로 유용한 형태의 자본주의를 주변으로 밀어낸다. 금융자본주의의 지배력 강화는 자산 버블, 부채위기, (생산이나 기술 개발과 같이 사회적으로 유용한 활동이 아니라 부동산으로부터 가치를 짜내는 활동을 통해 수익을 얻으려는 자본가인) '금리생활자(불로소득자)'의 수익 확대를 낳는다(Hudson 2012). 이에 대해서는 상당한 논란의 여지가 있지만, 미국이나 영국 같은 주요 경제권의 경우 부동산 투자의 중요성이 계속 증가하고 있다는 점은 의심의 여지가 없다.

공간적 측면에서 이러한 금융화의 형태는 데이비드 하비가 지칭한 '자본의 도시화 논제(urbanisation of capital thesis)'와 직결되어 있다. 하비는 '자본의 도시화'에 관한 일련의 연구(Harvey 1985, 2010, 2012)에서, 자본주의 발전에는 도시화 과정이 중요하다고 주장했던 프랑스의 마르크스주의 이론가 앙리 르페브르의 저술(Henri Lefebvre 1968)에 주목했다. 하비의 핵심 주장은 마르크스주의 관점에서 볼 때 도시화의 역사는 산업화 중에 발생한 잉여자본과 잉여노동을 흡수하는 과정과 직결되어 있다는 점이다. 도시화는 자본주의의 주기적 위기를 해결하는 ('공간적 조정'의) 핵심

방안이기 때문이다. 자본주의적 생산은 시간이 지남에 따라 더 많은 이윤을 창출하기 위해 새로운 사업에 투자할 잉여자본을 창출한다. 그뿐만 아니라, 비용절감을 위한 재구조화나 재조직화의 결과로 잉여노동(실업)을 발생시킨다(그림 3.1). 결국 도시의 인프라 구축 프로젝트는 이러한 잉여자본과 잉여노동을 흡수함으로써 새롭게 공간적 조정을 일으켜 새로운 자본축적 사이클을 만들어 낸다.

하비는 1848~70년 제2제국의 파리(Second Empire Paris)에서 일어난 도시 인프라 및 각종 건설 프로젝트에 대해 설명하는데, 여기에는 조밀하고 혼잡한 도시 내 근린지구의 재개발에서부터 건축가인 조르주 외젠 오스만(Georges Eugène Haussmann)의 그랑불르바르 계획(Grand Boulevard Schemes)에 이르기까지 수많은 도시 개조 사업이 망라되어 있다(Harvey 2012). 이러한 도시의 물리적 재개발은 (사회적 약자를 몰아내는) 사회정화(social cleansing) 과정과 연동되어 진행되었다. 오스만은 "정교한 계획 및 실행하에 공공질서, 공중보건, (그리고 당연하게도) 정치권력에 위협적이라고 간주되었던 많은 노동계급과 그 외의 무법적 요소 및 공해 산업을 파리의 중심부에서 제거해나갔다"(Harvey 2012: 16). 제2차 세계대전 이후 미국은 전 국가적 스케일에서 자본주의 도시화 과정을 경험했는데, 엄청난 규모의 공공·민간 투자가 신흥 교외지역 개발로 흘러들어갔다. 하비에 따르면, 이는 "제2차 세계대전 이후의 글로벌 자본주의를 안정화하는" 매우 중요한 역할을 했다(Harvey 2012: 9). 그러나 이러한 도시화 과정은 자본의 유입을 일으키고 부채 기반의 투기를 가

속화했기 때문에, (최근 대부분의 금융위기가 그러한 것처럼) 새로운 자산 버블과 위기를 일으킬 수 있는 위협 요인이기도 했다.

1970년대 이후 세계경제에 영향을 끼친 대부분의 금융위기는 사실상 자산 버블이나 부동산 투기와 무관했던 적이 없다(Harvey 2010). 최근 영국, 미국, 스페인, 아일랜드뿐만 아니라 일본, 스웨덴, 핀란드를 포함한 많은 국가의 경우에도 금융 폭락의 기저에는 '금융화된 도시주의(financialised urbanism)'가 자리 잡고 있다. 그리고 광범위한 시스템 붕괴를 막는 것은 오로지 정부의 개입뿐이었다.

이러한 경향은 산업자본주의의 오랜 특징이다. 그러나 신자유주의 시대에 이전보다 훨씬 급격한 도시개발이 전개되고 있다. 특히 세계의 많은 도시정부들은 금융 및 개발 관련 이해관계자들과 결탁하여 부동산 기반의 도시재생 프로그램을 진행하고 있고, 빈곤층을 위한 임대주택 공급보다 부유층을 위한 사치스러운 개발을 우선시하고 있다. 이런 측면에서 런던은 가장 극단적인 도시로서 글로벌 자본을 끌어들이고 있고, 도시 내 노동계급을 희생양 삼아 부유층을 위한 도시로 변하고 있으며, 주택 위기가 발생하는 중이다(Box 4.6). 하비가 "도시화 과정의 스케일 변동"을 언급하는 것은 이런 맥락에서다(Harvey 2012: 12). 사실상 런던, 멕시코시티, 뭄바이, 뉴욕, 산티아고, 서울, 타이베이와 같이 엄청나게 다양한 도시에서 부채를 등에 업은 건축 붐이 공통적으로 나타나고 있다. 오늘날 이런 과정은 '도시에 대한 권리(rights to the city)'를 주장하는 다양한 시민단체의 저항을 촉발한다. 2011년 북아메리카와 유럽에서 일어났던 점령운동과 파리의 '방리유(banlieues)'★와 같은 가난한 근린지구에서 일어난 소요 사태는 이의 대표적 사례지만(Dikec 2007 참조), 아직까지 이러한 지배적 흐름을 바꾸는 데 성공한 경우는 없는 듯하다(Caffentzis 2012).

중국은 가장 최근에 주택 및 부동산 가격의 폭등을 겪고 있는 국가로, 대출을 기반으로 한 부동산 투기에 대한 탐닉이 극심한 상태다. 중국은 1970년대 이후 글로벌 경제에 대한 개방정책의 일환으로 역사상 유례가 없는 급속한 도시화를 경험하고 있다. 중국은 1978년 당시만 하더라도 도시지역 인구가 전체 인구의 18%에 불과했던 촌락 지배적 사회였지만, 2010년 중반에는 이 비율이 50%로 급상승했다(Gu et al. 2015). 이러한 급속한 도시 성장은 공간적으로도 매우 광범위하게 나타났다. 현재 인구가 1천만 명 이상인 거대도시가 6개에 달하고, 5백만 명에서 1천만 명 사이의 도시가 10개이며, 2030년에는 각각 7개와 16개로 증가할 것으로 예측된다(UN 2014). 또 다른 통계에 따르면 2011~12년 중국의 시멘트 소비량은 20세기 내내 미국이 소비했던 것보다 더 많다(Anderlini 2016). 중국의 도시화는 국가의 신중한 계획하에 실행되고 있는데, 이는 자국의 경제를 현재의 수출의존형 구조를 벗어나 내수소비형 구조로 전환하려는 시도의 일환이다.

중국 정부가 엄청난 규모의 부동산 붕괴를 스스로 자초하고 있다는 지적도 있다. 만일 주택가

★ 방리유는 프랑스에서 대도시를 둘러싸고 있는 공공임대아파트 중심의 외곽 근린지구를 가리키는데, 주로 저소득층이나 이민자들이 거주하고 있다. 1995년 개봉한 프랑스영화 〈증오(La Haine)〉는 방리유에서 공권력과 대척점을 이루는 이주민 2세 청년들의 삶을 아주 잘 묘사했다.

Box 4.6

21세기의 런던
근로빈곤층(워킹푸어)을 희생양 삼는 글로벌 초부유층의 도시?

런던은 글로벌 금융의 도시라는 명성 덕분에 초부유층(super-rich)의 투자를 끌어당기는 자석처럼 급속한 성장을 거듭해왔다. 2014년 《선데이타임스(Sunday Times)》가 발표한 세계의 부자 리스트에 따르면 10억 파운드 이상의 부자가 런던에 80명이 거주하며, 다른 어떤 도시보다도 인원이 많다. 다음으로 뉴욕이 56명, 샌프란시스코가 49명, 모스크바가 45명, 홍콩이 43명 순이었다(Atkinson et al. 2016). 국제 엘리트들은 런던의 주택도 사들이고 있다. 다른 곳에 대한 투자가 주춤할 때도, 부동산만큼은 금융수익을 보장하는 안전한 천국과 같다. 최근의 한 보고서에 따르면 백만 파운드 이상의 부동산 거래 중 49%가 외부의 국제 투자자들이 매입한 거래였으며, 이들 중 상당수는 런던에서 거주하는 기간이 얼마 되지도 않았다(위의 책). 이른바 '유령 근린지구(ghost neighbourhoods)'나 '불 꺼진 런던(light out London)'이라 불리는 현상은 첼시, 켄싱턴, 나이트브리지와 같이 매우 배타적인 지역에서 나타나고 있는데, 이 지역에서 거래된 부동산의 평균 가격은 2002년에 74만 5,000파운드에서 2015년 340만 파운드로 급등했다(Cumming 2015). 이런 지역을 포함해서 런던 전체적으로 거주자가 없는 부동산은 무려 22,000개에 달한다.

이처럼 글로벌화된 부동산 투기로 각 지역에서는 파국적인 결과가 빚어지고 있다. 런던의 부동산 가격은 끝없이 치솟고 있어서, 런던에서 일하며 살아가는 사람들이 감당할 수 있는 적정한 주택이 부족한 상태다. 가령 임대주택의 대기자 리스트에는 25만 가구가 등재되어 있고, 40만 이상의 가구가 '홈리스' 상태이거나 임시 보호소에 머물고 있다(Atkinson et al. 2016: 2). 놀라울 것도 없이 주택은 시장 선거의 핵심 이슈로 떠올랐으며, 최근 런던 시장에 당선된 사디크 칸(Sadiq Khan)은 해외 부동산 투기를 억제하고 보다 적정한 주택의 공급을 약속한 바 있다. 그는 《가디언(The Guardian)》과의 인터뷰에서 "중동 및 아시아의 투자자들이 주택을 계속 사들이는 한, 주택을 새로 건설·공급한다는 것은 무의미합니다. … 어떤 주택도 빈 상태로 내버려 두고 싶지 않습니다. 나는 세계의 자금세탁이 벌어지는 수도에 살고 싶지 않습니다. 런던 시민들에게 우선권을 돌려주고 싶습니다."라고 말했다(Booth and Bengtson 2016).

●추천 문헌
Atkinson et al. (2016) International capital flows into London property, *SPERI Global Political Economy Brief* No. 2.(Available at http://speri.dept.shef.ac.uk)

격의 하락이 시작되면 (다른 모든 곳들이 그러하듯이) 방대한 규모의 유령 도시들이 생겨날 수도 있다. 스카이시티(Sky City)는 이의 전형적인 상징일 것이다. 스카이시티는 중국 후난성의 수도인 창사시의 한 부호가 건설을 추진했던 빌딩인데, 세계에서 가장 높은 지상 838m의 202층으로 계획되었다가 결국 여러 이유로 건설이 중단되었다. 현재 이 빌딩의 건설 부지는 짓다가 중단된

아파트 가운데에 임시 양어장으로 사용하는 호수로 남아 있다(위의 책). 중국은 현재 GDP 대비 부채 비율이 미국보다 높고, 부동산 개발이 국가 경제를 주도하고 있다. 현재 중국 내 은행 대출의 60%가 부동산 투자에 유입된 상태다. 중국은 세계경제에서 가장 중요한 시장이기 때문에, 일부 전문가들은 중국에서 또 한번 글로벌 위기가 발생할 것이라고 우려하고 있다. 《파이낸셜타임스》

가 지적한 바와 같이, "바야흐로 홍콩의 금융기관부터 독일의 자동차 회사와 호주의 광부에 이르기까지 모든 이들의 운명은 (스카이시티 건설이 계획되었던) 창사시와 같은 곳에 있는 주택 구매자들의 손에 달려 있다"고 해도 과언이 아니다(위의 책 참조).

4.8 요약

화폐와 신용은 자본주의의 작동에서 언제나 핵심을 차지하면서, 혁신과 기술 변화, 지리적 팽창의 수단이 되어왔다. 자본주의의 진화과정에서 화폐의 본질과 형태, 화폐와 광범위한 경제발전 간 관계는 급격히 변동하고 있다. 최근 금융활동은 비금융경제와 비교할 때 팽창 양상이 뚜렷하다. 이는 전 세계적으로 통합된 금융시스템의 등장 때문이다. 금융시스템은 시공간압축의 가장 선도적인 형태다(Harvey 1989). 신자유주의적 규제완화와 ICT의 발달은 금융자본의 초이동성을 초래했다. 그 결과 경제 불안정성이 증대되어 자산가격이 폭등하고 그에 따른 위기가 계속 이어지고 있다.

이처럼 금융의 글로벌화는 불안정성 및 위기 경향을 증대시킨다. 1990년대 이후의 변동성 증가는 성장과 위기의 사이클을 특징으로 하는 자본주의의 불안정한 역사를 단적으로 보여주는 증거다(3.2.3 참조). 일부 비평가들은 금융화 때문에 금융이익이 경제를 지배하는 새로운 국면의 자본주의가 도래했다고 말한다(Lapavitsas 2013). 또 다른 비평가들은 하나의 경제시스템으로서 자본주의의 지속가능성 자체가 문제시되고 있으며, 금융위기의 증대는 자본주의적 모순의 첨예화를 보여준다고 평가한다(가령 Harvey 2010를 참조할 것).

지리적 측면에서 금융시스템의 글로벌화는 새로운 양식의 지리적 연결과 차별화를 야기함으로써 기존의 지리적 불균등발전 패턴을 더욱 강화하고 있다. 선도적 세계도시에서는 로컬 경제와 국가경제가 화폐의 글로벌 흐름 속에 연결되어 있고, 선진국과 개발도상국의 일부 지역은 착취적인 부채관계 속으로 끌려들어가 더욱 빈곤해지고 있다. 미국의 서브프라임 주택담보대출 위기나 유럽재정위기 등의 사례는, 금융화가 '일반적인' 도시나 지역에 사는 시민들을 복잡하고 종종 불평등한 관계를 통해 금융의 공간적 순환으로 끌어들여서 이들의 일상적 삶에 부정적인 영향을 끼칠 수 있음을 보여준다. 지리적으로 금융화는 새로운 형태의 도시화 출현과 직결되어 있다. 이 영향으로 젠트리피케이션과 부동산이나 토지에 대한 투기에 탐닉하는 사람이 늘어나고 있고, 도시를 경제 엘리트계급과 노동계급 집단으로 점차 분리하고 있다. 그 결과 노동계급 집단의 '도시에 대한 권리'는 위협을 받고 있다.

선진국과 개발도상국을 하나씩 선택한 후, 2008~09년 금융위기의 영향과 이후의 진화 과정을 경제성장, 고용, 그리고 도시 및 지역 간 관계의 3가지 측면에서 조사해보자. 조사결과를 가지고 다음의 질문에 대해 대답해보자.

1. 각 국가는 금융위기와 어떠한 관계적 지리를 형성하고 있었는가?

2. 금융위기로 인해 국가 내 지리적 불균등발전 과정은 얼마나 더욱 뚜렷해졌는가?

3. 두 국가에서 '자본의 도시화'는 어떻게 나타나고 있는가?

4. 새로운 경제성장 사이클을 촉진하기 위해 정부는 (국가적·국제적 수준 모두에서) 어떤 정책들을 사용해왔는가?

'세계'도시와 '글로벌'도시

이 책에서는 '세계'도시와 '글로벌'도시를 구분하여 서술하지 않지만, 개념적 원류의 차이는 분명히 해둘 필요가 있다.

세계도시(world city) 개념은 도시지리학자와 도시사학자가 아주 오래전부터 언급했지만, 1970년대 이후 경제의 '글로벌화' 맥락에서 최초로 개념화한 사람은 비판적 도시학자 존 프리드먼(John Friedmann)이다. 그는 신국제노동분업의 맥락에서 핵심부에 위치한 주요 산업도시의 변화 양상을 근거로 세계도시를 개념화했다. 신국제노동분업으로 생산시설이 (반)주변부의 도시와 지역으로 이전하면서, 핵심부 산업도시는 급격한 탈산업화를 경험하고 생산의 기반을 상실한 채 초국적기업(TNC)의 본사만 남게 되는 경향이 있었다. 이런 상황에서 TNC 본사의 관리 및 통제 기능은 (반)주변부의 신흥 산업도시와 수출가공지역(EPZ)까지 영향력을 미쳤다. 이에 TNC 본사가 입지한 핵심부의 탈산업화된 주요 도시는 자본, 상품, 정보, 노동의 공간적 흐름을 지휘하고 통제하는 글로벌 경제의 거점으로 자리매김하게 되었고, 프리드먼은 이런 도시들을 세계도시라 칭했다.

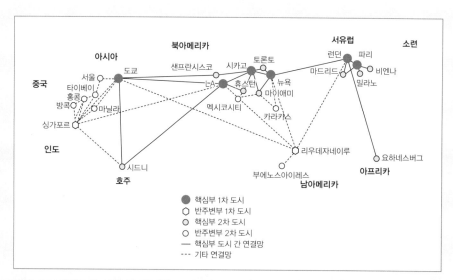

그림 4.9 세계도시 계층 및 연결망

(출처: Friedmann, J. 1986. The world city hypothesis. *Development and Change*. p. 74)

산업적 연계에 주목했던 프리드먼과 달리, 도시 간 '포스트'산업적 관계를 강조하며 도시사회학자 사스키아 사센(Saskia Sassen)은 글로벌도시 개념을 제안했다. 그녀에 따르면 TNC 본사가 도시 중심부에서 누리는 집적경제의 이익은 상당히 미약한데, 그 이유는 일상적 연계가 필요한 산업시설과 거래처가 더 이상 인근에 입지하지 않았기 때문이다. 실제로 미국에서는 제조업에 전문화된 TNC 본사의 교외화가 두드러졌다. 사센은 이러한 상황에서도 여전히 도시 중심부에서 집적경제의 이익을 누리던 금융업에 주목했다. 그리고 전자거래를 통해 글로벌 스케일에서 금융거래가 이루어진다고 해도, 금융업의 성패를 좌우하는 요인은 로컬 스케일에서 발생하는 행위자 간의 상호작용이라고 설명했다. 파생상품처럼 꾸준히 발생하는 금융 혁신에 대한 학습과 이해가 필요하고, 대면접촉을 통해 투자와 관련된 소문, 정보, (대체로 암묵적인) 지식을 습득해야 하기 때문이다. 동시에 법률, 회계, 컨설팅, 광고 등 유관 '생산자'서비스 (또는 고차 사업자서비스) 업체와의 긴밀한 연계도 중요했다. 이처럼 로컬 네트워크의 이익을 통해 글로벌 경제를 지배하는 소수의 도시를 사센은 글로벌도시라고 명명했으며 뉴욕, 런던, 도쿄를 글로벌도시의 전형으로 지목했다.

그림 4.10 런던 더시티(The City) 전경
(출처: shutterstock)

• 참고문헌: 이헌재·박경환·이재열·신승원 역 (2019), 『포스트메트로폴리스 2』, Soja, E. (2000), *Postmetropolis*, Wiley-Blackwell, 라움, pp. 140-152.

더 읽을거리

Aalbers, M. and Pollard, J. (2016) Geographies of money, finance and crisis. In Daniels P., Bradshaw, M., Shaw, D., Sidaway, J. and Hall, T. (eds) *An Introduction to Human Geography*, 5th edition. Harlow: Pearson, pp. 365-78.

금융시스템의 작동 방식과 이의 지리적 차원을 중심으로 글로벌 금융위기에 대해 훌륭하게 설명하는 글이다.

Blyth, M. (2013) *Austerity: The History of a Dangerous Idea.* Oxford: Oxford University Press.

금융위기 이후에 긴축정책이 어떤 영향을 가져왔는지를 비판적으로 분석한 책으로서, 특히 유로존이 직면한 문제를 통찰력 있게 설명한다.

Christophers, B. (2015) Geographies of Finance II: crisis, space and political-economic transformation. *Progress in Human Geography* 38 (2): 205-13.

최근 경제위기와 그 이후의 침체를 지리적 관점에서 개관한 논문이다.

Harvey, D. (2005) *A Brief History of Neoliberalism.* Oxford: Oxford University Press.

이 책의 4장은 신자유주의의 불균등발전과 금융 글로벌화 및 그에 따른 영향을 날카롭게 설명하고 있다.

Kitchen, R., O'Callaghan, C., Boyle, M. and Gleeson, J. (2012) Placing neoliberalism: the rise and fall of Ireland's Celtic Tiger. *Environment and Planning A* 44: 1302-26.

아일랜드의 사례를 통해 글로벌 금융위기가 부동산 투자에 어떤 영향을 끼치고 있는지를 분석하고 이의 경제적·사회적 결과가 어떠한지를 분석한 논문이다.

Lapavitsas, C. (2013) Approaching financialization: literature and theory. In Lapavitsas, C., *Profiting without Producing: How Finance Exploits us All.* London: Verso, chapter 2, pp. 13-43.

금융화의 다각적인 영향을 비판적으로 분석한 글이다.

 웹사이트

www.bis.org
국제결제은행(BIS: Bank for International Settlements)의 웹사이트로 국제 금융의 주요 이슈와 규제에 관한 유익한 정보와 자료를 갖고 있다.

www.debtdeflation.com/blogs
포스트케인스주의 경제학자인 킹스턴대학의 스티브 킨(Steve Keen) 교수가 운영하는 웹사이트로 금융시스템과 주류 경제정책의 모순을 이해하는 데 도움이 된다.

www.imf.org
세계 금융의 안정을 도모하기 위해 설립된 국제통화기금(IMF)의 홈페이지.

참고문헌

Aalbers, M. and Pollard, J. (2016) Geographies of money, finance and crisis. In Daniels P., Bradshaw, M., Shaw, D., Sidaway, J. and Hall, T. (eds) *An Introduction to Human Geography,* 5th edition. Harlow: Pearson, pp. 365-78.

Anderlini, J. (2016) The Chinese chronicle of a crash foretold. *Financial Times,* 24 February. At www.ft.com/content/65a584e2-da53-11e5-98fd-06d75973fe09. Last accessed 16 August 2018.

Arestis, Philip (1996) Post-Keynesian economics: towards coherence. *Cambridge Journal of Economics* 20: 111-35.

Atkinson, R., Burrows, R., Glucksberg, L., Ho, H.K., Knowles, C., Rhodes, D. and Webber, R. (2016) International capital flows into London property. *SPERI Global Political Economy Brief No. 2.* Available at http://speri.dept.shef.ac.uk/, last accessed 7 July 2016.

Berle, A. and Means, G. (1932) *The Modern Corporation and Private Property.* New York: Macmillan.

BIS (Bank for International Settlements) (2013) *Triennial Central Bank Survey.* Basel: Bank for International Settlements.

Blackburn, R. (2008) The subprime crisis. *New Left Review* 50: 63-106.

BLS (Bureau of Labor Statistics) (2012) *BLS Spotlight on Statistics: The Recession of 2007–9.* Bureau of Labor Statistics, Washington, DC, available at: www.bls.gov/spotlight.

Blyth, M. (2013) *Austerity: The History of a Dangerous Idea.* New York: Routledge.

Booth, R. and Bengtson, H. (2016) The London skyscraper that is a stark symbol of the housing crisis. *The Guardian,* 24 May.

Caffentzis, G. (2012) In the desert of cities: notes on the occupy movement in the US. *Reclamations.* Retrieved from www.reclamationsjournal. org/blog/?p=505.

Casaux, S. and Turrini, A. (2011) Post-crisis unemployment developments: US and EU approaching? *ECFIN Economic Brief, Issue 13 May.* Brussels: European Commission.

Cassidy, J. (2008) The Minsky moment. *The New Yorker,* February. At www.newyorker.com.

Chandler, A. (1962) *Strategy and Structure: The History of the American Industrial Enterprise.* Cambridge, MA: MIT Press.

Christophers, B. (2015) Geographies of finance II: crisis, space and political-economic transformation. *Progress in Human Geography* 38 (2): 205-13.

Crescenzi, R., Luca, D. and Milio, S. (2016) The geography of the economic crisis in Europe: national macroeconomic conditions, regional structural factors and short-term economic performance. *Cambridge Journal of Regions, Economy and Society* 9: 13-32.

Cumbers, A. (2012) *Reclaiming Public Ownership: Making Space for Economic Democracy.* London: Zed.

Cumming, E. (2015) It's like a ghost town: lights go out as foreign owners desert London homes. *The Guardian,* 25 January.

Dicken, P. (2003) *Global Shift,* 3rd edition. London: Sage.

Dikec, M. (2007) *Badlands of the Republic.* London: Wiley Blackwell.

Dow, S. (1999) The stages of banking development and the spatial evolution of financial systems. In Martin, R. (ed.) *Money and the Space Economy.* Chichester: Wiley, pp. 31-48.

Dunford, M. and Smith, A. (2000) Catching up or falling behind? Economic performance and regional trajectories in the 'New Europe'. *Economic Geography* 76 (2): 169-95.

Epstein, G. (ed.) (2005) *Financialization and the World Economy*. Northampton: Edward Elgar.

Financial Times (2008) Lehman Brothers file for bankruptcy, 16 September. At www.ft.com/content/52098fa2-82e3-11dd-907e-000077b07658. Last accessed 16 August 2018.

Fingleton, B., Garretsen, H. and Martin, R. (2015) Shocking aspects of monetary union: the vulnerability of regions in Euroland. *Journal of Economic Geography* 15 (5): 907-34.

Froud, J., Haslam, C., Johal, S. and Williams, K. (2000) Shareholder value and financialization: consultancy promises, management moves. *Economy and Society* 29 (1): 80-110.

Froud, J., Johal, S., Leaver, A. and Williams, K. (2006) *Financialization and Strategy: Narrative and Numbers*. London: Routledge.

Gilbert, E. (2005) Common cents: mapping money in time and space. *Economy and Society* 34: 356-87.

Graeber, D. (2011) *Debt: The First 5,000 Years*. New York: Melville.

Gu, C., Kesteloot, C. and Cook, I. (2015) Theorising Chinese urbanisation: a multi-layered perspective. *Urban Studies* 51 (14): 2564-80.

Hadjimichalis, C. (2011) Uneven geographical development and socio-spatial justice and solidarity: European regions after the 2009 financial crisis. *European Urban and Regional Studies* 18 (3): 254-74.

Harvey, D. (1982) *The Limits to Capital*. Oxford: Blackwell.

Harvey, D. (1985) *The Urbanisation of Capital*. Oxford: Blackwell.

Harvey, D. (1989) *The Condition of Post-Modernity*. Oxford: Blackwell.

Harvey, D. (2005) *A Brief History of Neoliberalism*. Oxford: Oxford University Press.

Harvey, D. (2010) *The Enigma of Capital and the Crises of Capitalism*. New York: Profile.

Harvey, D. (2012) *Rebel Cities: From the Right to the City to the Urban Revolution*. London: Verso.

Hirst, P.Q., Thompson, G.F. and Bromley, S. (2009) *Globalization in Question*, 3rd edition. Cambridge: Polity Press.

Hudson, M. (2012) *The Bubble and Beyond*. Dresden: ISLET.

Ingham, G. (1996) Some recent changes in the relationship between economics and sociology. *Cambridge Journal of Economics* 20: 243-75.

Keen, S. (2009) The roving cavaliers of credit. *Steve Keen's DebtWatch*, 31 February. At www.debtdeflation.com/blogs/2009/01/31/therovingcavaliersofcredit/. Accessed 16 August 2018.

Keynes, J.M. (1973) *The General Theory of Employment, Interest and Money*. London: Macmillan.

Kitchen, R., O'Callaghan, C., Boyle, M. and Gleeson, J. (2012) Placing neoliberalism: the rise and fall of Ireland's Celtic Tiger. *Environment and Planning A* 44: 1302-26.

Lai, K. (2018) Financialisation of everyday life. In Clark, G.L., Feldman, M., Gertler, M.S. and Wojcik, D. (eds) *The New Oxford Handbook of Economic Geography*. Oxford: Oxford University Press, pp. 611-27.

Langley, P. (2008) Financialisation and the consumer credit boom. *Competition and Change* 12: 133-47.

Lapavitsas, C. (2013) *Profiting without Producing: How Finance Exploits us All*. London: Verso.

Lazonick, W. and O'Sullivan, M. (2000) Maximising shareholder value: a new ideology for corporate governance. *Economy and Society* 29 (1): 13-35.

Lefebvre, H. (1968) *Le Droit a la Ville*. Paris: Anthropos.

Lewis, M. (2010) *The Big Short: Inside the Doomsday Machine*. New York: W.W. Norton.

Leyshon, A. and Thrift, N. (1995) Geographies of financial exclusion: financial abandonment in Britain and the United States. *Transactions of the Institute of British Geographers* NS 20: 312-41.

Lucas, R. (1990) Why doesn't capital flow from rich to poor countries? *American Economic Review* 80 (2): 92-6.

Mann, G. (2013) The monetary exception: labour, distribution and money in capitalism. *Capital and Class* 37 (3): 197-216.

Marshall, J.N., Pike, A., Pollard, J.S., Tomaney, J., Dawley, S. and Gray, J. (2012) Placing the run on Northern Rock. *Journal of Economic Geography* 12 (1): 157-81.

Martin, R. (1994) Stateless monies, global financial integration and national economic autonomy: the end of geography? In Corbridge, S., Martin, R. and Thrift, N. (eds) *Money Power and Space*. Oxford: Blackwell, pp. 253-78.

Martin, R. (ed.) (1999) *Money and the Space Economy*. Chichester: Wiley.

McKinsey (2015) *Debt and Not much Deleveraging*. London: McKinsey and Co.

Minsky, H. (1975) *John Maynard Keynes*. New York: Columbia University Press.

Minsky, H. (1986) *Stabilizing an Unstable Economy*. New Haven: Yale University Press.

Minsky, H. (1992) The financial instability hypothesis. *Working Paper* No. 74. New York: Jerome Levy Economics Institute, Bard College.

Moore, E. (2016) China issues its first renminbi sovereign debt in London. *Financial Times*, 26 May. Available at: www.ft.com/cms/s/0/f81c777a-233e-11e6-aa98-db1e01fabc0c.html#axzz4-zlTc2FV, last accessed 3 June 2016.

NAO (National Audit Office) (2011) *The Financial Stability Interventions, Extract from the Certificate and Report of the Comptroller and Auditor General on HM Treasury Annual Report and Accounts 2010–11*, HC 984, July. London: HM Treasury.

Palma, J.G. (2009) The revenge of the market on the rentiers. Why neoliberal reports on the end of history turned out to be premature. *Cambridge Journal of Economics* 33: 829-69.

Parker, G. and McLannahan, B. (2015) Alistair Darling joins board of Morgan Stanley. *Financial Times*, 8 December. At www.ft.com/content/b7c708a4-9e03-11e5-b45d-4812f209f861. Last ac-

cessed 16 August 2018.

Pierce, A. (2008) The Queen asks why no one saw the financial crisis coming. *Daily Telegraph*, 5 November. At www.telegraph.co.uk/news/uknews/theroyalfamily/3386353/The-Queen-asks-why-no-onesaw-the-credit-crunch-coming.html. Last accessed 29 October 2009.

Pike, A. and Pollard, J. (2010) Economic geographies of financialisation. *Economic Geography* 86: 29-51.

Pollard, J. (2005) The global financial system: worlds of monies. In Daniels, P., Bradshaw, M., Shaw, D. and Sidaway, J. (eds) *Human Geography: Issues for the Twenty First Century*, 2nd edition. Harlow: Pearson, pp. 358-75.

Popper, N. (2015) Morgan Stanley in $2.6 billion settlement over crisis in mortgages. *Financial Times*, 25 February. At www.nytimes.com/2015/02/26/business/dealbook/morgan-stanley-in-2-6-billion-mortgage-settlement.html. Accessed 16 August 2018.

Shaxson, N. (2012) *Treasure Islands: Tax Havens and the Men Who Stole the World*. London: Random House.

Stockhammer, E. (2004) Financialization and the slowdown of accumulation. *Cambridge Journal of Economics* 28 (5): 719-41.

Thompson, G. (2010) 'Financial globalisation' and the 'crisis': a critical assessment and 'what is to be done'? *New Political Economy* 15 (1): 127-45.

Tickell, A. (2000) Dangerous derivatives: controlling and creating risks in international money. *Geoforum* 31: 87-99.

Tickell, A. (2003) Cultures of money. In Anderson, K., Domosh, M., Pile, S. and Thrift, N. (eds) *Handbook of Cultural Geography*. London: Sage, pp. 116-30.

Tinson, A. and Kenway, P. (2013) *The Water Industry: A Case to Answer*. London: UNISON and the New Policy Institute.

Tyler, G. (2015) Financial services: contribution to the UK economy. *Commons Briefing Papers SN/*

EP/06193. London: House of Commons Library.

United Nations (UN) (2014) *World Urbanisation Prospects*. New York: United Nations.

United Nations (UN) (2016) *World Economic Situation and Prospects 2016*. New York: United Nations.

United Nations Conference on Trade and Development (UNCTAD) (2016) *Trade and Development Report, 2016: Structural Transformation for Inclusive and Sustained Growth*. New York and Geneva: UNCTAD.

van der Zwan, M. (2014) Making sense of financialisation. *Socio-Economic Review* 12: 99-129.

Wojcik, D. and MacDonald-Korth, D. (2015) The British and the German financial sectors in the wake of the crisis: size, structure and spatial concentration. *Journal of Economic Geography*. Advanced access, doi:10.1093/jeg/lbu056.

Wolfson, M. (1986) *Financial Crises*. New York: M.E. Sharp.

Chapter

05 | 자본주의의 관리
국가와 경제 거버넌스의 변천

5.1 도입

경제에서 **국가**(state)의 역할은 매우 폭넓은 영역에 영향을 끼치지만, 눈에는 즉각 띄지 않는 방식으로 재화와 서비스를 공급하므로 개별 소비자들은 이를 잘 인식하지 못한다. 가령 우리가 가는 술집들이 몇 시까지 영업을 할 수 있는지, 맥주

나 와인 또는 위스키의 용량을 어떤 단위로 표시할지, 이런 상품에는 얼마의 세금을 책정할지, 상품 라벨에는 어떤 정보가 포함되어야 하는지, 주방 위생을 어떤 기준에서 평가할지, 술집에서 일하는 직원의 최저임금을 어떻게 정할지 등은 모두 국가의 규제를 받고 있다(Painter 2006). 5장의 주요 내용은 국가가 어떤 고정된 '실체'나 대상이라기보다, '역동적인 과정' 그 자체라는 인식에 토대를 두고 있다(Peck 2001). 우리는 세입이나 지출 수준과 같은 국가의 규모에만 초점을 둘 것이 아니라 국가가 경제생활에 어떻게 개입하는지, 국가가 추구하는 경제정책의 특징은 무엇인지, 이러한 정책이 여러 사회집단과 지역에 어떤 영향을 미치는지를 살펴볼 필요가 있다(O'Neill 1997).

이 책은 **지리정치경제학**(GPE: Geographical Political Economy) 관점에서 국가 개입의 지리

를 고찰한다. 즉, 경제가 자율적이고 자기조절적 (self-regulating)으로 작동한다는 주장을 거부한다. 자기조절적 경제는 주류 신고전파 경제학에서 주장하는 개념으로, 시장의 역할은 가격 메커니즘을 통해 수요와 공급이 균형에 도달하도록 보장하는 것이라고 전제한다. 또 국가의 역할을 재산권을 보호하고 사업상의 계약을 보장하는 등 지극히 제한적인 수준으로 설정한다.

이와 반대로 이 책이 채택한 제도주의적 접근은 사회적 관습, 행정적 규칙, 문화적 규범까지 포함하는 다양한 사회적 조절양식을 통해 경제가 움직인다고 본다(Aglietta 1979; 2.4.3 및 2.5.3 참조). 그리고 국가는 이렇게 상이한 메커니즘들을 결합하고 조정하기 위해 과세, 무역정책, 고용기준, 금융시장 등 다양한 사안을 포괄하는 광범위한 유형의 규칙과 법률을 수립, 시행한다. 일반적으로 경제에 대한 국가의 역할은 경제성장을 촉진하는 것으로, 기업이 이윤을 창출할 여건을 조성하고 노동자들이 일자리를 구할 수 있게 하며 다양한 과세를 통해 세입을 창출하는 것까지 포함한다.

지리적 측면에서 볼 때 국가는 광범위한 불균등발전 과정을 조절하는 중요한 역할을 하는데, 특정 유형의 장소에 (가령 경기침체 지역에) 초점을 두고 지역정책을 실행한다. 이는 매우 일반적인 차원의 국가적 조절이며, 실제로 국가의 구체적인 형태와 기능은 시간이 흐르면서 변화한다. 조절이론에서 일컫는 **조절양식(mode of regula-tion)**은 이러한 국가적 조절을 위한 구체적인 제도적 장치들을 총칭하는 개념이다. 조절양식은 일정 기간 동안 비교적 안정적인 경제성장기를 형성하는데, 이를 **축적체제(regimes of accumula-tions)**라고 한다(2.4.3 참조).

5.2 '질적 국가'의 성격 변화

국가는 정치생활의 기본적인 조직 단위로(그림 5.1), 사회를 보호하고 유지하는 공적 제도들의 총체를 가리킨다(Dear 2000: 789). 공적 제도에는 의회, 행정부, 사법부, 경찰, 군대, 소방, 지방정부 등이 포함된다. 일반적으로 국가는 장관과 공무원으로 구성된 '정부'를 지칭할 때가 많지만 실제 국가는 그 이상으로 확장되어 있는 복잡한 실체이다. 국가는 특정된 영토에 대해 법적 권위를 실행하고, 적법한 권력과 법률 제정 권한을 독점하고 있다.

흔히 국가는 '민족(nation)'이라는 용어와 혼용되기도 하는데, 양자를 분명히 구별할 필요가 있다. 민족이란 민족성(ethnicity), 언어, 종교와 같이 공통의 역사적 경험이나 문화적 정체성을 토대로 하여 스스로를 다른 사람들과 구별하여 인식하는 집단을 지칭한다. 국가와 민족은 함께 '민족국가(nation-state)'를 형성하는데, 하나의 국가 영토는 하나의 민족에 의해 점유되는 것이 일반적이다. 그러나 (영국이 잉글랜드, 스코틀랜드, 웨일스, 북아일랜드 민족으로 구성된 것처럼) 복수의 민족들이 하나의 국가를 형성하는 다민족국가(multinational state)도 존재한다. 다른 한편으로 쿠르드 민족이나 바스크 민족처럼 자신들만의 국가를 수립하지 못하는 민족도 있다.

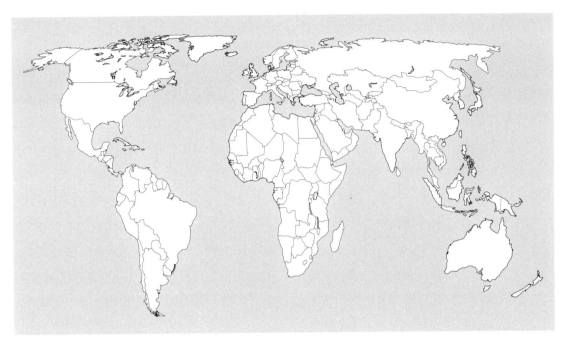

그림 5.1 국가들이 모인 세계

5.2.1 '질적 국가'의 재편

국가는 어떤 고정된 대상이나 실체라기보다는 역동적인 과정으로 파악해야 한다. 이 관점은 국가의 역할이 자본주의를 안정화하고 지탱하는 것이라는 조절이론적 시각과 맥을 같이한다. 최근의 연구들은 국가의 경제규모, 국민의 부의 수준, 세율이나 복지지출규모 등에 초점을 두기보다, 이러한 국가적 개입이 지니는 성격이나 사회적·경제적 목표가 무엇인지를 강조한다. 이는 연구의 초점이 국가적 개입의 양적 측면에서 질적 특성으로 이행하고 있음을 보여준다(Painter 2000: 363).

호주의 경제지리학자 필립 오닐(Philip O'Neil)이 제시했던 '질적 국가(qualitative state)' 개념은 이러한 접근의 특징을 잘 포착하고 있다(O'Neill 1997). 질적 국가 개념의 핵심은 3가지이다. 첫째, 국가란 단일하고 통일된 행위주체가 아니며 고도로 집중화된 구조를 갖지도 않는다. 대신 국가는 (영국의 경우) 재무부 같은 국가적 행위주체와, 영국산업연맹(CBI: Confederation of British Industry)과 같은 기업가협회를 비롯한 비국가적 행위주체 간 지속적인 상호작용을 통해 구조화된다. 둘째, 국가는 국내 및 해외시장의 구성과 작동에 결정적 역할을 한다. 최근 국가가 시장에 개입하는 주요 방식에는 2가지가 있다. 하나는 전기나 통신 부문 등의 국영 사업체를 **민영화**(privatisation)하는 것이며, 다른 하나는 무역 장벽을 낮추고 경쟁을 촉진하는 정책을 통해 글로벌화를 추구하는 것이다. 마지막으로 국가에 대한 질적 관점은 글로벌화와 **신자유주의**에 의해 국가의 권력이 점차 약화되고 있다고 이해하기보다는 국가가 특수한 방식으로 재편되고 있다고 본다. 즉, 글로벌화 과정으로 정부가 힘을 상실하고 있다기보다 시장에 대한 통제를 통해 완전고용이나 보편적 의료를 달성할 수 있는 힘을 여전히 보유한다고 간주한다.

'질적 국가' 개념은 현대의 국가 재구조화 과정을 분석하는 데 유익하며, 특히 글로벌화와 신자유주의 개혁의 상호관계적 과정 속에서 국가의 형태와 기능이 어떻게 변동하고 있는지에 초점을 둔다. 국가는 초국적기업(TNCs: Transnation Corporations)이나 금융기구와 같은 강력한 행위자들이 주도하는 글로벌화에 억지로 끌려가는 희생물이 아니라, 글로벌화와 경제 재구조화의 과정에서 언제나 한 행위자로서 중요한 역할을 수행해오고 있다. 질적 국가 개념은 바로 이러한 측면을 강조한다.

5.2.2 국가의 재스케일화

글로벌화와 국가 간 관계를 바라보는 지배적 관점은 글로벌화를 불가피하고 불가역적이라고 이해하는 신자유주의 또는 자유시장주의 접근이었다(1.2.1 참조). 이 접근은 글로벌화가 민족국가의 경제적 조절 역량을 침해함에 따라 시장에 대한 국가의 영향력이 줄어들고 있으며 결국에는 '민족국가의 사멸'에 이를 것이라고 주장한다(Anderson 1995). 그러나 최근의 현실은 이런 주장이 상당히 과장되었다는 것을 드러낸다(Peck 2001). 신자유주의는 국가의 재구조화를 객관적으로 분석하기 위한 틀이 아닌, 국가의 영향력 축소가 '좋은 것'이라는 희망을 내재한 정치적 사고방식

이라고 할 수 있다. 반면 이 책이 채택한 '변형주의적(transfomationalist)' 관점은 (국가 권력이 단순히 양적으로 침식되고 쇠퇴하는 것이 아니라) 국가란 늘 현재진행형의 다면적이고 질적인 조정 과정 중에 있다고 강조한다. 이러한 현재진행형의 다면적 재조직화 과정은 부분적으로는 글로벌화의 압력에 대한 대응이라고 볼 수 있다.

최근에는 국가적 스케일에서 수행하던 활동들이 상위국가적(supra-national) 또는 하위국가적(sub-national) 스케일로 옮겨지면서(1.2 참조), 국가의 권력이 이전되고 있다. 이러한 재조직화 과정으로 국가의 지리적 구조는 완전히 재편되고 있다. 국가적 스케일은 제2차 세계대전 동안 가장 부각되었는데, 국가가 경제활동의 조정자로서 역할을 수행하기 위해서는 정부가 많은 권력을 보유하는 것이 당연하다고 간주되었다. 그러나 1970년대 이후 국가 권력은 이른바 '재스케일화(rescaling)' 과정을 경험하고 있다. 재스케일화란 지리적 스케일 간의 관계 변동을 의미하며, 권력과 책임을 크게 2가지 방향으로 이동시킨다. 하나는 국가적 수준에서 상위국가적 수준으로의 변동이고, 다른 하나는 국가적 수준에서 도시 및 지역과 같은 하위국가적 수준으로의 변동이다. 사회학자 밥 제숍(Bob Jessop)은 이 과정을 총칭하여 국가의 '탈국가화(denationalisation)'라고 했다(Jessop 2002). 탈국가화는 상대적인 변동으로 이해할 필요가 있다. 부연하면, 경제 **거버넌스**에서는 국가적 스케일이 여전히 중요한 역할을 하지만, 제2차 세계대전 당시와 비교하면 상위국가적·하위국가적 수준이 더욱 부각되고 있다는 의미이다. 국가는 무역이나 통화정책 등 몇몇 영역에서 그 힘을

상실하기도 했지만, 대외정책이나 안보영역에서는 여전히 막강한 힘을 보유하고 있고, 안전 및 복지 등의 부문에서는 오히려 개입의 영역이 더욱 확대되고 있다.

WTO나 EU와 같은 상위국가적 기구의 중요성이 부상하게 된 것은, 이러한 조직을 새롭게 창출하기 위해 각 국가들이 협력한 결과물이기도 하다. 상위국가적 기구는 정기적 접촉과 논의를 통해 개별 회원국들이 자신의 권력을 주장하고 더욱 확대하기 위한 협력의 장으로 작동하고 있다. 가령 WTO에서 무역 분쟁을 조정하는 것은 각 국가의 대표들이며, 개별 국가는 국제결제은행(BIS: Bank for International Settlements)과 같은 조직체를 통해 자국의 국제 금융거래를 감독하고 있다. 또한 각국은 지역 경제통합을 통해 보다 넓은 시장에 진입하고 외부 경제블록의 경쟁으로부터 자국의 경제를 보호한다. EU는 이의 가장 전형적인 사례로 6개국으로 구성된 관세동맹(customs union)에서 시작하여 오늘날 28개국이 참여하는 화폐동맹(monetary union)으로 발전했다(Box 5.1). 그 외의 경제블록 사례로 캐나다, 멕시코, 미국을 아우르는 북미자유무역협정(NAFTA)★과 동남아시아 국가들로 구성된 아세안자유무역협정(AFTA) 등이 있다(표 5.1). 유로존에 속한 개별 국가의 상당한 권한이 EU로 이양된 것은 (특히 무역, 경쟁 및 통화정책부터 농업 및 어업에 이르는 경제 부

★ 미국의 트럼프 행정부가 미국 내 일자리를 보호하기 위한 목적으로 관세 협정을 다시 체결하면서, 명칭이 미국-멕시코-캐나다협정(USMCA: United States-Mexico-Canada Agreement)으로 변경되었으며 2020년 7월 1일 발효되었다.

Box 5.1

EU와 국가 재조직화

EU는 독특한 제도적 구조를 가지고 있다. EU는 연방도 아니고 그렇다고 단순한 국가 정부 간 조직체도 아니다. 의사결정은 유럽이사회(European Council), 유럽위원회(European Commission), 유럽의회(European Parliament)로 구성된 이른바 '제도적 삼각형'에서 이루어진다. 유럽이사회는 각료이사회(Council of Ministers)라고도 불리는데, 각 국가의 대표들로 구성된 핵심적인 의사결정체이다. 각국의 정부 수반과 외교장관이 매년 적어도 2회 이상 모이는 유럽이사회는 대중매체들의 관심이 집중되는 고위급 회담의 성격을 갖는다. 유럽위원회의 주요 역할은 각종 법안과 계획안을 제출하고, EU의 법률, 예산, 프로그램을 실행하며, 국제무대에서 EU를 대표한다. 유럽의회는 직접투표로 선출된 유럽의회의원(MEP: Member of the European Parliament)으로 구성되며, 법률 및 예산에 대한 결정 권한을 유럽이사회와 함께 공유한다. 또한 유럽의회는 EU의 여러 기구를 (특히 유럽위원회를) 민주적으로 감독한다.

EU 회원국들은 자국의 일부 권한을 EU의 중앙기구에 위임하지만, EU는 기본적으로 개별 회원국 간 합의와 절충을 전제로 작동하는 조직체다. 회원국은 EU의 권한이 실행되는 방식을 결정하며, EU라는 상위국가적 공간 내부에서도 자국의 이익을 증진시키고자 한다. 이러한 태도는 EU가 결정 권한을 가진 무역 부문에서 특히 뚜렷하게 나타난다. EU는 국제 무역협상에서 단일한 조직체로 활동함에도 불구하고 회원국은 각국의 입장에 따라 상이한 태도를 취한다. 가령 영국은 자유무역 관점을 견지하지만, 프랑스는 보다 신중한 입장을 취하는 편이다. 입장 차이로 인한 갈등은 영국이 2016년 6월 23일 '브렉시트(Brexit)' 투표를 통해 EU 탈퇴를 선언하면서 진정되어가는 추세다.

문에서는) 분명한 사실이다. 그러나 이런 부문에서도 결국 정책을 개발하는 것은 각국의 대표들이고 개별 국가의 정부는 여전히 일정 권한을 행사하고 있다. 여러 국가들은 테러리즘, 마약 밀거래, 범죄 조직 등 경제 이외의 부문에서 발생하는 위협에도 대응하기 위해 협력의 수준을 고도화하고 있다. 이와 같은 국제 협력체들은 국가의 권력을 빼앗아간다기보다는 오히려 국가의 권력을 강화하고 재구성한다.

세계 각국은 1970년대 이후 지금까지 정부의 권력을 지방정부로 이전해왔는데, 흔히 분권화(decentralisation) 또는 **권한이양(devolution)**이라

고 불리는 이러한 과정은 '글로벌 트렌드'가 되었다(Rodriguez-Pose and Gill 2003). 권한이양이란 "어떤 권력을 인접한 정치기구 또는 국지적 수준의 정치기구로 하향 이전하는 행위"라고 정의할 수 있다(Agranoff 2004: 26). 이는 대체로 지역 스케일의 정부에서 (선거에 의한) 선출직 정치기구를 설립함으로써 (지방정부 수립이나 의회의 구성을 통해) 이루어진다. 국가의 정치시스템에 따라 권한을 이양받는 정치기구는 상당히 다양하며, 하위국가적 수준으로 이양되는 권력과 책임의 유형에도 여러 가지가 있다. 연방제 국가는 권력이 국가적 수준과 하위국가적 수준으로 '수직적' 분화를

표 5.1 주요 지역경제블록

지역경제블록	회원국	창설 연도	유형
유럽연합(EU)	오스트리아, 벨기에, 불가리아, 크로아티아, 체코, 키프로스, 덴마크, 에스토니아, 프랑스, 핀란드, 독일, 그리스, 헝가리, 아일랜드, 이탈리아, 라트비아, 리투아니아, 룩셈부르크, 몰타, 네덜란드, 폴란드, 포르투갈, 루마니아, 슬로바키아, 슬로베니아, 스페인, 스웨덴	1957(EEC) 1967(EC) 1992(EU)	경제연합
북미자유무역협정 (NAFTA)	캐나다, 멕시코, 미국	1994	자유무역지역
유럽자유무역연합 (EFTA)	아이슬란드, 노르웨이, 리히텐슈타인, 스위스	1960	자유무역지역
남미공동시장 (MERCOSUR)	아르헨티나, 브라질, 파라과이, 우루과이, 베네수엘라★	1991	공동시장
안데스공동시장 (ANCON)	볼리비아, 콜롬비아, 에콰도르, 페루	1969 (1990년에 재창설)	관세동맹
아세안자유무역협정 (AFTA)	브루나이다루살람, 캄보디아, 인도네시아, 라오스, 말레이시아, 미얀마, 필리핀, 싱가포르, 태국, 베트남	1967(ASEAN) 1992(AFTA)	자유무역지역
중국-아세안자유무역협정 (중국-아세안FTA)	브루나이다루살람, 캄보디아, 중국, 인도네시아, 라오스, 말레이시아, 미얀마, 필리핀, 싱가포르, 태국, 베트남	2010	자유무역지역

★ 베네수엘라는 2006년에 가입했으나 현재 내정 불안으로 회원자격이 정지된 상태이다.

(출처: Dicken 2015: 211)

이루고 중앙집권제 국가는 권력이 중앙정부에 집중되어 있지만, 권한이양은 양자 모두에서 공통적으로 나타난다. 연방제 국가는 중앙집권제 국가에 비해 훨씬 많은 권한이 하위국가 수준으로 이양되어 있으며, 중앙집권제 국가는 권한이양이 법률에 입각하여 이루어진다.

권한이양은 국가에 대한 '아래로부터의' 압력과 '위로부터의' 압력 모두에 대한 국가적 대응의 결과물이다. 즉, 국가 내의 여러 집단은 자신의 일에 대해 전보다 더 많은 자율성을 요구하고 있고, 글로벌화와 상위국가적 조직체의 등장은 국가의 권한 축소에 영향을 미치고 있다. 많은 정부가 급변하는 세계 속에서 국가의 번영, 안전, 통일성에 대한 위협에 유연하게 대처하기 위해, 위아래로 대립적인 두 압력에 대응하여 국가를 현대화하며 개혁하고 있다. 권한이양은 이러한 개혁 프로젝트에서 가장 핵심적인 부분으로, 자신의 지역에 영향을 미치는 주요 이슈에 대한 시민들의 권한을 강화하고 국가를 보다 광범위하게 개편하는 데 도움이 된다.

제솝(Jessop 2002)은 탈국가화의 기저에서 질적 국가의 작동을 재편하는 2가지의 흐름을 지적했다. 첫째는 정치 시스템의 '탈정부화(destatisation)'다. 탈정부화는 국가의 책임을 정부와 일정한 거리가 있는 다양한 준공공기관, 민간 이해관계자, 시민사회 조직체 등으로 이전하는 '외부지향적' 움직임을 지칭한다. 둘째는 정책 레짐(regimes)의 국제화다. 이는 국가적·지역적·국지적 수준의 여러 기관과 직원들이 국제적으로 교류하는 규모가 증대되는 현상을 가리킨다. 어떤 국가에서 실행되고 있는 정책이나 프로그램이 (주로 공무원들에 의해) 다른 국가로 쉽게 도입, 적용되는 '정책이동(policy mobility)' 또는 '정책이전(policy transfer)'이 대표적 사례다. 1990년대 이후 탈국가화, 탈정부화, 국제화의 과정은 상호 수렴하여 새로운 도시 및 지역 거버넌스 체계를 형성하고 있다. 거버넌스(governance)는 전통적인 정부 개념보다 광범위한 용어로, 정부 이외에도 다양한 서비스를 관리, 공급하는 특수 목적의 준자율적 공공기관(quango), 기업, 시민사회 부문 등을 폭넓게 아우르는 개념이다. 거버넌스로 인해 국가의 조직 경관은 국지적·지역적 스케일에 있는 수많은 행위자 및 조직체의 참여로 훨씬 복잡하고 분절화된 양상으로 변화하고 있다. 이는 정책 조정이나 정치적 책임과 관련된 실제적 문제들을 야기하기도 한다.

5.3 국가 및 지역 경제의 관리자로서의 국가

국가는 경제를 관리하는 핵심 행위자로서, 경제 활동을 규율하는 법률, 규범, 규제 등을 통해 '게임의 규칙'(Gertler 2010)을 정하고 실행한다(2.5.2 참조). 게임의 규칙에는 사유재산권 보장, 통화에 대한 규제, 노동기준 설정, 교통 인프라 구축 등이 포함된다. 국가는 자국의 지리적 경계 내에서 국가경제를 규정하고 진흥하고자 하며 단일한 국내 시장을 만들어낸다. 이는 공통의 법적 기준과 금융 규칙 마련, 교통 및 통신 시스템 확장, 물자·돈·사람의 초국경적 흐름에 대한 규제 등을 통해 이루어진다. 시간이 지나면서 경제의 복잡성과 통합성이 증대되면 국가의 역할 또한 이에 맞추어 확대되는 경향이 있다. 가령 19세기에는 국가의 역할에 대한 최소주의적·자유주의적 관점이 지배적이었지만, 1960~70년대 들어 매우 개입주의적인 복지국가로 바뀌었다. 민족국가의 경제적 조건, 문화적 가치, 정치적 지향점에는 상당한 내적 다양성이 포함되어 있다. 이러한 내적 다양성 때문에 국가는 영토 관리의 문제에 직면하기도 한다. 그 결과 중앙정부 아래에 새로운 층위(tier)의 지방정부가 구성되어 국가의 프로그램을 대신 운영하고 지역의 이해를 대변하는 양상이 나타나곤 한다(Duncan and Goodwin 1988).

국가는 세계경제에서 분리된 채 고립적으로 존재하지 않는다. 무역에 대한 관리와 통제는 국가의 핵심 기능 중 하나다(Dicken 2015). 국제무역 및 투자의 흐름에 국가경제를 개방시키려는 힘과, 수입 관세 등의 규제를 통해 국제 경쟁에서 자국 기업과 노동자를 보호하려는 힘 사이의 긴장은 오랫동안 지속되어왔다.

이러한 상반된 압력들의 균형은 시간에 따라 변화해왔는데, 19세기 말 '금본위제' 시대에는 국제적 통합이 뚜렷했지만 1920~30년대의 경기침체기에는 새로운 보호무역주의가 등장했다. 더 최근의 경우 세계경제는 재화, 화폐, 정보의 초국경적 흐름에 따른 급속한 경제 글로벌화를 특징으로 하지만, 2008~09년 금융위기와 그 이후의 경기침체로 새로운 보호무역주의 경향이 대두하고 있다(Johnson 2016). 이와 동시에 국가는 여전히 글로벌화에 영향을 미치는 가장 중요한 행위자다 (Dicken 2015). 국가는 해외시장이나 WTO 같은 국제무역체제에서 자국의 다국적기업들의 이익

을 추구하기 때문이다.

국가는 매우 다양한 범주의 경제활동을 수행하고 있으며, 이는 5.3.1에서 제시하는 바와 같이 자국 영토 내에서 국가경제를 관리하기 위한 5가지의 포괄적인 핵심 기능으로 요약할 수 있다(Coe et al. 2013: 88-99). 국가는 경제로부터 완전히 독립적인 존재가 아니기 때문에, 마치 국가가 경제의 외부에 있으면서 경제에 간섭하는 것처럼 인식해서는 안 된다. 오히려 국가는 경제에 대해 장기적이고 광범위한 이해관계를 갖고 있으며, 국가는 자기가 관리, 통제하려는 국가경제 자체의 일부를 구성한다는 점을 염두에 두어야 한다.

5.3.1 최후 보증인으로서의 국가

국가는 통화, 금융시스템, 그리고 경제에 각별한 전략적 중요성을 가진 기업 등 기본적인 경제기구와 제도가 작동할 수 있도록 이를 뒷받침하고 지원하는 역할을 수행한다. 국가는 경제기구와 제도가 심각한 붕괴위기에 봉착할 때 깊이 개입해서 이들이 계속 작동하도록 조정하므로, 국가는 이들에게 최후의 수단이라고 할 수 있다(위의 책: 88). 국가는 금융위기나 국가적 재난처럼 특수한 상황에서 경제에 개입하며, 어떤 상황에서는 은행을 포함한 민간기구의 부채와 금융상의 채무에 대한 책임까지 떠맡기도 한다. 위와 같은 국가의 경제적 기능은 다음의 3가지 핵심 요소로 구성된다.

• **재산권과 법률의 유지**: 자본주의경제가 작동하도록 하는 근본적인 기능이다. 자본주의의 기

초를 이루는 제도인 사유재산권을 유지, 보호함으로써 개인과 기업이 자신이 소유한 여러 경제적 자산을 통해 이윤을 창출할 수 있게 보장하기 때문이다. 재산에는 토지, 건물, 장비, 아이디어, 브랜드(상표)까지도 포함되는데, 흔히 아이디어와 브랜드는 '지적재산(intellectual property)'이라고 불린다. 국가는 재산 취득, 매각 및 양도에 대한 규칙과 법률을 제정하여, 여러 개인과 기업이 서로 경제적 계약을 맺을 수 있게 한다. 그리고 재산권에 대해 중립적인 심판자나 중재자 같은 역할을 하며, 민간의 경제적 이해관계자들로부터 분리되어 존재한다는 것이 일반적인 인식이다. 국가에 대한 이러한 인식은 심지어 (영향력 있는 경제학자이자 철학자였던) 프리드리히 하이에크(Friedrich Hayek) 같은 열렬한 신자유주의자들까지도 동의하는 편이다. 그러나 하이에크와 그 추종자들은 국가의 역할이 재산권을 보장하기 위한 '야경꾼(night watchman)' 정도로 최소화되어야 한다고 주장한다.

• **국가 경제기구의 보장**: 이는 특히 무역 및 금융 시스템의 작동과 관련된 국가의 핵심적인 경제적 기능이다. 국가는 기업, 거래자, 투자자 사이에서 신뢰를 형성함으로써 화폐나 국채 등을 비롯한 금융상품의 가치를 지키려 한다. 대개 중앙은행이 통화 관리에서 핵심적인 역할을 수행하며(4.2.1 참조), 자국의 화폐가 외환시장에서 투기활동에 노출되는 경우 최후의 매수자로서 역할을 담당한다. 중앙은행은 자국 화폐를 매수하기 위한 외환을 항상적으로 보유하며, 이를 통해 자국 화폐의 가격을 안정화하고 투자자의 신뢰를 유지한다. 유럽은 상위국가적 통합과 글로벌화 과정을 겪으며 국가의 역할이 약화되고 있다. 이의 대표적인 사례가 1992년 9월 16일에 파운드화가 폭락했던 이른바 '검은 수요일'이다. 영국의 중앙은행인 잉글랜드은행은 파운드화를 방어하는 데 실패하여 (현 유로화의 선구적 형태였던) EU의 환율조절제도(ERM: Exchange Rate Mechanism)에서 탈퇴하기도 했다. 4.5.2에서 제시했던 바와 같이 유로화의 도입은 이를 관리하고 방어할 수 있는 유럽중앙은행(ECB: European Central Bank)의 설립으로 뒷받침되었다.

• **금융위기에 대한 대응**: 4장에서 강조했던 것처럼, 금융위기는 자본주의의 진화 과정에서 반복적으로 나타나는 특징이 있다. 국가는 이에 따른 손실을 최소화하고 광범위한 경제붕괴를 막기 위해 노력한다. 국가는 신용의 흐름을 유지하기 위해 '최후의 대부자'로 기능하는데, 이는 중앙은행의 핵심 기능 중 하나다(4.2.1 참조). 금융과 화폐는 경제의 작동에서 핵심적 요소이기 때문에, 대부분의 정부는 금융기관을 '너무 커서 파산할 수 없는(too big to fail)' 것으로 여기는 경향이 있다. 물론 예외적으로 2008~09년 금융위기로 미국의 투자은행인 리먼브라더스가 파산했던 사례도 있다. 당시 미국과 영국을 비롯한 세계 각국의 정부들은 자국의 거대 은행에 대한 긴급구제의 일환으로 지급 보증, 대출, 지분 매입 등 다양한 패키지 지원을 실시했는데, 그 규모는 자국의 GDP 대비 상당 비중을 차지했다(표 5.2).

표 5.2 2011년 3월 은행에 대한 구제금융 비용(2010년 GDP 대비 비중, 단위: %)

구분	직접 지원	회수	순 직접비용
아일랜드	30.0	1.3	28.7
네덜란드	14.4	8.4	6.0
독일	10.8	0.1	10.7
영국	7.1	1.1	6.0
미국	5.2	1.8	3.4
그리스	5.1	0.1	5.0
벨기에	4.3	0.2	4.1
스페인	2.9	0.9	2.0
평균	6.4	1.6	4.8
총액(달러)	1조 5,280억	3,790억	1조 1,490억

(출처: Kitson *et al.* 2011: 293. Data from IMF 2011: 8)

5.3.2 조절자로서의 국가

질적 국가 개념이 강조하는 바와 같이, 국가는 시장과 경제활동의 작동 및 조절에 긴밀히 관여한다. 여기에는 특정 시장에 대한 개입과 초국경적 경제 흐름을 관리하려는 노력과 더불어, 중요한 거시경제정책까지 포함된다. 이러한 조절 기능은 대체로 시장을 사회적 규범, 가치, 규칙의 영향하에 둠으로써 시장이 효율적이고 공정하게 작동하도록 한다. 이는 국가의 정당성이 궁극적으로 자국 시민의 이익을 수호할 수 있는 역량에서 비롯된다는 것을 보여준다(Coe *et al.* 2013: 90). 물론 사회적 조절의 구체적 성격은 시공간에 따라 다양하게 나타난다(5.4 참조). 가령 1980년대 이후 많은 국가들은 시장친화적 조절 정책을 채택함으로써 사유재산, 경쟁, 기업 등에 대한 개인주의적·신자유주의적 가치를 강조했는데, 이는

1960~70년대의 보다 집산주의적인(collectivist) 사회민주주의 풍조와는 매우 상이한 것이다(Jessop 2002). 그러나 (국가가 신봉하는 이러한 신자유주의적 가치의 주류화에도 불구하고) 사회 일각에서는 시장에 대한 '재규제(re-regulation)'를 강조하는 대안적 가치들이 여전히 지지받고 있다.

일반적으로 국가가 자국의 경제를 관리, 조절하기 위해 채택하는 거시경제정책에는 다음의 2가지 유형이 있다(Dicken 2015: 185-6).

• **재정정책**: 대개 세율이나 공공지출 수준을 높이거나 낮춤으로써 이루어진다. 세금은 국가활동을 실행하기 위한 수입의 원천이기 때문에, 국가는 재정적으로 국가경제의 건전성에 의존한다. 조세정책은 경제활동 수준에 영향을 미친다. 세율을 높이면 (국민의 가처분소득이 감소하므로) 국내 수요가 감소하고 경제활동이 위축되

며, 세율을 낮추면 국내 수요를 진작시킬 수 있다. 그러나 이는 자동적인 과정은 아니며, 정책적 결과는 궁극적으로 개별 행위자가 세율 변화에 어떻게 반응하는가에 달려 있다. 또한 공공지출을 줄이거나 늘리는 것도 광범위한 영향을 끼친다. 공공지출이 증가하면 국내 수요가 늘어나고 경제활동이 활발해지며, 그 반대도 마찬가지로 성립한다. 재정정책은 특히 수요관리를 중심으로 하는 케인스주의 정책에서 중요한 역할을 한다. 수요관리는 경제 사이클과 연동하여 조정되는데, 경기팽창기에는 세율을 높이거나 공공지출을 줄임으로써 수요를 낮추고 경기 수축기에는 세율을 낮추거나 공공지출을 늘려 수요를 진작시키는 방식으로 이루어진다.

- **통화정책**: 화폐 공급을 관리하거나 신용을 통해 화폐의 유통 속도를 조절하는 방식으로 이루어진다. 통화정책에서는 금리를 통해 인플레이션을 관리하는 것이 각별히 중요하며, 이 역할은 대개 중앙은행이 담당한다. 금리를 낮추면 기업이나 소비자가 돈을 빌리기 쉬우므로 경제활동이 활성화되지만, 금리를 높이면 이와 정반대의 효과가 나타난다. 재정정책과 마찬가지로 통화정책은 경제 사이클에 맞추어 경제를 관리하는 데 사용되며, 성장기에는 금리를 높이고 경기 후퇴기에는 금리를 낮추는 것이 일반적이다. 1970년대 이후 대부분의 정부 정책 담당자들은 통화정책을 선호했는데, 그 이유는 당시 정부가 높은 세율과 공공지출에 대해 신자유주의적 반감을 가졌고, 통화주의 정책을 채택함으로써 인플레이션을 낮게 유지하고자 했기 때문이다. 그러나 2009년 경제위기 이후 많은 정부가 제로

금리에 가까운 수준을 유지하고 있기 때문에, 새로운 금융위기가 도래하더라도 더 이상 금리를 낮출 방법이 없어지고 있다. 이에 따라 각국의 정부는 (경제에 투입되는 화폐의 총량을 늘리는) '양적완화(quantitative easing)' 조치와 같은 다른 형태의 통화정책으로 눈을 돌리고 있다.

이러한 포괄적인 정책 외에도 국가는 여러 방법을 동원해 시장과 경제 흐름을 조절한다. 가령 국가는 경쟁의 공정성을 유지하고 시장으로의 신규 진출자 유입을 보장하기 위해 거대 기업이 독점적 권력을 갖지 못하도록 시장을 규제한다. 대부분의 경우 정부는 기업 간 합병을 승인하여 시장 경쟁을 촉진한다. 미국은 역사적으로 매우 강력한 '반트러스트(anti-trust)' 정책을 통해 트러스트로 불리는 거대 독점기업의 출현을 방지해왔고, 그 결과 20세기 동안 수많은 대기업이 분할되었다. 일례로 록펠러가 소유했던 석유 독점 회사인 스탠더드오일은 1911년 33개 회사로 분할·해체되었고, 통신 독점 기업인 AT&T도 1984년에 분할되었다.

또한 국가는 재화, 서비스, 자본, 노동의 초국경적 경제 흐름을 규제하기도 한다. 전통적으로 국가는 수입한 제품과 서비스에 관세를 부과하고 자본과 외국 화폐의 이동을 통제하며, 노동의 흐름을 관리하기 위해 다양한 이민정책을 실시해왔다. 그러나 최근에는 경제 글로벌화로 자본의 이동을 통제하는 장치들이 축소되거나 폐지되는 실정이다. 한편 국제 이주에 대한 대중적 우려가 증가하면서, 국가는 노동의 이동을 제한하는 정책들을 계속 유지하거나 강화하기도 한다.

5.3.3 전략적 경제행위자로서의 국가

국가는 경제위기 같은 사안에 대응할 뿐만 아니라 특정한 목적을 능동적으로 달성하기 위해 치밀하게 계산된 전략적 정책을 실행하기도 한다. 일반적으로 이러한 전략적 정책은 국가의 경제적 번영을 목적으로 경쟁 상대국에 대한 우위를 점유하기 위해 수립, 실행된다. 그러므로 앞서 언급했던 재정정책과 통화정책(이들 정책은 경제에 대한 전반적인 관리와 연관되어 있다)에 비해 훨씬 구체적이다. 국가의 전략적 경제정책은 특정 활동이나 부문을 성장시키는 데 목표를 둔다. 이 책에서는 무역, 해외직접투자(FDI: Foreign Direct Investment), 산업, 노동시장의 4분야를 중심으로 국가의 전략적 정책을 살펴본다(Coe *et al.* 2013: 91-2).

- 무역: 일반적으로 국가는 무역협상에 대해 책임을 진다. 무역협상은 WTO를 통한 다자 간 협상이나 당사국과의 직접적인 양자 간 협상을 통해 이루어진다. 대부분의 국가는 무역협상을 통해 자국 생산자들의 이익을 도모하며, 특히 해외시장 개방에 관한 협상에 초점을 맞춘다. 그러나 대개 다른 국가의 시장을 개방하려는 국가는 자국 시장에 대한 개방 압력을 동시에 받게 되므로 자국시장과 해외시장의 개방 정도는 어느 정도 균형을 유지한다(Box 5.2). 이러한 균형은 무역에 대한 개방주의와 보호주의 간 오랜 긴장의 역사를 반영하는 것이기도 하다. 제2차 세계대전 이후 지금까지 관세는 제조업 부문을 중심으로 전반적으로 감소 추세에 있지만, 최근에는 정체된 수준을 유지하고 있

다. 1960~70년대에 많은 개발도상국은 국가의 성장전략을 근본적으로 바꾸었다. 수입 제품을 대체하기 위해 국내 산업을 육성하던 **수입대체형 산업화**(ISI: Import Substitution Industrialisation)에서, 해외시장을 겨냥하여 국내에서 제품을 생산하고 수출하는 **수출지향형 산업화**(EOI: Export-Oriented Industrialisation)로 정책 변화를 꾀한 것이다. EOI 정책은 대개 전략적인 신생 '**유치산업**(幼稚產業, infant industries)'에 대한 보호조치와 함께 실행되는데, 그 이유는 신생산업이 해외시장에서 버틸 수 있을 정도의 경쟁력을 갖출 때까지 외부의 경쟁으로부터 보호하기 위해서다. 또한 호주와 같은 일부 선진국은 1980~90년대에 국제 경쟁력 강화를 목표로 자국의 경제를 개방하기도 했다(Box 5.2).

- FDI: FDI에 대한 각국의 개방정책은 최근 수십 년 동안 주요 글로벌 트렌드가 되어왔다. FDI의 규모는 1985년 이후 무역규모보다 훨씬 빠른 속도로 성장해왔는데, 이는 많은 국가들이 FDI를 일자리, 투자 및 기술의 원천이라고 생각했기 때문이다(Dicken 2015: 20). 국가는 FDI를 유인하기 위해 다양한 조치를 구사하는데, 여기에는 직접적인 금융 인센티브 제공, 노동력 훈련 지원, 지역 공급업체들과의 연계망 구축 등이 포함된다(Phelps *et al.* 2003). 앞서 3.5에서 살펴본 바와 같이, 많은 개발도상국은 FDI를 유인하기 위해 세금 인하와 각종 규제 면제를 토대로 하는 '수출가공지역(EPZs: Export Processing Zones)'을 설립해오고 있다.
- 산업 전략: 흔히 특정 부문에 대한 전략적 지원

국가경제의 방향 재편
1980~90년대 호주의 무역정책

Box 5.2

호주는 1980~90년대에 대대적인 경제개혁에 착수했다. 그 이유는 당시에 자유시장을 강조하는 신자유주의적 경제 논리가 영어권 국가들을 휩쓸었을 뿐만 아니라, 1960~70년대에 팽배했던 호주의 경제적 불안감에 대해 재평가가 이루어졌기 때문이다(Kelly 1992: 15). 호주는 1901년 독립국가가 된 이후 오랫동안 전 세계에서 가장 강력한 보호무역주의를 추구해왔다. 촌락에서 생산된 양모, 밀, 광물자원 등의 수출과 제조업 부문에 대한 보호주의를 바탕으로 상당히 안정적인 공업국으로 성장한 호주는, 이러한 성장을 기반으로 완전고용과 적정 임금이라는 사회적 목표를 달성하고자 했다.

한편 1960년대에 이르러 제조업 부문 고용은 전체의 25%를 차지했지만, 대부분 외국기업들이 소유한 소규모의 분공장들이었다(Weller and O'Neill 2014: 513). 1970년대에 이르자 이러한 경제체제는 점차 지속가능성을 잃게 되었다. 공산품이나 서비스와 비교할 때 농산물 및 광산물의 가치가 점차 하락했을 뿐만 아니라, 그동안 보호되어왔던 자국 내 제조업 부문은 근방의 아시아 국가에서 등장한 새로운 생산자들과의 경쟁에서 밀렸기 때문이다. 그 결과 호주의 전체 무역규모가 빠른 속도로 줄어들었고, 당시 많은 호주의 정책 담당자들은 급진적인 경제개혁을 단행할 필요성을 절감하기 시작했다.

경제개혁은 1983년 총선거에서 승리를 거둔 노동당 정부에 의해 추진되기 시작했으며, 이는 당시 전직 노동조합의 대표이자 호주의 총리였던 밥 호크(Bob Hawke)와 재무장관이었던 폴 키팅(Paul Keating)이 주도했다. 이들은 20세기 초반 이후 줄곧 보호무역 시스템을 바탕

으로 성장해왔던 호주의 정치경제에 대해 급진적 개혁을 단행했다. 국가 경제발전의 방향을 바꾸는 데 국가의 전력을 집중시킨 호크와 키팅의 첫 번째 정책은 호주 달러에 대한 변동환율제 도입이었다. 국제 자본의 흐름 증가로 환율 관리가 어려워진 것이 도입 배경이었다. 변동환율제는 외환 관리제도의 폐지 등 금융시스템의 규제 완화와 함께 이루어졌다. 또한 1988년에는 관세를 인하하기로 결정하여 기존에 20%이던 관세가 1992년 10~15%로 낮아졌고, 1991년에는 관세를 단계적으로 5% 수준까지 낮추겠다고 발표했다(Leigh 2002). 당시에는 이러한 관세 인하가 호주의 국제 경쟁력 회복에 필수적이라는 주장이 지배적이었다.

시간이 흐르면서 이러한 경제개혁은 복합적인 결과를 낳았다. 우선 (2000년대에 전례 없는 호황을 누렸던) 광산업을 비롯하여 농업 및 금융업은 수혜를 입었지만, 제조업 부문은 (다른 많은 개발도상국에서와 마찬가지로) 보호 산업에 대한 무역 자유화의 영향으로 침체가 지속되거나 심화되었다(7.5 참조). 제조업 부문의 고용 비중은 1960년대에 25%에 달했지만 2013년에는 8%로 급감했는데, 이는 호주 기업들의 국제 경쟁력이 낮아졌다는 것을 의미한다(Weller and O'Neill 2014). 한편 개혁조치의 영향은 지리적으로도 불균등하게 나타나, 퀸즐랜드와 서부 지역 간 경제적 격차가 더욱 심화되었다. 퀸즐랜드의 경우 2000년대의 광산업 호황으로 고용이 크게 증가했고, 시드니에서는 금융서비스업이 성장했다. 그러나 빅토리아, 사우스오스트레일리아, 뉴사우스웨일스 등의 제조업 지역들은 탈산업화가 심각하게 진행되면서 여러 가지 고통을 겪게 되었다.

과 관련되며, 경제적으로 중요하다고 판단되는 산업에 각종 금융적·비금융적 지원을 제공하는 것이다(Chang et al. 2013). 일부 신자유주의자들은 이러한 정책이 국가가 나서서 (국가가 아닌 시장의 경쟁을 통해 이루어져야 함에도 불

구하고) '승자를 정하는' 것이나 다름없다고 비판한다. 따라서 이 정책은 영국이나 미국과 같은 자유주의 국가에서는 크게 신뢰받지 못한다. 그러나 독일과 일본처럼 개입주의 경향이 강한 정부에서는 산업 전략이 여전히 중시되

고 있다. 대개 정부는 경기회복기 초반에 경제 회복을 촉진하고 핵심 부문을 추동하기 위해 산업 전략을 사용한다(Bailey *et al.* 2012). 가령 2011년부터 2013년 사이 영국 정부는 자국 경제의 11개 핵심 부문에 대한 전략을 발표하기도 했다.

- 노동시장 전략: 일반적으로 정부는 고용과 기술 훈련을 촉진하여 경제의 경쟁력을 향상시키고 사회적 포용성을 증진시키고자 한다. 이를 위해서는 (특히 장기적인) 실업에 대한 대응 조치가 가장 중요하며, 특히 장기 실업에 대해서는 정부의 직접적 개입이 요구된다. 글로벌화에 대응하여 오늘날의 많은 선진국들은 고용주로 하여금 노동자에게 추가 훈련을 제공하도록 장려할 뿐만 아니라, 고용주의 요구에 대한 노동자들의 수용력을 향상시키기 위해 노동시장 유연화를 촉진하고 있다. 기업의 입장에서는 이런 정책이 매력적이긴 하지만, 노동자에게는 근심과 불안정성(precarity)을 야기하는 요인이기도 하다. 이는 (다음 장의 6.4에서 살피는 바와 같이) 특히 저임금 직종 부문에서 뚜렷이 나타난다.

5.3.4 소유주로서의 국가

최근 수십 년 동안 민영화 정책이 널리 채택되고 있지만, 여전히 많은 국가가 특정 기업이나 산업을 직접 소유하고 있다. 국유화 정책은 보다 넓은 정치적·사회적 목적을 달성하기 위해 추진된다. 가령 국가 안보를 지킨다거나 천연자원 채굴을 통한 이익 극대화가 이러한 목적에 해당된다. 따라서 국유화는 에너지, 전기, 교통 등 자원 및 인프라 부문에서 보다 일반적으로 나타나며, 국가는 국유화한 부문에 핵심적인 통제권을 갖고 자연독점(natural monopoly)을 행사한다. 일반적으로 국영기업(SOEs: State Owned Enterprises)은 공기업(GLSs: Government Linked Corporations)과는 다르다. SOE는 국가가 직접 소유, 관리하는 형태이고, GLC는 국가가 일부 지분만 소유하며 직접적인 통제권을 행사하지는 않는 형태다(Coe *et al.* 2013: 94-5). 또한 최근 많은 국가들은 이른바 '국부펀드(sovereign wealth funds)'라는 별도의 국가기금을 조성, 운영함으로써 국내외의 많은 기업 및 프로젝트에 간접적으로 투자하고 있다.

중국은 국유화 비율이 매우 높은 국가로 SOE가 무려 275개에 달하는데, 중국 최대의 석유화학 기업인 페트로차이나도 이 중 하나다. 다른 많은 개발도상국 또한 유수의 SOE를 보유하고 있으며, 이들은 각 국가가 광범위한 발전목표를 추구하고자 할 때 중요한 매개자로 기능한다. 유럽 국가들 또한 상대적으로 국유화 수준이 높은 편인데, 특히 조정복지국가(coordinated welfare state)를 추구하는 나라에서 더욱 뚜렷이 나타난다. 노르웨이의 경우 2003년 당시 전체 기업의 시장가치 중 국영기업이 차지하는 비중은 33%에 달했고, 민간부문이 30%, 해외자본이 28%를 차지했다(Norwegian Ministry of Trade and Industry 2011: 8-9; 그림 5.2). 대표적인 SOE로는 정유회사인 스타토일(현재의 에퀴노르)과 에너지기업인 스타트크래프트가 있는데, 이들 기업의 국가 소유 지분은 각각 67%와 100%에 달한다.

오늘날 많은 SOE는 활동범위를 국내로 국한하

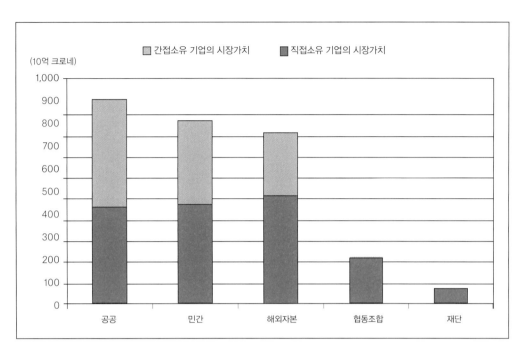

그림 5.2 소유 형태에 따른 노르웨이 기업의 시장가치

(출처: Norwegian Ministry of Trade and Industry 2011: 8-9 (Jakobsen and Grünfeld 2003))

기보다는 글로벌화에 적극적으로 참여하는데, 대개 FDI를 통하여 해외시장에 진출하고 있다. 가령 중국의 SOE는 최근 개발도상국의 에너지 및 천연자원 프로젝트에 (특히 사하라 이남 아프리카 지역에) 막대한 투자를 하고 있다. 이는 중국이 자국 경제성장을 위해 천연자원에 대한 접근성을 확보할 필요가 있기 때문이다. 그 결과 최근에는 신흥강대국을 중심으로 (특히 BRICS를 중심으로) 이른바 '새로운 아프리카 분할(new scramble for Africa)'에 관한 국제적 논의가 불거지고 있다(Carmody 2011). 이와 마찬가지로 노르웨이의 SOE도 활동을 국제화하고 있다. 스타토일의 경우 무려 36개국에 투자하고 있는데, 영국의 해상 풍력발전에 대한 지분 투자도 그중 하나다.

5.3.5 서비스 공급자로서의 국가

일반적으로 국가는 세금을 재원으로 하여 교육, 의료, 인프라, 사회복지 등 다양한 공공서비스 공급을 책임진다. 공공서비스가 노동력을 부양하거나 '재생산'하는 데 중요한 역할을 할 뿐만 아니라, 민간부문은 이러한 서비스 공급에 나서려는 동기가 약하기 때문이다. 최근 민영화와 탈규제정책의 강화로 일부 공공서비스 공급에서 민간부문의 개입이 늘어나고 있지만, 여전히 대부분의 국가에서는 정부가 공공서비스 공급에서 중추적인 역할을 담당하고 있다.

공공서비스 공급자로서 국가의 역할은 고용 측면에서도 매우 중요하다. 국가는 병원, 학교, 국가 행정기관, 지방정부, 대중교통 회사, 교도소 등 다양한 조직체에 수많은 사람들을 고용한 고용주이기 때문이다. 그림 5.3이 보여주는 것처럼 OECD 회원국의 경우 공공부문의 고용 비중은 평균 20%를 상회하고 있다. 각 국가별로는 상당한 차이가 있기는 하지만, 대체로 유럽 대륙의 복지국가들은 공공부문 고용수준이 높은 편이다(5.4 참조).

국가 안에서도 고용은 지역에 따라 차이를 보이는데, 대체로 민간부문이 발달하지 못한 빈곤한 지역에서 공공부문의 고용 비중이 높게 나타난다. 가령 영국의 경우 잉글랜드 북부, 북아일랜드, 웨일스 등의 가난한 지역에서 이런 경향이 뚜렷하다(표 5.3). 이런 지역에서는 국가가 가장 큰 고용주로 기능하기도 하는데, 국가가 앵커기업★의 역할을 한다는 의미에서 '국가앵커형(state-anchored)'

지역이라 불린다. 방위산업과 같이 거대한 국가 시설에 의존하고 있는 지역도 국가앵커형 지역에 속한다(Markusen 1996). 공공부문 고용은 민간부문의 성장과 투자를 억제하거나 밀어내기 때문에 부정적 효과가 있는 것도 사실이지만, 해당 지역들에서는 고용, 소득, 경제 안정화의 원천으로 작동한다는 점에서 매우 중요하다. 공공부문이 많으면 예기치 못한 경제적 충격이나 침체에 덜 취약하다는 장점이 있지만, 국가가 공공지출을 축소하는 **긴축** 정책을 실시하는 경우에는 경제상황 악화를 피

★ 앵커기업(anchor company)이란 어떤 지역이나 국가 경제에서 첨단 기술 산업을 주도하는 핵심 선도기업을 지칭한다. 앵커기업은 관련 공급 업체나 고객의 의사결정, 입지 등에 큰 영향을 미치므로 지역이나 국가 의 입장에서 매우 중요하다.

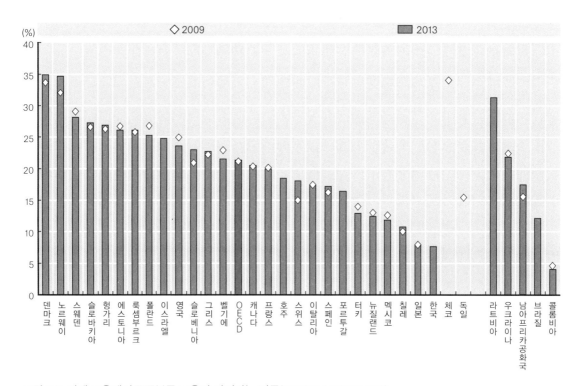

그림 5.3 전체 고용에서 공공부문 고용이 차지하는 비중(2009년과 2013년 비교)
(출처: International Labour Organization(ILO), *ILOSTAT*(database))

표 5.3 영국의 공공부문에 대한 지역별 의존도: 지역 고용 및 생산에서 공공부문이 차지하는 비중(2010년, 단위: %)

구분	고용 비중	생산 비중(GVA)
런던 대도시권	18.0	14.2
남동부	21.0	15.6
동부	18.9	16.4
사우스웨일스	22.0	19.8
이스트미들랜드	19.9	17.9
웨스트미들랜드	22.3	20.1
요크셔-험버사이드	22.4	19.9
북서부	23.1	19.8
북동부	28.6	25.3
웨일스	25.2	23.7
스코틀랜드	21.9	20.1
북아일랜드	26.0	25.5

(출처: Gardiner *et al.* 2013: 920)

하기 어렵다(5.5 참조).

종합적으로 볼 때 국가는 여전히 매우 중요한 경제행위자로 남아 있으며, 이는 다음의 5가지 역할에서 뚜렷이 나타난다. 첫째, 2008~09년 경제위기에서 드러난 바와 같이 국가는 대규모의 '긴급구제'를 통해 지급불능 상태에 빠진 은행들을 구출하는 최후의 보증인이다. 둘째, 현행 글로벌화 과정에도 불구하고 국가는 국가경제와 상품, 서비스, 자본, 노동의 초국경적 흐름을 조절하는 핵심 행위자로 기능하고 있다. 셋째, 국가는 무역, FDI, 산업정책, 노동시장 등 핵심 영역을 포함한 전반적인 경제활동의 향후 방향을 관리하고 이에 영향을 미치는 전략적 행위자다. 넷째, 국가는 수많은 기업의 소유자로서 중요한 역할을 수행하고 있으며, 이 중 많은 기업들은 해외시장에 적극적으로 투자하고 있다. 다섯째, 국가는 공공서비스의 핵심 공급자이자 조직자로서 많은 인력을 고용하고 있는 고용주이며, 이 중요성은 상대적으로 가난한 지역에서 뚜렷하게 드러난다. 이처럼 국가의 경제활동은 그 규모와 범위에서 다른 행위자와 비교할 수 없을 정도로 뚜렷한 특징을 갖고 있으며, 국가의 번영, 안전, 포용과 같은 사회적·정치적 목표를 달성하기 위해 국가경제를 조정, 관리하는 핵심 행위자로 활동하고 있다.

5.4 자본주의 다양성

앞 절에서 논의했던 국가의 지배적인 역할은 국

가의 기본 성격을 반영하고 있지만, 실제 이러한 기능들이 실행되는 방식은 국가의 유형에 따라 큰 차이를 보인다. 이에 주목한 정치경제학 및 비교사회학 분야의 많은 학자들은 국가의 유형에 따른 차이를 '자본주의 다양성(varieties of capitalism)'이라고 개념화했다. 이 용어는 '제도의 중요성'을 함축하고 있다. 즉, 경제생활을 규율하는 '게임의 규칙'을 설정, 유지하는 국가의 역할을 특별히 강조한다(2.5.2 참조). 이와 관련하여 홀과 소스키스(Hall and Soskice 2001)는 국가적 스케일에서 자본주의를 크게 2가지 유형으로 구분한 바 있는데, 첫째는 독일, 일본, 스웨덴 등의 특징을 반영하는 조정시장경제(CMEs: Coordinated-market Economies)이고, 둘째는 영국, 미국, 호주 등을 포함하는 자유시장경제(LMEs: Liberal-market Economies)다. 그러나 자본주의는 이러한 2가지 유형 외에도 훨씬 다양한 형태로 존재한다. 경제지리학자 제이미 펙(Jamie Peck)과 닉 티어도어(Nik Theodore)는 자본주의의 다양성이 마치 국가별 '타입'과 같이 단순하고 고정된 것으로 이해되어서는 안된다고 주장한다. 그들은 자본주의의 다양성이란 광범위한 글로벌 영향력과 시대적 맥락이 상호작용하는 가운데 지속적으로 변동(variegation)한다고 설명한다(Peck and Theodore 2007). 이 책은 홀과 소스키스의 이분법적 분류보다 제도적 다양성을 훨씬 더 풍부하게 설명하는 아마블(Amable 2003)의 구분에 따라 자본주의의 다양성을 살펴본다(표 5.4).

우선 **신자유주의 국가**(neoliberal states)는 시장 메커니즘에 대한 의존을 특징으로 하는데, 이때 국가의 핵심 역할은 시장의 작동을 규율하는 규칙을 관리하는 것이다. 명칭에서도 드러나듯 신자유주의 국가는 1980년대 초반 이후 탈규제, 자유화, 민영화 정책을 포괄하는 신자유주의적 개혁의 선구자 역할을 해왔다(5.5 참조). 따라서 고용보호를 약화시키고 노동조합의 역할을 점차 축소시켜온 반면, 경쟁력 강화정책이나 노사 간 임금협상의 국지화 정책을 통해 노동시장의 유연화를 매우 적극적으로 추진해왔다(표 5.4). 또한 신자유주의 국가는 금융시스템이 경제에서 중요한 역할을 담당하기 때문에, 주주 가치의 극대화와 은행을 비롯한 여러 대출자들에 대한 기업의 높은 신용의존도를 특징으로 한다. 또한 고등교육을 받은 근로자의 비율이 높은 반면, 직업훈련은 취약한 편이고 이에 대한 기업의 참여도 매우 낮다. 복지 공급은 '잔여적(최소주의적) 접근(residual approach)'을 근간으로 하므로, 복지서비스는 주로 실업자와 같은 취약집단에 한정하여 공급된다. 영국이나 호주와 같은 국가들은 신자유주의적 개혁을 추진하면서도, 오랜 역사를 가진 사회민주주의에 입각한 강력한 보편주의(universalist) 전통도 함께 유지하고 있는 편이다.

발전국가(developmental states)는 개발국가로 불리기도 하며 경제정책에 국가가 적극적으로 개입하는 것이 특징이다. 특히 국가의 생산력을 향상시키고 선진 산업국가와의 격차를 줄이는 것을 발전의 목표로 삼는다. 이의 전형적인 사례가 동아시아의 신흥공업국(NICs: Newly Industrializing Coutries)이다(Box 5.3). 발전국가는 경제의 핵심 조정자 역할을 하는데, 특히 은행시스템을 통해 저축과 잉여가치를 투자로 집중시키고 산업 발전을 조정하고 촉진하기 위한 강력한 정부기구를 설립·운영한다. 일본의 통상산업성(MITI: Ministry of International Trade and Industry)은 발전국가 정부의 강력한 조정기구의 원형적 사례로, 수출을 강력하게 추진하기 위해 설립되었다. 또한 국가는 기업과 긴밀한 협력 관계를 형성, 유지함으로써 공동 프로젝트를 통해 새로운 기술 및 방법의 혁신을 추구한다. 가령 한국 정부는 (경제기획원 주도로) 국가경제를 지배하는 삼성, 현대, LG 등 '재벌(chaebol)'이라 불리는 가족 기반의 거대기업을 발전시켰다. 노동시장은 철저하게 규제되고 노동자의 권리가 제한되어 있는데, 이는 발전국가의 강력한 권위주의적 측면을 드러낸다. 발전국가의 사회적 보호수준은 상대적으로 낮게 유지되는데, 이는 경제성장에 따른 잉여가치를 생

표 5.4 국가의 5가지 유형별 특징

국가의 유형	노동시장	금융	복지	교육 및 훈련	사례
신자유주의 국가	• 유연성 • 기업 단위의 임금 협상 • 제한적인 노조의 역할 및 고용보장	• 시장 기반의 금융시스템 • 주주 이익을 강조 • 고위험도의 자본시장을 지향 • 강력한 모험 자본 부문	• 자유주의적 복지국가 모델 • 일부 국가는 잔여적 접근을, 다른 국가는 보편적 접근을 채택	• 고등교육 강조 • 취약한 직업훈련 • 기업과 연계성 부족	미국 영국 캐나다 호주 뉴질랜드
발전국가 (개발국가)	• 규제적 노동시장 • 제한적인 고용보장	• 은행 기반의 금융시스템 • 핵심적인 국가의 조정 역할 • 국가와 산업 간의 긴밀한 연계	• 낮은 공적 사회보장 • 낮은 공적 사회지출 • 제한적인 의료비 지출	• 민간 주도의 고등교육 시스템	일본 싱가포르 한국 타이완
유럽대륙국가	• (고용 보장의 수준이 다양한) 조정된 노동시장 • 노사 간 조정의 과정을 통한 임금 협상	• 은행 기반의 금융시스템 • 상대적으로 자유로운 은행–기업 간 연계 • 보험사의 중요한 역할	• 고용 기반의 복지혜택 • 실업, 질병, 노인복지를 보험제도에 의존	• 기업과 긴밀하게 연계된 강력한 직업교육 • 중등교육에 대한 강조	독일 프랑스 오스트리아 스위스
사회민주주의 국가	• 규제적 노동시장 • 적극적 노동시장정책 • 높은 노조 가입률	• 은행 기반 시스템	• 보편주의 모델 • 가족 서비스를 중시함	• 높은 고등교육 재정지출	스웨덴 덴마크 핀란드 노르웨이
지중해국가	• 규제적 노동시장 • 갈등적 노사관계 • 제한적인 임시직 고용	• 은행 기반 시스템 • 취약한 기업 거버넌스 • 소수가 지배하는 소유권	• 제한적 복지국가 • 노인복지 지출의 중요성	• 취약한 교육제도 • 낮은 교육재정 지출 • 미약한 과학기술 투자	그리스 이탈리아 포르투갈 스페인

(출처: Amable 2003: 174-5를 수정하였음)

산자본으로 투입하려는 목적을 지향하기 때문이다.

유럽대륙국가(Continental European states)는 고용주와 노동조합 간 강력한 사회적 파트너십을 근간으로 하기 때문에 본질적으로 매우 조정적인 성격을 띠고 있다. 물론 고용안정 정도는 국가별로 편차가 있다. 유럽대륙국가들은 금융과 산업 간 긴밀한 연계를 특징으로 하며, 각 지역 은행은 특히 지역 내 소규모 기업에 대한 자금지원에서 중추적 역할을 한다. 복지국가는 고도의 (노·사·정 협력체제가 확립된) '코퍼러티즘' 전통을 따르고

있으며, 사회보장제도를 통해 사회적 권리를 보장한다.★ 유럽대륙국가에서는 특히 직업교육이 강한 전통을 갖고 있고, 이는 기업의 요구와 긴밀하게 연계되어 있다. 독일은 이런 유형의 대표적인

★ 코퍼러티즘(corporatism)은 '협조주의'라고도 하며 국가와 여러 사회집단이 협력하여 경쟁을 제한하고 보다 강력하고 통제된 국가경제를 실현하려는 이념을 가리킨다. 코퍼러티즘이 주목받은 것은 1970년대 후반 많은 선진국이 스태그플레이션 위기를 겪는 가운데 노·사·정 협력체제가 확립된 북유럽이나 오스트리아 등의 국가는 실업률이 낮고 물가상승도 억제되었기 때문이다. 그러나 코퍼러티즘은 (다소 폐쇄적) 단일 국가의 경제 관리를 전제로 하기 때문에 1980년대 이후 국경을 초월한 경제의 글로벌화와 자유화 과정 속에서 그 유효성이 의문시되었다. 특히 신자유주의 이론가들은 코퍼러티즘 국가의 '큰 정부'주의나 공공재정의 비대함 등이 민간 시장의 활력을 저해한다고 비판을 가했다.

발전국가의 실제
싱가포르의 사례

Box 5.3

싱가포르는 동아시아의 NIC 중 가장 작지만, 경제적으로 세계에서 가장 큰 성공을 거둔 국가로 알려져 있다 (Lim, Huff 1995: 1421에서 재인용). 다른 NIC와 마찬가지로 싱가포르 정부는 개발을 추진하고 실현하는 중심 역할을 해왔다. 싱가포르는 의회 민주주의 국가이지만, 1960년대 초반 이후 인민행동당(PAP: People's Action Party)의 1당 독재에 의해 통치되고 있다. 강력한 정치인으로서 1990년에 은퇴한 리콴유(Lee Kuan Yew)는 세계에서 가장 오랫동안 총리를 역임했던 인물이다. 싱가포르는 과거 대영제국 당시 중요한 무역 항구로 발전했는데, 이는 동양과 서양의 무역을 연결하는 핵심 결절로서 지리적 요충지였을 뿐만 아니라 천혜의 항구가 발달할 수 있는 최적의 자연조건을 갖추었기 때문이었다.

싱가포르는 1965년 말레이시아에서 분리, 독립한 후 국내 경제규모가 엄청나게 줄어들었기 때문에 기존의 ISI 기반 발전전략이 타격을 입었다. PAP 정권은 FDI를 유치함으로써 노동집약적 제조업을 바탕으로 한 공격적인 수출지향형 발전정책을 추진하기 시작했다. 천연자원이 전혀 없는 신생 국가가 과연 독립국으로서 생

존할 수 있을 것인지에 대해 많은 사람들이 관심을 갖고 지켜보았다. 결과는 대성공이었다. 수출지향정책은 큰 성공을 거두었고, 1967~79년 사이 제조업 부문에서 고용은 4배, 수출액은 GDP 대비 13.6%에서 46.1%로 급성장했다(Huff 1995: 1423). 주로 전자, 석유화학, 조선 부문에 투자가 집중되었다. 한편 노동에 대한 엄격한 통제는 수출지향 전략의 핵심이었는데, 예외적이게도 싱가포르 정부 당국은 노동운동 진영의 묵인과 협력을 얻어내는 데 성공했다. 이것이 가능했던 이유는 싱가포르의 노동운동이 국가임금위원회(National Wages Council)와 같은 코퍼러티즘적 협의체(corporatist bodies)로 통합되었고, 경제성장에 따른 결실이 고용, 주택, 교육, 의료 프로그램 등의 형태로 재분배되었기 때문이다 (Coe and Kelly 2002).

1980년대 들어 싱가포르 정부는 새로운 저임금 국가들의 출현에 따라 노동비의 비교우위 하락을 우려하면서, 정부 정책을 전환하여 금융 및 사업서비스업 부문을 성장시키는 데 집중했다. 이는 경제의 '지역화(regionalising)' 전략과 밀접하게 연관되어 있다. 즉, 싱가포르

를 지역 내 노동분업(regional division of labour)의 통제 중심지로 만들어 기업 본사, 사업서비스업, 연구개발 등 고차위의 기능을 유치하는 한편, 노동집약적 제조업과 조립 부문은 이웃한 저임금 지역에서 수행될 수 있도록 하는 것이었다(Dicken 2015: 203-4). 세계에 널리 알려져 있다시피, 이 정책이 구체적으로 실현된 결과가 바로 싱가포르, 조호르바루(말레이시아), 바탐·빈탄(인도네시아)이 이어진 이른바 '성장 삼각지대(growth triangle)'였다(그림 5.4). 성장 삼각지대는 싱가포르(SI), 조호르바루(JO), 리아우제도(RI)의 이니셜을 조합하여 '시조리(SIJORI)'라고 불리기도 한다.

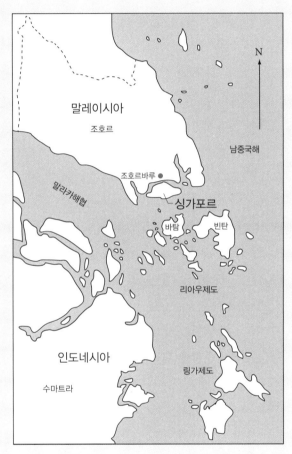

그림 5.4 동남아시아의 시조리(SIJORI) 삼각지대(싱가포르-조호르바루-바탐·빈탄)의 위치 (출처: Sparke *et al.* 2004: 487)

모델국가이며, 프랑스, 오스트리아, 스위스도 이에 포함된다.

사회민주주의 국가(social democratic states)는 기업, 노동조합, 국가 간 사회적 합의를 토대로 하여 복지서비스 공급에서 강한 보편주의 전통을 보유한다. 이들 국가는 완전고용을 목표로 하며 실업자를 신속히 재교육하여 노동 현장으로 되돌려보내는 적극적 노동시장정책을 실행하는 등 노동시장에 대한 규제를 특징으로 한다. 복지국가는 '보편성(universality)'을 근간으로 높은 세율의 세금을 부과하여 시민의 평등을 추구하도록 고안되어 있는데, 이는 신자유주의 국가의 잔여적(최소주의적) 접근과는 뚜렷이 대비된다. 고등교육 또한 높은 수준의 공공지출에 의해 운영되고 있다. 사회민주주의 국가 모델은 흔히 '스칸디나비아 유형'이라고 불리며, 스웨덴, 덴마크, 핀란드, 노르웨이 등이 이에 해당된다.

지중해국가(Mediterranean states)는 사회민주주의 국가와 비슷하게 규제적 노동시장을 갖고 있지만 기업과 노동조합 간의 관계는 보다 갈등적 양상을 보인다. 즉, 코퍼러티즘 거버넌스가 취약한 편이고, 금융 및 산업 부문의 소유권은 소수의 핵심 행위자들에 집중되어 있다. 복지서비스의 공급은 교회, 가족, 민간 자선단체 등 민간기구들로 국한되어 이루어지고 있다. 지중해국가들은 교육에 대한 공공지출이 적기 때문에 교육시스템이 취약한 편이며, 특히 과학 및 기술 분야에서 뚜렷한 약세를 보이기 때문에 경쟁력이 쇠퇴하고 있다. 이는 남부 유럽국가들에서 두드러지게 나타난다.

이상의 유형화는 유럽의 복지국가에 대한 분석에 뿌리를 둔 것이기 때문에 모든 국가의 유형을 완전히 보여주는 것은 아니다(Epsing-Andersen 1990 참조). 이에 어떤 학자들은 이른바 '**권위주의 국가**(authoritarian states)'를 포함시키기도 하는데, 이 유형은 고도로 중앙집권적인 정치시스템이 자본주의 시장에 적극적으로 관여하는 국가를 가리킨다(Coe *et al.* 2013: 105). 과거 사회주의경제였던 중국과 러시아가 전형적 사례로서, 이 나라들은 강력한 경제개혁을 추진하면서도 사회에 대한 엄격한 정치적 통제를 유지하고 있다. 발전국가의 여러 특징들은 아시아뿐만 아니라 브라질이나 멕시코와 같이 최근 새롭게 산업화되고 있는 라틴아메리카의 개발도상국에서도 나타난다. 그렇지만 볼리비아나 베네수엘라와 같이 1990년대 말과 2000년대에 급진적 좌파 정부가 들어선 라틴아메리카 국가는 발전국가로 분류되지는 않는다(7.6 참조).

이 외에도 전쟁, 자연재해 또는 외부의 압력으로 국가경제를 효과적으로 관리할 수 있는 제도적 역량, 경제적 힘, 정치적 권위 등이 결여된 이른바 **실패국가**(failed states)가 있다. 아이티나 소말리아가 실패국가의 전형적 사례로 언급된다.

이상에서 검토한 각 유형에 해당되는 국가 간에도 상당한 차이가 있다. 가령 미국과 영국은 신자유주의적 국가에 해당되지만 미국의 경우 잔여적 복지시스템을, 영국은 보편주의 전통을 유지하고 있다. 독일과 프랑스의 경우 유럽대륙국가에 해당되지만 독일은 코퍼러티즘이, 프랑스는 국가가 중추적 역할을 한다. 이상의 유형화는 고정된 것이라기보다는 역동적인 것이며, 특히 다음 절에서 다룰 신자유주의, 경제위기, 긴축정책 등에 대해 이러한 국가들이 각각 어떻게 대응하고 있는지에 주목할 필요가 있다. 일부 국가들은 다양한 압력에 대응하기 위해 2가지 이상의 국가적 요소들을 통합하여 운영하기도 한다(Box 5.4 참조).

5.5 신자유주의, 위기, 긴축

신자유주의 개혁 프로그램과 경제의 글로벌화로 인해, 1970년대 이후 기존의 국가구조는 상당한 재구조화와 변화를 겪어왔다. 1970년대 이전까지 유럽과 북아메리카는 수요관리와 보편적 복지서비스 공급을 골자로 하는 케인스주의 이론에 따라 강력한 개입주의 국가구조를 형성하고 있었다. 따라서 선진국이 케인스주의를 폐기하고 복지국가를 개혁할 것인지의 여부는 많은 사람들의 관심사였다. 개발도상국의 정부들 또한 선진국과 유사한 상황에 직면했는데, 특히 IMF와 세계은행 등 국제금융기구의 활동은 개발도상국을 압박하는 주요 원인이었다. 1980년대 이후 등장하기 시작한 신자유주의는 새로운 조절양식의 토대를 제공했으며, 광범위한 제도적 실험과 개혁의 도입에 활기를 불어넣었다. 그러나 과연 신자유주의가 일관성 있는 '포스트포디즘' 축적체제 형성에 필요한 안정과 질서를 제공하고 있는지는 매우 의심스럽다(Peck and Tickell 2002).

많은 사람들이 2008~09년 금융위기를 신자유주의 정책에 근본적으로 도전한 사건이라고 해석한다. 왜냐하면 1980~90년대에 금융시스템 규제완화와 같은 신자유주의 정책은 당시의 위기와 깊이 관련되어 있었기 때문이다. 또한 서양의 국가들이 위기에 대한 첫 대응책으로 시장의 수요 진작을 위해 공공지출을 확대하는 케인스주의 정책으로 회귀했던 것에서도 잘 드러난다. 그러나 콜린 크라우치(Colin Crouch)가 '신자유주의의 괴상한 불멸'이라고 표현했던 것처럼(Crouch 2011), 차츰 시간이 지남에 따라 신자유주의적 견해는 치명상을 입지 않고 견고하게 살아남았다. 단기적으로 부활했던 케인스주의 정책은 2010년 초에 이르자 사라지고 말았다. 각국 정부는 금융위기의 여파로 빚어진 재정 적자에 대처하기 위해 긴축정책을 채택하고 공공지출을 축소했다. 금융위기와 그 이후의 긴축정책은 생활수준을 압박했기 때문에 최근 대중들의 반발이 거세지고 있다. 이러한 반발은 불평등과 긴축재정에 반대하는 좌파 진영에서부터 이민자의 유입에 반대하는 보수 진영과 미국의 도널드 트럼프(Donald Trump) 대통령, 2016년 영국의 EU 탈퇴에 대한 국민투표, 프랑스의 극우정당인 국민전선(현 국민연합) 등을 지지한 기존의 엘리트 집단에 이르기까지 넓은 스펙트럼을 형성하고 있다.

5.5.1 신자유주의의 진화

1970년대 후반부터 1980년대 초에 이르는 기간은 최근 역사에서 중요한 전환점이었다(Harvey 2005: 1). 칠레는 1973년 군사 쿠데타 이후 신자유주의 경제정책을 도입했고, 중국의 공산당 지도자 덩샤오핑(鄧小平)은 1978년에 대대적인 경제 개혁 프로그램을 단행했다. 그로부터 1년 후 영국의 마가렛 대처(Margaret Thatcher)가 정권을 잡은 후 자유시장주의라는 브랜드를 개발했다. 이듬해인 1980년에는 할리우드의 영화배우였던 로널드 레이건(Ronald Reagan)이 미국 대통령으로 당선됐다. "이러한 몇몇 진앙으로부터 … 혁명의 충격파가 퍼져나가 우리 주변의 세계를 전적으로 새로운 이미지로 탈바꿈시켰으며, 어렴풋한 그림자처럼 내재되어 있던 신자유주의의 교리들이 … 경제적 사상과 관리를 주도하는 핵심 원리로 부상했다"(Harvey 2005: 1-2).

신자유주의는 일종의 정치경제적 이데올로기로서 개인의 자유, 시장, 민간기업이 갖는 장점에 대한 믿음을 바탕으로 한다. 신자유주의자들은 국가에 적대적이다. 왜냐하면 경제에 대한 국가의 역할은 사유재산권, 자유시장, 자유무역을 보장하는 것으로 최소화되어야 한다고 믿기 때문이다(앞의 책: 2). 나아가 국가의 과도한 개입과 조절로 시장이 존재하지 않는 지역에도 국가가 (국가소유의 기업을 민간소유로 이전하는) 민영화, (보호 부문을 국제 경쟁에 개방하는) 자유화, (기업 활동을 통제하는 규칙과 법률을 완화하는) 탈규제 정책을 통해 시장을 적극적으로 창출해야 한다고 주장한다. 신자유주의자들은 국가가 이러한 최소 역할을 감히 넘어서는 안 된다고 주장한다. 왜냐하면 국가는 수백만 명의 개인 선호도에 따라 작동하는 시장의 시그널(가격)을 예측하기에 충분한 정보를 확보할 수 없기 때문이다(앞의 책: 2).

1970년대 이후 신자유주의는 상당한 진화를 거듭해왔는데, 이는 크게 3가지 국면으로 나누어 살펴볼 수 있다(Peck and Tickell 2002). 첫째는 1970년대 초반의 '원생-자유주의(proto-liberalism)' 국면으로, 이 시기에는 영국과 미국의 싱크탱크, 대학, 언론계에 있던 (밀턴 프리드먼이나 프리드리히 하이에크 등의 경제학자를 포함한) 이른바 신우파(New Right) 진영의 사상가와 정치인이 20세기 내내 깊이 묻혀 있던 사상을 끄집어내 널리 유포했다. 이들의 관점은 1970년대의 경제위기에 대해 일련의 급진적인 해결책들을 제시하면서 점차 영향력을 확대해나갔는데, 여기에는 인플레이션 억제, 복지지출 감소, 노동조합의 권리 제한, 자유시장 촉진을 통한 개인의 자유 부활 등의 정책이 포함되었다. 이처럼 신우파 집단은 19세기의 전통적 자유주의 원리를 1970년대의 환경에 새롭게 적용하고자 했기 때문에, 이들의 주장을 '신자유주의(neoliberalism)'라고 일컫는다.

두 번째 국면은 대처와 레이건이 선거에서 승리한 이후 나타난 '롤백(회귀형)' 신자유주의('roll-back' neoliberalism)★의 시기다. 이 시기에는 경제에 대한 국가의 개입 축소와 노동조합의 권리 억제를 주장했던 신자유주의 사상이 구체적으로 실행에 옮겨졌다. 시장에의 화폐 공급을 줄임으로써 인플레이션을 억제해야 한다는 프리드먼의 통화주의이론이 실천에 옮겨졌다. 이러한 '충격요법'은 단기적으로 인플레이션을 낮추는 데 성공했지만, 이로 인해 1980년대 초 경기침체가 보다 심화되어 실업이 크게 증가했다. 또한 민영화, 자유화, 탈규제 정책으로 경제에 대한 국가의 개입이 축소되었다. 1980~90년대 보수 진영의 많은 정치인과 논객은 복지국가 정책으로 국가에 대한 개인의 의존도가 높아졌고, 근로의욕이 저하되었으며, 국민의 세금부담이 증가했다고 공격했다. 화려해 보이는 일련의 '개혁' 프로그램들이 실행되었지만, 결과적으로 복지지출을 크게 줄이는 데는 성공하지 못했다.

1990년대 초반에는 (국가의 적극적 개입으로 진행되는) 새로운 형태의 '롤아웃(전개형)' 신자유

★ '롤백' 신자유주의는 마치 스프링이 말려들어가듯(roll-back) 국가의 개입이 축소된다는 비유적 표현으로, 케인스주의적 복지국가가 후퇴하는 양상으로 전개되었다. 반대로 '롤아웃' 신자유주의는 국가가 적극적으로 시장과 경쟁의 논리를 사회 전반에 확산시키는 것을 의미한다.

주의('roll-out' liberalism)가 등장했는데, 이 세 번째 국면에는 신자유주의가 일반화되어 경제적 '상식'이 되었다. 따라서 정부 당국이나 세계은행, IMF 같은 기구는 보다 기술관료주의적(technocratic)으로 소란스럽지 않게 신자유주의를 실행할 수 있었다. 특히 1980년대 초 주요 인사들이 (신우파로) 개종한 이후 세계은행과 IMF는 전 세계에 신자유주의 교리를 확산시키는 핵심 역할을 했다. 즉, "이들은 개발자금과 차관을 절실히 필요로 하는 가난한 국가들에게 신자유주의 사상을 포교하는 새로운 기구" 역할을 했다(Stiglitz 2002: 13). 1990년대 초 민영화와 자유화의 형태로 실행된 신자유주의의 '충격요법'은 유럽 중부와 동부의 구(舊)공산권 국가들에 급속하게 퍼져나갔다.

신자유주의적 정책 처방은 이른바 **워싱턴합의**(Washington Consensus)로 집약되었는데, 이 합의는 워싱턴 D.C.에 본부를 두고 있는 미국 재무부, 세계은행, IMF가 신자유주의적 기조를 함께 수용하고 실행해나가게 되었음을 의미한다. 워싱턴합의는 다음 내용을 핵심으로 한다(Peet and Hartwick 1999: 52).

- 재정규율(fiscal discipline): 정부지출과 적자를 최소화함
- 공공정책의 우선순위: 복지 공급이나 소득 재분배보다 경제적 경쟁력 추구를 우선시함
- 세제 개혁: 세율을 낮추고 인센티브를 강화함
- 금융 자유화: 이자율과 자본의 흐름을 시장의 결정에 맡김
- 무역 자유화: 수입품에 대한 규제를 철폐함
- FDI: 외국기업에 대한 진입 장벽을 철폐함

- 민영화: 국영기업을 민간에 매각함
- 탈규제: 경쟁을 제한하는 규제를 폐지함

각국 정부에 대한 IMF와 세계은행의 규율적 영향력은 2가지로 요약할 수 있다. 첫째, IMF와 세계은행은 개발도상국에 대한 채무상환 재조정(debt rescheduling)을 거절하고 해당 국가가 채무상환 능력이 없다고 선언할 권한을 갖고 있다. 둘째, 만약 개발도상국이 완전고용이나 소득재분배를 강조하는 대안적 정책을 채택한다면, 해당 국가에 투자한 투자자들이 위의 첫번째 조치에 대한 우려로 급속히 자금을 회수해버리는 자본도피 현상이 발생할 수 있다.

2000년대 들어 IMF와 세계은행은 자신에 대한 비판이 증가하자 기존의 접근을 수정하여 구조조정이나 민영화보다 거버넌스와 빈곤감소를 더 강조하고 있다. 이는 이른바 '포스트-워싱턴합의'라고 불린다(Sheppard and Leitner 2010). 그럼에도 불구하고 IMF와 세계은행은 여전히 신자유주의적 발전모델을 활동의 기저에 두고 있다(7.3.3 참조).

개별 국가들은 신자유주의 정책 패키지 중 특정 측면만을 채택해왔기 때문에, 신자유주의 정책의 실행은 상당히 불균등한 과정으로 진행되었다. 그뿐만 아니라 신자유주의의 요소들은 기존의 제도적 장치 및 실천과 복잡하게 상호작용해왔기 때문에, 국지적 차원에서는 상당히 다양한 결과를 초래하고 있다(Box 5.4).

Box 5.4

'중국 특유의' 신자유주의(Harvey 2005: 120)

1979년 중국 공산당이 국제 무역과 투자를 개방하기로 결정한 이후, 중국은 1980년대 초반부터 2012년까지 무려 평균 10%의 성장을 유지할 정도로 역사상 전례가 없는 급속한 경제성장을 이룩해왔다(Box 1.3). 초창기의 개혁은 농업, 산업, 교육 및 과학, 방위 부문의 '4대 근대화'라는 이름으로 추진되었는데, 이는 1989년 천안문광장 대량학살이 일어나기 전까지 계속되었다. 1992년 당시 노년의 덩샤오핑이 중국 남부를 시찰하면서 "잘사는 것은 멋진 일이다. … 쥐를 잡을 수 있다면 적묘냐 흑묘냐 하는 것은 중요하지 않다"고 선언하면서, 1990년

대 초반부터 또 한번의 급속한 경제개혁이 추진되기 시작했다(Harvey 2005: 125). 중국의 신자유주의적 개혁은 공산주의와 자본주의를 기묘하게 결합하는 방식으로 이루어졌다. 그 결과 공산당의 통제가 지속되는 정치적 권위주의와 경제 자유화 사이에 긴장이 나타나게 되었다.

중국 공산당은 처음에는 해외투자를 유치하기 위해 4곳의 경제특구를 지정했는데, 이는 국지적 실패가 국가 전체로 확대되는 것을 최소화하기 위한 (공간적) 전략이었다. 이 중 3곳(주하이, 선전, 산터우)은 홍콩과 인접한 중국 남부의 광둥성에 입지하고, 나머지 1곳(샤먼)은 타이완과의 사이에 해협을 두고 있는 푸젠성에 입지했다(그림 5.5).★ 이 실험은 크게 성공을 거두었으며, 광둥성은 해외자본을 끌어당기는 자석으로 변모했다. 1990년대 중반 중국으로 유입된 해외투자의 3분의 2가 홍콩을 통해 들어왔다(Harvey 2005: 136). 또한 1990년대 들어 중국의 해안도시들을 중심으로 해외를 겨냥한 EPZ가 조성되었고, 그 결과 중국 최대도시인 상하이가 폭발적으로 성장하기 시작했다. 중국의 핵심 비교우위는 의류, 신발, 장난감 등의 노동집약적 제품에 있다. 현재 중국의 시간당 임금은 2달러 수준인데, 이는 슬로바키아의 5달러, 한국의 7달러, 그리고 미국의 18달러와 비교할 때 지극히 낮은 수준이다(Dicken 2015: 458).

그림 5.5 **중국 무역개방정책의 지리** (출처: Dicken 2003: 190)

★ 초창기 4곳이 성공을 거둔 이후, 중국 정부는 SEZ 지정을 순차적으로 확대했다. 1988년 하이난섬, 1990년 (상하이 맞은편에 위치한) 푸둥, 2006년 (텐진 인근의) 빈하이지구가 추가로 지정되었다.

급속한 경제성장으로 인해 중국 내부에서는 수많은 사회적·정치적 모순과 긴장이 드러나고 있다. 이 중 중국이 직면한 가장 큰 난관은 막대한 잉여노동을 어떻게 흡수할 것인가의 문제다. 특히 정부의 개혁기간 동안 농촌에서 해안지역의 도시로 이주한 사람들은 공식적인 통계로만 1억 1,400만 명에 달한다(Harvey 2005: 127). 이에 대한 대응책으로 중국 정부는 최근까지 대규모의 사회 인프라 개발사업을 추진해왔다. 양쯔강의 홍수를 예방하고 전력을 생산하려고 중상류 지역에 건설한 싼샤댐은 이런 개발사업의 대표적 사례다. 지역 간 불평등 또한 심각한 문제로 대두되었다. 남부 및 동부 해안지역은 경제적으로 내륙지역 및 중국 북동부의 '러스트벨트' 지역을 훨씬 크게 앞지르고 있다. 또한 급속한 경제성장과 현대적 소비문화의 확산은 정치적 자유에 대한 요구를 봉쇄하는 데 어느 정도 도움이 되었지만, 최근 경제지표가 둔화됨에 따라 공산당 정권의 지배방식에 변화가 일어날 가능성도 있다(Box 1.3 참조).

5.5.2 신자유주의와 위기

2008~09년 금융위기와 이후의 경기침체는 신자유주의에 중대한 도전이 되었다. 시장이란 본질적으로 자기조절 능력이 있기 때문에 2008~09년의 위기와 같은 재앙에 빠지지 않을 것이라는 가정은 힘을 잃었다. 이러한 도전은 특히 탈규제화된 금융시장에서 가장 두드러졌는데, 왜냐하면 그 이전까지만 하더라도 금융시장은 이른바 (금융시장의 가격에는 이미 모든 정보가 반영되어 있다는) '효율시장가설(EMH: Efficient Market Hypothesis)'에 따라 대단히 순수하게 작동한다고 생각했기 때문이다. 신자유주의적 관점에서 시장은 개별 행위자의 합리적이고 이기적(자기본위적) 행동을 반영하여 언제나 투명하게 작동하며 수요와 공급의 상호작용을 통해 최적의 가격을 결정한다고 보았다. 그러나 이러한 사상은 금융위기로 인해 뒤죽박죽이 되어버렸다. 이윤 극대화를 추구하는 개별 행위자의 이기적 행동은 최적의 결과를 낳지 않았고 오히려 커다란 실패를 불러왔다. 우리는 앞에서 주택담보대출 파생상품 투자자들의 위기가 시스템 전체로 확산되어 파국적 재난으로 귀결된 것을 보았다(4.5.1 참조). 이런 측면에서 금융위기는 "이러한 기구와 제도를 만들어낸 사상의 위기"였다(Blyth 2013: 43).

앞서 살펴본 바와 같이, 위기에 대한 초기 대응으로 정부는 공공지출을 증가시킴으로써 수요를 자극하는 케인스주의 정책으로 회귀했다. 이는 2008~09년의 경기침체가 1930년대의 대공황과 같은 완전한 경제적 붕괴로 귀결되지 않도록 하는 데 일정한 성공을 거두었다. 심지어 IMF와 같은 기구도 재정적 자극의 필요성을 받아들였으며, 존 케인스(John Keynes)의 전기를 쓴 작가이자 상원의원이었던 로버트 스키델스키(Robert Skidelsky)는 이런 변화를 "거장의 귀환(Return of the Master)"이라고 선언하기도 했다(Skidelsky 2009). 그러나 이러한 케인스주의로의 전환은 그리 오래가지 못했다. 2010년 초에는 ECB와 독일 정부를 중심으로 2008~09년의 경기부양 정책과는 다른 새로운 정책이 출현했다. PIIGS를 포함한 유럽 정부들은 재정 적자와 인플레이션 가능성을 우려하고 있었기 때문에, 경기 부양을 중단하고 공공지출을 관리하는 신자유주의적 정책으로 선회했다. 이러한 정책변화로 케인스주의자와 이에 반대하는 보수적 논객 및 신고전파 경제학자의 대립은 한층 심화되었다. 이 대립구도에서 승리한 쪽은 신고전파 경제학자와 보수주의자였다. 이들의 승리를 알린 신호탄은 2010년 6월 토론토에서 개최된 G20 회의로, G20은 새로운 긴축정책의 시대가 열렸음을 선포했다(Blyth 2013). 이러한 신자유주의적 역공이 정치적 성공을 거둔 배경에는 금융위기 이후 정치적 좌파 진영에서 유럽과 북아메리카 경제에 제시할 수 있는 실질적 대안이 거의 없어 곤경에 빠졌던 이유도 있다(Mirowski 2014).

긴축재정으로의 전환은 "위기 이전의 사고방식"으로의 급속한 회귀를 반영한다(Elliott 2011). 즉, 국가가 예산과 부채를 감축해서 가격과 임금을 낮추고, 공공지출을 줄일 때 경쟁력이 가장 잘 회복된다고 간주하는 것이다(Blyth 2013: 2). 이런 의미에서, 위기의 원인이었던 신자유주의적 사상이 그 위기 자체를 해결하는 데 이용되었다고 할 수 있다(Mirowski 2014). 특히 IMF와 세계은행 등 상위국가적 기구, 각국의 정부, 보수적 싱크탱크, 금융 및 경제와 관련된 언론계의 경제적·정치적 엘리트층이 이러한 신자유주의 사상에 깊이 빠져 있다는 것을 보여준다.

신자유주의 이론은 정부의 개입 축소를 강조하지만, 실제로 많은 신자유주의자들은 자신의 프로젝트를 추진하는 데 국가의 권력을 기민하게 이용해왔다. 신자유주의의 목표는 결국 국가의 방향을 사회복지로부터 이탈시켜 경제적 경쟁력과 기업의 이익을 추구하는 쪽으로 재설정하려는 데 있다.

지급불능에 빠진 은행에 대한 정부의 긴급구제 조치가 금융의 이익을 위해 이용되는 것처럼, 국가권력은 신자유주의라는 계급적 프로젝트를 강화한다고 볼 수 있다(Harvey 2005). 긴축정책 패키지의 도입은 "신자유주의적 정책 처방이 기업계와 금융계, 그리고 정치권력이 형성한 지배적 회로에 얼마나 깊이 뿌리내리고 있는지"를 보여준다(Peck 2013: 138). 이는 금융기관, 투자자, 그리고 IMF와 유럽 집행위원회 등 국제적 조절기구의 탄탄한 구조적 권력에서 뚜렷하게 나타난다.

5.5.3 긴축 정치

2010년 이후 긴축정책의 도입은 유럽대륙국가와 사회민주주의 국가에서도 나타났지만, 특히 신자유주의 국가와 지중해국가를 중심으로 뚜렷이 나타났다. EU가 PIIGS에 긴급구제 프로그램을 제공하는 대신 예산 삭감을 요구한 것, 영국이 재정 적자를 축소한 것, 미국과 영국에서 이루어지던 수요 부양정책이 축소된 것은 모두 긴축정책의 사례들이다. 이런 사례들은 2007년 이후 국가별 GDP 대비 총 부채규모가 가파르게 증가하는 것(그림 5.6)에서도 알 수 있듯, 금융 및 경제위기가 발생할 무렵에는 국가의 부채 비율이 매우 높다는 사실을 반영한다. 부채 비율의 증가는 위기의 원인이기보다는 결과라는 점을 인식할 필요가 있다. 현대 자본주의시장에서 국가 재정은 경제성장에 의존하므로, 부채 비율의 증가는 경기침체로 인한 공통적인 부작용이다. 경기침체기에는 세입 규모는 축소되지만, 대체로 실업이나 복지 프로그램을 위한 공공지출의 규모는 늘어나기 때문이다.

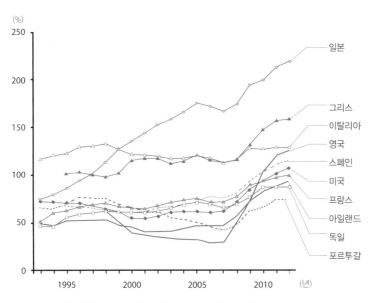

그림 5.6 각국의 GDP 대비 국가 부채의 비중 추이(1993~2012년)
(출처: OECD, http://stats.oecd.org/OECDStat-Metadata)

흔히 자동안정장치라 불리는 이러한 현상은 (소비를 유지하고 실업자에게 기본소득을 제공하는 등의) 국가 지출이 어떻게 침체된 경제를 부양하는지를 반영한다. IMF(2010)에 따르면, G20 경제권의 경우 2008~15년 GDP 대비 부채규모가 39% 증가했으며 이 증가분의 절반 정도가 세입 감소에 따른 것이었다. 2008~09년의 경제위기 동안 국가의 재정적 압박은 은행구제 프로그램으로 더욱 악화되었는데(표 5.2 참조), 가령 영국의 경우에는 증가한 부채규모의 35%가 은행구제로 인한 것이었다(Blyth 2013: 46). 이런 측면에서 마크 블리스(Mark Blyth)는 공공부채의 증가가 위기의 결과가 아니라 국가의 과도한 지출의 결과라고 주장하는 신자유주의적 정치에 주목하면서, 신자유주의자들이 의도적으로 위기에 대한 잘못된 담론을 퍼뜨림으로써 현대사에서 가장 거대한 규모의 (미끼로 유혹한 다음 비싼 것을 내놓는) 미끼상술을 펼쳤다

고 비판한다.

2009~10년에 촉발된 유럽재정위기(European sovereign debt crisis)는 PIIGS 정부의 엄청난 공공부채 규모에 대한 시장의 공포로 촉발된 것이었다(4.5.2 참조). 이로 인해 PIIGS의 국채 발행량과 국채 금리 모두 가파르게 증가했고(그림 4.5), 결국 채무상환이 불가능한 지경에 이르게 되었다. 이 위기에 대한 정책적 대응은 (5.2.2에서 설명했던 바와 같이) '트로이카'로 불리는 상위국가적 기구인 EU, ECB, IMF의 통제를 중심으로 한 국가의 재스케일화(rescaling)를 반영했다. 왜냐하면 위기에 빠진 개별 국가들은 트로이카로부터 긴급구제 자금을 수혈받는 조건으로 대규모의 공공지출 축소와 구조개혁 프로그램 이행 등 신자유주의 경제 정책을 단행해야 했기 때문이다. 2010년 5월 그리스는 1,100억 유로를 빌리는 대가로 공공지출 규모와 세금을 20% 줄여야 했고, 2010년 11월 아일

랜드는 850억 유로를 빌리는 대가로 공공지출 규모를 26% 삭감해야 했다(Blyth 2013: 71; Box 5.5). 이는 1980~90년대 세계은행과 IMF가 주도하여 전 세계의 많은 개발도상국을 대상으로 실행했던 구조조정 프로그램(SAPs: Structural Adjustment Programs)을 연상시킨다(7.3.3 참조).

아일랜드
성장에서 위기로

전통적으로 서유럽에서 가장 가난한 국가라고 간주되어 온 아일랜드는, 1990~2000년대 ('켈틱 호랑이'로 불리며) 역사상 전례없는 경제호황을 경험했다가 금융위기의 여파로 급속히 불황에 빠진 국가다. 아일랜드 경제가 급속히 성장하는 동안 많은 경제학자, 정치인, 싱크탱크는 아일랜드를 가장 훌륭한 경제 개방 모델이라고 치켜세웠다. 2004년 《포브스매거진》은 상당히 작은 국가이면서도 가장 국제화되었다는 이유로 아일랜드를 세계에서 제일 글로벌화된 국가로 꼽았다. 이런 특성은 지역 경제권의 형성과 깊이 연관되어 있었고 FDI에 대한 높은 의존도와 활발한 노동 이주로 나타났다(그림 5.7). 아일랜드는 독립 이후 이미 1950년대에 ISI 정책을 폐기하였으며, 1980년대까지 미국계 기업 중심의 FDI 유입에도 불구하고 큰 경제적 부흥을 이룩하지는 못했다.

아일랜드는 1986년 심각한 경제위기를 경험한 후, 정부, 기업, 노동조합은 국가 부흥을 위한 새로운 경제계획을 수립했다. 그 결과 1993년부터 2000년까지 연평균 성장률이 8.1%에 달했고(Drudy and Collins 2011: 341), 1991년 19%에 달하던 실업률이 2002년에는 4.3%로 급감했으며(House and McGrath 2004: 37), 해외 노동이주 패턴이 역전되는 등 아일랜드의 경제 역량이 비약적으로 향상되었다(그림 5.7 참조). 아일랜드의 성장 기반은 EU 가입이었다. 유럽 단일시장에 접근할 수 있었고 EU 구조기금(structural funds) 수혜를 받았기 때문이다. 1990년대 말 아일랜드는 다른 유럽의 선진국을 따라잡는 수출지향형 국가로 변모했다. 2000년대 초반에 들어서자 점차 수출 호황은 뜨거운 건설 붐이 주도하는 국내 소비의 성장으로 대체되기 시작했다. 이는 열광적인 주택 건설에서 드러나는데, 아일랜드는 스페인과 더불어 인구 1인당 주택 수가 다른 유럽 국가에 비해 2배를 넘어서게 되었다(Kitchin *et al.* 2012: 1308-9). 대대적인 건설 붐이 일어났던 것은, 대형 은행들이 건설업자에게 막대한 자금을 대출해주었을 뿐만 아니라 정부가 부동산세 인하나 건설업자에 대한 다양한 세제 혜택 등 여러 규제완화 정책을 취했기 때문이었다.

2007년에 경제 버블이 터지자 신용 위기가 발생했으며, 결과적으로 아일랜드의 대형은행들은 국제 자본시장에서 낮은 이자율로 자금을 빌려와 건설업자에게 대출해주는 것이 더 이상 불가능하게 되었다. 2007~11년 사이 연평균 GDP 성장률은 2.4%에 불과할 정도로 아일랜드의 경기는 급속히 위축되었다. 2010~11년의 경우 실업률은 15%에 달했으며, 해외로의 노동인력 유출이 또다시 나타나기 시작했다(그림 5.7). 2008년 9월 얼라이드아이리시뱅크(AIB), 앵글로아이리시뱅크(AIB), 아이리시내이션와이드, 교육건축협회(EBS) 등 아일랜드의 주요 은행들이 건설업자의 악성 채무로 파산 직전에 처하자, 아일랜드 정부는 모든 은행 예치금에 대해 지급 보증을 선언하기에 이르렀다. 그뿐만 아니라 아일랜드 정부는 그 직후 이른바 국가자산관리국(NAMA: National Asset Management Agency)을 설립하여 880억 유로에 달하는 은행의 악성 자산을 매입했다(표 5.2 참조). 2010년 아일랜드 정부의 세입 규모는 2007년과 비교해 3분의 1 수준으로 줄어들었지만 복지지출은 더욱 늘어나 재정위기에 직면했다. 결과적으로 아일랜드는 2010년 11월 EU로부터 긴급구제 자금을 받게 되었다. 아일랜드의 경제는 2013년 이후 회복 기미를 보이면서 2014년에 5%의 성장률을 달성하는 등 다시 EU에서 가장 급성장하는 국가로 올라서고 있다. 현재 많은 일자리가 창출되고 있고 정부의 부채 규모도 점차 감소하는 추세에 있다(European Commission 2016).

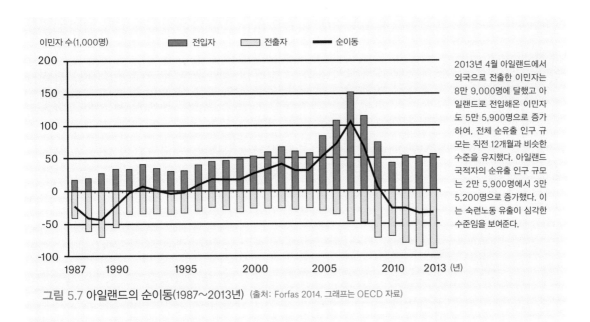

이민자 수(1,000명)　■ 전입자　□ 전출자　— 순이동

2013년 4월 아일랜드에서 외국으로 전출한 이민자는 8만 9,000명에 달했고 아일랜드로 전입해온 이민자도 5만 5,900명으로 증가하여, 전체 순유출 인구 규모는 직전 12개월과 비슷한 수준을 유지했다. 아일랜드 국적자의 순유출 인구 규모는 2만 5,900명에서 3만 5,200명으로 증가했다. 이는 숙련노동 유출이 심각한 수준임을 보여준다.

그림 5.7 아일랜드의 순이동(1987~2013년) (출처: Forfas 2014. 그래프는 OECD 자료)

유로존이 긴축정책 기조를 유지하게 된 이유는 각국의 화폐를 독립적으로 운용할 수 없기 때문이다. 이는 국가별로 화폐 가치를 절하하거나 통화량을 늘려 경기를 부양할 수 있는 다른 조절 수단이 없다는 것과 관련된다. 그뿐만 아니라 미국과 영국의 은행들은 '파산하기에는 너무나 큰' 반면, 블리스가 주장하는 것처럼 유로존의 은행들은 "구제하기에는 너무나 커져버렸다". 가령 2008년 프랑스의 경우 상위 3개 대형 은행의 자산은 프랑스 GDP의 316%에 달할 정도였다(앞의 책: 83). 이는 유로존 은행들이 해외시장에서 저렴한 채권금융★을 통해 투기활동을 벌였기 때문이며, 이들이 사들인 상품의 상당부분은 미국의 주택담보대출 기반의 파생상품과 남유럽 국가들의 채권이었다.

....

★ 채권금융(debt financing)은 주식금융(equity financing)과 마찬가지로, 공채나 사채를 발행하여 자금을 조달하는 타인자본조달 방식을 일컫는다.

만약 유로존 주변국의 채무불이행으로 이 은행들이 파산에 직면했다면, 이들이 속한 국가는 물론 EU나 ECB라고 하더라도 이 은행들을 구제할 수 없었을 것이다.

긴축은 종종 부채의 늪에 빠진 경제의 경쟁력을 회복하는 데 필수적인 단계라고 정당화되기도 한다. 그러나 지출감소와 가격 및 임금의 하락은 실제로는 경제 위축을 야기하기 때문에, 이를 상쇄할 수 있는 보다 강력한 수요의 원천을 발굴하는 것이 필요하다. 가장 대표적인 대안은 빠른 성장 중에 있는 거대 경제를 대상으로 수출 부문의 수요를 증대시키는 것이다. 그러나 최근 글로벌 경제가 저성장과 침체를 겪고 있기 때문에 수출 수요 증가는 불가능한 실정이다. 따라서 긴축정책은 위에서 설명했듯 특정 상황에서의 단일 경제에는 효과를 낼 수 있지만, 모든 경제들을 동시에 성장시킬 수는 없다. 오히려 전체 경제를 위축시키는 결과만 야기할 따름이다. 긴축의 효과가 경제성장을 약화시킨다는 사실은 그리스의 사례에서 뚜렷하게 나타난다. 그리스의 경제규모는 2009년과 비교할 때 2014년에 26%나 줄어들었고, GDP 대비 부채규모는 반대로 증가했다(그림 5.8). 그리스는 경제 위축으로 2012년 트로이카로부터 1,000억 유로의 추가 자금을 지원받았으며, 2015년에는 3차 지원금으로 850억 유로를 받았다. 이와 동시에 긴축은 부유층보다 국가 서비스와 복지지출에 의존하는 저소득층에 영향을 끼치기 때문에 사회에 퇴행적 효과를 낳는다. 따라서 긴축은 위기 발생이 빚은 경제 구조조정의 비용을 누가 감당할 것인지를 결정하는 수단이라고 할 수 있다. 다수의 비판자와 활동가는 당초 금융위기와 경기침체를 일으킨 장본인인 부유층의 행위에 대해 가난한 사람들이 비용을 치르고 있다는 점이 정의롭지 못하다고 신랄하게 비판한다 (Fishwick 2016).

블리스(Blyth 2013)는 현재의 유로화 시스템과 19세기 후반부터 20세기 초반까지의 (국가의 화폐 가치를 금에 고정하여 국제 무역을 조정했던) 금본위 환율제도를 흥미롭게 비교한 바 있다. 금본위제도는 통화의 가치를 금으로 환산하기 때문에 국가의 임금과 물가가 무역수지에 맞게 조정되며, 국가가 자국의 화폐 가치를 인위적으로 절하하거나 절상하는 것이 불가능하다. 이와 마찬가지로 (앞서 살펴본 것처럼) 유로존에 속한 국가들 또한 유로화에서 빠져나와 자국의 화폐를 평가절하하는 것이 불가능하기 때문에, 긴축정책에 의존하여 자국 내 물가를 하락시키는 상황이 반복되거나 더욱 확대될 수밖에 없다. 2015년의 그리스가 바로 이런 상황이었다. 그러나 금본위제도는 단일 통화가

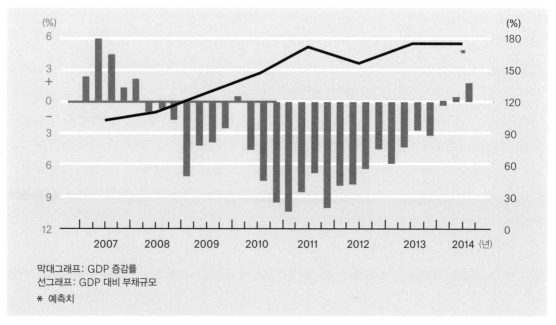

막대그래프: GDP 증감률
선그래프: GDP 대비 부채규모
＊ 예측치

그림 5.8 그리스의 GDP와 부채수준(2007~2014년)

(출처: Eurostat; European Commission; Haver Analytics)

아닌 낮은 수준의 (느슨한) 화폐 통합이었기 때문에, 국가들이 금본위제도에서 빠져나올 여지가 있었다. 본질적으로 금본위제도는 (국가의 경제가 무역수지 변화에 따라 자동으로 조절되고 개별 국가의 자율성을 내포한다는 점에서) 제1차 세계대전 이후에 등장한 현대적 대중민주주의보다 시대를 앞선 것이라고 볼 수 있다. 디플레이션(통화수축)을 통한 경제 조정을 강조하는 것은 유로화가 민주주의와 양립할 수 없음을 의미한다고 블리스는 주장한다. 왜냐하면 사람들은 자신의 생활수준을 떨어뜨리는 시스템을 더 이상 옹호하지는 않을 것이기 때문이다. 이러한 긴장은 **유럽재정위기**에서 극명하게 드러났다. 당시 트로이카는 각국에 긴축정책을 강요했으며, 때때로 정부의 장관과 공직자의 임명에도 영향을 끼쳤다. 유럽위원회 위원이었으며 골드만삭스의 고문이었다가 2011년부터 2013년까지 이탈리아 수상을 지낸 마리오 몬티(Mario Monti)와 그의 내각에서 일했던 많은 고위직 기술관료(technocrats)는 이의 대표적 사례다. 2015년 7월 초 EU는 추가적 긴축조치에 반대하는 그리스의 국민투표 결과를 사실상 거부하고 그리스 정부에 긴축조치를 요구했다. 이는 정치경제적 엘리트, 상위국가적 기구, 정부에 대한 그리스 대중의 불타는 분노에 기름을 부었다.

5.5.4 글로벌화와 신자유주의에 대한 대중의 반발

최근 기존의 정치제도와 정당에 대한 대중들의 반발이 전 세계적으로 뚜렷이 나타나고 있다. 이들은 글로벌화, 경제통합, 긴축재정과 같은 주류의 정치적 의제에 대해 다양한 항의를 벌이고 있다. 1990년대 이후 선진국의 경우 중도우파와 중도좌파 등 기존의 정당들은 대체로 글로벌화를 지지해왔다. 이들은 많은 개혁정책을 도입하여 금융 규제완화와 자본 통제의 폐지를 통해 자본의 이동을 크게 확대했을 뿐만 아니라 국제 노동 이주도 크게 증가시켰다. 하버드대학의 경제학자인 대니 로드릭(Dani Rodrik)이 주장하는 것처럼, "현재의 대중적 반란은 다양하면서도 중층적인데, 여기에는 지역 및 민족 정체성에 대한 주장, 보다 민주적인 통제와 책임에 대한 요구, 중앙집권적 정당에 대한 거부, 엘리트 및 전문가계급에 대한 불신 등이 포함되어 있다"(Rodrik 2016).

일부 경제학자들이 오래전부터 지적해온 바와 같이 글로벌화의 혜택은 사회집단 간 불균등하게 분배되는 경향이 있다. 유럽과 북아메리카 같은 선진 경제권의 경우 부유하고 숙련된 기술을 가진 사람들이 특히 이러한 혜택을 누리는 반면, 경쟁 격화로 저숙련 노동자들의 임금은 하락하고 있다(Standing 2009). 금융위기로 경제적 불안이 더욱 증폭되고 있고, 34개의 OECD 회원국 중 20개 국가가 아직도 금융위기 이전의 (생산가능인구 중 취업자가 차지하는 비율을 의미하는) 고용률을 회복하지 못하고 있다. 이 중 아일랜드, 스페인, 그리스는 금융위기로 가장 심각한 타격을 받은 국가들이다(그림 5.9).

글로벌화에 대한 대중의 반발은 좌파와 우파 진영 모두에서 나타나고 있다. 좌파 진영은 이미 오래전부터 글로벌화에 반대해왔으며, 이는 1990년대 후반부터 2000년대 초반까지의 대규모 저항으로 거슬러 올라갈 수 있다(1.2.1 참조). 라틴

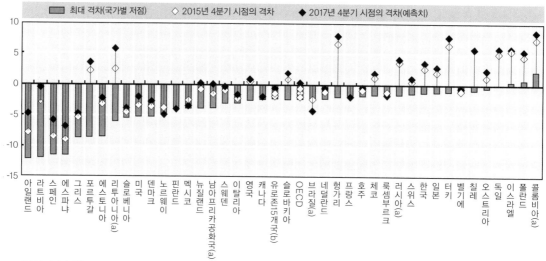

금융위기 발생 직후의 고용률 변동(기준시점: 2007년 4분기, 단위 %p)

그림 5.9 OECD 국가들의 고용격차

(출처: *OECD Economic Outlook Database*에서 산출; United Nations, *World Population Prospects*: The 2015 Revision)

아메리카에서는 무역 및 해외투자의 충격을 통해 글로벌화의 영향력을 경험하고 있는데(Rodrik 2016), 특히 자유화 정책으로 전통 산업들의 일자리가 크게 감소하고 있다. 이로 인해 좌파 사회운동과 정당이 뚜렷하게 부상하고 있으며, 몇몇 국가에서 좌파 정부가 들어섰다. 보다 최근에는 유럽의 긴축 정책과 미국 내 불안 증가로 새로운 정치적 조직화의 물결이 일어나고 있고, 이로 인해 기존의 정치 속에서 새로운 정당이 출현했다. 가령 그리스에서는 좌파정당인 시리자(Syriza)가 2015년 1월 총선거에서 승리를 거두었고, 스페인의 포데모스(Podemos)와 이탈리아의 오성운동(Five Star Movement) 또한 선거에서 상당한 성공을 거두었다. 영국에서는 이러한 물결에 힘입어 2015년에 제레미 코빈(Jeremy Corbyn)이 노동당 당수로 선출되었고, 미국에서는 버니 샌더스

(Bernie Sanders)가 민주당 대통령 후보 선출 과정에서 주목할 만한 선거운동을 펼쳤다. 이러한 운동을 가장 열렬히 지지했던 것은 청년층이었다. 이들은 금융위기로 가장 큰 피해를 입었으며, 그리스와 스페인에서는 청년층 실업률이 50%를 넘어섰다(OECD 2016: 45).

글로벌화에 대한 신보수주의적 반발과 불만도 뚜렷이 부상하고 있다(Stiglitz 2002). 이는 2016년 도널드 트럼프의 미국 대통령 당선, 영국의 '브렉시트(Brexit)' 투표결과에서 잘 드러난다. 해외 이민자 유입 반대, 경쟁심화에 따른 임금 및 생활수준 하락에 대한 반발, 기존 엘리트계급에 대한 적대감 강화 등이 원인으로 작용한 사건이었다. 이런 반발을 주도한 핵심 집단은 경제 불안을 심하게 느끼고 있는 저숙련 노동자 집단이었다. 이들은 대개 이민, 자유무역, 기술변화 등이 자신의 일

자리, 임금, 생계를 위협하고 있다고 생각하며, 경제위기에 대한 대응책으로 보호무역주의를 옹호한다. 경제학자 누리엘 루비니(Nouriel Roubini)가 지적한 바와 같이, '브렉시트'에 대한 영국인들의 투표결과는 "부유한 자와 가난한 자, 무역 및 글로벌화의 승자와 패자, 숙련노동자와 미숙련노동자, 교육수준이 높은 자와 낮은 자, 도시에 사는 자와 촌락에 사는 자, 그리고 배운 사람들의 동네와 배우지 못한 사람들의 동네" 사이에서 뚜렷하게 나뉘었다(Roubini 2016). 이러한 분리는 지리적 측면에서도 나타났다. 특히 잉글랜드 북부 및 미들랜드의 불리한 조건하에 놓인 노동계급은 대대적으로 EU '탈퇴'에 찬성표를 던졌다(그림 5.10). 이 지역은 전통적으로 노동당 우세 지역이었지만, 이번에는 이민 반대를 주장한 영국독립당(UKIP: United Kingdom Independence Party)이 많은 지지

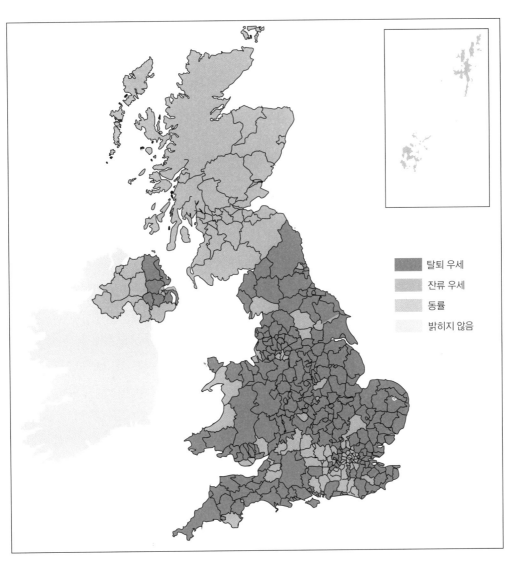

탈퇴 우세
잔류 우세
동률
밝히지 않음

그림 5.10 영국의 브렉시트 국민투표 결과(2016년 6월 23일)

를 얻었다. 물론 많은 사람들은 투표결과에 놀라움을 금치 못했다(Ford 2016).

5.6 도시 및 지역 발전의 거버넌스

글로벌화의 대표적인 모순 중 하나는 글로벌화로 인해 지리적 차이와 장소의 중요성이 오히려 증가했다는 점이다. 특히 국가의 광범위한 재스케일화 정책의 일환으로 로컬 및 지역 수준의 정부가 새롭게 부활하고 있는데, 이는 중앙정부의 권력이 지방정부로 이양되기 때문에 나타난 현상이다(5.2.2 참조). 글로벌화와 신자유주의로 인해 국경을 가로지르는 다양한 흐름에 대한 국가의 통제력은 점차 약화된 반면, 각 도시와 지역은 오히려 글로벌 경쟁에 따른 영향을 더욱 직접적으로 경험하고 있다. 권한이양이란 각 도시와 지역이 중앙정부의 자원에 대한 의존을 줄이는 대신 스스로 경제를 관리할 수 있는 힘과 책임을 강화하는 것이다. 이는 지역정책이 기존의 '하향식' 모델에서 경제 경쟁력 향상과 성장을 추구하는 새로운 '상향식' 모델로 전환된 것과 밀접히 관련되어 있다(5.6.2 참조). 그러나 최근 들어 (특히 유럽과 북아메리카를 중심으로 한) 긴축 프로그램이 권한이양으로 도시 및 지역 스케일에서도 실행되고 있기 때문에, 경제발전 프로그램에 투입할 수 있는 자원은 현저하게 줄어들고 있다(5.6.3 참조).

5.6.1 권한이양과 경제 거버넌스

권한이양을 옹호하는 정치적 주장이 부상한 것은 최근의 현상으로, 문화적·민족적·언어적 요인이 경제 경쟁력을 향상시키기 위한 수단이라고 강조되면서부터다. 특히 권한이양은 여러 도시와 지역이 글로벌화에 적응하고 로컬 및 지역 스케일의 경제적 잠재력을 극대화하기 위해서 필수적으로 거쳐야 할 단계로 이해되고 있다. 이는 이른바 '신지역주의(new regionalism)'의 성장과 밀접히 관련되어 있는데, 신지역주의는 도시와 지역을 글로벌 경제에서 가장 핵심적인 경제 조직으로 바라본다. '신지역주의'는 각 도시와 지역이 스스로의 경제발전 전략과 계획을 수립하여 경쟁력을 향상시키고 성장을 도모하는 것에 초점을 두며 특히 혁신, 학습, 기업가주의의 발전을 강조한다. 이러한 주장은 권한이양을 뒷받침하는 경제적 논리에 바탕을 두는데, 이는 크게 3가지로 요약할 수 있다(Rodriguez-Pose and Gill 2005). 첫째는 분권화를 통해 각 지역이 선호하는 다양한 수준과 방식으로 공공서비스나 조세정책을 실행할 수 있다는 것이다. 둘째, 권한이양은 지역의 조건과 필요에 대한 지식을 향상시키며, 이런 정확한 지식을 바탕으로 정책 혁신을 이끌어낼 수 있다는 것이다. 이는 특히 권한을 이양받은 지자체가 지역의 세입 확보에 대한 책임을 질 때 더욱 촉진된다. 마지막 세 번째는 권한이양이 정치인과 유권자 간의 거리를 줄임으로써 정치적 책임성과 투명성을 향상시킨다는 것이다. 그렇지만 이와 동시에 권한이양은 경제적 위험도 증가시킨다. 가령 지방정부의 과잉지출에 따른 비효율성 증가, 지역 간 불평등 심화, 모든 지자체에 동일 행정기능이 중복됨에 따른 제도적 부담 증가 등이 대표적이다(앞의 책 참조).

일반적으로 권한이양은 '공간적 케인스주의 (spatial Keynesianism)'를 통해 달성했던 제2차 세계대전 이후 지역수렴(균형발전)의 시기가 끝난 후, 지역 간 격차가 다시 확대되는 시기와 밀접히 관련되어 있다(표 5.5). 선진국에서는 지역 간 불평등의 정도가 심하지 않은 편이지만, 개발도상국의 경우에는 브라질을 제외하면 지역 간 불평등이 상당히 심화되고 있다. 이와 동시에, 권한이양은 국가별로 핵심적인 개혁정책이 추진되는 시기와 이를 정당화하는 논리에 따라 매우 다양한 형태로 이루어진다. 가령 미국의 경우 주정부의 권한을 확대하고 연방정부의 재분배 역할을 축소하는 것은 신자유주의적 노력과 밀접하게 연관되어 있다. 그리고 미국 내 지역 간 불평등은 연방정부가 가난한 지역의 예산을 삭감하고 부유한 지역에 훨씬 더 많은 힘과 자원의 혜택을 부여했던 것과 관련된다. 중국의 분권화는 경제개혁 및 시장화와 깊이 관련된다. 최근 다소 진정되는 추세에 있지만, 중국 정부가 각 지방정부로 재정 권한을 이양했던 1990~2000년대에는 지역 간 불평등이 크게 확대되었다(Candelaria et al. 2013). 스페인의 권한이양은 1970년대 후반부터 1980

표 5.5 지역 간 불평등(1인당 GDP 로그 분산값)

국가	변화율(%)		
	1980~1990년대	1990~2000년대	1980~2000년대
개발도상국			
중국	-16.31	20.21	0.61
인도	7.11	16.96	25.27
멕시코	-1.29	13.57	12.11
브라질	-17.16	1.33	-16.06
선진국			
미국	11.75	-2.69	8.74
독일	2.18	-0.96	1.20
이탈리아	1.55	3.01	4.60
스페인	-3.92	10.47	6.14
프랑스	8.63	-0.31	8.30
그리스	1.22	0.13	1.35
포르투갈		1.82	
EU		11.25	

(출처: Rodriguez-Pose and Gill 2004: 2098)

년대 초반까지의 민주화 과정에 의한 것이었지만, 1990년대 이후의 추가적인 권한이양은 지역 간 불평등을 심화시켰다(Rodriguez-Pose and Gill 2004: 207).

5.6.2 지역정책 패러다임의 변동

지역정책(regional policy)이란 지역 간 불평등 문제를 해결하고 지리적으로 보다 균형적인 사회경제적 발전을 달성하려는 정책을 일컫는다(Garretsen et al. 2013). 지역정책은 공적 자금을 기반으로 한 다양한 계획과 프로그램을 통해 고용과 부의 창출을 촉진한다. 지역정책은 1950~60년대의 지속적인 경제성장, 재정규모 확대, 낮은 실업률을 유지하던 많은 선진국에서 채택되었다. 그러나 1980년대 이후에는 상당한 패러다임 변동이 일어났다.

지역정책은 원래 공적자금을 기반으로 한 하향식(top-down) 전략을 통해 지역 간 불평등 해소를 목표로 하는 개입 정책이지만, 이제는 지역의 경쟁력 향상을 목표로 하는 광범위한 정책들을 포괄하고 있다. 오늘날 정부는 국가나 지역의 경쟁력을 강화하고 국가 균형발전을 추구하고자 할 때 재분배보다는 지역의 성장을 우선시하고 있다. 지역발전 수단의 범위는 크게 확대되었고 … 개별 지역에 대한 맞춤형 전략을 제시하고 있다. 이러한 정책적 접근은 지역 스케일로의 분권화 경향과 함께 이루어지고 있다. 오늘날 눈에 띄게 증가하고 있는 지역의 전략 프로그램들은 내생적 발전을 도모하고, 기업활동 환경을 조성하며, 지역의 잠재력과 역량을 기반으로 하는 혁신 지향형 계획을 목표로 추진된다.

(OECD 2014: 67)

위에서 알 수 있는 바와 같이, 지역정책은 크게 2가지로 구분될 수 있다. 하나는 1960~70년대에 번성했던 과거의 패러다임이며, 다른 하나는 1990년대 초반 이후부터 영향력을 확대하고 있는 새로운 패러다임이다(표 5.6).

과거의 지역정책 패러다임은 지역 간 불평등의 문제를 소득, 사회 인프라, 고용의 측면에서 대처했다. 이는 지역균형발전을 통해 평등을 촉진하는 데 목표를 두었으며 부유한 지역과 가난한 지역 간의 소득격차를 줄이고자 했다. 정책의 초점은 낙후지역이었으며, 정책의 성격은 대체로 반작용적(현안대응적, 수세적)이고 단기적인 부문별 접근을 기반으로 했다. 또한 이는 하향식 접근으로, 기업이 낙후지역으로 공장이나 사무실을 이전하는 경우 중앙정부가 보조금과 금융 인센티브를 제공하는 방식으로 추진되었다. 이와 동시에 잉글랜드 남동부나 파리와 같은 핵심 지역의 (과도하고 무분별한) 성장을 제한하는 조치가 실행되었다. 이러한 과거의 지역정책은 1960~70년대에 정점에 달했으며, 유럽 내 부유한 지역과 가난한 지역 간 소득격차 완화에 크게 기여했다(Dunford and Perrons 1994).

전통적 지역정책과 반대로 새로운 패러다임은 지역경제의 성장과 경쟁력 향상을 추구한다. 과거의 패러다임은 공간적 재분배라는 목적하에 개입주의 정책을 추진했지만, 새로운 패러다임은 불확실한 경제환경과 신자유주의 이데올로기의 영향

표 5.6 지역정책의 2가지 패러다임

구분	기존의 패러다임	새로운 패러다임
문제 인식의 관점	소득, 인프라, 고용 등의 지역 간 불평등	지역 경쟁력의 부족이나 지역 잠재력(자산)의 낮은 활용도
목표	지역 균형발전을 통한 형평성(공간적 재분배) 추구	경쟁력 강화와 형평성을 동시에 추구
일반적인 정책 프레임	충격에 대한 대응의 일환으로 낙후지역의 입지적 불이익을 일시적으로 보완함(현안대응적, 수세적 성격)	지역 프로그래밍을 통해 그간 활용되지 못했던 지역의 잠재력이 표출될 수 있게 함(잠재력 극대화를 선제적, 공세적으로 추구)
정책적 범위	특정 부문에 초점을 둔 부문별 접근	정책 대상 지역을 광범위하게 아우르는 통합적, 포괄적 개발 프로젝트
공간 지향	낙후지역에 초점을 둠	모든 지역에 초점을 둠
정책 개입의 단위	행정적 단위	기능적 단위
시간적 차원	단기적	장기적
접근	천편일률적(one-size-fits-all) 접근	맥락특수적 접근(장소기반적 접근)
초점	외생적 투자와 이전	내생적 로컬 자산과 지식
도구	보조금 및 국가의 원조(개별 기업에 대한 지원 포함)	연성(soft)자본과 경성(hard)자본의 혼합 투자(기업환경, 노동시장, 인프라)
행위자	중앙정부	중앙정부 및 지방정부, 다양한 이해관계자(공공, 민간, NGO 등)

(출처: OECD 2010: 13)

을 받아 기존의 개입주의 정책을 완화하려는 특징을 띤다. 여기서 근본적인 문제는 각 지역의 경쟁력이 취약하다는 점과 경제성장을 위한 지역의 잠재력이 충분히 발현되지 못하고 있다는 점이다. 따라서 새로운 패러다임은 전통적으로 강조되어 왔던 형평성(공간적 재분배)의 문제와 경쟁력을 동시에 강조한다. 또한 새로운 패러다임은 낙후지역에만 초점을 두기보다는 모든 지역에 관심을 두고 협소한 부문별 접근보다 통합적이고 포괄적인 접근을 취한다. 또한 장기적이고 상향식이어서 지방정부를 비롯한 다양한 층위의 정부들이 참여하며, 맥락특수적이고 장소기반적인 접근을 취한다. 새로운 패러다임은 지역 내의 내생적인 로컬 자산과 지식에 초점을 두며, (선제적, 공세적으로) 로컬 기술을 발전시키고 기업 활동을 촉진하는 것을 강조한다. 이런 의미에서 "국가적 조화를 강조하던 지역정책이 국지적 조화에 기반을 둔 지역발전으로 대체"되고 있다(Amin et al. 2003: 22). 이러한 계획은 기업 내 혁신과 학습을 강조하고, 기업가주의의 촉진을 통해 새로운 기업의 출현을 도모하며, 다양한 훈련 및 교육 프로그램을 통해 노동력을 질적으로 향상하려는 노력을 기울인다.

이러한 조치는 로컬 및 지역의 발전에서 **공급측 (supply-side) 경제**에 초점을 맞추기 때문에, 노동 (훈련, 기술), 자본(기업, 혁신, 금융), 토지(투자자를 위한 부지 및 인프라)와 같은 주요 생산요소의 질적 향상으로 이어진다. 이러한 공급측 요소들을 향상하는 것은 지역경제의 경쟁력을 강화하는 핵심 동력이다. 또한 과거 (공간적) 케인스주의 패러다임에서 **수요측(demand-side) 경제**를 강조하면서 중앙정부의 금융지원과 대규모 공공투자를 통해 낙후지역의 수요조건을 전환시켰던 것과는 대조적이다.

한편 두 패러다임 간에는 상당한 연속성과 중첩성도 있다. 많은 국가에서 두 패러다임의 요소들이 공존하는 경향이 있는데, 이는 새로운 요소가 기존의 요소를 대체하기보다는 기존의 요소 위에 추가되고 있다는 것을 드러낸다(OECD 2010). 그 결과 대개의 경우 경쟁력 향상이라는 새로운 목표는 지역 간 불평등 해소라는 보다 장기

 한국의 국가균형발전

동아시아의 신흥공업국이자 네 마리 '호랑이' 중 하나인 한국은, 1970년대 초반 이후 급속한 경제성장을 통해 농업 기반의 경제에서 세계 산업을 선도하는 막강한 국가로 변모했다(Box 5.3). 이는 중화학공업을 중심으로 한 EOI를 촉진했던 국토종합(개발)계획의 정교한 결과물이다(OECD 2012). 그러나 경제발전의 속도와 규모는 심각한 지역 간 불균형을 야기했다. 서울을 중심으로 한 수도권과 (이보다 다소 약하지만) 부산을 중심으로 한 남동해안지역은 정부의 EOI 전략의 핵심부였다. 그 결과 GDP의 약 50%가 서울과 경기도에 집중되어 있다(위의 책). 이러한 지역 간 불균형은 급속한 성장을 경험한 개발도상국에서 전형적으로 나타나는 현상으로, 대체로 경제활동이 집중된 지역이 나머지 뒤처진 지역을 훨씬 앞지르고 있다(World Bank 2009).

일련의 지역정책이 이런 지역 간 불균형 문제를 다루기 시작했다. 1970~80년대에 한국 정부가 채택했던 '낡은' 접근은 주로 서울의 성장을 제한하고 중공업 부문을 다른 지역으로 분산, 이전하는 것이었다(Lee 2009). 1990년대 들어 이 정책은 폐기되었고 서울의 발전을 오히려 촉진하는 방향으로 나아갔다. 이에 대응하여 노무현 대통령(2003~08년 재임)이 이끄는 한국 정부는 '신지역주의' 접근을 중심으로 대대적인 '국가균형발전' 정책을 추진했다. 한국 정부는 국가균형발전위원회를 설립했고 지방분권특별법을 제정했을 뿐만 아니라 서울을 대신하는 새로운 수도 건설 프로젝트를 추진했다.

신행정수도개발계획은 (충청북도 일부와) 충청남도에 새로운 수도인 세종특별자치시를 건설하는 것으로 집약된다. 이 계획은 국회를 통과했음에도 불구하고, 2004년 헌법재판소는 이를 헌법에 위배된다고 판결했다. 결국 이 계획은 수도 이전에서 일부 행정기능 분산으로 격하되었다. 한국 정부는 2030년까지 46조 원의 예산을 들여 전체 18개 부처 중 12개 부처와 그 외에 30개에 달하는 국가기구를 인구 50만으로 계획된 신도시인 세종으로 옮길 예정이다. 이 계획은 여전히 세계적으로 가장 야심찬 계획 중 하나다. 정부 기관 및 기능의 분산은 지역정책의 오랜 수단 중 하나이지만 한국에서처럼 거대한 스케일에서 치밀하게 계획된 사례는 거의 없다. 이 계획은 부분적으로 '신지역주의적' 정책 패키지로서 지역정책의 두 패러다임 간 연속성을 반영하고 있지만(표 5.6 참조), 기본적으로 형평성과 지역 간 균형을 강조하는 한국의 오랜 전통에 기반을 두고 있다.

적인 기존의 목표와 혼합된다. 지역정책은 거의 모든 지역으로 확대 적용되고 있지만, 여전히 많은 국가에서 자원의 공간적 집중 투입 양상이 지속되고 있다. 이는 보조금 대상 지역의 지정 및 낙후지역이나 특정 타겟지역으로의 자금 집중으로 인한 것이다(위의 책: 19).

그뿐만 아니라 중앙정부는 여전히 국지적·지역적 개발 프로그램에 자금을 지원하고 이를 조정하는 핵심 행위자로 기능한다. 지역발전에 대한 '기존' 모델과 '새로운' 모델 사이의 연속성은 (국가 수도 이전 등) 지역 간 불균형 해소와 성장지향적 접근을 동시에 추구하는 한국의 국가균형발전 정책에서 뚜렷이 드러난다(Box 5.6).

5.6.3 긴축 어바니즘

2010년 이후 유럽 및 북아메리카의 여러 도시와 지역은 긴축의 영향을 받았다. 이와 관련하여 제이미 펙은 '**긴축 어바니즘(austerity urbanism)**'이라는 개념을 제시했는데(Peck 2012), 이는 중앙정부가 권한이양을 하거나 금융 및 예산상의 압력을 하향 이전하면서 긴축에 따른 비용이 하위국가 정부로 전가되는 현상을 말한다. 앞서 5.3에서 살펴본 것처럼, 긴축 어바니즘으로 인해 도시정부는 예산 삭감에 따른 상당한 고통을 감내해야 하는 처지가 되었다. 공공지출 감소에 따른 피해는 국가 내 그리고 국가 간에 지리적으로 매우 불균등하게 나타나는데, 특히 미국과 같이 도시정부(지방정부)가 세입의 대부분을 자체적으로 해결해야 하는 분권화된 국가들에서 가장 뚜렷하다.

국가 내 스케일에서 보자면, 미국이든 영국이든

예산 삭감은 대부분의 가난한 도시나 지역에 심각한 타격을 준다. 특히 미국과 같이 분권화된 국가의 경우, 긴축에 노출된 도시들은 주정부나 중앙정부 수준에서의 예산 삭감 영향을 받았을 뿐만 아니라 도시 내 지방세 수입의 감소로 심각한 경제적 쇠퇴를 경험했다. 미국의 몇몇 도시들은 금융위기와 대침체(Great Recession)가 진행되면서 파산을 선언할 지경에 이르렀고, 이러한 위기가 가장 두드러진 도시는 디트로이트였다. 영국에서는 지방정부의 예산이 불균형하게 삭감되었는데, 특히 가난한 도시의 예산이 가장 많이 축소되었다(Beatty and Fothergill 2014). 결국 금융위기는 긴축정책으로 인한 주정부의 위기를 낳았고, 주정부의 위기는 다시 도시의 위기로 이어졌다(Peck 2012: 651).

2013년 파산을 선언했던 디트로이트시 정부는 이러한 도시 위기의 상징이다. 디트로이트시는 도시경제의 쇠퇴로 세입이 줄고 교외화로 인해 세입 기반을 잃어버렸다. 그뿐만 아니라, 연방정부와 주정부의 재정악화로 미시간주정부는 디트로이트시에 2014년까지 10년간 7억 달러에 달하는 예산 지출 승인을 보류했다(Peck and Whiteside 2016: 257). 이로 인해 디트로이트시는 예산지출을 감당하기 위해 채권, 스와프, 채권보증, 사금융* 등의 새로운 신용을 찾아나섰으며, 결국 월스트리트 금융업자들과의 거래를 통해 재융자를 받는 지경에 이르렀다(Peck and Whiteside 2016).

이런 활동은 디트로이트에만 해당되는 것이 아니었다. 미국의 도시 거버넌스는 저성장, 연방정

★ 사금융은 제도적 금융기관을 통하지 않고 사적 금융업자로부터 자금을 융통하는 것을 말한다.

부 및 주정부의 지출 감소 속 점증되는 **금융화**의 흐름에 직면하고 있다. 펙과 화이트사이드는 바야흐로 미국 도시들이 1970~80년대의 '성장기구(growth machine)'에서 신용을 얻기 위해 점차 금융시장에 의존하는 '부채기구(debt machine)'로 변해가고 있다고 지적한다. 디트로이트의 사례에서 알 수 있듯이, 도시의 권력은 로컬 정치 엘리트와 기업가로부터 원거리에 있는 금융 이해관계자로 이동하고 있다. 디트로이트가 파산 이후에 수립한 구조조정 계획이 은퇴자나 시민의 이익보다는 금융 이해관계자들의 이익을 우선시하고 있다는 점은 연금 삭감이나 복지서비스 지출 감축 등의 의무 조항에서도 뚜렷이 드러난다.

5.7 요약

국가는 일정 영역에 대해 주권을 행사하는 제도적 집합체로서 적법한 힘을 독점적으로 행사하고 법률 제정권한을 갖는다. '질적 국가'는 5장의 기반이 되는 핵심 개념으로, 중요한 것은 국가의 규모가 아니라 경제에 대한 국가 개입의 "본질, 목적, 결과"라는 것을 함의한다(O'Neill 1997: 290). 국가는 1980년대 이후 재스케일화 과정을 경험하고 있다. 국가의 힘은 상위국가적 기구로 상향 이동할 뿐만 아니라, 다양한 권력이양의 방식으로 도시 및 지역 정부로 하향 이동하고 있다.

국가는 경제를 관리하는 핵심 역할을 하며, 다른 경제행위자의 행태를 규율하는 '게임의 규칙'을 정하고 실행한다. 국가는 이를 통해 번영, 안전, 통합과 같은 보다 광범위한 사회정치적 이해를 증진시킨다. 가령 2008~09년 금융위기 당시 많은 정부가 채무불능에 빠진 은행들을 구제하기 위해 뛰어들었던 것처럼, 국가는 최후의 보증인으로서의 역할도 담당한다. 국가가 자신의 역할을 실행하는 방식은 매우 다양한데, 이번 5장에서는 신자유주의 국가, 발전국가, 유럽대륙국가, 사회민주주의 국가, 지중해국가의 5가지 유형으로 범주화하여 살펴보았다.

케인스주의 복지국가로부터의 이탈은 1970년대의 정치경제적 위기에서 시작되었고, 이는 신우파 집단의 정치적 대응을 촉발했다. 이들의 신자유주의적 의제들은 빠른 속도로 전 세계에 퍼져나갔으며, 워싱턴합의의 초석을 이루어 WTO, 세계은행, IMF와 같은 국제기구를 통해 실행되기 시작했다. 그러다 2008~09년 금융위기와 그 직후의 경기침체로 신자유주의는 중대한 도전에 직면했다. 많은 사람들은 고삐 풀린 금융시장의 효율성과 규제완화의 이점에 대해 의문을 던졌다.

그러나 금융위기에 대응해 초기에 취해졌던 케인스주의적 부양정책과는 반대로, 점차 위기에서 벗어나기 시작하면서 신자유주의적 주장들이 긴축정책을 통해 또다시 부상했다. 상위국가적 스케일에서 볼 때 긴축 프로그램은 남유럽 국가들의 경제성장을 약화시켰고, 하위국가적 스케일에서는 (특히 미국을 중심으로) '긴축 어바니즘'이라는 새로운 시대의 서막을 열어젖혔다. 국가의 활동영역을 축소하려는 반복적인 시도에도 불구하고, 국가는 여전히 현대 자본주의 관리에서 핵심 역할을 담당하고 있다. 5장에서 가장 중요한 점은 국가가 경제 조절에서 여전히 중요한 행위자로 남아 있다는 것이며, 상이한 지리적 스케일에 기반을 둔 활동들을 조정하기 위해서는 무엇보다도 재스케일화를 담당하는 국가의 역할이 중요하다는 사실이다.

어떤 도시나 지역을 선택한 다음, 그곳의 정부에서 발간한 보고서나 공식 웹사이트를 참조해서 (GDP, 소득, 성장, 고용, 실업률 등) 주요 경제 지표를 찾아보자. 현재 그 도시나 지역의 경제전략을 검토하면서 장점과 단점을 말해보자. 그 전략을 수립하고 시행하는 핵심 기구나 조직체는 무엇인가? 전략의 핵심 요소는 무엇인가? 지역의 경제 조건이나 필요를 고려할 때 그 전략은 얼마나 현실적이고 적절한가? 전략이 기반으로 삼고 있는 가정은 무엇인가? 그 전략은 5.6에서 제시한 지역 정책의 새로운 패러다임과 어느 정도 관련되어 있는가? 전략에는 어떤 중요한 요소들이 결여되어 있는가? 전략이 제시하고 있는 여러 목표들은 서로 충돌하거나 갈등을 일으킬 소지가 있지는 않은가? 여러분은 그 전략에 어떤 대안적 목표를 우선순위로 추가하고 싶은가?

위의 분석을 토대로 하여 해당 도시나 지역에 대한 자신의 경제전략을 제시해보자. 여러분은 자신의 경제전략을 어떻게 (가령 '케인스주의적', '신자유주의적', '대안적' 등과 같이) 명명하고 싶은가?

더 읽을거리

Blyth, M. (2013) *Austerity: The History of a Dangerous Idea*. Oxford: Oxford University Press.

2010년 이후 각국의 정부들이 채택하고 있는 긴축 경제정책을 역사적 측면에서 권위있게 정리한 책이다. 이 책은 긴축정책이 불평등 증가와 성장률 저하를 야기하기 때문에 올바로 작동하지 않는다는 것을 경고한다. 유로존의 위기에 대한 분석 또한 매우 훌륭하다.

Dicken, P. (2015) *Global Shift: Mapping the Changing Contours of the World Economy*, 7th edition. London: Sage, pp. 173-225.

이 책은 글로벌화 촉진 정책에 초점을 두고, 경제를 관리, 조정하기 위한 국가의 역할을 깊이 있게 파고든다. 경제 전략에서부터 무역, FDI, 산업 정책 등 다양한 정책 영역들을 소개하고 있으며, 최근 번성하고 있는 지역 간 무역 협정에 대해서도 다룬다.

Harvey, D. (2005) *A Brief History of Neoliberalism*. Oxford: Oxford University Press.

당대 최고의 마르크스주의 지리학자로서 신자유주의가 전 세계에 어떤 영향을 끼치고 있는지를 날카롭게 파고든 책이다. 하비는 신자유주의 이론의 성장, 신자유주의가 국가 정책에 미친 영향, 그리고 이에 따른 경제성장 및 개발의 결과를 평가해본다. 하비는 신자유주의가 상류층의 권력과 부를 재건하기 위한 프로젝트라고 규정하며, 이는 1970년대의 경제위기에 대한 대응 과정에서 부상하기 시작했다고 본다.

O'Neill, P. (1997) Bringing the qualitative state into economic geography. in Lee, R. and Wills, J. (eds) *Geographies of Economies*. London: Arnold, pp. 290-301.

오닐이 '질적 국가' 개념을 처음으로 제시한 글이다. 저자는 국가 개입의 범위에 초점을 둘 것이 아니라 국가 행위의 "본질, 목적, 결과"에 초점을 두어야 한다고 주장한다(p. 290). 저자에 따르면, 1970년대 이후는 국가의 중요성이 퇴색하기 시작했던 시기가 아니라 경제에 대한 국가 개입의 본질과 목적이 급진적으로 변화했던 시기이다.

Peck, J. (2012) Austerity urbanism: American cities under extreme economy. *Cities* 16: 626-55.

'긴축 어바니즘'이라는 개념이 처음으로 제시된 논문이다. 특히 미국을 대상으로 공공지출 삭감의 책임이 중앙정부로부터 어떻게 도시 스케일로 권한이양 되어 왔는가를 보여준다. 이는 최근에 나타나고 있는 신자유주의 정책의 변종으로서, 위기발생 국면에서 재정 적자를 줄이기 위한 긴축정책이 국가를 축소하려는 정책으로 이어진다는 것을 보여준다.

Rodriguez-Pose, A. and Gill, N. (2005) On the 'economic dividend' of devolution. *Regional Studies* 39: 405-20.

이른바 '경제적 배당(economic dividend)'에 관한 풍부한 논의를 소개하는 논문으로, 특히 권력과 자원의 도시 및 지역 정부로의 권한이양 정책을 둘러싼 찬성과 반대에 초점을 두고 있다. 이 논문은 권한이양이 긍정적·부정적 효과 모두를 갖고 있다고 본다. 이어 어떤 효과가 나타날 것인지는 권한이양 정책을 주도하는 핵심 행위자가 누구인가에 달려 있다고 간주한다.

웹사이트

http://europa.eu/index_en.htm
유럽연합(EU)의 공식 홈페이지. EU의 여러 활동에 관한 풍부한 정보를 주제별로 분류하여 제공한다. 특히 '경제 및 화폐', '기업', '무역', '지역정책' 등의 섹션이 볼 만하다.

www.oecd.org/regional/regional-policy/multi-levelgovernance.htm
경제협력개발기구(OECD)의 공식 홈페이지. 지방정부의 역할과 재정에 관한 내용을 포함하여 지역정책 및 다층적 거버넌스에 관한 방대한 문헌과 통계를 보유하고 있다.

http://web.inter.nl.net/users/Paul.Treanor/
neoliberalism.html
신자유주의의 기원과 이론적 배경 및 정의에 대해서 개
론적이면서도 상세히 설명하고 있다.

참고문헌

Aglietta, M. (1979) *A Theory of Capitalist Regulation: The US Experience*. London: New Left Books.

Agranoff, R. (2004) Autonomy, devolution and intergovernmental relations. *Regional & Federal Studies* 14: 26-65.

Amable, B. (2003) *The Diversity of Modern Capitalism*. Oxford: Oxford University Press.

Amin, A., Massey, D. and Thrift, N. (2003) *Decentring the Nation: A Radical Approach to Regional Inequality*. London: Catalyst.

Anderson, J. (1995) The exaggerated death of the nation state. In Anderson, J., Cochrane, A. and Brooks, C. (eds) *A Global World: Re-ordering Political Space*. Oxford: Open University and Oxford University Press, pp. 65-112.

Bailey, D., Lenihan, H., Arauzo-Carod, J.M. (2012) *Industrial Policy Beyond the Crisis: Regional, National and International Perspectives*. London: Routledge.

Beatty, C. and Fothergill, S. (2014) The local and regional impact of the UK's welfare reforms. *Cambridge Journal of Regions, Economies and Societies* 7: 63-80.

Blyth, M. (2013) *Austerity: The History of a Dangerous Idea*. Oxford: Oxford University Press.

Candelaria, C., Daly, M. and Hale, G. (2013) Persistence of regional inequality in China. *Federal Reserve Bank Of San Francisco Working Paper* 2013–06. At www.frbsf.org/publications/economics/papers/2013/wp2013-06.pdf, last accessed 7 August 2015.

Carmody, P. (2011) *The New Scramble for Africa*. Cambridge: Polity.

Chang, H.-J., Andreoni, A. and Ming, L.K. (2013) International industrial policy experiences and the lessons for the UK. *Future of Manufacturing Project: Evidence Paper* 4. London: Foresight, Government Office for Science.

Coe, N. and Kelly, P. (2002) Languages of labour: representational strategies in Singapore's labour control regime. *Political Geography* 21: 341-71.

Coe, N.M., Kelly P.F. and Yeung, H.W. (2013) *Economic Geography: A Contemporary Introduction*, 2nd edition. Oxford: Wiley Blackwell.

Crouch, C. (2011) *The Strange Non-death of Neoliberalism*. Cambridge: Polity.

Dear, M. (2000) State. In Johnston, R.J., Gregory, D., Pratt, G. and Watts, M. (eds) *The Dictionary of Human Geography*, 4th edition. Oxford: Blackwell, pp. 788-90.

Dicken, P. (2003) *Global Shift: Reshaping the Global Economic Map in the 21st Century*, 4th edition. London: Sage.

Dicken, P. (2015) *Global Shift: Mapping the Changing Contours of the World Economy*, 7th edition. London: Sage.

Drudy, P. and Collins, M. (2011) Ireland: from boom to austerity. *Cambridge Journal of Regions, Economy and Society* 4: 339-54.

Duncan, S.S. and Goodwin, M. (1988) *The Local State and Uneven Development*. Cambridge: Polity.

Dunford, M. and Perrons, D. (1994) Regional inequality, regimes of accumulation and economic development in contemporary Europe. *Transactions of the Institute of British Geographers* NS 19: 163-82.

Elliott, L. (2011) The strategy of stagnation. *The Guardian*, 30 May.

Epsing-Andersen, G. (1990) *The Three Worlds of Welfare Capitalism*. Princeton, NJ: Princeton University Press.

European Commission (2016) Country report Ireland 2016. *Commission Staff Working Document*. Brussels: European Commission.

Fishwick, C. (2016) Anti-austerity protestors: why we want David Cameron to resign. *The Guardian*, 16 April.

Ford, R. (2016) The 'left-behind', white, older, socially conservative voters turned against a political class with values opposed to theirs on identity, EU and immigration. Commentary. *The Observer*, 26 June.

Forfas (2014) *Ireland's Competitiveness Scorecard 2014*. Dublin: National Competitiveness Council.

Gardiner, B., Martin, R., Sunley, P. and Tyler, P. (2013) Spatially unbalanced growth in the British economy. *Journal of Economic Geography* 13: 889-928.

Garretsen, H., McCann, P., Martin, R. and Tyler, P. (2013) The future of regional policy. *Cambridge Journal of Regions, Economy and Society* 6: 179-86.

Gertler, M.S. (2010) Rules of the game: the place of institutions in regional economic change. *Regional Studies* 41: 1-15.

Hall, P. and Soskice, D. (eds) (2001) *Varieties of Capitalism: The Institutional Foundations of Comparative Advantage*. Oxford: Oxford University Press.

Harvey, D. (2005) *A Brief History of Neoliberalism*. Oxford: Oxford University Press.

House, J.D. and McGrath, K. (2004) Innovative governance and development in the new Ireland: social partnership and the integrated approach. *Governance* 17: 29-57.

Huff, W.G. (1995) The developmental state, government and Singapore's economic development since 1960. *World Development* 23: 1421-38.

International Monetary Fund (IMF) (2010) Navigating the fiscal challenges ahead. *Fiscal Monitor*, May 14. Washington, DC: IMF.

International Monetary Fund (IMF) (2011) Shifting gears. *Fiscal Monitor*, April. Washington, DC: IMF.

Jakobsen, E.W. and Grunfeld, L. (2003) *Hvem eier Norge? Eierskap og verdiskaping i et grenseløst næringsliv*. Oslo: Universitetsforlaget.

Jessop, B. (2002) *The Future of the Capitalist State*. Cambridge: Polity.

Johnson, C. (2016) Rising tide of protectionism imperils global trade. *Financial Times*, 18 February.

Kelly, P. (1992) *The End of Certainty*. Crow's Nest, New South Wales: Allen and Unwin.

Kitchin, R., O'Callaghan, C., Boyle, M., Gleeson, J. and Keaveney, K. (2012) Placing neoliberalism: the rise and fall of Ireland's Celtic Tiger. *Environment and Planning A* 44: 1302-26.

Kitson, M., Martin, R. and Tyler, P. (2011) The geographies of austerity. *Cambridge Journal of Regions, Economy and Society* 4: 289-302.

Lee, Y.S. (2009) Balanced development in globalizing regional development? Unpacking the new regional policy of South Korea. *Regional Studies* 43: 353-67.

Leigh, A. (2002) Trade liberalisation and the Australian Labour Party. *Australian Journal of Politics & History* 48: 487-508.

Markusen, A. (1996) Sticky places in slippery space: a typology of industrial districts. *Economic Geography* 72: 293-313.

Mirowski, P. (2014) *Never Let a Serious Crisis Go to Waste: How Neoliberalism Survived the Financial Meltdown*. London: Verso.

Norwegian Ministry of Trade and Industry (2011) *Active Ownership - Norwegian State Ownership in a Global Economy.* Oslo: Norwegian Ministry of Trade and Industry.

OECD (Organisation for Economic Co-operation and Development) (2010) Regional development policy trends in OECD member countries. In *Regional Development Policies in OECD Countries.* Paris: OECD Publishing.

OECD (2012) *Industrial Policy and Territorial Development: Lessons from Korea.* Development Centre Studies. Paris: OECD Publishing.

OECD (2014) *OECD Regional Outlook 2014.* Paris: OECD Publishing.

OECD (2016) *Employment Outlook 2016.* Paris: OECD Publishing.

O'Neill, P. (1997) Bringing the qualitative state into economic geography. In Lee, R. and Wills, J. (eds) *Geographies of Economies.* London: Arnold, pp. 290-301.

Painter, J. (2000) States and governance. In Sheppard, E. and Barnes, T.J. (eds) *A Companion to Economic Geography.* Oxford: Blackwell, pp. 359-76.

Painter, J. (2006) Prosaic geographies of stateness. *Political Geography* 25: 752-74.

Peck, J. (2001) Neoliberalising states: thin policies/hard outcomes. *Progress in Human Geography* 25: 445-55.

Peck, J. (2012) Austerity urbanism: American cities under extreme economy. *Cities* 16: 626-55.

Peck, J. (2013) Explaining (with) neoliberalism. *Territory, Politics, Governance* 1: 132-57.

Peck, J. and Theodore, N. (2007) Variegated capitalism. *Progress in Human Geography* 31: 731-72.

Peck, J. and Tickell, A. (2002) Neoliberalising space. *Antipode* 34: 380-404.

Peck, J. and Whiteside, H. (2016) Financialising Detroit. *Economic Geography* 92: 235-68.

Peet, R. and Hartwick, E. (1999) *Theories of Development.* New York: Guildford.

Phelps, N.A., MacKinnon, D., Stone, I. and Braidford, P. (2003) Embedding the multinationals? Institutions and the development of overseas manufacturing affiliates in Wales and North East England. *Regional Studies* 37: 27-40.

Rodriguez-Pose, A. and Gill, N. (2003) The global trend towards devolution and its implications. *Environment and Planning C, Government and Policy* 21: 333-51.

Rodriguez-Pose, A. and Gill, N. (2004) Is there a global link between regional disparities and devolution? *Environment and Planning A* 36: 2097-117.

Rodriguez-Pose, A. and Gill, N. (2005) On the 'economic dividend' of devolution. *Regional Studies* 39: 405-20.

Rodriguez-Pose, A. and Sandall, R. (2008) From identity to the economy: analysing the evolution of decentralisation discourse. *Environment and Planning C, Government and Policy* 21: 54-72.

Rodrik, D. (2016) The surprising thing about the backlash against globalization. At www.weforum.org/agenda/2016/07/the-surprising-thing-about-the-backlashagainst-globalization?utm_source=-feedburner&utm_medium=feed&utm_campaign=Feed%3A+inside-theworld-economic-forum+(Inside+The+World+Economic+Forum), 15 July. Last accessed 9 August 2016.

Roubini, N. (2016) Globalization's political fault lines. *Project Syndicate.* At www. project-syndicate.org/commentary/globalization-political-fault-lines-by-nourielroubin—2016—07, 4 July. Last accessed 27 July 2018.

Sheppard, E. and Leitner, H. (2010) Quo vadis neoliberalism? The remaking of global capitalist governance after the Washington Consensus. *Geoforum* 45: 185-94.

Skidelsky, R. (2009) *The Return of the Master.* New York: Penguin.

Sparke, M., Sidaway, J.D., Bunnell, T. and Grundy-Warr, C.V. (2004) Triangulating the borderless world: geographies of power in the Indonesia –

Malaysia – Singapore growth triangle. *Transactions of the Institute of British Geographers* NS 29: 485-98.

Standing, G. (2009) *Work after Globalisation: Building Occupational Citizenship.* Cheltenham: Edward Elgar Publishing Ltd.

Stiglitz, J. (2002) *Globalisation and its Discontents.* London: Penguin.

Weiss, L. (2000) Developmental states in transition: adapting, dismantling, innovating, not 'normalising'. *Pacific Review* 13: 21-55.

Weller, S.A. and O'Neill, P.M. (2014) De-industrialisation, financialisation and Australia's macro-economic trap. *Cambridge Journal of Regions, Economy and Society* 7 (3): 509-26.

World Bank (2009) *World Development Report 2009: Reshaping Economic Geography.* Washington, DC: The World Bank Group.

일과 고용의 재구조화

6.1 도입

사람들은 다양한 형태의 일을 하면서 일상적으로 '경제'와 상호작용한다. 적절한 삶을 만들 기회는 대개 일의 형태와 고용관계에 의해 결정된다. 선진 자본주의경제에서 대다수의 사람은 노동력을 임금과 교환하는 고용을 통해 생계를 유지한다. 개발도상국에서는 많은 인구가 여전히 자급 농업 같은 비자본주의적 형태의 일에 종사하고 있

다. 세계가 점차 글로벌 자본주의경제로 통합되면서 전통적인 생활방식은 위협을 받고 있다. 하지만 일부 집단에게 글로벌 경제는 봉건적이거나 전통적 형태의 억압에서 벗어나 임금노동으로 일할 가능성을 열어준다. 앞서 검토했던 지리적 **불균등발전(uneven development)**과 경제의 재구조화 과정은 고용과 생계에 영향을 미치기 때문에 특히 중요하다.

6장은 최근 경제에서 나타나는 고용변화의 본질을 검토하는데, 특히 1970년대 이후 나타난 일의 변화와 이에 영향을 미친 지리의 역할을 탐구한다. 특히 글로벌 노동력의 등장, 그리고 이들이 형성하는 새로운 형태의 글로벌 연계가 여러 도시와 지역에 시사하는 함의에 주목한다. 또한 경제 재구조화 과정에서 수동적인 여타 생산요소와는 달리, 노동은 글로벌 경제 형성에서 적극적인 역할을 한다고 강조한다. 여기서 고려할

점은 사회적 정체성에 기초한 **노동분업(divisions of labor)**이 존재한다는 것이다. 개인이나 집단은 직업을 구하는 과정에서 그들이 속한 계급, 성(gender), 민족, 국적 등 사회적 정체성의 영향을 받는다.

6.2 노동, 일, 사회적 재생산의 개념

6.2.1 정의

인간은 일상생활을 영위하기 위해 (사냥과 식량 채집, 주거지 찾기, 아이 돌보기와 양육 등) 기본적인 일을 해야 한다. 일은 이런 의미에서 원시사회냐 선진사회냐에 관계 없이 필수적이다. 초기 유목사회가 오늘날 선진 글로벌 자본주의로 발전해오면서, 일을 조직하는 방식은 다양화되고 급격히 변화해왔다. 앞서 **자본주의**에서의 노동과정을 검토하면서, 산업자본주의의 성장과 함께 복잡한 기술적·사회적 노동분업이 어떻게 나타났는지를 다루었다(3.2.2 참조). 노동의 사회적 분업 개념은 일부는 보수를 받고 일부는 금전적 보상을 받지 못하는 다양한 형태의 일을 구별할 수 있게 해준다.

자본주의가 세계의 지배적인 경제체제로 확장되면서 일에 대한 사고방식, 경제와의 관계, 다른 사회집단과 장소에서 노동분업이 작동하는 방식이 근본적으로 변화되었다. 이윤창출을 전제로 한 자본주의경제에서 노동은 주로 상품으로(비록 현실에서는 이것이 '의제적'이지만) 취급된다(3.2.2 참조). 이는 노동의 본질이 단순히 경제적 가치로 축소됨을 의미한다. 자본주의하에서 노동은 노동자가 고용주에게 공식적으로 노동력을 판매하는 유급노동과, 상품가치가 없는 나머지 노동으로 구분된다. 전형적으로 노동자를 재생산하는 데 필요한 가사노동은 대개 여성들이 무급으로 수행한다. 따라서 자본주의적 생산에 투입되는 노동과 **사회적 재생산(social reproduction)**을 위한 노동은 분명히 구분된다. 이러한 노동분업은 자연발생적이라기보다 자본주의 가치 체계의 일부로서, 사회적·정치적으로 만들어지며 사회–공간적으로 중요한 결과를 낳는다.

일을 조직하는 방식, 다양한 노동형태에 대한 가치 판단, 사회집단 간 일의 분포 차이 등은 노동의 사회적 분업 개념을 등장시켰다(3.2.2 참조). 이에 대해 팔(Pahl 1988: 1)은 다음과 같이 서술한다.

다른 행성에서 온 사람은 지구에서 일과 고용을 구분하는 방식, 그리고 하는 일의 종류와 피고용인들이 어디에 속하느냐에 따라 차등적 보상을 받는 방식을 보면 어리둥절해할 것이다. 흥미롭고 창의적이며 다기능적인 업무는 높은 보상을 받고, 지루하고 반복적인 일상업무는 낮은 보상을 받는다. 남성이 여성보다 더 많이 받는데, 이는 실제 일의 양이나 질보다 성 범주에 대한 사회적 태도나 관습과 많은 관련성이 있다.

요점은 일과 고용이 매우 차별화되어 있고 이러한 차별은 계급, 성, 민족성, 연령 같은 사회적 정체성을 반영한다는 것이다. 어떤 사회든 노동분업은 최우선적으로 계급(Wright 2015), 그리고 여러 사회집단 사이에 일이 조직되는 방식과 밀접히 관련된다.

6.2.2 노동의 사회적 분업

계급은 마르크스의 권력관계 분석에서 근본을 이루는 개념이다. 마르크스는 생산수단을 소유한 자본가계급(부르주아지)이 노동자계급(프롤레타리아트)을 지배한다고 설명한다(3.2 참조). 이후 노동사회학자들은 계급적 지위가 어떻게 사람들의 고용, 소득 창출, 삶의 기회를 결정하는지에 대한 복잡하고 다층적인 분석을 진행했다(Box 6.1 참조). 이 연구는 경제적 권력관계뿐 아니라 사회적·문화적 정체성의 역할을 강조한다(Bourdieu 1984; Skeeggs 1997; Savage et al. 2013). 인생에서 성공하는 길은 태어난 조건(계급), 계급적 지위로 얻을 수 있는 기회, 생계에 필요한 사회적·문화적 네트워크와 자원의 복잡한 조합에 달려 있다. 그래서 여러 개인과 사회집단 사이에는 커다란 불평등이 존재할 수밖에 없다.

에릭 라이트(Erik Wright)에 따르면, 미국과 같은 선진 자본주의사회에서 계급은 노동관계에 따라 최소 5개 유형으로 구분된다(Wright 2015). 여기에는 상당한 경제적·정치적 권력을 행사하는 부유한 자본가와 관리자계급, 높은 수준의 교육과 훈련을 받고 안정적인 고임금 직장을 가진 다수의 중간계급, 전통적으로 노동조합에 가입되어 어떤 형태로든 고용보장과 정기적으로 적절한 임금을 받아온 육체 노동자계급, 낮은 임금과 불안정한 고용에 시달리는 하층 노동자계급, 그리고 기술, 문화자원, 사회적 네트워크 등의 혜택을 전혀 누릴 수 없는 '최하층계급'이 포함된다.

이러한 '경제적' 구분은 성, 인종, 다른 사회적 정체성과 얽혀 개인의 삶의 기회에 영향을 미치는데, 특히 도시에서 광범위한 차별 양상으로 나타난다(Derickson 2016 참조). 인종차별은 "노동빈곤층과 소외계층 인구 중에서 인종 소수자 비율이 높게 나타나는"(Wright 2015: 17) 미국뿐 아니라 여러 유럽 국가에서도 보편적으로 나타난다. 최근 미국을 대상으로 한 퓨연구센터(Pew Research Center)의 조사에서 백인남성 대비 흑인남성의 소득은 73%, 히스패닉남성의 소득은 69% 수준인 것으로 나타났고, 여성의 소득은 더 낮은 것으로 파악되었다(Patten 2016). 백인남성의 소득과 비교하면 백인여성은 82%, 흑인여성은 65%, 히스패닉여성은 58% 수준을 받는다. 아시아계의 경우 남성은 백인남성 임금의 117%를 받지만 여성은 87% 수준에 불과했다.

따라서 성은 일과 고용 분화의 또 다른 중요 단층선이다. 비교적 최근까지 여성들은 정부 법률, 고용주의 태도, 대학과 고등교육 기회의 배제와 같은 광범위한 사회규범으로 인해 노동시장에서 실질적인 차별을 받고 있었다. 영국에서는 1960년대까지 '남성 생계부양' 모델이 지속되어 여성들은 대부분 아이를 키우고 가정을 돌보는 무급노동에 치중하며 결혼 후에는 유급고용을 포기해야만 했다. 1918년 중앙정부가 성차별금지법(Sex Disqualification Removal Act)을 통과시켜 이론적으로는 기혼여성에게 남성과 같은 노동권을 허용했지만, 지방정부들은 기혼여성을 특정 직업에 종사하지 못하도록 하는 '결혼 장벽(marriage bars)'을 세웠다. 또한 남성의 직업으로 간주되는 일자리를 여성이 차지하면 '눈살을 찌푸리는' 사회적 분위기도 있었다. 제1차 세계대전이 끝나고 퇴역군인이 노동시장에 재진입하면서 실업률이 높아

Box 6.1

여러분은 어떤 계급에 속합니까?
21세기의 일과 라이프스타일

새비지 등(Savage et al. 2013) 영국의 사회학자들은 최근 BBC 방송과 함께 시민 16만 1,400명을 대상으로 대규모 온라인 설문조사를 실시했다. 이 조사의 목적은 최근 영국사회의 고용구조가 변화하고 전통적 계급의 경계가 약화되는 현상을 설명하고, 직업상의 지위를 중심으로 하는 기존 접근방식을 넘어 계급에 대한 보다 정교한 이해를 발전시켜보려는 것이었다. 이 조사는 소득 불평등이 증가하고 있다는 사실과 더불어, 계급불평등이 "사회적 재생산과 문화적 구분의 형태"와 관련된 것을 포착했다(Savage et al. 2013: 223). 이는 프랑스 사회인류학자 피에르 부르디외(Pierre Bourdieu)가 제시한 3가지 자본, 즉 소득과 물질적 부를 뜻하는 '경제자본(economic capital)', 사회적 네트워크를 활용하는 개인의 능력을 의미하는 '사회자본(social capital)', 엘리트 및 상위 계급 네트워크에 걸맞은 행동과 역할을 갖춘 사회적 · 교육적 배경으로 정의되는 '문화자본(cultural capital)'에 주목하는 접근이다.

연구자들은 이 접근을 이용해 영국에 존재하는 7가지 유형의 계급을 확인했다(표 6.1 참조). 여기서 중요한 발견은 영국사회에서 권력의 정점에 위치한 소수 엘리트의 특성을 밝혀냈다는 점이다. 이들의 지위는 경제적 부(소득, 저축, 가족 상속, 부동산 등)와 배경(명문대 출신, 특히 옥스퍼드, 케임브리지, 런던정경대, 런던임페리얼칼리지, 킹스칼리지 등)에 기인한다. 새비지 등의 연구는 기존 전문직 중심의 '화이트칼라 중간계급'과 육체 노동자 중심의 '블루칼라 노동계급', 그리고 극소수의 '상류층 귀족'의 구분을 훨씬 세분화하고 각 계급이 보유한 권력, 지위, 경제적 자원이 얼마나 차이가 나는지를 드러냈다.

표 6.1 영국의 사회계급 요약

| 구분 | 구성비(%) | | 특성 |
	GfK* 자료	GBCS** 자료	
엘리트	6	22	상당히 풍부한 경제자본(특히 저축), 높은 수준의 사회자본, 매우 높은 지식의 문화자본
확고한 중간계급	25	43	풍부한 경제자본, 높은 품격의 평균적인 사회적 접촉, 높은 지식과 신흥의 문화자본
기술적 중간계급	6	10	풍부한 경제자본, 매우 높은 품격의 평균적인 사회적 접촉(빈도는 상대적으로 적음), 보통 수준의 문화자본
신부유층 노동자	15	6	보통 이상의 경제자본, 보통 이하 품격의 사회적 접촉(폭넓은 접촉 범위), 보통 수준의 지식과 양호한 신흥의 문화자본
전통 노동계급	14	2	보통 이하의 경제자본(적절한 가격의 주택 보유), 사회적 접촉의 결핍, 낮은 지식과 부족한 신흥의 문화자본
신흥 서비스 노동자	19	17	보통 이하의 경제자본(적절한 가구소득), 보통의 빈도로 이루어지는 사회적 접촉, 낮은 지식이지만 높은 신흥의 문화자본
불안계급	15	< 1	경제자본의 결핍, 최하 수준의 사회자본과 문화자본

*GfK(Growth from Knowledge): 영국의 시장 조사 및 연구 업체
**GBCS(Great British Class Survey): Savage et al.(2013)의 『영국계층조사』
(출처: Savage et al. 2013)

이 연구를 통해 영국의 노동의 공간분업(spatial division of labor)에 대한 매시의 논의는 타당한 것으로 재확인되었다(Massey 1984). 그녀는 노동의 공간을 고위관리직과 의사결정직의 핵심부가 위치한 지역(런던과 잉글랜드 남동부)과 나머지 지역으로 구분했다. 또한 사회자본과 문화자본을 강조하는 이 연구는 엘리트 제도(대학, 엘리트 학교, BBC 같은 언론 기관, 대기업 본사, 공공 및 제3부문 기관 등)의 역할이 중요하다는 것도 확인해주었다.

이러한 곳들은 런던을 비롯한 대도시지역에 집중되어 있고, 전통적 노동계급지역 및 농촌지역에는 존재하지 않기 때문에 많은 사람에게 소외와 배제의 원인이 된다(그림 6.1). 이러한 지리적 분화는 2016년 EU 탈퇴를 결정짓는 '브렉시트(Brexit)' 투표에서 뚜렷이 드러 났다.

BBC 홈페이지(www.bbc.co.uk)의 영국 계급 조사를 참고할 수 있다.

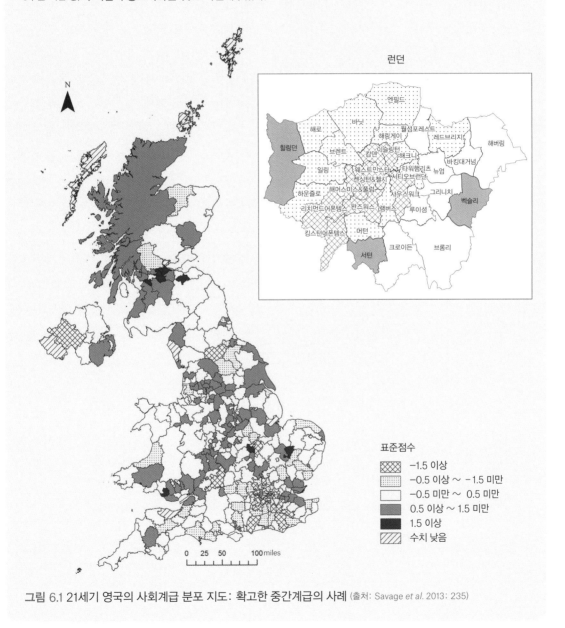

그림 6.1 21세기 영국의 사회계급 분포 지도: 확고한 중간계급의 사례 (출처: Savage *et al.* 2013: 235)

졌기 때문이다. 이는 여성을 희생시켜 남성의 고용권을 보호하고 가부장제를 강화하는 사례로, 사회적 규범과 노동규제가 결합하여 어떻게 노동시장을 분화시키는지를 보여준다. 본 저자의 외할머니는 1920년대 사우스웨일즈에서 초등학교 교사로 근무했지만, 결혼과 함께 직장을 그만둔 후에는 매일 아침 현관 청소를 할 때 아이들의 등교 소리가 들리면 눈물을 흘리곤 했다고 자주 말씀하셨다.

지금은 대부분의 선진 자본주의사회에서 동등한 고용기회가 보장되는 법률을 채택하고 있지만, 여러 사회집단 간 임금격차는 꾸준히 지속되고 있다. 성별 임금격차는 시간이 지나며 줄어들고 있는데(그림 6.2), 그 속도가 아직 느리고 국가 간 차이도 상당하다. 핀란드 같은 북유럽 국가에서는 남성과 여성의 출산휴가, 유급 육아휴직, 기업 이사회의 여성할당제도처럼 적극적 노동시장정책을 펼치기 때문에 성별 임금격차가 다른 곳보다 낮게 나타난다.

6.2.3 지리와 일

일과 고용이 조직되는 방식을 이해하고자 할 때 지리는 분명히 중요하다. 2가지 근거를 살펴보자. 첫째, 일의 사회적 분업에 대한 논의에 따르면 국가와 지역별로 노동시장 규제수준이 다르기 때문에, 장소는 다양한 집단의 취업경험을 결정하는 중요한 역할을 한다. **지역노동시장**(local labour markets)의 성적인 권력관계는 지리학의 노동 연구에서 중요한 분야 중 하나인데, 유급 고용에서 여성의 차별적 지위, 직장에서 여성이 종종 겪는 학대와 폭력 같은 불평등한 권력관계를 강조한다(Hanson and Pratt 1995; McDowell 1997; Pratt 2004; Wright 2006). 앞서 제1차, 제2차 세계대전 사이의 사우스웨일즈 모습에서 살펴보았듯, 특정 장소에서 누가 특정 일자리를 차지할 수 있는가를 두고 벌어진 여러 노동시장 배제에서 국가의 법률은 여성보다 남성을 선호했다. 이런 경우 '경성(hard)' 제도와 '연성(soft)' 제도를 결합한 매우 가부장적인 **노동통제체제**(labour control regime)

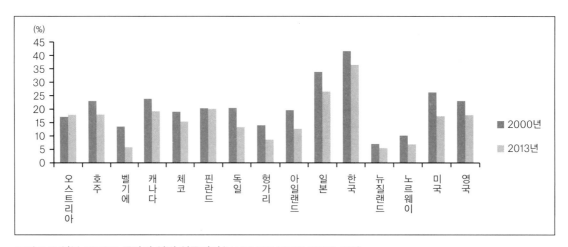

그림 6.2 일부 OECD 국가의 성별 임금격차(남성과 여성 임금의 중간값 차이)
(출처: OECD statistics database: http://stats.oecd.org/)

가 공간적으로 강제되었다. 경성 제도의 예로는 국가의 법률이 있고, 연성 제도에는 남자와 여자의 일을 구별하는 사회적 관행이나 관습 등이 해당된다.

일반적으로 법률과 사회적 규범은 공간적 구속의 정치와 결부되어, 여성의 직장생활뿐 아니라 여성이 공공장소에서 행동하는 것까지 제약을 가한다. 이러한 상황은 아시아와 아프리카의 전통 사회와 문화에서 가장 혹독하지만, 보다 자유로운 자본주의사회의 소수민족 공동체에서도 가부장제는 가족 네트워크를 통해 지속된다. 런던 서부에서 파업을 벌이고 있는 아시아계 여성노동자들을 대상으로 연구를 수행한 린다 맥도웰(Linda McDowell) 등은 여성들이 적절한 임금과 작업 조건에 대한 권리를 협상하며 직면하는 계급, 성, 인종 등 여러 권력의 작용을 언급한다.

노동시장에서 여성의 불리함은 그들을 '여성'으로 구성한 결과이며, 여성을 직업과 직장에 '부적합한' 집단으로 구성하는 남성주의 규범을 체화한 차별의 결과이다. 소수민족 여성은 더욱 불리한데, 그들의 전통, 가족, 허약함(에 대한 담론), 가부장적 지배 풍조 등이 결합되면서 타자화의 과정을 강화하기 때문이다.

(McDowell *et al.* 2012: 148-9)

지역노동시장에서 산업활동 종사자로 인정받고자 하는 여성의 투쟁은 계속되고 있다. 여기서는 어머니, 딸 또는 이주해온 '타자' 등으로서의 정체성도 중요하게 작용한다. 여성들이 겪는 차별은 고용주나 가부장제 가족구조에만 기인하지 않

기 때문이다. 여성노동자는 다른 노동자집단, 특히 남성노동자에 의해 차별의 대상이 된다.

일과 고용의 조직방식을 이해할 때 지리가 중요한 의미를 지니는 두 번째 근거는, 앞 장에서 언급한 것처럼 자본주의경제가 여러 장소 사이에 업무를 공간적으로 차별화하는 것과 관련된다. 여러 공장을 운영하는 거대 기업의 성장 및 노동의 공간적 분업으로 인해 일의 성격과 유형이 장소별로 차이를 띠게 되었고, 매우 다양한 고용경관이 형성되었다(3.4.2 참조). 그리고 글로벌화와 초국적기업(TNCs: Transnational Corporations)의 활동은 '신국제노동분업(NIDL: New International Division of Labour)'으로 이어졌다(3.5 참조). 이러한 (국가 및 국제적 수준에서의) 노동의 공간적 차이가 기업 입장에서 미래 자본투자의 기반이 된다는 점에 주목해야 한다. 기업은 여러 경제경관을 넘나들며 (임금수준이나 숙련도 같은) 다양한 유형의 노동력을 이용해 입지를 결정할 수 있게 되었기 때문이다.

노동의 공간적 분업은 장소별 고용조건의 다양성을 반영하는데, 가장 분명한 것은 선진국과 개발도상국 간 높은 임금격차는 TNC가 저임금 생산시설로 입지하도록 촉진한다는 점이다(그림 3.16 참조). 그러나 이러한 공간적 관계는 역동적이다. (슬로바키아, 중국, 한국 등) 동유럽과 아시아의 기존 저임금 국가 중 일부에서는 노동력이 희소해지면서 노동자들이 조직적 행동을 통해 높은 임금을 요구할 수 있게 되었고, 이에 따라 생산비용도 증가하고 있다. 임금이 상승하는 상황에서 고용과 경제적 번영을 유지할 수 있는 장소의 능력은 일의 성격, TNC의 투자유치를 둘러싼 지역

간 경쟁구도, 글로벌 노동분업에서 상층위로 올라 갈 수 있는 국가와 지역의 역량에 좌우된다. 일반 적으로 고부가가치 활동은 저임금 지역과의 경쟁 에 덜 취약하다.

임금노동 기회의 공간적 불평등은 국가 간뿐 아니라 국가 내에서도 존재한다. 미국 노동통계국 의 자료를 통해 지역별로 다르게 나타나는 실업 률 패턴을 엿볼 수 있다(그림 4.4 참조). **탈산업화**의 타격을 입은 중서부 지역의 높은 실업률 문제는, 농촌지역이 겪는 농업 부문 고용감소와 성장 부 문의 일자리 부족 문제와 유사하다. 그러나 2008 년 금융위기와 그에 따른 경기후퇴는 캘리포니아, 네바다처럼 이전에 번성했던 지역에도 영향을 미 쳤다(4.5.1 참조). 고용의 공간적 변화는 임금 또는 실업률 차이와 관련될 뿐만 아니라 특정 산업과 관련된 다양한 노동문화를 반영한다(Peck 1996 참조). 여기에는 작업 관행, 노동조합 결성 수준, (채용방식, 직업훈련 전략 등) 지역노동시장이 운영 되는 방식이 포함된다.

자본주의의 역동적 성격을 반영하듯 자본주의 에서 일과 고용의 관계는 정적이지 않고 자본주 의의 발전단계와 함께 상당한 변화를 겪는다. 실 제 '창조적 파괴'는 노동지리와 밀접히 관련된다. 새로운 형태의 이윤추구와 기술혁신이 일으키는 역동성은 어떤 장소에는 새로운 고용기회와 신산 업공간을 창출하지만, 종종 다른 장소의 일자리, 생계, 공동체 등을 파괴하기도 한다. 수공업 기반 생산형태가 19세기 동안 대규모 공장 기반 생산 체계로 전환되면서 노동은 재조직화되고 보다 복 잡한 사회적·공간적 분업의 조건을 형성했다(3.2 와 3.3 참조). 마찬가지로 20세기 대량생산과 포디

즘의 등장으로 새로운 제조업 지역이 발전했는데, 이와 결부되어 나타난 노동지리의 변동은 전통적 산업지역의 희생을 불러왔다(3.4 참조). 1970년대 이후의 시대는 글로벌화, 탈산업화, 기술혁신, 첨 단기술의 성장이 진행되면서 극적인 변화를 맞이 했다. 그리고 이러한 변화는 고용경관의 재편으로 연결되었다.

6.3 글로벌화와 일의 재구조화

6.3.1 글로벌 노동력의 변화

글로벌 경제의 대부분을 차지하는 일의 범주는 유급고용이지만, 동시에 이를 보완하는 다른 범주 의 일들이 존재한다(Box 6.2). 그리고 이는 여전히 지리적으로 불균등한 양상을 보인다. 20세기 말 기준으로 전 세계의 고용, 즉 임금노동의 75%가 단지 22개국에 분포하고, "세계 노동력의 거의 절 반이 중국, 인도, 미국 및 인도네시아에 위치"하는 것으로 추정된다(Castree *et al.* 2004: 11). 글로벌 남부에서 임금노동의 발생률은 세계경제 내 통합 수준의 차이를 반영하며 매우 다양하게 나타난다. 아프리카, 아시아, 라틴아메리카의 많은 지역에서 자급농업 양식이 지속되고 있지만, 경제의 근대화 를 구실로 전통적 생활방식은 별다른 대책 없이 강제적으로 파괴되었다. 사하라 이남 아프리카 대 부분의 지역은 글로벌 경제로 통합되며 광물 같 은 1차상품과 커피나 목화 같은 농산물을 생산하 는 반면(7장 참조), 제조업 및 연구개발 같은 고부 가가치 활동은 유럽, 북아메리카, 동남아시아에서

글로벌 경제에서 '다른 일'의 범주

Box 6.2

글로벌화의 진전에도 불구하고 세계 성인인구의 절반 이상은 전혀 유급고용에 참여하지 않고 있다는 점은 주목할 만하다. 가사노동 이외에도 자원봉사, (특히 가족 구성원인) 노인, 어린이, 장애인을 보살피는 돌봄 등을 포함해 여러 형태의 무급노동이 존재한다. 1980년대 이후 많은 국가에서 복지서비스를 줄이려 하고 있기 때문에, 무급돌봄은 (아동을 양육하고 미래 고용을 위해 아동의 '사회화'를 도모하는 방식으로) 경제를 지탱하고 사회적 취약계층에게 서비스를 제공한다는 측면에서 중요성이 커지고 있다. 선진국과 개발도상국 모두에서 가사노동은 대부분 무급으로 수행된다. 물론 가구원 모두가 풀타임 정규직으로 종사하는 경우 (육아, 청소 등) 가사의 일부를 담당하는 인력을 유급고용하는 가구가 있기는 하다.

한편 유급노동과 다른 범주로 자영업이 존재한다. 자영업의 정의는 고용법과 규정의 차이로 시공간에 따라 다양하다. 점점 더 많은 수의 글로벌 노동력이 실업이나 불안정고용의 대상이 되고 있으며, 그 범위는 불균등 발전 양상에 따라 시기별로 상이하다. 서유럽에서는 점점 더 많은 사람이 1970년대 이후 여러 형태로 실직 상태에 놓였고, 동유럽에서는 1990년대 초반 공산주의가 붕괴되며 실업이 급증했다.

또 다른 중요한 일의 범주는 16세 미만의 어린이를 고용하는 아동노동이다. 이것은 글로벌남부에서 흔히 나타나는 현상이고, 극단적으로 착취를 당하면서 매우 낮은 급여를 받는 경우가 많다. 예를 들어, 삼성의 중국 하청업체 한곳에서는 노동자의 80%가 아동으로 구성되었으며, 성인 임금의 70%만 받고 하루에 11시간 노동에 시달렸다는 글로벌 시민사회의 문제제기가 있었다(China Labor Watch 2012). 아동노동을 반대하는 캠페인은 국제적으로 진행되고 있다. 아동 개인에게 가해지는 부정적 효과가 있고, 교육기회를 박탈함으로써 사회

발전에도 해악으로 작용하기 때문이다. 결과적으로 노동에 참여하는 아동의 수는 2000년 2억 4,600만 명에서 2012년 1억 6,600만 명으로 3분의 1가량 감소했다. 그럼에도 광업, 화학산업 분야, (농약에 노출된) 농업, 위험한 기계를 다루는 일 등 유해한 환경에 종사하는 아동노동 비율이 70%나 된다는 사실은 너무나도 충격적이다(ILO 2013).

다른 일의 마지막 범주는 노예와 같은 상황에 놓이는 강제노동(forced labor)이다. 현대로 들어서면서 모든 국가가 강제노동을 거부했지만, 슬프게도 강제노동은 아직까지 글로벌 경제의 특징 중 하나로 남아 있다(McGrath 2013). 국제노동기구의 「노동의 권리 및 근본적 원칙들에 관한 1998년 ILO 선언」에서는 고용주들이 계속 사용하고 있는 '강제노동'에 주목한다. 글로벌화의 가장 해로운 결과 중 하나는 (성매매를 비롯해) 강제노동을 시키기 위한 인신매매가 늘고 있다는 것이다. 인신매매에 따른 강제노동에 종사하는 사람은 250만 명에 이를 것으로 추정되며, 이들은 불법이민자 신분으로 시민권 혜택을 제대로 누릴 수 없기 때문에 고용주의 착취에 취약할 수밖에 없다(ILO 2005: 14). 강제노동은 "처벌의 위험을 받으며 자발적으로 참여하지 않는 모든 작업 또는 서비스"로 정의된다(위의 책: 5).

강제노동은 불법성 때문에 정확하게 집계하기 어렵지만, 보수적으로 추정해도 전 세계에 1,200만 명 이상이 강제노동에 시달리며, 아시아와 태평양 지역에서 가장 두드러진다(위의 책: 12). 200만 명이 (감옥에서의 노역처럼) '국가적 또는 군사적으로' 강제된 노동에 처해 있으며, 성 착취도 늘고 있는데 100만 명 이상의 '노동자'가 강제 성매매를 당하고 있다. 강제노동은 상당히 성적으로 고착화되어 있고 여기에는 여아도 포함된다. 여성과 소녀는 전체 강제노동의 56%, 성매매의 98%를 차지한다.

이루어진다.

더욱 많은 국가와 노동자들이 글로벌 자본주의에 편입되어왔던 21세기에는 상황이 더욱 크게 변화할 것으로 보인다. 20세기의 마지막 25년 동안 중국, 인도, 멕시코를 비롯한 글로벌남부의 일부 지역은 일자리와 경제적 기회를 두고 글로벌

북부의 기업, 노동자, 장소와 경쟁하며 글로벌 고용에서 거대한 구조적 변화를 이끌었다. 이러한 경쟁은 향후 수십 년간 더욱 심화될 것으로 보인다. 글로벌 노동인구가 1980년 9억 6,000만 명에서 2000년 14억 6,000만 명으로 증가했던 사실을 돌아보면(Freeman 2010), 향후 경쟁 압력의 어마어마한 규모를 짐작해볼 수 있다.

지난 20년간 글로벌 스케일에서의 노동공급은 2배로 증가해 엄청난 임금하락의 압력으로 작용했고, 수백만 개의 일자리가 북미와 서유럽의 선진 산업경제에서 글로벌남부의 신흥 자본주의경제로 이전했다. 구소련, 캄보디아, 베트남 같은 기존 사회주의 국가의 시장경제 진입으로 글로벌 노동력이 3배 증가했다고 추정하는 연구도 있다. 지난 20년간 베트남에서만 8,000만 명의 인구가 월 100달러 수준의 소득을 안정적으로 누릴 수 있게 되었다(Standing 2011: 28). 중국, 인도를 비롯한 글로벌남부의 여러 국가에서 대학생 수가 증가하고 연구개발 활동에 대규모 투자가 이루어지는 사실을 고려하면, 미래의 고용 압력은 (루틴화된 저임금 활동을 넘어서) 고임금을 받는 일자리에서도 나타날 것이 자명해 보인다(위의 책; 3.5 참조).

글로벌 스케일에서 일자리를 놓고 경쟁하는 노동자의 공급 증가는 여러 가지 장기적 변화와 결부되어 있으며, 고용조건에서 극적인 변화를 야기하고 있다. 특히 1970년대 중반 이후 등장한 3가지의 상호 연관된 중대한 변동이 글로벌 일자리에서 나타났다. 여기에는 탈산업화, 탈산업적(post-industrial) 형태의 업무 및 서비스로의 전환, 업무 **자동화**(automation)의 증대가 포함된다. 이러한 경향의 결과는 공간적 양상으로도 두드러지게 나타난다.

6.3.2 탈산업화의 공간적 결과

가장 선진화된 글로벌북부에서 경제의 고용 기반은 제조업 등 2차산업에서 서비스로 변화했다(그림 6.3 참조). 그러나 탈산업화의 정도는 선진 경제에서 공간적으로 다양하게 나타난다. 독일이나 이탈리아에서 제조업은 여전히 중요한 부가가치 창출의 원천이며, 이런 국가는 (탈산업화가 보다 두드러지게 나타나는) 프랑스, 영국, 미국보다 금융위기 이후 보다 빠른 회복세를 기록하고 있다(그림 6.3).

탈산업화의 경제적·사회적 영향은 북미와 서유럽의 구산업도시와 지역에 공간적으로 특히 집중되었다(Box 6.3 참조). 서유럽의 경우 (석탄 채굴, 철강과 조선, 섬유, 자동차 생산 등) 전통 산업과 중공업 분야에서 탈산업화가 두드러졌다. 그러나 그 양상은 국가별로 다양했다. 영국의 구산업지역에 비해 독일, 프랑스, 스페인의 구산업지역은 제조업 일자리의 유지와 새로운 분야의 창출에서 모두 더 좋은 성과를 보였다(Birch *et al.* 2010). 국가 및 지역의 정책으로 글로벌 경제통합 과정을 완화시킬 수 있었기 때문이다.

동시에 산업을 구분하던 전통적인 범주의 경계선이 모호해져 서비스와 제조업의 구분이 어려워지고 있다. OECD가 최근 보고서에서 밝혔듯이, "서비스업체로 분류되는 많은 기업은 실제로 제조업체이며, 이들은 글로벌 가치사슬을 활용해 국제적 스케일에서 여러 가지 활동을 재조직한다. OECD 국가에서 제조업체의 경쟁력은 디자인, 연구개발, 판매, 물류 등과 같은 '무형'의 서비

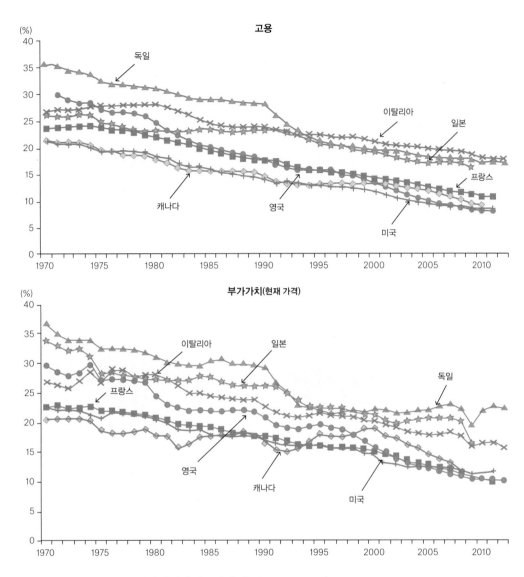

고용

(%)

독일

이탈리아

일본

프랑스

캐나다   영국

미국

부가가치(현재 가격)

(%)

이탈리아   일본

프랑스

독일

영국

캐나다

미국

그림 6.3 G7 국가의 고용과 부가가치에서 제조업의 비중(1970~2012년) (출처: De Backer *et al.* 2015: 8)

스활동과 보다 긴밀하게 연계되고 있다"(OECD 2015: 5).

세계 컴퓨터산업의 대부분은 이런 식으로 변모했고, 전형적인 사례로 IBM을 꼽을 수 있다. 이 기업은 2000년대 초반 중국 기업 레노버에게 PC 제조 전체를 매각하고, 현재는 소프트웨어, 컨설팅, 물류 분야에 전념하고 있다. 델과 애플도 저숙련

노동을 필요로 하는 기본적인 제조활동의 상당 부분을 공급업체에 아웃소싱한다. 값싼 해외 노동력을 사용하고 값비싼 인프라 투자를 회피하는 것에 더하여 노동통제의 문제까지 아웃소싱함으로써 비용절감이 가능해진다. 애플 사장을 역임했던 마이크 스콧(Mike Scott)은 1982년에 이미 "우리의 비즈니스는 디자인, 교육, 마케팅이다. 애플은

Box 6.3

디트로이트의 붕괴
탈산업화의 극단적 사례

20세기 중반 포디즘의 전성기 이후 선진국의 자동차산업은 오랜 쇠퇴기를 경험했다. 탈산업화로 인해 장기적으로 공간적 불균등발전 과정을 겪으며 경제와 인구기반이 가장 심각하게 붕괴된 곳은 미국의 디트로이트라 할 수 있다(3.4 참조). 해외로부터의 경쟁 압력이 심해지고 노동규제가 느슨한 미국의 남부와 서부 지역으로 업무 이전이 증가하면서 디트로이트와 주변의 오대호 산업지대는 충격적인 영향을 받았다.

디트로이트는 포드(Ford)와 함께 조립라인 혁명의 본거지였고, 20세기 동안 글로벌 자동차산업의 중심에 있었다. 안정적인 고임금 일자리, 높은 노동조합 조직률, 단체교섭권을 보유한 대규모 산업 노동인력을 기반으로 도시의 성장이 이루어졌다. 전성기였던 1950년대에는 미국에서 가장 많은 제조업 일자리가 디트로이트에 집중되었고, 전체 제조업 고용의 거의 절반을 이곳이 차지했다. 이 중 13%는 디트로이트 대도시권역 외곽에 위치한 디어본(Dearborn)의 포드 공장 하나만으로도 충당이 가능했다(McDonald 2014).

디트로이트에서 제조업 일자리 감소는 1950~60년대에 시작되었다. 최대 정점을 찍은 1950년 34만 9,000개였던 일자리가 1970년 20만 1,000개까지 감소했다. 그러나 이것은 도시 자체의 쇠퇴라기보다 제2차 세계대전 이후 지속되었던 교외화의 효과에 가까웠고, 미국의 다른 도시에서도 비슷한 현상이 발생했다. 이후 도시의 쇠퇴는 더욱 심하게 나타났는데, 1990년에는 1970년 대비 65.7%의 하락률을 기록하며 제조업 일자리 수가 6만 9,000개까지 감소했다(McDonald 2014: 3320). 1990년대에는 카지노 부문을 포함한 새로운 서비스 일자리가 생겨나며 상대적 호황으로 상황이 다소 안정되었지만, 2000년대 초부터 제조업이 더욱 쇠퇴하여 2010년의 제조업 고용은 2만 명 정도까지 감소했다(McDonald 2014).

고용감소는 인구감소로 이어졌다. 1950년 185만 명으로 최고치를 기록한 이후 디트로이트의 인구는 2010년까지 71만 4,000명으로 급격히 감소했다. 도시의 대부분이 눈에 띄게 황폐화되어갔다. 과세 기반이 악화되며 2013년에는 디트로이트시 정부가 파산을 신청하는 일까지 벌어졌다(5.6.3 참조). 다른 도시에서와 마찬가지로 디트로이트는 역사적·지리적으로 특수한 문제에 시달렸는데, 이곳에서 인종 갈등은 미국 남부로부터의 대규모 이주 역사와 관련된다(Galster 2012). 쇠퇴규모를 따져보면, 디트로이트는 탈산업화의 극단적 사례라 할 수 있다.

가능한 최소한의 일만 하고 … 다른 문제들은 하청업체에게 넘겼다"고 언급했다(Chan *et al.* 2013: 104).

이러한 재조직화가 불러오는 지리적 변화는 국가 내 또는 국가 간 노동의 공간분업을 더욱 심화시키기 때문에 그 결과는 상당하다. 실리콘밸리와 같은 첨단기술 중심지나 런던, 뉴욕, 로스앤젤레스, 파리, 상하이 등 대도시에 위치한 창조적이고 디자인 집약적인 클러스터에는 혁신적 일자리가 창출되지만, 루틴화된 부품 생산과 조립 작업의 입지를 두고 경쟁하는 주변부 지역에서는 저부가가치의 불안정한 일자리만 양산된다.

탈산업화는 더 이상 글로벌북부의 선진 경제에만 국한되는 현상이 아니다. 저숙련의 제조업 일자리를 둘러싼 글로벌 경쟁은 글로벌남부의 국가와 지역 간에도 첨예하게 나타난다. 중국을 비롯한 동아시아 국가들은 (불공정한 정부 보조금의 혜택을 누리고 해외시장에서 덤핑을 일삼으며) 다른 국가의 제조업 기반을 약화시킨다는 비난을 받는다. 특히 멕시코의 의류와 가전제품, 인도와 브라질의 철강산업이 많은 피해를 보았다. 그러나 중국마저도 과열경쟁의 피해로부터 자유로울 수 없다. 글로벌 철강산업의 과잉생산 때문에 중국 정부는 2016년 2월 200만 개의 일자리 감축 계획을 발표하기에 이르렀다(Yang 2016).

6.3.3 서비스업의 성장과 탈산업 지식노동의 서사

제조업 고용의 감소와 서비스 직종의 성장으로 탈산업 사회의 미래가 도래한다는 것은 이미 오래전부터 예견되었다(Bell 1973). 선진 산업경제에서 대다수 사람들의 일상과 직업 특성이 40년 동안 엄청나게 변했다는 것은 부인하기 어렵다. 미국과 영국 같은 나라에서는 제조업 분야에 종사하는 피고용인의 비율은 10% 미만에 불과하다(OECD 2015).

탈산업 사회의 중요한 면모는 정보통신기술이 새로운 형태의 일을 만들고 고도의 교육 및 기술수준을 갖춘 노동력을 필요로 한다는 것이다. 다시 말해, 탈산업 사회는 **지식기반경제(knowledge-based economy)**를 기초로 한다. 지식집약적인 탈산업 경제는 노동자가 적절한 기술을 보유하는 한 많은 일자리를 제공할 것이라는 담론은 1990년대 초부터 서유럽과 북미에서 경제정책 형성에 지대한 영향을 미쳤다. 1992~96년에 미국의 클린턴정부 초대 노동부장관을 역임한 로버트 라이시(Robert Reich)의 다음과 같은 발언은 아주 잘 알려져 있다.

가장 빠르게 성장하는 직업군은 지식집약적 분야이다. 나는 그런 일에 종사하는 사람을 '상징적 분석가'라고 부른다. 왜 이들이 그렇게 빠르게 성장하는가? 왜 그렇게 높은 임금을 받는가? 기술이 모든 새로운 가능성을 만들기 때문이다. … 문제는 이러한 기술을 보유하지 못한 사람이 너무 많다는 것이다.

(Henwood 1998: 17에서 재인용)

이 말의 의미는 글로벌북부 국가의 선진 경제가 일자리 확대를 위해 지식기반 활동을 우선시하고 고등교육을 받는 사람을 늘려야 한다는 것이다. 이러한 생각은 각국 정부와 EU, OECD 같은 상위국가적 기구의 정책 담론에 깊이 배어들었다. 이는 서비스업과 제조업 모두에서 루틴화된 활동이 점차 글로벌남부와 저임금 경쟁에 놓일 것이기 때문에, 그러한 종류의 일자리를 유치하고 유지하는 정책은 더 이상 쓸모없게 되었다는 것을 암묵적으로 받아들이는 것이다.

그러나 이러한 예측이 옳다는 증거는 없다. 1990년대 후반과 2000년대 초반의 성장기간 동안 '중간 수준의 장인 및 숙련 육체노동 고용'은 지속적으로 감소한 반면, 가장 빠르게 성장한 직업군은 높은 기술이나 교육수준을 요구하지 않는 단순한 일이었다(Thompson 2004). 이런 면에서 지식기반경제 담론은 정치인들에게 유용했을 것이다. 상대적으로 높은 임금의 안정적인 제조업 부문의 일자리가 사라지고, 이들이 낮은 임금과 단순 기술을 요하는 서비스업 부문 일자리로 대체되는 상황이었기 때문이다. 동시에 지식기반경제 담론은 좋은 일자리 창출에서 고용주나 정부의 역할에는 침묵하는 반면, 노동자에게는 교육과 훈련을 통해 스스로 숙련되어야 할 책임을 부과한다. 금융위기 이후 아직까지도 양질의 일자리보다는 낮은 임금과 불안정한 일자리의 성장이 두드러진다(Kalleberg 2013; Standing 2011; 6.4 참조). 서비스업 부문으로의 산업 전환은 일자리 개선보다는 일자리의 악화와 관련 있는 듯하다.

6.3.4 노동 없는 미래? 자동화의 사회적 함의

최근 《옵저버》의 특집호에서는 "일이 없는 세계로(to a world without work)"(Avent 2016: 37)라는 기사를 실었다. 해당 기사는 글로벌화가 진전되며 더 많은 국가와 노동자들이 일자리를 놓고 경쟁하고, 자동화의 증가로 로봇이 인간을 대체하며, 사회는 "노동은 남아돌고 일은 부족한" 미래를 맞이한다는 핵심 메시지를 전하고 있다. 만일 이것이 현실화된다면 글로벌 사회는 엄청난 문제에 직면하게 될 것이다. 자본주의하에서 생계와 유급 고용, 그리고 일은 밀접하게 연관되어 있기 때문이다.

앞서 본 것처럼, 기술이 일자리를 대체하는 것은 자본주의 진화에서 지속적으로 일어나는 특징이고(3.2 참조), 자동화는 이미 글로벌 경제의 상당 부분에서 현실로 나타나고 있다. 최근 제조업에서 자동화로 인해 일자리 감소가 나타나는데, 주류 경제학자들은 이를 노동생산성의 증가라고 표현한다(OECD 2015). 독일처럼 제조업이 성공적으로 발달한 국가는 상당한 노동력 감소에도 불구하고 생산에서 상당한 (부가가치로 측정된) 부를 축적할 수 있다. 자동화되고 전산화된 처리 기술은 은행, 소매, 레저와 같이 루틴화된 서비스업 부문에서 노동을 대체하고 있다. 현재 진행 중인 새로운 기술 혁명은 무인자동차 및 기타 운송 방식부터 재화와 서비스를 배송하는 드론에 이르기까지 모든 것의 로봇화를 포함해 자동화를 더욱 가속화할 것으로 예측된다.

한편 자동화를 바라보는 건전한 회의적 시각도 필요하다. 선진국과 개발도상국 모두 미래의 자동화에 대응하여 적정한 일자리를 창출하기 위해 노력하고 있지만, 현재까지 노동시장의 추이를 고려할 때 큰 성과를 거두지 못한 상태이기 때문이다. 가령 미국남성의 노동 참가율은 1990년 75%에서 2015년 69%로 지난 25년간 지속적으로 감소했고 약 900만 개의 일자리가 사라졌다(Avent 2016: 38). 미국은 일자리 창출에서 가장 좋은 성과를 내는 나라임에도 이런 상황이다. 그러나 세계은행(World Bank 2016)은 현재의 인구 증가에 대처하기 위해서는 2030년까지 6억 개의 일자리가 더 필요하다고 추정했다. 이는 최근의 추세와 대다수 국가에서 안정적 일자리 증가가 힘든 상황을 고려할 때 어려운 주문인 듯하다.

최근의 추세는 젊은층에 가장 큰 영향을 미쳐 청년실업의 글로벌 위기가 심화되고(ILO 2015), 1990년대 초부터 만 15~24세의 노동 참가율은 전 세계적으로 엄청나게 감소했다(표 6.2 참조). 북아프리카와 중동의 '아랍의 봄(Arab Spring)', 북미와 서유럽의 '점령운동(Occupy Movement)'처럼 2010~12년 세계 곳곳에서 나타난 글로벌 시위의 급증은 청년층이 접하는 악화된 경제전망과 관련이 있다(Mason 2012). 현재 일하고 있는 사람들은 선임자들에 비해 빈곤, 임시직, 불안정한 형태의 일을 불균형적으로 많이 경험하게 될 것이

표 6.2 지역과 성별에 따른 청년 노동 참여율(1991년과 2014년 비교, 단위: %)

지역	1991년			2014년		
	전체	남자	여자	전체	남자	여자
세계 전체	59.0	67.0	50.6	47.3	55.2	38.9
선진국과 EU	55.6	58.7	52.4	47.4	49.1	45.5
중앙, 남동부 유럽(비EU)	50.2	56.3	44.0	40.6	47.9	33.0
동아시아	75.7	74.9	76.6	55.0	57.0	52.9
동남아시아와 태평양	59.3	65.8	52.7	52.4	59.4	45.2
남아시아	52.2	70.4	32.5	39.5	55.2	22.6
라틴아메리카와 캐리비안	55.5	71.3	39.6	52.5	62.1	42.6
중동	35.6	57.3	12.6	31.3	47.2	13.8
북아프리카	37.0	51.8	21.5	33.7	47.2	19.7
사하라 이남 아프리카	54.3	58.6	50.1	54.3	56.6	52.1

(출처: ILO 2015: 9, Table 2.1)

다(ILO 2015). 이러한 추세의 일부는 최근의 금융위기, 지속되는 침체와 긴축정책의 단기적 영향이지만(4장 참조), 미래 일자리의 지속가능한 성장에 대한 우려는 지속되고 있다. 지배적 정치질서에 대한 사회적·정치적 차원의 근본적인 변화가 없다면 갈수록 확대되는 업무 자동화는 상황을 더욱 어렵게 만들 것이다.

6.4 노동시장의 양극화, 유연화, 불안정성

6.4.1 소득 양극화

글로벌화, 탈산업화, 유연화된 노동공급의 증가는 노동자의 협상력과 노동환경을 엄청나게 약화시켰다. 동시에 최고경영자와 같은 최상위계급에게 돌아간 부의 규모는 기하급수적으로 증가했다. 미국의 자료에 따르면 평균 노동자의 임금과 주요 증권사 최고 경영진의 임금격차는 1980년 1:42에서 2014년 1:373으로 증가했다(www.aflcio.org, 2018년 10월 접속). 사회적 스펙트럼 전반에 걸쳐 부자와 가난한 사람 간 불평등과 사회적 양극화는 엄청나게 증가했다. 미국에서는 1970년대 후반 이후 가장 부유한 상위 5%의 가계 소득은 나머지 가구에 비해 눈에 띄게 증가했고, 이로 인해 나머지 가구에 돌아간 부의 규모는 더욱 작아졌다.

미국은 스펙트럼에서 극단적 사례이지만, 부자와 가난한 사람 간 소득격차 증대는 다른 곳에서도 만연해 있다. 국가별 차이는 있지만, 부유한 국가에서 상위 10% 집단과 하위 10% 집단 사이의 소득격차는 커지고 있다(Dicken 2015: 314). 그리고 소득 불평등은 개발도상국에서 더 높게 나타

표 6.3 일부 개발도상국 내 소득 분포

국가(연도)	하위 10%	하위 20%	상위 20%	상위 10%
브라질(2009)	1	3	59	43
칠레(2009)	2	4	58	43
멕시코(2000)	2	5	53	38
말레이시아(2009)	2	5	51	35
필리핀(2009)	3	3	50	34
싱가포르(1998)	2	5	49	33
중국(2009)	2	5	47	30
인도(2010)	4	9	43	29
한국(1998)	3	8	37	22

(출처: Dicken 2015: 319, Table 10.1)

나는 경향이 있다. 물론 선진국과 마찬가지로 개발도상국 간에도 차이가 존재한다. 특히 동아시아와 (브라질, 칠레, 멕시코 등) 라틴아메리카 국가 간에는 상당한 차이가 나타난다(표 6.3).

6.4.2 노동 유연성의 추구

소득 양극화의 증가와 관련하여, 1980년 이후 **노동시장 유연성(labour market flexibility)**★이 증가한 사실 또한 중요하다(Rodgers 2007; Standing 2009). 1970년대 초 선진 산업경제의 고용주들은 제품 시장의 성장 둔화와 경쟁 증가에 대응하기 위해, 시장 상황의 변동 속에서 비용을 줄이고 적응력을 높이고자 했다. 이에 그들은 노동력을 더 유연한 방식으로 관리·조직하는 전략을 발전시켰다. 글로벌화와 일자리 이전의 위협은 노동자가

★ 노동시장과 고용의 변동에 관한 자세한 내용은 267쪽 〈심층학습〉에서 확인할 수 있다.

유연한 고용형태를 수용할 수밖에 없게 만들어 고용주의 권한이 더 강화되었다. 정부도 노동시장 규제를 완화하는 신자유주의적 정책을 폭넓게 도입하면서(5.5 참조), 고용주는 자신의 요구조건에 맞추어 노동력을 관리할 수 있게 되었다(Standing 2011). 고용주의 관점에서 노동시장의 유연성은 4가지 핵심 요소로 구분할 수 있다(Rodgers 2007; Standing 2009).

- 수량적(산술적) 유연성: 고용주가 노동자를 '고용하고 해고하는' 능력, 즉 필요에 따라 노동의 양을 줄일 수 있는 역량과 관련된다.
- 기능적 유연성: 노동자의 업무 배치를 유연하게 변화시키는 것으로, 기업 내 노동의 재배치, 보다 근본적으로는 기업과 공급사슬 전반에서 노동분업을 재조직할 수 있는 능력을 뜻한다.
- 임금(재정) 유연성: 노동자의 임금과 비임금 보수를 낮추는 능력을 뜻하며, (피고용인의 계약상

의 지위를 간접 피고용인이나 자영업자로 전환해 복지와 연금 비용을 회피하는 것처럼) 기업에 유리한 방식으로 지급조건을 수정할 수 있는 능력까지 포함한다.

- 시간 유연성: 부분적으로는 수량적 유연성과 관련되지만, 더 광범위하게 기업이 피고용인의 근무시간을 통제할 수 있는 능력과 관련된다.

OECD는 2015년 보고서에서 1995년 이후 선진 산업경제에서 창출된 모든 일자리의 절반이 시간제, 임시직, 자영업 등 비정규직이라고 추정했다. 대부분의 선진국에서 전체 고용 중 시간제 근무 비율의 증가는 1980년대 이후 명백하게 나타났는데, 이는 제조업 축소와 서비스업으로의 이동과 관련이 있다(그림 6.4). 보다 광범위하게, ILO

는 최근 전 세계 노동력의 25%만이 정년보장 계약으로 고용된다고 추정했다(ILO 2015).

유연성은 복지 개혁과 더불어 신자유주의 노동시장 개혁의 핵심축이 되었다. 단순하고 거칠게 말하면, 유연성은 노동자의 고용과 해고를 쉽게 하고, 임금을 적게 지불하며, 기업 입맛에 따라 노동시간을 변화시키는 것이다. 이는 노동자를 일자리에서 몰아냈다가 다시 일자리로 돌아오도록 강제하는 정책과 연관된다(Standing 2011). 유연성은 1990년대 중반 이후 주류의 노동시장 정책입안자 사이에서 '신조'와도 같았다. 당시 OECD 보고서에서 미국은 경직성이 덜하고 유연한 노동시장체제를 보유했기 때문에 EU보다 더 많은 일자리를 창출할 수 있었다고 언급했다(OECD 1994). 최근 금융위기 이후 긴축정책이 만연하며(4.5.2

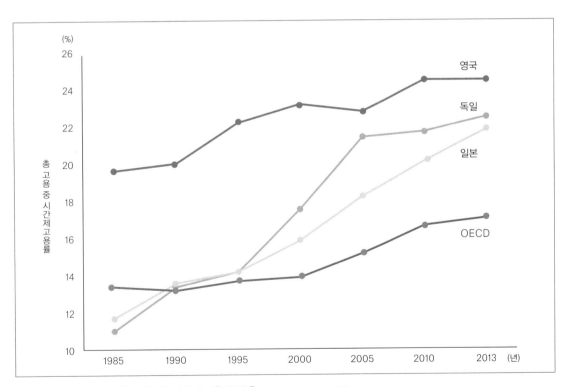

그림 6.4 일부 국가의 총 고용 중 시간제고용의 비율 (출처: OECD 통계자료)

참조), 유연한 노동시장정책, 특히 용이한 해고와 보수 삭감을 보장하는 새로운 입법이 남유럽 경제에서 확산되고 있다(Moreira *et al.* 2015). 이러한 법안은 기업에 대한 규제와 제약을 줄이고 노동자의 고용보장과 권리를 훼손하는 '노동시장 개혁'이 시장의 원활한 기능, 경제성장의 회복, 일자리 창출을 위해 필요하다는 신자유주의 논리를 반영한다.

물론 유연성은 노동자에게 혜택을 줄 수도 있다. 유연한 노동시간 계약에 동의할 수 있는 것은 근무시간과 가족 돌봄시간의 균형을 유지해야 하는 사람에게는 특히 유용하다. 또한 업무 간 이동을 상대적으로 쉽게 할 수 있는 것은 일부, 특히 젊고 자유로운 노동자에게는 잘 맞을 것이다. 그러나 유연성의 증가로 혜택을 보는 쪽은 대부분 고용주라는 것에는 의심의 여지가 없다(Kalleberg 2013; Standing 2011). 최근에는 OECD마저도 1990년대 이후 불평등의 증가는 (일자리의 질과 임금 모두를 낮추는) 노동 유연성과 관련되고, 이런 직업은 (정규직에 비해) 고용불안과 그로 인한 스트레스를 훨씬 더 많이 유발한다는 점을 인정했다(위의 책). 예전에 노동시장 탈규제와 유연성을 옹호했던 OECD 입장을 떠올린다면 놀라운 변화이다. 구체적으로 OECD는 "글로벌 경제위기 이후 6년 동안 정규직은 말살되었고, 파트타임 고용만 지속적으로 증가했다"며 현재의 상황을 설명한다(OECD 2015: 189).

유럽재정위기에 따라 남유럽 국가들에게 노동시장 유연화정책이 일률적으로 부과되었지만, 국가 간 존재하는 유연성의 차이에도 주목할 필요가 있다. 미국과 영국에 비해 유럽 대륙에서는 고용에 대해 더 규제적인 접근을 취하고 있다. 따라서 해고 상황에서 노동자가 받을 수 있는 법적 보호 수준은 영미 지역과 유럽 간 뚜렷한 대조를 보인다(그림 6.5).

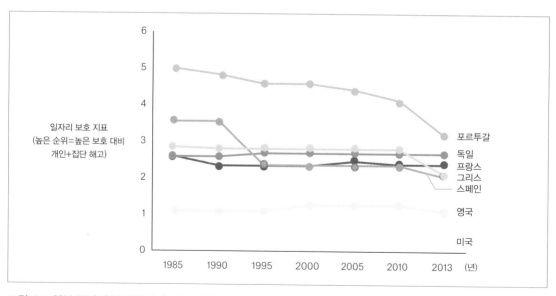

그림 6.5 일부 국가의 법적 일자리 보호 수준 비교(1985~2013년) (출처: OECD 취업 보호 통계)

Box 6.4

노동 유연성의 극단, 0시간 계약

노동자의 법적 권리 부족 때문에 영국에서는 1995년 이후 국가 전체의 순 일자리 증가에서 비정규직 비율이 급격히 늘어났다(OECD 2015). 여기에는 고용 유연성의 극치라 할 수 있는 '0시간(zero hours)' 계약 노동이 있다. 이는 주당 근로시간을 보장하지 않는 노동계약의 형태이다. 이러한 계약으로 고용된 인원은 급격히 증가해 2016년에는 거의 100만 명에 이르렀고(그림 6.6 참조), 이는 영국 전체 노동력의 약 2.5%에 해당하는 수치이다(Farrell and Press Association 2016).

고용주들은 회사와 노동자 모두에게 가치 있는 유연성을 제공한다며 '0시간' 계약을 옹호하는 반면, 노동조합에서는 그런 계약의 유연성은 한 방향으로만 작용하기 때문에 매우 불안정하고 소외된 노동형태라고 문제시한다. 이에 대해 영국 노동조합회의 사무총장 프랜시스 그래디(Frances Graddy)는 다음과 같이 언급했다.

0시간 계약이 제공하는 소위 유연성은 너무 일방적이다. 보장된 급여가 없는 직원들은 자신들의 권리를 주장할 힘이 훨씬 적으며, 종종 상사의 호감을 얻지 못할 경우 일자리를 잃을까봐 두려워한다.

(Farrell and Press Association 2016)

0시간 근로자의 평균 임금은 주당 188파운드로 479파운드를 받는 정규직에 훨씬 못 미친다(원화로 환산하면 0시간 근로자는 주당 약 28만원, 정규직 근로자는 약 71만원을 받는 셈이다). 0시간 계약은 또한 기존 노동시장의 분절화를 강화하고, 의료, 사회복지, 호텔, 식품 가공 등 저임금 부문의 여성, 청년, 학생에게 불평등하게 나타나는 경향이 있다. 최근 몇 년 동안 악명 높은 고용주들, 특히 억만장자인 축구클럽 회장 마이크 애슐리(Mike Ashley)의 경우 그가 소유한 스포츠다이렉트(Sport Direct)의 만행 때문에 대중의 눈총을 받기도 했다. 이 회사는 2만 명의 직원 중 90%와 0시간 계약을 맺고, (노동자에게 강제노동, 폭력, 영양결핍의 악행을 저질렀던) '빅토리아시대 작업장(Victorian workhouse) 조건'을 상기시킬 정도로 노동자를 혹독하게 관리했다. 0시간 계약 근로자들은 국가 법정 최저임금보다 낮은 시간당 7.20파운드(약 10,700원)를 임금으로 받았다(Farrell and Butler 2016).

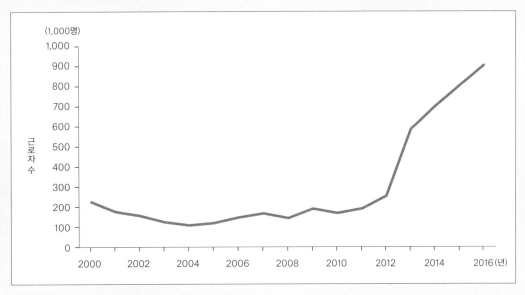

그림 6.6 영국의 '0시간' 계약 근로자(2000~2016년) (출처: Office for National Statistics)

6.4.3 글로벌 불안계급의 등장

앞에서 언급했던 바와 같이 고용의 불안정성은 전반적으로 증가했다(Kalleberg 2013; OECD 2015). 기존 사회적 보호의 해체, 노동조합과 단체교섭 문화의 축소로 나타난 현재의 노동시장 분절(segmentation)은 안정적인 정규직 형태의 취업자 수를 줄이고 임시적이고 불안정한 형태의 취업자 수를 늘리고 있다. 글로벌화와 유연화 과정이 이러한 일자리 전환을 어떻게 촉진하는가는 글로벌 **불안계급(precariat, 프레카리아트)** 논의에서 중요하게 다루어진다(Standing 2011).

가이 스탠딩(Guy Standing)은 21세기에 새롭게 등장한 계급의 모습을 일자리를 기준으로 6가지로 유형화하여 설명한다. 극소수의 '엘리트계급(elite)'은 "터무니없이 부유한 세계시민"으로 정부와 정책입안자에게 엄청난 영향력을 행사하고(위의 책: 7), '급여계급(salariat, 샐러리아트)'에 속하는 이들은 대기업이나 공공부문에 정규직으로 고용되어 안정된 연금과 정기휴가의 혜택을 누린다. '전문직계급(profician, 프로피시언)'은 유연화된 노동시장에서 고용의 안정성이 보장되지 않는 상황에서도 고소득을 올릴 수 있는 소수의 전문직 종사자와 기술자로 구성되며, '구노동계급(old working class)'은 글로벌화, 탈산업화, 유연화에 혹사당해 예전의 집단적 계급 연대감을 잃어버린 '쇠퇴의 중심에 선 육체노동자'이다(Standing 2011: 8). 이 계급 바로 아래에 '불안계급'이 위치하고, 이보다 아래에는 장기 실업자와 고용시장에서 무력화된 개인들로 구성된 '최하위계급(underclass)'이 있다.

유연성 증대와 취업의 불안정화 추세로 전체 고용에서 불안계급이 차지하는 비율이 늘고 있는데, 현재 전체 노동자의 약 25%가 불안계급에 속하는 것으로 추산된다. 제2차 세계대전 이후 경제성장 및 완전고용 시기에 사회적·정치적으로 지배적 위치에 있던 산업 프롤레타리아와 비교할 때 불안계급의 가장 두드러진 특징은 일과 직업 정체성에서의 불안정한 지위다. 직업안정성 이외에도 임금수준, 자기계발과 승진의 기회, 단체교섭권 발휘의 측면에서 불안계급의 노동조건은 프롤레타리아의 처우와 대비된다.

불안계급의 증가는 글로벌 추세로, 서유럽과 북미의 선진 경제, 동아시아와 남아시아의 급속한 개발도상국 경제뿐만 아니라 사하라 이남 아프리카의 저발전 경제에서도 확인된다. 제2차 세계대전 이후 대다수의 노동자에게 평생직장이라는 사회계약을 제공하던 일본조차 임시직 노동이 엄청나게 증가해 전체 노동력의 3분의 1을 차지한다(Standing 2011: 15). 불안계급은 여러 수준에서 다양한 경험을 접하는 사회집단이다. 카페, 콜센터, 레스토랑 등 이곳저곳을 이동하며 일하는 10대들이나, 경찰과 보안요원의 단속을 두려워하며 지하경제에서 일해야 하는 불법 이주노동자들이 존재한다. 여러 불안정한 저임금노동 현장에서 파트타임으로 일하는 미혼모도 불안계급에 속한다.

이러한 다양성에도 불구하고 불안계급 노동자를 하나로 묶을 수 있는 공통점은 기본적 권리와 안정성의 결핍이다. 정규직으로 고용된 사람보다 사회적 인정의 수준이 낮기 때문에 불안계급은 '시민(citizens)'이라기보다 '거주민(denizens)'★으로 분류된다(Standing 2011: 14). 불안계급은 사회적·정치적 질서와 이해관계에 제대로 안착하지 못하고, 고도로 상품화된 처지, 고립화, 소외의 문제를 겪는다. 이는 곧 공동체 의식과 '공감'의 결핍을 의미하기 때문에 불안계급은 어떤 면에서 '위험한 계급'이라 할 수 있다(Standing 2011: 23).

6.5 글로벌 경제에서 노동의 행위성

6.5.1 노동지리학의 관점

경제 글로벌화에 대한 거시적 분석의 한계와 마찬가지로, 노동을 광범위한 재구조화 과정에서 자발적 행동력이 부족한 수동적 희생자로만 여기는 입장은 비판의 여지가 있다(Cumbers *et al.* 2010). 거시적 접근은 행위성의 역할을 간과하고, 보다 광범위한 변화의 과정을 요약적으로 보여주는 것에만 초점을 맞추기 때문이다. 그러나 글로벌 경제 현실에서 노동자는 제약성과 가능성 모두를 가지고 자신의 근로조건과 생활수준을 개선하려는 시도를 펼친다. 최근 지리학자들은 이런 현상에 대한 중요한 기여를 했는데, 이는 노동지리학이라 불리는 분야가 발전하면서 얻은 결실이었다(Herod 2001; Coe and Jordhus-Lier 2010; Bergene *et al.* 2010). 노동지리학은 거시적 담론을 비판적으로 성찰하면서 노동을 자본과 함께 글로벌 경제 경관을 구체화하는 중심축이라고 강조해왔다. 노동은 개인적 방식 또는 노동조합 활동이나 조직적 투쟁 등 집단적 방식을 통해 경제경관을 형성한다.

자본주의에서 지리의 생산은 자본만으로 이루어지지 않는다. 자본의 작동과 구조화 방식만으로 자본주의 지리의 형성을 충분히 이해할 수 없다는 말이다. 그렇다고 (경제)경관이 노동의 의지와 뜻대로 자유롭게 구축될 수 있다는 주장을 펼치는 것도 아니다. 자본과 마찬가지로 노동의 행위성도 역사, 지리, (스스로가 통제할 수 없는) 구조의 제약을 받는다. 그러나 경제경관의 모습과 기능을 제대로 설명하려면 더 능동적인 노동자의 지리적 행위성에 대한 개념이 필요하다.

(Herod 2001: 34)

노동은 주체성을 가진 인간 행위자로서, 높은 임금과 나은 근로조건을 위한 결사의 힘을 보유한다. 그리고 개인, 가구원, 공동체 구성원으로서 스스로의 의지로 결정할 수 있는 능력을 보유한다. 불쾌하다면 일을 그만둘 수 있고, 직장이 있던 곳을 떠나 거주 지역을 옮길 수도 있다. 더 나은 미래를 위해 영구적으로 이주할 수도 있고, 고향이나 자국의 가정과 공동체를 지원하려고 일시적으로 이주할 수도 있다.

지금까지 논의한 탈산업화, 자동화, 고용의 유연화 등의 변화에도 불구하고 주목해야 할 중요한 사실은 자본이 잉여를 축적하기 위해서는 노동력을 반드시 필요로 한다는 것이다. (글로벌 경제에서 신규 노동력의 증가, 일자리를 둘러싼 치열한 경쟁 등) 글로벌화가 불러온 변화로 권력의 균형점은 노동에서 자본으로 옮겨진 것으로 보인다

★ 거주민이란 시민보다 제한된 권리를 가진 사람을 의미한다. 로마시대에는 외국인에게 거주와 무역활동만을 허용하면서, 이들을 거주민이라고 불렀다. 거주민은 다양한 측면에서 참여의 제약을 받는다. 경제활동에서의 거주민이란 의사결정에서 배제되는 임시직과 계약직 등이 있다.

(6.3.2 참조). 그러나 데이비드 하비(David Harvey)가 공간적 조정의 개념에서 강조하는 바를 상기할 필요가 있다. 이윤이 하락하는 시점은 반드시 존재할 수밖에 없기 때문에 이를 해결하는 과정에서 공간적 조정이 이루어지며, 그렇다 하더라도 자본은 노동과의 관계 속에서 또 다른 공간적 한계에 직면할 수밖에 없다. 입지 이동, 노동력 교체 등 공간적 교체(spatial switching)를 통해서 인건비를 하락시키는 자본의 역량에는 한계가 있다는 말이다. 자본은 '노동 문제'에서 절대로 완벽하게 벗어날 수 없다(Cumbers *et al.* 2008). 자본은 이윤을 창출하기 위해 어느 시점에서든 (최소한 고정된 시간 동안) 특정한 장소에 정착해야만 하며, 여기에서 노동이 행위성을 발휘하고 저항할 수 있는 공간이 조성된다(Box 6.5). 마르크스가 오래전에 말했듯이, "자본은 노동자의 저항과 … ('보이지 않는 손'이 아니라) 노동이라는 다루기 힘든 손과 끊임없이 씨름할 수밖에 없다"(Marx 1965, Holloway 2005: 161, 191에서 재인용).

자본이 노동의 문제를 극복하고 지속가능한 이윤 축적의 조건을 조성하는 한 가지 방법은 지역적 차원에서 노동통제체제를 마련하는 것이다(Burawoy 1983; Jonas 1996; Kelly 2001). 이는 지방 및 중앙 정부가 기업과 함께 노동력의 (재)생산에 효과적인 지역환경을 조성하는 것을 말한다. 여기에는 노동시장과 복지에 대한 적극적인 정책뿐만 아니라 주택단지, 여가시설 마련 등 공간을 창출해 노동을 통제할 환경을 구축하는 것까지 포함된다. 지역 노동통제체제는 중국, 멕시코, 필리핀 등의 개발도상국에 조성된 **수출가공지역(Export-ing Processing Zone)**에서 쉽게 찾아볼 수 있다.

이런 곳의 기업과 지방정부는 반노동조합 전략을 도입하여 노동자들을 가혹하게 규율하며 악명을 떨치고 있다(Kelly 2013).

6.5.2 글로벌화와 노동조합

글로벌화가 노동조합에 악영향을 미쳤다는 사실에는 의심의 여지가 없다. 글로벌북부에서 노동조합이 결성된 제조업의 일자리는 줄고 있으며, 고용이 급속히 증가하는 서비스업 부문에서의 노동조합 발전은 아직까지 요원해 보인다. 노동조합 감소율이 낮아지고 있고 북유럽 등 몇몇 국가에서는 노동조합의 막강한 권력이 지속되고 있지만, 이러한 추세와 함께 노동시장의 유연화와 불안정화도 나타난다(그림 6.7). 이런 추세는 장래에 중요한 문제로 남을 수밖에 없다. 최근에는 신흥 개발도상국에서 노동조합을 조직하기 위한 투쟁이 전개되고 있다. 한국, 남아프리카공화국, 브라질 같은 곳에서는 1980년대 민주화의 물결 속에서 노동조합이 급성장했지만, 이런 성과가 최근에는 아웃소싱, 비정규직의 증가 경향과 맞물려 반전되는 상황이 벌어지고 있다.

최근에 쇠퇴하고 있는 노동조합주의는 특정한 시공간 상황에서 형성되었다. 구체적으로 노동조합주의는 1945년 이후 완전고용과 장기적 성장의 맥락에서 대규모의 제조업 기반 노동력, 국가적 스케일에서 조절되는 경제, 단체교섭 시스템, 정년이 보장된 직장에 취직한 남성이 가정의 생계를 책임지는 사회모델에 기초를 두었다(Munck 1999). 하지만 자본주의 자체의 성격이 변화하면서, 노동조합은 발목을 잡힌 모양새가 되었다. 마

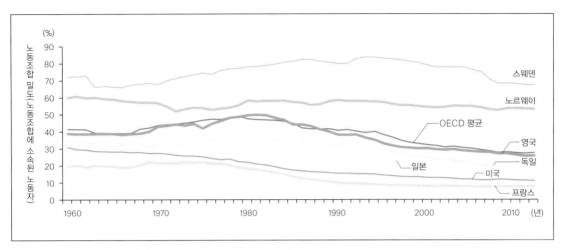

그림 6.7 **일부 OECD 국가의 노동조합 밀도(1960~2012년)** (출처: OECD statistical database)

치 피터 워터만(Peter Waterman)이 풍자하는 다음의 우스꽝스러운 스토리처럼 말이다.

> 자본가와 노동조합이 노동월드컵에서 만난다. 조합원들은 잔디가 깔린 녹색 경기장을 기대하고 유니폼부터 축구화까지 모든 장비를 갖추고 나섰다. 그러나 도착해서 보니 경기장은 하얀 아이스링크였다. 새파랗게 질린 노동자들은 큰소리로 항의했다. 자본가에게서 돌아온 대답은 "이것이 새로운 축구입니다. 더 빠르게 더 많은 이익을 남겨 좋습니다. 그러니 스케이트를 신든가, 아니면 나가주세요." 조합원들은 주심에게 항의했다. 주심이 어깨를 들썩이며 말하기를, "어쩌라고요? 내가 문제 삼으면, 저 사람들은 아마도 경기장을 딴 곳으로 옮겨버릴걸요!"
>
> (Waterman 2014: 40)

노동조합은 과거에 집착하느라 빠르게 변화하는 글로벌 자본주의의 역동성을 따라잡지 못했다. 이들은 편협하게 서구 중심적 사고에 머무르며 쇠퇴하는 부문과 줄어드는 일자리에만 과도하게 집착하고 있다. 노동조합은 스스로가 분산되고 분절화된 서비스 경제에 적합한 인물로 변화할 필요가 있으며, 사회적 보호를 거의 받지 못하는 여성이나 노동자처럼 표준화되지 못한 직업 환경에 처해 있는 이들에게도 호소력을 가져야 한다(위의 책). 편협하게 직장의 문제에만 집착하지 말고 노동조합이 주택, 빈곤, 공동체 등과 관련해 광범위한 사회적·정치적 목표를 추구하며 다른 사회운동과 연대해야 한다고 주장하는 이들도 존재한다(Wills 2003; Jordhus-Lier 2013).

글로벌남부에서 비조합원 신분으로 극단적인 착취상황에 처한 노동자가 대규모로 발생하고 있다. 이것은 전 세계 노동조합이 직면한 가장 심각한 문제이며, 복잡해지는 노동분업과 관련된다. 라틴아메리카와 아프리카의 경우 도시의 비공식 경제 분야에서 일자리가 빠르게 증가하고 있는데, 여기에는 글로벌 생산네트워크와 연계되어 아웃소싱된 상태에서 최소한의 사회적 보호와 고용 규제에서 배제된 '미등록(unregistered)' 노동자가 포함되어 있다(ILO 2015). 이러한 노동자들은 관리자와 주요 고객들로부터 상당한 착취를 당할 뿐 아니라 이들의 존재로 인해 공식경제의 임금과 작업환경이 열악해지기도 한다. 이것은 글로벌남부에만 나타나는 현상이 아니다. 글로벌북부에서도 불안하고, 불안정하며, 비공식적인 고용이 늘고 있다. 국제노동기구의 최근 보고서에 따르면, EU 회원국에서 (중위임금의 60% 미만을 받는) 빈곤 노동자의 비율이 2005년 11.9%에서 2012년 13.3%로 증가했다(ILO 2015: 12).

비조합원 노동력에 대한 선호는 글로벌남부, 글로벌북부 모두에서 나타나는 공통 문제가 되었다. 이러한 변화에 대응하여 노동조합과 노동자들은 다음의 3가지 해결책을 시도하고 있다.

• 초국적 네트워크를 구축하여 글로벌 기업에 책임감 있는 행동을 요구한다. 국제노동조합연맹(ITUC: International Trade Union Confederation), 국제산별노동조합(GUFs: Global Union Federations) 등의 결성으로 노동운동은 초국적 구조를 갖추었음에도, 여전히 노동조합 운동은 국내 중심으로 이루어진다(Cumbers et al. 2008). 노동조합은 지도층을 중심으로 정부나 (WTO 같은) 글로벌 기구에 로비를 하며 (임금 및 고용 조건의 개선, 성 평등, 노조 가입권리 보장, 아동노동과 강제노동 중단 등) 최소한의 노동기준에 대한 국제 표준을 발전시키려고 최우선적으로 노력했지만, 앞에서 여러 가지 추세로 살폈듯이 성과는 미흡한 수준에 머물렀다. 이런 상황에서 글로벌프레임협정(GFAs: Global Frame Agreements)의 확산은 흥미로운 변화가 아닐

수 없다. GUFs가 이를 주도하며, 주요 초국적 기업에게 글로벌 공급사슬에서 적절한 일자리를 제공하고 최소한의 노동기준을 준수하도록 요구하고 있다. 2009~15년에 54개 GFA에 대한 서명이 이루어졌다(Hadwiger 2015). 이것이 중요한 진전인 것은 확실하지만, 자발적 규정으로 법적인 구속력을 갖추지 못하는 GFA가 남용될 소지가 있는 것도 사실이다.

• 독립적·효율적인 초국적 네트워크를 결성한다(Waterman 2014). 이는 좀 더 투쟁적인 접근 방식으로, 노조 지도자들이 정부 및 고용주와 GFA 등을 맺으면서 사회적 동반자 관계를 구축하려는 시도를 부정적으로 바라본다. 실제로 다음 6.5.3의 중국 사례에서 알 수 있는 것처럼, 노동자를 대표하지 않고 국가적 발전목표를 추구하며 노동권 억압에 가담하는 공식적 노동조합 연합체가 상당수 존재하기 때문이다. 노동자들만의 풀뿌리운동이 단기적 승리를 거두는 경우도 많지만, 이러한 성취를 강화하고 확립할 수 있는 입법 권한이 없는 상황에서는 지속가능성을 담보하지 못하는 것도 사실이다(Cumbers et al. 2016).

• 탈산업 서비스 기반 경제의 분산되고 분절된 경제경관에서 노동자들을 조직화한다(Wills 2005; Tufts 2007; Jordhus-Lier and Underthun 2014). 일찍이 노동지리학자들이 지적했듯, 모든 자본이 이동성을 갖는 것은 아니다. 대부분의 서비스업은 장소에 묶여 있다. 레스토랑, 호텔, 청소, 보안, 공공서비스는 모두 고객이 있는 곳, 특히 대도시에서 제공된다. 이러한 일자리는 임금수준은 낮고, 노조도 제대로 결성되지

못한다. 이러한 상황에서 노동조합은 지리적 딜레마에 빠질 수밖에 없다. 제조업 중심의 경제에서 대규모의 단일 직장에 초점을 맞췄던 전통과는 달리, 여러 도시에 산재하는 다수의 작업장을 조직화할 수 있는 효과적인 전략을 개발할 필요가 있기 때문이다. 최근의 '생활임금운동(Living Wage Campaigns)'은 중요한 모범

사례라 할 수 있다. 노동조합 연합체, 종교집단 등을 비롯해 여러 사회활동 조직체가 참여하는 (도시 간, 지역 간) 연대를 결성하여 상당한 성공을 거두었기 때문이다(Box 6.5). 이것이 만약 국지적 수준에서만 진행되었다면, 적대적 노사관계의 분위기에 직면할 수도 있었을 것이다.

Box 6.5

저임금 노동자를 위한 도시의 조직화
'생활임금운동'

생활임금운동은 미국에서 시작되어 현재는 영국, 아일랜드, 뉴질랜드, 캐나다 등으로 확산되고 있고, 최근에 가장 주목을 받는 빈곤퇴치운동 중 하나이다. 생활임금이란 노동자의 빈곤 탈피를 보장하는 적정 수준의 임금을 말한다. 이 캠페인은 미국 최저임금정책의 한계로 시작되었다. 현재 시간당 7.25달러로 규정된 최저임금만으로 노동자는 빈곤에서 벗어날 수 없다. 1960년대 이후 생산성 증가에 보조를 맞춘다면 적정 임금의 수준은 시간당 21달러는 되어야 한다(Cooper 2015).

미국에서 생활임금운동은 공공지출과 연계되어 진행되었고, 공공지출이 '빈곤임금'에 대한 보조금 지급에 쓰여서는 안 된다고 주장했다. 이 운동의 성공적인 결과로 민주당뿐만 아니라 공화당이 장악한 시정부는 생활임금조례를 채택했다. 일부 도시에서는 생활임금조례를 사회적 관심이 높은 투자자들을 끌어들이기 위한 '진보적 지역주의' 장소마케팅 전략으로 활용했다. 최초의 생활임금연합은 1994년 볼티모어에서 등장했는데, 이는 탈산업화 상황에서 젠트리피케이션이 일어나 전통적 노동자들이 빈곤과 소외문제를 겪던 해안지역의 재생프로젝트를 위해 마련되었다. 당시에 노동조합원과 종교지도자들이 연대해 시정부를 압박하며 공공부문 근로자에게 '지역 생활임금'을 보장하는 조례를 통과시킬 수 있었다.

그 후 생활임금조례는 미국 전역의 140개 도시에서 채택되었다. 금융위기 이후 비용상승에 대한 우려 때문에 캠페인의 동력은 약화되었지만, 2011년 점령운동과 여

러 도시에서 벌어진 패스트푸드 노동자들의 파업을 통해서 새로운 힘을 얻었다. 캠페인의 지리적 스케일을 전환해 주정부에 초점을 맞춰 최저임금의 수준이 대폭 인상되는 성과도 얻었다. 최하층 노동자들의 임금인상을 목표로 주정부와 카운티 정부에 압력을 가하는 '15달러 투쟁'이 벌어졌고, 최근 두 곳에서 중대한 승리를 거두었다. 캘리포니아에서는 시간당 10달러의 최저임금을 2022년까지 15달러로 인상하겠다는 주민투표가 이루어졌고, 뉴욕시의 모든 고용주도 2019년부터 15달러 이상의 시급을 지불해야 한다(Luce 2016). 이것으로 혜택을 보는 노동자의 수는 900만 명에 달할 것으로 추정된다.

영국에서는 노동조합, 활동가단체, 시민사회 조직, 런던의 일반시민이 참가해 생활임금운동을 벌였다. 이것으로 저임금 노동에 대한 사회적 인식은 높아졌지만, 영국에서 생활임금은 여전히 시정부, 지방정부, 민간 고용주 사이의 자발적인 합의에만 의존하고 있다. 현재 생활임금을 채택하는 고용주는 다국적 은행, 대학, 스코틀랜드 정부 등을 비롯해 다양한 기관을 망라한다. 이런 고용주들은 생활임금 말고도 연간 20일 이상의 유급휴가와 공휴일, 10일의 병가를 제공하며 노동조합에 가입할 수 있는 권한도 부여한다. 영국에서 생활임금의 효과는 실질적이지 못하고 상징적인 수준에 머물러 있다. 법적인 지위를 보장받지 못하기 때문에 600만 명에 이르는 저임금 노동자 중 단지 1만 4,000명에게만 생활임금의 혜택이 돌아간다. 그러나 미국에서와 마찬가지로 생활임금은 생생한 국가적 정치 이슈가 되었고, 불평등, 저

임금, 노동의 비정규직화 등에 대한 대중의 관심이 높아졌다. 2016년 4월에는 보수당 정부마저도 시급 7.20파운드의 생활임금을 발표했다. 그러나 많은 사람들은 이것을 진지한 동참으로 여기지 않고 정치적 책략으로 폄하한다. 보수당의 생활임금은 기존 최저임금 시급 6.70파운드보다는 높지만, 생활임금재단(Living Wage Foundation)의 권고 수준인 시급 8.45파운드에는 한참 미치지 못하기 때문이다(www.livingwage.org.uk, 2016

년 11월 접속).

영국과 미국을 비교해보면, 미국에서는 고용정책 분권화가 중요한 촉매제로 작용하여 저임금과 빈곤에 대항하는 운동이 적정 임금에 대한 사회적 담론으로 발전했다는 사실을 알 수 있다. 영국에서는 중앙정부만이 임금수준에 관한 법률을 제정할 수 있는 권력을 독점하지만, 미국의 주정부, 시정부, 카운티 정부는 지역 수준에서 임금에 대한 조례를 정하는 권한을 보유한다.

6.5.3 노동 저항의 새로운 형태

공식노조 이외에도 다양한 형태의 노동결사방식이 존재한다. 최근 가장 큰 규모의 노동쟁의는 예기치 않게 중국에서 발생했다. 2000년 이후 중국 노동자들이 극적인 파업과 단체행동에 참여하면서, 그들을 수동적이고 순종적인 모습으로 정형화했던 외부의 인식에 변화가 일기 시작한 것이다. 수출지향형 제조업 부문의 급격한 성장으로 (한자녀 정책의 엄격한 시행과 맞물려) 노동력 부족 문제가 발생하면서 임금수준이 높아지고 노동자들의 협상력도 강화되었다(Chan et al. 2013). 이와는 별개로 열악한 작업환경, 저임금, 고용주의 법적 노동권 침해에 대응하여 중국의 노동자들은 집단적으로 조직화하여 저항하기 시작했다. 홍콩에 기반을 둔 (비정부기구 노동인권단체인) 중국노동통신(CLB: China Labour Bulletin)은 2010년 이후 중국에서 최소 4,000건의 노동 관련 집단쟁의가 발생했다고 추정한다.

독립적인 노동조합을 결성할 법적 권리가 없는 노동자들의 혹독한 정치환경을 고려하면 놀라운 사실이 아닐 수 없다. 법적 지위를 가진 유일한 노동조합인 중화전국총공회(ACFTU: All China Fed-

eration of Trade Unions)는 정부가 통제하는 기관이며, 일반 노동자를 대변하지 않고 고용주 편에서 고용관계를 유지하고 관리한다. 이런 상황에서 이주노동자들이 노동쟁의의 최전면에 나선 것이다. 1970년대 후반 엄격한 이동 통제가 해제되면서 대규모의 이주자가 농촌을 떠나 남부와 동부의 수출지향형 산업화지역으로 몰려들기 시작했고, 2008년 이후에만 2억 명 이상의 이주민이 발생한 것으로 추산된다(Chan and Selden 2016: 1). 2010년 중국에서 수출지향형 산업화의 심장부라고 할 수 있는 주장강(Pearl river) 삼각주에 위치한 광둥성 남부에서 대규모 노동쟁의가 발생했고, 난하이 지구 혼다자동차 공장에서는 1,800명의 노동자들이 임금 인상과 독립적 조합 대표를 요구하는 파업을 벌였다(Chan and Selden 2016). 이로 인해 혼다자동차의 중국 남부 전체 공급사슬이 멈춰서자, 노동자들은 800위안(약 13만 7,000원)의 월급 인상과 기업 노조 대표 몇 명의 선출권을 얻었다. 그러나 노동조합장이 자리를 계속 차지했던 '선출된' 조직원이 회사의 고위관리직인 것이 드러나면서 노동자들은 환멸을 느끼고 말았다(Chan and Selden 2016: 7).

중국의 사례는 공간적으로 얽혀 있는 노동의

정치를 보여준다. 이론상 중국 노동자는 국가의 보호 아래 상당한 수준의 노동권을 가진다. 여기에는 주당 40시간 노동, 사회보험, 건강보험, 출산휴가, 퇴직금 등이 포함된다. 그러나 지방정부가 이를 시행하고 감독할 때 노동착취가 심각하게 발생한다. 관리 직원이 부족하고, 부도덕한 기업 관리자가 지방 관료와 결속하는 경우가 많기 때문이다. 임금인상을 포함해 노동기본권 쟁취를 위한 분쟁이 자주 발생할 수밖에 없는 상황이다(Box 6.6 참조). 중앙정부도 '산업 평화'의 복구를 추구하며 노동자가 임금인상의 결실을 얻고 고용주로부터 타협을 이끌어내기도 했지만, 지역 자율권 또는 민주적 행위권을 인정받는 수준에는 아직까

지 도달하지 못했다(Chan and Selden 2016).

'노동문제'는 쉽게 억누를 수 있는 것이 아니다. 앞서 언급했던 홍콩의 중국노동자통신은 (월마트, 맥도날드 등 외국계 기업을 포함해) 소매업체에서 늘어나는 파업과 서비스 부문에서 확산되는 풀뿌리 단체행동을 전 세계에 알리고 있다(www.clb.org.hk 참조, 2016년 10월 15일 접속). 이러한 노동문제는 지배적인 국가 행위자인 중국 공산당에게 중대한 이슈일 수밖에 없다. 이는 지속적 성장과 사회적 조화를 함께 유지하는 능력과 관련되기 때문이다. 또한 정부규제 및 노동조합 대표성의 정치경제에서 서로 다른 공간 스케일이 어떻게 상호작용하는가를 보여준다.

Box 6.6

중국의 수출지향형 산업단지의 '노동문제'
폭스콘의 사례

선전(Shenzhen)에서 약 40만 명을 고용하는 폭스콘(Foxconn)의 대규모 산업단지는 가장 널리 알려진 중국의 산업활동 사례 중 하나이다. 폭스콘은 타이완 기업이며, 글로벌 스케일에서 활동하는 전자제품 계약생산업체이다. 애플, 삼성, 델 등을 비롯해 대부분의 컴퓨터와 핸드폰 브랜드 업체와 관계를 맺고 있다. 2001년 중국의 WTO 가입과 상당한 국가 보조금 혜택을 받고 폭스콘은 중국에서 광범위한 생산네트워크를 구축했는데, 이는 30개 이상의 공장과 100만 명의 노동자로 구성된다. 폭스콘은 중국의 수출산업 발전과 글로벌 경쟁우위 형성에서 중요한 역할을 하고 있다.

애플을 비롯한 (선도)기업들은 폭스콘에게 엄청난 압력을 가하여 비용을 낮추고, 급변하는 제품 요구사항에 신속하게 대응하며, 최고 수준의 유연성을 확보할 수 있도록 했다. 이것은 노동자에 대한 압박으로 이어졌고, 중국 정부의 묵인 아래 노동조건 악화의 요인으로 작용했다. 실제로 청년층 이주자가 주를 이루는 폭스콘의 노동자들은 끔찍한 노동과 생활 조건에 처해 있었다. 시급 1달러

에 하루 10시간씩 근무했다. 작업장에서의 가혹한 규율에는 엄격한 감독, 극단적 테일러리즘의 업무속도, 저성과자에 대한 동료 간 비난도 포함된다(Chan et al. 2013).

다음의 현지 인사 관리자 발언을 통해서 어떻게 미국 애플 경영진의 까다로운 요구와 열악한 폭스콘의 노동환경이 공간적으로 연결되었는지 파악할 수 있다.

애플은 2007년 6월 아이폰4를 출시할 예정이었다. 출시 4주를 앞두고 애플 CEO 스티브 잡스는 아이폰의 유리를 강화하기 위해 스크린을 교체하는 결정을 내렸다. 선전의 롱화공장에서는 조립라인을 교체하며 생산속도도 급속히 높여야 했다. 공급업체에서 근로자 안전과 작업장 기준을 명시한 애플의 규정, 중국의 노동법 모두가 자연스럽게 무시되었다. 이것은 2009년 7월 중요한 자살 사건의 원인이 되었다. 당시 25세였던 중국 청년 선단용은 아이폰4 시제품 분실에 대한 책임을 추궁받고는 12층에서 뛰어내렸다.

(Chan et al. 2013: 107)

폭스콘과 애플은 18건의 자살시도와 노동자 14명의 사망 사건으로 압박을 받았다. 회사 건물에서 몸을 내던지는 청년 노동자에 대한 대책으로 폭스콘은 건물 주위에 안전망을 설치했다(Moore 2012). 이것으로 두 회사에 대한 국제적 비난이 더욱 거세졌다. 노동자들은 전면 파업에 돌입했고, 폭스콘은 직원 임금을 두 배로 인상할 수밖에 없었다.

공장 밖의 근로자 기숙사에서도 감시가 이루어진다. 2012년 9월 아이폰5 출시 직전에 두 명의 근로자가 신분증을 제시하지 않는다는 이유로 경비원에게 구타를 당했다. 이에 대한 항의로 수만 명의 근로자가 기숙사와 생산시설을 점거하고, 경찰차까지 공격했다(Chan et al. 2013). 생산은 하루 동안 중단되었다. 정부 관료, 경찰, 경비원은 이 분쟁을 폭력으로 진압했고, 상당수의 노동자를 체포했다. 노동자들은 휴대폰과 소셜미디어를 이용해 분쟁을 알려 상황을 억누르려는 시도를 막을 수 있었다. 엄격한 품질 관리와 납품 지침에 대한 회사의 압박은 계속되었고, 그때마다 쟁의와 파업이 발생했다. 이런 저항들은 경영진과 정부 관료의 위협과 협박의 대상이었지만, 노동조합의 결성을 자극하여 결국에는 노동자의 부분적 승리로 이어졌다. 폭스콘은 2013년 2월 노조 대의원의 직접 선출에 합의했다. 이처럼 폭스콘 노동자들은 집단적 권력을 창출할 수 있었고, 이것은 아래의 논평에서 강조하듯이 글로벌남부의 다른 지역 노동자들에게 흥미로운 시사점을 제시한다.

애플과 폭스콘은 이제 자신들에 대한 세상의 이목이 기업의 이미지와 상징적 자본에 커다란 타격을 줄 수 있다는 것을 알아차렸을 것이다. 최소한 입에 발린 말로라도 진보적인 노동개혁 정책을 지지한다고 말할 수밖에 없는 상황이 됐다. 신세대 중국 노동자들의 성공적인 노동운동은 중국뿐만 아니라 전 세계에서 노동과 민주주의의 미래를 다지는 효과를 발할 것이다.

(Chan et al. 2013: 112)

6.5.4 직장 너머의 노동 행위성

지리학자들은 직장 너머의 노동 행위성을 강조한다(Rogaly 2009; Carswell and De Neve 2013). 앞에서 지적한 바와 같이 자본주의경제에서 임금노동은 사회와 경제의 (재)생산에 필요한 한 가지 요소에 불과하다. 가령 공식 부문의 낮은 임금은 가구원이 제공하는 무급노동으로 보완된다. 필리핀 캐비티 지역에 대한 필립 켈리(Philip Kelly)의 연구에서는 사회적 재생산에 가족 네트워크가 가담하면 가사노동의 시간과 비용을 줄일 수 있기 때문에 기업이 낮은 수준의 임금을 유지하며 고용을 비정규직화할 수 있다고 파악한다. 즉, 가족의 무급노동 때문에 유연화된 노동통제체제가 캐비티에서 유지될 수 있다는 것이다(Kelly 2013). 동시에 켈리는 (2017년을 기준으로 2만 명이 넘는) 남성들의 일시적 해외 이주 노동도 캐비티의 유연화된 저임금노동체제와 연관된다고 지적한다.

직장과 기업 중심의 글로벌 역동성에 주목하는 시각에 대한 대안적 관점은 '그럭저럭 살아가는' 가구의 생계전략 측면에서 일과 경제활동을 탐구하는 것이다. 개인, 가족, 대가족 네트워크는 어떻게 지속가능한 사회적 재생산 전략을 발전시킬 수 있을까? 임금노동은 생계 유지를 위한 여러 가지 방법 중 하나일 뿐이다. "일상생활 조건과 가능성을 유지하며 빚지지 않고 살아가기 위한 창조적인 전략"을 부각하는 신디 카츠(Cindi Katz)의 연구를 살펴보자(Katz 2004: x). 뉴욕 할렘에 대한 그녀의 연구에서는 빈곤지역 여성들이 육아를 비롯한 기본 업무를 지원하는 호혜적 자조 네트워크를 집중 조명한다. 그러나 가구전략이라고 해서 항상 진보적인 것은 아니며, 매춘이나 마약 거래 등 위험하고 해로운 활동으로도 나타날 수 있다. 그럼에도 개인의 관점에서 본다면 가구전략이 공식경제에서 할 수 있는 일보다 더 나을 수 있다. 영국 글래스고의 가난한 공동체를 대상으로 한 연구에서는 마약 조직에 가입하여 청년 최저시급 3.3파운드의 2배 이상을 벌어들이는 일부 10대들의 모습이 포착되었다(Cumbers et al. 2010).

6.5.5 노동 이동성의 공간

직장 범위를 넘어선 개인과 가구의 노동전략은 글로벌 경제에 참여하는 이주 노동자에게서도 발견할 수 있다. 최근 출간된 세계은행 보고서는 노동자 7명 중 1명은 (국내의 또는 국제적인) 이주민이라고 추정했다(World Bank 2014). 1980년 이후 중국에서는 2억 명의 국내 이주민이 발생했다(Chan and Selden 2016). 런던, 뉴욕 등 주요 글로벌 도시에서 저임금 (종종 '불법'인) 이주 노동자는 도시경제의 작동에 필수적인 요소가 되었다(Wills et al. 2010). 상당한 임기응변, 창의력, 용기를 필요로 하는 국제 노동 이주는 노동자 행위성의 증거로 볼 수 있지만, 이주 노동자는 글로벌 경제에서 지속적으로 착취당하는 집단이다(Box 6.2). 이 주제에 초점을 맞춘 노동지리학 연구가 상당수 존재한다(Rogaly 2009; Buckley et al. 2016).

노동 이주는 다양한 형태로 존재한다. 자본주의 경제의 권력관계와 글로벌 노동에서 격차가 존재하기 때문이다. 먼저 한편에 소수의 고숙련 국제 이주자가 글로벌 금융과 경영에 종사하며 초국적 자본가 엘리트집단을 구성한다. 이와 같이 특권을 누리는 '노동자' 집단은 (런던, 뉴욕, 도쿄, 파리 등) 글로벌도시에서 강력한 영향력을 행사하는 초국적기업의 본사 사이를 자유롭게 이동하며 세계화된 흐름의 공간에서 활동한다(Castells 2000). 두 번째는 (학자, 과학자, 컨설턴트, 변호사 등) 고숙련 전문 노동자집단으로, 이들도 글로벌 경제에서 엘리트집단에 못지않은 특권과 이동성을 지니는데, 스탠딩(Standing 2011)이 '급여계급'으로 범주화하는 사람들과 유사하다.

그러나 대다수 이주자들은 앞의 두 집단보다 훨씬 더 낮은 지위를 가지며, 정규직/비정규직, 숙련/비숙련, 자발/강제, 합법/불법 등 종사하는 노동의 성격에 따라 다양하게 구분된다(Box 6.2). 불법 노동자들은 부도덕한 고용주에게 착취를 당하고, 종종 생명을 위협받으며 열악한 작업환경에서 일한다. 예를 들어, 2004년 영국 랭커셔의 모어캠베이에서 중국인 이주 노동자 23명이 새조개 채취 작업 중 익사한 사건은 최악의 사고 중 하나로 기록되었다(news.bbc.co.uk 참고). 이주 노동자의 학대는 합법적으로 인가된 일에서도 발생한다. 국제노동조합연맹(ITUC 2014)은 2020년 카타르 월드컵을 준비하는 동안 2013년 말까지 1,200명의 네팔과 인도의 이주 노동자가 사망했다고 발표했다.

글로벌화와 국경 없는 세계라는 화려한 수사에도 불구하고 "국가는 노동자의 국제 이주를 적극적으로 규제"하고, 기업과 흡사하게 '바람직함'을 기준으로 이주 노동자를 선별한다(Castree et al. 2004: 191). 교육과 숙련도는 선별작업에서 중요한 기준이지만, 인종적·민족적 특징 또한 이주 정책에 반영된다. 인종차별적 담론과 국가주의적 입장 때문에 자본의 이해와 상반되는 이주 정책이 펼쳐지기도 한다. 낮은 실업과 경제의 활황 때문에 외국인 노동자에 대한 수요가 높지만 엄격하게 이민을 통제하는 경우도 있다. 최근 여러 선진국에서 이주민에 대한 가혹한 분위기가 생겨나 국경의 경비와 보안을 강화하는 담론이 확대되고 있다. 합법적 이주가 어려워지면서 자국의 빈곤과 정치적 혼란을 피해 이주하는 사람들이 매우 위험한 여정을 선택하는 경우도 잦아졌다. 2010년 이후 지중해를 건너 서유럽으로 향했던 중동과 북아프리카 사람들 중에서 (남성, 여성, 아동까지 포함해) 수천 명의 사망자가 발생했다. 그들은 부도덕한 갱단과 안전하지 않은 선박에 자신의 운명을 맡길 수밖에 없는 상황에 처해 있었기 때문이다(Collyer and King 2016).

6.6 요약

1970년대 이후 고용의 성격은 글로벌화, 탈산업화, 고용주의 전략변화, 노동 유연성 강화로 엄청나게 변했다. 6장에서는 그러한 변화를 노동의 사회적·공간적 분업 측면에서 이해할 필요성을 강조했다. 다시 말해, 여러분의 취업은 여러분 자신과 여러분이 사는 곳에(즉, 여러분의 '위치성'에) 의해 영향을 받을 수밖에 없다는 점에 주목했다. 글로벌 스케일에서 고용의 재구조화로 인해 노동 유연성과 불안정성이 증가했고, 상이한 장소와 집단 간 소득과 기회의 격차도 확대되었다. 이는 프레카리아트로 불리는 '불안계급'에게 공포의 분위기로 인식된다.

이러한 불균등한 흐름 속에서 지리는 중요하게 작용한다. 새로운 형태의 일이 확산되는 과정에서 공간적 차이가 발생하는 이유는 그 일자리가 국가와 지역의 수준에서 정치적·제도적 환경에 착근되기 때문이다. 경제경관을 형성하는 노동의 행위성도 살펴보았다. 광범위한 재구조화 과정에서 노동자들은 더 나은 삶을 추구하며 가구전략을 구사하고, 자신의 네트워크와 이동성을 활용해 글로벌 경제에 영향을 미치는 방식으로 나름대로의 행위성을 발휘한다.

 연습문제

6장에서 소개한 마이크 새비지, 에릭 라이트, 가이 스탠딩의 계급 개념화에 대한 여러분의 생각을 정리해보자. 그리고 어느 것이 지금 21세기 초에 나타나는 일과 고용의 변화를 가장 잘 설명하는지 평가해보자.

1. 각 접근의 강점과 약점을 비교해보자.
2. 각각은 어떠한 지리적 맥락에서 적합할까?
3. 각각은 노동의 공간적 조정에 대해서 어떻게 설명하는지 정리해보자.
4. 어떤 개념에서 가장 적절한 공간적 감수성을 제시하는지 토론해보자.
5. 글로벌 고용 재구조화와 기술 변화의 미래는 어떤 모습일까?

노동시장과 고용의 변동
탈산업사회이론과 조절이론

1980년대 이후 노동시장과 고용의 변화를 설명하는 접근에는 크게 2가지가 있다. 첫째는 탈산업사회를 강조하는 접근으로, 선진국의 노동정책이 탈산업화를 겪으면서 지식경제(knowledge economy)를 강조하고 있고 서비스업 부문 고용 비중이 늘어났다는 점에 주목한다. 이 접근에 따르면 선진국을 중심으로 중산층 사무직 노동자(화이트칼라)가 증가하면서, 고용의 규모보다는 고용의 질이 중요해졌다. 대기업의 본사나 생산자 서비스업을 중심으로 성장한 사무직 고용에서는 조직 내에서 자신의 역할을 이해하고 내부화하는 개인 역량의 중요성이 강조된다. 한편 제조업 부문에서는 안정적 고용이 점차 줄고 있고, 서비스업 부문에서도 루틴화된 업무를 담당하며 낮은 임금을 받는 저숙련 노동자와 불안정 고용형태가 더욱 증가하고 있다. 결과적으로 탈산업사회에서는 전통적 노동계급의 정체성이 약화되고, 노동시장의 분절화가 심화되며 소득 불평등이 증가하는 사회적 양극화(polarization)가 나타난다.

둘째는 포디즘에서 포스트포디즘으로의 이행을 강조하는 조절접근이다. 포디즘에서는 테일러리즘에 의해 고도로 정교한 노동분업이 이루어져 노동력이 탈숙련화되며, 고용과 승진을 동반하는 내부노동시장이 수직적(계층적)으로 조직화되어 있다. 또한 직무와 고용의 안정성이 높은 편이고, 정규직 남성노동자가 주 근로자층을 형성한다. 정부와 기업은 노동조합을 사회적 파트너로 인정하기 때문에, 노동조합 조직률이 높고 국가적 스케일에서 단체교섭이 이루어진다(표 6.4 참조).

그러나 1970년대 경제위기 이후 1980년대부터 유연성(flexibility)을 노동 특성으로 하는 포스트포디즘이 나타났다. 노동시장과 노동과정이라는 2가지 측면에서 포스트포디즘의 성격을 좀 더 살펴보자. 우선 포스트포디즘 노동시장은 고용형태나 노동시간이 유연하게 조절되는데, 가장 핵심은 내부노동시장이 핵심부와 주변부의 이원적 구조로 분절화된다는 점이다. 핵심부를 구성하는 1차노동시장은 임금과 직업 안정성이 높은 정규직 사무노동자로 구성되고, 이들에게는 기업이 시장의 변화에 대응하면서 다양한 기능을 수행할 수 있는 개인적 역량이 중요하다. 주변부를 구성하는 2차노동시장은 기업이 수량적(산술적) 유연성과 임금(재정) 유연성을 확보할 수 있는 장기계약직을 비롯한 제1주변집단과, 단기계약직이나 파트타임 노동자와 같은 제2주변집단으로 구성된다(그림 6.8 참조).

다음으로 노동과정에서는 테일러리즘에 입각한 기존의 표준화된 대량생산방식이 린(lean) 생산방식과 같은 유연생산방식으로 대체된다. 이에 따라 포스트포디즘에서는 탈숙련화된 노동보다 다숙련적·다기능적 노동이 더욱 중시된다. 단순하고 반복적인 직무를 수행하던 기존 포드주의 노동과정에서는 노동 소외(alienation) 현상이 뚜렷했지만, 포스트포디즘에서는 노동자가 전체 노동과정에 대한 지식과 이해력을 갖추고 있어 노동자의 자율성이 크고 소외 현상은 약화된다. 도

표 6.4 포디즘과 포스트포디즘의 노동시장 특징

특징	포디즘 · 케인스주의	포디즘 이후(포스트포디즘)
생산조직	대량생산	유연생산
노동과정	테일러리즘과 탈숙련화. 세분화된 노동분업	기능적, 수량적(산술적) 유연성
산업관계	노동조합 조직률이 높음. 노동자의 권리가 강함 중앙집중적 교섭	노동조합의 해체. 고용관계의 개인화 탈중심화된 교섭
노동분할	제도화됨. 경직된 계층적 조직화 대규모의 내부노동시장	유동적임. 핵심과 주변부의 분리 내부노동시장의 약화
고용윤리	정규직 남성 노동자 직무와 일자리의 안정성이 높음	적응성이 높은 노동자가 우선시됨 고용불안이 규범화됨
소득분배	실질소득의 증가, 임금 불평등 감소	소득의 양극화. 임금 불평등
노동시장정책	완전 고용 안정적이며, 남성 고용 비중이 높음	완전 고용가능성★ 노동력의 적응력을 강화함
스케일의 특징	경제관리와 노동규제를 위해 국가경제가 우선시됨	국가가 우선시되지 않음. 글로벌 경제 규범이 강조되며, 노동에 대한 규제가 (로컬 스케일로) 분산됨
지리적 경향	분산	집중

★ 유럽과 북미에서 통용되는 개념인 고용가능성(employability)은 한 개인이 교육, 훈련, 자기개발 등을 통해 직장에 고용될 수 있는 가능성(잠재력)을 의미한다. 1980년대 이후 신자유주의 정책과 재구조화(구조조정) 과정으로 고용시장이 축소되고 장기실업 문제가 부각되면서 대두된 개념이다. 노동 유연성을 강조하고 고용 안정성이 낮은 포스트포디즘하에서, 각 개인은 구직 차원을 넘어 '선택한 직장에 잘 적응하여 역량을 발휘하고, 더 나은 직장으로의 이직 가능성을 높이며, 평생 동안 고용 상태를 유지할 능력'을 키우는 것이 중요하다. 이에 대응하여 중앙정부와 지방정부는 지역 내 노동시장에서 개인의 고용가능성을 증진할 수 있는 정책을 마련했다. 고용가능성에 영향을 미치는 요소로는 개인의 지식, 기술 및 기능, 자기이해 및 자기표현 능력, 셀프마케팅 능력 등이 있다. 한편, 고용가능성 담론은 국가의 복지정책 축소와 밀접한 관련이 있다. 국가는 노동시장에서 퇴출된 사람에게 실업급여 등의 공적부조와 사회적 안전망을 제공하는 대신, 직업훈련이나 (조기취업 인센티브 제공 등) 여러 가지 유인책을 동원해 노동시장으로 복귀할 것을 종용했다. 제이미 펙은 이러한 국가의 변화를 '복지(welfare)' 국가에서 '근로복지(workfare)' 국가로의 전환이라고 개념화했다.

(출처: Peck 2000: 139)

요타 생산방식(TPS: Toyota Production System)으로 대표되는 린 생산방식은 적시(just-in-time) 생산을 도입하여 재고 및 관리에 드는 비용을 줄이고, 생산과정 중 발생하는 여러 낭비 요소를 제거하고자 한다. 노동자들은 노동과정에서 팀 중심으로 협업을 해야 하므로, 숙련된 노동자의 기술과 경험, 지식이 다른 노동자에 전수되어 상호학습(공동학습)이 촉진된다. 그 결과 노동자의 작업 의욕과 자발성이 높게 유지될 수 있고, 관리자와 노동자의 관계도 대립보다 상호 신뢰와 협력을 쌓기에 유리하다.

그림 6.8 유연적 기업 모형
(출처: Allen et al. 1988: 202)

• 참고문헌: 이희연(2019), 『경제지리학』, 법문사, pp. 118-121.

　　　Atkinson, J. (1984), Manpower strategies for flexible organisations, *Personnel Management* August: 28-31.

　　　Peck, J. (2000), *Workfare State*, Guilford, p.139.

더 읽을거리

Chan, J., Pun, N. and Selden, M. (2013) The politics of global production: Apple, Foxconn and China's new working class. *New Technology, Work and Employment* 28 (2): 100-115.

중국의 노동 상황과 조직화된 노동계급의 출현을 설명하는 논문이다.

Cumbers, A., Featherstone, D., MacKinnon, D., Ince, A. and Strauss, K. (2016) Intervening in globalisation: the spatial possibilities and institutional barriers to labour's collective agency. *Journal of Economic Geography* 16 (1): 93-108.

글로벌화, 기업의 재구조화, 국가 재스케일화 과정에서 노동자와 노동조합이 직면하는 문제에 대해 진지하고 비판적인 평가를 제시한다.

McDowell, L., Anitha, S. and Pearson, R. (2012) Striking similarities: representing South Asian women's industrial action in Britain. *Gender, Place and Culture* 19 (2): 133-52.

장소, 계급, 성, 민족성에 주목하여 노동의 행위성에 대한 관계적 분석을 공간적으로 수행한 연구 업적이며, 복잡해지는 노동자의 단체행동에 주목한다.

Peck, J. (2013) Making space for labour. In Featherstone, D. and Painter, J. (eds) *Spatial Politics: Essays for Doreen Massey.* Chichester: Wiley-Blackwell, pp. 99-114.

노동지리학의 현황을 비판적으로 검토하며, 이 분야의 강점과 한계를 평가한다.

Standing, G. (2011) *The Precariat: The New Dangerous Class.* London: Bloomsbury.

21세기의 글로벌화 상황에서 발생하는 노동 유연성과 (불)안정성을 고찰하는 서적이다.

 웹사이트

www.ilo.org
글로벌 노동문제에 대한 연구를 수행하는 UN 산하 조직 국제노동기구(ILO)의 홈페이지. 노동조합 멤버십에서부터 노동의 유연화 경향에 이르기까지 다양한 노동문제에 대한 자료와 연구 논문을 제공한다.

www.ituc-csi.org
노동조합운동을 국제적으로 대표하는 국제노동조합연맹(ITUC)의 홈페이지.

www.aflcio.org
미국노동총연맹(AFL-CIO: The American Federation of Labor and Congress of Industrial Organizations)

www.tuc.org.uk
영국 노동조합회의(TUC: Trades Union Congress)

www.bls.gov

미국 노동통계청(US Bureau of Labor Statistics)

www.nomisweb.co.uk

영국 공식노동시장통계(UK Official Labor Market Statistics)

www.clb.org.hk

홍콩에 기반을 둔 중국노동자통신의 홈페이지로, 중국의 노동 조직화에 대한 유용한 정보를 제공한다.

참고문헌

Avent, R. (2016) Welcome to a world without work. *The Observer*, 9 October, pp. 36-8.

Bell, D. (1973) *The Coming of Post-industrial Society.* New York: Basic Books.

Bergene, A. C., Endresen, S.B. and Knutsen, H.M. (eds) (2010) *Missing Links in Labour Geography.* Aldershot: Ashgate.

Birch, K., MacKinnon, D. and Cumbers, A. (2010) Old industrial regions in Europe: a comparative assessment of economic performance. *Regional Studies* 44 (1): 35-53.

Bourdieu, P. (1984) *Distinction,* London: Routledge.

Buckley, M., McPhee, S. and Rogaly, B. (2016) Labour geographies on the move: migration, migrant status, and work in the 21st century. *Geoforum.* Available online at: http://dx.doi.org/10.1016/j.geoforum.2016.09.012.

Burawoy, M. (1983) Between the labor process and the state: the changing face of factory regimes under advanced capitalism. *American Sociological Review* 48: 587-605.

Carswell, G. and De Neve, G. (2013) Labouring for global markets: conceptualising labour agency in global production networks. *Geoforum* 44: 62-70.

Castells, M. (2000) *The Information Age, Volume 3: End of Millennium.* Oxford: Blackwell.

Castree, N., Coe, N., Ward, K. and Samers, M. (2004) *Spaces of Work: Global Capitalism and Geographies of Labour.* London: Sage.

Chan, J. and Selden, M. (2016) The labour politics of China's rural migrant workers. *Globalizations.* At http://dx.doi.org/10.1080/14747731.2016.1200263.

Chan, J., Pun, N. and Selden, M. (2013) The politics of global production: Apple, Foxconn and China's new working class. *New Technology, Work and Employment* 28 (2): 100-115.

China Labor Watch (2012) *Samsung's Supplier Factory Exploiting Child Labor.* China Labor Watch Report 63. Available at: www.chinalaborwatch.org/report/63.

Coe, N. and Jordhus-Lier, D. (2010) Constrained agency? Re-evaluating the geographies of labour. *Progress in Human Geography* 35: 211-33.

Collyer, M. and King, R. (2016) Narrating Europe's migration and refugee crisis. *Human Geography* 2: 1-12.

Cooper, D. (2015) Raising the federal minimum wage to $12 by 2020 would lift wages for 35 million American workers. *Economic Policy Institute Briefing Paper #405*, Washington, DC: Economic Policy Institute.

Cumbers, A., Featherstone, D., MacKinnon, D., Ince, A. and Strauss, K. (2016) Intervening in globalisation: the spatial possibilities and institutional barriers to labour's collective agency. *Journal of Economic Geography* 16 (1): 93-108.

Cumbers, A., Helms, G. and Swanson, K. (2010) Class, agency and resistance in the old industrial city. *Antipode* 42 (1): pp. 46-73.

Cumbers, A., Nativel, C. and Routledge, P. (2008) Labour agency and union positionalities in global production networks. *Journal of Economic Geography* 8 (2): 369-87.

De Backer, K., Desnoyers-James, I. and Moussiegt, L. (2015) 'Manufacturing or services – that is (not) the question': the role of manufacturing and services in OECD economies. *OECD Science, Technology and Industry Policy Papers* No. 19. Paris: OECD Publishing.

Derickson, K. (2016) The racial state and resistance in Ferguson and beyond. *Urban Studies* 53: 2223-37.

Dicken, P. (2015) *Global Shift : Mapping the Changing Contours of the World Economy*, 7th edition. London: Sage.

Farrell, S. and Butler, S. (2016) Sports Direct ditches zerohours jobs and ups worker representation. *The Guardian*, 6 September. At www.theguardian.com/business/ 2016/sep06/sports-direct-to-ditch-zero-hourscontracts.

Farrell, S. and Press Association (2016) UK workers on zerohours contracts rise above 800,000. The Guardian, 9 March. Available online at: www.theguardian.com.

Freeman, R. (2010) What really ails Europe (and America): the doubling of the global workforce. *The Globalist*, 5 March. Available online at: www.theglobalist.com/ what-really-ails-europe-and-america-the-doubling-ofthe-global-workforce/, last accessed October 2016.

Galster, G. (2012) *Driving Detroit*. Philadelphia, PA: University of Pennsylvania Press.

Hadwiger, F. (2015) *Global Frame Agreements: Achieving Decent Work in Global Supply Chains*. Background Paper. Geneva: International Labour Office.

Hanson, S. and Pratt, G. (1995) *Gender, Work and Space*. Chichester: Wiley.

Henwood, D. (1998) Talking about work. In Meiskins, E., Wood, P. and Yates, M. (eds) *Rising from the Ashes? Labor in the Age of Global Capitalism*. New York: Monthly Review Press.

Herod, A. (2001) *Labor Geographies: Workers and the Landscapes of Capitalism*. New York: Guilford.

Holloway, J. (2005) *Changing the World without Taking Power: The Meaning of Revolution Today*, 2nd edition. London: Pluto.

ILO (2005) *A Global Alliance against Forced Labour*. Geneva: International Labour Organisation.

ILO (2013) *Marking Progress against Child Labour: Global Estimates and Trends 2000-2012*. Geneva: International Labour Office.

ILO (2015) *World Employment and Social Outlook*. Geneva: International Labour Office.

ITUC (2014) *The Case against Qatar: Host of the 2022 World Cup*. Brussels: International Trade Union Confederation.

Jonas, A. (1996) Local labour control regimes: uneven development and the social regulation of production. *Regional Studies* 30: 323-38.

Jordhus-Lier, D. (2013) The geographies of community-oriented unionism: scales, targets, sites and domains of union renewal in South Africa and beyond. *Transactions of the Institute of British Geographers* 38: 36-49.

Jordhus-Lier, D. and Underthun, A. (2014) *A Hospitable World? Organising Work and Workers in Hotels and Leisure Resorts*. London: Routledge.

Kalleberg, A. (2013) *Good Jobs, Bad Jobs: The Rise of Polarized and Precarious Employment Systems in the United States, 1970s to 2000s*. New York: Russell Sage Foundation.

Katz, C. (2004) *Growing up Global: Economic Restructuring and Children's Everyday Lives*. Minneapolis: University of Minnesota Press.

Kelly, P. (2001) The local political economy of labour control in the Philippines. *Economic Geography* 77 (1): 1-22.

Kelly, P. (2013) Production networks, place and development: thinking through Global Production Networks in Cavite, Philippines. *Geoforum* 44: 83-92.

Luce, S. (2016) And a Union. *Jacobin*, November. Available at: www.jacobinmag.com, last accessed November 2016.

Mason, P. (2012) *Why It's Kicking Off Everywhere: The New Global Revolutions.* London: Verso.

Massey, D. (1984) *Spatial Divisions of Labour: Social Structures and the Geography of Production.* London: Macmillan.

McBride, S. and Muirhead, J. (2016) Challenging the low wage economy: living and other wages. *Alternate Routes: A Journal of Critical Social Research* 27: 55-86.

McDonald, J.F. (2014) What happened to and in Detroit? *Urban Studies* 51 (16): 3309-29.

McDowell, L. (1997) *Capital Culture: Gender at Work in the City.* Oxford: Blackwell.

McDowell, L., Anitha, S. and Pearson, R. (2012) Striking similarities: representing South Asian women's industrial action in Britain. *Gender, Place and Culture* 19 (2): 133-52.

McGrath, S. (2013) Fuelling global production networks with slave labour: migrant sugar cane workers in the Brazilian ethanol GPN. *Geoforum* 44: 32-43.

Moore, M. (2012) Mass suicide protest at Apple manufacturer Foxconn factory. *The Daily Telegraph,* 11 January. At www.telegraph.co.uk/news/worldnews/asia/china/9006988/ Mass-suicide-protest-at-Applemanufacturer-Foxconn-factory.html.

Moreira, A., Dominguez, A.A., Antunes, C., Karamessini, M., Raitano, M. and Glatzer, M. (2015) Austerity driven labour market reforms in Southern Europe: eroding the security of labour market insiders. *European Journal of Social Security* 17 (2): 202-25.

Munck, R. (1999) Labour dilemmas and labour futures. In Munck, R. and Waterman, P. (eds) *Labour Worldwide in the Era of Globalization.*

Basingstoke: Macmillan.

OECD (1994) *Jobs Study: Evidence and Explanations.* Paris: Organization for Economic Co-operation and Development.

OECD (2015) *In It Together: Why Less Inequality Benefits All.* Paris: Organization for Economic Co-operation and Development.

Pahl, R. (1988) Historical aspects of work, employment, unemployment and the sexual division of labour. In Paul, R. (ed.) *On Work: Historical, Comparative and Theoretical Approaches.* Oxford: Blackwell, pp. 1-7.

Patten, E. (2016) Racial, gender wage gaps persist in U.S. despite some progress. *Pew Research Center Briefing note.* Available at: www.pewresearch.org/facttank/ 2016/07/01/racial-gender-wage-gaps-persist-inu-s-despite-some-progress/. Last accessed September 2016.

Peck, J. (1996) *Work-Place: The Social Regulation of Labour Markets.* London: Guilford.

Pratt, G. (2004) *Working Feminism.* Philadelphia: Temple University Press.

Rodgers, J. (2007) Labour market flexibility and decent work. *DESA Working Paper* No. 47. New York: UN DESA.

Rogaly, B. (2009) Spaces of work and everyday life: labour geographies and the agency of unorganised temporary migrant workers. *Geography Compass* 3 (6): 1975-87.

Savage, M., Devine, F., Cunningham, N., Taylor, M., Li, Y., Hjellbrekke, J., Le Roux, B., Friedman, S. and Miles, A. (2013) A new model of social class? Findings from the BBC's Great British Class Survey experiment. *Sociology* 47 (2): 219-50.

Skeggs, B. (1997) *Formations of Class and Gender.* London: Sage.

Standing, G. (2009) *Work after Globalisation: Building Occupational Citizenship.* Cheltenham: Edward Elgar.

Standing, G. (2011) *The Precariat: The New Dangerous Class.* London: Bloomsbury.

Thompson, P. (2004) *Skating on Thin Ice: The*

Knowledge Economy Myth. Glasgow: Big Thinking.

Tufts, S. (2007) Emergent labour strategies in Toronto's hotel sector: towards a spatial circuit of union renewal. *Environment and Planning A* 39: 2383-404.

Waterman, P. (2014) The international labour movement in, against and beyond, the globalized and informatized cage of capitalism and bureaucracy. *Interface* 6 (2): 35-58.

Wills, J. (2003) Community unionism and trade union renewal in the UK: moving beyond the fragments at last. *Transactions of the Institute of British Geographers* 26: 465-83.

Wills, J. (2005) The geography of union organising in low paid service industries in the UK: lessons from the Dorchester Hotel, London. *Antipode* 37: 139-59.

Wills, J., Datta, K., Evans, J. and Herbert, J. (2010) *Global Cities at Work: New Migrant Divisions of Labour.* London: Pluto.

World Bank (2014) Migration and remittances: development and outlook. *Migration and Development Brief 22.* Washington, DC: World Bank.

World Bank (2016) *World Development Indicators.* Washington, DC: World Bank.

Wright, E.O. (2015) *Understanding Class.* London: Verso.

Wright, M. (2006) *Disposable Women and Other Myths of Global Capitalism.* London: Routledge.

Yang, Y. (2016) China to shed 1.8 million coal and steel jobs. *Financial Times,* 29 February. At www.ft.com/content/3a8dd2e0-deb4-11e5-b072-006d8d362ba3.

Chapter 07 | 발전지리학

주요 내용

► 정치적·경제적 프로젝트로서 발전의 의미와 목적
► 주요 발전이론의 정책적, 실천적 영향
► 세계은행과 IMF의 정책
► 부채위기와 구조조정 프로그램의 영향
► 부국과 빈곤국 간의 글로벌 불평등
► 개발도상국의 다양한 발전의 궤적
► 무역과 경제 자유화가 생계에 미친 영향
► 사회운동의 등장과 라틴아메리카의 포스트신자유주의 정부

7.1 도입

개발로 번역되기도 하는 발전은 옥스퍼드 영어사전에서 "점진적 전개, 양호한 결과, 성장, 진화 ⋯ 성숙한 상태, 선진화의 단계, 생산품, 보다 공들인 형태" 등으로 정의된다(Potter *et al.*, 2008에 인용). 경제정책의 맥락에서 이 용어는 특정 국가 또는 지역이 시간이 흐르면서 긍정적으로 변화한다는 의미를 담고 있다. 이러한 변화에는 국가가 더 부유해지고 선진화되면서 성장과 진보를 이룩하는 것이 포함된다. 발전(development)은 경제 및 사회의 정책으로서 주로 경제성장과 근대화를 필요로 하는 '저발전 지역'을 겨냥해왔다. 7장에서 관심을 두는 '저발전 세계'는 대체로 아프리카, 라틴아메리카, 아시아로 구성된다. 이들 주변부(periphery)는 1950년대 이래 국제적 발전정책의 주요 타겟으로 여겨졌으며 유럽, 북미, 일본, 오스트랄라시아 등 선진국으로 구성된 핵심부(core)와는 구별된다. 핵심부와 주변부라는 표현 대신, 브란트라인(Brandt Line)을 기준으로 글로벌북부와 글로벌남부라는 지리적인 구분을 사용하기도 한다(그림 7.1).*

글로벌남부의 개발도상국 문제는 최근 글로벌 불평등을 우려하는 캠페인과 사회운동의 지대한 관심을 끌고 있다. 동시에 이에 대한 대응으로 발

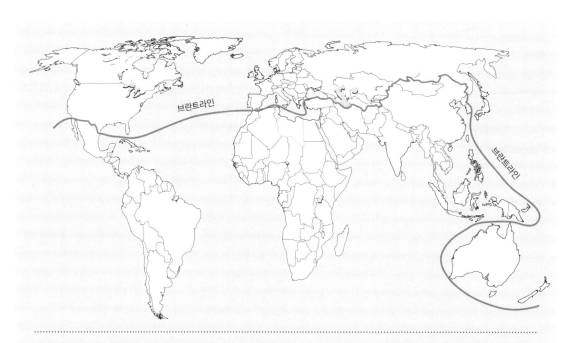

★ 브란트라인은 1980년 출간된 『브란트위원회 보고서(Brandt Commission Report)』에 제시된 개념이다. 이 보고서는 글로벌 경제에서 남북 간 격차가 명백하다고 보고, 1인당 GDP를 기준으로 북부의 잘사는 지역과 남부의 못사는 지역 간 지리적 경계를 구분했다. 그리고 보다 자유롭고 정의로운 세계질서를 위해 글로벌남부의 발전 촉진을 권고했다. 브란트위원회의 공식 명칭은 '국제발전 문제에 관한 독립위원회(ICIDI: Independent Commission on International Development Issues)'이지만, 위원장이자 1970년대 초 서독 총리를 역임했던 빌리 브란트(Willy Brandt)의 이름을 따서 흔히 브란트위원회라고 불린다.

그림 7.1 글로벌북부와 글로벌남부 (출처: Knox *et al*, 2003: 24)

전기구와 정치 지도자들은 빈곤과 기후변화 문제에 초점을 맞추어 지속가능발전목표(Sustainable Development Goals)와 같이 이목을 끄는 발전 어젠다를 설정하는 데 참여했다. 그러나 아프리카, 라틴아메리카, 아시아의 대규모 빈곤 해결을 위해 발전을 장려하는 모습은 전혀 새롭지 않다. 1940년대 후반에서 1980년대 후반에 이르는 **냉전(Cold War)** 시대에 미국이 주도하는 서구 자본주의 국가들은 이미 대규모 발전 프로그램을 추진했다. 경제적 진보와 근대화의 필요성을 강조하며 신생 독립국가를 공산주의라는 '악'으로부터 '구하기' 위함이었다. 제2차 세계대전 이후의 발전 프로젝트는 이러한 냉전의 지정학에 의해 추진되었지만, 최근 세계의 빈곤과 발전에 대한 관심은 **글로벌화**에 대한 상반되는 관점들에 의해 형성되고 있다(1.2.1 참조). 친글로벌주의자(pro-globalists)는 정부가 시장 지향적인 정책을 추진한다면 글로벌화를 통해서 장기적으로 모든 사람이 빈곤에서 벗어날 수 있다고 주장한다. 반면 '반글로벌' 활동가의 입장에서 신자유주의적 글로벌화는 해결책이 아니라 문제이며, 글로벌 경제시스템은 혁명의 수준까지는 아니더라도 중대한 개혁을 필요로 한다.

7.2 발전 프로젝트

1950년대 냉전의 지정학과 탈식민화 상황에서 아프리카, 라틴아메리카, 아시아 국가들은 '저발전 세계'로 불렸다. 미국은 과거 제국주의 시대의 무역 블록(bloc)을 깨고 국제무역과 투자에 개방된 세계를 구축할 목적으로 신생 독립국들에게 경제성장과 근대화를 권장했다. 트루먼(Truman) 대통령은 1949년 취임 연설에서 발전을 통한 빈곤 해결의 필요성을 다음과 같이 강조했다.

우리의 과학적 진보와 발달된 산업의 혜택이 저발전 지역에 전해져 그들의 개선과 성장의 밑거름이 되도록 새로운 프로그램을 과감하게 시작해야 합니다. … 역사상 처음으로 인류는 그 지역 사람들의 고통을 덜어줄 지식과 기술을 가지게 되었습니다. … 평화를 사랑하는 사람들이 더 나은 삶을 실현할 수 있도록 우리의 기술과 지식을 전수해야 합니다. … 민주적인 페어딜(fair-deal) 개념에 기초한 발전 프로그램을 구상하고 있습니다. … 생산력 증대가 번영과 평화의 열쇠입니다. 그리고 근대적 과학과 기술의 지식을 폭넓게 도입해야 생산력 증대가 가능합니다. 가장 불행한 사람이 자립할 수 있도록 도와야 합니다. 그래야만 품위 있고 만족스러운 삶을 영위할 수 있습니다. 이것은 모든 사람에게 필요한 권리입니다.

(www.bartleby.com/124/pres53.html)

이 '발전 프로그램'은 기아, 빈곤, 절망 등 '아주 오래된 적들'을 물리치려는 선한 목적만을 가진 것은 아니었다. 발전은 공산주의를 막아내는 데 필요한 방어벽이기도 했다. 공산주의는 빈곤에 처한 국가들이 가장 걸리기 쉬운 질병같이 여겨졌기 때문이다. 이에 아프리카, 라틴아메리카, 아시아의 구식민지 국가들은 미국과 소련 진영이 패권 경쟁을 벌이는 냉전의 장소가 되고 말았다.

'제3세계' 개념은 '저발전 지역'을 지칭하기 위해 만들어졌고, 서구 민주주의의 '제1세계', 소련과 동유럽 공산주의 국가의 '제2세계'와 구별된다. 이 용어는 세계의 광대한 지역을 대상으로 하며, 낙후되어 외부의 원조가 필수적인 곳이라는 부정적 의미도 내포하고 있었다. 제3세계에 대한 부정적 인식은 빈곤과 저발전이라는 강력한 이미지로 수십 년 동안 지속되었다. 그러나 발전지리학자인 모락 벨(Morag Bell)은 그러한 극적 이미지가 훨씬 덜 선명한 현실을 덮어버린다고 다음과 같이 서술한다.

도대체 무엇이 제3세계의 지리란 말인가? 몇 가지 공통적인 특성들이 떠오르기는 한다. 빈곤, 기아, 환경적 재난과 황폐화, 정치적 불안정, 지역적 불평등 같은 것들이 그렇다. 이렇게 강력하고 부정적인 이미지는 만들어진 것으로 그 뜻도 일관되고 명확하다. 그러나 이러한 비극적 고정관념 이면에는 대안적인 지리도 존재한다. 여기에서는 제3세계에서의 발전 도입을 진척 없이 오래 걸리고, 쉽지 않아 상당한 노고가 따르는, 대단히 경합적인 과정으로 그린다.

(Bell 1994: 175)

'제3세계'를 천편일률적인 하나의 묶음으로 포괄하는 것은 내부의 복잡하고 다양한 지리를 간과한 인식이다. 과도한 단순화는 오해를 불러일으킬 뿐이다. 발전 또한 간단하게 바라볼 주제가 아니다. 선도적인 발전기구들이 고안한 각양각색의 정책과 프로그램이 지원 대상인 국가, 공동체, 가구에 의해 받아들여지거나 '소비'되었다. 그 결과는 서로 다른 장소에서 상이한 모습으로 나타났다. 사회적 태도, 환경적 조건, 노동숙련도, 농업의 관행 등 여러 지역 특수적인 요인에 영향을 받았기 때문이다. 경제발전 정책은 제3세계에만 국한된 것이 아니었고, 선진국의 저발전 지역도 국가가 지원하는 프로그램과 정책의 대상이었던 점을 인식해야 한다(5.6 참조).

트루먼의 연설과 냉전의 고착화에 따라 1950~60년대는 미국과 다른 서구 자본주의 국가들이 자금을 지원하는 발전 '산업'도 등장했다. 이 산업의 공통점은 경제계획, 근대적 기술, 외부 투자를 변화의 핵심 동력으로 파악하는 것이었다. 학계, 특히 경제학은 발전의 과정과 조건에 대한 전문적 지식을 제공하는 역할을 했다. 제2차 세계대전 이후 세계질서의 확립을 위해 설립된 세계은행, IMF, UN과 같은 국제기구는 빈곤국가의 발전을 촉진하는 책임을 맡았다. 이들 기관은 근대화와 발전의 이데올로기로 무장했고, 저발전 지역의 발전을 가로막는 '아주 오래된 적들'을 물리치기 위해 근대적 지식과 투자를 주입했다. 예를 들어 UN은 1960년대를 '발전 10개년'으로 지정했다. 발전 분야의 또 다른 주요 주체로는 개발도상국 정부와 비정부기구(NGOs: Non-Governmental Organizations)가 있었다. NGO는 자발적 또는 자선적인 성격의 조직체로, 민간부문이나 공공부문에 속하지 않는 소위 '제3부문'의 영역에서 형성된다. 옥스팜(Oxfam)은 발전에 초점을 맞춘 NGO

 옥스팜

옥스팜(Oxfam)은 발전 분야에서 가장 중요한 NGO 중 하나로 성장했다. 옥스팜은 영국에서 자선단체로 등록된 독립적인 단체로, 많은 국가에 분포하는 자체 직원, 파트너, 자원봉사자, 후원자의 협력으로 운영된다. 2014~15년에 전체 수입은 4억 파운드(약 6,000억 원)를 넘었고, 영국에서 2,292명, 해외 현지에서는 3,198명의 직원을 고용한다. 이와 함께 2만 2,000명 이상의 자원봉사자가 700개에 이르는 옥스팜 지부에서 활동하고 있다(Oxfam 2015: 30, 52).

옥스팜의 기원은 제2차 세계대전 중인 1942년, 그리스에서 발생한 기근에 대처하기 위해 출범한 옥스퍼드기근구조위원회(Oxford Committee for Famine Relief)이다. 이 위원회는 전후에도 존속되어 1940년대 후반에는 유럽에서 '전쟁으로 인한 고통의 구제' 활동을 펼쳤다. 1949년 이후 운영 범위는 세계 전 지역으로 확대되었다. 1960년대에는 세계의 빈곤층에 대한 관심이 증대되며 옥스팜의 수입은 세 배로 늘어났다. 자립활동에 대한 지원을 중점적으로 펼치며, 공동체 중심의 농업활동, 수자원 공급, 보건서비스 개선사업에 나섰다. 공동체의 참여와 통제는 여전히 옥스팜 활동의 핵심 원칙으로 남아 있다.

기근 구제 및 자립활동 지원에 더하여 옥스팜은 세계의 빈곤과 그 구조적 원인에 대한 인식을 고취하기 위한 캠페인을 벌인다. 특히 부채 부담, 불공정 교역조건, 부적절한 농업정책을 빈곤의 구조적 원인으로 강조한다. 현재의 3가지 핵심 활동영역에는 재해에 대한 긴급 대응, 빈곤 대처를 위한 개발활동, 정책변화를 위한 캠페인이 포함된다.

의 좋은 사례다(Box 7.1). 기독교구호선교회(Chris-tian Aid), 세이브더칠드런(Save the Children), 적십자(Red Cross) 등도 NGO의 다른 형태라 할 수 있다.

1960~70년대는 발전의 경제적 측면을 상당히 강조하였고, 투자와 성장을 촉진할 수 있는 국가 수준에서의 정책이 중시되었다. 발전이 곧 개인의 소득증대와 고용 창출을 불러올 것이라는 가정에 기초했기 때문이다. 발전의 지표는 국가나 지역의 물질적 안녕에 주목해 산출되었고, 국내총생산(GDP: Gross Domestic Product)과 국민총소득(GNI: Gross National Income)이 현재까지 가장 널리 사용되는 발전의 척도다. 이는 그림 7.2에서 정량적 변화 부분에 상응한다.

1970년대 후반 이후 발전의 개념은 보다 정성적 변화의 측면을 포괄하며 확대되었고, 여기에는 삶의 질, 선택권, 임파워먼트, 인권 등 광범위한 사회적·정치적 목표가 포함되었다(Potter et al. 2008: 16-17). 인도 태생의 노벨경제학상 수상자 아마르티아 센(Amartya Sen)이 제시한 '자유로서의 발전(development as freedom)' 개념은 특히 중요했다. 이는 경제성장과 더불어 좋은 교육, 정치참여 확대, 언론의 자유와 같은 요인을 통해 사람들은 기아, 영양결핍, 억압, 질병, 문맹 등과 같은 '비자유' 상태에서 해방될 수 있다고 여기는 것이다. 이처럼 광의의 발전 개념을 바탕으로 발전의 지표도 진화했고, 경제적 측면과 함께 발전의 사회적·정치적 측면을 평가하는 것도 중요해졌다(Box 7.2).

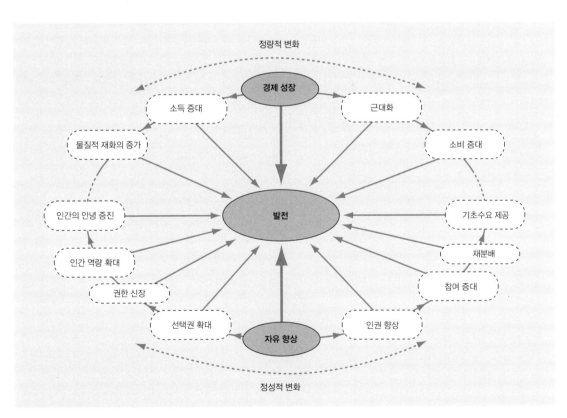

그림 7.2 발전 개념의 변화 (출처: Potter et al. 2004: 16, Figure 1, 2)

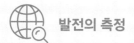

Box 7.2

발전의 측정

발전의 경제적 척도로는 GDP와 GNI가 널리 사용되고, 보통은 1인 기준으로 산출한다. GDP는 한 국가 내에서 생산된 재화와 서비스의 총가치를 뜻하고, GNI는 한 국가 거주자 소득의 총합을 의미한다. GNI는 GDP와 달리 해외투자에서 창출되는 소득을 포함하며, 외국계 초국적기업(TNCs: Transnational Corporations)의 본국 송금액은 GNI에서 제외한다. GDP와 GNI는 전후 국제발전기구가 채택한 핵심 척도였으나, 1960년대

후반과 1970년대부터 발전의 사회적 측면을 소홀히 했다는 이유로 발전운동가와 분석가들의 비판을 받기 시작했다. 그러함에도 두 지표 모두는 글로벌북부와 글로벌남부 간 격차, 글로벌남부 내의 지역 간 증가하는 차이 등 발전의 모습을 요약하고 비교할 때 여전히 유용하다(7.4 참조).

1970~80년대에는 빈곤, 교육, 건강, 성별 등의 현안에 초점을 맞춘 광범위한 사회발전의 지표가 도입되

표 7.1 UNDP 인간개발지수(HDI)

HDI	HDI 지수 2014	기대수명(년) 2014	기대교육기간 (년) 2014	평균교육기간 (년) 2014	일인당 GNI (PPP $)
최상위 인간개발 국가					
1위 노르웨이	0.944	81.6	17.5	12.6	64,992
25위 슬로베니아	0.880	80.4	16.8	11.9	27,852
48위 쿠웨이트	0.816	74.4	14.7	7.2	83,961
상위 인간개발 국가					
50위 러시아연방	0.798	70.1	14.7	12.0	22,352
77위 세인트키츠 네비스	0.752	73.8	12.9	8.4	20,805
105위 사모아	0.702	73.4	12.9	10.3	5,327
중위 인간개발 국가					
106위 보츠와나	0.698	64.5	12.5	8.9	16,646
124위 가이아나	0.636	66.4	10.3	8.5	6,522
143위 캄보디아	0.555	68.4	10.9	4.4	2,949
하위 인간개발 국가					
145위 케냐	0.548	61.6	11.0	6.3	2,762
167위 수단	0.479	63.5	7.0	3.1	3,809
188위 니제르	0.348	61.4	5.4	1.5	908

(출처: UNDP 2015: 208-10)

었다. 그러나 이러한 사회 지표의 무분별한 증가는 상당한 혼란을 야기했다. 하나의 지표가 여러 가지 주제에 적용되었고, 특정 주장을 '증명'하기 위해 어떤 수치든 가져다 붙일 수 있었기 때문이다(Potter *et al.* 2008: 9). 이에 따라 경제와 사회의 주요 지표를 조합해 발전 상황을 요약적으로 보여주는 새로운 지표의 필요성이 대두되었다.

이러한 요구를 충족하는 대표적인 지표로 인간개발지수(HDI: Human Development Index)가 널리 활용되고 있으며, 이를 기초로 유엔개발계획(UNDP: United Nations Development Programme)은 1990년부터 『인간개발보고서(HDR: Human Development Report)』를 매년 발간하고 있다. 인간개발지수는 건강, 교육, 생활수준을 인간개발의 3가지 기본 영역으로 설정하여 한 국가의 전반적인 성과를 측정한다. 여기에 사용되는 구체적인 척도에는 기대수명, 교육기간의 평균값 및 기대치, (미국 달러로 환산한) 1인당 GNI가 포함된다. HDI는 최근 몇 년 동안 불평등조정 인간개발지수(IHDI: Inequality-adjusted HDI), 성개발지수(GDI: Gender Development Index), 성불평등지수(GII: Gender Inequality Index), 다차원빈곤지수(MPI: Multidimensional Poverty Index) 등 새로운 지수의 도입으로 보완되었다. HDI를 기준으로 0.800 이상은 최상위 인간개발 국가, 0.700에서 0.799 사이는 상위 인간개발 국가, 0.550과 0.699 사이는 중위 인간개발 국가, 0.550 미만은 하위 인간개발 국가로 구분된다(표 7.1).

새천년개발목표(MDGs: Millennium Development Goals)의 추진 이후 발전의 진전은 구체적 목적과 목표에 비추어 평가되었다. 2000년 유엔에서 채택한 MDGs 프로그램의 추진 결과는 매년 발표되었다. 2015년까지 목표의 달성은 부분적으로만 이루어졌다. 대부분의 영역에서 상당한 진전이 있었지만, 구체적 목표에는 미치지 못하는 경향이 있었다(표 7.2). 특히 극심한 빈곤퇴치 목표의

표 7.2 새천년개발목표 달성의 진전

목표	진전
극심한 빈곤과 기아의 퇴치	개발도상국에서 극심한 빈곤율은 1990년 47%에서 2015년 14%로 감소했고, 영양 섭취가 불량한 인구도 1990년의 거의 절반 수준으로 줄었다.
보편적 초등교육 보급	초등학교의 재학률은 2000년 83%에서 2015년 91%로 높아졌다.
성 평등 촉진과 여성 권익신장	완전 달성에는 미치지 못했다. 그러나 대부분의 개발도상국에서 초등교육 평등의 성과를 보았다.
유아 사망률 감소	전 세계 5세 미만 유아의 사망률은 1990년부터 2015년까지 절반 이상 감소했다.
임산부 보건 개선	1990년 이후 임산부의 사망률은 전 세계적으로 45% 감소했다.
에이즈와 말라리아 등 질병과의 전쟁	HIV/AIDS의 확산에서 역전 현상이 발생했고, 전 세계 말라리아 발병률은 2000~2015년 동안 37% 감소했다.
환경의 지속가능성 보장	안전한 물에 접근하지 못하는 인구수를 절반으로 줄이는 목표는 2010년에 달성했지만, (삼림파괴 둔화에도 불구하고) 온실가스 배출량은 계속 증가했다.
발전을 위한 글로벌 동반관계의 구축	선진국의 공적개발원조(ODA: Official Development Assistance)는 2000년대 초반 눈에 띄게 증가했지만, 최근 몇 년간은 정체되었다.

(출처: United Nations 2015a)

진전에 대해 논란이 일었는데, 발전의 성격에 대한 상반된 견해가 있었고, 진전을 측정하는 것이 복잡했기 때문이다. 수치상으로 빈곤율이 감소한 것으로 나타났지만, 이는 개발도상국 인구가 급증하며 빈곤율 계산식에서 분모가 커져 발생한 효과라는 비판이 있었다. 1990년을 비교 시점으로 잡았던 것도 논란거리였다. 1990년대 중국의 급격한 성장과 빈곤감소가 반영되었기 때문이다. 그리고 (빈곤인구의 절대 수치는 증가하지만) 1990년대부터의 개선 추세를 더 돋보이게 할 목적으로 극심한 빈곤의 기준을 1일 소득 1달러에서 1.25달러로 조정했다는 비판도 제기되었다(Hickel 2016).

2015년 유엔은 MDGs를 대체하는 새로운 **지속가능발전목표**(SDGs: Sustainable Development Goals)에 합의했다(Box 7.3). SDGs는 17개의 목표와 169개의 세부지침으로 구성되어 있으며 2030년을 목표 달성시기로 설정하고 있다. 개발도상국의 빈곤감소를 주안점으로 삼았던 MDGs에 비해, SDGs는 훨씬 더 광범위한 발전 의제를 포함하고, 빈곤국만이 아닌 모든 국가에서 지속가능한 발전을 추구하는 글로벌 목표를 강조한다(Fukuda-Parr 2016). 여기에는 빈곤 감소와 함께 불평등, **거버넌스**, 인권, 경제적 포용성, 지속가능성 등의 의제들이 통합되어 있다. 그러나 이들은 국가적 수준에서의 의제로 단순화되어 있기 때문

Box 7.3

 지속가능발전목표

목표 1. 모든 곳에서 모든 형태의 빈곤 종식
목표 2. 기아 종식, 식량 안보, 개선된 영양상태의 달성, 지속가능한 농업 강화
목표 3. 모든 연령층의 건강한 삶 보장과 복지 증진
목표 4. 모두를 위한 포용적이고 공평한 양질의 교육 보장 및 평생학습 기회 증진
목표 5. 성평등 달성과 모든 여성 및 여아의 권익신장
목표 6. 물과 위생의 모두를 위한 이용가능성과 지속가능한 관리 보장
목표 7. 적정한 가격에 신뢰할 수 있고 지속가능한 현대적인 에너지에 대한 접근성 보장
목표 8. 포용적이고 지속가능한 경제성장, 완전하고 생산적인 고용, 모두를 위한 양질의 일자리 증진
목표 9. 회복력 있는 사회기반시설 구축, 포용적이고 지속가능한 산업화 증진과 혁신 도모
목표 10. 국내 및 국가 간 불평등 감소

목표 11. 포용적이고 안전하며 회복력 있고 지속가능한 도시와 주거지 조성
목표 12. 지속가능한 소비와 생산양식의 보장
목표 13. 기후변화와 그로 인한 영향에 맞서기 위한 긴급 대응
목표 14. 지속가능한 발전을 위한 대양, 바다, 해양자원의 보전과 지속가능한 이용
목표 15. 육지 생태계의 지속가능한 사용을 보호·복원·증진, 숲의 지속가능한 관리, 사막화 방지, 토지 황폐화의 중지와 회복, 생물 다양성 손실의 중단
목표 16. 지속가능한 발전을 위한 평화롭고 포용적인 사회 증진, 모두에게 정의를 보장, 모든 수준에서 효과적이며 책임감 있고 포용적인 제도 구축
목표 17. 이행수단 강화와 지속가능한 발전을 위한 글로벌 동반관계의 활성화

(출처: UN 2015b: 14)

에, 목표 달성의 길은 매우 험난할 것으로 보인다.

7.3 발전이론

시간의 흐름에 따라 발전과정에서 상당한 변화가 나타났고, 영향력 있는 이론들이 발전의 실행에 대한 프레임과 지침을 제공했다. 발전을 위한 정책과 실행을 둘러싸고 다양한 아이디어들이 경쟁을 벌이기도 한다. 발전이 무엇으로 구성되어야 하는지에 대해서 정치적 이데올로기 및 윤리·도덕적 판단이 작용하여 영향을 미치기 때문이다(Desai and Potter 2014: 79).

국제기구, 정부, 다양한 NGO를 포함한 여러 행위자들은 발전을 관리·추진하며, 이들의 활동은 특정한 접근법에 영향을 받기도 한다. 제2차 세계대전 이후 등장한 주요 발전이론은 핵심 주장, 권고사항, 문제점을 기준으로 표 7.3과 같이 요약할 수 있다.

7.3.1 근대화이론

근대화이론(modernization theory)은 1950~60년대의 지배적인 접근법으로 발전기구와 계획가에게 지대한 영향을 끼쳤다(표 7.3). 이는 당시 글로벌북부, 특히 미국의 이론가와 전문가의 연구업적에 뿌리를 두었고, 서구 자본주의 블록에서 선도적 경제 강국으로서 발전 프로젝트를 금전적·

표 7.3 발전이론

이론	주요 이론가	시기	핵심 주장	권고사항	문제점
근대화 이론	로스토 (Rostow)	1950~1960년대	• 발전은 구분된 단계별로 진행 • 선형적인 근대화의 과정 • 선진국의 19세기 근대화가 개발도상국의 모델	성장을 위해서는 근대적 계획과 투자와 더불어 외부 자금과 전문가 필요	• 세계경제의 구조를 무시하는 유럽중심주의 • 성장이 빈곤을 완화하지 못함
구조주의와 종속이론	프레비시 (Prebisch), 프랑크 (Frank)	1960~1970년대	• 세계경제에서 제국주의 핵심부가 주변부의 '위성국가' 착취 • 발전과 저발전은 동전의 양면	수입대체 혹은 세계경제로부터의 철수	• 글로벌 관계에 대한 고정적이고 이분법적인 가정 • 동아시아 NICs의 발전을 설명하지 못함
신자유주의	랄(Lal), 발라사 (Balassa)	1980~1990년대	• 국가 개입 축소 • 자유시장 수용	구조조정 프로그램(SAPs), 자유무역, 수출 증진을 통한 경제개혁	• 성장에 치중해 빈곤 경감에 실패 • 구조조정과 민영화로 공공서비스 축소, 이용료 부과
풀뿌리 접근	NGO와 활동가	1970년대 이후	빈곤층의 일상적 욕구에 대한 관심 증진	지역의 참여와 자립	• 한정된 재원 • 빈곤의 근원보다 결과에 대한 관심

정책적으로 지원했던 미국의 역할과도 관련된다. 특히 미국 경제학자 월트 로스토(Walt Rostow)의 영향력이 지대했으며, 그의 이론은 경제성장모델로 설정되어 1960년대 동안 수많은 개발도상국의 상황에 적용되었다(그림 7.3). 여기에서는 '도약(take-off)' 과정이 특히 중요한데, 도약은 기술혁신, 저축과 투자의 증가, 근대적 은행과 제조업의 발전 등 내부와 외부 요인의 결합으로 촉발된다. 도약이라는 비유적 표현은 활주로에서 힘을 모아 가속한 후 공중으로 이륙하는 항공기의 모습에서 따온 것이다(Power 2016).

개발도상국 또한 19세기 산업혁명 이후 선진국이 경험했던 변화와 유사한 방식으로 선형적인 전환(근대화) 과정을 거친다는 것이 로스토의 기본적인 발상이었다. 그리고 개발도상국이 이러한 기존 모델을 따르면 서구의 경제적·사회적 조직 규범이 더 공고해질 것이라고 보았다. 예를 들어 대규모 제조업 부문, 상업화된 농업, 가족이나 부족보다 계급이 중시되는 사회, 부족이나 종교에 대한 충성심보다 민주적 선거에 기반한 정부를 갖추게 된다는 것이었다(Willis 2014a: 299).

근대화의 과정은 외부의 재원과 전문지식을 투입해 추진되었고, 정부도 가용자원을 동원하고 투자를 촉진하는 계획을 마련해 근대화 과정에 개

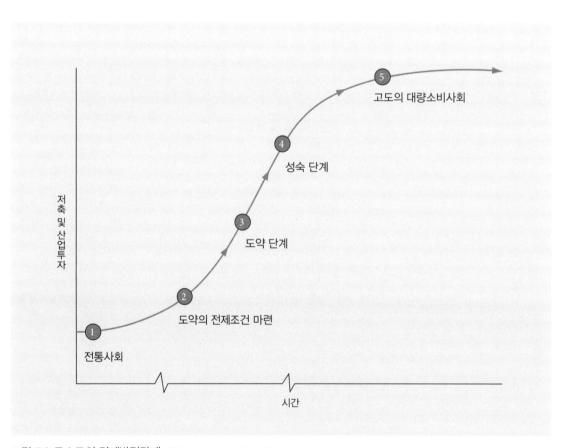

그림 7.3 로스토의 경제발전단계 (출처: Potter *et al.* 2004: 9)

입했다. 경제성장을 최우선 가치로 여기며 소득의 향상과 고용기회의 증진을 도모했고, 이것이 사회의 가장 가난한 집단에게 흘러내려가는 '낙수효과'를 가져올 것으로 가정했다.

근대화이론에서 저발전 문제는 해당 국가의 내부적 문제로 여겨졌다. 특히 전통적인 가치에 대한 집착, 현대적 기술과 과학적 지식의 부재가 저발전 문제의 원인으로 지목되었다. 이에 대한 해결책으로 서구의 전문가와 기관은 개발도상국이 외부의 과학과 기술을 수용하도록 돕는 역할을 했다. 이러한 도움이 개발도상국 정부의 계획 및 개혁과 어우러지면 '도약'에 필요한 힘을 모을 수 있다고 보았다. 하지만 이렇게 서구의 가치와 방식이 개발도상국의 그것보다 우월하다고 여기는 유럽 중심적 가정은, 거만하고 젠체하는 입장이라는 거센 비판을 받아왔다.

내부 요인에 초점을 맞춘 것도 근대화이론의 한계로 지목되었다. 부유국과 빈곤국 간 관계에서 세계경제의 구조가 미치는 영향을 간과했기 때문이다. 개발도상국의 발전이 19세기 선진국의 발전만큼 쉬울 것이라는 단순한 가정이 문제였다. 19세기 동안 선진국은 경쟁해야 할 산업사회가 없었지만, 20세기 개발도상국 앞에는 이미 세계의 제조업과 서비스업을 지배하던 선진국이 있었다. 이 때문에 유럽과 북미가 시행했던 정책은 1950~60년대의 개발도상국이 직면하던 문제들에 반드시 적절하지만은 않았다.

7.3.2 종속이론과 구조주의

기존 세계경제의 구조가 '제3세계' 국가의 발전을 저해하고 있다는 시각은 1950~60년대의 근대화이론에 대한 급진적 비판의 출발점이 되었다. 이러한 시각을 가진 비판자들은 경제발전의 정치경제학적 측면에 주목했다. 그들은 자본주의 발전에서 나타나는 역사적·지리적 불균등에 대한 마르크스의 사상을 수용하였고, 이를 제2차 세계대전 이후 개발도상국 현실에 적용했다(Power 2016). 이러한 관점을 종속이론(dependency theory)이라 부르는데, 근대화이론과는 대조적으로 이론의 성립과 발전에서 글로벌남부, 특히 라틴아메리카의 이론가와 활동가의 역할이 중요했다.

이 접근은 세계경제의 구조, 특히 선진국과 개발도상국 간 관계에 초점을 두기 때문에 구조주의이론이라고도 부른다(표 7.3). 이 이론은 개별 국가가 세계경제에 편입되는 방식에 초점을 맞추고 이를 착취의 핵심 요인으로 보았다. 이 관점에서 보면 빈곤과 저발전의 원인은 개발도상국 외부에 존재하고, 개발도상국과 광범위한 세계경제 간 관계에서 비롯된다.

가장 영향력 있는 종속이론가로 알려진 안드레 군더 프랑크(Andre Gunder Frank)에 따르면, 제국주의의 핵심부는 주변부의 '위성국가(satellites)'를 착취하여 뽑아낸 잉여를 다른 곳에 투자한다(그림 7.4). 식민주의(colonialism)는 불평등한 경제관계의 핵심 동력으로 지목되었고, 제2차 세계대전 이후에는 보다 비정형적 형태의 제국주의로 지속되었다.

많은 개발도상국에게 식민주의의 유산을 극복하는 것은 상당히 어려운 문제였다. 유럽 열강들이 공산품을 수출했던 반면, 그들의 수출 품목은

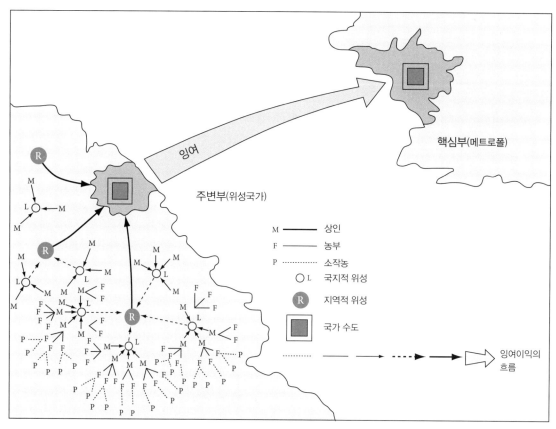

그림 7.4 종속이론 (출처: Potter *et al.* 2004: 111)

(농산물, 광물, 연료 등) 1차상품에 한정되었기 때문이다. 공산품 대비 1차상품의 상대적 가격은 시간이 흐르며 하락하는 경향이 있기 때문에 개발도상국의 수출 소득은 줄고 수입품에 대한 대금 지불마저 어렵게 되었다. 유럽과 북미에 본사를 둔 TNC들은 개발도상국의 현지 경제와 무관한 플랜테이션과 공장을 운영했고 낮은 임금만 지불한 뒤 대부분의 이익을 본국으로 송금했다.

종속이론의 함의는 개발도상국들이 외부 세력으로부터 스스로를 보호하거나, 더 극단적으로는 세계경제에서 완전히 철수해야 한다는 것이다. 발전과 저발전은 동전의 양면과 같고, 핵심부와 주변부 간의 긴밀한 연계는 그들 사이의 경제적 격차를 넓힐 뿐이기 때문이다. 1950년대 라울 프레비시(Raul Prebisch)와 UN 라틴아메리카위원회의 온건 구조주의자들은 국가가 외부의 지원을 받기보다 보호주의 정책을 채택해야 한다는 입장을 취했다(Willis 2014a: 302-3). 특히 개발도상국은 **수입대체형 산업화**(ISI: Import-Substitution Indus-trialization)에 주력해 유럽과 북미 산업과의 경쟁에서 자국 산업을 보호하는 수입 관세를 적극 활용하며 국내 산업을 발전시켜야 한다고 보았다(5.3.3 참조). 프랑크의 종속이론은 훨씬 더 급진적인 견해를 띠고 있으며, 세계경제로부터의 철수와 사회주의에 기초한 대안적 사회 건설을 해결책으로 제시했다.

종속이론은 '핵심부'와 '주변부' 경제의 단순한 구분에 의존한다는 점에서 심한 비판을 받았다. 종속이론은 식민주의로 형성된 불평등한 경제관계 패턴이 불가피하게 지속될 것이라고 가정하며 고정적이고 이분법적인 방식으로 글로벌 관계를 설명했다. 이는 1970년대 후반과 1980년대 사이 한국, 타이완, 싱가포르 등 동아시아 **신흥공업국**(NICs: Newly Industrialized Countries)의 급속한 경제성장을 제대로 설명하지 못했다(Box 5.3). 동아시아의 NICs는 **수출지향형 산업화**(EOI: Export−Oriented Industrialization) 정책에 기초해 내수보다 해외시장에 주목했고 성공적 산업발전을 이룩했다. 이처럼 식민주의 유산을 극복해낸 반례가 있어 종속이론의 핵심적 근간은 약화되었다. 세계 시장으로부터의 철수도 비현실적이었는데, 이는 경제침체와 쇠퇴를 초래할 뿐이기 때문이다.

7.3.3 신자유주의

1980년대 후반부터 발전정책은 자유시장을 추구하는 **신자유주의** 이론에 영향을 받고 있다(1.2.1과 5.5 참조). 신자유주의는 경제에 대한 정부의 개입을 축소하고 민간기업의 성장과 경쟁을 장려하는 입장으로, 1960~70년대 발전경제학의 정통으로 여겨졌던 케인스주의에 대한 반혁명의 산물이기도 하다. 밀턴 프리드먼(Milton Friedman), 프리드리히 하이에크(Friedrich Hayek) 등 북미와 서유럽의 이론가들이 제시한 신자유주의의 원칙은 1980년대 초부터 발전사상으로 흡수되었다. 미국 주요 대학의 경제학자 디팍 랄(Deepak Lal)과 벨라 발라사(Bela Balassa)가 신자유주의를 흡수한 발전사상의 핵심 인물이며, 이들은 개발도상국이 자유무역과 신고전파 경제학의 원칙을 수용해야 한다고 주장했다(Peet and Hardwick 1999: 49-50).

신자유주의 원칙은 **워싱턴합의**의 근간을 이루었다. 이 합의는 1990년대 초부터 경제개발 정책의 기조가 되었다(5.5.1 참조). 주요 내용으로는 인플레이션 억제, 무역 장벽의 축소, 해외직접투자(FDI) 개방, 금융 부문의 **자유화**, 국영기업의 **민영화**가 포함된다. 특히 세계은행과 IMF는 **부채위기**(debt crisis)를 겪고 있는 개발도상국에게 이러한 정책을 수용하도록 요구했다(Box 7.4). 금융지원이 절실했던 개발도상국들은 세계은행과 IMF가 정한 경제개혁 요구조건을 받아들일 수 밖에 없었다.

이러한 개혁은 **구조조정 프로그램**(SAPs: Structural Adjustment Programmes)으로 알려져 있고, 여기에는 무역 개방, 외국인 투자 허용, 공공지출 감축 등의 조치가 포함되었다(Box 7.5). 이에 따라 개발도상국들은 수출 경쟁력을 높여 글로벌 시장에서 입지를 강화하고자 노력해야 했는데, 동아시아 NIC의 발전 경험은 그 근거로 자주 인용된다. SAP의 전개과정에 나타나는 것처럼 신자유주의자들은 근대화이론가와 유사한 방식으로 글로벌북부의 해법을 개발도상국에 적용했다(Willis 2014a: 305).

Box 7.4

 부채위기

부채위기는 지난 35년간 글로벌남부와 글로벌북부 간 관계를 구성하는 핵심 요소 중 하나였다. 실제로 많은 개발도상국은 1970년대의 오래된 부채에 휘말려 아직까지 헤어나지 못하고 있다. 1982년 8월 멕시코의 채무불이행 선언을 시작으로, 브라질, 아르헨티나 등 다른 라틴아메리카 국가도 부채위기로 인한 심각한 문제를 겪었다. 대부분의 사하라 이남 아프리카 국가와 일부 아시아 국가도 상황은 마찬가지였다. 부채위기는 발전을 이루려는 노력을 약화했다. 개발도상국이 한정된 수출소득을 채무를 갚는 데 사용해야만 했기 때문이다. 부채위기는 세계 금융시스템에 대한 위협 요소로도 작용해서 글로벌북부의 선진국과 (IMF, 세계은행 등) 국제기구들이 적극적으로 개입하고 있다.

부채위기의 근원은 다음의 3가지 요인 간 상호작용이었다.

▶ 개발도상국들은 1970년대 글로벌북부의 은행과 기관에게 막대한 규모의 채무를 졌다. 1973년 유가의 급격한 상승으로 세계경제에는 석유 수출회사들이 투자한 자금이 넘쳐나게 되었다. 이는 '오일달러(petrodollars)'로 불렸고, (글로벌북부의) 거대 은행과 정부기관은 오일달러를 개발도상국에 (낮은 금리로) 빌려주었다. 대출을 받은 국가들은 오일달러를 석유 수입대금 지불이나 대규모 산업발전 프로젝트에 사용했다.

▶ 대부분의 차관은 5~7년 만기 채권이었으며, 변동금리를 적용하여 달러로 표시되었다(Corbridge 2008: 508). 그런데 1970년대 말부터 1980년대 초 사이 미국과 영국에서 (인플레이션을 낮게 유지하기 위해) 통화주의 정책을 도입하며 금리가 급격히 상승했다. 예를 들어 대표적 국제 단기자금 금리인 리보(LIBOR: London Inter-Bank Offered Rate)의 거래 금리가 1978년 평균 9.2%에서 1981년 16.63%로 급상승했다. 결과적으로 개발도상국은 세계경제의 침체상황에서 상환해야 할 채무액이 엄청나게 증가했다.

▶ 1980년대 초 1차상품 가격이 폭락했다. "1993년에는 1980년보다 가격이 32% 하락했는데, 이는 1960년 공산품 가격과 비교하면 55% 하락한 것이었다"(Potter et al. 2008: 369). 이는 개발도상국에서 수출소득이 수입가격에 비해 상대적으로 급감하는 교역조건의 심각한 악화로 나타났다. 결과적으로 달러 강세의 상황에서 수출소득과 갚아야 하는 부채의 규모 사이가 크게 벌어지는 '가위(scissor)' 위기를 맞이할 수밖에 없었다(Corbridge 2008: 508). 많은 개발도상국이 채무불이행을 선언했고, 국제 금융시스템도 위기를 맞았다.

부채의 절대적 규모는 라틴아메리카와 아시아 국가가 높았지만, 부채와 GDP 간의 차이로 가장 큰 고통을 받은 곳은 아프리카였다. 아프리카에서 GDP 대비 부채 비율은 1980년과 1999년 사이 28%에서 72%로 증가했으며, 이는 라틴아메리카의 채무 비율인 40%보다 훨씬 높은 수준이었다(Potter et al. 2008: 369). 일부 국가에서는 교육과 보건에 대한 지출액보다 부채상환에 지불하는 액수가 훨씬 많았다. 2000년 이후 개발도상국의 부채부담은 감소하는 추세다. 부채탕감, 무역 확대, 양호한 부채관리 등의 이유로 부채 비율은 2000년의 12%에서 2013년 3.2%로 급격히 감소했다(UN 2015a: 66). 그러나 2010년 이후 부채증가, 2013년 이후 1차상품가격의 하락 추세 때문에 개발도상국의 부채부담이 다시 증가할 수 있을 것으로 보인다.

구조조정 프로그램

Box 7.5

구조조정 프로그램(SAP)의 핵심은 부채감소이다. 경제성장 및 안정을 유지하여 부채상환 능력을 개선하는 것이 SAP 패키지의 목적이라는 의미다. 개발도상국이 세계은행, IMF, 이 밖의 민간 기관에서 자금을 받으려면 반드시 SAP를 체결해야만 한다. 이 전제조건을 거부하는 것은 거의 불가능하기 때문에 SAP는 글로벌남부로 급속히 확산되었다. SAP는 1980년 터키에 처음 적용되었고, 이후 1980년대 동안 64개 개발도상국에서 187건의 SAP 협상이 체결되었다(Potter *et al.* 2008: 299).

SAP는 다음의 4가지 핵심 목적을 지향한다(Simon 2008: 87).

- ▶ 발전을 촉진하기 위한 지역자원 활용
- ▶ 경제 효율성을 높이기 위한 정책 개혁
- ▶ 수출을 통한 해외소득 증진 (기존 제품의 확대 또는 신제품 개발을 통해)
- ▶ 경제에서 국가의 역할 축소 및 낮은 인플레이션 유지

이러한 목적을 달성하기 위한 계획은 일반적으로 아래의 2가지 단계로 구분된다.

1. 안정화 조치(stabilisation measures): 개발도상국이 처한 경제적 어려움을 해결하기 위하여 단기간의 즉각적 대처 방안을 시행해 장기적인 조치의 기초를 제공한다.

  - ▶ 공공부문 임금 동결 – 임금 인플레이션을 낮추고 정부의 임금지출을 축소하기 위함
  - ▶ 식량 등 기초 품목, 보건과 교육에 대한 보조금 축소 – 정부지출을 줄이기 위함
  - ▶ 통화의 평가절하 – 수출가격을 낮춰 경쟁력을 높이고 수입을 억제하기 위함

2. 조정 조치(adjustment measures): 장기적인 영향을 미치는 조치로 두 번째 단계에서 실행된다. 이들의 목적은 경제의 구조조정을 통해 미래 성장의 토대를 만드는 것이다.

- ▶ 기업에 인센티브를 제공해 수출 증진과 다각화를 추진하여 외환 보유액을 늘림
- ▶ '과잉 고용', 중복, 비효율, 연고주의를 줄이는 합리화 프로그램을 통해 공공서비스를 축소하며 경비를 절감
- ▶ 경제활동에 대한 규제와 제한을 완화하거나 제거하며 경제의 자유화 추진 (수입 관세, 수입 쿼터, 수입 라이센스, 국가 독점, 가격 담합, 보조금, 외국계기업의 수익 본국 송금에 대한 제한 등을 대상으로)
- ▶ 국영기업과 공공기업의 매각을 통한 민영화
- ▶ 개인과 기업의 저축과 투자를 늘리기 위한 세금 감면

SAP는 상당한 논란을 일으키고 있다. SAP의 영향은 대체로 엘리트보다 일반인에게 가혹하게 작용하는데, 조정비용의 대부분을 일반인들이 떠안기 때문이다(위의 책: 88). 일반적으로 거대 무역업자, 상인, 농산물 생산자들은 수출기회 증가로 혜택을 보지만, 도시 빈곤층은 식품 보조금과 공공지출의 감소로 어려움을 겪는다. SAP의 영향은 공공서비스 축소, 민영화, 서비스 이용요금 부과로도 나타난다. SAP가 불평등과 빈곤을 심화한다는 비판도 있다(Simon 2008). 중요한 사회 서비스에 대한 접근성을 줄이고, (일부 국내 무역업자와 농민에게 혜택이 돌아가는 경우도 있지만) 개발도상국을 TNC 같은 외부의 이해관계자에게 노출시키기 때문이다.

1980년대 말에서 1990년대 동안 SAP는 개발도상국의 요구와 상황에 부응하며 다듬어졌다. 장기적 조정 조치 부분은 경제회복계획(ERP: Economic Recovery Plans)으로 이름이 바뀌었다(위의 책: 90). 1999년부터 SAP는 빈곤감소전략(PRS: Poverty Reduction Strategy)으로 대체되었고, 이에 따라 개발도상국 정부는 세계은행, IMF, NGO, 지역 공동체와의 협의를 거쳐 종합적인 빈곤감소계획을 수립해야 했다. 그러나 PRS에는 신자유주의적인 워싱턴합의 모델의 핵심 요소가 그대로 남아 있고, 단지 빈곤감소와 '굿 거버넌스'에 대한 것만이 새롭게 추가되었다(Sheppard and Leitner 2010).

7.3.4 풀뿌리발전

풀뿌리발전의 성격과 지향점은 지금까지 살펴본 이론들과는 상당히 다르다. 이 접근은 추상적인 경제분석을 바탕으로 발전정책에 중대한 처방을 내리는 대신, 개발도상국의 빈민이 겪는 실질적인 문제와 욕구에 직접적인 관심을 기울인다. 그리고 이를 발전 원조의 궁극적 목표로 삼는다(표 7.3). 이전의 근대화이론, 종속이론은 국가적 스케일에 초점을 맞춰 하향식으로 계획되고 추진되는 반면, 풀뿌리발전은 용어가 의미하듯이 로컬 수준에 주목하며 '상향식' 접근을 추구한다. 경제성장은 반드시 빈곤의 감소로 이어지는 것이 아니고, 경우에 따라 이익을 얻는 집단과 손해를 보는 집단이 나뉘어 사회적 불평등을 심화시킨다는 관찰된 패턴을 근거로 한 것이다. 풀뿌리전략과 밀접하게 관련된 NGO들은 대체로 로컬 기관 및 집단과의 협력을 통해 활동한다(Townsend *et al.* 2004).

풀뿌리접근은 1960~70년대의 '기초수요(basic needs)' 전략에서 발전해온 것이다. 기초수요란 주류를 이루는 근대화 정책에서 배제되었던 사람들에 대한 관심을 반영해 빈곤층의 일상생활에 관심을 기울이는 개념이다. 식량, 주거, 취업, 교육, 보건 등에서의 수요를 파악하고 충족시키려는 관심은 최근의 풀뿌리발전운동으로 이어지고 있다. '자립' 정신의 증진을 목표로 하는 활동이 주를 이루며, 개인, 가족, 가정에 직접적인 혜택을 주고 로컬 차원에서 서비스와 생계를 지원하는 소규모 프로젝트를 중심으로 진행된다. 도시 지역에서 풀뿌리발전 활동은 종종 광범위한 비공식

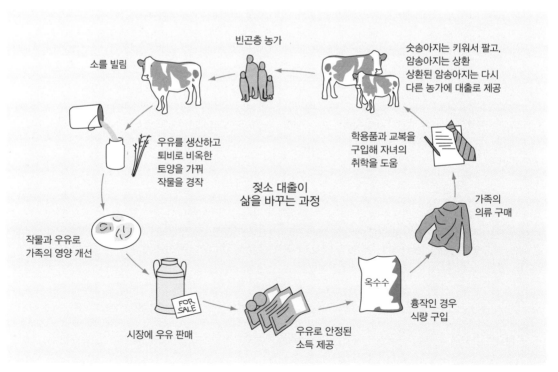

그림 7.5 옥스팜의 젖소 대출 프로그램 (출처: Willis 2005: 196)

경제 부문에 기초를 두고 소규모 생산자와 상인의 생존을 지원한다. 농촌에서는 농업을 대상으로 구체적인 원조와 지원 프로그램을 제공하는 것이 일반적이다. 농가에 젖소를 빌려주는 옥스팜의 젖소 대출(cow loan) 프로그램을 사례로 언급할 수 있다. 여기에서 참여농가는 젖소를 키우며 우유를 생산하고 퇴비를 얻어 농산물 재배에 활용하며, 이것으로부터 얻는 소득은 식량, 옷 등 생활필수품을 구입하는 데 사용할 수 있다(Willis 2014a; 그림 7.5). 채무 상환은 송아지로 이루어지고, 상환된 송아지는 다른 농가에 또다시 젖소 대출로 대여되거나 시장에서 팔린다.

풀뿌리발전의 가장 큰 문제점은 NGO와 관련 기관에서 이용할 수 있는 자원이 한정적이라는 것이다. 1970년대 이후 NGO의 수가 상당히 증가했지만, 이들이 직면한 문제의 규모에 비해 가용 자원은 여전히 적다. 재원의 대부분은 개인과 정부의 기부로 충당되기 때문에 지역주민의 우선순위보다 기부자의 관심사를 반영하여 사업이 결정되는 경우가 많다. 소규모 지역사업의 특성상 관계 기관 간 협력 부재로 프로그램 추진에 차질을 빚기도 한다. 풀뿌리발전은 빈곤의 근본적인 원인을 다루기보다 증상을 완화하는 것에만 몰두하는 경향도 있다. 세계은행과 IMF가 풀뿌리접근 대신에 경제개혁 프로그램에 집중하는 것에도 나름대로의 이유가 있어 보인다. 하지만 이런 비판은 다소 가혹하게 느껴진다. 세계은행과 IMF가 주도하는 주류 사업의 혜택은 가장 어려운 사람에게 제대로 전달되지 않는데, 풀뿌리운동에 참여하는 NGO나 관련 기관은 그런 공백을 메우며 가치 있는 활동을 펼치기 때문이다. 세계은행이 빈곤감소전략(PRS)을 명시적으로나마 채택한 것은 풀뿌리접근의 관심사가 주류 의제에 영향을 미친 것으로 볼 수도 있다.

7.4 발전의 다양한 궤적

개발도상국의 1인당 연평균 GDP 증가율은 1960~70년대보다 1980~90년대에 더 낮았다(UNCTAD

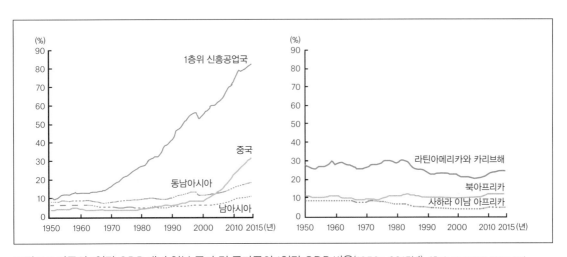

그림 7.6 미국의 1인당 GDP 대비 일부 국가 및 국가군의 1인당 GDP 비율(1950~2015년) (출처: UNCTAD 2016: 39)

2016: 37). 이와는 대조적으로, 2000년대의 첫 10년 동안은 (최근 몇 년간의 경기침체기를 제외하면) 대부분의 개발도상국에서 급속한 성장을 경험했다. 그러나 개발도상국 간 격차는 1980년 이후 증가했다. 동아시아의 NIC만이 (2000년부터는 중국과 남아시아도) 미국과의 격차가 좁혀지는 패턴을 보였고, 미국과 다른 개발도상국 간 상당한 격차는 꾸준히 유지되고 있다(그림 7.6).

2000~14년까지 개발도상국의 GDP 성장률은 유럽과 북미의 저조한 성장률을 앞질렀고, 특히 남아시아와 사하라 이남 아프리카에서 높은 성장률을 기록했다. 그러나 이런 빠른 성장도 선진국과 개발도상국 간의 전반적인 격차를 좁히는 데는 거의 도움이 되지 못했다(그림 7.6). 그 이유는

특히 중국의 원자재 수입에 따른 수요 증가로 1차상품 가격이 폭등하며 이룬 성장이었기 때문이다. 이러한 가격 상승은 원자재 생산자의 수출 소득 증대로 이어졌고, 교역조건이 개선되며 해당 국가는 보다 많은 수입품을 구매할 수 있게 되었다(그림 7.7). 한편 선두 그룹의 개발도상국, 특히 브라질, 러시아, 인도, 중국, 남아프리카공화국 등 브릭스(BRICS) 국가의 빠른 성장은 2000년대에 큰 관심을 끌었고, 이로 인해 글로벌 경제지리의 근본적인 변화가 예상되기도 했었다(Hudson 2016; Box 7.6).

그러나 2014년 이후 발전의 분위기에 반전이 일었다. 글로벌 경제위기의 영향이 글로벌남부로 확산되며 1차상품 가격이 하락했기 때문이다

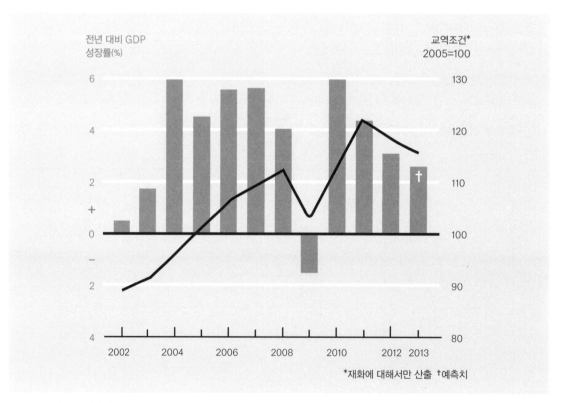

그림 7.7 라틴아메리카의 GDP 성장과 교역조건의 변화(2002~2013년) (출처: The Economist 2014)

Box 7.6

브릭스 국가의 성장과 후퇴

브릭스(BRICS)라는 용어는 2001년 처음 등장했다. 골드만삭스(Goldman Sachs)의 경제학자 짐 오닐(Jim O'Neill)은 급속히 부상하고 있는 브라질, 러시아, 인도, 중국의 경제력에 주목하며 각각의 머리글자를 따서 (복수형으로) BRICs 개념을 제시했다. 2010년에는 남아프리카공화국이 추가되어 (복수형이 불필요한) 현재의 BRICS가 되었다. 오닐은 이들이 2041년이 되면 경제규모와 능력 면에서 6대 선진국을 추월할 것이라 전망하면서, 이들을 세계경제성장의 미래 동력이 될 것으로 예상했다(Tett 2010). 이 용어는 "한 세대의 투자자, 금융업자, 정책 입안자가 신흥시장을 어떻게 바라보는지를 나타내는 브랜드 또는 보편적인 금융 용어가 되었다"(Pant 2013, Degaut 2015: 92에서 재인용). 이 용어가 지칭하는 국가들은 2006년부터 정치적·외교적 협력을 증진시키기 시작했다. 여기에는 초강대국 지위를 지향하는 공동의 열망이 반영되어 있다.

공통점이 그다지 없는 경제임에도 불구하고, BRICS는 기본적으로 몇 가지 특성을 공유한다(Degaut 2015 참조). 첫째, 대규모 면적과 인구 때문에 커다란 내수 시장과 풍부한 노동력을 확보하는 것이 가능하다. 둘째, 이들은 모두 2000년대와 2010년대 초 G7 국가와의 비교도 안 될 정도로 높은 경제성장률을 기록했다(표 7.4). 셋째, 이들은 모두 각자의 권역에서 가장 강력한 나라들이다. 넷째, 이들은 군대의 현대화와 개선을 포함한

다양한 전략적 이익을 추구하고 있다(위의 책). BRICS 국가들은 개발도상국 경제의 일반적인 약점도 공유하는데, 여기에는 높은 수준의 빈곤, 1차상품 수출에 대한 과잉 의존, 심화되는 지역 간 불평등, 해외직접투자에 대한 의존, 금융 부문의 취약성, 부실한 규제와 부패의 만연 등이 포함된다(앞의 책).

허드슨(Hudson 2016)의 주장처럼, BRICS의 부상은 글로벌 경제의 불균등발전 패턴, NIDL의 진행과 밀접하게 연관되어 있다(3.5 참조). NIDL의 영향 아래 생산 부문을 저비용 국가로 이전하는 경향은 브릭스 국가, 특히 중국의 급속한 산업화를 뒷받침했다. 중국과 인도의 급성장으로 원자재 수요가 높아지면서 다른 1차상품 수출국과 더불어 브라질, 러시아, (약간 덜한 수준으로) 남아프리카공화국은 엄청난 혜택을 입었다. BRICS 경제 간의 독특한 경제적 연계를 확인할 수 있는 부분이다. 그리고 규모와 권역 내에서의 강대국 지위 때문에 BRICS는 대체로 강력한 국가를 가졌으며, 그 국가는 경제발전을 관리하는 데 주도적인 역할을 하고 있다.

그러나 최근 몇 년 동안 경제가 요동을 치면서 BRICS라는 '브랜드'는 빛을 잃어갔다. 경기의 하강세나 침체가 5개국에서 모두 나타났는데, 중국과 인도는 상대적으로 높은 성장률을 유지하고 있는 반면, 브라질과 러시아는 마이너스 성장률을 기록했다(표 7.4). 브라질의 침체는 2016년 8월 대통령 탄핵으로까지 이

표 7.4 BRICS 경제의 연간 실제 경제성장률과 전망치(2003~2015년, 단위: GDP %)

구분	2003년	2006년	2009년	2011년	2013년	2015년
브라질	1.1	4.0	-0.3	2.7	2.3	-3.8
중국	10	12.7	9.2	9.3	7.7	6.9
인도	7.9	9.3	8.5	6.3	4.4	7.3
러시아	7.3	8.2	-7.8	4.3	1.5	-3.7
남아프리카공화국			-1.5	3.5	1.8	1.3

(출처: World Bank, http://databank.worldbank.org/data/reports.aspx?source=2& series=NY.GDP.PCAP.CD&country=#)

어졌던 부패 스캔들과 정치적 불안이 겹쳐 발생했다. BRICS 국가 간 외교 동맹은 공통점의 부족 때문에 현실적인 진전을 이루지 못했다(Degaut 2015). BRICS라는 용어는 세계경제의 장기적인 변동과정에서 경제의 권력이 유럽과 북미의 선진국에서 동아시아의 NICs, 글로벌남부의 다른 지역으로 이동하는 모습을 함축한다. 이는 BRICS라는 약어로 단순화시킬 수 없는, 훨씬 복잡하고 불균등한 양상으로 진행되고 있다.

(4.5.3 참조). 2008~09년 경제위기의 초기 단계에서 악영향은 유럽과 북미에 집중되었지만, 이후 개발도상국 전체의 GDP 성장이 둔화되었다. 2013~14년 이후 1차상품 가격이 급격히 하락하면서 글로벌남부의 주요 수출국들은 교역조건 악화를 경험했고, 그곳의 실질소득도 줄어들었으며 브라질, 러시아 등 주요 국가에서는 경기침체가 나타났다(Box 7.6). 특히 라틴아메리카의 경제침체는 급속도로 진행되었다. 2003~10년까지 연평균 성장률은 5% 수준이었지만, 2015년 0.2%로 하락했고 2016년에는 −0.2%로 경기후퇴마저 나타날 것으로 당시 예측되었다(The Economist 2014; UNCTAD 2016: 5).

7.5 무역, 자유화, 생계

최근 수십 년간 개발도상국들의 수출지향성은 강화되었고 이들이 세계 무역에서 차지하는 비중도 증가했다. 글로벌남부가 세계 수출에서 차지하는 비중은 1980년 29.6%에서 2012년 44.7%로 높아졌다(Horner 2016: 406). 글로벌남부 국가 간 교역량은 1995~2012년 사이 677% 증가했으며, 같은 기간 글로벌남부에서 세계의 나머지 국가로의 전체 수출량도 312% 성장했다(Horner 2016:

407). 이는 '남부의 부상(rise of the South)'(UNDP 2013)에 대한 논의를 불러일으키기도 했다. 그러나 앞에서 살펴보았듯 글로벌남부 국가 간 무역의 상당액은 (세계경제에서 가장 역동적이라 할 수 있는) 동아시아 국가 간에 발생했다(Dicken 2015). 그래서 남부의 부상은 지리적으로 매우 불균등한 현상이라 할 수 있다. 2014년 이후 개발도상국에서 수출과 수입은 모두 급감했는데, 이는 경제성장의 둔화, 특히 중국의 수요 하락, 그리고 1차상품 가격 하락의 결과로 생겨난 변화였다(UNCTAD 2016).

국제무역 자유화에는 상당 수준의 진전이 있었다. 1995년 이후 관세 장벽은 역대 최저 수준으로 낮아졌는데, 특히 개발도상국들이 관세를 낮추는데 적극적이었다. 정통 경제학과 신자유주의 관점에서 무역 자유화는 경제발전의 주요 원동력으로 파악된다. 세계시장에 접근할 수 있으며 급속한 성장, 고용증가, 임금상승 등의 효과가 발생하는 것으로 여겨지기 때문이다(7.3.3 참조). 그러나 현실에서 무역 자유화의 효과는 복잡하게 나타나고, 종종 사회적으로 불평등하며 지리적으로 불균등한 발전의 패턴을 동반한다(Smith 2015). 유엔무역개발회의(UNCTAD)의 최근 보고서에 따르면, 1980년대 중반 이후 개발도상국에서 제조업의 수출증가는 해당 국가의 (세계 전체와 비교한) 상대적 임금소득 감소와 연관이 있는 것으로 나타났다(UNCTAD 2016; 그림 7.8). 수출지향형 제조업은 경제성장과 고용증가를 낳았지만, 이것이 상대적 임금수준의 개선으로 이어지지는 못했던 것이다. TNC가 생산시설을 저비용의 개발도상국으로 옮길 수도 있다는 두려움은 임금수준을 낮추어서라도 이를 유지해야 한다는 압력으로 작용했다고 본다(앞의 책: 21).

3.5.2에서 살펴본 바와 같이, 섬유나 전자제품 같은 산업을 개발도상국으로 재입지, 즉 **오프쇼링**하면 흔히 저임금과 열악한 노동조건이 발생한다(Dicken 2015: 459). 튀니지의 경우 섬유와 의류 제조업이 전체 고용의 45%를 차지하고 EU로의 제조업 수출량의 거의 3분의 1을 점유하지만, 해당 노동자들은 튀니지 제조업 부문에서 가장 낮은 임금을 받는다. 저숙련의 노동집약적 업무에서 여성을 중

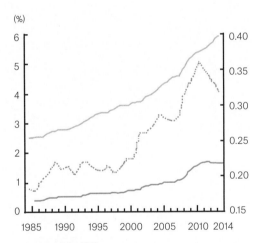

그림 7.8 세계 다른 지역과 비교한 인도의 제조업 수출, GDP, 임금소득 점유율(1985~2014년)
(출처: UNCTAD 2016: 22)

심으로 고용이 이루어지는 NIDL의 전형적 패턴이다(Smith 2015). 그리고 튀니지의 섬유산업은 동부와 북부 해안지역에 집중되어 있어 뚜렷한 지리적 불균등발전 모습도 드러낸다(그림 7.9).

무역 자유화가 경쟁력이 약한 부문의 쇠퇴로 이어지는 경향도 있다. 이는 다른 지역의 더 효율적인 생산업자와 경쟁관계에 놓이게 되면서 발생한 현상이며, 쇠퇴로 인하여 상당한 실업률 증가와 사회적 혼란이 야기되기도 한다. 발전경제학자 대니 로드릭(Dani Rodrik)은 많은 개발도상국이 1960~70년대 선진국의 경우보다 훨씬 이른 발전 단계에서 이러한 탈산업화를 겪고 있음을 지적하면서, 이를 **조기 탈산업화(premature deindus-trialisation)**라고 지칭했다. 조기 탈산업화는 선진국과 동아시아의 성장을 견인한 주요 메커니즘이 제거되어 있으므로 발전에 심각한 타격을 줄 수 있다. 특히 1980년대 이후 라틴아메리카와 사하라 이남 아프리카에서 조기 탈산업화가 두드러지게 나타나, 제조업의 성장이 비교적 꾸준한 동아시아와 대조를 이룬다. 로드릭은 조기 탈산업화가 무역 자유화를 통해 수입된 것이라고 주장한다. 그는 저비용의 생산 지역, 특히 중국으로의 생산 이전 때문에 라틴아메리카와 사하라 이남 아프리카에서 기존의 산업 기반이 무너지고 실업이 급증한 것으로 파악했다(Rodrik 2016).

조기 탈산업화가 나타나는 개발도상국 사람들은 고용감소에 어떻게 적응할까? 이 질문에 답하기 위해서는 개인이나 가구의 행위성에 관심을 기울일 필요가 있다. 개인과 가구는 생존을 위해 소득을 창출하는 방법이나 고용전략 등을 능동적으로 수립할 수 있기 때문이다. 이러한 경제적 적응

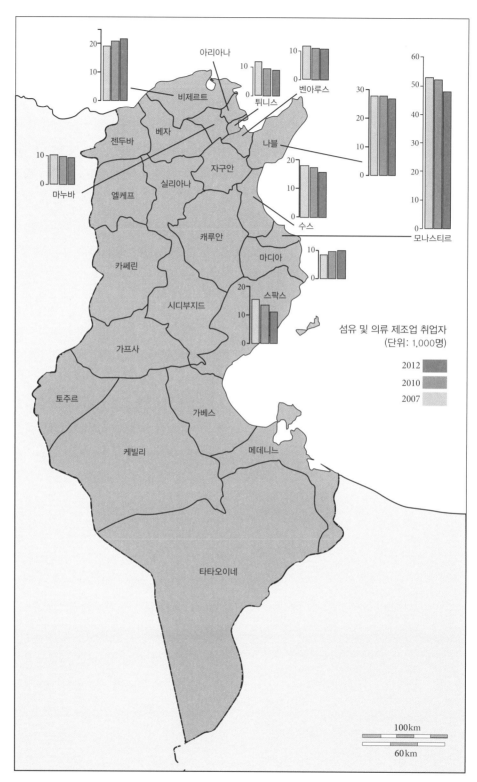

그림 7.9 튀니지의 섬유 및 의류 제조업 고용의 지역적 집중 (출처: Smith 2015: 447)

과 다각화 과정에 적합한 이해의 틀로 제시된 **생계 접근(livelihoods approach)**은 개발학(또는 발전학) 분야에서 널리 활용되고 있다. 생계는 "역량, (물질적·사회적 자원을 모두 포함하는) 자산, 생활을 위해 필요한 활동"을 포괄하여 정의된다(Carney 1998: 7). 자산 개념은 생계접근의 중요한 구성요소로, 토지와 자연자원, 노동력, 기술, 지식, 장비, 식량, 가축, 돈, 사회적 관계와 지원 등 여러 가지 물질적·사회적 자원으로 구성된다(Dehan 2012).

생계접근의 핵심 주제 중 하나는 저소득층 가구원들이 광범위한 변화에 직면하여 '그럭저럭 살아가는' 생계의 다각화다. 이는 종종 공식경제와 비공식경제를 포함해 여러 가지 일자리를 조합하는 '포트폴리오 고용(portfolio employment)'의 형태를 보인다(Box 7.7). 생계접근 연구의 대다수는 농촌을 중심으로 이루어지고 있으며, 분석의

Box 7.7

탈산업화에의 대응
잠비아 구리벨트의 사례

잠비아의 구리벨트는 1920년대부터 광산지역으로 개발되었고, 빠르게 성장하여 "아프리카 대륙에서 가장 큰 규모의 산업 및 도시 발전을 이룬 지역 중 하나"가 되었다(Fraser 2010: 4). 1964년 독립 후 잠비아 광산업은 국유화되었고, 1982년 잠비아연합구리광산(ZCCM: Zambia Consolidated Copper Mines)이 출범했다. 1974년부터 구리 가격이 폭락하면서 광산의 고용은 1976년 6만 6,000명에서 2000년 2만 2,280명으로 크게 줄었다(Simutanyi 2008: 7). 1970년대 초 구리수출은 잠비아 외환소득의 80% 이상을 차지했고, 이에 대한 경제적 의존도 때문에 잠비아의 1인당 소득은 1974년과 1994년 사이 50% 감소했다. 구리가격의 폭락은 잠비아에서 장기적인 경제위기를 부채질했던 것이다(Fraser and Lungu 2007: 8).

세계은행과 IMF가 재촉한 경제 자유화로 ZCCM과 같은 광업 부문의 민영화가 진행되었다. ZCCM은 1997년과 2000년 사이 '해체'되어 7개의 패키지로 민간에 분할 매각되었다. 민영화 기간 중에는 대량해고가 심각하게 발생해 ZCCM 인력 중 약 3분의 2가 일자리를 잃었다(Musa 2012). 그러나 2002년부터는 전반적인 1차상품 호황으로 구리가격이 상승하며 광업 생산과 고용은 부활의 시기를 맞았다.

1990년대 말부터 2000년대 초까지 구리벨트의 광범위한 경제위기 동안 지역 노동시장은 잉여노동력을 흡수할 여력이 없었다. 전직 광부들에게 정리해고 수당이 지급되기 전까지 생계의 다각화는 비공식 부문을 통해서 이루어졌다. 이는 성(젠더) 관계의 중대한 변화를 동반했는데, 수많은 여성과 아이가 가정의 생계를 유지하기 위해 비공식 부문으로 흡수되었기 때문이다. 이는 공식 부문에 고용된 남성이 노동조합에 가입하던 것이 일반적이었던 기존 광산의 모습과는 극명하게 대비된다.

이런 상황에서 주택은 중요한 사회-경제적 자산이 되었다. 전직 광부들은 (보조금 지원 덕분에) 할인된 가격에 주택을 분양받았고, 공실을 임대하거나 뒷마당에 텃밭을 가꿔 소득을 창출할 수 있었기 때문이다(앞의 책). 많은 경작자들은 겸업으로 상거래나 이발소 운영 등 다른 경제활동에도 참여했다. 그리고 구리가격이 오르자 여성과 아이를 중심으로 일부 가구원은 소규모의 불법적인 광산활동에 참여했다. 이와 동시에, 소수의 전직 광부들은 보다 많은 이윤을 창출하는 다각화를 추구하기도 했다. 예를 들어, 새로운 민간 소유자가 광산을 매각할 때 작은 물건들을 사들여 이를 새로운 소유자에게 (보다 높은 가격으로 차익을 남겨) 되파는 사람들이 있었다. 일부는 퇴직 수당을 밑천으로 건설업이나 소매업을 시작했다. 이는 구리벨트 타운에서 사회-경제적 분화가 일어나는 원인이 되었다. 새로운 사업이 번창해 이익을 본 소수의 전직 광부와 주민, 그리고 여전히 '그럭저럭 살아가는' 나머지 사람들 사이에 간극이 형성되었기 때문이다(Musa 2010).

초점은 농부나 농가 구성원의 (상업, 수공업, 제조업, 타인의 농장에서 하는 노동, 건설업과 제조업에서의 임금노동 등에 종사하는) 경제활동에 맞춰져 있다. 도시 지역에서는 생산성이 낮은 서비스업이 성장하면서 이에 종사하는 인력의 대부분이 비공식 부문으로 흡수되었다. 생계전략은 점차 여러 지역에 걸친 다지역적 성격을 지니게 되는데, 이는 다양한 형태의 경제적 이주와 관련된다. 이주자들이 '집'으로 보내는 (국제 송금을 포함한) 돈과 물품은 가구소득에 중요한 원천이 된다. 세계은행에 따르면 2011년 글로벌 송금액은 4,830억 달러에 달했고, 이 중 3,510억 달러가 개발도상국을 향했다(Willis 2014b: 214).

7.6 경합하는 발전: 새로운 사회·정치 운동

경제성장과 시장개방을 기반으로 하는 정통 발전모델들은 도움이 가장 필요한 집단을 제대로 고려하지 못하는 경우가 많았다. 경제 자유화와 민영화를 추구하는 신자유주의 정책은 생계 기반을 잠식하고, 국내의 자원과 서비스에 대한 TNC의 지배력을 높이는 경향을 보였다. 이러한 발전 프로젝트에서 서구의 가치와 전문기술은 지역의 지식과 문화보다 우선시되었다(Routledge 2014). 1990년대 이후 발전에 대한 주류 경제학의 하향식 접근의 한계와 불평등한 결과 때문에 개발도상국에서는 새로운 형태의 운동이 촉발되었다. 이 맥락에서 국가가 추진하는 신자유주의적 세계화와 발전 프로젝트에 저항하는 로컬 사회운동을 살펴볼 필요가 있다. 이러한 운동의 결과로 볼리비아를 비롯해 몇몇 라틴아메리카 국가에서 급진적인 '포스트신자유주의(post-neoliberal)' 정부가 탄생할 수 있었다(Box 7.8).

개발도상국에서 벌어지는 사회운동은 공간의 사용과 통제를 둘러싸고 발생하는 서로 다른 사회집단 간 갈등으로 표출된다. 로컬 집단들은 토지, 삼림, 물과 같은 로컬 경제자원에 대한 통제권

Box 7.8

볼리비아의 토착적 발전과 자원 국유화

볼리비아는 자연자원이 풍부하지만 남아메리카에서 가장 가난한 나라 중 하나이다. 볼리비아 사람들은 스스로를 "황금 왕좌에 앉아 있는 거지"(Kohl and Farthing 2012: 227)라 불렀다. 과도한 인플레이션과 부채문제로 1985년부터 신자유주의 경제개혁이 추진되었고, 여기에는 긴축, 자유화, 주요 부문의 민영화가 포함되었다. 이로 인해 이전에 보호받던 산업이 붕괴하며 2만 명이 넘는 광부가 실업자가 되고 약 3만 5,000개의 제조업 일자리가 사라졌다(Perreault 2006: 155).

2000년대 초반부터 커다란 사회적·정치적 저항의 물결이 일었다. 2000년에는 지방정부의 상수도 서비스 민영화에 반대하는 코차밤바 '물 전쟁', 2003년에는 외국의 이권이 개입한 신자유주의와 가스 통제에 반대하는 '가스 전쟁'이 발생했고, 이로 인해 대통령이 사임했다. 이 자원 전쟁들은 사회주의운동당(MAS: Movimento al Socialismo)이 조직한 활동이었고, MAS는 2년 뒤 2005년 볼리비아 정권을 장악했다. 사회운동에 뿌리를 둔 MAS는 볼리비아 자연자원의 부를 '국민

을 위해' 되찾겠다는 선거 캠페인을 펼쳤다(Kohl and Farthing 2012: 229). MAS를 이끈 사람은 아이마라 원주민 출신 에보 모랄레스(Evo Morales)였고, 그는 자유화와 구조조정으로 생계에 어려움을 겪는 코카 농민, 광부, 농촌 노동자, 원주민 등을 대변했다. 모랄레스는 2009년과 2014년에 재선되었지만, 2015년 대통령 임기 연장을 위한 개헌에 나섰다가 국민투표에서 근소한 표차로 반대에 부딪쳤다.★

2006년 MAS는 '토착적 신발전주의(indigenous neo-developmentalism)' 모델을 추구하는 새로운 발전계획을 수립했다. 이는 원주민의 '잘 살기(living well)' 개념을 기초로 사람과 자연환경 간 조화로운 균형을 추구하는 것이다. 2006년 5월 1일 최고법령 제28,701호의 통과로 대안적 발전모델의 이정표가 마련되었다. 이 법령의 핵심은 자원채굴로 얻은 경제적 이익을 사회 프로그램을 통해서 재분배한다는 것이었다. 이를 위해 천연가스 부문의 국유화가 단행되었고, 기존에 소유권을 보유했던 브라질 국영기업 페트로브라스(Petrobras)와 스페인 기업 렙솔(Repsol)의 지분 중 51%를 볼리비아 국영 유전(YPFB: Yacimientos Petrolíferos Fiscales Bolivianos)이 인수했다. 그리고 유정 사용료와 세금을 18%에서 50%로 인상했다(Kaup 2010: 129). 광업 부

....

★ 모랄레스의 4선 도전은 2016년 볼리비아 헌법재판소의 판결로 가능해졌다. 하지만 2019년 11월 대선 과정 중에 불거진 부정선거(또는 쿠데타) 논란으로, 그는 대통령직을 사임하고 다음 날 멕시코로 망명했다.

문에 대해서는 좀 더 신중하게 접근하여, 국유화와 세금 인상보다는 외국 기업과의 제휴 전략을 선택했다.

다른 라틴아메리카 국가들과 마찬가지로 볼리비아의 교역조건은 2000년대의 1차상품 가격 상승으로 크게 개선되었지만, 그만큼 수출에 대한 경제의존도는 높아졌다(Simarro and Antolin 2012). 앞서 언급한 세금 인상 덕분에 볼리비아에서는 (석유 및 천연가스와 관련된) 탄화수소 세입액이 급상승하여 전체 세입액에서 절반가량을 차지하게 되었다(그림 7.10). 그러나 과거의 정책 및 천연가스 채굴, 운송, 사용 등과 관련된 물질적 제약 때문에 정부의 정책은 한계에 부딪쳤다. 특히 브라질과 맺은 20년간의 공급계약으로 2019년까지 대부분의 천연가스를 브라질로 보내야 했기 때문에, 송출량이 아닌 가격과 세율만 재협상 대상이 될 수 있었던 것이다(Kaup 2010). 그리고 수입을 사회 프로그램에 사용함으로써 탄화수소 부문에 대한 투자는 거의 이루어지지 못했고 YPFB는 자금과 기술 부족에 시달렸다.

MAS가 도입한 주요 사회 프로그램은 2005~14년까지 최저임금 87.7% 인상(O'Hagan 2014), 68만 7,000명 수혜자 대상의 '존엄 연금' 제도 도입, 보건과 교육에 대한 투자 등이다. 이런 프로그램의 성공적인 추진으로 국가 빈곤선에 못 미치는 인구 비율이 2000년 66.4%에서 2014년 39.1%로 감소했다(data.world-bank.org). 1차상품 가격 하락으로 경제성장률이 2013년 6.8%에서 2015년 4.8%로 감소했지만(위의 책), 라틴아메리카 대부분의 국가들보다 훨씬 높은 수준을 유지했다.

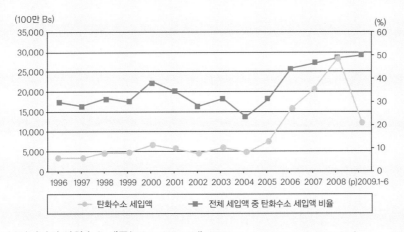

그림 7.10 볼리비아의 탄화수소 세금(1996~2009년) (출처: Simarro and Antolin 2012: 547)

을 유지하며 일상적으로 물질적 수요를 충족시키 길 원하지만, 정부와 민간업자들은 경제적 이익을 위해 자원을 개발하며 지역의 생계 기반을 위협한다(Bebbington and Bebbington 2010). 삼림벌채 계획, 광물채굴 사업, 수력발전과 관개를 위한 댐 건설 등은 종종 서로 다른 이해관계자 간에 발생하는 '자원 전쟁'의 원인이 된다(Box 7.8). 로컬 저항운동은 대체로 장소를 기반으로 발생하고, 국가나 민간기업의 지식과 권력에 대응하여 지역적 가치와 정체성을 내세운다. 민영화와 자유화 정책의 결과로, 지역자원에 대한 외부 기업의 지배권 확보가 훨씬 용이해졌고, 이는 지역 집단들과의 갈등을 증폭시킨다. 대부분의 운동이 로컬을 기반으로 진행되지만, 미디어와 인터넷을 창의적으로 활용해 국제적 지지를 얻어 보다 광범위한 차원에서 이루어지는 활동도 있다.

사회운동은 남아시아, 동남아시아, 사하라 이남 아프리카 등 수많은 개발도상국에서 발생했는데, 라틴아메리카에서는 흥미로운 사례가 자주 발생했다. 한편에는 빈민과 원주민이, 다른 한편에는 정부와 (TNC를 포함한) 민간자본이 존재하며 극단적으로 불평등한 사회관계가 형성되었기 때문이다. 가장 잘 알려진 것 중 하나는 멕시코 치아파스 지역에서 마야 원주민의 이익을 대변하는 사파티스타(Zapatista) 게릴라 운동이다(Routledge 2014). 빈곤과 지역자원 개발에 대한 저항에서 시작된 이 운동은 1994년부터 발효된 북미자유무역협정(NAFTA)과도 복잡하게 얽혀 있었다. NAFTA로 인해 국제 시장을 겨냥한 집약적 농업이 성장하면서, 소수의 부유한 농민과 대다수의 무토지 원주민 노동자들이 출현하게 되었다.

또 다른 사례로 브라질의 '토지 없는 사람들의 운동(MST: Movimento Sem Terra)'을 들 수 있다. MST는 1984년 창립된 후 22만 명의 회원이 참여하는 전국적 대중 사회운동으로 발전했다(Routledge 2014). 토지 없는 노동자와 농민이 회원의 주축을 이루는 이 운동은 극단적으로 불균등한 브라질의 토지 분배 현황을 반영하는 것이다. MST는 토지개혁을 핵심 목적으로 지향하지만, 브라질의 대토지 소유제인 라티푼디오(latifundio)에만 저항하는 것은 아니다. 미주자유무역지대(FTAA: Free Trade Area of Americas) 출범과 같은 신자유주의 경제모델에 대해서도 적극적인

그림 7.11 토지 없는 사람들의 운동(MST) 시위 모습
(출처: Luciney Martins)

반대운동을 펼친다. 사용하지 않는 거대한 사유지를 불법적으로 무단 점유하는 방식이 MST가 사용하는 전략이다. 1991년 이후 60만 명 이상의 사람들이 그런 식으로 재정착했는데, 대지주들이 이에 대항해서 사병(private armies)을 조직해 무단 점유자를 공격하고 살해하는 심각한 폭력사태가 발생하기도 했다. MST는 수도인 브라질리아에서 행진과 집회를 조직하며 농업개혁의 의제를 제시하기도 했다(그림 7.11).

1990년대 후반부터 2000년대 사이 라틴아메리카에서는 '좌파로의 전환'이 뚜렷하게 나타났다. 베네수엘라, 볼리비아, 에콰도르, 아르헨티나, 브라질, 파라과이 등 몇몇 국가에서 급진좌파 또는 중도좌파 정부가 들어섰다. 이들 정부 중 일부는 앞에서 언급한 대중적인 사회운동 및 정치운동과 직접적으로 연계되었다(Box 7.8). 이러한 움직임은 1990년대부터 라틴아메리카에 폭넓게 수용된 신자유주의 모델의 위기를 반영한다(Escobar 2010). 불평등 심화, 실업률 및 비공식경제의 증가, 환경 악화 등의 문제를 초래한 신자유주의에 저항하기 위해 사회운동가와 정치 지도자가 민영화, 자유화, **탈규제**(deregulation) 등의 개혁조치에 맞서 새로운 운동의 물결을 일으킨 것이다.

라틴아메리카의 신좌파(New Left) 정부는 '포스트신자유주의'라 불리기도 한다(Yates and Bakker 2014). 신자유주의를 초월하는 유토피아적-이데올로기적 프로젝트를 제시하고 이를 실현하기 위해 실용적 정책과 계획을 추진했기 때문이다. 라틴아메리카의 포스트신자유주의에서는 2가지의 구체적인 목표를 확인할 수 있다(Yates and Bakker 2014: 64). 첫째는 시장경제가

사회적 지향점을 갖도록 방향을 전환하는 것이고, 둘째는 다양한 사회-문화적 부문과 집단 간에 참여와 연대가 일어나는 새로운 정치를 구성해 시민권을 부활시키는 것이다. 이러한 목표를 반영하여 마련된 포스트신자유주의의 원칙과 실천방식은 표 7.5와 같다. 이 용어는 신자유주의와의 완전한 단절을 의미하지는 않는다. 신좌파 정부가 작동하는 광범위한 경제적·정치적 환경은 여전히 신자유주의와 구조적으로 연결되어 있다.

라틴아메리카의 여러 포스트신자유주의 정부 간에도 상당한 차이가 존재한다. 이들의 정치-경제 이념은 실용적 개혁주의, 대중적 민족주의, 토착적 신발전주의, 보수적 근대화의 4가지로 구분할 수 있다(Yates and Bakker 2014). '실용적 개혁주의'는 브라질, 칠레, 페루에서 뚜렷하게 나타나는데, 전형적인 사회민주주의 정부가 들어서 경제성장, 안정성, 빈곤 완화, 민주적 참여 등을 강조한다. 베네수엘라와 아르헨티나는 '대중적 민족주의' 노선을 추구하며 신자유주의 헤게모니 타파에 많은 노력을 기울였다. 대중적 민족주의 요소가 볼리비아와 에콰도르에서도 일부 나타나지만, 이들은 '토착적 신발전주의'의 모습을 많이 드러냈다. 자연자원을 활용해 다민족·다문화 국가를 발전시키려는 노력이 두드러졌기 때문이다(Box 7.8). 마지막으로, '보수적 근대화'의 관점은 포스트신자유주의 정치의 한계점을 지적하면서 국가, TNC, 세계은행이나 IMF 등 국제기구들이 추구하는 전형적인 신자유주의의 지속을 강조한다. 포스트신자유주의 정부는 경제성장과 빈곤감소의 측면에서 일부 성공을 거두었지만(Box 7.8), 경제위기의 영향으로 2014년 이후부터 그들의 노

표 7.5 라틴아메리카 포스트신자유주의의 원칙과 실천방식

원칙		실천
재사회화	(사회 영역에서) 국가의 재정립	• 사회적 부문과 사회서비스의 재규제(복지 개혁, 공공영역에서 기초서비스 제공, 물 등 공공재의 공공성 강화) • 국유화 • 거대 기업에 대한 규제 • 내수 시장 촉진과 자본의 규제
	시장경제의 (재)사회화	• 연대적 경제의 구축(협동조합, 연합체, 공동체 조직) • 노동관계의 강화 • 탈상품화 • 공동재산권 재확립(지역 및 집단 거버넌스) • 주민참여예산
민주주의의 성숙	시민사회의 재정치화 (자주관리, self-management)	• 의사결정의 위계적 구조 탈피 및 합의 도출의 공간 조성(장소 기반, 현안이나 자원 기반, 정체성 기반) • 참여적 의사결정 메커니즘의 제도화 • 다민족주의와 다문화주의 • '일상 정치'로서의 사회적 동원(사회운동을 국민투표식 정치에 통합시킴, 헤게모니 투쟁으로서의 국가 정체성)
	지역 통합 (신 지역 정치경제)	• 지역 협력(경제적 거래, 지식 교류) • 금융 자율(국제 금융 기관으로부터의) • 지역의 정치 자율(반제국주의)

(출처: Yates and Bakker 2014: 71)

력은 약화되었다. 아르헨티나, 브라질, 베네수엘라에서는 사회적 불안과 정치적 변화가 이미 나타나기 시작했다(Trinkunas and Davis 2016).

7.7 요약

제2차 세계대전 이후, 과거 식민지였던 아프리카, 아시아, 라틴아메리카를 발전시키는 일은 중요한 정치적·경제적 프로젝트였다. 미국과 그 동맹국들은 냉전질서하에 1940년대 후반부터 이 프로젝트에 적극적으로 참여했다. 이른바 제3세계라는 곳은 (사회·정치·경제·담론적으로) 하나의 영역인 것처럼 구성되어, 보편적 빈곤과 후진성에 시달리며 외부의 지식과 자원의 투입이 필수적인 공간으로 인식되었다. 1980~90년대의 부채위기 상황에서 SAP는 중요한 것으로 여겨졌다. 1990년대 중반 이후 경제개혁의 초점은 빈곤감소로 변화하였고, 발전기구, 정부, NGO 사이에 새로운 합의가 등장하는 듯했다. 그러나 현실에서 세계은행과 IMF가 개발도상국에 대한 지원조건을 좌우하고 있다. 원조를 받기 위해 개발도상국이 구체적인 요구조건을 받아들여야 하는 '조건부' 레짐이 공고하게 유지되고 있다는 말이다. 빈곤감소에 대한 새로운 관심에도 불구하고, 경제 자유화, 개방화, 구조조정을 단행하라는 처방은 여전히 위세를 발

휘하고 있다. 빈곤감소의 책임은 빈국에게 부과되는 한편, 무역과 투자를 지배하는 글로벌 규칙과 같은 광범위한 구조적 제약은 거의 무시된다.

지난 30년 동안 글로벌 불평등은 다소 개선되었지만 여전히 상당한 규모로 남아 있다. 글로벌남부 내에도 불균등발전 과정 때문에 지역 간 격차가 크게 벌어졌다. 동아시아와 일부 남아시아 지역에서는 지속적인 성장을 경험했지만, 1980~90년대 사하라 이남 아프리카의 경제는 쇠퇴했고 라틴아메리카는 정체기에 있었다. 2000년대 1차상품 가격이 상승하며 글로벌남부 대부분의 국가가 높은 성장을 기록했지만, 선진 경제와의 격차를 좁히기에는 역부족이었다. 2013~14년 이후, 1차상품 가격이 하락하면서 개발도상국의 성장률은 전반적으로 낮아졌고, 부정적 영향은 라틴아메리카에서 가장 크게 나타난다. NIDL에 따른 제조업 생산의 이전 장소로 국가에는 성장과 일자리의 기회가 창출되었지만, 조기 탈산업화를 경험하는 개발도상국도 생겨났다(Rodrik 2016). 경제 자유화로 인해 주요 산업의 경쟁력이 약화되었기 때문이다. 이는 생계의 광범위한 다각화 및 비공식경제의 성장과 관련된 현상이다. 경제 자유화와 민영화에 대한 반응으로 일부 개발도상국, 특히 2000년대 라틴아메리카에서 신좌파 정부가 탄생하기도 했다. 사회적·정치적 변화의 물결 속에 탄생한 신좌파 정부의 운명은 엇갈렸다. (최근에는 다른 모습이지만) 볼리비아는 상대적으로 성공적이었으나, 브라질과 베네수엘라는 심각한 경제위기에 직면했다. 이러한 점에서 발전이 지닌 경합적 성격을 발견할 수 있다. 또한 특정한 역사적·지리적 맥락에 맞는 발전모델과 실천방식을 마련하고자 하는 (정부, 국제경제기구, TNC, NGO, 지역 공동체 등) 주요 행위자들의 노력도 함께 살펴보았다.

연습문제

개발도상국 한 곳을 선정하여 1980년대 이후 해당 국가의 발전 경험을 검토해보자. 뒷 페이지에 제시된 웹사이트를 연구의 출발점으로 삼으면 좋을 것이다.

성장, 고용, 소득, 교육, 건강 등에 관한 통계자료를 참고해 선정한 국가의 경제적 성과가 시간에 따라 어떻게 변화하였는지 평가해보자. 발전의 핵심 동력은 무엇이며 어떠한 발전전략을 채택하고 있는가? 발전전략은 7.3에서 논의한 이론과 어떻게 관계되는지도 생각해보자. 그리고 발전 의제 설정의 주체는 누구인가? 정부, 세계은행, IMF, 외국계 TNC, NGO, 국내의 이해당사자(지주, 기업가, 무역업자, 노동자, 농부 등)의 역할을 통해 살펴보자. 특정 발전계획에 이의를 제기하는 로컬 사회운동의 사례가 존재하는가? 마지막으로, 탐구한 국가의 발전 전망에 대한 여러분의 생각도 공유해보자.

더 읽을거리

Desai, V. and Potter, R. (eds) (2014) *The Compan-ion to Development Studies*, 3rd edition. London: Arnold.

발전에 대한 다양한 주제에서 권위자들의 글을 모아놓은 책이다. 발전의 의미, 주요 이론, 농촌발전, 도시화, 산업화, 환경, 성과 인구, 보건과 교육, 폭력과 불안정, 발전의 주요 행위자 등을 포함해 광범위한 주제를 종합적으로 다룬다.

Hudson, R. (2016) Rising powers and the drivers of uneven global development. *Area Development & Policy*. Online first, DOI: 10.1080/23792949.2016.12 27271.

BRICS에 주목하여 글로벌 경제에서 신흥 강대국의 출현에 대한 설명을 제시하는 문헌이다. 이들의 부상과 글로벌 경제에서 불균등발전 패턴의 진화 간 관계를 국제 노동분업을 중심으로 파악한다. 신흥 강대국 간의 차이를 강조하며 이들의 향후 경제전망을 논한다.

Poter, R., Binns, T., Elliott, J.A., Nel, E. and Smith, D. (2017) *Geographies of Development: An Introduc-tion to Development Studies*, 4th edition. London: Routledge.

아마도 지리학에서 발전 이슈에 관한 최고의 교재일 것이다. 주요 이론과 식민주의의 역사적 유산을 점검하며 광범위하게 통합적인 방식으로 발전의 문제를 살피며, 인구, 자원, 제도 등의 역할을 점검하고 개발도상국을 중심으로 발전의 공간을 평가한다.

Power, M. (2016) Worlds apart: the changing geog-raphies of global development. In Daniels, P., Brad-shaw, M., Shaw, D., Sidaway, J. and Hall, T. (eds) *Human Geography: Issues for the Twenty First Cen-tury*, 5th edition. Harlow: Pearson, pp. 170-85.

글로벌 스케일에서의 차이와 불평등을 강조하며 개발 문제를 논의하는 흥미로운 글이다. 주요 이론, 제도, 발전의 역사 등을 다루며, 개발도상국에서 가구와 개인이 경험하는 불평등의 문제를 부각한다.

Routledge, P. (2014) Survival and resistance. In Cloke, P., Crang, P. and Goodwin, M. (eds) *Intro-ducing Human Geographies*, 3rd edition. London: Routledge, pp. 325-38.

발전 프로젝트에 저항하는 지역사회운동의 성장에 대한 유용한 설명을 제시하는 글이다. 7.6에서 다룬 3가지 사례 중 2가지를 상세히 소개한다. 장소 기반 사회운동의 기원과 이들 간 글로벌 연대의 증대를 강조한다.

Willis, K. (2014) Theories of development. In Cloke, P., Crang, P. and Goodwin, M. (eds) *Intro-ducing Human Geographies*, 3rd edition. London: Routledge, pp. 297-311.

근대화 학파, 종속이론, 신자유주의, 풀뿌리발전 등을 망라해 주요 발전이론을 명쾌하게 요약한 글이다. 각각의 접근에 대하여 요점정리 형태의 정보를 제공한다.

웹사이트

www.oxfam.org.uk

영국의 대표적인 개발 NGO 중 하나인 옥스팜의 웹사이트로, 이들의 역사와 현재의 전략에 대한 상세정보를 제공하고, 이들이 수행하는 주요 프로젝트와 캠페인을 소개한다. 자원봉사, 모금활동 등 여러분이 옥스팜에 참여할 수 있는 방법에 대한 내용도 포함되어 있다.

http://hdr.undp.org

UNDP 홈페이지이며, 인간개발에 대한 현재 통계, 매년 발간되는 『인간개발보고서』, HDI 등 발전지수 산출 방법에 대한 상세정보가 제공된다. 인간개발의 동향과 성과를 파악할 수 있는 대화형 지도와 툴을 제공한다.

www.worldbank.org

세계은행의 공식 사이트로 광범위한 정보를 제공하며 보고서와 프로젝트를 소개한다. 주요 자료에는 매년 발간되는 『세계개발보고서(World Development Report)』와 『세계개발지표(World Development Indicators)』, (발전에 대한 최신 사상을 반영하는) 세계은행 총재와 기타 고위 인사의 발언 기록 등이 포함된다. 그리고 개별 국가 및 국가군에 대한 통계자료도 검색할 수 있다.

www.mstbrazil.org

브라질 MST의 홈페이지로, 이 운동의 역사, 목표, 관련 캠페인 등에 대한 다양한 정보를 제공한다.

참고문헌

Bebbington, A. and Bebbington, D.H. (2010) An Andean Avatar: post-neoliberal and neoliberal strategies for promoting extractive industries. *BWPI Working Paper* 117. Manchester: Brooks World Poverty Institute, The University of Manchester.

Bell, M. (1994) Images, myths and alternative geographies of the Third World. In Gregory, D., Martin, R. and Smith, G. (eds) *Human Geography: Society, Space and Social Science.* Basingstoke: Macmillan, pp. 174-99.

Carney, D. (ed.) (1998) *Sustainable Rural Livelihoods: What Contribution Can We Make?* Nottingham: Department of International Development, Russell Press Ltd.

Corbridge, S. (2008) Third world debt. In Desai, V. and Potter, R. (eds) *The Companion to Development Studies,* 2nd edition. London: Arnold, pp. 508-11.

Degaut, M. (2015) *Do the BRICS Still Matter?* Washington, DC: Center for Strategic and International Studies.

De Haan, L.J. (2012) The livelihood approach: a critical exploration. *Erdkunde* 66: 345-57.

Desai, V. and Potter, R. (eds) (2014) *The Companion to Development Studies,* 3rd edition. London: Arnold.

Dicken, P. (2015) *Global Shift : Mapping the Changing Contours of the World Economy*, 7th edition. London: Sage.

The Economist (2014) The great deceleration, 22 November.

Escobar, A. (2010) Latin America at a crossroads. *Cultural Studies* 24: 1-65.

Fraser, A. (2010) Introduction – boom and bust on the Zambian Copperbelt. In Fraser, A. and Larmer, M. (eds) *Zambia, Mining and Neoliberalism: Boom and Bust on the Globalised Copperbelt*. Basingstoke: Palgrave Macmillan, pp. 1-30.

Fraser, A. and Lungu, J. (2007) *For Whom the Windfalls: Winner and Losers in the Privatisation of Zambia's Copper Mines*. Lusaka: Civil Society Trade Networks of Zambia.

Fukuda-Parr, S. (2016) From the Millennium Development Goals to the Sustainable Development Goals: shifts in purpose, concept, and politics of global goal setting for development. *Gender & Development* 24: 43-52.

Hickel, J. (2016) The true extent of global poverty and hunger: questioning the good news narrative of the Millennium Development Goals. *Third World Quarterly* 37: 749-67.

Horner, R. (2016) A new economic geography of trade and development? Governing south-south trade, value chains and production networks. *Territory, Politics, Governance* 4: 400-420.

Hudson, R. (2016) Rising powers and the drivers of uneven global development. *Area Development & Policy*. Online first, DOI: 10.1080/23792949.2016.1227271.

Kaup, B.Z. (2010) A neoliberal nationalisation? The constraints on natural gas-led development in Bolivia. *Latin American Perspectives* 37: 123 – 38.

Knox, P., Agnew, J. and McCarthy, L. (2003) *The Geography of the World Economy*, 4th edition. London: Arnold.

Kohl, B. and Farthing, L. (2012) Material constraints to popular imaginaries: the extractive economy and resource nationalism in Bolivia. *Political Geography* 31: 225-35.

Mususa, P. (2010) 'Getting by': life on the Copperbelt after the privatisation of Zambian Consolidated Copper Mines. *Social Dynamics* 36: 380-84.

Mususa, P. (2012) Mining, welfare and urbanisation: the wavering urban character of Zambia's Copperbelt, *Journal of Contemporary African Studies* 30: 571-88.

O'Hagan, E.M. (2014) Evo Morales has proved that socialism doesn't damage economies. *The Guardian*, 14 October.

Oxfam (2015) Annual Report and Accounts 2014 – 2015. Oxford: Oxfam.

Peet, R. and Hardwick, A. (1999) *Theories of Development*. New York: Guildford.

Perreault, T. (2006) From the *Guerra del Agua* to the *Guerra del Gas*: resource governance, neoliberalism and popular protest in Bolivia. *Antipode* 31: 150-72.

Potter, R., Binns, T., Elliott, J.A. and Smith, D. (2004) *Geographies of Development*, 2nd edition. Harlow: Pearson.

Potter, R., Binns, T., Elliott, J.A. and Smith, D. (2008) *Geographies of Development*, 3rd edition. Harlow: Pearson.

Power, M. (2016) Worlds apart: the changing geographies of global development. In Daniels, P., Bradshaw, M., Shaw, D., Sidaway, J. and Hall, T. (eds) *Human Geography: Issues for the Twenty First Century*, 5th edition. Harlow: Pearson, pp. 170-85.

Rodrik, D. (2016) Premature deindustrialisation. *Journal of Economic Growth* 21: 1-33.

Routledge, P. (2014) Survival and resistance. In Cloke, P., Crang, P. and Goodwin, M. (eds) *Introducing Human Geographies,* 3rd edition. London: Routledge, pp. 325-38.

Sader, E. (2011) *The New Mole: Paths of the Latin American Left*. London: Verso.

Sheppard, E. and Leitner, H. (2010) Quo vadis neoliberalism? The remaking of global capitalist governance after the Washington Consensus. *Geoforum* 45: 185-94.

Simarro, R.M. and Antolin, M.J.P. (2012) Development strategy of the MAS in Bolivia: characterization and an early assessment. *Development and Change* 43 (2): 531-56.

Simon, D. (2008) Neoliberalism, structural adjustment and poverty reduction strategies. In Desai, V. and Potter, R. (eds) *The Companion to Development Studies,* 2nd edition. London: Arnold, pp. 86-92.

Simutanyi, N. (2008) Copper mining in Zambia: the developmental impact of privatisation. Institute for Security Studies (ISS) Paper 165, July. Pretoria, South Africa: ISS.

Smith, A. (2015) Economic (in)security and global value chains: the dynamics of industrial and trade integration in the EU-Mediterranean region. *Cambridge Journal of Regions, Economy and Society 8*: 439-58.

Tett, G. (2010) The story of the BRICS. *Financial Times,* January 15.

Townsend, J., Porter, G. and Mawdsley, E. (2004) Creating spaces of resistance: development NGOs and their clients in Ghana, India and Mexico. *Antipode 36*: 781-889.

Trinkunas, H. and Davis, C. (2016) Why Latin America's 2016 elections might produce big changes. At www.brookings.edu/blog/order-from-chaos/2016/01/06/why- latinamericas-2016-elections-might-produce-big-changes/. Last accessed 25 October 2016.

United Nations (2015a) *The Millennium Development Goals Report 2015.* New York and Geneva: United Nations.

United Nations (2015b) *Transforming our World: The 2030 Agenda for Sustainable Development.* Resolution 70/15. New York and Geneva: United Nations.

United Nations Conference on Trade and Development (UNCTAD) (2016) *Trade and Development Report, 2016: Structural transformation for inclusive and sustained growth.* New York and Geneva: UNCTAD.

United Nations Development Programme (UNDP) (2013) *Human Development Report 2013. The Rise of the South: Human Progress in a Diverse World.* New York: UNDP.

United Nations Development Programme (UNDP) (2015) *Human Development Report 2015. Work for Human Development.* New York: UNDP.

Willis, K. (2005) Theories of development. In Cloke, P., Crang, P. and Goodwin, M. (eds) *Introducing Human Geographies,* 2nd edition. London: Arnold, pp. 187-99.

Willis, K. (2014a) Theories of development. In Cloke, P., Crang, P. and Goodwin, M. (eds) *Introducing Human Geographies,* 3rd edition. London: Routledge, pp. 297-311.

Willis, K. (2014b) Migration and transnationalism. In Desai, V. and Potter, R. (eds) *The Companion to Development Studies,* 3rd edition. London: Arnold, pp. 212-16.

Yates, J.S. and Bakker, K. (2014) Debating the post-neoliberal turn in Latin America. *Progress in Human Geography 38*: 62-90.

PART 3

도시 및 지역 경제의 재조정

연결된 도시
교통 및 통신과 디지털경제

8.1 도입

교통 인프라와 정보통신기술(ICT: Information and Communication Technology)의 성장은 경제의 공간적 조직화와 깊게 관련되어 있다. 저렴한 가격에 재화, 자원, 정보, 자본 등을 원거리까지 이동시키는 것이 가능해졌기 때문이다. 교통과 ICT의 '공간축소기술'은 자본주의경제의 지리적 팽창에 중요한 밑거름이었고, 오늘날에는 글로벌화 과정을 촉진하고 있다(1.2.1 참조). 이렇게 공간축

소기술은 본질적으로 조력자나 촉진자와 같은 역할을 하여 새로운 조직적·지리적 배치를 가능케 한다(Dicken 2015: 75).

하지만 기술은 향후 일어날 결과까지 결정하지는 않는다. 일반적으로 기업계와 미디어에서는 기술의 진보가 경제적·사회적·지리적 변화를 이끈다는 식의 결정론적 관점을 취하지만, 이것은 지극히 단순화된 시각에 불과하다. 우리는 기술 변화를 사회적·문화적으로 착근된 과정으로 간주해야 한다. 동시에 그 과정은 기술이 제공하는 다양한 범위의 선택지 가운데 인간이 어느 것을 택하느냐에 따라 상이한 결과로 이어진다는 점을 인식해야 한다(앞의 책). 이러한 기본 원칙은 스마트폰, 소셜미디어와 같은 디지털 기술의 등장으로 ICT의 발달이 가속화되었다 하더라도 여전히 유효하다.

8장에서는 교통 및 ICT 투자가 지리적 조직화

와 경제의 구조에 미치는 영향을 주의 깊게 다룬다. 특히 공간적 집중을 의미하는 **집적(agglomeration)**과 공간적 분산 간 관계를 중점적으로 고찰한다. 1980년대 이후에는 퍼스널컴퓨터의 대중화, 항공요금의 하락, 고속철도의 등장과 같은 기술적 변화에 주목하며 '지리의 종말(end of geography)'(O'Brien 1992), '거리의 사멸(death of distance)'(Cairncross 1997)을 논하는 사람들도 등장했다. 이런 주장은 전자 네트워크를 통해서 비용의 제약을 거의 받지 않고 재화와 서비스를 즉각 이동시킬 수 있을 것이라는 전망에 기초한 것이었다(Gillespie *et al.* 2001). 또한 기업은 이제 인터넷을 이용해서 장소의 제약 없이 주요 시장에 접근할 수 있으므로, 공간적 집중의 시대가 저물고 분산이 대대적으로 일어날 것임을 직접적으로 시사하고 있었다. 이러한 관점은 정보와 지식의 클러스터가 도시의 경제적 기반을 형성한다고 보았던 기존의 시각을 뿌리째 흔들어놓았다.

그러나 이 주장은 최근의 연구에서 과도한 단순화였음이 밝혀졌다. 고부가가치의 경제활동은 여전히 교통과 ICT 인프라가 가장 발달한 대도시권역에 집중되어 있기 때문이다(8.3 참조). 이와 같은 집중화 경향은 저부가가치 활동이 개발도상국의 저비용 도시와 지역으로 옮겨가는 광범위한 공간적 분산과 동시에 발생한다. 그러나 기술의 발전, 교통 및 통신 네트워크에 대한 투자가 대규모로 진행되고 있는 (중국을 비롯한) 신흥 국가 거대도시 권역의 성장으로 공간적 분산 패턴은 달라질 수 있다.

한편, 최근에 등장한 '**공유경제(sharing economy)**'도 도시로 몰리고 있다. "도시의 특성으로는 규모, 근접성, 어메니티(편의시설), 전문화 등이 있는데, 이런 것들이 공유경제 기업의 성공 요인"이기 때문이다(Davidson and Infranca 2016: 218). **스마트시티(smart city)**를 개발할 때도 마찬가지로, 인프라, 사용자, 사물, 장비 등 필수적인 요소들을 갖추기 위해 도시의 밀집도에 의존하고 있다(8.5 참조).

8.2 교통 인프라와 도시·지역발전

간략히 말하자면 교통은 "사람의 출퇴근을 돕고, 재화를 시장으로 운송하고, 공급망과 물류 네트워크를 뒷받침하고, 국제무역을 지원하는" 중요한 역할을 수행한다(Eddington 2006: 3). 그리고 교통은 **시공간수렴(time-space convergence)** 개념의 핵심을 이룬다. 시공간수렴은 이동시간을 감소시키는 "교통혁신의 결과로 ⋯ 시공간상에서 여러 장소들이 서로 가까워지는 현상"을 강조한다(Janelle 1969: 351). 앞서 살폈던 **시공간압축**과도 중첩되는 부분이 많은 용어이다(1.2.1 참조).

교통 인프라에 대한 투자는 도시와 지역의 성장을 도모하고 지역 불균형을 해소하려는 정책적 도구로 널리 사용된다. 이런 투자가 연결성을 증진시키고 발전의 기반을 형성하여 긍정적 경제효과를 낳는다는 믿음 때문이다. 대표적 사례로 EU의 지역발전 정책을 들 수 있는데, EU는 지역 불균형을 해소하고 경제발전을 촉진하기 위해 교통 인프라에 집중적으로 투자하고 있다(Crescenzi and Rodríguez-Pose 2012).

8.2.1 글로벌북부의 교통과 지역발전

신경제지리학(NEG: New Economic Geography)을 주창한 학자들은 이론적인 관점에서 교통 인프라에 대한 투자가 지역 불균형을 해소한다는 가정에 대해 의문을 제기했다(2.3 참조). 이들은 역방향의 U자형 곡선모델로 운송비와 지역적 집중 간의 관계를 설명했다(그림 8.1). 초기 발전단계에서 높은 운송비는 도시-지역 간 재화 이동의 제약 요소로 작용하고, 로컬 시장으로의 접근성을 바탕으로 생산지가 분산되어 나타난다. 운송비가 감소하면, 지역 간 재화의 이동량은 증가하지만 수확체증 효과 때문에 집적경제가 발생한다. 그리고 시장규모 면에서 유리한 소수의 핵심지역으로 생산이 집중하는 현상이 나타난다(Ding 2013). 이런 경향이 지속되어 (교통혼잡, 과잉경쟁 같은) 집적불경제(diseconomies of agglomeration) 문제가 발생하면, 생산은 비용이 저렴한 저발전 지역으로 분산되어 새로운 곳에 경제활동이 재집적(re-agglomeration)하게 된다(Fujita 2011).

교통개선의 이익은 저발전 지역보다 핵심지역에 나타난다는 것이 역방향의 U자형 곡선 모델의 중요한 정책적 함의이다. 경제학자 디에고 푸가(Diego Puga)에 따르면, "저발전 지역과 주요 시장을 연결하는 인프라 사업은 저발전 지역 기업에게 시장 접근성의 기회를 제공하지만 동시에 더 발전된 지역에 있는 기업과 치열하게 경쟁해야 하는 문제도 유발한다"(Puga 2008: 17). 교통 인프라 투자의 지역적 효과를 평가하는 연구들의 결과는 혼재된 양상을 보인다. 그러므로 지역적 영향은 "기존 산업구조, 시장의 규모, 운송비의 비중 및 기타 변화 요인들의 중요도에 좌우되

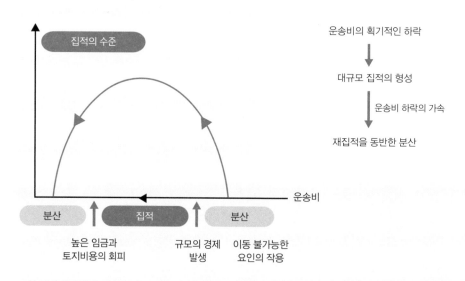

그림 8.1 운송비 하락이 집적에 주는 영향(역방향의 U자형 곡선 모델) (출처: Fujita 2011)

는 경험적 분석의 대상"으로 간주할 필요가 있다(Vickerman 2012: 25).

리네커(Linneker 1997)는 유럽에서 교통 인프라와 지역의 경제발전 간 관계에 대한 연구를 검토하면서 생산과 소비의 영역을 구분하여 고찰했다. 소비의 경우 접근성 개선으로 경쟁이 심화되면 가격이 낮아지기 때문에 대중의 복지가 증진되는 경향이 있지만, 이와 같은 개인적 차원의 결과로 지역에 미치는 효과를 논하기에는 부족함이 많다. 생산영역과 관련해 지역 불균형은 여러 가지 결과로 나타나는 복잡한 문제이다. 1980~2007년에 영국에서 시행된 31개 도로망 사업의 경제적 결과를 살펴보자. 이 사업들은 대체로 지역의 고용 및 사업체 수 증가로 이어졌다(Gibbons *et al.* 2017). 그러나 고용증가 효과는 신규 사업체에서만 나타났고, 도로개선 이전부터 존재했던 사업체에서는 오히려 고용이 감소했다. 이에 대해 연구자는 교통개선으로 신규 업체가 진입해서 임금을 상승시켰고, 그에 대한 대응으로 기존 업체는 고용을 줄이고 재화와 서비스의 외주를 늘렸다고 해석했다.

리네커(Linneker 1997: 60)는 교통의 조력자적 역할을 강조하며 "교통에 대한 투자가 경제발전에 미치는 영향은 … 교통의 영역 바깥에 존재하는 수많은 요인들의 작용으로 결정된다"는 주장을 펼친다. 이런 논의를 발전시켜 바니스터와 베러치먼(Banister and Berechman 2001)은 교통투자가 지역발전으로 이어지기 위한 3가지 필수적 요건을 제시했다(그림 8.2). 경제적 조건, 투자 조건, 정치적·정책적·제도적 조건이라는 세 요건을 모

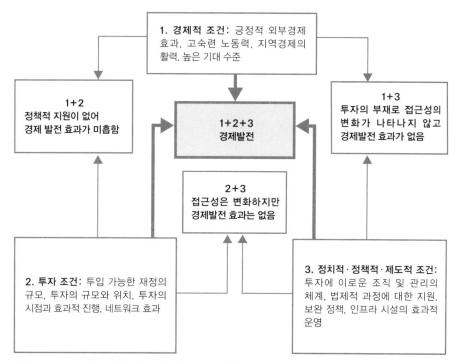

그림 8.2 교통 인프라 투자가 지역경제발전을 촉진하기 위한 필수요건 (출처: Banister and Berechman 2001: 210)

두 갖추어야만 교통에 대한 투자가 지역경제에 긍정적인 영향을 준다. 만약 투자 시점에 한두 가지 조건만 충족했다면, 접근성 개선과 같은 몇 가지 효과가 나타날 수는 있지만 지역경제 발전 효과가 발생했다고 보기는 어렵다.

고속철도의 성장은 교통 인프라와 도시 및 지역의 경제발전 간 관계에 대한 관심을 증폭시켰다. 고속철도란 신규 선로에서 시속 250km (기존 선로를 개량한 경우 시속 200km) 이상으로 운행할 수 있는 철도를 말한다(EU 1996). 경제학자 콜린 클락(Colin Clark)은 여러 도시들이 경쟁력 강화와 성장의 수단으로 고속철도 유치를 위한 로비에 힘쓰는 것에 주목하며, 고속철도가 '도시의 성패를 가르는 기준'을 의미하게 되었다고 주장했다(Chen and Hall 2011). 고속철도는 지난 수십 년간 엄청나게 성장했으며, 시공간수렴의 새로운 장을 이끌고 있다. 1964년 일본에서 처음 시작되어 1981년 프랑스의 떼제베(TGV) 시스템이 뒤를

이었다. 스페인, 독일, 이탈리아, 한국, 중국에서도 고속철도가 운행되고 있다(표 8.1). 특히 중국의 성장속도는 놀라운 수준이다. 2012년에 시작하여 역사는 짧지만 현재 세계 고속철도 교통량의 절반 이상을 중국이 차지하고 있다(표 8.1).

고속철도가 도시 및 지역 발전에 미치는 효과에 대해 단일한 결론을 찾을 수는 없지만, 도시와 지역의 유형에 따라 상이한 효과가 나타나는 것은 분명하다(Chen and Hall 2012). NEG에서 예견했던 바와 같이 고속철도가 핵심부와 저발전 지역 간 불균형을 증가시킨다는 증거가 유럽과 아시아 모두에서 나타났다(Albalate and Bel 2010). 특히 주변부 지역보다 거대 결절(node)이 더 많은 혜택을 받는 '허브(hub) 효과'가 명백했다(Box 8.1 참조). 프랑스의 경우 파리에서 고속철도 건설로 인한 이익이 가장 크게 나타났고, 리옹이나 릴 같은 주요 지역 허브의 성장은 배후 지역으로 확산되지 못했다(Box 8.1). 스페인의 주변부 도

표 8.1 세계 주요국의 고속철도(2016년 11월 1일 기준)

국가	집계 기간(연도)	운행 거리(km)	건설 중(km)	계획 거리(km)	총연장 거리(km)
일본	1964~2035	3,041	402	179	3,622
프랑스	1981~2018	2,142	634	1,786	4,562
독일	1988~2025	1,475	368	324	2,167
이탈리아	1981~2020	923	125	221	1,269
스페인	1992~2018	2,871	1,262	1,327	5,460
중국	2003~2020	21,688	10,201	1,945	33,834
한국	2004~2017	598	61	49	708
터키	2009~2016	688	469	1,134	2,291
영국	2003~2032	113	–	543	656

(출처: UIC High Speed Department 2016. www.uic.org/IMG/pdf/20161101_high_speed_lines_in_the_world.pdf.)

Box 8.1

영불해협터널 철도와 불균등발전

1994년 영불해협터널(Channel Tunnel)이 개통되면서 런던, 파리, 브뤼셀 사이에 유로스타(Eurostar) 고속철도 운행이 가능해졌다. 2007년에는 런던의 세인트판크라스 역까지 연장 사업이 마무리되면서 이동시간이 런던과 브뤼셀 사이는 2시간, 런던과 파리 사이는 2시간 15분으로 단축되었다. 유로스타는 항공사와의 경쟁에서도 우위를 점하면서 2011년에는 80%를 상회하는 점유율을 기록했다(Thomas and O'Donoghue 2013). 그러나 승객의 수는 개통 이전의 예측 수준에 미치지 못했다. 저가항공사에서 유럽 본토의 여러 지역을 보다 빠르고 저렴한 가격으로 연결하고 있었기 때문이다(앞의 책).

유로스타 덕분에 런던, 파리, 브뤼셀 같은 주요 도시가 연결되었지만, 켄트(Kent)나 노르파드칼레(Nord-Pas-de-Calais)와 같이 경제적으로 정체된 지역은 단지 통과만 하는 곳으로 남아 있다(그림 8.3). 1980년대 중반까지 두 지역의 1인당 GDP는 서유럽 평균에 한참 뒤떨어져 있었기 때문에 두 곳은 고속철도망이 중간지대에 미치는 지역발전 효과를 점검하기에 적합한 지역이다(Vickerman 1994).

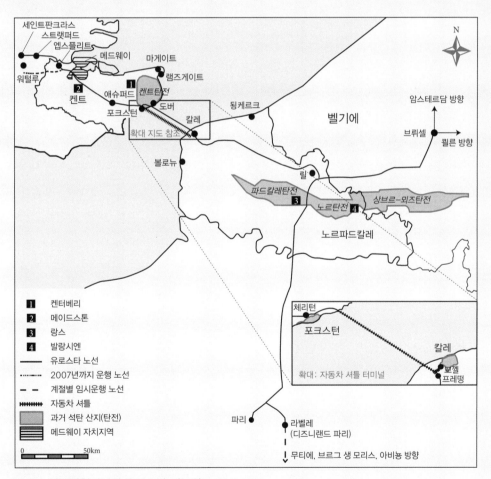

그림 8.3 영불해협터널과 유로스타 네트워크 (출처: Thomas and O'Donoghue 2013: 105)

런던, 브뤼셀, 파리와 함께 릴(Lille)도 고속철도 개통의 효과를 보았다. 이들 도시 간 연결성이 증대되면서 방문객 수도 늘며 관광업이 호황을 맞이했기 때문이다. 국내의 떼제베 서비스와도 연동되면서 릴은 교통의 허브가 되었을 뿐만 아니라, 신규 유로스타 역의 건설 및 '유라릴(Euralille)' 도시재생 사업을 통해서도 지역발전 효과를 보았다. 그러나 릴의 성장에 따른 승수효과는 인근 지역으로 광범위하게 퍼져나가지 못했다. 인근 배후 지역과의 기능적 연계가 제한적으로만 작동했기 때문이 다(Thomas and O'Donoghue 2013: 108). 영국 쪽의 켄트 지역에서는 릴에 필적할 만큼 이익을 보는 곳이 없다. 애시포드에는 역이 설치되어 런던의 세인트판크라스 역까지 37분 만에 갈 수 있지만, 이것 외에 지역적 수혜는 거의 없다(앞의 책: 109). 요컨대, 고속철도는 네트워크의 핵심 결절에 이익을 안겨주지만, 중간지대의 공간은 건설 사업을 통해 상당한 자본이 투입됨에도 불구하고 잠재적 이익이 현실화되지 못한다(Vickerman 2012).

시는 고속철도 연장으로 접근성이 가장 크게 향상되었지만, 마드리드와 바르셀로나 같은 주요 도시가 여전히 최상의 지위를 점하고 있다(Monzón *et al.* 2013). 한국의 경우 지역균형발전이 고속철도 건설의 핵심 목표였지만 실제로는 서울-대전의 회랑 지대가 가장 큰 접근성 향상 효과를 누렸다(Kim and Sultana 2015). 이처럼 고속철도가 지역 간 불평등 해소에 기여한다는 증거는 불분명하지만, 정부는 여전히 고속철도 건설을 균형발전정책으로 정당화한다. 대표적으로 영국 정부는 런던과 잉글랜드 북부 사이에 새로 건설될 HS2 노선을 통해 국가경제의 지리적 재정립을 이룩할 수 있을 것이라고 주장한다(Tomaney and Marques 2013).

8.2.2 글로벌남부의 교통과 지역발전

글로벌남부 개발도상국 도시의 교통상황은 상당히 심각한 수준이다. 특히 인구 증가에 비해 기본 인프라가 턱없이 부족한 방콕, 멕시코시티, 카이로 등 거대도시(megacity)들은 큰 어려움을 겪고 있다(Gwilliam 2003). 지구상에서 가장 혼잡하고, 통제되지 않으며, 대기의 질이 좋지 않은 곳이 바로 제3세계 거대도시의 거리이다. 인프라 부족 때문에 발생하는 교통혼잡은 거의 모든 개발도상국의 도시에 공통적으로 나타나는 현상이다. 미국 도시에서 도로의 비율은 20~30%를 차지하는 데 반해, 아시아의 거대도시는 10~12%에 불과하다(앞의 책: 202). 글로벌남부 도시에 자동차가 급격히 늘고 있기는 하지만 품질이 나쁜 차량이 대부분이다. 대중교통의 경우 대다수의 가난한 사람들, 특히 도시 변두리 판자촌에 사는 이들에게 접근성이 여전히 낮고 요금도 매우 비싸다. 도로의 과소공급 및 과잉수요, 다른 교통수단을 구축할 자금의 부족 때문에 개발도상국에서는 '도시 교통의 근본적 역설'이 발생한다(앞의 책: 212). 그리고 이런 문제는 인구증가, 부족한 인프라, 대규모 빈곤 등의 현안과 복잡하게 얽혀있다.

글로벌남부의 도시들은 교통 접근성 측면에서 대단히 불평등한 양상을 보인다. 극소수의 사람만 자동차의 혜택을 누리고, 대부분을 차지하는 도시 빈민은 대체로 도보나 자전거만을 이용할 수 있다. 그래서 자동차를 기반으로 설계된 교통정책과 도시개발 전략도 불평등 해소에 전혀 도움이 되지 못한다. 과시적인 '메가프로젝트(megaproject)'★는 사회적 필요보다 경제적 경쟁력 강화에만 초점이 맞춰져 있다(Lucas and Porter 2016). 수많은 도시 빈민에게 자동차 등 동력 기반 교통수단은 과도하게 비싸고 대중교통은 질이 떨어지며 믿을 만하지 않다. 콜롬비아 수도 보고타의 저임금 가정은 소득의 20% 이상을 출·퇴근 교통비용으로 지불하는데도 불구하고, 변두리 지역에서는 대중교통을 이용하기 위해 상당히 먼 거리를 도보로 이동해야 한다(Hernandez and Davila 2016: 184). 사하라 이남 아프리카와 라틴아메리카의 일부 도시에서는 비공식 부문에서 택시를 싼 값에 운영하기 시작해 사용자가 증가하고 있다(Lucas and Porter 2016). 이 택시는 도보 외에 도시로 접근할 수 있는 유일한 수단이다. 이런 사례는 지원정책이 부재한 상황에서 일상생활을 방해하는 극심한 교통난을 해결하려는 일반인들의 노력을 상징적으로 보여준다.

일반적으로 개발도상국에서 교통 투자로 얻는 지역경제발전 효과는 뚜렷한 편이다. 선진화된 교통시스템을 보유하고 있는 글로벌북부에 비해 초기 조건이 상당히 열악하기 때문이다(Gibbons 2017: 6). 1998년부터 300km가 넘는 자전거 도로를 건설한 보고타처럼 몇몇 도시는 교통환경이 좋아졌다(Sietchiping et al. 2012). 도로의 재조정과 확장, 교통 분기점의 관리, 차도와 인도의 명확한 구분 등과 같이 어렵지 않은 저비용 교통환경

개선정책도 도시의 이동성 증진과 경제 활성화에 도움이 된다. 도시 빈민가 주민들의 고용을 늘리고 기본서비스에 대한 접근성을 향상시키는 것은 여전히 난제로 남아 있다. 저렴하고 편리한 교통수단을 구축하는 차원을 넘어, 접근하기 용이한 곳에 공공시설과 서비스시설을 설립하는 '교통 이외의 정책적 개입'이 필요하기 때문이다(Olvera et al. 2003). 자전거 도로, 인도 설치 등 빈민을 대상으로 한 정책은 적은 비용으로도 상당한 이동성 개선 효과를 유발하여 학교, 직장, 공중보건 기관의 접근성을 증진시킨다는 점은 주목해야 할 교훈이다. 그러나 교통정책 하나만 가지고 지속적인 경제발전을 이루는 것은 불가능하다. 교통은 단지 조력자의 역할만 수행할 뿐, 도시와 지역의 경제를 자극하기 위해서는 대규모 투자를 유인하며 더 나은 정치적 환경을 조성할 수 있는 여러 다른 조치들도 필요하기 때문이다(Banister and Brechman 2001).

8.3 디지털경제의 지리

현대의 교통시스템은 글로벌 경제에서 재화, 자원, 사람의 장소 간 이동에 중요한 역할을 하고, ICT는 정보, 지식, 자본, 조직적 실천의 이동을 가능하게 한다. ICT의 발달은 처음에는 분리되어 있었던 2가지 기술의 영역이 수렴하여 형성된 것이다. 하나는 통신기술로 정보의 원거리 전달과 관련된 것이고, 다른 하나는 정보처리와 관련된 컴퓨터 기술이다(Dicken 2015: 80). 이 기술들은 아날로그가 아닌 디지털 방식으로 작동하고, 정보

★ 메가프로젝트는 올림픽, 아시안게임, 월드컵, 엑스포 등 세계적 주목을 받는 거대 이벤트를 말한다. 일반적으로 메가프로젝트를 준비하는 과정에서 교통망 정비, 주거환경 개선 등 대규모 인프라 사업이 진행된다. 그러나 사회적 약자가 피해를 보는 상황도 발생한다. 서울에서는 88올림픽 때문에 75만 명의 철거민이 발생했고, 미국에서는 1996년 애틀랜타 올림픽을 목적으로 노숙자(homeless) 집단이 거리에서 축출되었다.

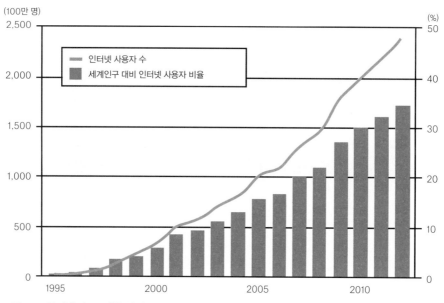

그림 8.4 인터넷의 급격한 성장 (출처: Dicken 2015: 91)

의 저장도 전자상에서 0~9까지의 숫자로 이루어
진다. 디지털화와 인터넷의 결합은 아주 중대한
의미를 지닌다. 예전보다 훨씬 빠르고 효과적으
로 정보를 수집, 처리, 전달할 수 있게 되었기 때
문이다. 동시에 여러 디지털 기기와 응용프로그
램(애플리케이션 등)도 확산되었다. 정보기술(IT:
Information Technology)과 인터넷은 수없이 많은
응용프로그램을 실현하는 범용기술로, 2000년대
까지 거의 모든 경제 분야로 확산되었다(그림 8.4).
따라서 **디지털경제(digital economy)**를 "모든 경
제 분야에서 (하드웨어, 소프트웨어, 응용프로그램,
통신 등의) IT를 활용하는 현상"으로 정의할 수 있
다(Moriset and Malecki 2008: 259). 동시에 ICT와
인터넷 접근성은 사회집단 간에 상당히 불균등하
게 나타나는데, 빠르고 편리하게 이용할 수 있는
사람과 그렇지 못한 사람 간의 차이는 **디지털 격차**
(digital divide)로 개념화되었다.

8.3.1 디지털경제에서 집적과 분산

'거리의 사멸'이 영향력 있는 주장이라고 해도
(Cairncross 1997), ICT 기반의 디지털경제와 창조
산업의 성장은 지리적 집적의 과정을 통해 이루
어졌다는 사실은 너무나도 잘 알려져 있다. 인터
넷으로 가능해진 글로벌 도달범위의 혜택으로 기
업활동이 광범위하게 확산될 수 있다는 이론적
가능성은 열렸지만, 인터넷의 물리적 인프라 분포
는 공간적으로 불균등한 패턴을 보인다. 많은 연
구에서 강조하는 바와 같이, 인터넷 인프라는 특
히 대도시 지역에 집중되어 있고, 이런 곳이 글로
벌 커뮤니케이션 네트워크에서 중요한 결절의 역
할을 수행한다. 이것은 인프라 공급에 경제적 논
리가 작용하는 것을 보여준다. 주요 도시에 기업
과 인터넷 사용자가 집중되면서 지리적으로 불균
등한 방식으로 수요가 발생하기 때문이다(Gilles-

pie *et al.* 2001). 이런 도시들은 통신 네트워크상에서 결절의 지위만 가지고 우위를 점하는 것은 아니다. 초국적기업(TNCs: Transnational Corporations)이 근거지로 삼는 세계도시와의 빠르고 안정된 직접적 연결성도 이점으로 작용한다(Tranos 2012).

주요 도시는 카스텔이 "다차원 연결성의 인프라"라고 칭했던 것이 구축되어 이익을 얻는다. 여기에는 "육상, 항공, 해양의 다양한 교통수단, 통신 네트워크, 컴퓨터 네트워크, 선진화된 정보시스템, 결절의 작동에 필수적으로 요구되는 (회계, 보안, 호텔, 엔터테인먼트 등) 부수적인 서비스"등이 포함된다(Castells 2010: 2741). 연결성의 인프라는 주요 도시에 경쟁우위를 부여하고 디지털경제에 대한 접근성을 제공하기 때문에 입지한 기업은 비용절감 및 소득증대의 이익을 얻을 수 있다. 매크(Mack 2014)는 미국 핵심부 대도시 권역에서 지식집약 산업에 전문화된 클러스터가 발전하는 것은 광대역(broadband) 네트워크의 공급과 관련이 있다는 점을 발견했다. 유사한 현상은 대도시 외곽의 지식집약 산업지구와 구산업지구 일부에서도 나타나는 것으로 확인되었다.

정보·창조산업이 도시에 재집적하는 이유는 ICT 인프라의 집중과 함께 여러 가지 요인이 동시에 작용하기 때문이다. 고부가가치 활동에서 지리적 근접성은 신뢰의 구축, 암묵적 지식의 교환, 대면접촉의 이점을 발생시키기 때문에 매우 중요하다(Box 8.2). 세계도시에 클러스터를 형성하는 경향이 있는 금융, 사업서비스, 창조산업에서는 지리적 근접성이 특히 중요하다. 이와 관련해 카스텔(Castells 2010: 2741)은 "대면관계를 기초로

고차원적 의사결정을 행사하는 미시적 네트워크"와 "전자통신 네트워크를 기반으로 의사결정을 실행하는 거시적 네트워크"를 구분한다. 금융거래와 정치적 협상 과정에서는 대면 회의가 여전히 중요한 역할을 하는데, "특히 경쟁우위를 결정짓는 의사결정의 경우 상당한 재량권이 요구되기 때문에 더욱 그러하다"(앞의 책).

창조산업 및 디지털경제의 클러스터 형성에서, 고숙련 노동력도 중요한 요인으로 작용한다(Box 8.2; 10.2.1 참조). 컴퓨터는 루틴화된 노동을 대체하면서, 역으로 루틴화되지 않은 노동력을 보완하고 이들의 지위를 강화한다(Scott 2011). 이 과정은 노동력의 분절(segmentation)을 심화시킨다. 다시 말해 (정교한 분석, 판단, 창의적 문제해결, 소통, 사회적 상호작용에 참여하는) 고숙련의 '상징 노동자(symbolic workers)' 집단과, 루틴한 서비스를 제공하는 하위 노동자 집단으로 노동력이 양분되는 것이다(6.3.4 참조). 전자의 경우 (모두가 그런 것은 아니지만) 도시에 몰려드는 경향이 있고, 그곳에서 고학력의 청년층 노동시장을 형성하며 새로운 아이디어와 유행을 개방적으로 잘 받아들인다. 일반적으로 이들은 제한된 시간 내에 프로젝트를 완수하는 형태로 고용된다. 업무 수행을 위해 밀접한 상호작용을 거치면서 협력적 발견이 일어나고 상호 학습(mutual learning)의 역량이 길러진다. 이런 활동의 클러스터가 형성되면 창의적 인력의 직장 간 이동이 활성화된다. 고숙련 노동자들은 이러한 과정에서 직장을 기반으로 한 지속적인 대면 의사소통 기회를 얻을 수 있게 된다(Pratt 2013).

디지털경제에서 '공간적 분산'도 매우 중요한

몬트리올의 비디오게임 산업 클러스터

Box 8.2

비디오게임은 디지털경제에서 중요한 부분을 차지하며 빠른 속도로 성장 중이다. 태생 자체가 디지털이었던 비디오게임은 신속하게 개발되는 소프트웨어를 토대로, 사용자 친화적이면서 직관적인 서비스를 대규모로 제공한다(De Prato et al. 2010: 14). 비디오게임 하나를 생산하기 위해서는 (작가, 게임 디자이너, 그래픽 아티스트, 사운드 엔지니어 등) 다양한 분야의 창의적 인력 간 협력이 필수적이다. 그래서 비디오게임 산업은 세계 주요 도시에 지리적으로 집중하는 패턴을 보인다.

몬트리올에서는 비디오게임 산업이 1990년대 초반부터 형성되기 시작했고, 이곳은 캐나다에서 가장 큰 규모의 비디오게임 산업 클러스터로 성장했다. 1996년에는 고용 인원이 400명에 불과하던 곳이 2012년에는 8,000명 이상을 고용할 정도로 발전했다(Darchen and Tremblay 2015: 321). 클러스터는 핵심 투자자 역할을 수행하는 국제적 개발회사를 비롯해, 신생기업, 하드웨어/미들웨어/소프트웨어 회사, 다양한 부문의 관련 서비스업체로 구성되며 몬트리올 중심부에 위치한다(그림 8.5). 2008년 경제위기의 여파로 고용감소와 같은 문제를 겪었지만, 몬트리올의 비디오게임 산업은 기반이 탄탄한 성숙기 클러스터로 여겨지며 전도가 유망할 것으로 예상된다.

몬트리올이 유럽과 북아메리카 사이에서 가교 역할을 하는 것도 비디오게임 산업발전에 보탬이 되었다. 이 도시는 프랑스의 언어와 문화를 기초로 발전하였고, 강력한 디지털 애니메이션 문화를 보유하고 있을 뿐 아니라 탄탄한 정책적 지원도 제공한다. 몬트리올에 위치하는 캐나다 국립영화위원회(NFB: National Film Board)의 본부는 디지털 애니메이션 회사들의 성장 기반을 마련했다. 퀘벡주 정부는 멀티미디어 시티(Multimedia City) 구역에 입주하여 고용을 창출하는 기업을 대상으로 25%의 급여를 보조하는 재정지원 사업을 펼친다. 이

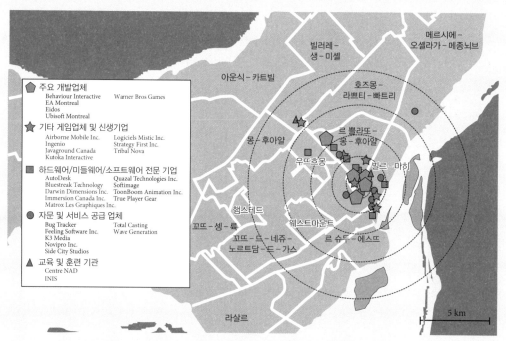

그림 8.5 캐나다 퀘벡주 몬트리올의 비디오게임 산업 클러스터 (출처: Grandadam et al. 2013: 1707)

런 정책에 힘입어 몬트리올은 1997년 프랑스 기업 유비소프트(Ubisoft)의 비디오게임 스튜디오를 유치할 수 있었다. 새로 유입되는 여러 기업과 행위자들이 도시에 뿌리를 내리면서 영화, 텔레비전, 애니메이션 등 관련 부문 사이에 지식교류도 활성화되었다. 상대적으로 저렴한 수준에서 임금과 임대료가 결정되고 혁신적 기업가정신의 문화가 확립된 몬트리올은 '비용은 낮고 창조성은 높은' 유형의 클러스터라는 명성을 얻었다(Darchen and Tremblay 2015).

이곳에서 기업은 여러 집단적 연합체와 이벤트의 이점도 누릴 수 있다. 1996년에 개관한 예술과 기술 협회(SAT: Society for Arts and Technology)는 창의적 실험실 기능을 하며 다목적 공간을 마련해 각종 현장 이벤트에 사용하고 있다(Grandadam et al. 2013). 2001년 창립된 디지털연대(Alliance Numerique)는 퀘벡주의 미디어 및 쌍방향 컨텐츠 분야에서 비즈니스 네트워크를 담당한다(앞의 책). 디지털연대는 2004년부터 연례행사로 몬트리올 국제 게임 서밋(Montreal International Game Summit)을 주최하며 지역 및 국제 기업 간 교류를 촉진하여 새로운 아이디어와 역량을 창출할 수 있도록 한다. 몬트리올 비디오게임 업체들은 이러한 행사에 임직원들이 참여하도록 적극적으로 독려하면서 지역의 이벤트에 힘을 모으고 있다.

특성이다. 공간적 분산은 특히 루틴화된 저부가가치 활동에 국한되는 경향이 있었지만(Warf 2013), 자동화 과정을 통해 고부가가치 분야로도 확장되는 추세다. 이때 ICT는 가치사슬을 별개의 여러 요소들로 모듈화하는 역할을 수행한다. 이 과정을 가치사슬의 '수직적 분화(vertical disintegration)' 또는 '언번들링(unbundling)'이라고 부른다. 언번들링은 (전자부품 공급처럼) 물질적 요소를 투입하는 상황뿐 아니라 (공정 테스트, 고객관리, 판매지원 등) 비물질적인 재화와 서비스 분야에서도 나타난다(Moriset and Malecki 2008). ICT의 발달로 신속한 의사소통이 원거리에서도 가능해지면서 TNC는 '글로벌소싱(global sourcing)' 활동에 참여할 수 있게 되었다. 소싱 활동에는 전문 공급자에게 모듈화된 공정을 맡기는 '아웃소싱(outsourcing)'과 그런 업무를 다른 국가로 이전하는 '오프쇼링(offshoring)'이 포함된다(3.5 참조).

공간적으로 분산된 생산의 예로 보잉 787 드림라이너 비행기를 들 수 있다. 보잉사는 설계와 관리 기능만 담당하고, 부품 생산과 최종 조립은 50여 개의 1차 공급업체 및 협력회사에게 아웃소싱한다. 1차 회사는 2차, 3차 공급업체로부터 투입할 요소와 부품을 제공받는다. 이런 생산과정은 여러 국가에 걸쳐 진행되며 이것 때문에 한계점이 노출되기도 한다. 실제로 드림라이너 프로그램에서 심각한 조율상의 문제가 발생해 일정이 매우 지연되었고, 비슷한 방식으로 추진되었던 에어버스의 A320 프로젝트에서도 유사한 문제가 발생했다. 물질적인 것이 아닌 정보를 다루는 IT 서비스 분야는 공간적 분산에 훨씬 더 적합하다. 실제로 글로벌소싱은 IT 서비스에서 보다 면밀한 방식으로 이루어지고, 지리적으로 멀리 떨어진 곳에 사는 노동자가 가정에서 근무하는 '홈쇼링(homeshoring)' 업무형태가 나타나기도 한다. 이것으로 비용절감의 이익을 얻을 수 있지만 나름대로의 문제도 발생한다. 예를 들어, 홈쇼링에 참여하는 노동자를 한데 모아 사기를 진작하고 생산력을 유지시키는 것은 매우 어려운 일이다.

무엇보다 중요한 것은, 공간적 집중과 분산 간의 관계는 역동적으로 변화한다는 사실이다. 기술의 발전으로 분산의 가능성이 높아졌지만, 한 곳에 공존하면서 얻는 인간적·사회적 혜택도 살펴볼 필요가 있다. 물론 미시적 수준에서 개별 기업 간 근접성이 점점 더 불필요할 것이라고 예측한 연구도 있다. 모리제와 말레키(Moriset and Malecki 2008)는 진보하는 기술과, 미래의 노동력을 지배할 '디지털 네이티브(digital native)'(Prensky 2001)로의 세대교체가 그러한 결과를 불러올 것이라고 보았다. 그러나 집적경제의 이익과 사회적 상호작용의 중요성 때문에 보다 거시적 수준에서 공간적 집중은 유지될 것으로 보인다.

8.3.2 디지털 격차

ICT에 대한 접근성, 특히 인터넷 사용과 관련된 불평등의 문제는 디지털경제의 특성 중 하나이다. 이를 해결하기 위한 여러 정책들이 마련되고 있다. 여러 연구에서 이미 소득, 계급, 연령, 성(gender), 인종 등이 인터넷 접근성과 사용에 영향을 미치는 것으로 밝혀졌고, 특히 빈민, 노인, 저학력자, 여성, 소수민족·인종의 접근성이 취약한 것으로 나타났다(Warf 2012). 디지털 불평등은 다양한 형태로 존재한다. 기술 접근성의 문제는 이미 오래전부터 주목을 받아왔고, 최근 들어서는 인터넷 보급이 증가함에 따라 속도, 사용방식, 참여 등 질적인 측면에서의 차별에 대한 논의도 (특히 선진국을 중심으로) 보다 심도 깊게 진행되고 있다(그림 8.4). 그래서 인터넷 사용자와 사용이 어려운 사람 간의 '디지털 격차'는 과도하게 단순한 개념이라는 비판까지 일었고, 사회적 집단 간 디지털의 활용과 참여 패턴이 어떻게 다르게 나타나는지를 강조하는 다면적 개념인 '디지털 차이(digital differentiation)'가 보다 많은 관심을 끌기 시작했다(Longley 2003). 이런 차이는 다양한 지리적 스케일에서도 발생하고 있으며, 연구자들은 특히 글로벌, 국내 (국가 내 도시 및 지역 간), 도시 (도시 내 하위 구역 간) 스케일에서의 차이에 주목한다.

개발도상국에서 인터넷 사용이 빠르게 증가하고 있지만, 글로벌 스케일에서 선진국과 개발도상국 간 분명한 격차의 패턴이 나타난다(그림 8.6). 선진국 국민의 82%가 인터넷을 사용하지만, 개발도상국에서는 그 수치가 3분의 1을 겨우 넘는 수준에 불과하다(United Nations 2015). 글로벌 불평등 패턴은 (소득수준 대비) 이용요금과도 관련된다(Graham et al. 2015). 그러나 개발도상국에서 핸드폰 사용이 급격히 증가하면서 인터넷 기술의 비용 접근성과 유연성이 증대되고 있는 것도 사실이다(ITU 2016). 2005년 개발도상국에서 핸드폰 사용률은 22.9%에 불과했지만 2016년에는 94.1%로 증가했다.

가장 빠르고 안정적인 서비스를 제공받는 주요 국가 내에서도 도시와 지역 간 차이가 나타난다. 인터넷 연결은 대개 농촌지역에서 느리고 불안정한 경향이 있다. 이것은 원거리에 의한 약한 신호, 인구의 과소분포로 인한 인프라 투자의 부족 때문이다(Riddlesden and Singleton 2014). 미국에서 초고속 인터넷에 대한 접근성은 학력과 소득수준이 높은 서부와 북동부 주에서 높고, 남부 주에서 낮은 것으로 나타났다(File and Ryan 2014). 이와

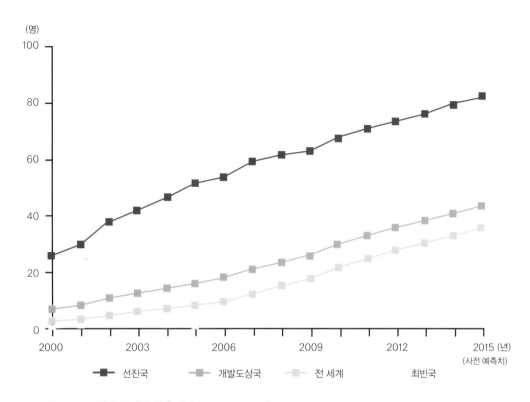

(명)

100

80

60

40

20

0

2000   2003   2006   2009   2012   2015 (년)
                                                                      (사전 예측치)

━■━ 선진국   ━■━ 개발도상국   ┈■┈ 전 세계   최빈국

그림 8.6 100명당 인터넷 사용자 수(2000~2015년) (출처: United Nations 2015: 68)

유사한 패턴은 대도시 스케일에서도 확인되었다. 서부, 중서부, 동북부에 위치한 대부분의 대도시권역에서는 인터넷 접근성이 전국 평균보다 5% 이상 높으나, 남부의 대도시권 대부분에서는 전국 평균보다 최소 5% 낮았다(그림 8.7). 유럽에서는 남유럽과 동유럽보다 서유럽 및 북유럽 국가에서 인터넷 사용률이 높았다(Warf 2013). 도시와 농촌의 격차는 글로벌남부에서 명확한 경향이 있다. 주요 도시와 (인구의 대다수가 거주하는) 농촌지역 간 차이는 특히 사하라 이남 아프리카에서 확연하다. 개발도상국에서는 젊은층, 부유층, 고학력층, 남성을 중심으로 인터넷 사용률이 높다. PC방 문화가 인기를 끄는 국가와 지역도 존재하는데, 이런 현상은 소득 대비 인터넷 연결비용이 높고 자가 컴퓨터 보유수준이 낮은 곳에서 현저하게 나타난다.

인터넷 접근성과 이용에 대한 통계적 논의는 실제로 상이한 집단들이 인터넷 기술을 사용하는 현실을 제대로 보여주지 못한다. 반면, 정성적 연구는 도시 내 불평등과 ICT 사용 간 관계에 대해 보완이 되는 귀중한 통찰력을 제공한다. 예를 들어, 잉글랜드 북부에서 타인강을 따라 위치하는 뉴캐슬어폰타인에 대한 크랭 등(Crang et al. 2006)의 연구에서는 중산층의 전문직 종사자 집단이 자신들의 특권적 라이프스타일을 유지하기 위해 ICT를 사용하는 것으로 밝혀졌다. 그러나 늘 상 '온라인' 상태인 이들은 시간에 대한 압박과 스트레스를 받는 것으로 파악되었다.

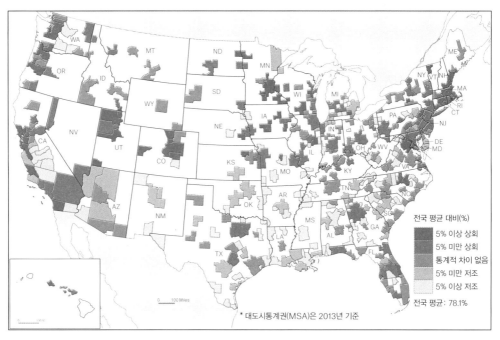

전국 평균 대비(%)

5% 이상 상회
5% 미만 상회
통계적 차이 없음
5% 미만 저조
5% 이상 저조

전국 평균: 78.1%

* 대도시통계권(MSA)은 2013년 기준

그림 8.7 대도시통계권(MSA) 스케일에서 초고속 인터넷 사용률(2013년) (출처: File and Ryan 2014: 14, Figure 7)

이와 달리 저소득층 지역의 노동자들은 인터넷을 '가끔' 사용했다. 이들은 ICT를 (휴가 활동 시의 저렴한 예약 등) 구체적인 도구적 목적으로 사용하는 경향이 있으며, 가족 또는 친구 사이의 정보 공유를 위해서도 사용한다. 하지만 저소득층은 이렇게 이따금씩 접속하는 인터넷마저도 고장으로 자주 끊기는 경험을 한다. 저소득층은 인터넷 요금과 수리비 지불이 어렵기 때문에 값싸고 불안정한 기술을 사용한다는 연구도 존재한다(Gonzales 2016). 이러한 연구를 통해 디지털 불평등과 교육, 고용, 소득과 같은 "불평등의 오프라인 축" 간의 상호작용을 명확하게 확인할 수 있다(Robinson *et al.* 2015: 570).

8.4 공유경제

8.4.1 공유경제의 성격

최근 '공유경제(sharing economy)' 개념에 대한 관심이 폭발적으로 증가하고 있는데, 그 상징적 사례로 실리콘밸리에 근거지를 둔 플랫폼 에어비앤비(Airbnb)와 우버(Uber)의 성장을 언급할 수 있다(Box 8.3). 공유경제는 '디지털 플랫폼경제' 또는 '긱(gig)경제'★로 일컬어지기도 한다. 이는 "온라인 플랫폼을 통해 촉진되는 [경제적] 거래"의 한 형태이며, "다양한 영리적·비영리적 활

★ 긱(gig)이란 카페나 호프집 같은 곳에 임시로 고용되어 음악을 연주하는 사람을 뜻한다. 플랫폼 공유경제가 고용의 일시성, 불확실성, 불안정성을 특징으로 한다는 점에서 '긱경제'라는 명칭이 생겨났다. 디지털 플랫폼의 사례로는 '배달의 민족'이나 '카카오 T' 등이 있다(이재열 2020). 이러한 디지털 플랫폼에서 노동자를 활용하는 방식을 살펴보자.

동을 망라한다. '공유'를 수단으로 하여 활용도가 낮은 자원에의 접근성을 개방하고자 한다"(Richardson 2015: 121). 이런 정의에는 3가지 핵심적인 특성이 포함된다. 첫째, 공유경제는 온라인 플랫폼을 디지털 중개자로 사용해 수많은 잠재적 생산자와 소비자를 연결하는 비용을 감소시키고, 플랫폼 소유자는 평판 순위를 결정하는 알고리즘을 관리한다(Rabari and Storper 2014). 둘째, 개인 간(P2P: Peer-to-Peer) 네트워크를 지향하며 재화 및 서비스의 판매자와 구매자 사이의 직접 거래를 촉진한다. 셋째, 자원이나 서비스에 대한 소유권이 아니라 (에어비앤비의 숙박서비스 매칭 사례처럼) 접근성을 거래의 대상으로 삼는다(Box 8.3).

인터넷은 이 지점에서 (여분의 방과 차량, 잉여노동력과 시간 등) 활용도가 낮았던 자원을 효율적으로 사용할 수 있게 한다. 디지털 플랫폼이 제대로 작동하려면 생산자와 소비자의 규모와 밀집도가 필수적이기 때문에 지리적 관점에서는 도시의 환경이 공유경제를 촉진하는 중요한 역할을 수행한다(Davidson and Infranca 2016). 또한 도시는 원거리에 위치한 자원과 서비스에 대한 접근성을 높여, 도시 간 경제적 상호작용을 증진하는 역할도 한다.

한편 '공유'라는 용어가 일반적으로 금전적 이익이 없는 상황에서 쓰이기 때문에, 이 용어가 적절한지에 대해 논란이 일기도 했었다(Martin

Box 8.3

에어비앤비의 성장

에어비앤비(Airbnb)는 2008년 샌프란시스코에서 창립된 온라인 플랫폼으로 객실 또는 주택 단위로 세를 놓고자 하는 사람과 단기 숙박을 원하는 이들을 연결해준다. 지난 10년간 엄청난 성장을 기록했고, 191개 국가의 34,000개가 넘는 도시에서 서비스를 제공한다. 에어비앤비의 가치는 300억 달러로 평가되며(Hook 2016), 힐튼, 하얏트와 같은 전통적 호텔 기업보다 높다. 이 플랫폼에서는 임대인에게 3%의 일괄 수수료율을 부과하고 임차인에게는 임대료에 따라서 6~12%의 거래 수수료를 청구한다. 개인 간 거래, 즉 P2P 소통기반의 디지털 플랫폼으로서 에어비앤비는 앞서 강조한 공유경제의 3가지 특성을 모2가지고 있다. 임대 행위는 대체로 부수입을 얻을 목적으로 이루어지며 임차인은 (그 지역의 주민처럼 살아보는) 진정한 여행의 경험을 낮은 비용으로 누리고자 한다(Vaughan and Daverio 2016). 그리고 호텔 등 전통적 숙박업체가 부족한 주변부 지역에서 저렴한 대안으로 자리매김하며 인기를 끌고 있다. 전통 숙박업체들은 주로 해외 관광객이 즐겨 찾는 광역 대도시권에 위치해 있기 때문이다. 에어비앤비는 법적 규제로부터 자유로웠지만 최근에는 여러 가지 제약에 직면했다. 이 기업의 성장으로 임대업계에서 생겨난 논란 때문이다. 관광객 임대 증가로 지역 주민들이 사용할 수 있는 공간은 줄어들었고, 전통적 숙박업체에 비해 에어비앤비가 누리는 세금과 규제의 혜택도 논란거리가 되었다. 《파이낸셜타임즈》의 조사에 따르면, 런던에서 호텔 가격보다 약 33파운드 저렴한 수준에서 결정되는 에어비앤비의 숙박비는 세금의 이익 때문에 가능하다. 그림 8.8에서 확인할 수 있는 것처럼 호텔 기업 법인에 부과되는 재산세와 부가가치세가 높은 반면, 에어비앤비의 영세 개인 사업자는 상당한 세금감면 혜택을 누릴 수 있다(Houlder 2017). 이에 대한 대책으로 뉴욕, 베를린, 바르셀로나, 샌프란시스코 등과 같은 도시에서는 최근에 규제와 벌금제도가 마련되기도 했다. 이런 규제에 우버(Uber)는 공세적인 입장을 취하지만, 에어비앤비는 보다 수용적인 방침으로 선회하여 현지 규제를 무시하는 임대인의 행위를 금지하고 있다.

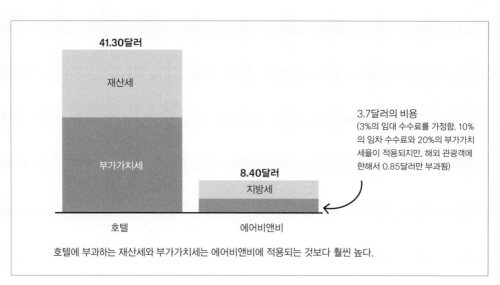

41.30달러

재산세

부가가치세

3.7달러의 비용
(3%의 임대 수수료를 가정함. 10%
의 임차 수수료와 20%의 부가가치
세율이 적용되지만, 해외 관광객에
한해서 0.85달러만 부과됨)

8.40달러

지방세

호텔   에어비앤비

호텔에 부과하는 재산세와 부가가치세는 에어비앤비에 적용되는 것보다 훨씬 높다.

그림 8.8 런던에서 에어비앤비의 절세 (출처: FT research in Houlder 2017)

2016). 어쨌든 공유경제의 개념은 금전적·비금전적 형태의 거래를 모두 포함하지만, 관계된 기업들은 인터넷을 통해 판매자와 구매자 사이의 거래를 성사시키는 대가로 수수료를 받고 있다 (O'Connor 2016). 이는 비금전적 형태의 협동과 협력이라는 공유의 본래 의미를 '공유경제' 옹호론자들이 성공적으로 도용하는 현실을 보여준다. 공유경제를 지지하는 사람들은 개인에게 권력을 부여하고 기존 비즈니스 모델에 파열을 일으킬 수 있는 잠재력을 가진 대안적 경제조직의 형태로 이해하지만, 비판하는 이들은 불공정 경제, 노동의 비정규직화와 착취, 세금 회피 등의 역효과를 강조한다. 모로조프(Morozov 2013)는 공유경제를 '스테로이드를 맞은 신자유주의'라 부르기도 했다. '공유경제'라는 용어는 새로운 형태의 경제활동을 이해하는 데 도움이 되기 때문에 이 책의 전반에서 사용되지만, 이 용어에 가려진

모호하고 경합적인 성격은 분명히 알아둘 필요가 있다.

마틴(Martin 2016)은 공유경제의 핵심을 이루는 4가지 혁신 영역을 발굴하여 정리하였고, 여기에는 숙박 공유 플랫폼(Box 8.3), 자동차 및 교통수단 공유 플랫폼, P2P 고용시장, P2P 자원 공유 및 분배 플랫폼이 포함된다(표 8.2; Box 8.3). 에어비앤비와 우버의 성장으로 앞의 두 영역이 가장 많은 주목을 받지만 온라인 플랫폼은 노동을 조직하고 할당하는 영역에서도 널리 사용된다. 특히 프리랜서 직업과 관련된 태스크래빗(TaskRabbit), 업워크(Upwork), 아마존의 미케니컬터크(Mechanical Turk) 등이 급격하게 성장하고 있다. 마지막으로 자원의 공유 및 분배와 관련된 플랫폼은 자원의 지속가능한 사용을 촉진하는 '대안적인' 거래 방식들을 포괄하는 공유경제의 잠재력을 드러낸다.

표 8.2 공유경제의 혁신 영역

혁신 영역	산업 부문	공유경제 플랫폼의 사례	간략한 소개
숙박 공유 플랫폼	관광산업 ICT	Airbnb	(가정을 포함한) 주거 시설에서 단기 숙박 서비스의 P2P 거래
		Couchsurfing	동네 이웃에게 무료로 단기 숙박을 제공하는 온라인 커뮤니티
자동차 및 교통수단 공유 플랫폼	교통산업 ICT	Easy car Club Relayrides Lyft Uber	P2P 자동차 대여 플랫폼
		Zipcar	P2P 택시 및 카풀 서비스 플랫폼
P2P 고용시장	고용서비스 ICT	PeoplePerHour TaskRabbit	P2P 단기 아르바이트 소개 시장 (초단기 계약 및 시급제 노동)
P2P 자원 공유 및 분배	폐기물 처리 생산-소비 ICT	Freecycle	쓰지 않거나 활용도가 낮은 물건을 지역 내에서 무료로 주고 받는 P2P 플랫폼
		Peerby Streetbank	공동체 내에서 내구재, 재능, 지식을 무료로 공유하는 P2P 플랫폼

(출처: Martin 2016: 152)

8.4.2 공유경제의 성장

'공유경제'의 규모를 예측하는 것은 매우 어렵다. 빠르게 성장했지만 공식적인 통계에 제대로 잡히지 않기 때문이다(Brinkley 2016). 그럼에도 다국적 회계 컨설팅기업인 PWC(2015)는 공유경제의 가치가 2015년 150억 달러에 이를 것으로 추정하고 2025년 3,350억 달러까지 성장할 것으로 전망했다. 본과 다베리오(Vaughan and Daverio 2016)는 2015년을 기준으로 유럽에서 공유경제가 거의 40억 달러의 수익과 280억 달러의 거래를 유발했다고 추정했다. 영국에서 공유경제는 110만 명의 고용을 창출한다고 조사되었고(Balaram *et al.* 2017: 13), 대부분의 공유경제 일자리는 전문직이며 정규직의 보조 역할을 한다는 연구도 있다

(앞의 책; Schor 2017). 해서웨이와 무로(Hathaway and Muro 2016)는 (개인 계약자나 프리랜서를 활용하며) 직접고용을 회피하는 기업이 2010~14년 동안 미국 자동차 공유 분야에서 69%, 주택 공유 부문에서 17% 증가한 문제를 지적했다. 반면, 같은 기간 각각의 부문에서 임금노동자 수의 증가는 17%와 7%에 불과했다. 이런 성장은 대체로 대도시 지역에서 발생했다. 미국의 25대 대도시 지역에서 자동차 공유 부문의 직접고용 회피 기업은 4년 동안 81% 증가한 것으로 나타났는데, 이는 공유경제의 도시 지향성을 드러낸다. 플랫폼 기반의 프리랜서 일자리는 전체 고용에서 얼마 차지하지 않지만, 앞으로 몇 년 동안 꾸준히 성장할 것으로 보인다(Brinkley 2016).

최근 들어 공유경제의 참여 수준과 이유에 대

해 중요한 통찰을 제공하는 조사가 이루어지기 시작했다. 미국인 3,000명을 대상으로 한 연구에서 44%는 적극적으로 공유경제에 참여하고, 이 중 42%는 공유경제 서비스를 사용하며, 22%는 최소한 하나의 플랫폼을 활용해 서비스를 제공한 경험이 있다는 사실이 밝혀졌다(De Groen and Maselli 2016: 3). 이것은 여러 서비스 분야에서 고르게 나타나는 현상이다(그림 8.9). 또 다른 조사에서는 미국 성인의 24%가 '디지털 플랫폼' 경제 분야에서 소득을 올려본 경험이 있는 것으로 나타났고, 이 중 8%는 온라인 고용 플랫폼에서, 나머지 18%는 온라인 판매를 통해서 소득을 올렸다(Pew Research Center 2016: 2). 유럽에서는 온라인 플랫폼을 통한 임금노동을 의미하는 '크라우드 근무(crowd work)'★에 대한 조사가 실시되었다. 그 결과 4개국에 거주하는 응답자의 8~16%가 (에어비앤비 같은 플랫폼을 통해서) 객실을 빌려주고 금전적 이익을 취한 경험이 있고, 9~19%의 응답자는 '크라우드 근무'에 참여한 바가 있는 것으로 나타났다(Huws et al. 2016).

공유경제의 이용은 젊은층, 고학력층, 고소득층 사이에서 높고, 소수인종과 소수민족 사이에 참여율이 높다는 연구도 있다. 미국에서 우버 기사는 일반 택시기사보다 젊고 고학력인 경향이 있었고, 여성 기사의 비율도 높았다(Hall and Krueger 2015). 그러나 유럽 5개국에 대한 연구에서는 성에 따른 차이가 불명확하게 나타났고, 크라우드 근무에서 남성이 차지하는 비중이 근소하게 높았다(Huws et al. 2016). 동일한 연구에서 젊은층의 비율이 높기는 했지만, 모든 연령층이 크라우드 근무에 참여하고 있다는 사실도 밝혀졌다. 즉, 크라우드 근무가 젊은이들이나 하는 일이라는 고

....

★ 크라우드 근무는 장소와 밀착되지 않은 원격화된 플랫폼 노동 형태로, '클라우드 일자리(cloudwork)'라고 불리기도 한다(이재열 2020). 크라우드 근무의 유형을 온라인 프리랜싱(online freelancing)과 마이크로 근무(microwork)로 구분할 수 있다. 먼저 온라인 프리랜싱은 소프트웨어 개발, 웹디자인, 필사, 번역 등의 업무를 입찰과 협상을 통해 멀리 떨어진 개인에게 아웃소싱하는 형태로 이루어진다. 대표적인 플랫폼으로 업워크(Upwork)와 프리랜서(Freelancer)가 있다. 다음으로 마이크로 근무는 데이터의 수집과 처리, (소셜미디어의) 이미지 식별과 태깅(tagging), 콘텐츠 모니터링 등 신속하게 끝낼 수 있는 작은 업무를 거래하며, 플랫폼의 예로 아마존 메커니컬터크(Amazon Mechanical Turk)가 있다.

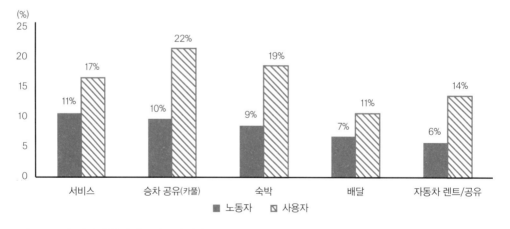

그림 8.9 공유경제에 참여하는 미국인 비율 (출처: De Groen and Maselli 2016)

정관념은 틀렸다는 것이 증명되었다. 일반적으로 크라우드 근무는 전체 소득에서 적은 부분을 차지하는 부수입원의 성격을 가진다. 조사 응답자의 약 45%는 크라우드 근무의 소득이 전체 소득의 10% 이하에 불과하다고 말했다(앞의 책). 에어비앤비, 릴레이라이드(Relayrides), 태스크래빗 등 3개의 플랫폼에 대한 미국의 사례 연구결과에서도 유사한 결과를 얻었다. 플랫폼의 참여자 대다수가 낮은 수준의 업무를 하면서 부수입을 얻으려는 고학력층인 것으로 나타났다(Schor 2017). 전통적으로 저소득층 및 저학력층 노동자가 그런 단순노동에 종사했다는 사실을 감안하면 공유경제가 소득 불평등을 증가시킬 가능성도 배제할 수 없다.

8.4.3 공유경제의 일자리

디지털 노동 플랫폼은 특정 업무를 필요로 하는 사람들과 그것을 수행할 수 있는 사람들을 연결하는 것이다. 디지털 기술의 성장은 프리랜서 직업과 계약의 개별화를 가속화시킨다. 노동 플랫폼은 숙련도 및 노동자의 지위와 관련해 다양하게 존재한다. 업워크에서는 전문가집단을 위한 고숙련 노동시장이 형성되고, 태스크래빗이나 (지역에서 개인서비스를 제공하는 벨기에의 플랫폼인) 리스트미닛(ListMinut)에서는 저숙련 노동이 거래된다. 이러한 플랫폼으로 인해 노동자와 노동권에 대한 논쟁이 발생하기도 했다. 공유경제를 옹호하는 사람들은 유연성의 이익과 (가사활동을 비롯한 여러 책무와 조화를 이루도록 개인 스스로가 노동의 성격과 양을 결정하는) 노동자의 자율 관리를 강조한다. 반면 비판하는 사람들은 저임금, 불안정성, (직원이라기보다 독립 계약자로 정의되는 노동자들의) 노동권 결여, 기술에 의한 노동의 대체 등의 문제를 지적한다(Rogers 2015).

본과 다베리오(Vaughan and Daverio 2016)는 공유경제 플랫폼에서 창출되는 소득의 85% 이상이 플랫폼보다는 (노동) 제공자에게 돌아간다고 추정했다. 하지만 우버와 같은 승차 공유 서비스는 최대 20%의 수수료를 부과하고 있어 육체노동 플랫폼의 경우 제공자가 얻는 소득이 그보다 상당히 낮을 가능성이 있다. 대다수 플랫폼은 정규직과 비슷한 수준의 돈을 벌 수 있는 충분한 일자리를 제공하지 못한다. 그리고 플랫폼 간, 플랫폼 내에서 임금격차가 확연하다. 가상공간 서비스보다는 현장에서 제공되는 물리적 서비스가, 중·저숙련 노동자보다는 고숙련 노동자가 더 많은 소득을 올린다(De Groen and Maselli 2016). 플랫폼에서는 온라인 평가와 리뷰 등의 수단으로 노동자를 선정하고 업무를 할당하는 환경이 조성된다. 우버 같은 플랫폼에서는 사용자로부터 평균 이상의 평가를 받으려면 사전에 주어진 업무량을 받아들여야만 한다. 노동자는 일반적으로 소득과 수수료에 대한 정보를 미리 알 수 없고, 모든 작업 수행에 소득이 책정되는 것은 아니다. 예를 들어 플랫폼에서 업무를 찾는 데 걸리는 시간에 대한 급여는 지급되지 않는다.

디지털 플랫폼의 폭발적 성장은 정부가 플랫폼의 활동을 제대로 규제할 수 없는 상황 속에서 이루어졌다. 그래서 지역과 국가의 규제, 노동권, 자격증과 인증제, 과세 제도의 준수와 관련된 논란이 생겨났다(Box 8.3). 우버는 택시 규제를 무시하고 기존의 택시업계를 혼란에 빠뜨린다는 비판을 받았고, 몇몇 도시에서 택시기사들은 시위, 운행권에 대한 소송 등을 통해 대응에 나서기도 했다 (Davies 2016). 이는 스페인과 브라질에서 우버를 전면 금지하는 조치로 이어졌으나, 브라질은 이후 이 조치를 철회했다. 그리고 런던과 같은 도시에서는 우버 서비스의 특정 부분을 금지하기 위해 법적 규제와 면허제도가 정비되었다. 에어비앤비에 대해서도 호텔 관련 세제 및 규제 여부가 논쟁거리로 등장했고, 몇몇 국가에서는 공실 대여자에게 지방정부의 허가를 얻고 관광업 세금을 납부하도록 새로운 규정이 마련되었다(Box 8.3).

한편, 플랫폼 노동자들은 자영업자 지위에 저항하며 보다 나은 권리를 요구하고 있다. 이와 관련해 영국의 고용심판원 한 곳에서 중요한 결정이 내려졌다. 우버 기사는 자영업자가 아니며, 그들도 국가 수준의 생활 급여, 휴일 수당, 표준적인 노동자 수당을 받아야 한다는 것이었다(Osborne 2016). 기사들이 면접을 통해 고용되며, 우버가 경로와 운임을 통제한다는 이유에서였다. 이 결정은 '공유'경제('긱'경제) 분야에 엄청난 파장을 일으켰다. 이런 경제활동은 대체로 개인 계약을 중심으로 이루어지고, 자영업자 지위로 인해 개인 계약자들은 기본적인 노동권을 누리지 못하고 있었기 때문이다. 대부분의 온라인 고용 플랫폼이 여전히 초기 단계에 머물러 있다는 사실을 감안하면 기업과 노동자 간의 분쟁은 앞으로 훨씬 더 증폭될 수밖에 없을 것이다. 여기에서 기술과 사회적 규제 사이의 긴장 관계를 파악할 수 있다.

8.5 스마트시티

8.5.1 새로운 데이터기반형 거버넌스?

《이코노미스트》에 따르면, ICT의 증대로 인해 도시는 "거대한 데이터 공장"으로 변했고, "물질적 세계와 디지털 세계는 … 서로 엉킨 상태에 놓이게 되었다"(The Economist 2012). 최근 '빅데이터'의 등장을 반영하는 변화이다. 빅데이터는 네트워크상의 센서, '스마트' 기기, 인터넷, 소셜미디어 등의 ICT를 활용해 디지털 방식으로 획득한 정보를 일컫는다(Rabari and Storper 2014: 2). 그리고 빅데이터는 문서, 웹 데이터, 트윗, 센서 데이터, 음성, 비디오, 접속 경로, 로그 파일, 소셜 네트워크상의 대화, 핸드폰의 GPS 기록, 스마트 에너지 계량기 등의 다양한 형태로 존재한다. 빅데이터는 개인 사용자가 생산하지만 일반적으로 플랫폼을 관리, 통제하는 민간업체가 소유하며, 100억 개가 넘는 연결장치에서 획득되기 때문에 어마어마한 양의 데이터가 생성된다(앞의 책). 이에 따라 IBM, 시스코, 인텔, 지멘스, 구글 같은 기업들은 도시 관리 및 거버넌스의 핵심 파트너가 되었다. '빅데이터'를 사용해서 (교통혼잡, 도시 쇠퇴, 폐기물 등) 다양한 도시문제를 효과적으로 해결할 것이라는 기대가 있기 때문이다.

'스마트시티'는 도시문제를 해결하기 위해 빅데이터와 유비쿼터스 컴퓨팅의 역량을 활용하는 도시를 의미한다. 지리학자 롭 키친(Rob Kitchin)은 ① 경제발전을 촉진하기 위해 ICT를 사용하고, ② 소프트웨어 내장 기술로 데이터를 추출해 도시 관리에 활용하는 경우 해당 도시를 스마트시티로 지칭했다. 여기에서 첫 번째 요소는 기술혁신과 창조성을 통해 도시경제가 역동성을 가지게 된다는 것을 의미한다. 이것에는 기술 인프라와 프로그램, 그리고 이와 관련된 인적자본에 투자하면 기업과 일자리 유치, 효율성 창출, 정부와 기업의 생산력 증대가 이루어진다는 기대도 담겨 있다. 이처럼 경제적 목표와 도시 경쟁력은 스마트시티 개념의 핵심을 차지하기 때문에 그것이 도시정책의 신자유주의적 편향성을 확대하고 강화한다고 볼 수도 있다. 그리고 스마트시티의 두 번째 측면은 효과적으로 도시를 관리하고 통치하는 것에 방점을 찍어 ICT를 활용해 보다 효율적이며 민첩하게 대응하는 공공서비스를 제공하려는 노력을 강조한다. 특히 기존에 파편화되었던 (에너지, 수자원, 교통, 건조환경 등의) 도시 하부 시스템의 디지털화와 연결성 강화를 추구하며 지능적인 의사결정을 지원한다. 여기에는 도시에서 ICT를 적용하면 모든 시민이 부와 번영을 공유한다는 전제가 깔려 있다(Hollands 2015).

스마트시티는 새로운 형태의 데이터기반형 도시 거버넌스와 관련되어 있고, 이것은 새로운 조직 간 파트너십과 연대의 등장으로 가능해졌다(Shelton et al. 2015). 특히 기업체가 중추적인 역할을 수행하고 있다. 기업이 컴퓨터 프로그래밍, 데이터 분석 등의 분야에서 기술적 전문성을 보유하며 ICT에서 최첨단을 선점하고 있기 때문이다. 그래서 래배리와 스토퍼(Rabari and Storper 2014)가 도시의 '디지털 스킨(digital skin)'이라 불렀던 것은 기업의 알고리즘, 탐색 경로, 경제적 이익으로 구조화된다고 할 수 있다. 이로 인해 사일로(silo)처럼 서로 분리되어 기능을 수행하던 전

통적인 도시정부 모델에서 보다 통합되고 협력적인 서비스 전달 모델로 전환될 필요성이 커졌다(Glasmeier and Christopherson 2015: 4). 그러나 통합성을 강화하는 것은 쉽지 않은 과제이다. (도시 서비스의 아웃소싱이나 민영화에서 나타나는 것처럼) 신자유주의적 '언번들링(unbundling)'의 결과로 도시 인프라와 서비스의 관리가 더욱 '파편화되는(splintered)' 경향 때문이다(Graham and Marvin 2001). 최근 들어 IBM이나 시스코와 같은 기업은 자신들의 스마트시티 프로젝트를 홍보하기 위해 하향식 관리보다 포용성이나 시민 역량 제고와 같은 언어를 사용하기 시작했다(Kitchin 2015). 이런 담론 전략이 기업의 지배성에 대한 비난으로부터 회피하는 기능을 할지는 모르지만, "자본 축적 및 기술 지배의 거버넌스가 온전한 상태로" 유지되고 있는 것은 확실하다(앞의 책: 133).

8.5.2 스마트시티의 현실

스마트시티 프로젝트는 최근 몇몇 국가에서 도입되고 있지만, 대개 몇 가지 시범사업만으로 이목을 끌고자 하는 마케팅 전략으로 활용된다. 이를테면 미개발 지역에 신도시를 건설해 몇 가지 '스마트시티' 사양을 탑재한 곳도 스마트시티에 포함된다. 대표적인 신도시형 스마트시티 사례로는 세계 최초로 지속가능한 재생에너지 기반의 청정기술 클러스터를 지향하는 아랍에미리트(UAE)의 마스다르 시티(Masdar City), 환경적으로 지속가능한 첨단 비즈니스 도시로 계획된 한국의 송도 신도시, 포르투갈의 리빙플랜 IT밸리(Living Plan IT Valley)를 꼽을 수 있다(Box 8.4). 그러나 아무것

Box 8.4

한국의 송도 신도시

송도 신도시는 스마트시티 목적으로 계획된 최초의 도시로 알려져 있다(그림 8.10). 서해에서 간척사업이 이루어진 땅에 조성되었으며, 이곳은 서울에서 64km, 인천에서 11km 떨어져 위치한다(Keshetri et al. 2014). 송도는 인천경제자유구역에 속해 있고 일본과 중국 사이의 무역항로상에 입지한다. 이러한 전략적 위치에서 조세 감면, 금융지원, 규제완화 등 여러 가지 혜택을 제공하며 해외직접투자(FDI: Foreign Direct Investment)를 유치하기 위한 노력이 이루어진다. 송도 신도시 개발 프로젝트는 2001년부터 시작되었으며, 뉴욕에 근거지를 두고 있는 개발회사 게일 인터내셔널(Gale International)이 70%의 지분을 소유하며 개발 프로젝트를 주도하고 있다. 나머지 30%의 지분에 대한 소유권은 한국의 재벌기업에 속한 포스코건설이 행사한다. 2009년부터 시스코(Cisco Systems)도 참여하기 시작했고, 유비쿼터스 컴퓨팅 기반의 ICT 인프라를 구축하며 스마티시티의 핵심 원리를 현실화하는 역할을 수행한다.

첨단기술의 생태도시를 추구하며 신도시 계획에 기온, 에너지 사용, 교통의 흐름 등을 관측하는 감지장치를 포함해 송도의 정부기관과 일반 시민이 이용할 수 있도록 했다. 이와 같은 ICT 인프라는 주거, 교통, 에너지, 비즈니스 정보의 하부 시스템과도 통합되어 있다. 모든 주민은 광섬유 및 초고속 무선 네트워크로 연결되어 있는 스마트카드를 가지고 다니며 여러 시설과 서비스에서 개인용 키처럼 사용한다(앞의 책). 안전성과 저탄소의 친환경성을 강점으로 하는 대중교통시스템이 마련되어 있고, 25km에 달하는 자전거도로 네트워크와 공유자전거 서비스가 그것을 지원한다. 도시는 중앙공원을 중심으로 계획되었고, 주민들은 중심업무지구까지 도보로 이동할 수 있다(그림 8.10). 고도로 선진화된 폐기물 처리 시스템도 마련되어 일반 가정의 주방에서 방출되는 폐기물은 지하 터널로 보내져 폐기물 처리시설로 직접 운송된다. 랜드마크 건축물 개발 방침에 따라 송도컨벤시아와 동북아무역센터도 설립되었다.

그림 8.10 한국의 송도 신도시
(출처: www.theguardian.com/cities/2014/dec/22/songdo-south-korea-world-first-smart-city-in-pictures)

그러나 본래 계획의 일부는 제대로 실현되지 못했고 몇 가지 수정 과정을 거쳐야만 했다. 2014년 완공계획은 2020년까지 미뤄졌다. 70% 정도만 완공된 상태로 현재 9만 명의 인구가 송도 지역에 살고 있다(Shapiro 2015). 2013년까지 상업시설의 20% 정도에만 입주가 이루어졌고, 다수의 거리, 카페, 쇼핑센터가 텅 빈 상태로 남아 있다(Kshetri et al. 2014). 게일 인터내셔널의 주도적 역할에도 불구하고 송도 신도시는 FDI를 많이 유치하지 못했다. 본래 계획보다 주거기능의 비율이 더 높아졌고, 서울과 인근 지역으로부터 인구 유입이 발생하면서 글로벌 도시라기보다 한국적인 도시로 변했다. 송도를 모델로 중국과 인도에서도 스마트시티 건설 사업이 시작되었는데, 상당한 수준의 즉흥성, 위험성, 불확실성을 동반한 채로 진행되고 있다.

도 없던 곳에서 신도시를 개발하는 것은 상당히 예외적이고, 기존 도시에서 스마트시티 정책을 추진하는 경우도 상당히 많다(Sheldon et al. 2015). 바르셀로나는 스마트시티 엑스포 세계대회(Smart City Expo World Congress)를 꾸준히 개최하며 나름대로의 모델을 구축한 사례로 알려져 있고, 암스테르담은 생활 및 경제적 조건을 개선하고 탄소배출을 줄이기 위해 도시를 개조한 사례로 평가된다(Hollands 2015: 65). 헬싱키와 그리스의 '지능형' 테살로니키(Thessaloniki)는 개방형 데이터와 ICT를 경쟁력 및 지속가능성 강화의 목적으로 활용하여 국제적 명성을 얻었다.

특정 기업이나 정책 사업의 일환으로 '스마트' 개념을 사용하는 경우도 많다. IBM은 소속 컨설턴트를 도시정부와 연결하여 도시문제에 대한 기술적 해결책을 마련하는 스마터시티 챌린지(Smarter Cities Challenges) 프로그램을 운영하고 있다. 영국 정부는 '미래도시 시범사업 공모(Future Cities Challenge Demonstrators Competition)'에 선정된 도시 글래스고에 2,400만 파운드를 지원했다. 필라델피아는 IBM 프로그램에 참여하며 디지털 온램프(Digital On-Ramps) 프로젝트를 추진하고 있다. 여기서 소셜미디어 형식의 노동 교육 앱을 개발하여 글을 잘 이해하지 못하는 사람들이 정보·지식경제 분야에서 일자리를 찾을 수 있도록 지원하고자 했다(Wiig 2016). 그러나 이 프로젝트는 성공적으로 진행되지 못했다. 정책 대상자와의 소통 부재, 소프트웨어의 문제, 계획 실행 방침의 부족 등이 실패의 원인으로 지목됐다. 여기에서 사용자와의 긴밀한 관계를 구축하는 것이 계획 및 설계 단계부터 필수적이라는 교훈을 얻을 수 있다(Glasmeier and Christopherson 2015). 그리고 스마트시티는 숙련도가 높고 경쟁력을 지닌 노동력을 양성하겠다는 포부를 담은 홍보문구처럼 기능하면서도, 이를 증명하는 명확한 근거는 아직까지 없는 실정이다. 실패 사례를 통해서 기술적 방법으로 (빈곤, 노동 숙련도 부족 등) 도시 사회의 복잡한 문제를 해결하려 하면 한계에 봉착한다는 사실을 확인할 수 있다. 앞서 '디지털 격차'에 대한 논의에서도 나타난 바와 같이(8.3.2 참조), 기술의 활용 그 자체만으로는 도시의 문제를 극복할 수 없다. 기술의 불균등한 접근성과 사용, 서로 다른 사회집단 사이의 상이한 숙련도와 참여도 등의 현안이 제약조건으로 작용하기 때문이다. 기업은 데이터를 처리하고 해석하는 알고리즘을 사람들이 알지 못하는 상태로 통제하는데, 이

는 일반 시민에게 기술의 복잡성 및 정보의 비대
칭성과 관련된 또 다른 문제를 안겨준다(Rabari
and Storper 2014).

그러나 스마트시티를 기업이 완전히 장악했다
고 보는 것은 무리가 있다. 일반 시민의 운동, 시민
사회 단체, 공동체 조직도 디지털 기술을 적극 활
용하고 있기 때문이다. 이것은 '오픈 데이터' 운
동의 확산에서 명확하게 나타났다. 이 운동은 사
용자와 정책 결정자 사이의 상호작용을 촉진하여
공공 데이터를 무료로 사용, 재사용, 배포할 수 있
도록 하자는 것이다. 이를 옹호하는 단체들은 스
마트시티 기술을 도시의 개선을 위한 공공 캠페
인에서 성공적으로 활용했다. 비판 도시사회학자
롭 홀랜즈(Rob Hollands)는 집단적 아이디어와 행
동에 기반을 둔 운동을 가장 유익한 것으로 보았
다(Hollands 2015). 이런 운동에서는 기술을 단일
한 원동력으로 파악하지 않고 집단적 아이디어를
지원하고 강화하기 위해 사용한다. 이러한 사례에
는 [로컬 공동체를 개선하기 위해] 집단 지성을 활용
하는 브릭스타터(Brickstarter), 영국 리즈의 라일
락(LILAC: Low Impact Living Affordable Commu-
nity) 주거프로젝트, 미국 뉴욕의 569 에이커(569
Acres) 등이 있다. 569 에이커의 목표는 브루클린
의 땅 569에이커(약 70만 평)를 지역사회 단체와
개인이 공동으로 사용하는 것이다. 이런 프로젝트
는 (빈곤과 불평등, 근린 쇠퇴, 개방 공간의 부족, 교통
혼잡 등) 도시문제의 사회적·정치적·문화적 측면
을 강조하며, 도시문제가 기술적 해결책과 정교한
데이터 수집만으로는 풀릴 수 없다는 점을 드러
낸다(앞의 책). 집단적 아이디어와 행동에 기초한
운동들은 비록 규모는 작지만, 스마트시티가 어떤

모습이어야 하는가에 대해 기업과 도시정부가 주
도하는 하향식 기술지상주의 모델보다 더 포용적
이고 대안적인 비전을 제시하고 있다.

8.6 요약

8장에서는 교통과 ICT의 '공간축소기술'을 통해
도시 간 연결성이 증대되는 사실에 주목했다. 그
런 기술은 원거리에서 재화, 서비스, 정보, 자금,
사람의 빠르고 저렴한 유동을 촉진하면서 글로벌
화 과정에 핵심을 이룬다. 정책 입안자와 비즈니
스 엘리트층은 도시와 지역의 성장을 촉진하고
지역 간 불평등을 해소할 수 있다는 이유를 들면
서 공간축소기술을 지원하고 장려한다. 예를 들어
그들은 교통 인프라가 연결성을 증진하고 핵심부
와 주변부 간의 격차를 좁힐 수 있다고 주장하면
서 그에 대한 투자를 정당화한다. ICT의 잠재력
은 지리적 제약의 극복에서 찾고, 인터넷을 통해
서 재화, 서비스, 정보를 순식간에 이동시킬 수 있
다고 강조하면서 '거리의 사멸'을 촉진해야 한다
는 주장도 펼친다(Cairncross 1997). 범용 기술로
자리 잡은 인터넷은 경제의 모든 부문으로 스며
들었고, 이를 기초로 디지털경제도 성장했다. 최
근에는 온라인 플랫폼을 기초로 '공유경제'가 등
장하였는데, 기본적으로 이것은 도시적 현상인 것
으로 보인다. 도시 간 새로운 형태의 연결망을 창
출하며 원거리에 위치한 유휴 자원과 서비스로
의 접근성을 증진했기 때문이다. 마지막으로 스마
트시티 개념은 기술적 차원의 거버넌스로 언급할
수 있다. 도시정부와 기업 파트너는 빅데이터와

유비쿼터스 컴퓨팅의 강력한 힘을 가지고 여러 도시 문제에 대해 통합적이고 효과적인 해결책을 제시하려고 노력하기 때문이다.

그러나 현실에서 교통과 ICT의 진보가 '거리의 사멸'을 조장한다는 과장된 주장에 맞아 떨어지는 증거는 거의 없다. 입지와 현실적인 경제지리의 문제는 여전히 중요한 영향력을 행사하고, 핵심부와 주변부 간 격차는 계속 나타나며 심지어는 확대되는 경우도 있다(Rabari and Storper 2014). ICT는 광범위한 공간적 분산만을 촉진하지 않는다. 오히려 고부가가치 활동을 중심으로 주요 도시에 집중하는 경향이 뚜렷하게 나타난다. 다차원 연결성의 인프라가 도시에 몰려 있고, (신기술 개발과 세대 교체로 미래에는 확산의 경향이 확대될 가능성도 있지만) 고부가가치 활동에서 공간적 근접성과 대면접촉은 여전히 필수적이기 때문이다(Castells 2010). 인터넷의 성장과 확대에도 불구하고 인터넷 접근성과 사용의 차이를 뜻하는 디지털 격차는 여전히 다양한 지리적 스케일에서 발생한다. 디지털 격차는 공유경제 참여에 영향을 주고, (필라델피아 디지털 온 램프의 사례로 살핀 바와 같이) '스마트시티' 프로젝트 추진의 제약 요소로 작용한다. 이처럼 디지털 기술의 사용에서 소득, 교육, 성, 연령, 인종 등 여러 가지 "불평등의 오프라인 축"의 영향은 복잡하게 나타난다(Robinson et al. 2015: 570). 디지털 기술은 사회적 분열을 확대하는 역할을 하는데, 기존의 차이를 온라인 영역으로 옮기는 것에 그치지 않고, 디지털 불평등의 독특한 형태들을 새롭게 만들어내고 있다(앞의 책).

연습문제

경제 분야 하나를 선정하여 (예를 들자면, 소매업, 관광업, 음악, 비디오게임 등의 사례 하나로) 디지털 기술이 그 분야의 조직과 지리를 어떻게 변화시켰는지 살펴보자.

디지털 기술의 주요 효과는 무엇인가? 디지털화는 어느 정도로 새로운 재화와 서비스의 개발을 촉진하는가? 생산의 조직과 서비스의 전달은 어떻게 변화했는가? 디지털화를 통해서 생산자와 소비자 사이의 관계가 변화했는가? 디지털 기술을 활용해 새로운 기업이 출현했는가? 기술 변화와 새로운 경쟁 업체에 대하여 기존 기업들은 어떻게 대응하고 있는가? 기술 변화는 여러분이 조사한 분야의 지리에 어떠한 방식으로 영향력을 행사하였는가? 집적과 분산은 어떤 형태로 나타나는가? 이것은 미래의 기술발전으로 어떻게 변화하겠는가?

더 읽을거리

Castells, M. (2010) Globalisation, networking, urbanisation: reflections on the spatial dynamics of the information age. *Urban Studies* 47: 2737-45.

세계적 사회학자가 제시하는 ICT의 지리적 효과에 대한 간결한 요약서이다. (공간적 근접성과 대면관계가 필요한) 높은 수준의 의사결정과정과 (정보통신 네트워크를 통해 이루어지는) 결정의 실행과정을 구분하며 주요 대도시 지역에서 집적의 중요성을 강조한다.

Graham, M., De Sabbata, S. and Zook, M.A. (2015) Towards a study of information geographies: (im)mutable augmentations and a mapping of the geographies of information. *Transactions of the Institute of British Geographers* 2: 88-105.

글로벌 스케일에서 정보의 지리에 관한 논의 중심으로 디지털 격차 문제를 검토하는 논문이다. 인터넷 사용자, 브로드밴드 네트워크 비용, 도메인 이름, 코딩, 위키피디아 편집 기록 등의 자료를 바탕으로 국가별 인터넷 접근성과 참여를 지도화하여 시각화했다. 구글 검색과 오픈스트리트맵(OpenStreetMap)과 같은 디지털 재현의 지리에 대한 논의도 제시한다.

Moriset, B. and Malecki, E. (2008) Organization versus space: the paradoxical geographies of the digital economy. *Geography Compass* 3: 256-74.

디지털경제에서 변화하는 지리에 대한 문헌을 검토하는 논문이다. 집적과 분산 간 긴장관계의 역동성을 강조한다. 집적은 계속될 것이지만, 기술의 진보와 노동자의 세대교체 때문에 집적의 중요성은 약화될 수도 있다고 전망한다.

Rabari, C. and Storper, M. (2014) The digital skin of cities: urban theory and research in the age of the sensored and metered city, ubiquitous computing and big data. *Cambridge Journal of Regions, Economy and Society* 8: 27-42.

스마트시티 등장 이면에 존재하는 여러 가지 영향력에 대해 논의한다. 디지털 장치와 장비, 네트워크, 커뮤니케이션 장비 등 '디지털 스킨'의 지원을 받아 빅데이터와 유비쿼터스 컴퓨팅의 중요성이 증대하고 있음을 강조한다. 이런 변화가 도시 연구와 공공정책에 주는 함의를 도시 거버넌스에 초점을 맞춰 논한다.

Richardson, L. (2015) Performing the sharing economy. *Geoforum* 67: 121-9.

공유경제에 대한 최초의 경제지리학적 분석을 제시한 논문이다. 공유경제의 명확한 정의를 제시하고, 특정한 형태의 공동체, 접근성, 협력을 통해서 공유가 '수행되는' 방식을 강조한다.

Tomaney, J. and Marques, P. (2013) Evidence, policy, and the politics of regional development: the case of high-speed rail in the United Kingdom. *Environment and Planning C: Government and Policy* 31: 414-27.

고속철도의 지역적 효과에 대한 증거를 여러 국가에서 찾아 검토한다. 논의는 런던과 잉글랜드 북부를 잇는 HS2 노선 계획에 대한 논쟁의 맥락에서 진행된다. 영국 정부는 HS2 노선 건설 사업을 지역적 이익에 대한 기대를 갖고 제안하였지만, 이런 효과는 연구를 통해서 제대로 입증된 바가 없다.

웹사이트

www.uic.org/high-speed-database-maps
국제철도연맹(International Union of Railways) 홈페이지의 고속철도 섹션으로, 고속철도의 성장 및 연장 구간에 대한 전 세계 국가별 데이터베이스와 지도를 제공한다.

http://geography.oii.ox.ac.uk
옥스퍼드 인터넷 연구소(Oxford Internet Institute)의 정보 지리학 페이지이며, 접근성, 정보의 생산, 정보의 재현 등 3가지 주제를 중심으로 정보 및 인터넷 지리에 대한 여러 가지 데이터, 시각화, 지도를 제공한다.

www.itu.int/en/ITU-D/Statistics/Pages/default.aspx
국제전기통신연합(International Telecommunication Union) 홈페이지의 통계 섹션으로, 200여 개 국가에서 100가지 이상의 지표를 가지고 ICT에 대한 통계를 제공한다. 브로드밴드 인터넷, 인터넷 사용, 모바일 브로드밴드 등에 관한 ICT 통계를 무료로 사용할 수 있다.

http://smartcities.ieee.org
전기전자기술자협회(IEEE: the Institute of Electronical and Electronics Engineers)의 스마트시티 프로젝트 홈페이지이며, 스마트시티 핵심 요소와 관련된 논문, 자료, 인터넷 링크 등의 정보를 제공한다.

참고문헌

Albalate, D. and Bel, G. (2010) High-speed rail: lessons for policy-makers from abroad. WP 2010/3, Research Institute of Applied Economics, University of Barcelona, Barcelona.

Balaram, B., Warden, J. and Wallace-Stephens, F. (2017) *Good Gigs: A Fairer Future for the UK's Gig Economy*. London: Royal Society for the Encouragement of Arts, Manufactures and Commerce.

Banister, D. and Berechman, J. (2001) Transport investment and the promotion of economic growth. *Journal of Transport Geography* 9: 209-18.

Brinkley, I. (2016) *In Search of the Gig Economy*. Lancaster: The Work Foundation, Lancaster University.

Cairncross, A. (1997) *The Death of Distance*. Boston: Harvard University Press.

Castells, M. (2010) Globalisation, networking, urbanisation: reflections on the spatial dynamics of the information age. *Urban Studies* 47: 2737-45.

Chen, C.-L. and Hall, P. (2011) The impacts of high-speed trains on British economic geography: a study of the UK's InterCity 125/225 and its effects. *Journal of Transport Geography* 19: 689-704.

Chen, C.-L. and Hall, P. (2012) The wider spatial economic impacts of high-speed trains: a comparative case study of Manchester and Lille sub-regions. *Journal of Transport Geography* 24: 89-110.

Crang, M., Crosbie, T. and Graham, S. (2006) Variable geometries of connection: urban digital divides and uses of information technology. *Urban*

Studies 43: 2551-70.

Crescenzi, R. and Rodriguez-Pose, A. (2012) Infrastructure and regional growth in the European Union. *Papers in Regional Science* 91: 487-513.

Darchen, S. and Tremblay, D.G. (2015) Policies for creative clusters: a comparison between the video game industries in Melbourne and Montreal. *European Planning Studies* 23: 311-31.

Davidson, N.M. and Infranca, J.J. (2016) The sharing economy as an urban phenomenon. *Yale Law & Policy Review* 34: 215-79.

Davies, R. (2016) Uber admits defeat in China – but has plenty of fight left for new frontiers. *The Observer*, 7 August, p. 37.

De Groen, W.P. and Maselli, I. (2016) *The Impact of the Collaborative Economy on the Labour Market*. CEPS Special Report No. 138, June. Brussels: Centre for European Policy Studies.

De Prato, G., Feijoo, C., Nepelski, D., Bogdanowicz, M. and Simon, J.P. (2010) *Born Digital/Grown Digital: Assessing the Future Competitiveness of the EU Video Games Soft ware Industry*. Joint Research Centre/Institute for Prospective Technological Studies (JRC-IPTS). Seville: European Commission.

Dicken, P. (2015) *Global Shift: Mapping the Changing Contours of the World Economy*, 7th edition. London: Sage.

Ding, C. (2013) Transport development, regional concentration and economic growth. *Urban Studies* 50: 312-28.

The Economist (2012) The new local, October 27, p. 14.

Eddington, R. (2006) *Transport's Role in Sustaining the UK's Productivity and Competitiveness*. The Eddington Report, Main Report. London: HMSO.

European Union (1996) Council Directive 96/48/EC of 23 July 1996 on the interoperability of the trans-European high-speed rail system. *Official Journal L 235*, 17/09/1996 P. 0006-0024.

File, T. and Ryan, C. (2014) *Computer and Internet Use in the United States: 2013*. American Community Survey Report. Washington, DC: United States Census Bureau.

Fujita, M. (2011) Globalization and spatial economics in the knowledge era. *Research Institute of Economy, Trade and Industry (RIETI) 10th Anniversary Seminar*. Tokyo, Japan: RIETI. At www.rieti.go.jp/en/events/tenthanniversary-seminar/11011801.html. Last accessed 29 November 2016.

Gibbons, S. (2017) Planes, trains and automobiles: the economic impact of transport infrastructure. *SERC Policy Paper* 12. London: Spatial Economics Research Centre.

Gibbons, S., Lyytikainen, T., Overman, H. and Sanchis-Guarner, R. (2017) New road infrastructure: the effects on firms. *SERC Discussion Paper* 214. London: Spatial Economics Research Centre.

Gillespie, A., Richardson, R. and Cornford, J. (2001) Regional development and the new economy. *European Investment Bank Papers* 6: 109-31.

Glasmeier, A. and Christopherson, S. (2015) Thinking about smart cities. *Cambridge Journal of Regions, Economy and Society* 8: 3-12.

Gonzales, A. (2016) The contemporary US digital divide: from initial access to technology maintenance. *Information, Communication & Society* 19: 234-48.

Graham, M., De Sabbata, S. and Zook, M.A. (2015) Towards a study of information geographies: (im)mutable augmentations and a mapping of the geographies of information. *Transactions of the Institute of British Geographers* 2: 88-105.

Graham, S. and Marvin, S. (2001) *Splintering Urbanism: Networked Infrastructure, Technological Mobilities and the Urban Condition*. London: Routledge.

Grandadam, D., Cohendent, P. and Simon, L. (2013) Places, spaces and the dynamics of creativity: the video game industry in Montreal. *Regional Studies* 47: 1701-14.

Gwilliam, K. (2003) Urban transport in developing countries. *Transport Reviews* 23: 197-216.

Hall, J.V. and Krueger, A.B. (2015) An analysis of the labor market for Uber's driver-partners in the United States. *Princeton University Industrial Relations Section Working Paper* 587. Princeton, NJ: Princeton University.

Hathaway, I. and Muro, M. (2016) Tracking the gig economy: new numbers. At www.brookings.edu/research/trackingthe-gig-economy-new-numbers/. Last accessed 8 November 2016. Washington, DC: The Brookings Institution.

Hernandez, D.O. and Davila, J.D. (2016) Transport, urban development and the peripheral poor in Colombia – placing splintering urbanism in the context of transport networks. *Journal of Transport Geography* 51: 180-92.

Hollands, R.G. (2015) Critical interventions into the corporate smart city. *Cambridge Journal of Regions, Economy and Society* 8: 61-77.

Hook, L. (2016) Uber and Airbnb business models come under scrutiny. *Financial Times,* 30 December.

Houlder, V. (2017) Airbnb's edge on room prices depends on tax advantages. *Financial Times*, 2 January.

Huws, U., Spencer, N.C. and Joyce, S. (2016) Crowd Work in Europe: Preliminary Results from a Survey in the UK, Sweden, Germany, Austria and the Netherlands. University of Hertfordshire: Foundation for European Progressive Studies (FEPS) and UNI Europa.

International Telecommunications Union (ITU) (2016) Key ICT indicators for developed and developing countries and the world (totals and penetration rates). At www.itu.int/en/ITU-D/Statistics/Pages/stat/default.aspx. Last accessed 9 December 2016.

Janelle, D. (1969) Spatial reorganisation: a model and concept. *Annals of the Association of American Geographers* 59: 348-64.

Kim, H. and Sultana, S. (2015) The impacts of high-speed rail extensions on accessibility and spatial equity changes in South Korea from 2004 to 2018. *Journal of Transport Geography* 45: 48-61.

Kitchin, R. (2015) Making sense of smart cities: addressing present shortcomings. Cambridge Journal of Regions, *Economy and Society* 8: 131-6.

Kshetri, N., Alcantara, L.L. and Park, Y. (2014) Development of a smart city and its adoption and acceptance: the case of New Songdo. *Digiworld Economic Journal* 96, 113-28.

Linneker, B. (1997) Transport infrastructure and regional economic development in Europe: a review of theoretical and methodological approaches. *TRP 133*. Sheffield: Dept. of Town and Regional Planning, University of Sheffield.

Longley, P.A. (2003) Towards a better understanding of digital differentiation. *Computers, Environment and Urban Systems* 27: 103-6.

Lucas, K. and Porter, G. (2016) Mobilities and livelihoods in urban development contexts: introduction. *Journal of Transport Geography* 55: 129-31.

Mack, E.A. (2014) Broadband and knowledge intensive firm clusters: essential link or auxiliary connection? *Papers in Regional Science* 93: 1-30.

Martin, C.J. (2016) The sharing economy? A pathway to sustainability or a nightmarish form of neoliberal capitalism? *Ecological Economics* 121: 149-59

Monzon, A., Ortega, E. and Lopez, E. (2013) Efficiency and spatial equity impacts of high-speed rail extensions in urban areas. *Cities* 30: 18-30.

Moriset, B. and Malecki, E. (2008) Organization versus space: the paradoxical geographies of the digital economy. *Geography Compass* 3: 256-74.

Morozov, E. (2013) The 'sharing economy' undermines workers' rights. At http://evgenymorozov.tumblr.com/post/64038831400/the-sharing-economy-underminesworkers-rights. Last accessed 16 January 2017.

O'Brien, R. (1992) *Global Financial Integration: The End of Geography.* London: Pinter.

O'Connor, S. (2016) The gig economy is neither 'sharing' nor 'collaborative'. *Financial Times*, 14 June.

Olvera, L., Plat, D.L. and Pochet, P. (2003) Transportation conditions and access to services in a context of urban sprawl and deregulation: the case of Dar es Salaam. *Transport Policy* 10: 287-98.

Osborne, H. (2016) Uber loses right to classify UK drivers as self-employed. *The Guardian,* 28 October.

Pew Research Centre (2016) Gig work, online selling and home sharing. November 2016. At http://assets.pewresearch.org/wp-content/uploads/sites/14/2016/11/17161707/PI_2016.11.17_Gig-Workers_FINAL.pdf. Last accessed 16 January 2017.

Pratt, A. (2013) Space and place in the digital creative economy. In Handke, C. and Towse, R. (eds) *Handbook of the Digital Creative Economy.* Cheltenham: Edward Elgar, pp. 37-44.

Prensky, M. (2001) Digital natives, digital immigrants. *On the Horizon* 9 (5): 1-6.

Price Waterhouse Coopers (PWC) (2015) *The Sharing Economy.* Consumer Intelligence Series. At pwc.com/CISsharing.

Puga, D. (2008) Agglomeration and crossborder infrastructure. *European Investment Bank Papers* 13: 102-24.

Rabari, C. and Storper, M. (2014) The digital skin of cities: urban theory and research in the age of sensored and metered city, ubiquitous computing and big data. *Cambridge Journal of Regions, Economy and Society* 8: 27-42.

Richardson, L. (2015) Performing the sharing economy. *Geoforum* 67: 121-9.

Riddlesden, D. and Singleton, A. (2014) Broadband speed equity: a new digital divide? *Applied Geography* 52: 25-33.

Robinson, L., Cotton, S.R., Ono, H., Quan-Haase, A., Mesch, G., Chen, W., Schulz, J., Hale, T.M. and Stern, M.J. (2015) Digital inequalities and why they matter. *Information, Communication & Society* 18: 569-82.

Rogers, B. (2015) The social costs of Uber. *The University of Chicago Law Review Dialogue* 82: 82-102.

Schor, J.B. (2017) Does the sharing economy increase inequality within the eighty percent?: findings from a qualitative study of platform providers. *Cambridge Journal of Regions, Economy and Society* 10: 263-79.

Scott, A.J. (2011) A world in emergence: notes toward a resynthesis of urban-economic geography for the 21st century. *Urban Geography* 32: 845-70.

Shapiro, A. (2015) A South Korean city designed for the future takes on a life of its own. At www.npr.org/sections/parallels/2015/10/01/444749534/a-southkorean-city-designed-for-the-future-takes-on-a-life-ofits-own. Last accessed 16 January 2016.

Shelton, T., Zook, M. and Wiig, A. (2015) The actually existing smart city. *Cambridge Journal of Regions, Economy and Society* 8: 13-25.

Sietchiping, R., Permezel, M.J. and Ngomsi, C. (2012) Transport and mobility in sub-Saharan African cities: an overview of practices, lessons and options for improvements. *Cities* 29: 183-9.

Thomas, P. and O'Donoghue, D. (2013) The Channel Tunnel: transport patterns and regional impacts. *Journal of Transport Geography* 31: 104-12.

Tomaney, J. and Marques, P. (2013) Evidence, policy, and the politics of regional development: the case of high-speed rail in the United Kingdom. *Environment and Planning C: Government and Policy* 31: 414-27.

Tranos, E. (2012) The causal effect of the internet infrastructure on the economic development of European city regions. *Spatial Economic Analysis* 7: 319-37.

United Nations (2015) *The Millennium Development Goals Report 2015.* New York and Geneva: United Nations.

Vaughan R. and Daverio, R. (2016) *Assessing the Size and Presence of the Collaborative Economy in Europe*. London: PWC.

Vickerman, R. (1994) The Channel Tunnel, regional competitiveness and regional development. *Applied Geography* 14: 9-25.

Vickerman, R. (2012) High-speed rail – the European experience. In de Urena, J.M. (ed.) *Territorial Implications of High Speed Rail: A Spanish Perspective*. Farnham: Ashgate, pp. 17-32.

Warf, B. (2012) Contemporary digital divides in the United States. *Tijdschrift voor Economische en Sociale Geografie* 104: 1-17.

Warf, B. (2013) *Global Geographies of the Internet*. Dordrecht: Springer.

Wiig, A. (2016) The empty rhetoric of the smart city: from digital inclusion to economic promotion in Philadelphia. *Urban Geography* 37: 535-3.

옮긴이주 참고문헌

이재열(2020), 「서평―The Gig Economy: A Critical Introduction」, 『한국도시지리학회지』 23(3): 145-148.

Chapter
09 | 글로벌 생산네트워크와 지역발전

주요 내용

▶ 글로벌 생산네트워크(GPN)의 개념적 기초
▶ GPN 2.0으로 일컬어지는 GPN 이론의 정교화
▶ 지역발전에서 GPN의 함의
▶ GPN과 지역자산 간 전략적 커플링의 유형
▶ GPN과 초국적기업(TNC)에 의존한 지역발전의 강점과
  약점

9.1 도입

UN 무역개발회의(UNCTAD)는 『세계투자보고서 2013』에서 세계 무역의 80% 정도가 (이번 9장에서 살펴볼) **글로벌 가치사슬**(GVCs: Global Value Chains) 또는 **초국적기업**(TNCs: Transnational Corporations)의 생산네트워크를 통해서 이루어진다고 했다. 이 수치에는 TNC의 해외자산 투자, 그리고 전 세계적으로 이루어지는 협력업체, 하청업체, 고객사와의 투입 및 산출 거래내역이 포함된다. 또한 **오프쇼링**(offshoring)으로 제조공정이나 조립생산 등의 업무가 (주로 저비용 국가로) 분산된 현실과, **아웃소싱**(outsourcing)을 통한 생산의 파편화를 반영한다(3.5 참조). 보고서의 결과는 기업이 서로 재화와 서비스를 사고팔던 전통적인 무역을 넘어, 업무(task)나 부가가치를 거래하는 비율이 증가했음을 보여준다. 특히 **글로벌 생산네트워크**(GPNs: Global Production Networks)를 형성하는 기업들 간 부품과 서비스 거래가 현저하게 증가하고 있다(Box 9.1). 부품, 즉 완제품으로 통합될 중간재의 수출량은 현재 완제품의 수출량을 상회한다(UNCTAD 2013: 122). 앞서 8장에서 살펴본 바와 같이 교통 및 ICT의 발전은 '업무의 무역(trade in tasks)'을 촉진한다. 교통과 ICT는 중간재 무역을 지원하는 조직적 구조 역할을 하면서 "세계경제의 척추와 중추신경계"로 일컬어지는 GVC와 GPN의 성장을 뒷받침한다(Cattaneo

Box 9.1

크랭크축의 기나긴 여행

크랭크축은 피스톤운동을 회전운동으로 전환해 자동차가 움직이도록 하는 부품이다. BMW 미니(Mini)에 들어가는 크랭크축의 장거리 여행을 통해 완제품 말고도 부품의 생산에서 국제무역이 얼마나 중요한지 알 수 있다. 프랑스에 위치한 공급업체에서 크랭크축의 주형이 만들어지고, 이것을 영국 워릭셔에 위치한 BMW 햄즈홀 공장으로 보내 이곳에서 크랭크축을 주조한다. 생산된 크랭크축은 또다시 독일 뮌헨으로 옮겨 엔진에 넣어지고, 옥스퍼드에 위치한 미니 조립공장에서 엔진이 자동차에 탑재된다(Ruddick and Oltermann 2017). 생산된 차량이 (대부분의 영국산 자동차가 그러하듯) 유럽 대륙에서 판매된다면 영국해협을 네 번째로 한번 더 건너야 한다. 이런 과정은 자동차산업 공급망의 국제적 성격을 잘 보여준다. 실제로 영국에서 조립생산하는 자동차 부품의 41%만이 국내에서 공급된다(앞의 책). 이런 공급망은 2016년 6월 23일 영국의 '브렉시트' 투표 결과 때문에 혼란에 빠질 수 있을 것으로 보인다. 관세는 완제품뿐만 아니라 부품에도 적용되기 때문이다. 그래서 자동차 조립생산이 결국에는 영국에서 사라질 수도 있다는 산업계의 우려가 생겨나게 되었다.

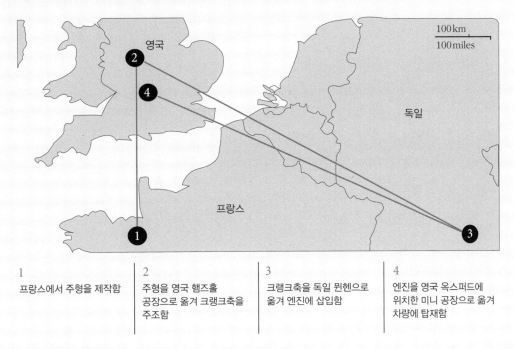

1	2	3	4
프랑스에서 주형을 제작함	주형을 영국 햄즈홀 공장으로 옮겨 크랭크축을 주조함	크랭크축을 독일 뮌헨으로 옮겨 엔진에 삽입함	엔진을 영국 옥스퍼드에 위치한 미니 공장으로 옮겨 차량에 탑재함

그림 9.1 크랭크축의 여정 (출처: Ruddick and Oltermann 2017)

et al. 2010: 7).

GPN은 '업무의 무역'을 조정하는 역할을 수행하면서, 도시와 지역이 이러한 생산네트워크에 참여할 필요성을 강조한다. 이러한 점에서 GPN은 지역발전에 상당한 함의를 지닌다. **지역의 부문별 전문화(regional sectoral specialisation)**라는 전통적인 패턴에서 보다 정교화된 국제노동분업으로의 변화 또한 GPN과 지역발전의 관계의 중요

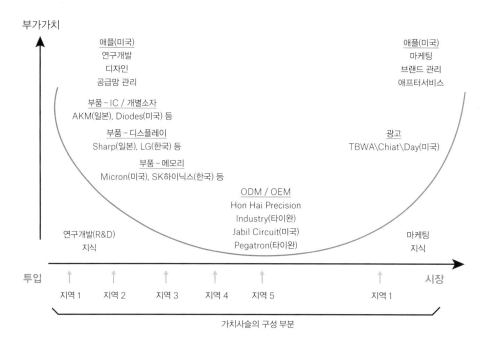

그림 9.2 **애플의 스마일곡선과 글로벌 가치사슬 조직** (출처: Grimes and Sun 2016: 99)

성을 드러낸다(3장 참조). 예전에는 해외시장으로 나가기 전에 한 지역에서 완제품이 만들어졌고 부품 거래도 지역 내에서 이루어졌지만, 지금은 광범위한 국제노동분업의 틀에서 지역이 (연구개발, 부품 생산, 조립생산, 유통 등) 특정 업무 또는 단계에만 관여하는 경향이 있다. 이러한 경향은 각각의 생산과정에 가치를 부가한다. 지역발전의 관점에서 핵심 쟁점은, 혜택과 이윤 유지 측면에서 어느 지역이 얼마만큼의 가치를 실제로 획득하는가이다(Coe *et al.* 2004). 이것은 가치사슬 조직의 '스마일곡선(smile curve)'상의 위치에 영향을 받는다(그림 9.2). 일반적으로 연구개발, 마케팅, 광고 같은 업무를 맡는 지역은 제조공정이나 조립생산을 담당하는 지역보다 더 많은 가치를 부가·확보한다. 이처럼 지역은 GPN에서 특정한 역할이나 업무를 수행한다는 점을 인식하고, 지역발전

의 문제를 관계적 관점에서 재고찰할 필요가 있다(2.5.4 참조).

9.2 글로벌 생산네트워크

9.2.1 상품사슬, 가치사슬 및 생산네트워크

경제지리학에서 글로벌 생산네트워크 방법론은 세계체제론★에 근거한 **글로벌 상품사슬**(GCCs:

★ 세계체제론(world systems theory)은 글로벌 경제를 분석·이해·설명하기 위해 사회학자 이매뉴얼 월러스틴(Immanuel Wallerstein)이 제시한 관점이다. 월트 로스토(Walt Rostow)의 근대화이론(7.3.1 참조)이 개별 국가의 선형적 발전단계에 집착했다면, 세계체제론은 '핵심부(core)', '반주변부(semi-periphery)', '주변부(periphery)' 간 계층적이고 상호의존적인 관계를 강조한다. 세계체제론은 반주변부 개념을 통해 국가와 지역 간 정치경제적 관계의 역동성을 설명한다는 점에서, 구조적 고착성에 갇힌 종속이론(7.3.2 참조)과도 차이가 있다.

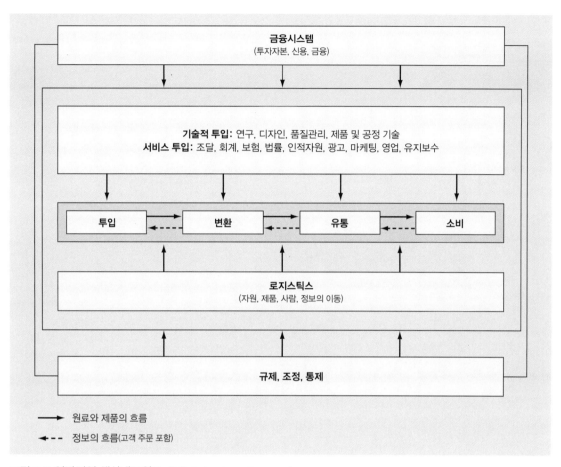

그림 9.3 일반적인 생산네트워크 (출처: Dicken 2007, Figure 1.4c)

Global Commodity Chains) 연구의 영향을 받아 성립하고 발전했다. 상품사슬은 "완제품으로 귀결되는 노동 및 생산과정의 네트워크"로 정의된다(Hopkins and Wallerstein 1986: 159). 다시 말해, 상품사슬은 물질적·비물질적 투입 요소를 완제품이나 서비스로 변형하는 것을 의미한다. 상품사슬은 투입, 변환, 유통, 소비의 4가지 기본적인 단계로 구성되며(그림 9.3), 각 단계를 거치며 가치가 부가된다. 이 과정은 여러 기술 및 서비스 투입 요소와 물류서비스 방식에 영향을 받으며, (선도기업, 상위국가적 기구, 정부 등) 다양한 행위자로부터 규제, 조정, 통제의 상황에 놓이게 된다.

대부분의 상품사슬 문헌에서는 거버넌스(governance)의 문제에 주목하는데, 여기서 거버넌스는 '선도'기업이 상품사슬을 조직하고 조정하는 방식을 의미한다.★ 사회학자 개리 제레피(Gary Gereffi)는 그의 연구(Gereffi 1994)에서 상품사슬 거버넌스를 선도기업의 유형과 역할에 따라 '생

<hr />

★ GCC와 GVC에서의 거버넌스는 5장에서 살핀 국가의 재구조화와 관련된 거버넌스와는 다른 의미로 사용된다. 국가 재구조화에서의 거버넌스는 민관산학연의 협치(協治)를 뜻하지만, GCC와 GVC에서는 거버넌스에 관해 논의할 때 기업 간 거래 및 권력 관계에 초점을 맞춘다.

표 9.1 생산자주도형 및 구매자주도형 상품사슬의 특징

구분	거버넌스의 형태	
	생산자주도형	구매자주도형
통제 자본의 유형	산업 자본	상업 자본
자본/기술 집약도	높음	낮음
노동의 특성	숙련/고임금	미숙련/저임금
통제 기업	제조업체	(거대 브랜드) 소매업체
생산 통합	수직적/관료적	수평적/네트워크
통제 방식	내부화/위계형	외부화/시장형
계약/아웃소싱	보통이지만 증가 추세	높음
공급자의 역할	부품 제공	완제품 제공
산업 사례	자동차, 컴퓨터, 항공기, 전자, 기계	의류, 신발, 완구, 가전

(출처: Coe et al. 2007: 102)

산자주도형'과 '구매자주도형'으로 구분했다(표 9.1). 생산자주도형은 항공기, 자동차, 컴퓨터 등 자본 및 기술집약적 산업에서 전형적으로 나타난다. 이 유형에서 상품사슬의 조정 역할은 거대 제조업체가 맡고 있는데, 이들은 대체로 여러 부품 공급업체와 하향식으로 위계형 관계를 맺는다. 생산자주도형 상품사슬에서 아웃소싱의 빈도는 대개 보통 수준에 머물러 있지만 최근 들어 증가하는 추세에 있다. 이와 대조적으로 구매자주도형 상품사슬에서는 거대 브랜드 소매업체가 조정자 역할을 한다. 브랜드 업체는 디자인, 판매, 마케팅, 금융에 집중하고, 실제 생산은 개발도상국의 공급업체에 아웃소싱한다. 이런 형태의 상품사슬은 의류, 가구, 장난감 등 노동집약적 소비재에서 주로 나타난다. 월마트, 이케아, 나이키, 갭 등을 구매자주도형 상품사슬을 통해 운영되는 대표적인 기업으로 언급할 수 있다.

GCC에 대한 논의는 최근 GVC로 이어졌고, 이런 변화 속에서도 GVC 논의의 초점은 여전히 거버넌스에 맞춰져 있다. 제레피 등(Gereffi et al. 2005)은 기업 간 관계를 중심으로 가치사슬의 유형을 5가지로 구분했다. '시장형(market)' 가치사슬은 재화 및 서비스의 거래가 당사자, 즉 선도기업과 공급업체 간 특별한 이해관계의 개입 없이 시장에서 결정되는 가격을 통해서만 이루어지는 상황을 말한다. '모듈형(modular)' 가치사슬은 하청업체가 그 자체로 완결성과 독립성을 가진 풀패키지나 모듈을 선도기업에게 공급하는 상황에서 형성된다. '관계형(relational)' 가치사슬에서는 선도기업과 공급업체 간 빈번한 의사소통이 (대체로 근거리에서) 이루어진다. '전속형(captive)'은 선도기업과 공급업체 간 종속적 관계가 형성되어 전자가 후자를 하향식으로 완벽하게 조정, 통제할 수 있는 유형을 뜻하며, 마지막으로 '위계형(hierarchical)'

은 수직적 통합의 상태에서 모든 생산이 하나의 선도기업 조직 내에서 이루어지는 경우를 말한다.

GPN은 경제지리학 및 그와 관련된 분야에서 최근 주목을 받고 있는 연구 주제이다(Coe and Yeung 2015). GPN 방법론은 경제의 글로벌화 연구에 대한 관계적 분석틀을 제공하며, "모든 종류의 네트워크를 포괄"하고 "연관된 모든 행위자와 관계의 집합들을 아우르는" 것을 목표로 한다(Coe et al. 2008: 272). 이처럼 GPN 개념은 GCC와 GVC보다 개방적이고 지리적 감수성을 가진 관점을 제시하며, 기존 이론의 한계로 지목되는 선형적인 인식론을 탈피한다. 스터전(Sturgeon 2001: 10)은 다음과 같이 사슬과 네트워크의 메타포를 구분하여 말한다.

사슬은 재화와 서비스의 전달, 소비, 유지보수 등으로 이어지는 사건의 수직적 배열을 순차적으로 그리는 것이다. … 반면 네트워크는 기업 간 관계의 범위와 성격을 강조하며 기업들이 엮이고 묶여 보다 큰 경제적 집단을 이루는 과정에 주목하는 개념이라 할 수 있다.

GVC 개념은 사회학 및 경영학에서 기원했고, GPN은 맨체스터학파 경제지리학자들의 연구와 관계가 있다(Bathelt 2006).

기업 간 네트워크는 GPN 연구에서 핵심을 차지한다. GVC 분석에서와 마찬가지로 연구개발, 디자인, 생산, 하청관계, 마케팅, 영업 등의 기업활동에 주목하는 GPN은 다음과 같이 정의된다.

GPN은 세계의 여러 시장에서 활동하기 위한 목적으로 다수의 지리적 위치에 걸쳐 재화나 서비스를 생산하는 조직의 배치를 의미한다. 이런 조직은 서로 연관되는 다양한 경제적·비경제적 행위자들로 구성되며, 글로벌 선도기업이 전체의 조직 배치를 조정한다.

(Yeung and Coe 2015: 32)

GPN 연구는 네트워크에서 기업 권력의 배분과 관련되며, 특히 '선도기업'이 정부 및 공급업체와 맺는 관계의 측면에 주목한다(Box 9.2). 이를 위해 다양한 기업의 유형을 구분할 필요가 있다. BMW와 애플 같은 선도기업과 함께, 전략적 협력사(strategic partners), 전문 공급업체(단일산업형 또는 다산업형), 일반 공급업체, 고객사로 기업을 유형화할 수 있다(표 9.2). GVC 접근과는 달리, GPN에서는 기업활동의 형성과정을 이해하고자 할 때 기업의 차원을 넘어 (상위국가적 기구, 정부기관, 노동조합, 기업협회, 비정부기구, 소비자 단체 등) 다양한 제도의 역할을 강조한다. GPN 이론은 GCC/GVC에 대한 비판적 검토를 통해 마련되었기 때문에 이들 사이의 개념적 차이는 분명하지만(Henderson et al. 2002), 한 가지 중요한 공통 관심사가 있는데, 글로벌 경제에서 재화와 서비스가 생산, 유통, 소비되는 조직적 배치의 변화 양상이 바로 그것이다.

GCC, GVC, GPN 개념은 모두 글로벌 경제의 "주요한 거물(key movers and shakers)"인 TNC의 중요성을 강조한다(Dicken 2015). TNC는 GPN의 심장부에서 조정자 및 통제자 역할을 하며 지리적으로 분산된 협력사, 계약업체, 공급업체의 네트워크를 조직하고 재화와 서비스를 생산한다.

표 9.2 GPN에서 기업행위자의 유형과 특성

기업행위자 유형	역할	가치 창출 활동	제조업 사례	서비스업 사례
선도기업	조정과 통제	제품과 시장을 정의	애플, 삼성(ICT) 도요타(자동차)	싱가포르항공(교통) HSBC(금융)
전략적 협력사	선도기업에게 전체 또는 부분적 솔루션을 제공	제조업 또는 선진 서비스 분야에서 공동개발, 디자인	훙하이정밀, 플렉스트로닉스(ICT) ZF(자동차)	IBM 뱅킹(금융) 보잉, 에어버스(교통)
전문 공급업체 (단일산업형)	전용 납품으로 선도기업, 협력사 지원	고가의 모듈, 부품, 완제품	인텔(ICT) 델파이, 덴소(자동차)	마이크로소프트(ICT) 피델리티, 슈로더(금융) 아마데우스(교통)
전문 공급업체 (다산업형)	선도기업, 협력사에게 핵심적 공급업자	산업 간 경계를 넘나드는 중간재와 서비스	DHL(ICT) 파나소닉 오토모티브 (자동차)	DHL(금융) 파나소닉 아비오닉스 (교통)
일반 공급업체	대등한 관계(시장 논리)로 납품	저가의 표준화된 제품과 서비스	ICT와 자동차산업에 공급되는 플라스틱	금융기관 사무실 또는 운송수단 청소 업무
고객(사)	선도기업에 가치를 이전	중간재 또는 완제품 소비	거래관계 선도기업과 고객(사)	거래관계 선도기업과 고객(사)

(출처: Yeung and Coe 2015: 45)

TNC는 지리적 이동성 덕분에 글로벌 차원에서 투자를 지역 간에 이동시킬 수 있다. 그래서 TNC의 투자, 재투자, 투자 중단 결정은 국가와 지역의 경제, 그리고 특정 지역에 정착할 수밖에 없는 노동자와 가족의 삶에 지대한 영향을 준다. 이런 점 때문에 TNC가 글로벌 경제의 투자 흐름에 국가보다 더 강력한 영향력을 행사한다고 주장하는 사람들도 많이 생겨났다(Pike *et al.* 2017: 229).

생산네트워크는 몇 가지로 구분되는 단계 또는 층위(tier)의 공급업체들로 구성되며, 1층위는 글로벌 선도기업이 차지한다(그림 9.4). 노트북 컴퓨터의 생산네트워크에서 대부분의 조립공장은 '계약생산업체(CM: Contract Manufacturer)'가 운영하는데, 이들은 1층위의 글로벌 선도기업과 하청 관계를 맺는다. 일부 CM은 (단순한 OEM의 수준을

탈피해) 디자인의 과정까지 참여하는 제조자설계생산(ODM: Original Design Manufacturing) 방식을 채택하고 있다.★ 이런 2층위의 CM과 ODM 업체는 핵심 부품 및 모듈의 생산을 3층위 공급업체에게 하청을 주고, 3층위 업체는 개별 부품의 생산을 4층위 공급업체에게 맡긴다. 이런 과정을 보여주는 그림 9.4는 지극히 간소화된 재현이라는 점에 유의할 필요가 있다. 수백 개의 기업과 수만

★ 제조자설계생산(ODM)은 하청업체가 설계, 기술개발, 생산, 판매과정까지 참여하기 때문에 상업적 하청(commercial subcontracting)으로 불린다. ODM에서 원청업체는 브랜드 관리와 마케팅에만 집중하는 경향이 있다. 예를 들어 HP, Dell 등 브랜드 PC 기업의 홈페이지에서 컴퓨터를 주문하면 ODM 업체는 설계, 부품수급, 생산을 맡고 주문된 상품을 고객에게 배송한다. 주문자상표생산(OEM: Original Equipment Manufacturing)은 ODM과 대조적으로 원청업체의 설계에 따라 완제품을 생산하고 원청업체의 상표를 부착해 납품하는 형식의 아웃소싱이다. OEM은 하청업체가 생산 기능만을 담당하므로 공업적 하청(industrial subcontracting)이라고 불린다(그림 9.4 참조).

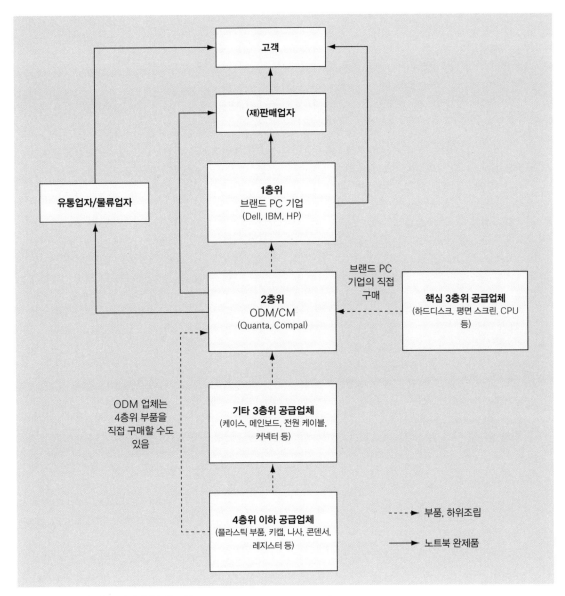

그림 9.4 **노트북 컴퓨터의 생산네트워크** (출처: Daniels *et al.* 2008: 322)

명의 노동자가 참여하는 실제 생산과정은 이보다 훨씬 더 복잡하다(Coe 2016: 326).

9.2.2 GPN 1.0

GPN 1.0은 글로벌 생산네트워크에 대한 초창기

의 분석방법을 말한다. GPN 1.0은 3가지 중심 개념을 기초로 글로벌 생산네트워크를 개념화했다. 첫째는 **가치**(value)이고, 여기에는 마르크스주의적 잉여가치 개념(Box 2.4 참조)과 주류 경제학의 경제지대(rent)의 의미가 모두 포함된다(Henderson *et al.* 2002: 448). 즉, 가치는 경제적 수익(이

Box 9.2

BMW의 글로벌 생산네트워크

글로벌 생산네트워크와 그것의 공간 조직에 관한 흥미로운 사례로 독일 자동차회사 BMW를 살펴보자(Coe et al. 2004). 이 기업은 고도의 자본 및 기술 집약도, '린 생산(lean production)'에 대한 의존성, (필요에 따라서만 공급업체에게 주문 요청하기 때문에 제조업체나 조립공장 인근에 공급업체의 클러스터가 형성되는) 적시(just-in-time) 생산 전략의 활용 등 자동차산업의 기본적 특징을 모두 지니고 있다. 동시에 BMW는 고급 자동차로 특화된 틈새시장에서 생산량을 낮게 유지한다. 크반트(Quandt) 일가가 기업 지분의 46% 정도를 보유하며, 독일 남부 바이에른(Bavaria)주를 근거지로 삼아 운영한다. 본사는 뮌헨에 있지만, 1960년대 이후로 바이에른 동부에도 3개의 조립공장과 부품공장 단지에 순차적으로 투자하며 지역경제 발전에 지대한 영향력을 행사하고 있다. 이곳에서 BMW는 3만 5,000명가량을 직접고용하고 있고, 지역 내 공급망까지 고려하면 BMW의 고용효과는 그보다 훨씬 더 높을 것이다.

글로벌화의 압력과 자동차산업계의 경쟁 격화 때문에 BMW는 최근 국제화 전략을 채택했다. 현재는 4개 대륙, 14개 국가, 30개 도시에서 BMW 자동차가 생산되고 있다. 변화하는 고객 수요와 시장상황에 빠르고 유연하게 대처하기 위하여 마련된 전략이고, 이것은 시장지향형 국제화 전략★의 사례로 분류할 수 있다(Dicken 2015). 북아메리카, 남아메리카, 남아프리카에 위치한 기존 생산설비에 더해 최근에는 브라질 산타카타리나주 아라쿠아리에 새로운 공장을 설립했고, 멕시코 산루이스포토시시에서는 신규 공장 건설이 한창이다. 2004년 5월에는 중국 북동부 랴오닝성 선양에도 BMW 공장을 현지의 브릴리언스 자동차(Brilliance Automotive)와 합작회사의 형태로 설립했다(Box 9.3). 인도 공장은 2007년 첸나이에 차렸는데, 성장세인 인도 시장에 진출하기 위함이었다. 동남아시아 시장 공략을 위해 타이 라용, 말레이시아 쿠알라룸푸르, 인도네시아 자카르타에도 공장을 세웠고, 러시아의 칼리닌그라드와 이집트에서도 BMW 공장이 가동된다.

★ TNC의 국제화 전략은 크게 '시장지향형(market seeking)'과 '자산지향형(asset seeking)'으로 구분할 수 있다. 시장지향형은 상품과 서비스의 시장을 확대하는 전략이고, 자산지향형은 생산에 기초가 되는 자산을 취득하기 위한 국제화 방안이다. 전통적으로 자산지향형 TNC 전략의 핵심은 원유와 같은 천연자원과 생산원료의 취득이었지만, 최근에는 지식과 노동에 대한 접근성 확보의 중요성이 커지고 있다.

윤) 또는 지대를 뜻하고, 판매를 위한 상품의 생산을 통해서 창출된다. 여기에는 (유휴) 노동력이 실제 노동으로 전환되는 노동의 과정도 포함된다(그림 3.1 참조). 기업은 여러 가지 방식—특정 제품과 공정기술에 대한 통제, 조직관리 역량 개발, 기업 간 관계의 활용, 주요 시장에서의 브랜드 명성 관리 등—으로 가치를 창출할 수 있다. 기업은 시장점유율을 놓고 다른 기업들과 경쟁하는 상황에서, 기술 이전 또는 생산역량 및 숙련도 향상을 통해 가치를 높일 필요가 있다. 가치의 확보 측면에

서 핵심은, 네트워크상에서 해당 가치를 획득하여 유지할 수 있는 행위자는 누구이며, 장소는 어디인가에 대한 문제다. 이때 가치의 확보를 판가름하는 주요한 기준은 소유권과 통제력이다. 먼저 소유권은 기업의 소유 형태(민간기업/공영기업, 국내기업/해외기업 등)가 어떠한가와 관련된다. 통제력은 정부의 정책 및 기업 거버넌스시스템과 연관되어 있다. 사적 재산권이나 소유권의 구조, 이익의 본국 송금과 관련해서 정부가 어떤 정책을 취하는지, 그리고 기업이 이해관계자와 주주 중에

어느 쪽을 우선하는지 등은 국가에 따라 상이하게 나타나기 때문이다(앞의 책).

GPN 분석에서 두 번째 핵심 개념은 권력(power)이다(1.4.4 참조). 권력은 권한을 행사하는 역량이라는 측면에서 주로 실천으로 정의된다(Allen 2003). 헨더슨 등(Henderson *et al.* 2002)은 핵심적인 권력의 형태를 3가지로 제시했다. 첫째는 '기업 권력(corporate power)'으로, GPN에서 핵심 자원, 정보, 지식, 기술, 브랜드 등에 대한 선도기업의 통제력과 관련된다. 두 번째는 '제도권력(institu-tional power)'이다. 제도권력을 행사하는 주체에는 국가나 지역(Box 9.3), 상위국가적 기구(EU, 세계은행, IMF, WTO 등), UN 전문기구(특히 ILO), 국제 신용평가기관 등이 있다. 세 번째는 '집단권력(collective power)'이다. 이것은 노동조합, 기업가 협회, 비정부기구(NGOs) 등 다양한 집단을 형성하는 행위자들의 구체적 실천으로 표출된다.

마지막으로, 착근성을 GPN 분석의 세 번째 핵심 개념으로 간주할 수 있다(2.5.2 참조). 헤스(Hess 2004)는 3가지 유형으로 착근성을 범주

Box 9.3

의무형 착근성: 중국에 진출한 초국적기업

글로벌 자본의 흐름 속에서 국가는 무기력할 수밖에 없다는 주장은 근거 없는 낭설에 불과하다. 국가는 국내 시장에 대한 접근성을 통제할 수 있는 역량을 가지고 글로벌 경제에서 여전히 중추적인 역할을 하고 있다. TNC가 대체로 낮은 수준의 정치적 규제를 선호하며 입지적 유연성을 극대화하려는 것은 사실이지만, 다른 한편에서 국가는 TNC의 활동이 지역 및 국가 경제에 착근하도록 노력을 펼치며 GPN에서 가치를 확보하려는 목적을 지향한다(Liu and Dicken 2006). 지역적 착근성은 특정 지역에 투자를 정착시키려는 노력을 의미하지만, 지역적 착근성으로 경제적 이익과 (고용 창출, 투자 유치, 하청 계약 등) 부수 효과를 얻을 수 있는지에 대해서는 여전히 의문이 남아 있다. 이에 대한 대안으로 리우와 디큰(Liu and Dicken 2006)은 2가지 이념형으로 '능동형(active) 착근성'과 '의무형(obligated) 착근성'을 구분하여 논한다. 능동형 착근성의 경우, TNC가 다양한 지역자산을 이용 가능한 상태에서 자발적으로 그런 자산을 활용하려고 노력하는 상황에서 형성된다. 이에 반해 의무형 착근성에서는 국가의 통제 때문에 지역자산을 자유롭게 이용하는 것이 어렵다. 이와 같은 상황에서 국가는 상당한 수준의 협상력을 가지게 되고 자국 시장에 투자를 원하는 TNC에게 특정 조건을 충족하라는 요구를 할 수 있다.

중국은 TNC의 의무형 착근을 요구하며 세계에서 가장 빠르게 성장하는 자동차 시장이 될 수 있었고, 현재는 미국과 일본 다음으로 세계 3위 자동차 시장을 보유하고 있다. 중국에서 자동차산업은 여섯 개 지역의 클러스터에 집중하고 있다(그림 9.5). 1980년대 말 중국 정부는 자동차산업을 전략 산업으로 선정하였고, 이를 위해 TNC에게 국내 시장에의 접근을 허용하는 대신 자본 투자와 기술 이전을 요구하는 협상 전략을 사용했다. TNC는 빠르게 성장하는 거대 시장으로 진출하기 위해 그런 의무적 요구사항을 받아들일 수밖에 없었다. 2003년까지 세계적 자동차 기업 모두가 중국에 진출했고 국가의 요구에 따라 '합작투자(joint venture) 회사' 형태로 운영된다. 이런 의무형 착근성에 대한 협상력은 가장 거대하며 빠르게 성장하는 소비시장을 보유한 국가만이 누릴 수 있는 것이다.

이런 조건하에서 중국은 여러 TNC 간의 경쟁을 부추길 수 있으며, 이것은 TNC가 국가 간 경쟁을 부추기는 일반적인 모습과 대조를 이룬다(앞의 책: 1245). 중국 시장과 같은 중요한 자산을 보유하고 있지 못하여 상대적

으로 약한 지위를 가진 여타의 대부분 국가는 그러한 이점을 누리기 어렵다. 예외적으로 거대 국가나 EU와 같은 국가 연합체는 TNC에 대하여 보다 나은 협상력을 보유할 수 있다.

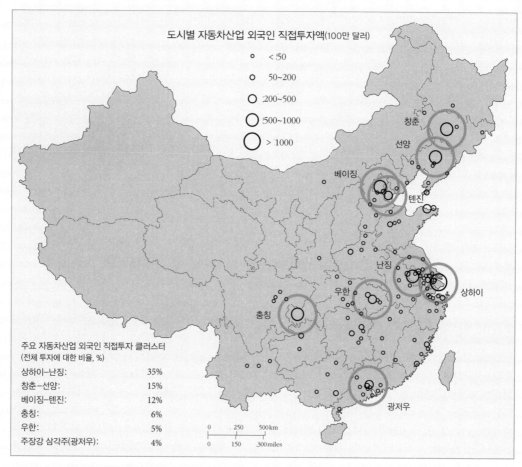

그림 9.5 중국의 자동차산업 클러스터 (출처: Wheelon Co. Ltd 2002, Liu and Dicken 2006: 1234에서 재인용)

화했다(그림 9.6). 첫째, '사회적 착근성(societal embeddedness)'은 사회학적 관점에서 기원했고 (Granovetter 1985), 경제행위자들이 광범위한 제도 및 규제의 틀 안에 위치할 수밖에 없다고 말했던 폴라니의 사상에도 영향을 받았다(Box 1.6). 폴라니는 특히 국가의 역할에 주목했으며, 경제활동에 영향을 미치는 사회적 네트워크와 문화적

각인(imprinting)의 관점에서 사회적 착근성의 의미를 파악했다. 둘째, '네트워크 착근성(network embeddedness)'은 특정 행위자나 기업이 참여하는 사회적·경제적 관계를 강조하는 것이다(Henderson *et al.* 2002: 453). 네트워크 착근성은 국가 및 지역의 경계를 초월한 관계가 형성됨을 함의한다. 셋째, '지역적 착근성(territorial embedded-

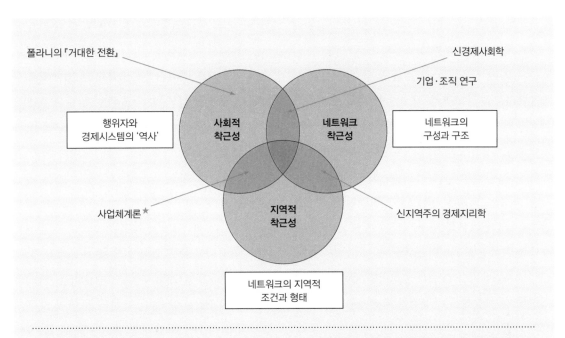

★ 경제사회학자 리처드 위틀리(Richard Whitely)가 제시한 사업체계(business systems)론은 기업의 활동을 제도·문화적으로 분석, 이해, 설명하는 담론이다. 위틀리에 따르면, 글로벌화와 신자유주의화가 확산되더라도 기업의 활동방식은 천편일률적으로 동질화되지 않는다. 기업들이 태생 국가의 제도·문화적 영향을 지속적으로 받으며 각기 다양성을 유지하기 때문이다. 사업체계론에 대한 더 상세한 설명은 이재열·박경환(2018), 「초국적기업의 사회적 착근성에 대한 소고: 사업체계론을 중심으로」, 『한국지리학회지』 7(1): 85-96을 참조하자.

그림 9.6 착근성의 3가지 유형 (출처: Hess 2004: 178)

ness)'은 GPN이 특정 장소에 '정박하는(anchoring)' 것을 말한다(Box 9.3). 선도기업이 특정 장소에 (보통 출신 지역에) 지니고 있는 역사적 유대 때문에 GPN은 지역적 착근성을 가질 수 있다. 대체로 기업은 출신 근거지에서 국가 및 지방정부의 정치적 지원을 받고, 공급업체와 오랜 관계를 유지하며, 숙련된 노동력에 대한 접근성도 보유할 수 있다. 그러나 시간이 지남에 따라 경쟁이 심화되어 저비용 지역으로 투자처를 옮길 수밖에 없는 상황에서는 지역적 착근성이 약화될 수도 있다. 자본주의에서 공간적 고정과 이동은 늘 긴장관계에 노출되어 있다는 의미다(Harvey 1982).

9.2.3 GPN 2.0

GPN 연구에서 핵심 인물로 알려진 닐 코(Neil Coe)와 헨리 엥(Henry Yeung)은 초창기의 개념적 기초를 바탕으로 최근에는 보다 역동적인 이론화를 추구하기 시작했다(Coe and Yeung 2015; Yeung and Coe 2015). 코와 엥은 이를 GPN 2.0으로 칭했고, 여기에서는 GCC/GVC의 산업 거버넌스 논의와 GPN 1.0, 즉 기존 GPN 접근에서 핵심을 이루는 개념인 가치, 권력, 착근성을 초월하려는 노력이 이루어지고 있다. 특히 경쟁의 동력, 기업 특수적 전략, 가치 확보의 궤적 등과 지역발전의 결과 간 관계에 대한 이론화를 기존 GPN 1.0

보다 개선했다.

엥과 코(Yeung and Coe 2015)는 GPN이 서로 다른 국가와 지역에서 행위자 특수적인 전략을 형성한다고 강조하면서, 그 이유를 자본주의경제의 역동성에서 찾는다. 그리고 핵심적인 경쟁의 동력을 3가지로 구분하여 설명한다. 첫째는 역량 대비 비용의 상대적 중요도를 뜻하는 비용-역량의 비(cost-capability ratio)인데, 이것은 글로벌화 및 GPN에서 업무의 아웃소싱과 관련된 비용절감의 절실함만을 의미하는 것이 아니라, (자산, 자원, 숙련도 등) 기업 특수적인 역량을 활용해야 하는 필요성도 강조하는 것이다. 이런 관점에서 기업은 가급적 적은 비용으로, 핵심 역량으로 정의되는 가용 자원의 축적과 배치를 최적화하는 조

직 및 관리 기구로 간주된다. 두 번째 경쟁의 동력은 지속적인 시장개발(market development)이고, 이것은 생산자와 소비자 모두의 노력으로 새로운 시장 구조를 창출하는 과정에서 나타난다. 기업의 경우 시장 범위를 확대하고 접근성을 높이기 위한 전략을 마련하고, 제품과 서비스의 출시 시기를 관리하는 동시에 다양한 홍보 및 마케팅 활동을 펼치며 소비자의 행동과 기호에 영향을 미치고자 한다. 세 번째 경쟁 동력은 금융규율이다. 금융규율이 중요한 이유는 기업이 외부 금융에의 접근성을 필요로 하기 때문이다. 기업은 (경제의 금융화로 인해) 투자자와 주주의 요구에 민감하게 반응할 수밖에 없다(4장 참조). GPN에 참여하는 기업은 지금까지 살핀 3가지 경쟁 동력

표 9.3 GPN에서 기업 특수적 전략의 유형과 특성

전략	경쟁동력			위험부담	경제 부문 예시	GPN 구조의 조직 특성
	비용-역량의 비★	시장개발	금융규율			
내부조정	낮음	높음	낮음	높음	소매업 제약업	높은(위계형) 네트워크 통합 • 국내 사업 확장 • 해외직접투자 • 인수합병
기업 간 통제	높음	낮음	높음	보통	자동차 정보통신서비스	종속적 하청관계 • 부품 구매 • 단순 서비스 외주
기업 간 파트너십	높음	높음	높음	높음	전자산업 물류	협력적 아웃소싱 • 공동개발 • 자산 공동 활용 • 생산자서비스
외부교섭	보통	높음	높음	높음	자원 식품	기업 외부 관계망 형성 • 투자회사, 신용평가기관 • 정부기관 • 표준 인증/관리 단체

★ 비용보다 역량이 상대적으로 중요하면 비용-역량의 비는 낮고, 비용절감이 더 중요한 경우에는 비용-역량의 비가 높다.

(출처: Yeung and Coe 2015: 46)

과 함께 여러 가지 위험부담(risk)도 관리할 필요가 있다. 특히 경제상황, 상품, 규제, 노동, 환경 등과 관련된 위험요소의 관리가 무엇보다 중요하다.

코와 영은 경쟁 동력 및 위험부담을 기준으로 4가지 유형의 GPN 전략을 제시한다(표 9.3). 첫 번째는 '내부 조직화' 또는 '내부조정(intra-firm co-ordination)' 전략이다. 이 전략은 기업 내 자체 생산에 기초하여 비용과 재고를 줄이고, 시장 대응력을 높이며 고품질의 제품과 서비스를 개발하는 것을 목표로 한다. 즉, 선도기업, 전략적 협력사, 공급업체 등이 가치활동을 조직 경계 안으로 내부화하면서 통합을 추구하는 전략이다. 두 번째 전략은 '기업 간 통제(inter-firm control)'이고, 여기에서는 한 기업이 상당 부분의 생산활동을 CM이나 공급업체에게 아웃소싱하며 생산공정 전반과 품질관리를 엄격하게 통제한다. 이는 비용절감의 논리를 추종하는 선도기업이 주로 사용하는 전략이며, 이런 기업은 저부가가치 활동을 외부화하며 고부가가치의 핵심 역량에만 집중하는 경향이 있다. 세 번째는 '기업 간 파트너십(inter-firm partnership)' 전략으로, 선도기업과 전략적 협력사 또는 전문 공급업체 사이에 긴밀한 협력을 통해서 파트너십이 형성된다. 따라서 기업 간 파트너십은 관계형과 모듈형 가치사슬 거버넌스와 유사한 것으로 언급될 수 있다. 마지막으로, '외부교섭(extra-firm bargaining)' 전략은 GPN 변화에 지대한 영향력을 행사하는 국가, 상위국가적 기구, 노동조합, 소비자 단체, NGO 등 비기업행위자와의 상호작용을 포괄하는 것이다. 외부교섭에서는 비기업행위자와 기업 간에 벌어지는 협상, 적응 등이 (서로 영향을 주고받는) 상호주체적 과정임을 인식할 필요가 있다.

9.2.4 경제적, 사회적 업그레이딩

경제적, 사회적 **업그레이딩**(upgrading)은 GVC/GPN 연구에서 커다란 주목을 받아왔다. '경제적 업그레이딩'이란, 기술과 지식을 향상시킨 기업이 가치사슬 또는 생산네트워크상에서 더 높은 부가가치를 창출하는 지점으로 이동하는 것을 의미한다(Gereffi *et al.* 2005). 경제적 업그레이딩은 보통 기술과 지식의 개선을 통해 이루어지며, 수익 증대와도 관련이 있다. 기업의 공정, 상품, 기능, 사슬/네트워크 등이 개선되면 경제적 업그레이딩이 나타난다. '경제적 다운그레이딩(downgrading)'은 이와 반대로, 기업이 가치사슬/생산네트워크의 하층위로 이동하여 기존보다 낮은 부가가치를 생산하는 것이다. 경제적 다운그레이딩은 빈번히 일어나는 현상임에도 이전까지 큰 주목을 받지 못했는데, 최근의 연구에서는 이러한 다운그레이딩을 3가지 유형으로 구분했다(Blazek 2016; 표 9.4).

'사회적 업그레이딩'은 경제적 업그레이딩과는 달리, 노동자의 권리와 지위가 개선되는 과정을 중심으로 정의된다. 다시 말해, 임금수준과 근로 환경, 직업 안정성, 노동권 등을 증진하여 고용의 질을 강화하는 것이다(Barrientos *et al.* 2011: 324). 사회적 업그레이딩은 크게 측정 가능한 부문과 측정이 어려운 부문으로 구분된다. 측정 가능한 부문으로는 고용형태, 근로시간, 임금수준, 사회적 보호 등이 해당된다. 계량화가 어려운 부

표 9.4 경제적 업그레이딩과 다운그레이딩의 세부 유형

구분	세부 유형	의미
경제적 업그레이딩	공정 업그레이딩	생산의 효율성 제고
	상품 업그레이딩	정교한 고부가가치 상품과 서비스를 생산
	기능 업그레이딩	높은 부가가치의 업무를 수행하며 가치사슬/생산네트워크에서 상층위로 이동
	사슬/네트워크 업그레이딩	기술적으로 우수한 네트워크로 진출하며 새로운 산업이나 새로운 시장에 진입
경제적 다운그레이딩	수동적 다운그레이딩	상층위 구매자의 결정에 따라야 하는 상황에서 발생
	적응적 다운그레이딩	경쟁심화에 대한 기업의 반응
	전략적 다운그레이딩	핵심 역량과 시장에만 집중하려는 의도적인 결정

(출처: Blazek 2016을 수정하였음)

문으로는 언론 및 결사의 자유, 단체교섭권, 무차별, 권한 강화와 같은 요소들이 포함된다(앞의 책). 과거에는 경제적 업그레이딩이 곧 사회적 업그레이딩으로 이어진다는 가정이 있었지만, 모든 노동자가 그 혜택을 받지는 못한다는 사실이 상당히 많은 연구를 통해 드러났다(Barrientos 2014). 특히 여성 노동자에게 그러했는데, 관련된 사례로 타이완의 계약생산업체(CM)인 훙하이정밀(Hon Hai Precision)을 들 수 있다. 이 기업은 플라스틱 부품을 납품하는 3층위 공급업체로 시작해서, 중국에서 자회사 폭스콘(Foxconn)의 성공 신화를 만들어내며 세계 최대의 전자제품 CM으로 성장했다. 이와 같은 성공에도 불구하고, 중국의 폭스콘 공장에서는 과도한 초과 근무, 저임금, 열악한 노동 환경에 시달렸던 여성 노동자들의 자살이 2011년에 연쇄적으로 발생한 적이 있다(Box 6.6 참조). 이는 경제적 업그레이딩으로 인해 고임금 정규직 노동자와 저임금 비정규직 노동자 간 계급화가 심화되는 일반적 경향을 보여준다(Werner 2016a).

9.3 글로벌 생산네트워크와 지역발전

9.3.1 전략적 커플링

GPN 연구의 지리학적 지향은 지역발전 과정을 재조명하는 데 큰 기여를 했다. 1990년대 '신지역주의(new regionalism)'는 지역 내 사회적, 제도적 조건에만 관심을 가지고 있었다(2.5.2 참조). 이와 대조적으로 GPN 연구에서는 '신지역주의'의 통찰력을 유지하면서도, 지역제도(regional institutions)가 '글로벌한 것을 끌어들인다'고 인식을 전환하면서 지역 외부와의 관계에 주목해왔다(Amin and Thrift 1994). 지역 외부와의 관계에 대한 관심은 1970~80년대 마르크스주의 정치경제학 관점(2.4 참조)을 상기시킬지 모르나, GPN에서는 다른 방식으로 그것을 개념화한다. 지역은 분리, 고립되어 있지 않으며 글로벌 네트워크의 작동과 결부되어 있다는 것이다. 다시 말해, 매시의 '글로벌 장소감'(1.2.3 참조), 그리고 '관계적 지역'(2.5.4 참조)의 개념과 연관된다. 디큰 등

(Dicken *et al.* 2001: 97)은 "네트워크가 지역에 착근되고, 지역도 네트워크에 착근하는 것이 동시에 발생"하기 때문에 관계적 지역은 "서로가 서로를 구성해나가는 과정"이라고 말한다.

이런 관점에서 GPN 연구의 중요한 목표 중 하나는 지역발전을 GPN과 연결하여 지역을 '글로벌화하는' 것이며, 여기에서 '지역'은 "경계의 관념이 여러 가지 네트워크 연결로 불분명해지며 침투성을 지니게 된 영역의 형성" 과정으로 간주된다(Coe *et al.* 2004: 469). 그래서 지역발전은 "거버넌스 구조가 변화하는 상황에서 영역화된 관계의 네트워크와 GPN 사이에 벌어지는 복잡한 상호작용의 역동적 산물"로 정의된다(앞의 책). 지역자산(regional assets)은 구체적인 지식, 전문성, 숙련도의 형태로 나타나고 지역발전의 중요한 자

원으로 작용한다. 그러나 지역자산은 지역제도가 "GPN에 위치한 초국지적(trans-local) 행위자들의 전략적 요구 사항과 보완"의 관계를 이룰 수 있도록 해야 한다(앞의 책: 470). 지역자산에 기초한 지역의 내생적 발전을 추구하는 것만으로는 지역의 번영을 충분하게 이룰 수 없고, 그 대신 지역발전은 지역자산과 GPN 사이에 '**전략적 커플링**(strategic coupling)'의 과정을 필요로 한다는 말이다.

옝(Yeung 2009: 213)에 따르면, "도시 및 지역발전의 맥락에서, 전략적 커플링은 도시와 지역의 행위자와 글로벌 경제의 행위자 사이의 전략적 이해관계를 조정, 중재, 거래하는 역동적 과정이다". 지역제도의 역할은 GPN 선도기업의 요구에 맞게 지역자산을 형성하여 투자를 유치하고 유지시키는 것이다(그림 9.7). 그러한 전략적 커플링

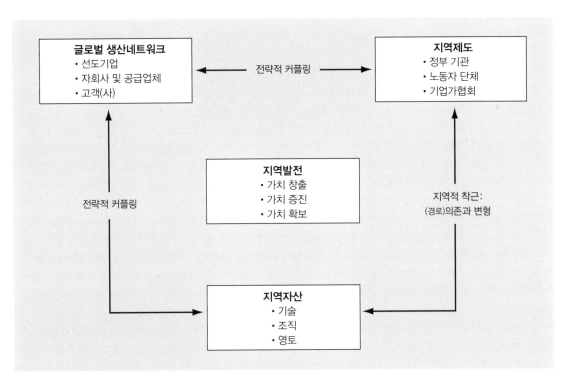

그림 9.7 글로벌 생산네트워크와 지역 간의 전략적 커플링 (출처: *Coe et al.* 2004: 470)

의 과정은 행위자 집단 간—예를 들면, TNC 관계자와 지방정부 관료 사이에—공동의 목적을 추구하며 '일시적 연합'을 구성하는 결과를 낳는다. 이런 개념화는 해외직접투자(FDI: Foreign Direct Investment)를 유치하는 데 있어 지역제도의 역할에 주목하는 연구와 중첩되는 부분이 많다고 할 수 있다(MacKinnon and Phelps 2001).

GPN에서 가치를 창출(creation), 증진(enhancement), 확보(capture)하는 것이 지역의 임무이며, 지역제도는 이런 과정에서도 중요한 역할을 한다(Coe et al. 2004). '가치 창출'은 성장에 유리한 조건을 조성하는 것과 관련되고, 이를 위해 지역제도는 교육 및 훈련 프로그램, 기업 창업지원,

민간부문의 벤처캐피털 투자 촉진 등과 같은 전략을 마련할 수 있다. '가치 증진'은 기술의 이전, 산업 고도화, 선진 인프라의 제공, 전문기술의 개발을 통해 이루어질 수 있다(Box 9.4). '가치 확보'는 지역 내에서 경제활동으로 발생한 이익을 지역이 보유하는 상황을 의미한다. 이를 위해 핵심 기업의 소유권을 지역이 보유하거나, 그런 기업이 지역경제에 착근하는 것이 중요하다. 지역에서 GPN과의 전략적 커플링은 대개 복수의 산업 영역에 걸쳐 발생하고, 이럴 경우 각각의 산업에서는 상이한 수준의 가치 창출, 증진, 확보의 패턴이 나타난다.

BMW의 사례를 또다시 살펴보자(Box 9.2). 이

Box 9.4

스코틀랜드 중부 '실리콘글렌'에서 가치의 창출, 증진, 확보

스코틀랜드 중서부 지역은 19세기 중반부터 말까지 산업자본주의의 용광로라 불렸던 곳 중 하나이다. 1914년 톤수를 기준으로 세계 선박 생산량의 20%가 이곳 클라이드강에서 건조되었다(Devine 1999: 250). 다른 '구'산업지역과 마찬가지로 스코틀랜드 중서부는 20세기 동안 오랜 쇠퇴를 겪었고, 1970~80년대 사이 가장 심각한 탈산업화를 경험했다. 이에 대한 대책으로 국가는 새로운 산업을 스코틀랜드로 유치해 고용을 회복하려는 노력을 펼쳤고, 결과적으로 전자 산업 분야가 크게 성장했다. 초창기에는 미국과 유럽 기업의 유입이 많았고, 이후 1980년대와 1990년대에는 일본과 동아시아 기업의 유치가 활발해졌다. 정부정책과 풍부한 노동력에 힘입은 변화였지만, 유럽 시장에 대한 접근성도 중요하게 작용했다.

이곳은 1980년대부터 '실리콘글렌(Silicon Glen)'으로 불렸고, 이 용어는 캘리포니아 '실리콘밸리'의 성공을 모방해 등장한 것이었다(Box 3.8). 클러스터는 스코틀랜드 중부에 위치하지만, 지리적으로 분산되어 있으며 던디-에이셔 라인의 남서방향으로 주요 기업이 분포한다. 웨스트로디언과 래녁셔 지방 사이에, 도시로 따지면 글래스고와 에든버러 사이에 특히 집중되어 있다(그림 9.8). 2000년까지 전자산업은 스코틀랜드 경제에서 상당히 중요한 부문으로 성장했다. 당시 전자산업은 4만 명의 노동자를 직접고용하며 2만 9,000명의 간접고용 효과를 발생시켰고, 스코틀랜드 수출액에서 절반가량을 차지했다(Scottish Government 2004). 투자 유치, 인프라 개선, 직업 훈련 등을 통해 생겨난 가치 창출의 효과를 반영하는 것이고, 이런 과정에서 (지금은 'Scottish Enterprise'로 개명된) 스코틀랜드개발공사(Scottish Development Agency)가 지역자산과 GPN 선도기업의 전략적 요구사항을 중재하며 중요한 역할을 수행했다. 가치의 증진은 1990년대 혁신과 기술개발로 발생했는데, 이것은 연구개발 활동을 통해서 고부가가치 활동으로 옮겨가려는 노력이 있었기 때문

에 가능했다.

　그러나 가치 증진 활동이 가치의 확보로는 이어지지 못했다. 지역의 소유권과 통제력이 부족했기 때문이다. 2000년대 초반 세계의 전자산업 부문이 급격한 침체로 돌아섰을 때, 스코틀랜드의 전자산업은 2000년과 2005년 사이 46%의 생산량 감소를 경험했다. 영국 산업 전체의 하락세가 27%였던 것에 비하면 훨씬 더 큰 규모였으며, 저부가가치 활동 중심의 지역 전문화 문제도 반영하는 것이었다(Ashcroft 2006: 6). 공장 폐쇄를 결정하는 기업이 많았고, 바스게이트의 모토로라 공장의 경우 2001년 문을 닫으며 3,000명의 실업자가 발생했다. 저비용의 동유럽 및 동아시아 지역과 경쟁이 치열해지면서 스코틀랜드의 문제는 더욱 복잡해졌다. 당시에 많은 기업들이 스코틀랜드의 공장을 폐쇄하고 동유럽으로, 특히 체코나 헝가리로 입지를 이동했다.

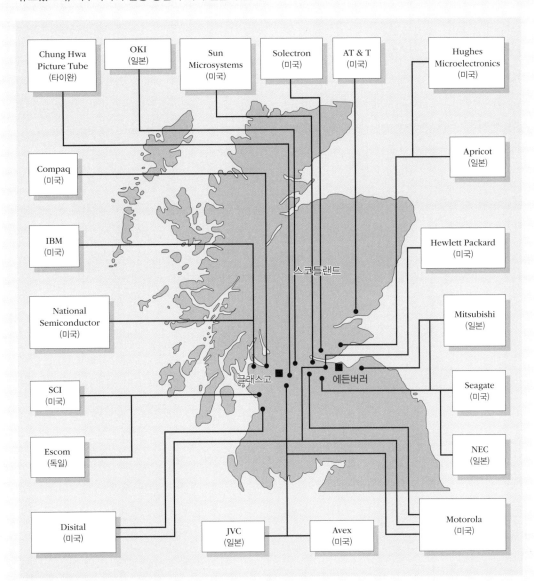

그림 9.8 **실리콘글렌** (출처: Keith Chapman)

기업은 동부 바이에른(바바리아) 지역에서 1960년 후반부터 1970년대까지 초창기 가치 창출을 경험했고, 이후 1980~90년대에는 기술개선과 고숙련 인력 개발의 과정을 통해 가치 증진의 단계로 돌입할 수 있었다(Coe et al. 2004: 478). 바이에른에서 상당한 수준의 가치 확보가 가능했던 이유는 BMW의 소유권과 통제력을 지역이 행사했기 때문이다. 지역 및 국가 스케일에서 이루어졌던 경영진, 정부, 노동자 사이의 치밀한 협상도 중요한 역할을 했다. 예를 들어, 전국 단위 금속노조인 IG metall의 바이에른 지역 지부에서 교대 근무 시스템을 받아들인 적이 있었고, 이것은 이후 독일 자동차산업의 모델로 발전했다(Coe et al. 2004: 478). 태국의 라용(Ryong)에서도 BMW 조립공장을 설립하며 가치를 일부 창출했는데, 이 공장에는 정부의 지원으로 노동 숙련도와 지역 공급업체의 역량을 강화하는 프로그램이 마련되었다(앞의 책). 그러나 라용의 부족한 기술수준과 정교화되지 못한 조직력 때문에 실제적 업그레이딩은 제한적일 수밖에 없었다. 지역경제와의 연계도 약한 수준에 머물렀고, 외부 투자에 대한 의존성 때문에 라용의 가치 확보는 감소하고 있다.

9.3.2 전략적 커플링의 유형

맥키넌(MacKinnon 2012)의 기존 연구를 기초로 하여, GPN 2.0 논의에서는 지역자산과 GPN 사이에 나타나는 전략적 커플링을 3가지 유형으로 구분하여 설명한다.

① 독특한 지역자산이 시간이 흐르며 GPN으로 발전하는 경우 '자생형 커플링(organic coupling)'이라 한다. 선도기업이 설립되어 역동적으로 성장하는 지역과 깊이 관련되어 있으며, 근거지를 넘어 활동범위를 점차 확장하면서 GPN을 형성해나가는 유형이다. 자생적 커플링 유형에서는 TNC가 GPN 내의 지역에서 상당한 자율성을 누릴 수 있다. 지역 또한 선도기업의 근거지라는 이점 덕분에 많은 가치를 확보한다. 동부 바이에른의 BMW(Box 9.2), 캘리포니아 실리콘밸리의 애플과 구글(Box 3.8), 시애틀의 마이크로소프트와 스타벅스의 성장 과정을 자생형 커플링의 예로 들 수 있다.

② GPN과 지역의 행위자가 상호 이익을 위해 의도적으로 연계할 때 '기능형 커플링(functional coupling)'이라고 불린다. 국내 기업이 GPN과의 연계성을 추구하는 경우나, 해외 TNC가 특정 지역에 진입하고자 할 때 발생한다. 기능형 커플링 유형에서 지역은 GPN 안에서 상당한 자율성을 누릴 뿐 아니라 TNC의 지사, 지역에 착근한 공급업체 및 CM의 활동을 통한 가치 확보에도 유리하다. 기능형 커플링에서 지역의 자율성과 가치 확보 수준은 다른 2가지 유형의 중간 정도이다. 기능형 커플링은 (일본을 이은 아시아의 '호랑이' 경제로 알려진) 타이완과 싱가포르에서 특히 두드러지게 나타난다. 타이완의 경우 전자 및 ICT 산업에서 글로벌 선도기업과 전략적 협력관계를 유지하는 국내 기업이 가치 확보의 핵심 주체이다. 반면 싱가포르는 전자, 화학, 금융, 교통, 물류 등의 분야에서 글로벌 선도기업의 FDI로부터 가치를 확보한다.

③ 선도기업과 여타 행위자들이 어떤 지역을 GPN에 연결할 때 '구조형 커플링(structural coupling)'이 발생한다. 이는 특히 **신국제노동분업**(NIDL: New International Division of Labour) 논리에 따라 광범위하게 조직되는 노동집약 산업의 글로벌화 과정에서 두드러지게 나타난다(3.5.2 참조). 이런 형태의 커플링에서 TNC는 낮은 비용, 풍부한 노동력, 금융 인센티브 등을 추구한다. 그리고 지역은 (대체로 수입된) 부품들을 조립해 완제품으로 만드는 '생산 플랫폼'을 제공하면서, TNC가 세계 소비시장에 제품을 수출할 수 있는 여건을 마련한다. 그래서 지역의 입장에서 구조형 커플링은 TNC 투자에 대한 의존성, 자율성의 부족, 저부가가치 업무 및 저숙련 노동 특화로 인한 가치 확보의 제한 문제를 유발한다. 타이완 및 싱가포르의 전략적 협력사(Box 9.5)를 통해 이루어지고 있는 중국의 주장강과 양쯔강 삼각주 지역의 FDI, 말레이시아의 페낭 지역, 태국의 방콕 권역, 멕시코의 마킬라도라, 스코틀랜드의 '실리콘글렌'(Box 9.4)을 대표적인 사례로 언급할 수 있다.

맥키넌(MacKinnon 2012)은 진화경제지리학의 논의를 받아들여 전략적 커플링을 보다 역동적인 방식으로 설명했다. 그리고 이를 위해 전략적 탈커플링(strategic decoupling)과 전략적 재커플링(strategic recoupling)의 과정을 소개했다. '탈커플링'은 투자의 중단/회수, 해외기업의 철수, 해외시장에서의 손실 등을 이유로 지역과 GPN 간의 관계가 축소되거나, 극단적으로는 둘 사이의 관계가

파열하는 상황까지 의미한다. '재커플링'은 지역과 GPN 간의 관계가 재설정되는 것을 뜻하는데, 기존의 지역자산을 활용하기 위해 새로운 국면의 투자가 발생하는 상황에서 나타난다. 이것은 연속적인 과정일 수도 있고, 비연속적인 과정일 수도 있다. 기존 생산설비에 추가적인 투자가 발생할 경우는 탈커플링, 관계가 전무했거나 탈커플링의 기간 후에 새로운 공장과 설비에 대한 투자가 이루어질 때에는 재커플링으로 언급할 수 있다.

인도의 제약 산업을 사례로 재커플링의 모습을 살펴볼 수 있다(Horner 2014). 1947~70년 인도의 제약산업은 FDI에 대한 의존도가 높았고, 경제와 보건 영역에서 인도에 돌아가는 혜택은 매우 적었다. 이에 대한 인도 정부의 대응으로 1970~80년대에 전략적 탈커플링이 일어났고, 결과적으로 인도에서 대형 제약회사가 성장할 수 있었다. 1991년 이후 경제자유화 정책에 따라 인도의 제약업계와 GPN 사이에 전략적 재커플링의 시기가 시작되었다. 이에 따라 인도 기업은 해외 TNC와 파트너십을 형성하거나 나름대로의 GPN을 구축하여 해외시장에 진출하기도 했다.

9.3.3 GPN과 불균등발전

최근의 GPN 연구에서는 불균등발전 과정에 대한 관심이 증폭되고 있다. 이런 연구에서는 특정 지역에의 투자 중단 및 철회가 다른 지역으로의 재투자로 이어지는 현상에 주목한다(Werner 2016a). FDI에 대한 지역 간 경쟁이 심화되면서 기존 지

역에서 새로운 저비용 지역으로 입지를 이전하는 것이 증가하고 있다. 이 현상은 최근 몇몇 전자산업 지역에서 명확하게 나타나는데, 스코틀랜드에서 유럽 중·동부 지역으로(Box 9.4), 중국 내에서도 주장강 삼각주 지역에서 연안이나 내륙의 다른 지역으로 전자산업의 입지가 이동하고 있다(Box 9.5). 글로벌 쿼터시스템과 특혜무역협정 철폐와 같은 무역규제의 변화로 의류 및 섬유 산업의 GPN에서는 글로벌남부 지역에서의 투자 철회와 새로운 지역으로의 투자 패턴이 나타나고 있다(Werner 2016a). 도미니카공화국에서는 수도권과 동부 지역에서 외국인 소유 기업체의 유출이 심화되어 공장 폐쇄까지 발생한다. 이와 대조적으로, 북부 지역에 위치한 로컬 기업 사이에서는 통합이 진행되고 아이티에서는 하청생산이 증가한다(Werner 2016b).

GPN 연구의 문제점 중 하나는 지역을 기업 네트워크 내의 결절로만 국한하여 인식한다는 점이다. 이는 장소에 대한 협소한 시각으로 이어져, 기업과 네트워크를 넘어 도시 및 지역 발전의 폭넓은 역동성을 통합적으로 파악하지 못하게 한다(Kelly 2013). 구체적으로는 경관과 환경, 가정과 생활, 사회적 차별 및 불균등발전의 광범위한 패턴 등의 문제를 간과한다(앞의 책). GPN으로 발생한 혜택의 사회적 분배에 보다 많은 관심을 기울일 필요가 있고, 이런 문제의식은 앞서 언급했던 경제적 업그레이딩이 곧이어 사회적 업그레이딩을 발생시키는가에 대한 의문과 일맥상통한다. 필립 켈리(Kelly 2013)의 필리핀 카비테(Cavite) 지역에 대한 연구는 글로벌 제조업체의 투자로 인한 급격한 고용증가에도 불구하고, 실제 소득과 실업 상황이 악화된 것을 발견했다. 외부로부터

Box 9.5

중국에서 타이완 기업 PC 생산의 지리적 변화

글로벌 컴퓨터산업에서 타이완 기업은 중요한 역할을 하고, 이는 특히 노트북 컴퓨터 생산에서 두드러지게 나타난다. 타이완의 5대 컴퓨터 제조업체는 2014년 4분기 동안 전 세계 노트북 생산량 4,600만 대의 76%를 점유했다(Coe 2016: 328). 타이완 기업들은 노동비와 토지 비용절감을 위해 생산시설을 중국으로 옮겼고, 이들 생산의 거의 100%가 중국에서 이루어진다. 그리고 중국에서 노트북 생산의 지리도 지역 간 경쟁 및 비용의 변화에 따라 계속 변동했다(Yang 2009).

초창기 노트북의 생산은 남부의 주장강 삼각주 지역에 집중했고, 특히 동관 지역에는 세계 최대의 컴퓨터 주변기기 클러스터가 형성되었다. 이것은 타이완의 3층위 및 4층위 공급업체 주도로 발생했던 자생적이며 '은

밀한(implicit)' 형식의 전략적 커플링이라고 할 수 있고, 지역 및 국가 정부의 명시적(explicit) 지원 정책으로 형성되었던 것은 아니었다. 타이완 기업들은 시간이 지남에 따라 주장강 삼각주 지역에서 노동 및 토지 비용의 증가를 경험하게 되었고 지방정부의 반응도 보다 느슨해졌다.

2000년경부터 타이완 기업의 노트북 생산 투자는 상하이 인근 장강 삼각주 지역에 집중하기 시작했다(그림 9.9). 이곳에서 공급업체의 클러스터가 형성될 수 있도록 산업단지가 조성되어 생산 확대에 우호적인 환경이 조성되었기 때문이다. 특히 쑤저우가 노트북 생산의 새로운 중심지로 발전했다. 2005년을 기준으로 이 도시에서 1,500만 대의 노트북이 생산되었는데, 이것은

전 세계 생산량의 40%를 차지하는 것이었다(앞의 책: 390-91). 동관과는 대조적으로 이곳에서 전략적 커플링은 지방정부의 주도로 노골적인 과정으로 진행되었다. 지방정부는 산업단지와 수출가공지역(EPZ)을 조성해 2층위의 제조자설계생산(ODM) 업체와 관계를 맺는 공급업체들의 클러스터가 형성될 수 있도록 했다(그림 9.4 참조). 타이완 기업과 지방정부 사이의 권력관계는 상당히 비대칭적으로 형성되었다. 중국 내에서 벌어지는 지역 간 경쟁으로 타이완 기업은 지방정부에 대해 보다 나은 협상력을 가지고 있었다. 이를 통해 보다 넓은 범위에서 생산네트워크를 조정하는 PC 제조업계 선도기업의 요구에 부응하며 쑤저우 지역에서 비용절감 이익을 누렸다.

중국에서 노트북 생산의 지리는 2010년대에 또 다른 변화를 맞이하게 된다. 양쯔강 삼각주와 같은 해안지역에서 탈커플링(decoupling)이 발생했고 내륙지역과 재

커플링(recoupling)이 이루어졌다. 해안지역에서 생산비용이 상승했고, 금융위기 이후 중국의 경제가 수출지향형 성장에서 내수주도형 발전모델로 변화한 것도 중요한 이유였다(Yang 2013). 재커플링은 베이징과 산둥성 근처의 보하이만 지역에서도 일부 나타났지만(그림 9.9), 내륙의 쓰촨성과 허베이성에서 2층위 계약생산업체(CM) 주도로 발생했다. 예를 들어, 폭스콘과 HP는 쓰촨성 충칭에 연간 2,000만 대의 노트북을 조립할 수 있는 2개의 생산시설을 공동으로 건설했다(Coe 2016: 330). 노동임금, 토지가격, (공항 시설 확장에 따른) 물류비용 등의 절감, 자유무역지구의 설립, 15%의 기업 법인세 감면 혜택 등이 중요한 입지요인이었다(앞의 책). 이와 같은 변화는 지방정부에 대하여 타이완 투자자의 협상력이 강화되고 있다는 사실을 보여준다. 이동성이 큰 투자를 유치하기 위해 지방정부 간 경쟁이 치열하기 때문에 나타나는 변화이다.

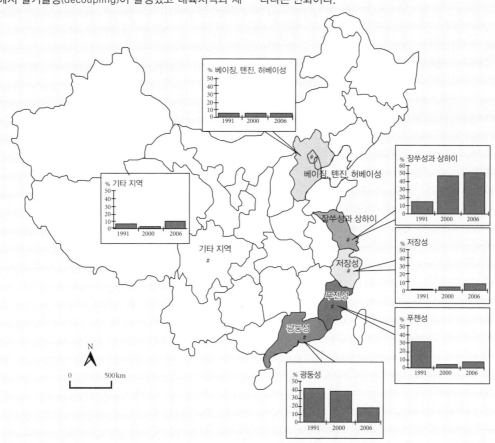

그림 9.9 타이완의 중국 투자 분포로 보는 공간적 변화(1991~2006년) (출처: Yang 2009: 391)

이주민이 대규모로 유입되었기 때문이다. 한편 필리핀의 다른 지역들은 카비테와 같은 성장을 경험하지 못하여 GPN 연구 범위에서 제외되었다.

9.4 발전전략으로서 해외직접투자

1970년대부터 경제지리학에서는 FDI를 유치한 지역이 얻는 혜택에 대한 논의가 있었다. 지역발전 관련 기관들이 (특히 제조업을 중심으로) TNC를 유치하는 것에 혈안이 되어 있었기 때문이다 (Pike *et al.* 2017). 정책 입안자를 비롯해 많은 이들은 FDI가 일자리, 지식, 기술을 창출하고 지역경제를 글로벌 네트워크에 연결시키는 중요한 수단이라고 여긴다(표 9.5). 그러나 해외직접투자의 부정적 측면을 강조하는 학자들도 많이 있다. 일자리를 대가로 지역은 경제발전에 대한 통제력을 상실하고, 늘어나는 일자리도 기껏해야 저숙련 노동에 불과하며, TNC의 이전으로 공장 폐쇄에 대한 불안감이 생겨날 수 있기 때문이다(Firn 1975; Massey 1984). 실제로 TNC의 투자가 지역에 미치는 효과는 상당히 다양하고 투자의 성격, 지역경제의 구조와 특성에 의해 결과가 좌우된다(Dicken 2015). FDI와 지역발전 간 관계에 대한 경험적 연구는 개념 중심의 GPN 문헌과는 상당히 동떨어져 있지만, 전략적 커플링 개념은 FDI가 지역에 어떤 영향을 미치는가를 살펴보고자 할 때 유용한 프레임을 제공한다.

표 9.5 해외직접투자(FDI) 유치 지역의 이점과 결점

구분	이점	결점
지역경제	• 투자 유입, 소득 기회 증대 • 글로벌 지식과 경영관리 기술 이전 • 고용 및 직업훈련 정책을 통해 노동 숙련도 증진 • 지역의 세수 증대	• 외부 통제와 의존성 증대 • 공장 폐쇄와 일자리 감소에 취약 • 지역경제의 다운그레이딩 및 숙련도 저하 • 생산 엔클레이브(enclave) 형성(글로벌 연결성은 있지만 지역적 혜택은 매우 적음) • 지역경제발전의 협소화(타부문의 이탈·소외)
지역 기업	• 유치 기업으로부터 공급 기회를 얻어 수출 시장에 진출 • 모범실천사례(best practices) 모방을 통한 학습	• 지역시장에서 경쟁심화 • 토지, 노동, 자본의 가격상승 • 지배적 고객사에게 종속
지역 공동체	• 지역 인프라 개선(교통·통신망) • 사회적 투자 증가(학교, 공동체를 위한 서비스)	• 지역사회와 고유 문화의 쇠퇴 • 자원의 불균등 배분(공동체 프로젝트보다 FDI 지향적 인프라 투자를 우선시)
고용	• 지역민을 위한 새로운 일자리 • 지역 평균을 상회하는 임금 • 직업훈련 및 인적자원개발	• 강압적 관리정책 도입 • 루틴화된 저숙련 일자리 • 기업에만 적합한 기능 훈련(확장성 미흡)
정치적 함의	• 영향력을 행사할 수 있는 지역 외 행위자의 유입 • 국가 자원에 대한 다른 지역과의 경쟁에서 지역의 입지 강화	• 지역발전보다 초국적기업의 이익을 우선시 • 대안적 정치 담론의 소외(민주주의의 결핍)

(출처: Pavlinek 2004: 48을 수정하였음)

9.4.1 분공장경제

선진국을 대상으로 이루어졌던 초창기 FDI에 대한 연구는 대체로 마르크스주의에 근거하였고, 그런 연구에서 투자 유치는 종속적 관계의 원인으로 이해되었다. 이전까지 지역의 통제를 받던 경제가 점차 TNC의 요구에 따라 움직이게 되었기 때문이다. 그리고 1970년대에는 '분공장경제(branch plant economy)'라는 용어가 등장했다. 서유럽, 특히 영국 구산업지역의 일부가 광범위한 자본주의의 공간 경제 안에서 새롭게 자리 잡는 과정을 표현하기 위함이었다. 이 개념에서는 (전략기획, 연구개발 등) 고층위 경제활동의 부재와 결핍으로 발생하는 기능적 단절의 문제가 강조된다. TNC의 분공장에서 상당한 양의 부품과 원료가 수입되기 때문에 분공장과 지역경제 사이의 연계는 매우 제한적이고, 분공장경제는 외부의 소유권과 통제력이 강하게 작용하는 특성도 지닌다(Phelps 1993).

1970~80년대에 전통적인 제조업 지역에서 분공장경제가 출현한 것은 **노동의 공간분업***과도 밀접하게 연관된다(3.5.2 참조). 철강, 조선, 섬유, 기계 등의 전통 산업이 쇠퇴하고 공장 폐쇄가 증가하면서 지역의 산업 전문화와 소유권이 약화되었으며, 지역은 기업의 생산네트워크 안에 놓이게 되는 상황에 처하고 말았다. 영국의 경우, 1980년대 초반의 경기후퇴 기간 동안 외부 소유의 공장에서 공장 폐쇄 및 실업 비율이 가장 높았고, 특히 외국인 소유 공장이 가장 높은 쇠퇴를 경험했다

★ 노동의 공간분업을 일으키는 초국적기업(TNC)의 공간 조직화 유형 4가지를 372쪽 〈심층학습〉에서 자세히 다루었다.

(Lloyd and Shutt 1985).

이후 1980년대부터 1990년대 초반까지 북아메리카와 서유럽에서 일본과 동아시아 기업의 FDI가 급증했지만, 1998년부터는 이 기업들의 공장 폐쇄가 늘어났다. 영국의 경우 공장 폐쇄는 유럽 중·동부에서 저임금 노동력의 이용가능성과 결부되어 있었다(Box 9.4). 1990년대 후반과 2000년대 초반 사이 잉글랜드 북동부에서 전자부품 시장은 몰락하였는데, 1998년 독일 기업 지멘스(1,100명 고용)와 일본 기업 후지쯔(600명 고용)의 반도체 공장 폐쇄가 결정적인 요인이었다(Dawley 2007). 이때 영국에서 체코로 입지를 이동한 기업도 있었다. 여기에는 일본의 마쓰시다(웨일즈에서 1,400명 고용), 미국의 컴팩(스코틀랜드에서 700명 고용), 블랙데커(잉글랜드 북동부에서 600명 고용) 등이 포함된다(Pavlinek 2004: 53).

9.4.2 지역 착근성의 증대?

1980~90년대의 분공장경제에 대한 부정적 고정관념에 의문을 제기하는 학자들도 있었다(Munday et al. 1995; Morgan 1997). 저숙련 조립활동에 집중했던 이전의 미국인 투자와는 달리 동아시아에서 미국과 영국으로 유입되었던 당시의 FDI는 지역적으로 통합된 산업단지를 조성하는 역할을 했다고 파악했기 때문이다. 이런 투자는 보다 전략적이며 장기적인 성격으로 이해되었다. 낮은 비용이라는 이점만 추구하지 않고 지역의 기술과 '노하우'를 이용하였기 때문에, 보다 지역적으로 착근된 형태의 투자로 여겨졌다. 1986년 잉글랜드 북동부에 설립된 닛산자동차 공장의 경우, 직

접고용이 6,000명에 이르렀고 지역에서 광범위한 공급망이 발전될 수 있도록 지원했다. 그리고 신제품 모델에 대한 투자가 이루어질 때마다 재커플링의 과정도 꾸준히 나타났다.

이처럼 낙관적인 시나리오가 가능했던 것은 글로벌화에 대한 반응으로 TNC 내에서도 조직적인 변화가 일어났기 때문이다. 특히 집중화되고 관료주의적인 계층구조에서 수평적으로 분산된 구조로 조직의 성격이 변화된 것과 관련이 깊다. 이런 과정 속에 의사결정 권한과 기업의 상층위 활동이 현지의 분공장으로 이양되었다. 이런 조직의 변화는 "글로벌 차원에서 효율적이고, 다국적 차원에서는 유연한 동시에 전 세계적 학습으로 얻는 이익을 확보"해야 하는 TNC의 시대정신이 반영된 것이다(Dicken et al. 1994: 30). 그래서 FDI 지역을 기업에게 유용한 지식의 보유고로서 재인식할 필요성을 제기하는 주장도 있었다(Schoenberger 1999). 가령 '경험학습(learning-by-doing)'과 '사용학습(learning-by-using)' 활동은 "노동자, 생산 엔지니어, 영업사원 등의 일상 경험"을 통해서 지역화되는 경향이 있다(Lundvall 1992: 9). 그런 학습이 (단기간일지라도) 특정 위치에 고정되어 발생하는 이유는 지식은 "암묵적인 상태에 머물러 있으며 인간과 사회의 맥락으로부터 쉽게 제거될 수 없기" 때문이다(Lundvall and Johnston 1994; Morgan 1997: 493에서 재인용).

이러한 점은 지역자산과 TNC의 글로벌 지식 네트워크 사이에서 발생하는 기능형 커플링의 원동력이 되고, 여기에서 지역은 경쟁력을 개선하고 강화할 수 있다. 1980년대 미국의 5대호지역에서 나타난 일본 기업의 분공장 투자를 돌이켜 보자. 이는 지역경제 활성화에서 중요한 역할을 했는데, 관리 및 생산 기술의 '모범실천사례(best practices)'가 로컬 기업에 전수, 이전된 것이 무엇보다 중요했다(Florida 1995). 특히 적시(just-in-time) 생산, 꾸준한 개선활동, 협동작업에 입각한 일본 기업의 고효율 생산모델이 기존의 포디즘적 조립생산 라인보다 우월한 것으로 받아들여졌다(3.4.1 참조).

착근성의 증대에 대한 주장에서 도시와 지역의 제도와 정책의 역할이 어떻게 변화했는가도 중요하다. 지역제도들은 오랫동안 FDI를 그들의 지역으로 유치하기 위해 노력해왔다(표 9.6). 1970~80년대의 분공장 시대에는 금융적인 유인책에 대한 의존도가 높았다. 보다 최근에는 지역발전기구(RDAs: Regional Development Agencies)가 전략적 커플링에서 중추적인 제도적 메커니즘으로 변화했다(Pike et al. 2017: 245). RDA의 역할은 단순히 FDI를 유치하는 것에만 머물지 않고, 보다 정교한 방식으로 지역적 착근성을 강조한다. 특히 투자자에 대한 '사후관리'에 적극적으로 나서며 지역의 공급업체, 대학, 연구소 등과의 연계를 강화해 지역의 지식과 기술을 이용하려는 노력이 이루어진다. 이것은 TNC 조직 내에서 다른 지역에 위치한 공장 간 경쟁이 발생하는 상황에서 RDA가 추가적인 투자를 유인하며 재커플링을 촉진할 때 두드러지게 나타나는 경향이 있다.

9.4.3 지역발전의 격차

착근성 증대의 주장에 대해서 우호적인 증거만 있는 것은 아니다. 기업의 우선순위와 전략이 변

표 9.6 해외직접투자에서 지역발전기구의 역할과 기능

역할	기능
정책 형성	• 상위 기관과의 소통 • 투자유치 정책 지침 마련 • 국가와 지역 간 정책 통합의 효율성 평가 • 파트너십 문서와 프로토콜 개발
투자 촉진 및 유치	• 마케팅 정보와 지식 • 마케팅 계획 • 지역 내부와 외부에서의 마케팅 활동 • 해외 사무실과 에이전트의 관리
투자의 승인	• 잠재적 프로젝트의 심사와 평가
인센티브 제공	• 투자 의향서 검토 • 인센티브(장려금, 지원금, 토지, 건물 등) 지원서 작성 협조 및 승인
자원 제공	• 공공설비(도로, 수도, 전기, 하수도, 정보통신 등) 지원 • 편의시설, 부지 • 직업훈련 및 채용 • 대학 및 연구소와 연계 • 공급망의 연계 및 개발
모니터링과 사후관리	• 투자유치 후 지원활동의 지속 • 관계의 관리와 소통(재투자 프로젝트, 로컬 공급업체 업그레이딩 등)

(출처: Pike *et al.* 2017: 246)

함에 따라 분공장들은 폐쇄의 위험과 위협에 놓일 수도 있기 때문이다(Box 9.4). 그리고 일본 기업이 해외 분공장에서 고효율 제조활동을 전수하는 것은 일반적인 사실이라기보다 예외적인 상황에서만 발생했다고 주장하는 연구도 존재한다. 기존의 FDI와 마찬가지로 일본 기업의 해외 투자도 대개 루틴화된 조립생산을 중심으로 이루어진다(Danford 1999). 영국의 지역에 대한 사례 연구 중에는 투자의 단발성, 지역과 장기적 관계 설정 미흡, 지역제도의 제한된 역할 등에 대한 문제를 지적하는 것도 있다(Dawley 2007; Phelps *et al.* 2003). 예를 들어, 펠프스와 웨일리(Phelps and Waley 2004)는 TNC의 로컬 지향성 강화를 논하

는 문헌에 대해, 지역의 공급업체 및 연계망에만 주목하며 과장된 주장을 펼친 연구라고 반박한다. 실제로 착근성 증대에 대한 주장은 집중화된 글로벌 소싱, (핵심 협력사와 계약업체로만 구성된) 공급 네트워크의 통합 등의 동향과 완벽하게 배치된다(Werner 2016a). TNC 지사의 자율성, RDA의 영향력은 많은 경우 기업 핵심부의 의사결정에 의해 제약을 받는다. 일반적으로 지역경제에 직접적으로 큰 이익을 가져다주는 것은 일자리, 투자, 소득 측면에서의 성장이다. 그러나 착근성 강화를 주장하는 이들은 지역 공급업체와의 연계성 증대, 지식 확산, 숙련도 증진을 통해 지역경제가 얻는 간접적 효과에만 주목하는 경향이 있다.

1990년대부터 2000년대 초반 사이에 유럽 중·동부에서는 서부 유럽으로부터 FDI가 급증하였는데, 유치 지역에서의 효과는 긍정적인 면, 부정적인 면 모두가 뒤섞여 있다(Box 9.6). 일자리, 투자, 선진 경영지식, 지역의 세수 확대 등 긍정적인 효과가 나타났지만, 이것은 로컬 기업이 겪은 문제로 상쇄되었다. 로컬 기업들은 더 많은 임금을 지급하는 유치 기업에게 노동자를 빼앗기는 경우가 많았다. TNC의 품질 요구치를 충족시키며 생산을 개선한 기업도 일부 존재했지만, TNC의 '로컬소싱(local sourcing)' 수준은 상당히 낮은 수준에 머물렀다(Box 9.6). 로컬 역량과 자본이 부족했고, TNC는 권력이 중앙에 집중된 하향식의 글로벌소싱 정책을 추구했기 때문이다. 폭스바겐의 투

Box 9.6

체코 자동차산업의 로컬소싱

1990년대 이후 자동차산업의 생산은 서유럽의 핵심부로부터 이탈해 유럽 중·동부 지역으로 분산되기 시작했다. 1990년과 2010년 사이 유럽 중·동부에서 자동차 생산량은 4배 증가했다(Pavlinek 2012). 이것은 자동차산업이 1989년 이후 이 지역의 저비용 노동 및 토지 공급의 이점을 살려 유럽 및 글로벌 경제로 재통합되었던 과정을 보여주는 현상이다. 그러나 연구개발 활동의 경우 여전히 독일 중심의 서유럽에서 유지되었고 유럽 중·동부에서의 성장은 아주 미미했다. 체코는 자동차산업 FDI 유치의 핵심 국가 중 하나로 등장하여 2008년을 기준으로 225개의 해외 자동차산업 기업이 입지하여 135,827명의 인력을 고용하고 있다(Pavlinek and Zizalova 2016: 341). 중요한 사건 중 하나는 기존의 국영기업 스코다 자동차(Skoda Auto)를 폭스바겐이 인수한 것이다. 두 기업 간 인수합병은 1990년대 초에 시작되어 2000년 완료되었다.

폭스바겐은 '동반소싱(follow sourcing)' 방식으로 스코다의 공급망을 재구조화하며 체코에서 국내 부품업체 개선에 힘썼다. 동반소싱은 부품 공급업체가 선도기업의 신규 지역에 같이 진출해 생산설비를 운영하는 것을 의미한다. 폭스바겐은 스코다가 1991년 이전부터 관계를 유지해오던 체코 내 하청업체를 인수하고 해외 공급업체로부터 기술을 전수받도록 했다. 경제자유화와 FDI의 유입으로 국내 업체는 국제적인 경쟁관계에 놓이게 되었고, 이에 부품의 품질 및 공급 시점과 관련해 보다 높은 수준의 표준이 요구되었다. 그리고 국제적 표준을 충족하지 못하는 체코 하청업체는 해외 공급업체로 대체되었다. 결과적으로 1990년대 이후 스코다의 기존 부품 공급업체 중 3분의 2가 하청이 중단되었다.

체코의 자동차산업에서 로컬소싱은 상당히 낮은 수준으로 유지된다(표 9.7). 요구되는 가격과 품질 기준에 맞는 부품을 납품할 수 있는 기업이 부족하여 1차 협력업체에 대한 체코 내 하청 수준이 낮은 상태에 머물러 있다. 그리고 표준화된 저부가가치의 3차 공급업체 부품은 중국과 인도 같은 곳의 해외업체에 주문이 이루어진다. 중간에 있는 2차 협력업체의 로컬소싱 비율은 상대적으로 약간 높지만, 이 업체들 또한 저임금 국가로부터 비용압박을 심하게 받고 있다. TNC들이 중앙집중식 소싱 정책을 채택하는 것이 중요한 이유이다. 이것은 체코의 자회사가 아니라 TNC의 본사에서 통제하는 소싱의 방식을 의미하고, 여기에서 선정된 체코의 협력업체는 현지에서뿐 아니라 해당 TNC 전체 조직에 납품해야 하는데 체코의 공급업체들은 그럴 역량이 부족하다. 전체 생산네트워크에서 TNC 지사의 낮은 자치성 때문에 발생한 현상이다. 그러나 40%의 해외기업은 최초 투자시점 이후로 로컬소싱의 비율을 높였고, 로컬 기업의 약 50%는 고객사의 요구에 따라 품질과 정밀성을 개선한 경험이 있는 것으로 나타났다(앞의 책). 이를 근거로 체코 자동차업계에서는 시간이 지남에 따라 지역적 착근성이 증가한다고 볼 수도 있다.

표 9.7 체코 자동차산업에서 기업 유형별 공급업체의 구성

구분	기업 수	공급업체의 구성(%)		
		국내기업	체코 입지 해외기업	해외소싱
전체	62	12.6	10.9	76.5
1차 협력업체	14	13.7	10.8	75.5
2차 협력업체	21	15.4	7.7	76.9
3차 협력업체	22	7.0	7.9	85.1
조립업체	5	20.0	32.0	48.0

(출처: Pavlinek and Zizalova 2016: 345)

자로 체코에서는 연구개발 활동과 로컬 공급업체가 증가했지만, 소유권은 여전히 해외에 남아 있다(Pavlinek et al. 2009). TNC가 지역경제에 확고하게 착근된다는 증거는 거의 없다. 신규 투자의 경우 서유럽에서 수입한 부품으로 완제품을 생산하는 '턴키(turnkey)'★ 조립공장의 성격이 있어서 로컬소싱의 범위는 상당히 협소하다.

FDI는 서비스 산업에서도 나타나고 있으므로 지역적 효과의 분석을 제조업에만 국한해서는 안 된다. IT 서비스 부문의 FDI 사례로 인구 1,000만의 인도 도시 방갈로르를 살펴보자(3.5.3 참조). 이 도시에서 IT 클러스터의 성장으로 96만 개의 일자리가 만들어졌고, 2014~15년에는 IT 산업 수출로만 270억 달러의 소득을 올렸다(Rao and Balasubrahmanya 2017: 101). 이곳으로 진출한 TNC에는 마이크로소프트, HP, 시스코 등이 포함되고, 인포시스, 와이프로(Wipro), 타타 컨설턴시서비스(Tata Consultancy Services) 등 인도의 선도기업도 괄목할 만한 성장을 이루었다. 이러한 로컬 기업들은 코딩과 데이터 입력 업무를 중심으로 '구현 및 테스트'에 전문화하여 가치 창출 '스마일 곡선'(그림 9.2)의 밑바닥부터 시작했다(Lorenzen and Mudambi 2013: 520).

방갈로르 클러스터는 가치사슬에서 아웃소싱 역할 이상으로 업그레이딩하는 것이 어려웠다(Pike et al. 2017: 249). TNC들은 현지의 부족한 역량 및 지적재산권 보호 문제로 방갈로르 기업이 고부가가치 업무에 참여하는 것을 꺼렸기 때문이다. TNC 지사와 인도의 선도기업 간 지식 확산이 강하게 나타나기는 하지만, TNC를 상대로 서비스를 수출하는 것에만 몰두하고 있었기 때문에 지역 내에서의 연계는 상당히 제한적이다. 방갈로

★ 턴키 방식이란 계약생산업체(CM)의 납품이 키(key)만 돌리면 작동시킬 수 있는 방식으로 이루어지는 상황을 말한다. 이 용어는 주로 건설공사의 계약관계에서 많이 쓰이지만, 다른 부문에서도 완제품을 공급한다는 의미로 사용된다. 주문자상표생산(OEM) 방식으로 완제품을 납품하는 CM도 턴키 공급자로 불린다. 본문에서는 완성차를 조립하는 공장을 턴키로 언급했는데, 이 경우는 자동차에 들어갈 부품을 해외에서 전량 수입하는 경우가 많아 '분해하다'는 뜻의 녹다운(knock-down)이라는 용어가 보다 널리 사용된다.

르의 IT 클러스터에서는 구조형 커플링의 요소를 상당히 많이 찾을 수 있는 한편, 이곳은 로컬 기업과 TNC 간 국제적 협력관계가 형성된 기능형 커플링의 장소로도 여길 수 있다.

9.5 요약

9장에서는 세계 무역의 상당 부분을 차지하는 GPN의 복잡한 지리적 성격을 강조했다. 공급업체 및 계약업체에게 아웃소싱이 증가하고 선도기업은 연구개발, 디자인, 브랜드 관리, 마케팅 등 고부가가치 업무에 집중하는 현실을 반영한 논의였다. 사회학, 개발학, 경영학 등의 학문에서 많이 쓰이는 GCC와 GVC 개념 및 방법론의 한계에 대한 반응으로, 경제지리학에서는 보다 정교하고 통합적인 개념 및 방법론으로서 GPN이 등장했다. 초창기 GPN 1.0에서는 가치 창출, 증진, 확보의 과정에 초점이 맞춰졌고, 행위자들 간 권력관계와 사회적·지역적·네트워크 착근성 문제에 대해서도 논의가 이루어졌다.

보다 최근에 제시된 GPN 2.0 방법론에서는 기존보다 역동적이고 진화적인 설명을 추구하고 있다. 구체적인 논의 대상에는 경쟁동력, 기업 특수적 전략, 가치 확보의 궤적, 지역발전의 결과가 포함된다. 경제적, 사회적 업그레이딩의 과정도 GVC와 GPN 연구의 중요한 관심사항이다. 최근 연구에서는 사회적 불균등과 차별화를 중심으로 업그레이딩 과정의 복잡성을 파악하고 있다.

GPN 연구는 다스케일의 방법론이라는 것도 주목할 필요가 있다. 1990년대의 로컬과 글로벌이라는 이분법을 탈피해 GPN에서는 네트워크 접근법을 기반으로 다양한 장소와 스케일에서 핵심 행위자들을 추적한다. 이에 지역은 GPN 연구에서 하나의 중심 스케일이 되었고, 그 과정에서 지역발전을 관계적 견지에서 재조명하며 1990년대 신지역주의적 관점의 한계를 극복했다.

다스케일의 관점에서 지역발전은 지역자산과 GPN 사이에 발생하는 '전략적 커플링'의 산물로 이해될 수 있다. 지역은 네트워크로 통합되며, 지역제도는 지역자산과 TNC 사이에서 매개자의 역할을 수행하기 때문이다. 보다 최근의 연구에서는 전략적 커플링에 대한 유형화가 3가지로 제시되었다. 여기에는 지역자산으로부터 TNC와 GPN이 출현한 자생형 커플링, 지역과 GPN 사이의 상호 이익의 관계를 산출하는 기능형 커플링, TNC와 지역 간 불평등한 종속적 관계가 형성된 구조형 커플링이 포함된다.

FDI를 유치하는 것은 오래된 지역발전 정책이지만, 그것의 지역적 효과에 대한 열띤 논쟁도 존재한다. 어떤 학자는 FDI가 종속적 관계를 조성한다고 비판하는 한편, FDI가 부여하는 업그레이딩의 기회를 강조하는 이들도 있다. GPN의 재조직화 경향에 따라 TNC의 공간적 유연성이 강화되며 FDI 유치 지역은 경쟁 및 입지 이동에 취약한 상태에 놓이게 되었다.

그러나 지역을 기업 재구조화의 수동적 희생양으로만 파악하는 것은 곤란하다. 지역발전은 지역의 행위자와 GPN 사이에 지속적으로 발생하는 상호작용의 산물이라는 점 또한 이해할 필요가 있다. FDI는 고용, 투자, 소득의 중요한 원천이지만, 로컬 공급업체나 대학과의 간접적 연계를 통해 지역적 착근성이 강화되었는가에 대해서는 여전히 제한적인 증거만 있을 뿐이다.

연습문제

글로벌 산업 중 하나를 선정해서 그것의 지리적 조직과 핵심 경쟁동력을 검토해보자. 어떤 선도기업들이 관련되어 있고 그들이 채택하는 전략은 무엇인가? GPN에 참여하는 다른 종류의 행위자로는 어떤 것이 있는가? GPN은 어떻게 지배되고 조정되는가? 그것의 네트워크는 어떤 지리적 특성을 표출하는가? 주요 지역에서 어떤 형태의 전략적 커플링이 나타나고 그것은 시간에 따라 어떻게 변화하는가? 그러한 커플링은 지역발전에 어떤 의미를 가지는가?

초국적기업과 노동의 공간분업

초국적기업(TNCs: Transnational Corporations)의 공간 조직화 방식은 '모국 집중형', '현지시장 지향형', '제품 전문화형', '초국적화된 수직적 통합형'까지 4가지 유형으로 구분할 수 있다(Dicken 2015). 네 번째 유형인 수직적 통합형은 다시 '단계적 조직화' 방식과 '수렴적 조직화' 방식으로 세분된다. 모국 집중형과 현지시장 지향형은 TNC가 조직한 전통적인 노동의 공간분업 형태다. 최근 들어서는 제품 전문화형과 수직적 통합형의 중요성이 증대되고 있다. 오른쪽은 4가지 유형을 그림으로 표현한 것이다.

첫 번째 유형은 특정 장소, 특히 모국에 집중(a)하여 공간을 조직화하는 방식이다. 모든 생산이 단일 장소 또는 특정 국가의 내부에서 일어나기 때문에 가장 단순한 형태의 생산 조직이라 할 수 있다. 여기에서 생산된 상품은 TNC의 유통 및 판매 네트워크를 통해 세계의 여러 국가와 지역으로 수출되며, TNC의 본사는 해외 영업망에 대한 상당한 통제력을 가진다. 모국 집중형 생산은 TNC 성장의 초창기에 주로 나타난다.

두 번째로 현지시장 지향형 조직화 방식(b)은 특정 국가의 시장에 진입하기 위한 생산활동이 이루어진다. 진출 시장에 판매할 생산품은 모국에서 생산되는 제품과 동일한 경향이 있다. 따라서 이 방식은 '복제 분공장형'(그림 2.7 참조) 노동의 공간분업을 글로벌 스케일에서 조직하는 방식이라고도 할 수 있다. 이는 무역장벽을 회피하거나 국가 규제의 요건 충족이 필요한 상황에서 많이 나타난다(Box 9.3 참조). 진출 시장의 규모와 특수성, 소비자 기호를 비롯한 국내수요의 구조적 성격, 비용절감 필요성 등도 현지 시장 지향형 조직의 중요한 요인이다. 그래서 개별 생산단위가 상당한 자율성을 누리는 경향이 있다. 이 유형은 제조업 뿐 아니라 서비스업에서도 두드러지게 나타난다. 법률, 회계, 금융과 같은 '생산자'서비스에서는 국가 규제가, 대형 소매업 같은 '소비자'서비스에서는 현지의 소비문화가 중요한 역할을 하기 때문이다(Box 11.6 참조).

세 번째 유형인 제품 전문화형 공간 조직(c)에서 각각의 생산단위는 일부 품목에 전문화하여 생산하고, 생산품은 TNC의 내부거래 형식으로 여러 국가의 시장

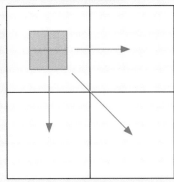

a) 모국 집중형

한곳에서 모든 생산활동이 이루어지고
세계 시장으로 수출된다.

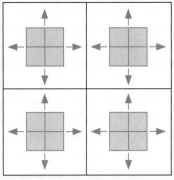

b) 현지 시장 지향형

각각의 생산단위는 입지한 특정 국가의
시장을 겨냥해서 다양한 상품을 생산한
다. 개별 공장의 규모는 해당 국가의 시
장규모에 좌우되며, 국경을 초월한 판매
활동은 이루어지지 않는다.

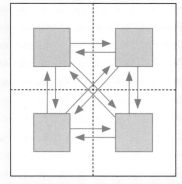

c) 제품 전문화형

각각의 생산단위는 (글로벌 스케일 또는 특
정 권역 내의) 여러 국가에 있는 시장을 겨
냥해 단일 또는 일부 상품 생산에만 전
문화한다. 개별 공장은 글로벌 또는 권역
시장에서 규모의 경제를 누리기 위해 대
규모로 운영된다.

d) 초국적화된 수직적 통합형

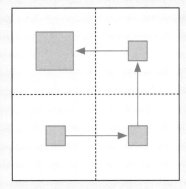

단계적 조직화: 각각의 생산단위는 계열
화된 생산 공정에서 특정 부분만을 맡는
다. 생산단위들은 초국적 차원에서 사슬처
럼 연결되어 있다. 한 공장의 생산품이 다
음 단계의 공장에서는 투입 요소가 된다.

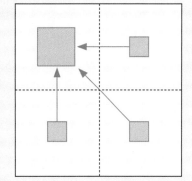

수렴적 조직화: 각각의 생산단위가 하
나의 상품(부품)만 생산하여 다른 국가에
위치한 완제품 조립공장으로 보낸다.

그림 9.10 초국적 생산의 공간 조직화 유형
(출처: Dicken 2015: 149)

에 유통된다. 이 유형은 전자, 자동차, 석유화학 산업에서 두드러지게 나타나며, 생
산단위별로 규모의 경제를 실현하고 글로벌 시장 또는 (EU, NAFTA, ASEAN 등) 거
대 권역시장을 겨냥한 전략으로 활용된다. 초국적 자동차기업 제너럴모터스(GM:

General Motors)가 한국에서 펼치는 생산 및 판매 활동을 사례로 생각해보자. GM은 한국에서 대형 SUV 트래버스, 스포츠카 카미로, 픽업트럭 콜로라도, 전기차 볼트 EV를 판매하지만, 국내에서 직접 생산하지 않고 모두 미국에서 수입한다. 한국에서 생산되는 스파크, 말리부, 트랙스, 트레일블레이저는 국내에서 소비되지만 GM의 글로벌 유통망을 통해 해외로 수출되기도 한다. 이러한 TNC 생산네트워크의 공간 조직에서는 중간재 및 최종 생산품(완제품)의 운송비가 결정적인 요소로 작용한다.

넷째, 초국적화된 수직적 통합(d)에서 단위 공장은 특정 공정 또는 특정 부품(반제품) 생산에 전문화하고 완제품은 최종 조립공장에서 생산된다. 즉, '부분-과정형' 노동의 공간분업을 글로벌 스케일로 확장한 형태라 할 수 있다(그림 2.7 참조). 구체적인 조직화 방식은 2가지로 나뉜다. 단계적 조직화 방식에서 개별 생산단위는 계열화된 생산 공정 중에서 특정 공정만을 담당하고, 생산품을 외국에 위치한 다음 단계의 공장으로 넘긴다. BMW 미니에 탑재되는 크랭크축의 생산과정은 단계적 조직화의 사례로 언급할 수 있다(Box 9.1). 수렴적 조직화 방식은 하나의 부품이나 모듈을 생산하는 개별 생산단위와, 부품 또는 모듈을 결합해 완제품을 생산하는 조립공장으로 구성된다. 이 방식은 중국에 생산설비를 갖춘 타이완의 PC 계약생산업체(CM: Contract Manufacturer)에서 전형적으로 나타난다(그림 9.4 참조). 폭스콘과 같은 타이완의 CM들은 세계 곳곳에서 생산된 칩셋, 하드디스크, 메모리칩, 그래픽 장치 등의 부품과 모듈을 공급받아 제조자설계생산(ODM: Original Design Manufacturing) 방식으로 중국에서 생산하고 애플, 삼성, 소니 등 브랜드 기업의 상표를 붙여 전 세계로 유통시킨다.

* 참고문헌: Dicken, P. (2015), *Global Shift*, Guilford, p. 149.

더 읽을거리

Coe, N. (2016) The geographies of global production networks. In Daniels, P., Bradshaw, M., Shaw, D., Sidaway, J. and Hall, T. (eds) *An Introduction to Human Geography: Issues for the 21st Century*, 5th edition. Harlow: Pearson, pp. 321-42.

GPN을 소개하는 문헌이다. GPN을 정의하고, 그것의 작동을 흥미로운 사례 연구와 함께 소개하며 여러 산업의 맥락에서 검토한다.

Coe, N. and Yeung, H.W. (2015) *Global Production Networks: Theorising Economic Development in an Interconnected World*. Oxford: Oxford University Press.

GPN의 핵심 연구자 두 명이 저술한 최신 서적이다. 경쟁의 동력, 기업 특수적 전략, 가치 확보의 궤적, 지역발전의 결과 사이의 상호작용을 강조하며 GPN 2.0을 제시한다.

Coe, N., Hess, M., Yeung, H.W., Dicken, P. and Henderson, J. (2004) Globalising regional development: a global production networks perspective. *Transactions of the Institute of British Geographers* 29: 464-84.

GPN 방법론을 지역발전의 현안에 적용한 핵심 논문 중 하나다. GPN을 이용해 지역발전을 관계적 견지에서 재조명하고, GPN과 지역자산 사이에서 발생하는 전략적 커플링 과정에 주목한다.

Pike, A., Rodriguez-Pose, A. and Tomaney, J. (2017) *Local and Regional Development*, 2nd edition. London: Routledge, chapter 7, pp. 229-53.

지역발전 전략으로서 FDI의 유치 및 착근 과정에 대한 개괄적 설명을 제시하는 문헌이다. TNC의 역할 변화를 개관하고 GPN과 GVC 관점에 대해 논의한다. 그리고 지역발전 방안으로서 FDI 유치 정책의 강점과 약점을 서술한다. 지역제도와 정책의 역할 변화에 대한 설명도 제시된다.

Werner, M. (2016) Global production networks and uneven development: exploring geographies of devaluation, disinvestment and exclusion. *Geography Compass* 10/11: 457-69.

불균등발전의 차원에서 GPN을 검토하는 논문이다. GVC와 GPN의 최근 연구 동향을 요약하고, 연구의 영역을 업그레이딩과 다운그레이딩의 주제를 넘어서 평가절하, 투자 철회, GPN에서의 배제 등의 과정으로 확장하여 고찰한다.

Yeung, H.W. (2015) Regional development in the global economy: a dynamic perspective of strategic coupling in global production networks. *Regional Science Policy & Practice* 7: 1-23.

전략적 커플링 개념을 개괄적으로 소개하는 논문이다. GPN 2.0을 기초로 전략적 커플링의 3가지 유형을 제시하고 다양한 사례를 근거로 설명한다. 그리고 탈커플링과 재커플링에 대한 토론도 이루어진다.

참고문헌

Allen, J. (2003) *Lost Geographies of Power*. Oxford: Blackwell.

Amin, A. and Thrift, N. (1994) Living in the global. In Amin, A. and Thrift, N. (eds) *Globalisation, Institutions and Regional Development in Europe*. Oxford: Oxford University Press, pp. 1-22.

Ashcroft, B. (2006) Outlook and appraisal. *Quarterly Economic Commentary* 30 (4): 1-9.

Barrientos, S. (2014) Gendered global production networks: analysis of cocoa-chocolate sourcing. *Regional Studies* 48: 791-803.

Barrientos, S., Gereffi, G. and Rossi, A. (2011) Economic and social upgrading in global production networks: a new paradigm for a changing world. *International Labour Review* 150: 319-40.

Bathelt, H. (2006) Geographies of production: growth regimes in spatial perspective 3 – towards a relational view of economic action and policy. *Progress in Human Geography* 30: 223-36.

Blazek, J. (2016) Towards a typology of repositioning strategies of GVC/GPN suppliers: the case of functional upgrading and downgrading. *Journal of Economic Geography* 16: 849-69.

Cattaneo, O., Gereffi, G. and Staritz, C. (2010) Global value chains in a post-crisis world: resilience, consolidation and shifting end markets. In Cattaneo, O., Gereffi, G. and Staritz, C. (eds) *Global Value Chains in a Post-Crisis World: A Development Perspective*. Washington, DC: World Bank, pp. 3-20.

Coe, N. (2016) The geographies of global production networks. In Daniels, P., Bradshaw, M., Shaw, D., Sidaway, J. and Hall, T. (eds) *An Introduction to Human Geography: Issues for the 21st Century*, 5th edition. Harlow: Pearson, pp. 321-42.

Coe, N. and Yeung, H.W. (2015) *Global Production Networks: Theorising Economic Development in an Interconnected World*. Oxford: Oxford University Press.

Coe, N., Dicken, P. and Hess, M. (2008) Global production networks: realising the potential. *Journal of Economic Geography* 8: 271-95.

Coe, N., Hess, M., Yeung, H.W., Dicken, P. and Henderson, J. (2004) Globalising regional development: a global production networks perspective. *Transactions of the Institute of British Geographers* 29: 464-84.

Coe, N.M., Kelly, P.F. and Yeung, H.W. (2007) *Economic Geography: A Contemporary Introduction*. Oxford: Wiley Blackwell.

Danford, A. (1999) *Japanese Management Techniques and British Workers*. London: Mansell.

Daniels, P., Bradshaw, M., Shaw, D. and Sidaway, J. (eds) (2008) *An Introduction to Human Geography*, 3rd edition. Pearson Education.

Dawley, S. (2007) Fluctuating rounds of inward investment in peripheral regions: semiconductors in the North East of England. *Economic Geography* 83: 51-73.

Devine, T.M. (1999) *The Scottish Nation*. London: Penguin.

Dicken, P. (2007) *Global Shift: Reshaping the Global Economic Map in the 21st Century*, 5th edition. London: Sage.

Dicken, P. (2015) *Global Shift: Mapping the Changing Contours of the World Economy*, 7th edition. London: Sage.

Dicken, P., Forsgren, M. and Malmberg, A. (1994) The local embeddedness of transnational corporations. In Amin, A. and Thrift, N. (eds) *Globalisation, Institutions and Regional Development in Europe*. Oxford: Oxford University Press, pp. 23-45.

Dicken, P., Kelly, P.F., Olds, K. and Yeung, H.W. (2001) Chains and networks, territories and scales: towards a relational framework for analysing the global economy. *Global Networks* 1: 89-

112.

Firn, J. (1975) External control and regional development: the case of Scotland. *Environment & Planning* A 7: 393-414.

Florida, R. (1995) Toward the learning region. *Futures* 27: 527-36.

Gereffi, G. (1994) The organisation of buyer-driven commodity chains: how US retailers shape overseas production networks. In Gereffi, G. and Korzeniewicz, M. (eds) *Commodity Chains and Global Capitalism*. Westport, CT: Greenwood Press, pp. 95-122.

Gereffi, G., Humphrey, J. and Sturgeon, T. (2005) The governance of global value chains. *Review of International Political Economy* 12: 78-104.

Granovetter, M. (1985) Economic action and social structure: the problem of embeddedness. *American Journal of Sociology* 91: 481-510.

Grimes, S. and Sun, Y. (2016) China's evolving role in Apple's global value chain. *Area Development & Policy* 1 (1): 94-112.

Harvey, D. (1982) *The Limits to Capital*. Oxford: Blackwell.

Henderson, J., Dicken, P., Hess, M., Coe, N. and Yeung, H.W. (2002) Global production networks and economic development. *Review of International Political Economy* 9: 436-64.

Hess, M. (2004) 'Spatial' relationships? Towards a reconceptualisation of embeddedness. *Progress in Human Geography* 28: 165-86.

Hopkins, T. and Wallerstein, I. (1986) Commodity chains in the world economy prior to 1800. *Review* 10: 157-70.

Horner, R. (2014) Strategic decoupling, recoupling and global production networks: India's pharmaceutical industry. *Journal of Economic Geography* 14: 1117-40.

Kelly, P. (2013) Production networks, place and development: thinking through global production networks in Cavita, Philippines. *Geoforum* 44: 82-92.

Liu, W. and Dicken, P. (2006) Transnational corporations and 'obligated embeddedness': foreign direct investment in China's automobile industry. *Environment and Planning A* 38: 1229-47.

Lloyd, P. and Shutt, J. (1985) Recession and restructuring in the North West region 1974-82: the implications of recent events. In Massey, D. and Meegan, R. (eds) *Politics and Method*. London: Methuen, pp. 16-60.

Lorenzen, M. and Mudambi, R. (2013) Clusters, connectivity and catch-up: Bollywood and Bangalore in the world economy. *Journal of Economic Geography* 13: 501-34.

Lundvall, B.-A. (1992) *National Systems of Innovation*. London: Pinter.

Lundvall, B.-A. and Johnson, B. (1994) The learning economy. *Journal of Industry Studies* 1: 23-43.

MacKinnon, D. (2012) Beyond strategic coupling: reassessing the firm-region nexus in global production networks. *Journal of Economic Geography* 12: 227-45.

MacKinnon, D. and Phelps, N.A. (2001) Devolution and the territorial politics of foreign direct investment. *Political Geography* 20: 353-79.

Massey, D. (1984) *Spatial Divisions of Labour: Social Structures and the Geography of Production*. London: Macmillan.

Morgan, K. (1997) The learning region: institutions, innovation and regional renewal. *Regional Studies* 31: 491-504.

Munday, M., Morris, J. and Wilkins, B. (1995) Factories or warehouses? A Welsh perspective on Japanese transplant manufacturing. *Regional Studies* 29: 1-17.

Pavlinek, P. (2004) Regional development implications of foreign direct investment in Central Europe. *European Urban and Regional Studies* 11: 47-70.

Pavlinek, P. (2012) The internationalization of corporate R&D and the automotive industry R&D of East-Central Europe. *Economic Geography* 88: 279-310.

Pavlinek, P. and Zizalova, P. (2016) Linkages and spillovers in global production networks. *Journal of Economic Geography* 16: 331-63.

Pavlinek, P., Domanski, B. and Guzik, R. (2009) Industrial upgrading through foreign direct investment in Central European automotive manufacturing. *European Urban and Regional Studies* 16: 43-63.

Phelps, N.A. (1993) Branch plants and the evolving spatial division of labour: a study of material linkage change in the North East of England. *Regional Studies* 27: 87-101.

Phelps, N.A. and Waley, P. (2004) Capital versus the districts: the story of one multinational company's attempts to disembed itself. *Economic Geography* 80: 191-215.

Phelps, N.A., MacKinnon, D., Stone, I. and Braidford, P. (2003) Embedding the multinationals? Institutions and the development of overseas manufacturing affiliates in Wales and North East England. *Regional Studies* 37: 27-40.

Pike, A., Rodriguez-Pose, A. and Tomaney, J. (2017) *Local and Regional Development*, 2nd edition. London: Routledge.

Rao, P.M. and Balasubrahmanya, M.H. (2017) The rise of IT services clusters in India: a case of growth by replication. *Telecommunications Policy* 41: 90-105.

Ruddick, G. and Oltermann, P. (2017) The crankshaft 's odyssey and how Brexit could undo an industry. *The Guardian*, 4 March, p. 29. At www.theguardian.com/business/2017/mar/03/brexit-uk-car-industry-mini-britain-eu.

Schoenberger, E. (1999) The firm in the region and the region in the firm. In Barnes, T.J. and Gertler, M. (eds) *The New Industrial Geography: Regions, Regulation and Institutions*. London: Routledge, pp. 205-24.

Scottish Government (2004) *Scottish Economic Report, March 2004*. Edinburgh: The Scottish Government.

Sturgeon, T. (2001) How do we define value chains and production networks? *IDS Bulletin* 32: 9-18.

United Nations Conference on Trade & Development (UNCTAD) (2013) *World Investment Report 2103: Global Value Chains, Investment and Trade for Development*. New York: UNCTAD.

Werner, M. (2016a) Global production networks and uneven development: exploring geographies of devaluation, disinvestment and exclusion. *Geography Compass* 10/11: 457-69.

Werner, M. (2016b) *Global Displacements: The Making of Uneven Development in the Caribbean*. Oxford: Wiley Blackwell.

Yang, C. (2009) Strategic coupling of regional development in global production networks: redistribution of Taiwanese personal computer investment from the Pearl River Delta to the Yangtze River Delta, China. *Regional Studies* 43: 385-408.

Yang, C. (2013) From strategic coupling to recoupling and decoupling: restructuring global production networks and regional evolution in China. *European Planning Studies* 21: 1046-63.

Yeung, H.W. (2009) Transnational corporations, global production networks and urban and regional development: a geographer's perspective on multinational enterprises and the global economy. *Growth and Change* 40: 197-226.

Yeung, H.W. and Coe, N.M. (2015) Towards a dynamic theory of global production networks. *Economic Geography* 91: 29-58.

혁신과 창조의 도시경제

▶ 집적이익과 도시화에 대한 영향력 있는 최신 논의들
▶ 경제발전의 핵심 동력으로서 지식과 혁신
▶ 도시에서 혁신과 클러스터 형성 과정
▶ 창조계급의 개념과 도시 및 지역의 정책에 미치는 창조계급론의 영향력
▶ 도시 및 지역 발전에서 글로벌 파이프라인의 중요성

10.1 도입

지난 20여 년 동안 학계와 정책 입안자들은 경제 단위로서의 도시와 지역에 많은 관심을 보여왔다. 글로벌화가 강력한 정치경제적 헤게모니로 작동해온 지도 15년 정도 되었다는 점을 상기하면, 이러한 모습은 역설적으로 느껴지기도 한다. 그러나 이 책 전반에서 주장했던 바와 같이 글로벌화는 본질적으로 불균등발전의 과정이며, 특정 장소에 경제활동을 집중시키는 경향이 있다. 그리

고 도시/지역과 글로벌 스케일 간의 긴밀한 연결망이 지속적으로 창출된다. 1970년대 이후 글로벌화된 투자의 흐름이 증가함에 따라 이에 대한 국가의 통제력은 확연하게 약화되었고 국가경제의 단일성도 약화되었다. 수요관리와 완전고용을 지향했던 케인스주의 정책의 기반도 사라지면서 도시와 지역은 국제적 경쟁에 노출되고 말았다. 이와 더불어 기술이 빠르게 변화하고 자본의 이동성 또한 증대되는 상황에서, 도시와 지역이 자체적으로 발전조건을 구축할 수 있도록 돕는 하위국가적 개입의 필요성이 꾸준히 대두되었다 (Amin and Thrift 1994).

최근 들어서는 도시 **집적(agglomeration)**이 경제활동과 번영의 근간이 되었다는 주장이 커다란 주목을 받았고(Glaeser 2011), 이런 맥락에서 10장에서는 도시에 주목한다. 산업이 특정 장소에 모이는 공간적 집적과 집중은 (기업이 기존의 핵심

부를 떠나 주변부로 이동하는) **공간적 분산**의 과정과 대조를 이룬다고 할 수 있다. 3장에서 살핀 바와 같이 집적과 공간적 분산 사이의 균형은 해당 시대를 지배하는 경제발전 양상과 조직 형태의 영향을 받으며, 시간에 따라 변증법적으로 변화한다. 예를 들어 포디즘적 제조업의 쇠퇴는 1970년대 후반의 공간적 분산과 관련된다. 반면 ICT와 생명과학, 금융서비스 같은 새로운 성장 부문의 등장은 1980년대 후반 이후 집적을 불러왔다. 이렇게 신산업의 성장과 집적은 밀접하게 연관되면서 지역 간 격차를 발생시킨다. 이와 대조적으로 분산은 지역수렴을 촉진하며, 성숙 혹은 쇠퇴 단계에 있는 경제 부문에서 특징적으로 나타난다 (Storper *et al.* 2016).

경제발전에서 지식과 기술의 중요성이 증대되면서 도시의 집적에 대한 관심도 증폭되었다 (Lundvall 1994). 최근의 집적이론에서는 기업 간에 발생하는 지식의 '파급효과(spillovers)'를 강조한다. 지식의 파급은 기업들이 문제를 해결하거나 새로운 제품과 서비스를 개발하기 위해 협력할 때 발생한다. 뿐만 아니라 고학력의 숙련 노동자로 칭해지는 인적자원의 지리적 집중도 지식의 파급에 영향을 미친다. 숙련 노동자들은 장소에 구애를 받지 않으며 높은 이동성을 가지는 경향이 있다. 그래서 고숙련 노동자를 데려오기 위해서는 기업 자체의 요인보다 도시가 나서서 고급 인력이 선호하는 (공원, 박물관, 갤러리, 랜드마크 건축물 등의 편의시설을 의미하는) 어메니티를 개선해야 한다는 주장을 펼치는 학자도 등장해 지대한 영향력을 행사하고 있다(Florida 2002). 도시와 지역이 고숙련 노동자를 유인하여 지식의 창출 및 활용

을 촉진하기 위해서는 새로운 경제변화에 적응할 수 있어야 한다. 이를 위해서는 광범위하게 발생하는 경제의 재구조화 과정에 대응해서 새로운 경제영역으로 진출하는 역량이 필요하다. 집적에 대한 대다수의 연구는 주요 대도시를 대상으로 수행된 경향이 있지만, 경제 재구조화에 적응하는 것은 북아메리카와 유럽에 있는 많은 탈산업화 도시들의 새로운 도전 과제이다. 이 도시들은 1970~80년대 탈산업화의 과정에서 전통적인 경제 기반을 상당 부분 상실했기 때문이다(3.4.3 참조).

10.2 도시의 집적경제와 지식 기반

10.2.1 집적과 도시경제

유력 평론가들에 따르면 인구, 생산성, 부의 도시 집중은 갈수록 심화되고 있다(Storper and Scott 2016). 세계 인구의 절반 이상이 도시에 살고 있으며, 인구 1,000만 이상의 거대도시(megacity)의 수도 늘고 있다(Pike *et al.* 2017: 5). 신경제지리학 (NEG: New Economic Geography)(2.3 참조), 그리고 이 분야와 밀접한 관계를 형성하고 있는 **도시경제학**(urban economics)에서는 경제활동 및 부의 규모와 밀도, 즉 집적으로 창출되는 경제적 혜택을 강조한다. 가장 영향력 있는 도시경제학자 중 하나인 에드워드 글레이저(Edward Glaeser)는 도시에서 사람들 간 근접성(proximity)으로 인해 발생하는 지식의 수확체증 과정을 강조하며 도시를 혁신의 원동력으로 설명한다(Box 10.1). 이런 주장은 국가정부뿐만 아니라 세계은행 등 국제기구

에서 활동하는 정책가들에게도 상당한 영향을 끼쳐, **집적경제**를 추동하기 위한 시장 지향적인 정책 형성에 중요한 이론적 토대가 되었다(Cheshire *et al.* 2014).

스콧과 스토퍼(Scott and Storper 2015: 6)는 집적을 인간활동의 복잡한 앙상블이 도시에 공존할 수 있도록 도와주는 '접착제'와 같다고 했다. 그리고 집적은 경제생활의 기저를 이루는 노동분업의 영향을 받는다. 재화와 서비스 생산을 위해 필요한 여러 활동들은, 전문화되어 있으면서도 상호 보완적으로 기능하는 단위들로 구성된 네트워크를 통해 조직된다(Stoper and Scott 2016: 1116).

도시의 승리

『도시의 승리(Triumph of the City)』는 하버드대학 경제학자 에드워드 글레이저가 2011년 출간한 베스트셀러의 제목이다. 글레이저는 신문 기고나 정책활동을 통해서 대중적인 논의에도 자주 등장하는 인물이다. 그는 신자유주의의 본산으로 알려진 시카고학파 경제학의 산증인이라 할 수 있다. 1970년대에 시카고대학의 경제학자들을 중심으로 케인스주의에 대항하는 반동의 분위기가 일었고, 글레이저는 도시경제학 연구에서 시카고학파 스타일의 자유시장 관점과 미시경제학 기법을 적용해 도시의 경쟁력에 대한 논의를 제시했다. 펙(Peck 2016: 2)이 지적하는 바와 같이, 『도시의 승리』는 브랜단 글리슨(Brendan Gleeson)이 '신도시학(new urbanology)'(Gleeson 2012)이라고 칭한 분야의 "경제적 합리주의자 분파"에 속한다. 북아메리카에서 기원을 찾을 수 있는 신도시학에서는 도시 기업가주의에 초점을 두고 도시의 사회경제적 활력과 잠재력을 찬양하는 경향이 있다.

글레이저(Glaeser 2011: 6)에 따르면, "도시는 근접성, 밀집성, 친밀성으로 점철되었기 때문에 도시에서 인간과 기업 간 물리적 공백은 있을 수 없다." 원거리 연결 비용과 운송비가 감소하고 있음에도 불구하고, 현실에서 근접성은 여전히 중요하고 경제적 가치의 원천으로 작용한다. 이러한 현대 도시의 역설은 글로벌화, 통신 및 운송 비용의 감소, **지식기반경제(knowledge-based economy)**의 영향을 반영하는 것이다. "기술의 변화는 지식의 수확체증을 유발했고, 지식에 가장 적합한 환경은 사람들 사이의 근접성"이라는 전제하에 글레이저는 도시를 혁신의 동력으로 이해한다(앞의 책). 그리고 소규모 기업과 숙련된 노동자를 많이 보유하고 있을 때 도시가 번영한다고 인식하는데, 여기에서 글레이저의 시장 경쟁에 대한 집착을 발견할 수 있다. 글레이저는 도시 성장에서 인적자본의 중요성을 특히 강조하며 도시가 세금 감면, 규제 축소, 교육기관과 문화적 어메니티의 개선 등을 통해 인재를 유치해야 한다고 주장한다(Peck 2016 참조).

"아이디어 창출과 전파의 중심"으로 도시를 찬양하는 글레이저는 도시 빈곤의 현실을 인정하지만(Glaeser 2000: 83), 글리슨은 이런 글레이저의 관점을 과도하게 낙관적인 것이라 평가한다(Gleeson 2012: 931). 펙(Peck 2016: 2)은 글레이저의 논의를 "시장중심주의, 개발지상주의, 반규제주의" 정치로 요약한다. 실제로 그는 극단적 보수주의를 지향하는 맨해튼 정책연구소(Manhattan Institute for Policy Research)의 선임 회원으로 활동하고 있다. 글레이저는 "도시 빈곤을 부정적인 것으로만 이해하지 말 것"을 권한다. 왜냐하면 도시가 사람들을 빈곤하게 만드는 것이 아니라 오히려 가난한 이들이 삶의 개선과 번영을 꿈꾸며 도시로 이동해온다고 파악했기 때문이다. 글레이저와 비슷한 입장을 가진 신도시경제학자와 신경제지리학자는 정책의 대상이 빈곤한 장소가 아니라 빈곤한 사람이어야 하고, 그들에게 교육 및 재능 개발의 기회를 주어야 한다고 주장한다. 실제로 글레이저는 빈곤이 아주 심각한 장소에 대한 국가의 재정지원 확대를 지지하지 않는다. 반면, 인간과 장소의 다각적 관계에 주목하는 지리학자들은 이러한 주장에 큰 거부감을 표명한다.

서로 다른 단위 간에는 빈번한 상호작용과 의사소통이 필요하기 때문에 '거리 마찰'을 극복하려면 집적은 필수적이다. "도시는 특정 산출물에 전문화하고, 그것을 다른 장소의 전문화된 산출물과 거래한다. 그러므로 도시의 경제적 활력과 원거리 교역의 성장은 상호보완적이며 서로를 강화시킨다"고 할 수 있다(Scott and Storper 2015: 6). 따라서 오늘날 경제활동의 집적이 증가하는 것은 글로벌화와 맞물려 있다고 할 수 있다. 도시에 위치하는 기업의 **클러스터(cluster)**는 글로벌 시장의 범위에서 활동한다. 이는 외부 연결망의 확대가 지리적 근접성과 지역화된 상호작용의 필요성을 강화한다는 사실을 반영한다. 물론 워커(Walker 2016)가 주장하는 바와 같이, 도시의 기능은 집적에서만 찾을 수 있는 것은 아니다. 도시는 생산과 거래로부터 생겨나는 경제적 잉여가 집중하여 건조환경에 투자되는 장소이기도 하다. 부의 집중은 사회적 불평등 및 착취와도 관련되어 있기 때문에, 도시는 부와 권력을 과시하는 무대로서의 기능도 수행하면서 지배적인 사회질서를 상징하고 있다(앞의 책).

10.2.2 지식의 유형과 집적

집적에 대한 관심 증대는 1990년대 초반 이후 지식기반산업을 지향하는 광범위한 변화와도 관련된다. 스칸디나비아의 경제학자 룬트발(Lundvall 1994)은 자본주의가 새로운 단계로 진입했다고 주장하면서, 이 단계에서는 "지식이 가장 중요한 자원이고, 학습이 가장 중요한 과정이다"라는 주장을 폈다. 지식(knowledge)을 정보(information)

와 구분지어 생각할 필요가 있다. '지식'은 정보보다 광범위한 의미의 체제이다. 정보 또는 데이터는 실제 사건과 동향을 그대로 보여줄 뿐이지만, 지식은 이러한 정보와 데이터를 가공하고 이해한 후에 생성되기 때문이다. 노나카 등(Nonaka *et al.* 2001: 15)은 "정보는 개인에 의해 해석되고, 맥락이 부여되며, 개인의 가치와 신념 안에 뿌리를 내릴 때 비로소 지식으로 전환된다"고 주장한다.

'형식지'와 '암묵지'의 구분에 대한 이해도 필요하다(앞의 책). 프로그램이나 매뉴얼을 통해 문자의 형태로 전달될 수 있는 공식적이며 체계적인 지식을 **형식지(codified knowledge)**라 한다. 이와 대조적으로, **암묵지(tacit knowledge)**는 직접적 경험을 통해 습득한 전문기술을 의미하고, 대체로 문서를 통해서는 제대로 소통할 수 없다. 그리고 암묵지는 개인 또는 집단의 작업수행과 기술로 구체화되는 실용적인 '노하우'의 형식을 취한다. 전통적으로 건설업과 같은 산업에서 실용적 기술은 도제 교육을 통해 습득되며, 신입은 숙련공을 보조하고 조수 역할을 하면서 현장에서 직업교육을 받는다. 형식지는 글로벌한 범위에서도 조직화와 전달이 가능하다. 반면 암묵지는 기업 간 상호작용과 의사소통을 통해 형성되기 때문에, 지역 범위에 머무르면서 지리적 근접성을 필요로 한다(Maskell and Malmberg 1999). 집적에 대한 이해는 지식의 유형에 관한 이러한 가정을 바탕으로 이루어진다.

학습과 혁신은 기업의 집적 과정에서 결정적인 역할을 한다. 지식의 산출 및 혁신에서 기업의 성공 여부를 판가름하는 핵심 요소는 '흡수역량(absorptive capacity)'이다. 이것은 조직 내부 또는

Box 10.2

'놓쳐버린 미래'
제록스, 애플, 그리고 퍼스널 컴퓨터

1970년대 실리콘밸리에 위치한 제록스의 팔로알토 연구센터에서 근무했던 한 과학자 집단에서 퍼스널 컴퓨터(PC)의 핵심 기술을 발견했다. 프로세스 장치와 (현재의 윈도우, 매킨토시, 월드와이드웹 같은 시스템의 핵심 구성요소인) 아이콘, 폴더, 메뉴의 데스크톱 스크린을 포함한 것이었다.

그러나 이 기업은 PC 산업 성장의 혜택을 전혀 받지 못했다. 제록스 내에서 팔로알토의 과학자, 텍사스 댈러스의 엔지니어, 캘리포니아 스탠포드의 경영진 간에 분열이 있었기 때문이다. 각각의 집단은 지리적으로만 분리된 것이 아니라, 미래 기술의 상업적 사용에 필수적인 공통의 언어와 전망을 가지지 못했다. 엔지니어들은 과학자들이 순진하고 현실성이 부족하다고 보았고, 과학

자는 기업 내 다른 집단의 구성원들을 복사기밖에 모르는 '토너 대가리(toner heads)'라고 불렀다(Brown and Duguid 2000: 151).

내부 분열 때문에 차후 컴퓨터 기술의 핵심을 이루는 지식은 제록스 밖으로 흘러나가 인근 쿠퍼티노에 위치한 애플로 옮겨갔다. 1979년 애플의 창업자 중 한 명인 스티브 잡스(Steve Jobs)가 제록스를 방문했고, 그곳에서 (제록스의 경영진이 알아차리지 못했던) 기술의 잠재성을 파악했다. 그리고 애플로 돌아와서 그것을 모방하고 활용했다. 이렇게 "제록스 안에서 꼼짝 못하고 있던 지식이 세상 밖으로 유출되면서" 제록스는 주요 경쟁자에게 밀려 "미래를 놓치고 말았다"(앞의 책: 151).

외부의 지식을 인지하고 받아들여 사용하는 능력을 의미한다(Cooke and Morgan 1998: 16). 그리고 지식을 흡수하는 역량은 공통된 기업문화와 언어 사용에 좌우되기 때문에 모든 사람이 기업의 목적과 비전을 폭넓게 공유하는 것이 무엇보다 중요하다. 공유된 언어와 비전이 없다면 암묵지를 이용하는 것이 매우 어렵고, 심각한 경우에는 중요한 지식이 외부 경쟁자에게 유출될 수도 있다(Box 10.2).

10.2.3 집적에 대한 도시경제학적 설명

도시경제학에서는 공간적 집적과 관련해 공유(sharing), 매칭(matching), 학습(learning)의 3가지 메커니즘을 제시한다(Duranton and Puga 2004). 이것은 알프레드 마셜(Alfred Marshall)이 이미

오래전에 제시했던 설명과 많은 부분 겹치지만(3.3.1 참조), 도시경제학에서 제시하는 메커니즘은 훨씬 더 이론적이며, (인프라, 공급업체, 노동력 등) 여러 자원에 대한 마셜의 느슨한 구분과는 다르다. '공유'란 (인프라, 공급업자, 전문화, 위험요소 등) 개별화할 수 없는 자산과 장소의 특성을 공동으로 활용하는 것이다. '매칭'은 사람과 일자리 사이에 짝을 맺어주는 행위로, 대규모의 기업과 노동자 풀(pool)에 기초한다. 따라서 집적은 매칭의 양과 질을 개선한다. '학습'은 근접한 기업과 노동자 사이에 발생하는 정보와 지식의 흐름이라 할 수 있고, 혁신의 밑바탕이 된다. 이와 같은 오늘날의 집적이론은 비용절감뿐 아니라 혁신과 학습 과정을 촉진하는 클러스터의 역동적 이점을 강조한다는 점에서 마셜의 전통적 접근법을 넘어서고 있다(Malmberg and Maskell 2002).

도시경제학 연구에서는 집적을 형성하고 유지하는 데 있어 인적자원의 역할도 강조한다. 이와 관련해 도시에서 인적자원의 수준과 경제성장 사이에 정적 상관관계가 성립한다는 연구 결과가 있었다(그림 10.1). 이는 성장이 인적자원 숙련도의 개선을 촉진하는 것이 아니라, 인적자원에 내재한 숙련도가 경제성장의 원인이라는 주장의 근거가 되었다(Glaeser and Saiz 2003). 이런 연구의 연장선상에서 생산성(노동자 일인당 산출량)과 도시 규모(인구) 사이의 정적 상관관계도 논의되고 있다(Glaeser and Resseger 2010). 이와 같은 도시경제학 이론에 기반하면 집적효과와 수확체증은 대도시에서 가장 명확하게 나타난다고 할 수 있다(Martin *et al.* 2016). 다시 말해, "집적경제에 따라

사람들은 인구가 밀집한 곳에서 일할 때 가장 높은 생산성을 올릴 수 있고", '인적자본 파급효과'로 인해 학력이 높은 사람들이 모일수록 생산성의 수준과 성장률이 높아지게 된다(Glaeser and Gottlieb 2008: 155).

이런 논의는 미국의 경험을 기초로 이루어졌기 때문에 반박의 여지가 있다. 특히 도시의 규모와 생산성의 관계에 대한 문제는 논란의 대상으로 남아 있다. 유럽과 미국을 대상으로 한 다른 연구에서는 지역의 고용규모와 인구밀도가 2배 증가하더라도 생산성의 증가는 단지 2~6%에 불과하다는 주장이 제기되었다(Ciccone 2012). 영국에서는 런던을 제외하고 도시 규모와 생산성 간 관계는 아주 미약하게 나타나고, 많은 대도시에서 생

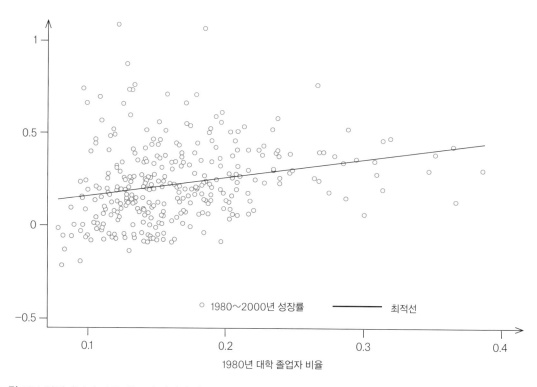

그림 10.1 인적자본과 미국 대도시 지역의 성장(1980~2000년) (출처: Glaeser and Saiz 2003, Figure 1)

산성 수준은 작은 도시보다도 낮은 것으로 나타났다(Martin *et al.* 2016). 넓게 보면 유럽에서 도시 규모와 성장 간 관계는 단순화할 수 없으며, 대도시와 중소도시 모두에서 들쑥날쑥한 결과가 나타난다(Dijkstra 2013). 더불어 대도시일수록 소득 불평등과 빈곤수준이 높다고 지적하는 연구도 존재한다(Lee *et al.* 2014; Royuela *et al.* 2014).

도시와 지역의 경제적 가능성은 지식을 창출하고 사용할 수 있는 역량에 좌우된다. 이런 관점에서 대도시 권역은 가장 유리한 위치에 있다. 상당수의 기업이 가까운 거리에 집적하여 지식의 교류와 혁신을 증진할 수 있기 때문이다(Doloreux and Shearmur 2012). 그러나 소규모 도시와 주변부 지역도 지식기반경제에 참여해 경쟁할 필요가 있고, 이를 위해 비슷하거나 연관된 부문 기업의 집적을 촉진하는 정책을 추진해야 한다. 그러나 소규모 도시에서 기업의 상호작용을 통해서 '로컬 버즈(local buzz)'★를 증진하는 정책은 그다지 성공적이지 못했다는 사실에도 유념해야 한다. 기업들이 도시와 지역의 경계를 넘어 협력적인 지식 연계망, 즉 '파이프라인(pipeline)'을 구축하는 것도 지역발전의 가능성을 높이는 길이 될 수 있다(Rodríguez-Pose and Fitjar 2013).

10.3 혁신과 클러스터

10.3.1 혁신의 모델

'혁신(innovation)'은 지식기반경제의 발전에서 핵심 주제로, 시장에서 경쟁우위를 점하기 위해 새로운 제품과 서비스를 창출하거나 기존의 것을 변형하는 것으로 정의된다. 아이디어의 상업적 활용이 중요하다는 점에서 발명(invention)과 구분된다. 제품 혁신과 공정 혁신 사이의 구분도 있다. 제품 혁신이란 (핸드폰과 같은) 새로운 상품을 의미하고, 공정 혁신은 (조립생산 라인을 가동시키는 것처럼) 업무의 실행 및 과정과 관련된다.★★ 이들은 제조업 연구를 통해서 생겨난 개념이고, 서비스업에서 혁신은 특정 서비스가 새로운 방식으로 전달되는 것을 의미한다. '급진적(radical) 혁신'과 '점진적(incremental) 혁신' 사이의 구분도 있다. 급진적 혁신은 인터넷과 같이 기존에 존재하지 않던 무언가의 변혁적인 출현을 의미하고, 점진적 혁신은 제품 및 서비스의 디자인이나 공정을 소규모로 개선하는 것을 뜻한다(Freeman 1994).

혁신 과정에 대한 이해의 방식도 시간에 따라 달라져 최근에는 기존의 선형 모델보다 상호작용 모델이 더욱 각광을 받게 되었다. 선형 혁신모델(linear model of innovation)은 대기업에 근거하

★ 로컬 버즈는 바텔트 등(Bathelt *et al.*, 2004)이 제시한 개념으로, "같은 산업, 장소, 지역 내에 사람과 기업이 공존하고 대면접촉을 하면서 생성되는 정보와 의사소통의 생태계"라 할 수 있다(앞의 책: 11). 로컬 버즈는 신지역주의 경제지리학자의 관점과 일맥상통한다. 신지역주의자들은 암묵지가 로컬 내 상호작용을 통해 전달, 학습, 모방, 응용되어 지역 혁신에 기여한다고 보고, '지리적' 근접성을 강조했기 때문이다. 이를 뒷받침하는 관련 개념들로 '제도적 밀집', '지역자산', '학습지역' 등이 있다. 한편 '글로벌 파이프라인' 개념은 로컬 버즈와는 달리 암묵지의 초국지적(trans-local) 전달과 학습 과정의 가능성을 강조한다(10.3.3 참조).

★★ 제품 혁신에 관한 '제품수명주기' 이론은 404쪽, 공정 혁신과 생산체계의 변화에 대한 논의는 406쪽 〈심층학습〉을 참고하자. 그리고 조지프 슘페터(Joseph Schumpeter)가 창조적 파괴를 논하며 강조했던 혁신의 유형 4가지에 '시장 혁신'과 '조직 혁신'도 포함된다는 사실을 알아두자. 시장 혁신은 새로운 시장을 개척하여 확대하려는 노력을 의미하고, 조직 혁신은 조직의 구성, 배치, 구조를 변화시켜 경쟁력 강화를 도모하는 활동을 뜻한다. 슘페터는 이와 같은 혁신의 원동력을 '기업가정신(entrepreneurship)'에서 찾았다.

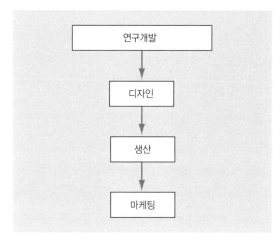

그림 10.2 선형 혁신모델 (출처: D. MacKinnon)

여 혁신을 연구개발부터 생산라인, 마케팅, 판매로 이어지는 흐름에 따라 순차적 단계로 세분화했다(그림 10.2). 선형 모델은 '과학-기술-혁신 모델(science, technology and innovation model)'로도 언급되는데, 선진 과학자와 엔지니어가 기업에서 공식적으로 연구개발을 담당하며 여타 부서와는 별개로 운영되는 경우를 말한다(Rodríguez-Pose and Fitjar 2013).

최근 들어 선형 혁신모델은 **상호작용형 접근**(in-teractive approach)으로 대체되고 있다. 상호작용형 모델에서는 혁신을 제조업체 또는 서비스업체, 고객(사), 공급업체, 연구기관, (지역)발전기구 등의 상호 협동과 협력을 기반으로 한 순환적 과정으로 파악한다(그림 10.3; Box 10.3). 그리고 '실험실로서의 기업(firm as a laboratory)'이라는 메타포를 통해서 혁신의 실험적 성격을 강조하는데, 여기에서는 기존 관행을 채택할 때나 새로운 결합을 시도할 때 겪는 시행착오에 주목한다(Cooke and Morgan 1998: 47-53). 그래서 상호작용형 접근은 '실행-사용-상호작용(doing, using and interacting)' 모델로 불리기도 한다(Rodríguez-Pose and Fitjar 2013).★

혁신의 지리에 대한 광범위한 연구 분야는 1990년대에 등장해 발전했다. 이 연구들은 도시 및 지역의 관점에서 혁신 과정을 개념화하고, 이것이 경제발전 정책에서 지니는 함의에 대해 논의한다. 대부분의 연구가 상호작용형 혁신모델에 기초하고

★ 상호작용형 혁신의 과정을 보여주는 SECI 모형에 대해 408쪽 〈심층학습〉에서 자세히 다루고 있다.

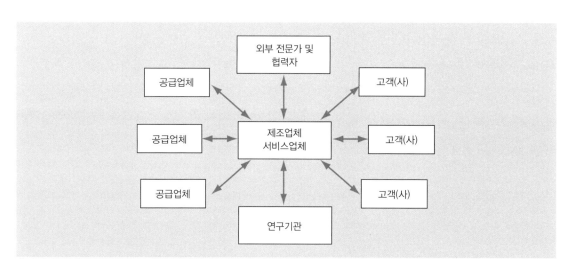

그림 10.3 상호작용형 혁신모델 (출처: D. MacKinnon)

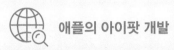

애플의 아이팟 개발

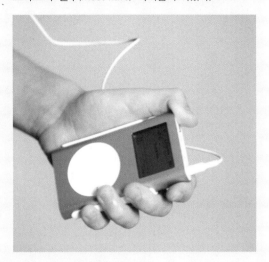

Box 10.3

애플의 아이팟 클래식(iPod classic)은 (지금은 단종되었지만) 2001년 10월 첫 발매 직후 시장에서 가장 많은 인기를 끌며 유행을 주도하는 디지털 뮤직 플레이어였다(그림 10.4). 아이팟은 혁명적 신기술이 아니라 기존 기술요소 몇 가지를 재조합하여 탄생했는데, 이것은 여러 기업들 간 협력의 산물이기도 했다. 2001년 초부터 애플이 경쟁기업보다 나은 MP3 제품을 개발할 것이라는 소문이 돌았다(Hardagon 2005). 최초의 아이디어는 독립적으로 활동하는 계약업자 토니 파델(Tony Fadell)의 제안에서 나왔고, 애플은 그를 고용해 아이팟 개발을 맡겼다. 디자인은 포털 플레이어(Portal Player)에서 맡았고 픽소(Pixo)가 운영체계를 공급했는데, 모두는 실리콘밸리에서 창업한 벤처기업이었다. 그리고 하드디스크는 도시바(Toshiba)와의 협력을 통해 개발하였고, 리튬 배터리는 소니(Sony)에서 생산되었다(Nambisan 2005). 이처럼 애플은 9개월의 짧은 기간 다양한 요소들을 통합하여 휴대가 간편하고, 사용하기 편리하며, 패션감각까지 갖춘 디지털 뮤직 플레이어를 생산할 수 있었다. 도시바에서 개발한 하드디스크 덕분에 사용하기 좋은 작은 크기에도 (1,000개의 음악을 담을 수 있도록) 대용량의 저장공간을 갖출 수 있었다. 판매는 급격히 성장해 2년 안에 애플 컴퓨터 판매액과 비슷해졌고, 2005년에는 4/4분기 세 달 동안 1,400만 대가 팔릴 정도로 크리스마스의 '필수(must-have)' 아이템이 되었다.

그림 10.4 애플 아이팟 클래식
(출처: Dana Hoff/Beatworks/Corbis)

있으며, 공간적 근접성이 기업과 관련 조직 간 상호작용을 촉진한다는 점을 강조한다. 특히 근접성은 대면접촉을 통한 암묵지의 전파에 유리하고, 기업들이 직접 서로에게 배울 수 있는 환경을 지원하는 것으로 이해된다(Lee and Rodríguez-Pose 2013). 이처럼 혁신은 도시와 지역에서 기업의 집적 클러스터를 통해서 증진되는 것으로 여겨진다. 그래서 1990년대 이후 도시 및 지역 발전 정책은 혁신과 학습의 과정에 대한 지원을 중심으로 마련되었으며, 이런 정책에서는 대체로 상호작용, 네트워킹, 협력 등 무형의 연성(soft) 요인에 주목하는 경향이 있다(Morgan 1997).

10.3.2 지역혁신모델과 클러스터

집적과 클러스터가 도시와 지역의 학습과 혁신을 어떻게 지원하는가에 대한 여러 이론이 있는데, 이들은 많은 공통점을 지니고 있어 '지역혁신모델(territorial innovation models)'이라고 통칭할 수 있다(Moulaert and Sekia 2003). 지역혁신모델은 주로 기업과 관련 산업의 집적에 대해 다룬다. 이 모델이 관심을 갖는 또 다른 개념들로는 제도

표 10.1 지역혁신모델의 유형

구분	혁신환경 (Milieu Innovateur/ Innovative Milieu)	산업지구 (Industrial District)	지역혁신체계 (Regional Innovation Systems)	신산업공간 (New Industrial Spaces)	클러스터 (Clusters)	학습지역 (Learning Regions)
혁신의 핵심 동력	동일 환경 내의 다른 행위자와의 관계를 통해 혁신하는 기업의 역할	공통의 가치를 기반으로 혁신을 추구하는 주체의 역할	(구체적 연구개발(예시)) 상호작용 및 누적의 과정으로서 혁신(경로의존성)	연구개발 활동, (JIT 등) 새로운 공정 활용	기업의 전략 및 경쟁관계, 연관 및 지원 선택, 요소조건, 수요조건 간의 관계	지역혁신체계와 유사하지만, 기술-제도의 공진화 강조
제도의 역할	연구 과정에서 제도적 기관의 중요성 강조(대학, 기업, 공공기관 등)	혁신과 발전을 촉진하고, 사회적 조절을 수행하는 행위자로서 제도의 역할 강조	제도가 조직의 내·외부에서 그들의 행동을 조절한다고 간주(정하는 연구자마다 다름)	기업 간 거래 조정 및 창업 활동의 역동성에 대한 사회적 조절	산업지구와 동일하지만, 거버넌스의 역할 강조	지역혁신체계와 유사하지만, 제도의 역할을 훨씬 더 많이 강조
지역발전의 연동력	협력적인 분위기에서 생성되는 혁신환경 및 행위자의 혁신역량	산업지구의 공간적 결속과 유연성	지역을 상호작용 학습 및 (사회적) 조절의 시스템으로 간주	생산체계의 집적과 사회적 조절 기능 간 상호작용	지리적 집적으로 인한 혁신과 생산성 향상	2가지 동력: ① 기술과 조직 간 동력 ② 사회, 경제, 제도 간 동력
문화	신뢰 및 호혜적 연계의 문화	산업지구 행위자 간의 가치 공유, 신뢰와 호혜적 문화	상호작용 학습의 원천	네트워킹 및 사회적 상호작용의 문화	발전에서 지역의 사회·문화적 맥락의 역할 강조	경제활동과 사회문화적 삶 사이의 상호작용 강조
행위자 간의 관계	선도기업, 협력업체, 공급업체, 고객(사) 사이의 전략적 관계(지원 공간의 역할 수행)	사회적 조절양식 및 규율로 작동하는 네트워크를 통해 경쟁과 협력의 공존이 가능	상호작용 학습 조직으로서 네트워크	기업 간 거래의 네트워크	기업 간, 제도 간 네트워크	(인간) 행위자 간의 네트워크(축근성)
환경과의 관계	주변 환경 변화에 대응하여 행동을 수정하는 행위자들의 역할	제약조건이자 새로운 아이디어의 원천으로서 환경: 변화에 대한 대응이 필요성. 제한된 공간적 관점.	내부 관계와 환경적 제약 간의 균형	공동체 형성과 사회적 재생산의 역동성	혁신환경과 유사	지역혁신체계와 유사

(출처: Moulaert and Sekia 2003: 294를 수정하였음)

의 역할, 지역발전의 과정, (행위자 간 신뢰와 호혜성 측면에서) 문화의 중요성, 환경과의 관계 등이 있다. 지역혁신모델에는 대체로 혁신환경, 산업지구(1.4.2 참조), 지역혁신체계*, 신산업공간(3.4.3 참조), 클러스터, 학습지역이 포함된다(표 10.1).

하버드 경영대학의 경제학자 마이클 포터(Michael Porter)의 '클러스터이론'은 가장 큰 영향력을 발휘하는 지역혁신모델 중 하나이다. 몰레와 세키아(Moulaert and Sekia 2003)는 포터의 클러스터를 가장 실천지향적이며 시장 중심적인 지역혁신모델로 논했다. 실제로 그의 이론은 경쟁과 생산성을 강조하고, 정책에서 상당한 영향력을 행사하고 있다. 포터는 클러스터를 다음과 같이 정의한다.

연계 기업, 전문 공급업체, 서비스업체, 연관 산

업에서 활동하는 업체, (대학, 표준 관리기관, 노조 등) 연관된 제도적 기관이 지리적으로 집적하여 경쟁하며 협력하는 곳

(Porter 1998: 197)

이 정의에는 2가지 핵심 요소가 존재한다(Martin and Sunley 2003: 10). 첫째, 클러스터 내의 기업들은 어떤 방식으로든 연결되어 있어야 한다. 예를 들면 전문화된 투입 요소나 서비스의 공급을 통해 연결될 수 있다. 둘째, 지리적 집중과 근접성이 동시에 나타날 때 클러스터로 정의된다. 근접성은 기업 간 공통 관심사를 형성하고 빈번한 상호작용을 촉진하는 역할을 하기 때문에 클러스터에서 중요한 요소이다.

포터의 '다이아몬드 모델'은 클러스터가 다음 4가지 요소의 상호작용을 촉진하여 경쟁력과 생산성 강화를 이끈다는 주장에 근거한다(그림 10.5).

★ 지역혁신체계의 구성요소와 모델에 대해서는 410쪽 〈심층학습〉에서 자세히 다루었다.

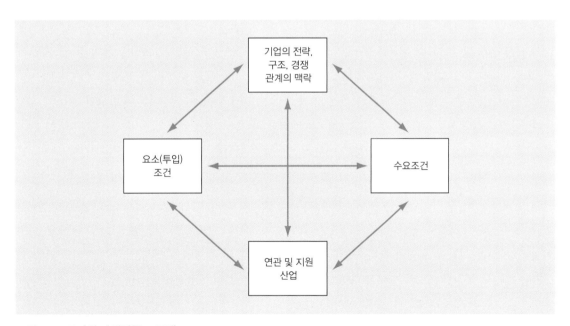

그림 10.5 **포터의 다이아몬드 모델** (출처: Porter 2000)

첫 번째 요소인 수요조건은 성공적인 클러스터가 글로벌 시장을 무대로 활동하는 경향성을 밑바탕으로 한다. 글로벌 시장에서 활동하는 기업은 지역에서 '선도적인' 고객사가 되어 공급업체 사이에 혁신을 유도하는 역할을 한다. 두 번째 요소는 연관 및 지원 산업의 집적이다. 이를 통해서 기술 발전, 교육 및 훈련 촉진, 인프라 개선 등을 위한 결정적인 규모를 갖추게 된다. 세 번째로 요소조건이란 생산의 핵심을 이루는 요소를 지칭하는데, 여기에서는 자본, 숙련 노동, 선도기업과 대학/연구소와의 긴밀한 연계 등의 역할이 강조된다. 다이아몬드 모델의 마지막 네 번째 요소는 기업의 전략, 구조, 경쟁관계라 할 수 있다. 성공적인 클러스터가 되기 위해서는 기업 분사(spin-off) 등을 통한 신생기업의 창업 활동이 중요하다. 공간적 근접성을 바탕으로 하는 기업 간의 경쟁관계는 서로의 활동을 관찰하고 따라잡는 경쟁을 유도하여 혁신을 증진한다(Box 10.3).

역동적인 혁신 클러스터에 대한 사례는 무수히 많이 존재한다. 잉글랜드의 캠브리지, 캘리포니아의 실리콘밸리, 독일의 바덴-뷔르템베르크 등 성공적인 첨단산업 도시들이 특히 많은 주목을 받는다. 이러한 상징적인 지역에서는 공간적 근접성을 바탕으로 기업 간 네트워크, 노동의 이동성, 기업의 분사 등이 활성화되어 상호작용적 혁신과 지식의 교류가 활발하다(Gertler 2003). 이와 같은 혁신과 학습의 경향은 기존 산업의 성장을 유도할 뿐 아니라 시간이 흐름에 따라 연관된 신생 산업과 기술이 등장함으로써 경제적 다양성의 원동력으로 작용한다(Box 3.8). 캠브리지의 경우, 전자장치와 장비를 비롯한 IT 산업에 대한 초창기 투자가 이후 생명기술, IT 응용 분야, 소프트웨어 등의 성장으로 이어졌다. 이와 같이 도시와 지역은 경쟁과 기술 변화에 대응해 경제를 재창조하여 새롭게 할 수 있는 역량을 지닌다. 혁신과 기업가정신의 문화는 지역경제 재창조의 초석이 된다. 이런 과정에서 기존 투자와 성장에서 비롯된 밴처캐피털의 지원이 무엇보다 중요하다(Kenney and von Burg 2001).

일반적으로 지속적인 혁신과 재창조의 과정은 과거 중공업 지대에서 멀리 떨어져 위치하는 소위 '선벨트' 도시에서 훨씬 더 쉬운 것으로 나타났다(Simmie *et al.* 2008). 실제로 1970년대부터 디트로이트와 같은 구산업 도시는 탈산업화와 경제적 쇠퇴를 거듭했다. 그렇지만 탈산업화를 겪은 도시 중에는 성공적인 재생을 이룩한 곳도 존재한다. 1980년대까지 보스턴은 '러스트벨트(rust-belt)' 쇠퇴의 전형적인 증상을 보였지만 최근에는 그런 분위기에서 탈피해 번영을 만끽하고 있다(Box 10.4). 이처럼 미국과 서유럽에 위치한 일부 포스트산업 도시는 경제적 다양화 및 중심부 재생 전략을 통해 부분적인 회복의 성과를 보고 있다. 그러나 보스턴이 이룬 광범위한 수준의 경제적 부흥과 재창조는 성취하기 상당히 어려운 것임을 알아야 한다. 예를 들어 피츠버그의 경우, 대학과 병원에 연계된 첨단 산업에서 혁신 전략을 추구하며 국제적 명성을 가진 '반전(turnaround)'의 도시로 탈바꿈했지만, 불평등, 인종 차별, 열악한 일자리 환경은 여전히 심각한 상태로 남아 있다(Rhodes-Conway *et al.* 2016).

보스턴 경제의 재생과 혁신

Box 10.4

1980년대 매사추세츠주의 보스턴은 쇠퇴하는 도시였다. 인구는 1950년 전성기의 80만 명에 훨씬 미치지 못하는 56만 명까지 감소했고(Pike et al. 2017: 268), 다른 '러스트벨트' 도시들이 경제 재구조화와 탈산업화 맥락에서 겪었던 산업 쇠퇴, 인종 갈등, 백인의 도피(white flight), 재정위기 등의 문제를 겪었다(앞의 책). 뉴욕 버펄로나 오하이오 클리블랜드와 마찬가지로 당시에는 사정이 좋아질 기미가 전혀 보이지 않았다. 그러나 2000년대 초에 보스턴은 뉴욕과 샌프란시스코를 제외하면 여덟 번째로 소득수준이 높고 네 번째로 물가가 높은 대도시권으로 변모했다(Glaeser 2005a).

1980년대 초부터 첨단산업과 지식기반경제에서 기술과 혁신을 밑바탕으로 보스턴은 회복과 성장을 이룩할 수 있었다. 이 도시는 지역 내 위치한 일류대학 교육기관 덕분에 다른 러스트벨트 도시에 비해 고숙련 인력을 많이 보유할 수 있었다. 마이크로컴퓨터와 방위산업으로의 기술적 변동을 발판으로 보스턴 교외지역의 루트 128 고속도로를 따라서 첨단 컴퓨터 산업지대가 성장할 수 있었고(Saxenian 1994), 이것은 1980년대 '매사추세츠 기적'의 밑거름이 되었다. 이와 더불어 금융과 사업서비스 분야도 두드러진 성장을 경험했다. 그러나 이 도시의 성장은 매끄러운 과정이 아니었다. 1990년대 초 냉전이 종식되고 방위산업이 위축되면서 심각한 경기 후퇴를 경험했다. 컴퓨터산업의 주도권은 실리콘밸리로 옮겨갔고 부동산 가치는 폭락했다(Pike et al. 2017: 271). 1990년대 중반 지식집약 산업과 금융서비스의 호황으로 (2001년 '닷컴' 폭락★으로 정지기를 경험하기도 했지만) 새로운 성장국면에 진입했다. 2008년 금융위기와 이를 잇는 대침체(Great Recession)가 불리하게 작용한 적도 있었지만, 보스턴의 경제는 위기를 돌파할 수 있는 우수한 회복력을 보였다.

"보스턴은 사멸해가던 공장지대에서 번영하는 정보도시로 전환"(Glaeser 2005a: 120)되었는데, 이것은 다른 '러스트벨트 도시'에 비해 여러 사회적·경제적 자산이 풍부했기 때문에 가능한 것이었다. 첫째, 앞에서도 강조했던 바와 같이 인재를 육성하고 기술혁신을 창출하는 세계 최고 수준의 대학과 연구소가 밀집하고 있어 풍부한 인적자본의 토대를 마련할 수 있었다. 둘째, 보스턴은 여타 도시들과는 달리 1980년대부터 금융 및 사업서비스 부문에서 상당한 고용이 이루어져 산업의 다양성을 유지할 수 있었다. 셋째, 최고급 도시 어메니티를 보유한 소비도시로서 인구를 유인할 수 있었다(앞의 책). 마지막으로, 국가는 방위산업과 인프라에 투자하면서 보스턴의 회복에 지대한 영향력을 행사하였고, 시와 주정부의 리더십도 중요한 역할을 했다.

★ IT 산업에 대한 기대감으로 1990년대 후반부터 미국 주식시장은 나스닥(NASDAQ) 상장종목을 중심으로 과열 양상을 보였다. 하지만 2000년 후반부를 기점으로 급격한 하락세가 시작되어 급기야 2001년 IT 기업의 줄도산으로 이어졌다. 이와 유사하게 한국의 코스닥(KOSDAQ) 시장도 2000년 10월 폭락을 경험한 바가 있다.

10.3.3 차별화된 혁신의 지리

대부분의 문헌은 밀도와 집적 때문에 농촌보다 도시가 혁신의 우위를 가질 것이라 가정하지만(Crescenzi et al. 2007), 최근의 연구에서는 혁신의 유형을 2가지로 구분하며 보다 섬세한 논의를 진행하고 있다. 리와 로드리게스-포즈(Lee and Rodríguez-Pose 2013)의 연구에서는 예상되었던 바와 같이 영국에서 '제품 혁신'과 '공정 혁신' 모두 농촌 기업보다 도시 기업에서 높게 나타났지만, 도시 기업의 공정 혁신은 전적으로 독창적이라기보다 해당 기업에만 새로운 경우가 존재한다는 사실을 발견했다. 이것은 근접성의 이점을 살려 도시 기업들이 인접한 기업의 공정을 관찰하고 모방하는 데 유리하다는 것을 나타낸다. 이러한 혁신의 확산은 특허나 다른 형식의 지적재산권으로 보호받지 못하는 것들을 중심으로 이루어진다. 이에 반해 도시 기업이 독창적 혁신에 유리하다는 증거는 거의 존재하지 않고, 그런 혁신의 발생은 도시와 떨어진 곳에서 더욱 두드러지게 나타난다는 연구도 존재한다(Fitjar and Rodríguez-Pose 2011). 퀘벡의 지식집약적 사업서비스업(KIBS: Knowledge-Intensive Business Service)에 대한 연구에서도, 새로운 서비스의 도입과 같은 제품 혁신은 상호작용적 성격이 강한 대도시지역에서, 공정 및 경영 혁신은 농촌지역에서 탁월한 것으로 나타났다(Doloreux and Shearmur 2012). 소수 고객의 요구에 민감하게 반응해야 하는 농촌의 기업과, 전문화된 틈새시장을 개발해야 하는 도시의 기업 간 차이가 만들어낸 결과이다.

이러한 연구는 도시적 환경 및 지역적 연계를 넘어서 작동하는 혁신의 광범위한 지리적 조직에 대한 새로운 관심으로부터 생겨났고(Gertler 2003), 경제지리학의 관계적 사고도 부분적으로 영향을 주었다(2.5.4 참조). 이런 관점에서 보쉬마(Boschma 2005)는 근접성의 여러 형태를 제시하여 설명하였고, 여기에는 지리적 근접성과 함께 사회적, 조직적, 인지적, 제도적 근접성도 포함된다(표 10.2). 근접성의 다양한 형태가 밝혀짐에 따라 지역적 연계의 차원 너머에서 발생하는 혁신의 과정을 이해할 수 있게 되었다(Rodríguez-Pose and Fitjar 2013).

스칸디나비아 경제지리학자들이 제시한 '글로벌 파이프라인(global pipelines)' 개념은 근접성에 대한 다면적 이해를 바탕으로 한다(Bathelt et al. 2004). 글로벌 파이프라인 개념의 핵심은 기업들이 클러스터 내부에서 지역적 차원의 학습에 참여하면서 동시에 클러스터 외부에서 협력자를 선택해 의사소통의 채널, 즉 파이프라인의 구축을 추구한다는 것이다(그림 10.6). 이러한 전략적 협력은 빈도와 범위 측면에서 비용과 시간의 제약을 받기는 하지만, 로컬에서 이용할 수 없는 지식과 자원에 대한 접근성을 높인다. 성공적인 글로벌 파이프라인 구축을 위해서는, 기업들이 공동으로 학습하고 문제를 해결하는 공유된 조직 환경의 조성이 필요하다. 피트야르와 로드리게스-포즈(Fitjar and Rodríguez-Pose 2011)의 노르웨이 도시에 대한 연구에서는 노르웨이 밖에서 파이프

표 10.2 근접성의 유형별 성격

유형	성격
지리적 근접성	경제행위자 간에 공간적, 물리적 거리가 가까움
사회적 근접성	신뢰, 친밀감 등 미시적 수준의 관계에 근거
조직적 근접성	조직 내 또는 조직 간 관계에 동질감이 존재하며 작용함
인지적 근접성	정보의 전파, 이해, 수용, 처리에 용이한 공유된 언어, 개념, 사고방식의 존재와 작용
제도적 근접성	규범, 규제, 관습, 가치의 공유

(출처: Boschma 2005를 수정하였음)

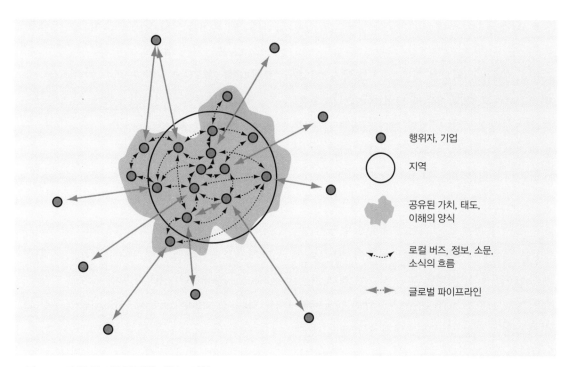

그림 10.6 로컬 버즈와 글로벌 파이프라인 (출처: Bathelt *et al.* 2004: 46)

라인을 구축한 기업이 지역적 연계에만 전적으로 의존하는 기업보다 더 혁신적인 것으로 나타났다. 이 연구결과는 사회적, 조직적, 관계적 형태의 근접성을 기초로 형성된 파이프라인이 주변부에 위치한 도시와 지역의 기업에게 혁신의 원천으로 사용될 수 있다는 점을 시사한다.

파이프라인은 지역적 연계를 대체하는 것이 아니라, 그것을 보완하고 증진한다는 사실도 이해할 필요가 있다. 기업은 클러스터에서 일상적으로 누릴 수 있는 지역적 착근성 때문에 다양한 정보와 지식에 자동적으로 접근할 수 있지만, 파이프라인은 로컬에서 이용할 수 없는 보다 전문적인 형태의 지식에 대한 접근성을 제공한다. 이러한 전문적 지식은 신기술, 새로운 시장개척의 기회 등과 맞물려 있다. 베텔트 등(Bathelt *et al.* 2004)은 파이프라인의 광범위한 연계망은 클러스터 형성 초기에 특히 중요하며, 지역에서 적절한 규모의 성장이 이루어지기 전까지 시장과 지식에 대한 접근성을 제공한다. 클러스터가 성숙 단계에 도달하더라도 파이프라인은 중요할 수 있다. 지역적 연계가 과도하게 긴밀해지고 경직성까지 나타나면, 이런 '고착(lock-in)'의 상태에서 기업은 변화에 제대로 대응할 수 없고 클러스터의 내부 지향성은 회피의 대상이 되기 때문이다. 반면 파이프라인은 클러스터의 적응 및 재생에 기여할 수 있다. 그러나 지역을 초월한 네트워크에 대한 의존성과 독자적인 경쟁우위의 원천으로서 로컬 지식을 충만하게 유지할 필요성 사이에 긴장관계가 발생할 수도 있다.

10.4 창조도시

고숙련 인력을 유치하는 것은 최근 도시 및 지역 발전 정책에서 핵심 화두가 되었다. 이것은 숙련도, 즉 인적자본과 도시 성장 간의 밀접한 관련성을 반영하는 것이다(그림 10.1). 도시의 집적은 기업뿐 아니라 (전문직 노동자, 기업가, 컨설턴트, 연구자 등) 인재의 집중과도 관련된다. 앞서도 강조한 바와 같이 현재의 지식기반경제에서 인재의 중요성은 점점 더 커져가고 있다. 글레이저(Glaeser 2005b: 594)는 "한 지역이 다른 지역에 대해 가지는 생산성 우위는 대체로 사람에 의해 만들어지기 때문에 도시의 성공은 고숙련 인력에게 매력적인 '소비도시(consumer city)'인지 여부에 좌우"된다고 주장한다. 여기에서 소비도시는 소매업, 엔터테인먼트, 문화 등에 초점이 맞춰진 소비

의 중심지로서 도시를 뜻한다. 소비도시의 중요성은 산업 생산의 중심지로서 도시의 역할이 쇠퇴함에 따라 증대되고 있다.

10.4.1 창조도시론

창조도시론은 도시 혁신과 번영의 원천으로서 인재의 역할을 강조한다. 창조도시론은 2000년대 이후 상당한 영향력을 발휘했는데(그림 10.7), 이는 토론토대학의 경제지리학자 리처드 플로리다(Richard Florida)의 업적과 깊이 연관된 현상이기도 하다. 그는 2002년 저서 『창조계급의 부상(The Rise of Creative Class)』에서 도시의 번영은 점점 더 **창조계급(creative class)** 유치와 보유에 좌우된다고 주장했다. 창조계급은 고숙련, 고학력 노동자를 뜻하고, 이들이 독특하게 추구하는 라이

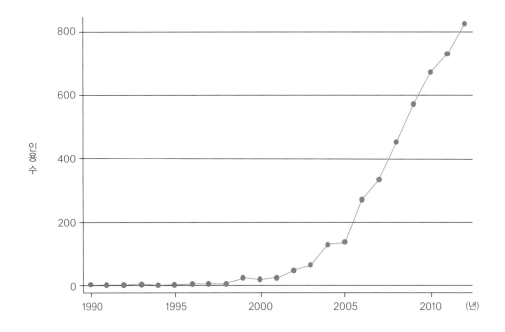

그림 10.7 구글 스칼라(Google Scholar)의 '창조도시' 용어 연간 인용 수(1990~2012년) (출처: Scott 2014: 568)

프 스타일도 존재한다. 창조성을 가지고 업무에서 "의미 있는 새로운 것을 창출하는 기능"을 수행하며 경제적 가치를 창출하는 사람들로 구성되기 때문에 창조계급은 경제적인 개념이라고도 할 수 있다(Florida 2002: 68). 플로리다는 창조계급에 속하는 구체적 직종을 다음과 같이 나열한다.

이 계급의 순수 창조의 핵(super-creative core)은 과학자, 엔지니어, 대학 교수, 시인, 소설가, 예술가, 엔터테인먼트 종사자, 배우, 디자이너, 건축가를 망라하며, 논픽션 작가, 편집자, 문화계 인사, 싱크탱크 연구원, 분석가 등 현대 사회의 사상을 주도하는 세력까지 포함한다.

(앞의 책: 34)

미국에서 순수 창조의 핵을 이루는 인구는 1,500만 명에 달하고 전체 노동자의 12%를 차지한다. 이어 창조계급에는 첨단산업, 비즈니스, 금융, 법률, 보건 등의 분야에서 활약하는 창조적 전문가도 포함되는데, 이들은 독립적인 판단을 필요로 하는 복잡한 문제해결 업무에 참여하기 때문에 고학력의 인적자본으로 구성된다. 플로리다에 따르면 창조계급은 미국 전체 노동력의 30%를 차지하고 1900년 이후 10배 증가했다. 한편 창조계급은 상당히 포괄적인 개념이다. 과학자, 엔지니어, 연구자, 분석가와 함께 보다 전통적인 창조적 직종인 예술, 엔터테인먼트, 건축 등도 포함되기 때문이다. 그래서 현실에서는 실무활동, 장소의 선호, 정치적 입장 등과 관련해 창조계급 내에서도 직업에 따라 상당한 차이가 존재한다는 사실도 인식해야 한다(Box 10.5).

창조도시론은 경제발전에 대한 하나의 명백한 함의를 가지고 있는데, 그것은 바로 도시와 지역은 자유로운 이동성을 가진 '창조인(creatives)'을 유치하기 위해 경쟁해야 한다는 것이다. 창조성의 새로운 경제지리를 설명하며 플로리다는 기술(technology), 인재(talent), 관용(tolerance)의 '3T 이론'을 제시한다. '기술'은 첨단산업이 입지해 있는가로 정의되며, 기술 지수는 도시와 지역의 전체 경제 대비 첨단기술 산업의 규모와 중요도로 측정된다. '인재'는 인적자본의 수준을 뜻하고, 인재 지수는 교육수준, 특히 전체 인구에서 대학졸업자 수의 비율 지표로 구한다. '관용'은 플로리다의 이론에서 가장 참신한 것으로 특정 장소의 개방성과 다양성의 수준을 나타내며, (전체 인구 중 게이 인구의 비율을 뜻하는) '게이 지수(gay index)'와 (작가, 디자이너, 음악가, 배우, 연출자, 미술가, 조각가, 사진가, 무용가 등 문화예술인의 비율을 의미하는) '보헤미안 지수(bohemian index)'로 측정한다.★

플로리다 연구의 여파로 도시 창조성은 (정책적 활용의 확산, 전문 컨설팅업의 성장 등을 통해) 그 자체만으로도 산업과 같은 성격을 갖게 되었다. 여기에서는 여러 지표와 서로 다른 측정치 간 관계에 대한 상관분석을 통해 산출된 도시 순위가 중요한 역할을 한다(그림 10.9; 그림 10.10; 표 10.4). 샌프란시스코, 오스틴, 샌디에이고 등의 도시는 이미 첨단산업과 매력적인 문화로 알려진 곳이고, 도시 창조성 경쟁에서 대도시 부문의 상위 순위

★ 리처드 플로리다는 관용, 개방성, 다양성의 척도로 '용광로 지수(melting pot index)'도 제시한다. 용광로 지수는 전체 인구에서 해외 태생 이주민이 차지하는 비율로 산출한다.

Box 10.5

창조계급의 실제
미니애폴리스–세인트폴의 예술가

미국 중서부에 위치하며 트윈시티(Twin Cities)로 불리는 미니애폴리스–세인트폴 지역 예술가에 대한 앤 마커슨(Ann Markusen)의 연구는 경제에서 창조성의 역할을 제대로 조명한 업적으로 알려져 있다(Markusen 2006). 이 논문에서는 창조계급이라는 광범위하고 총체적인 개념을 구체적인 창조적 직업들로 구분해야 할 필요성을 제기했다. 마커슨은 예술가 개념을 작가, 음악가, 시각 예술인, 창조 예술인을 포함하는 4개의 하위집단으로 나누었고, 이들은 미국에서 140만 개의 일자리를 차지하는 것으로 확인했다. 전체 노동력과 비교해 예술가 사이에서는 자영업자의 비율이 높다. 창조계급 집단을 장소에 구애받지 않는 직종의 사람들이라는 주장이 있지만, 실제로 예술가 사이에서는 직업보다 장소를

기준으로 자신의 위치를 정하는 경향이 강하게 나타난다. 1990년대 동안에 예술가들은 로스앤젤레스, 뉴욕, 샌프란시스코 세 곳의 '초특급' 대도시 지역에 많이 집중했고, 이들과 워싱턴 D.C., 시애틀, 보스턴, 미니애폴리스–세인트폴 등 2층위의 예술 전문화 도시 간의 격차는 심화되었다(표 10.3). 이런 도시들은 다른 곳으로부터 예술가들을 유인하기도 했지만 지역에서 육성한 예술가의 수도 상당하다. 지역의 교육기관과 문화단체가 예술가 양성에서 중요한 역할을 수행하기 때문이다. 예술가를 유치하는 요소는 미디어, 광고, 예술 분야 등 유망한 고용기회의 집적, 저렴한 생활비용, 어메니티, 지원을 아끼지 않는 문화적 환경 등이 복합적으로 작용한다.

표 10.3 미국 주요 도시의 예술 전문화

도시	입지계수(LQ)★		
	1980	1990	2000
로스엔젤레스	2.39	2.31	2.99
뉴욕	2.60	2.42	2.52
샌프란시스코	1.79	1.60	1.82
워싱턴 D.C.	1.76	1.63	1.36
시애틀	1.59	1.40	1.33
보스턴	1.51	1.49	1.27
오렌지카운티(캘리포니아)	1.15	1.26	1.18
미니애폴리스–세인트폴	1.20	1.27	1.16
샌디에이고	1.24	1.15	1.15
포틀랜드	1.18	1.24	1.09
애틀란타	1.31	1.08	1.08
시카고	1.03	1.09	1.04
클리블랜드	0.82	0.83	0.79

★ 입지계수(LQ: Location Quotient)란 특정 경제 부문에 대한 지역의 전문화 정도를 판단하는 척도이다. 특정 부문이 지역의 총고용에서 차지하는 비율을, 그 부문이 전국의 총고용에서 차지하는 비율로 나누어 산출한다. LQ > 1 이면, 해당 부문에 대한 지역 전문화가 나타났다고 본다. 위의 표에서 클리블랜드에서만 예술 전문화가 나타나지 않고 있음을 파악할 수 있다.

(출처: Markusen 2006: 1929)

마커슨의 연구에서 예술가들은 고용주에 거의 구애받지 않고 자신의 의지에 따라 장소를 선택하는 '창조계급'인 것으로 나타났다. 이 연구에서 예술가와 첨단산업 간 관계는 불명확했고, 예술가가 첨단산업 도시에 집적한다는 증거는 찾을 수 없었다. 예술가들은 인구가 밀집한 내부도시(inner city) 근린 지구의 점이지대에 거주하는 특성이 있었다(그림 10.8). 예술학교, 공연 및 전시 공간, 비싸지 않은 거주/작업 및 스튜디오 공간, 훈련기관, 아트센터, (야간 활동이나 유흥거리 같은) 어메니티 등과의 접근성 때문이다. 예술가들은 진보적인 정치적 입장을 추구하고, 선거에서 좌파나 민주당 후보에 투표하는 경향이 있다. 그들은 탈집중화되고 근린을 기반으로 하는

(공연장, 화랑 등) 예술공간을 선호한다. 공식적인 지원이 적은 상태에서 그런 공간은 유색인종, 소수민족과 교류할 기회를 제공하기 때문이다. 노후지역의 버려진 건물을 차지하는 경향 때문에 예술가들은 종종 젠트리피케이션의 매개자로 여겨지지만, 좀 더 폭넓게 본다면 젠트리피케이션은 개발업자의 역할, 지구제 및 토지 이용 제도로 구조화되기 때문에 예술가들은 수많은 참여자 중 하나의 집단에 불과하다. 진보적인 정치성향과 도시 내 위치를 정하는 요인을 고려해보면, 예술가들은 창조계급의 다른 집단과 거의 동질성을 가지지 않는다. 그래서 창조계급이라는 포괄적 카테고리를 보다 세분화하여 이해할 필요가 있다.

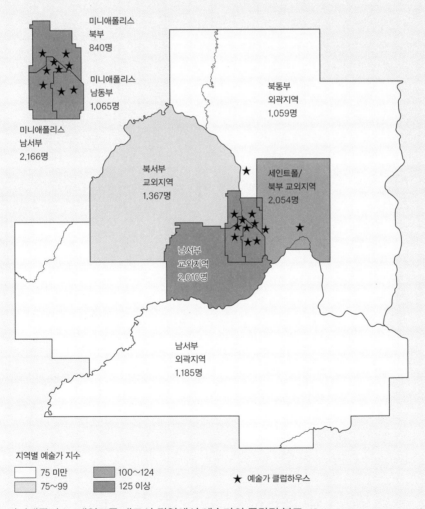

그림 10.8 미니애폴리스-세인트폴 대도시 권역에서 예술가의 공간적 분포 (출처: Markusen 2006: 1930)

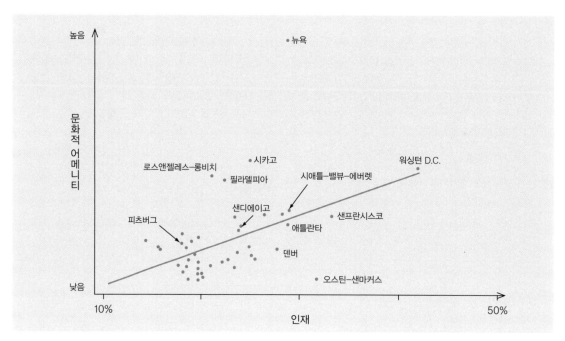

그림 10.9 인재와 문화적 어메니티 (출처: Florida 2005: 98)

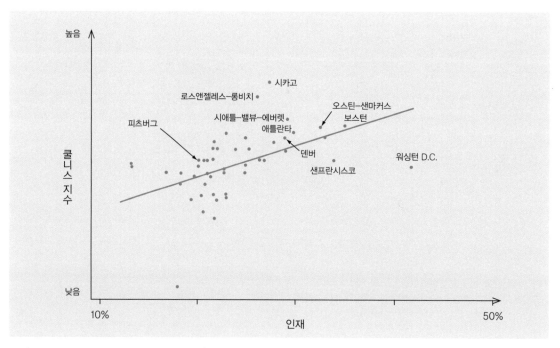

그림 10.10 인재와 쿨니스(coolness) 지수 ★ (출처: Florida 2005: 98)

★ 쿨니스 지수는 도시의 어메니티 수준을 새로운 방식으로 측정하기 위해 리처드 플로리다(Richard Florida)가 개발한 척도이다. 이 지수는 20대 청년층 인구 비율, (바, 클럽 등) 야간 유흥활동, (아트 갤러리나 박물관 같은) 문화시설을 기준으로 산출된다. 보다 고전적인 어메니티 수준에 대한 이해는 기후와 레크리에이션 활동을 중심으로 이루어졌다.

표 10.4 미국 대도시의 창조성 지수 순위

순위	도시-지역	점수
1	샌프란시스코	1,057
2	오스틴	1,028
3	보스턴	1,015
4	샌디에이고	1,015
5	시애틀	1,008
6	랠리-더럼	996
7	휴스턴	980
8	워싱턴 D.C.	964
9	뉴욕	962
10	댈러스-포트워스	960
11	미니애폴리스-세인트폴	960
12	로스엔젤레스	942
13	애틀랜타	940
14	덴버	940
15	시카고	935

(출처: Florida 2005: 157)

에 올라 있다(표 10.4). 중급 도시 부문에서는 뉴멕시코의 앨버커키, 뉴욕의 알바니, 애리조나의 투산, 그리고 소규모 도시 중에는 위스콘신의 매디슨, 아이오와의 디모인, 캘리포니아의 산타 바바라가 상위 순위를 차지한다(Peck 2005: 747). 유럽 위원회에 따르면(European Commission 2017: 33), 파리, 슈투트가르트, 뮌헨, 코펜하겐, 에인트호벤이 일자리와 혁신을 기준으로 5대 '창조경제' 도시에 속한다. 문화, 예술, 엔터테인먼트의 일자리만 따지면, 파리, 코펜하겐, 볼로냐, 페루자가 규모별 최상위 도시로 꼽힌다. 창조적인 스타트업이나 지식기반산업 등을 포함한 창조 부문의 새로운

일자리로 기준을 바꾸면 규모별 최상위 도시는 파리, 빌뉴스(리투아니아), 브라티슬라바(슬로바키아), 우메오(스웨덴) 순이며 동유럽 도시의 중요성이 두드러지게 나타난다(앞의 책: 68-69).

10.4.2 창조도시 정책

도시는 (플로리다에 의하면 '중요한 자석'과 같은 역할을 하는) 관용성을 촉진해 인재를 유치하고 번영을 창출해야 한다는 것이 창조도시 정책의 핵심 의제이다. 어떤 창조도시 주창자가 "피부 발진과 같이" 퍼진다고 할 정도로 창조도시 정책은 세계 도처로 확산되고 있다(Landry 2005; Peck 2012: 482에서 인용). 플로리다는 '신도시학'의 권위자로 알려져 있고(Box 10.1), 그는 도시정부와 관료를 위해 "학문적 아이디어를 (아주 쉽게) 소화할 수 있는 정책 모형으로 해석하는" 역할도 수행한다. 미국 덴버의 시장이 『창조계급의 부상』을 몇 권 주문해서 고위 관료에게 나누어주고 취침 전에 읽으라고 지시했다는 유명한 일화가 있다. 이것은 덴버를 창조도시 브랜드로 재탄생시킬 전략을 개발하기 위함이었다. 아부다비, 암스테르담, 베를린, 베이징, 멜버른, 뭄바이를 포함해 많은 도시들이 플로리다의 창조성 아이디어를 받아들이며 그의 영향력은 글로벌 스케일로 확대되고 있다(앞의 책: 482). 이 개념은 특히 아시아에서 인기가 많고, 중국에서는 베이징, 상하이, 광저우, 충칭, 우한 등이 창조도시 자격을 갖추었다고 선언했다(Scott 2014). 그러나 창조도시론을 수용하는 방식은 도시마다 상당한 차이를 보인다. 디트로이트와 같은 도시에서는 관료들이 위기의식을 가지고 (IT 등

의) 신경제에 초점을 맞춘 내러티브 형태로 창조도시를 수용하고 있으며(Peck 2012), 이미 창조와 문화의 도시로 유명세를 떨치고 있는 암스테르담에서는 나름대로의 독특한 방식으로 활용된다(Box 10.6).

창조계급에게 매력적인 '펑키(funky)' 환경 조성은 보통 "힙스터의 시크(hipster chic)" 분위기를 자아내는 공간으로의 재개발을 통해서 이루어진다(앞의 책: 462). 진정성 있는 역사적 건축물, 오래된 건물의 리모델링, 걷기 좋은 거리, 커피숍, 예술 및 라이브 음악공간 등이 전형적인 모습이다. 이처럼 창조도시 정책 사업은 구산업지대나 노동자계급의 내부도시(inner city)를 중산층 전문직 종사자와 힙스터의 구역으로 변모시키는 젠트리피케이션과 밀접하게 연관되어 있다. 젠트리피케이션으로 인해서 집세가 감당할 수 없을 정도로 인상되어 저소득 계층은 창조도시 프로젝트 지역을 떠날 수밖에 없게 되었다. 그래서 창조도시

 Box 10.6

암스테르담의 창조도시 정책

경제지리학자 제이미 펙(Jamie peck)에 따르면, 암스테르담은 도시 창조성에 대한 일반 모델과 유럽의 독특한 도시 거버넌스 레짐 사이에 '번역 공간'과 같은 역할을 한다(Peck 2012: 464). 암스테르담은 그들의 고유한 상황에 맞게 모델을 받아들였고, 다른 도시들이 모방하고 따를 수 있는 전형으로 암스테르담을 홍보하기도 한다. 네덜란드에서 창조도시 논쟁은 2002년 주택공간계획부에서 『창조도시(Creative Stieden)』를 발간하면서 시작되었고, 2003년 (일당 5만 달러의 수수료를 챙긴) 리처드 플로리다의 방문은 "게임을 바꾸는 순간"(앞의 책: 466)이었다. 암스테르담은 이미 개방성과 관용의 전통을 가지고 국제적 명성을 쌓은 문화와 창조의 중심지였다. 이 도시는 1980년대 (높은 실업률, 복지 수요의 급증, 범죄의 증가와 긴축재정으로 점철된) 경제위기를 경험했지만, 1990년대에는 (북미와 유럽의 다른 도시와 마찬가지로) 지식 및 서비스 산업의 성장에 힘입어 경제의 회복을 누릴 수 있었다(Box 10.4). 그러나 창조경제 분야에서는 '비창조' 분야와 비교해 낮은 소득과 부가가치를 기록했고, '하드코어' 창조계급의 인구는 전체 노동력의 7%에 불과했으며, 예술가 집단 같은 경우 경제적으로 힘든 삶을 살았다(앞의 책: 470; Box 10.5).

암스테르담은 역사적으로나 최근의 모습에서나 "일반적인 창조도시 각본에서 칭송되는 파격적이고 다양하며 견줄 곳 없는 도시문화를 오랫동안 유지"하고 있다(앞의 책: 465). 플로리다의 메시지와 암스테르담의 특성이 잘 들어맞는 것으로 보아 창조성은 암스테르담에 이미 "잘 어울리는" 라벨이라 할 수 있다(앞의 책: 467). 그래서 암스테르담에서 창조도시의 효과는 단지 기존의 정책에 새로운 배지를 달고 새로운 프레임을 씌우는 것에 불과했다. 다시 말해, 창조도시는 도시정부에게 기존에 분리되어 있었던 경제, 문화, 주택 정책 등을 하나로 묶을 수 있는 포괄적인 메타내러티브를 제공해준 셈이다. 창조도시는 엘리트주의와 젠트리피케이션에 관련된 논란거리였기 때문에 암스테르담에서는 '느슨한' 접근 방식을 채택했다(앞의 책: 470). 창조성을 도시의 사회·경제적 조직을 변화시키는 실질적인 정책적 개입의 도구가 아닌, 포괄적인 상징의 브랜드로만 활용한 것이다. 암스테르담은 창조도시 각본을 환영받을 만한 수준으로 완화시켜 채택하여, 집단에 따라 창조도시는 상이한 의미를 갖게 되었다. 또한 시 정부 관계자들까지도 창조도시 비판에 개방적 태도를 갖게 되면서, (소외 위협에 시달릴지 모르는) 내부도시의 최외곽까지 진정성을 가지고 수용했다.

정책은 엘리트주의에 대한 신봉과 젠트리피케이션 가담 문제 때문에 많은 비판을 받았다(Grodach 2017).

그리고 창조도시 정책의 광범위한 채택은 **도시기업가주의**(urban entrepreneurialism) 및 도시 경쟁과도 밀접하게 연관되어 있다.

도시 창조성을 무분별하게 추종하는 현재의 분위기는 과거에서부터 이어진 계보가 있다. 과거 탈산업화된 도시들이 '기업하기 좋은 환경'을 조성하면서 기업 유치에 열을 올렸는데, 이 모습이 오늘날에는 창조계층을 유치하려는 열망으로 발현되고 있는 것이다. 즉, 도시 창조성의 각본은 도시기업가주의의 오래된 방법과 주장을 (정치적으로 현혹하는 방식으로) 재탕하여 증폭시킨 것이다. 성장 중심의 개발 의제를 공격적으로 밀어붙이며 새로운 지방정부의 출범을 강조하는 것은 솔깃하면서도 반복되는 주제다. 도시 창조성이라는 칵테일은 이렇게 만든다. 뉴어바니즘 믹서(new urbanist blender)에 도시 기업가주의와 똑같은 기본 재료를 넣고, 신경제의 맛이 살짝 배도록 슘페터주의를 한 스푼 첨가한 뒤 핑크빛 장식을 얹어 마무리하면 된다.

(Peck 2005: 766)

1980년대 초반부터 북아메리카와 서유럽을 휩쓴 도시 기업가주의는 투자와 방문객 유치를 위한 도시 간 경쟁을 부추겼다. 이를 위해 지방정부와 비즈니스 간의 협력적 거버넌스를 구축하여 장소 마케팅, 근린지구 재개발, 문화 및 여가 시설 확충 등의 사업을 추진했다. 기저에 깔려 있는 **경쟁력**(competitiveness) 담론, 즉 도시와 지역이 글로벌 경제에서 더 높은 시장 점유율을 차지하기 위해 서로 경쟁해야 한다는 내러티브가 지난 20여 년간 지역 정치인과 기업인의 사고방식을 형성하는 데 중요한 역할을 했고, 이로 인해 플로리다의 아이디어는 쉽게 받아들여졌다. 이런 측면에서 창조계급론은 도시 경쟁에 또 다른 차원이나 층위를 추가하는 것으로 이해될 수 있다. 여기에서 제공되는 도시 순위는 정책 입안자가 다른 도시와 견주어 자신의 도시 성과를 직접 눈으로 확인할 수 있는 지표로 활용되기 때문이다.

10.4.3 창조도시론에 대한 비판

창조도시론은 정책결정자와 컨설턴트 사이에서 적극적으로 수용되었지만, 학문적 비판과 정치적 반대에 부딪치며 상당한 논란을 불러일으켰다. 흥미롭게도 플로리다는 우파와 좌파에게 모두 비난을 받았다. 우파는 큰 정부 방식의 공공 프로그램과 진보적인 정책을 세금 감면이나 '가족의 가치'보다 우선시한다고 비판했다. 그리고 좌파 진영에서는 엘리트주의적인 정책이 노동자계급보다 고학력 및 고소득 계층의 이익을 대변하면서 사회적 양극화를 심화시키는 문제를 지적했다(Malanga 2004; Peck 2005).

몇 가지 중요한 의문이 학계에서도 있었다. 첫째, 창조계급은 모호한 개념으로 지적되었다. 창조성 관련 수치들 간의 (인과관계가 아니라) 상관관계로 입증한 여러 가지 일반화를 통해서 만들어졌기 때문이다. 또한 미국 데이터만을 가지고 일반화가 이루어졌기 때문에 그것이 세계의 다른 곳에서도 적용될 수 있을지에 대한 의문도 제기되었다(Musterd and Gritasi 2012). 글레이저(Glaeser 2005b)는 도시경제학의 관점에서 창조성은 (고숙련) 인적자본의 효과에 불과하다고 폄하했다. 그리고 그는 회귀분석을 다시 돌려 보헤미안 지수는 라스베거스와 사라소타 두 도시가 주도하고 있는 반면, 게이 지수는 성장과 부적 상관관계에 놓인다는 점을 강조했다.

둘째, 어떤 학자들은 창조적인 사람들이 도시로 몰리는 이유가 직업보다 어메니티에 있다는 주장을 반박한다. 또한 관용성이 인재와 기술을 유인하는 것이 아니라, 그 반대라는 견해도 있다. 샌프란시스코, 오스틴, 샌디에이고, 보스턴과 같이 첨단산업이 발전하면서 그 결과로 인재가 유입되고 다양성이 창출된 경우도 있기 때문이다(Markusen 2006). 유럽에 대한 연구에서 머스터드와 그리트세이(Musterd and Gritsai 2006)는 창조적 지식 노동자가 거주할 곳을 결정하는 요인을 3가지 묶음으로 구분해 설명하며 다양한 이동 과정을 명시했다. 첫 번째는 개인적 네트워크이며, 여기에는 출생지, 가족 관계, 교육 경험, 친분 관계의 근접성이 포함된다. 두 번째는 직장 및 임금수준과 관련된 '경성(hard)' 요인이고, 세 번째 '연성' 요인에는 어메니티, 다양성, 개방성, 관용성 등이 포함된다. 보다 일반적인 수준에서 스토퍼와 스콧(Storper and Scott 2009: 156)은 "마치 창조계급이 젠트리피케이션에 기초한 어메니티를 최우선적으로 추구하며 여러 경제경관 사이에서 자주 이주한다는 가정은 신빙성이 부족하다"고 비판했다.

셋째, 경제발전의 동력으로서 창조성의 역할은 널리 받아들여지지만, 쿨하고 '펑키'한 도시 중심부로 보헤미안을 끌어들이는 진보적인 정책 의제에 대해서는 상당한 반박이 있었다. 글레이저(Glaeser 2005b)는 창조적인 사람들은 안전한 거리, 좋은 학군, 낮은 세금, 널찍한 가옥을 갖춘 교외 지역, 자동차 통근 방식 등 미국 전통의 문화를 선호한다고 주장한다. 물론 이 또한 과도한 일반화로 논란은 여전하다. 마커슨(Markusen 2006)을 비롯한 여러 학자들은 창조계급 내에서도 집단과 직업에 따라 사람들이 상이한 장소와 라이프 스타일을 선호한다고 지적했다. 유행을 따르는 문화 구역을 조성해 보헤미안과 힙스터를 유치하려는 특수한 정책적 처방과, 창조성의 경제적 중요성을 인식하며 창조적인 사람을 유치하려는 일반적인 정책 사이에는 관련성이 그다지 많아 보이지도 않는다.

마지막으로, 플로리다는 경제 변화와 경쟁을 긍정적인 것으로 그리면서 도시의 불평등과 빈곤의 문제를 간과한다. 심지어 그가 옹호하는 정책은 불평등과 빈곤을 심화시킬 수도 있다. 앞서 논했던 것처럼, 인재를 유치하기 위한 재개발과 젠트리피케이션은 '비창조적인' 노동자계급 주민을 소외시키고 심지어는 몰아낼 수도 있다. 좌파 학자들은 플로리다의 창조도시 순위표에서 상위 도시일수록 사회적 양극화와 불평등이 심각하게 나타나는 경향이 있다는 점에 주목한다. 이것으로 창조도시 전략을 도시 간 경쟁을 부추기고 기업 가주의를 촉진하는 신자유주의 정책의 일환으로 규정할 수 있다(Peck 2005). 이런 비판에 대한 반응으로 플로리다는 젠트리피케이션, 불평등의 증가, 주택 가격의 급등을 '새로운 도시의 위기'로 인정하며 적정가 주택에 대한 투자, 저임금 서비스 일자리의 개선, 인간·장소·직장을 연결하는 인프라 제공, 사회적 안전망의 확충에 대한 필요성을 강조하기 시작했다(Florida 2017).

10.5 요약

이 장의 전반에서 논한 바와 같이, 학자와 정책 입안자 사이에서 지식과 기술은 도시 및 지역 발전의 핵심 요인으로 널리 받아들여지고 있다. 전통적으로 공간적 집적은 비용의 최소화 관점에서 설명되었지만, 지식과 혁신에 대한 관심이 높아지면서 집적은 지식 기반의 확립 과정으로 재인식되었다. 도시경제학에서는 집적이 공유, 매칭, 학습의 3가지 과정에 기초한다고 설명한다(Duranton and Puga 2004). 그리고 2가지 학문적 개념에 정책 입안자들의 이목이 집중된다. 첫 번째는 포터의 클러스터 모델로, 이는 지역혁신모델 중 가장 실천 지향적이며 시장 중심적인 것으로 알려져 있다. 이 모델을 통해서 포터는 경쟁력 다이아몬드에 입각해 수요조건, 연관 및 지원 산업, 요소조건, 기업의 전략과 경쟁 관계를 중심으로 지리적 집적의 경쟁우위를 강조한다. 두 번째는 플로리다의 창조계급론이다. 여기에서는 고학력 및 고숙련 노동자의 유치와 유출 방지가 도시와 지역의 번영을 좌우한다고 강조한다. 창조계급은 관용성과 다양성을 보유한 장소를 선호하며, 독특한 라이프 스타일을 추구한다. 포터가 기존의 집적 이론과 마찬가지로 도시 및 지역의 성장과 번영의 핵심으로 기업 활동을 강조하는 반면, 플로리다는 고숙련 노동자, 즉 인재의 역할에 초점을 맞춘다.

클러스터 방법론에서는 경계로 설정되는 지역의 관념을 고수하고, 창조도시 모델에서는 도시와 지역을 인재 유치를 위해 서로 경쟁하는 개체인 것처럼 인식한다. 반면 '관계적 지역'의 관점에 입각한 최근의 지역발전이론은 지역을 글로벌 경제와 연결하는 광범위한 연결망과 흐름에 주목한다(2.5.4 참조). 따라서 (기업과 제품 시장 간 관계를 넘어서) 글로벌 연계망이 도시 및 지역 발전에서 수행하는 역할을 검토하는 것이 무엇보다 중요하다. 로컬 버즈와 글로벌 파이프라인에 대한 논의에서 강조했듯, 지역화와 글로벌화는 대립하여 모순되는 힘이 아닌 상보적인 관계로 이해하는 것이 필요하다. 재화의 운송비가 감소함에도 불구하고 공간적 근접성이 경제적인 가치를 창출한다는 사실은 현대 도시가 가진 중대한 역설이기도 하다. 집적은 역동적인 과정이라는 사실도 분명히 할 필요가 있다. 여러 지역에서 수익의 기회가 나타나면서 집적과 공간적 분산 간의 균형도 시간에 따라 변한다. 자본이 '시소'의 움직임처럼 장소 사이를 오가며 이동하기 때문에 (디트로이트의 자동차산업, 잉글랜드 북동부의 조선산업처럼) 기존 클러스터는 쇠퇴하기도 하고, (런던과 뉴욕 같은 글로벌도시처럼) 꾸준히 투자를 유치할 수 있는 곳도 있으며, (실리콘밸리, 캠브리지처럼) 전에 없던 곳에서 클러스터가 새롭게 싹트기도 한다.

경제활동의 클러스터 하나를 선정해 시간의 흐름에 따라 어떻게 변해왔는지 살펴보자. 학술논문, 지방정부 및 지역발전기관이 출간한 보고서, 경제 통계자료, 기업가협회의 자료와 홈페이지, 신문 기사, 미디어 보도 등을 적절한 자료로 활용할 수 있다.

조사한 클러스터는 어떻게 시작되었는가? 공유, 매칭, 학습의 과정은 어느 정도로 성숙하였는가? 어떤 시장에서 활동하는가? 경쟁우위의 원천은 무엇인가? 소수의 대기업 중심인가? 아니면 다수의 소기업의 네트워크 중심인가? 핵심적인 지원 기관에는 어떤 것들이 있는가? 기업과 제도 간의 지역적 연계망의 역할은 무엇인가? 외부 연계, 즉 글로벌 파이프라인은 어떻게 형성되었는가?

조사한 클러스터는 경쟁력을 유지하고 있는가? 아니면 성숙 단계 이후 쇠퇴의 과정 속에 있는가? (자본, 기술, 지식, 인프라, 태도, 실천 등) 내부 조건과 (경쟁, 기술, 시장 등) 외부 요소는 얼마나 중요한가? 경쟁력을 유지하고자 한다면 어떻게 적응해야 하는가? 쇠퇴를 경험하고 있다면 그 이유는 무엇인가?

심층학습

제품수명주기
상품 혁신의 이론화

레이먼드 버넌(Raymond Vernon)의 '제품수명주기(product life cycle)'는 상품 혁신에 관한 대표적 이론이다. 수명주기란 최초의 상품 디자인부터 시장 철수에 이르기까지 일련의 과정을 말하며, 연구개발(R&D), 성장, 성숙, 쇠퇴의 4단계로 구성된다. 각 단계에 따라 기업의 핵심 생산요소가 어떻게 변하는지 살펴보자.

1단계 연구개발에서 가장 중요한 생산요소는 과학적·기술적·공학적 지식으로, 최초의 혁신기업이 아이디어를 상품으로 구체화하여, 해당 상품에 대한 독점적 이익을 누린다. 다음으로 성장 단계에서는 최초의 혁신기업이 만든 상품을 모방하고 개선해 출시하는 경쟁업체가 등장한다. 그러므로 2단계에서는 자본과 경영 지식이 중요한 생산요소가 된다. 성장 단계에서 최초 혁신기업의 시장 점유율은 낮아지지만, 상품의 총 판매량은 여전히 증가한다. 3단계 성숙 단계에 이르면 표준화된 대량생산이 가능해지며, 혁신성보다 자본과 노동이 보다 중요한 생산요소가 된다. 본사와 생산시설 입지의 공간적 분리가 나타나기 시작하며 경영 지식은 여전히 중요하다. 경쟁업체의 증가도 경영 지식이 중요한 이유에 포함된다. 마지막 쇠퇴 단계에서는 상품의 진부화가 진행되어 기업의 수익은 최초의 혁신기업과 경쟁업체 모두에서 급속히 하락한다. 이에 생산을 중단하는 기업도 생겨나고, 종국에는 상품이 시장에서 사라지게 된다.

제품수명주기는 기업의 입지에도 영향을 미친다. 최초의 혁신기업은 대도시에 입지하는 경향이 높다. 지식노동자, 창조계급 등 고급인력과 법률회사, 벤처캐피털, 비즈니스 컨설팅 등 혁신기업을 지원하는 고차 사업서비스(ABS: Advanced Business Services) 업종이 대도시에 집중하는 경향성 때문이다. 성장 단계의 기업은 넓은 토지를 저렴하게 확보할 수 있는 대도시 외곽이나 인접 지역을 더 선호한다. 생산을 늘리면서 초기의 연구개발 단계보다 큰 규모의 시설이 필요하기 때문이다. 치열해지는 경쟁 때문에 저임금 노동력의 역할이 중요한 성숙 단계에서는 경영과 생산의 지리적 분리도 심화되므로, 중소도시나 농촌의 낙후지역이 기업의 분공장 입지에 적절한 장소가 된다. 쇠퇴 단계에서는 가격경쟁이 격화되어 더 많은 노동비 절감이 필요하기 때문에, 생산의 거점을 해외의 저임금 지역으로 이전하는 기업이 증가한다.

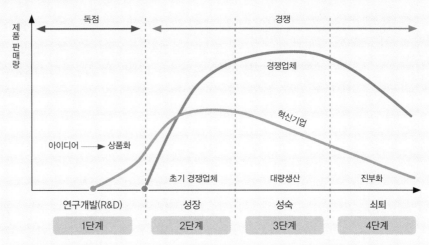

그림 10.11 제품수명주기
(출처: Rodrigue 2020)

• 참고문헌: Rodrigue, J.-P. (2020), *The Geography of Transportation Systems*, New York: Routledge, Ch.7.

공정 혁신과 생산체계의 변화

세계체제의 핵심부 산업사회는 1970년대 중반부터 대량생산에 기초한 포디즘 생산체계의 위기를 경험하기 시작했고(3장 참조), 공정 혁신을 통해 이를 극복하고자 노력했다. 제3이탈리아 같은 곳에서는 전통적인 장인생산을 기초로 시장의 변화에 유연하게 적용할 수 있는 다품종 소량생산체계를 마련했다. 유연적 기술과 조직을 활용해 전통적인 장인생산 양식을 현대화한 방식은 '유연전문화(flexible specialization)'로 불린다.

이와 대조적으로, 일본 기업들은 도요타를 필두로 다품종 대량생산체계를 구축해 급성장했다. 다품종 대량생산은 린(lean) 생산 또는 적시(just-in-time) 생산체계라고도 일컬어진다. 린 생산에서는 시장 상황에 따라 생산라인을 신속하게 교체할 수 있도록 재고량을 낮게 유지하며, 공급업체와 긴밀한 협력 속에 부품 수급도 필요한 시기에 빠르게 이뤄진다. 일본 경제가 호황을 누리던 1980년대에 린 생산은 '모범실천사례(best practice)'로 다른 국가에 전수되기도 했다. 특히 해외직접투자(FDI: Foreign Direct Investment)를 통해 미국과 영국의 구산업지역에 수용되며

표 10.5 대량생산, 장인생산, 린 생산의 주요 특성 비교

구분	대량생산	장인생산	린 생산(적시 생산)
기술	경직성의 단일 목적 기계 표준화된 부품 상품/설비 교체의 한계	단순하지만 유연한 장비 표준화되지 않은 부품	유연적 생산방식 모듈화된 부품 상품/설비 교체 용이
노동력	미숙련/반숙련 대체가능 인력 단순 작업	고도의 숙련	다기능(다중 숙련) 팀워킹 설비 유지·보수 역량
공급망의 특성	기능적, 지리적 분리 만일을 대비한 대량재고	긴밀한 관계의 공급망 같은 도시에 위치	기능의 수직적 통합 긴밀한 관계의 공급망
생산량	대량생산	소량생산	대량생산
제품의 다양성	표준화된 디자인 작은 변화만 가능	광범위한 생산 특수 요구사항에 주문생산	다각화·차별화된 생산

(출처: Dicken 2015: 103에서 발췌·수정)

기존의 포디즘적 대량생산체계를 변화시키는 요인으로 작용했다(9.4.2 참조).

왼쪽 표 10.5에서 대량생산, 장인생산, 린 생산의 주요한 특성과 차이점을 살펴보자.

이러한 공정 혁신과 생산체계의 변화를 어떻게 규정할지에 대해 학계의 논쟁이 일기도 했다. 한편에서는 '포스트'포디즘(post-Fordism) 시대의 도래를 주장하며 포디즘보다 소규모로 생산하고 틈새시장에 주목하는 유연전문화된 생산체계의 대체를 강조하는 이들이 있었다. 다른 한편으로 '네오'포디즘(neo-Fordism)을 주장하는 사람들은 린 생산에서도 대량생산이 지속된다는 점을 부각하며 포디즘의 연장선상에서 생산체계의 변화를 파악했다. 어떤 입장이든, 포디즘의 대량생산과 구별되는 다양한 형태의 생산체계가 나타났다고 인식했다는 점은 동일하다.

각각의 생산체계는 생산량, 경쟁동력, 적응속도 면에서 아래 그림과 같이 상이한 속성을 지닌다. 예를 들어, 린 생산과 같은 유연적 대량생산방식은 포디즘적 대량생산체계에 비해 적응속도가 빠르다. 가격경쟁력만을 중시했던 포디즘과는 달리, 가격과 품질 모두 유연생산의 경쟁동력으로 작용한다. 소품종 소량생산의 특징을 가진 장인생산의 경우, 포디즘과 같이 적응속도는 느리지만 가격보다 품질 중심의 경쟁을 추구한다.

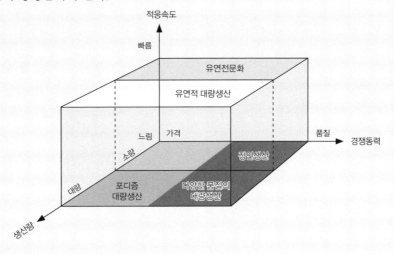

그림 10.12 생산체계의 이념형 구분
(출처: Dicken 2015: 103을 일부 수정)

• 참고문헌: 한국도시지리학회(2020),『도시지리학개론』, 법문사, Ch. 8.

　　　　Dicken, P.(2015), *Global Shift*, Guilford, p. 103.

상호작용형 혁신을 보여주는 SECI 모형

일본의 경영이론에서 발전한 SECI 모형을 토대로 상호작용형 혁신의 과정을 살펴볼 수 있다. 이 모형은 혁신의 점증적, 누적적 과정을 강조하며, 혁신을 다양한 행위자들 사이의 협력과 상호작용 속에서 일어나는 순환적, 나선형적 과정으로 인식한다. 가용지식을 인식, 동화, 전유하여 혁신을 도모하는 능력은 기업의 '흡수역량'에 좌우된다(10.2.2 및 Box 10.2 참조). SECI의 과정은 다음과 같은 4가지 방식을 중심으로 이루어진다.

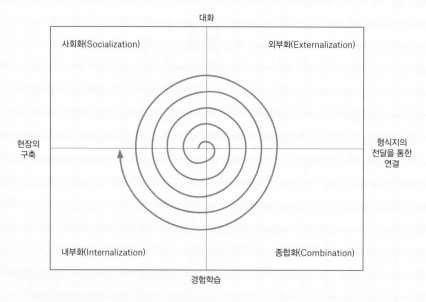

그림 10.13 기술 혁신의 상호작용적 모형: SECI

① 사회화

암묵지는 개인에 체화되어 있거나 부서에 고착된 경향이 있는데, 이는 특정 환경에서 구성원들이 함께 시간을 보내며 경험을 공유할 때 전달된다. 즉 암묵지는 여가활동, 소모임, 브레인스토밍 등 다양한 사회적 '현장(field)'에서의 구성원 간 상호작용을 통해 서로에게 전달된다. 이렇게 사회화는 구성원 간의 친밀한 대면 접촉이 이루어지는 과정으로서 개인이나 부서가 지닌 문제의식, 노하우, 아이디어 등의 교환이 일어나는 과정이다.

② 외부화

외부화는 기업 구성원의 암묵지가 대화와 토론을 통해 상호 교환되고 접합(articu-lation)되어 형식지로 변환되는 단계이다. 암묵지가 각 개인이나 부서에 의해 개념, 이론, 사례 등으로 정리된 문서나 자료 등 형식지로 가공, 변환됨으로써 보다 정교하고 체계적인 지식으로 발전된다. 소규모의 연구개발 프로젝트, 세미나, 토론회 등 조직적이고 공식화된 협업 활동은 지식의 외부화를 촉진한다.

③ 종합화

다양하고 분절화된 형식지들이 통합적인 지식으로 체계화되는 과정이다. 종합화 과정에서는 지식의 분류 및 범주화와 지식에 대한 보완이 이루어지며, 이를 구현하고 실행하기 위한 방법론이 도출된다. 기업의 역량을 극대화하여 가장 효율적이고 경쟁력을 갖춘 모범실천사례(best practice)가 도출된다.

④ 내부화

통합화된 지식이 반복적이고 루틴화된 경험학습(learning by doing) 과정을 통해 구성원들에게 체화되어 기업에 내부화되는 과정이다. 기업은 혁신에 기반을 두고 새롭고 분명한 목표를 설정하고, 이를 달성하기 위한 훈련을 체계적으로 실행한다. 이런 과정에서 형식지는 구성원 및 조직의 암묵지로 내면화된다.

• 참고문헌: MacKinnon, D. and Cumbers, A. (2007), *An Introduction to Economic Geography*, Harlow: Pearson, pp. 233-235.

지역혁신모델의 사례

지역혁신체계

2000년대 이후 우리나라는 지역혁신체계(RIS: Regional Innovation System)를 지역발전 정책의 핵심 개념으로 활용하고 있다. 특히 RIS는 노무현 정부 이후 추진된 국가균형발전 시책과 밀접하게 관련된다(Box 5.6). RIS 개념은 중앙 행정기관을 이전해 개발한 행정중심복합도시(세종), 공공기관의 지방 이전을 중심으로 추진되는 혁신도시(진천-음성, 김천, 진주, 나주 등), 민간 기업의 지방 재입지를 촉진하는 기업도시(원주, 충주, 무안 등) 정책에 광범위하게 적용되었다. 보다 최근에는 '포용적(inclusive)' 지역혁신체계 개념을 바탕으로 주민 자치, 다양성, 지속가능성을 중시하며 기존의 기업 및 성장 중심주의를 탈피하려는 노력도 진행되고 있다.

 RIS는 영국의 경제지리학자 필립 쿠크(Philip Cooke)가 제안한 이론으로, 스웨덴 경제학자 룬트발 등의 국가혁신체계(NIS: National Innovation Systems)에 관한 논의에서 발전했다(10.2.2 참조). NIS는 국가적 스케일에 형성된 제도적·사회적·문화적 공통분모를 자산으로 산업 혁신을 추진하기 위해 정부 주도로 체계적인 제도의 구축을 목표로 한다. 한국도 NIS 개념의 기반 위에 국가과학기술위원회를 구성하여 미래산업 발굴 및 육성, 중장기적 기술 변화의 예측, 연구개발(R&D) 정책 분석과 수립, R&D 관련 부처 간 사업 조정, 국가 과학기술 정책 평가 등을 추진해오고 있다. 그러나 NIS 개념은 국가 과학기술 발전의 중장기적 비전과 목표를 제시하여 체계적으로 추진할 수 있다는 이점이 있는 반면, 산업구조, 노동시장, 입지적 특징 등에서 지역 간 차이에 주목하기 어려운 한계도 지닌다. 또한 다양한 경제행위자 간의 일상적 상호작용이 일어날 수 있는 공간적 스케일을 충분히 고려하지 못하기 때문에 혁신을 일으킬 수 있는 제도적, 생태적 환경을 간과한 측면이 있다. 이와 같은 NIS의 문제점을 보완하여 RIS는 지역의 혁신 역량이 지역의 경제행위자들 간 지식과 기술을 교환하는 과정에서 발생한다는 점에 초점을 둔다. 따라서 RIS는 특정 산업 부문의 전문화를 통한 기업의 성장보다는 공공부문과 민간부문 간 협업을 통해 다수 기업들의 상생과 협력을 도모하는 방식으로 지역발전을 추구한다.

RIS는 기업 및 관련 주체들이 '지역적' 착근성을 중심으로 형성된 제도적 환경에서 활발한 상호작용과 공동학습을 통해 기술혁신을 추동하고 지식을 생산하는 네트워크 체계이다(그림 9.5 참조). 쿠크는 RIS가 혁신의 필수조건인 사회적, 물리적 '하부구조'와 암묵지의 생산 및 유통과 관련된 제도, 문화, 규범, 분위기 등의 '상부구조'를 포괄한다고 보았다. RIS에서 상부구조와 하부구조 간의 이원적 구분은 집적경제(클러스터)의 맥락에서 RIS의 이념형을 제시하기 위한 것이며, 실제 RIS의 성공적인 운영은 제도와 거버넌스, 혁신 인프라, 혁신을 추동하는 인센티브의 3가지 요소가 얼마나 체계적으로 작동하는가에 달려 있다(그림 10.14). 첫째, 제도와 거버넌스는 중앙정부와 지방정부의 공식적인 지원 체계, 촉진자와 조정자 역할을 수행하는 다양한 행위자, 관습, 규범, 문화 등 다양한 유형의 사회적 자본을 포괄한다. 제도와 거버넌스는 RIS의 안정성을 제도적으로 뒷받침하는 기구의 총체라 할 수 있다. 둘째, 혁신 인프라는 지식 생산과 기술혁신을 뒷받침하는 유·무형의 하부구조인데, 이는 교통 및 ICT 인프라, 기술혁신을 뒷받침하는 다양한 시설, 그리고 대학 및 연구기관 등 연구개발 기능을 포함하는 지식 인프라로 구성된다. 셋째, 인센티브는 새로운 지식과 기술 창출을 뒷받침할 수 있는 금융자본을 공급하는 체계인데, 여기에는 신생 벤처기업의 출현과 성장을 지원하는 민간 벤처자본과 아울러 이를 보완하기 위해 중앙정부나 지방정부가 지원하는 다양한 공적 금융지원체계가 포함된다.

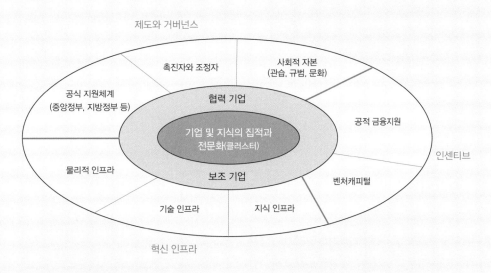

그림 10.14 지역혁신체계의 구성요소

RIS의 핵심이자 혁신의 실질적인 주체이며 RIS의 성공을 좌우하는 것은 기업이다. 그러나 기업 외에도 지식의 창출과 기술혁신 과정에 참여하는 행위자들 모두 RIS의 성공에 중요한 영향을 미친다. 왜냐하면 RIS의 궁극적 목적은 지역 내 경제 주체들 간의 긴밀한 상호작용을 통해, 공동학습을 토대로 기술혁신을 달성하는 것이기 때문이다. 따라서 RIS에서는 지식의 집적과 전문화를 핵심으로 하는 클러스터가 핵심적 위치를 차지하고, 협력 및 보조 산업 또한 기업의 경쟁우위 업그레이딩에 중요한 역할을 한다(그림 10.5).

그림 10.15는 RIS를 구성하는 여러 주체들의 역할과 이들 간의 관계를 중심으로 RIS의 일반 모형을 나타낸 것이다. 우선 RIS의 핵심은 클러스터로, 기존 시장에 진입하거나 신규 시장을 창출하기 위해 새로운 지식과 기술을 적용하고 활용하는 하위 시스템이다. 지역에 따라 단일한 클러스터가 입지할 수도 있고 복수의 클러스터들이 유기적으로 조직화된 형태를 띨 수도 있다. RIS 내의 클러스터를 구성하는

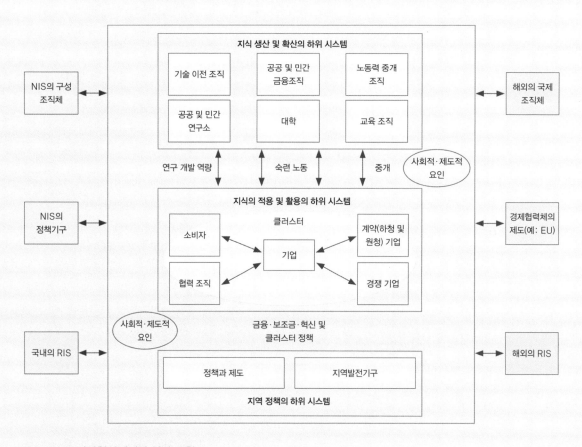

그림 10.15 **지역혁신체계의 일반 모형**
(출처: Stuck *et al.* 2015: 3)

것은 기업, 소비자, 관련 및 지원 조직, 하청·원청 기업, 경쟁기업 등이다.

그리고 클러스터를 뒷받침하는 사회적·제도적 요인은 크게 지식을 생산, 확산하는 하위 시스템과 금융, 보조금 지원, 혁신 지원정책 등을 포괄하는 지역 정책 하위 시스템으로 구성되어 있다. 전자의 하위 시스템에는 기술 이전 조직, 공공 및 민간 금융조직, 노동력 중개 조직, 공공 및 민간 연구소, 대학, 교육 및 훈련 기관 등이 포함된다. 이들은 클러스터 내부 행위자들의 연구개발 역량을 강화하고, 숙련 노동을 지속적이면서도 탄력적으로 제공하고, 다양한 거래관계를 중개하는 역할을 한다. 지역 정책의 하위 시스템에는 정책, 제도, 지역의 개발기구 등이 포함되는데, 이들은 연구개발 및 신생 벤처기업을 위한 제도적 지원을 담당한다.

최근 RIS 관점은 다른 '신지역주의' 관점과 마찬가지로 지역적 착근성에만 몰두하는 경향에 대해 비판을 받았고, '관계적' 관점을 수용해 보다 개방적인 방식으로 재구성되고 있다(2.5 참조). 그림 2의 외곽에 표시된 NIS, 경제협력체, 국내외 RIS의 영향은 RIS의 관계적 전환을 반영한 것이다. 캐나다의 경제지리학자이자 현재 토론토대학의 총장인 머릭 거틀러(Meric Gertler)는 NIS, '사업체계' 등 국가적 스케일에서 제도적 맥락에 대한 고려 없이 RIS를 분석하고 설명하는 것이 불가능하다고 강조했다. 거틀러는 RIS 정책에서 국가 제도와의 상보성이 중요하다고 주장했으며, 동시에 국제기구, 경제블록, 초국적기업, '파이프라인'(그림 10.6) 등 글로벌 스케일에서 활동하는 행위자와 RIS 간에 발생하는 시너지 효과에도 주목했다. 이와 같은 문제의식을 가지고 거틀러는 데이비드 월프(David Wolfe) 등 토론토대학 동료들과 함께 1998년 PROGRIS(Program on Globalization and Regional Innovation Systems, 현 Innovation Lab)를 출범시켰다. 이 연구소는 아직까지도 온타리오와 캐나다에 더 개방적인 RIS가 구축될 수 있도록 지원하고 있다.

• 참고문헌: 고영구·김재훈·나주몽·박경환·소준노·이기원·이재열·최상한(2019), 「포용국가와 국가균형발전정책」, 『국가균형발전위원회』, Ch. 5.

Stuck, J., Broekel, T., and Revilla, J. (2014), Network Structures in Regional Innovation Systems, *Working Papers on Innovation and Space* No. 09.14, Philipps University Marburg, Department of Geography, Marburg, Germany.

더 읽을거리

Bathelt, H., Malmberg, A. and Maskell, P. (2004) Clusters and knowledge: local buzz, global pipelines and the process of knowledge formation. *Progress in Human Geography* 28: 31-57.

관계적 관점에서 집적과 클러스터를 설명한 중요한 논문이다. '로컬 버즈'와 '글로벌 파이프라인'을 (양립 불가능한 마찰로 이해하지 않고) 상보적인 과정으로 설명한다.

Florida, R. (2005) *Cities and the Creative Class.* London: Routledge.

플로리다의 창조계급 시리즈의 핵심 텍스트이며, 이 개념을 북아메리카 도시에 적용했다. 그래서 이 책은 창조계급론의 방법론을 이해하고자 할 때 특히 도움이 된다. 다양한 기준에 따라 도시의 순위를 매기는 표와 그림이 많이 포함된 것도 중요한 특징 중 하나이다.

Markusen, A. (2006) Urban development and the politics of a creative class – evidence from a study of artists. *Environment and Planning A* 38: 1921-40.

예술가들의 장소에 대한 선호와 문화 정치에 대한 사례 연구이다. 미네소타의 미니애폴리스와 세인트폴을 중심으로 논한다. 창조계급론의 핵심 논제에 대한 의문도 제기한다. 특히 창조계급을 세분화하는 구체적인 직업에 대한 연구의 필요성을 강조한다.

Peck, J. (2005) Struggling with the creative classes. *International Journal of Urban and Regional Research* 29: 740-70.

창조계급론에 대한 대표적인 비판적 평가로 알려진 논문이다. 정책 입안자 사이에서 인기를 얻는 이유를 기존의 도시 기업가주의 및 경쟁력 담론과 연관 지어 설명한다.

Porter, M.E. (2000) Locations, clusters and company strategy. In Clark, G.L., Feldman, M. and Gertler, M. (eds) *The Oxford Handbook of Economic Geography.* Oxford: Oxford University Press, 253-74.

클러스터 개념의 창시자가 쉽게 이해할 수 있는 수준으로 개념과 이론을 소개한다. 클러스터 성장의 매커니즘을 다양한 사례를 제시하며 설명한다. 지금은 상당히 유명해진 경쟁력의 관념을 기초로 기업 전략의 틀에 대한 토론도 이루어진다.

Scott, A.J. and Storper, M. (2015) The nature of cities: the scope and limits of urban theory. *International Journal of Urban and Regional Research* 39: 1-15.

도시의 기반으로서 집적의 과정을 설명하는 논문이다. 입지, 토지 이용, 인간의 상호작용 간 연계를 중심으로 논한다. 경제지리학과 도시경제학에서 집적을 재조명하는 방식을 두루 살핀다.

웹사이트

www.creativeclass.com

창조계급 그룹(Creative Class Group)의 홈페이지이며, 여기에서 리처드 플로리다는 '저자와 사상의 선구자'로 소개된다. 이 홈페이지를 통해서 방법론에 대한 배경 정보, 창조계급 그룹에서 제공하는 서비스에 대한 소개, 그룹의 멤버에 대한 소개, 창조계급 공동체 프로그램에 대한 요약, 의사소통을 위한 포럼 등을 살필 수 있다.

www.isc.hbs.edu

마이클 포터가 이끄는 하버드 경영대학 전략 및 경쟁력 연구소(Institute for Strategy and Competitiveness)의 웹사이트이며, 클러스터, 경쟁력, 기업 전략 등에 대한 방대한 정보를 제공한다.

참고문헌

Amin, A. and Thrift, N. (1994) Living in the global. In Amin, A. and Thrift, N. (eds) *Globalisation, Institutions and Regional Development in Europe*. Oxford: Oxford University Press, pp. 1-22.

Bathelt, H., Malmberg, A. and Maskell, P. (2004) Clusters and knowledge: local buzz, global pipelines and the process of knowledge formation. *Progress in Human Geography* 28: 31-57.

Boschma, R. (2005) Proximity and innovation: a critical assessment. *Regional Studies* 39: 61-74.

Brown, J.S. and Duguid, P. (2000) *The Social Life of Information*. Cambridge, MA: Harvard University Press.

Cheshire, P., Nathan, M. and Overman, H.G. (2014) *Urban Economics and Urban Policy*. Cheltenham: Edward Elgar.

Ciccone, A. (2012) Agglomeration effects in Europe. *European Economic Review* 46: 213-27.

Cooke, P. and Morgan, K. (1998) *The Associational Economy: Firms, Regions, and Innovation*. Oxford: Oxford University Press.

Crescenzi, R., Rodríguez-Pose, A. and Storper, M. (2007) On the geographical determinants of innovation in Europe and the United States. *Journal of Economic Geography* 7: 673-709.

Dijkstra, L. (2013) Why investing more in the capital can lead to less growth. *Cambridge Journal of Regions, Economy and Society* 6: 251-68.

Doloreux, D. and Shearmur, R. (2012) Collaboration, innovation and the geography of innovation in knowledge intensive business services. *Journal of Economic Geography* 12: 79-105.

Duranton, G. and Puga, D. (2004) Micro-foundations of urban agglomeration economies. In Henderson, V. and Thisse, J.-F. (eds) *Handbook of Urban and Regional Economics*, vol 4. Amsterdam: North-Holland, pp. 2063-177.

The Economist (2006) Podtastic, Apple. 14 January, p. 68.

European Commission (2017) *The Cultural and Creative Cities Monitor*, 2017 Edition. Brussels: European Commission.

Fitjar, R. and Rodríguez-Pose, A. (2011) When local interaction does not suffice: sources of firm innovation in urban Norway. *Environment and Planning A* 43: 1248-67.

Florida, R. (2002) *The Rise of the Creative Classes*. New York: Basic Books.

Florida, R. (2005) *Cities and the Creative Class*. London: Routledge.

Florida, R. (2017) *The New Urban Crisis: How Our Cities Are Increasing Inequality, Deepening Segregation, and Failing the Middle Class-and What We Can Do About It*. New York: Basic Books.

Freeman, C. (1994) The economics of technical change. *Cambridge Journal of Economics* 18: 463-514.

Gertler, M. (2003) A cultural economic geography of production. In Anderson, K., Domosh, M., Pile, S. and Thrift, N.J. (eds) *The Handbook of Cultural Geography*. London: Sage, pp. 131-46.

Glaeser, E.L. (2000) The new economics of urban and regional growth. In Clark, G., Feldmann, M. and Gertler, M. (eds) *The Oxford Handbook of Economic Geography*. Oxford: Oxford University Press, pp. 83-98.

Glaeser, E.L. (2005a) Reinventing Boston: 1630-2003. *Journal of Economic Geography* 5: 119-53.

Glaeser, E.L. (2005b) Review of Richard Florida's *The Rise of the Creative Class*. *Regional Science & Urban Economics* 35: 593-6.

Glaeser, E.L. (2011) *Triumph of the City*. London: Macmillan.

Glaeser, E.L. and Gottlieb, J.D. (2008) The economics of place-making policies. *Brookings Papers on Economic Activity* 1: 155-253.

Glaeser, E.L. and Resseger, M.G. (2010) The complementarity between cities and skills. *Journal of Regional Science* 50: 221-44.

Glaeser, E.L. and Saiz, A. (2003) The rise of the skilled city. *NBER Working Papers*, Working Paper 10191. Cambridge, MA: National Bureau of Economic Research. At www.nber.org/papers/w10191.

Gleeson, B. (2012) The Urban Age: paradox and prospect. *Urban Studies* 49: 931-42.

Grodach, C. (2017) Urban cultural policy and creative city making. *Cities* 18: 82-91.

Hardagon, A. (2005) Technology brokering and innovation: linking strategy, practice and people.

Strategy and Leadership 33: 32-6.

Kenney, M. and von Burg, U. (2001) Paths and regions: the creation and growth of Silicon Valley. In Garud, R. and Karnøe, P. (eds) *Path Dependence and Creation*. London: Lawrence Erlbaum, pp. 127-48.

Lee, N. and Rodríguez-Pose, A. (2013) Original innovation, learnt innovation and cities: evidence from UK SMEs. *Urban Studies* 50: 1742-59.

Lee, N., Sissons, P., Hughes, C., Green, A., Atfield, G., Adam, D. and Rodríguez-Pose, A. (2014) *Cities, Growth and Poverty: A Review of the Evidence*. York: Joseph Rowntree Foundation.

Lundvall, B.A. (1994) The learning economy: challenges to economic theory and policy. Paper presented at the *European Association for Evolutionary Political Economy Conference*, October, Copenhagen.

Malanga, S. (2004) The curse of the creative class. *City Journal*, Winter issue: 1-9.

Malmberg, A. and Maskell, P. (2002) The elusive concept of localisation economies: towards a knowledge-based theory of spatial clustering. *Environment and Planning A* 34: 429-49.

Markusen, A. (2006) Urban development and the politics of a creative class – evidence from a study of artists. *Environment and Planning A* 38: 1921-40.

Martin, R. and Sunley, P. (2003) Deconstructing clusters: chaotic concept or policy panacea? *Journal of Economic Geography* 3: 5-35.

Martin, R., Sunley, P., Tyler, P. and Gardiner, B. (2016) Divergent cities in post-industrial Britain. *Cambridge Journal of Regions, Economy and Society* 9: 269-99.

Maskell, P. and Malmberg, A. (1999) The competitiveness of firms and regions: 'ubiquitification' and the importance of localised learning. *European Urban and Regional Studies* 6: 9-25.

Morgan, K. (1997) The learning region: institutions, innovation and regional renewal. *Regional Studies* 31: 491-504.

Moulaert, F. and Sekia, F. (2003) Territorial innovation models: a critical survey. *Regional Studies* 37: 289-302.

Musterd, S. and Gritasi, O. (2012) The creative knowledge city in Europe: structural conditions and urban policy strategies for competitive cities. *European Urban and Regional Studies* 20: 343-59.

Nambisan, S. (2005) How to prepare tomorrow's technologists for global networks of innovation. *Communications of the Association for Computing Machinery* (ACM) 48 (5): 29-31.

Nonaka, I., Toyama, R. and Konno, N. (2001) SECI, *ba* and leadership: a unified model of dynamic knowledge creation. In Nonaka, I. and Teece, D. (eds) *Managing Industrial Knowledge: Creation, Transfer and Utilisation*. London: Sage, pp. 13-43.

Peck, J. (2005) Struggling with the creative classes. *International Journal of Urban and Regional Research* 29: 740-70.

Peck, J. (2012) Recreative city: Amsterdam, vehicular idea and the adaptive spaces of creativity policy. *International Journal of Urban and Regional Research* 36: 462-85.

Peck, J. (2016) Economic rationality meets celebrity urbanology: exploring Edward Glaeser's city. *International Journal of Urban and Regional Research* 40: 1-30.

Pike, A., Rodríguez-Pose, A. and Tomaney, J. (2017) *Local and Regional Development*, 2nd edition. London: Routledge.

Porter, M.E. (1998) Clusters and the new economics of competition. *Harvard Business Review*, December: 77-90.

Porter, M.E. (2000) Locations, clusters and company strategy. In Clark, G.L., Feldman, M. and Gertler, M. (eds) *The Oxford Handbook of Economic Geography*. Oxford: Oxford University Press, pp. 253-74.

Rhodes-Conway, S., Dresser, L., Meder, M. and Ebeling, M. (2016) *A Pittsburgh That Works for Working People*. Madison, WI: COWS, University of Wisconsin-Madison.

Rodríguez-Pose, A. and Fitjar, R. (2013) Buzz, archipelago economies and the future of intermediate and peripheral areas in a spiky world. *European Planning Studies* 21: 355-72.

Royuela, V., Venen, P. and Ramos, P. (2014) Income inequality, urban size and economic growth in OECD regions. *OECD Regional Development Working Papers, 2014/10*. Paris: OECD.

Saxenian, A.L. (1994) *Regional Advantage: Culture and Competition in Silicon Valley and Route 128*. Cambridge, MA: Harvard University Press.

Scott, A.J. (2014) Beyond the creative city: cognitive-cultural capitalism and the new urbanism. *Regional Studies* 48: 565-78.

Scott, A.J. and Storper, M. (2015) The nature of cities: the scope and limits of urban theory. *International Journal of Urban and Regional Research* 39: 1-15.

Simmie, J., Martin, R., Carpenter, J. and Chadwick, A. (2008) *History Matters: Path Dependence and Innovation in British City Regions*. London: National Endowment for Science, Technology and the Arts.

Storper, M. and Scott, A.J. (2009) Rethinking human capital, creativity and urban growth. *Journal of Economic Geography* 9: 147-67.

Storper, M. and Scott, A.J. (2016) Current debates in urban theory: a critical assessment. *Urban Studies* 53: 1114-36.

Storper, M., Kemeney, T., Makarem, N.P. and Osman, T. (2016) On specialisation, divergence and evolution: a brief response to Ron Martin's review. *Regional Studies* 50: 1628-30.

Walker, R.A. (2016) Why cities? A response. *International Journal of Urban and Regional Research* 40: 164-80.

PART 4

경제생활의 재편

소비와 소매업

주요 내용

▶ 소비의 정의와 소비의 경제적 · 문화적 측면
▶ 상품 및 소매업 권력의 출현에 대한 이해
▶ 소비 행태의 변화
▶ 글로벌 소비문화와 브랜딩
▶ 공간, 장소, 소비
▶ 글로벌 소비문화의 국제화와 재구조화

11.1 도입

최근 경제지리학에서는 소비를 글로벌 자본주의 작동의 필수적인 부분으로 이해할 필요성이 중요하게 부각되고 있다. 소비의 고유한 특성에만 주목했던 기존의 관심 영역이 확장되고 있는 것이다. 실제로 기업의 성공 여부는 제품과 서비스를 소비자에게 판매하는 능력에 좌우된다. 따라서 소매활동이나 마케팅, 광고에 이르기까지 판매를 위한 여러 노력과 사람들의 소비는 별개의 경제

적 영역이라기보다 생산의 영역과 복잡하게 얽혀 있다. 이런 점 때문에 소비와 소매업의 지리는 지난 20여 년 동안 경제지리학에서 빠르게 발전하는 하위 분야로 자리매김했다(Wrigley and Lowe 2002; Mansvelt 2013; Pike 2015; Crewe 2017).

비판적 분석의 대상으로서 소비의 영역은 협소한 경제학의 영역을 넘어서 보다 복잡한 사회·문화적 실천과 정체성의 범주로까지 확장되고 있다. 주류 경제학자들은 여전히 소비를 경쟁의 논리가 작동하는 시장에서 효용을 극대화하려는 원자화된 개인의 선호로 단순화해 인식하는 경향이 있다. 하지만 경제지리학의 관점에서 조금만 더 진지하게 생각해보면, 현실은 더욱 복잡하다는 것을 알게 된다. 무엇을 어떻게 소비하는가의 문제는, 그 소비자를 다른 집단과 구별하는 척도가 될 뿐만 아니라 심지어 계급까지 결정짓기도 한다. 때문에 소비는 경제적 안녕과 복지의 범위를 넘어

자아의식과 존재감을 형성하는 것과도 밀접한 관련이 있다. 경제지리학자들은 글로벌 네트워크와 흐름의 강화 및 증대에도 지대한 관심을 기울이면서, 동시에 불균등하고 각양각색인 소비의 세계에서 여전히 독특성을 유지하는 장소들이 연결되는 양상에 주목한다.

상품의 생산은 9장에서도 살펴본 바와 같이 여러 국가와 지역에 흩어져 활동하는 다양한 행위자의 복잡한 사슬로 구성된다(그림 9.3). 소비를 상품 생산과는 분리된 별개의 단계로 이해하는 관습이 지리학에 여전히 남아 있는 것은 사실이지만, 소비의 역할은 "생산의 표출"보다 훨씬 더 중요한 의미를 지닌다. 왜냐하면 소비는 "생산과정의 중요한 일부분으로서, 공간의 구성, 물질적·사회적 삶, 지리적 상상력, 장소가 소비되는 방식에 영향을 미치기" 때문이다(Mansvelt 2013: 381).

11.2 소비와 상품에 대한 이해

11.2.1 경제적·문화적 실천으로서의 소비

소비는 지난 20여 년 동안 지리학을 비롯해 여러 사회과학 분야에서 중요한 관심의 대상으로 자리매김했다. 이런 변화는 소비를 경시했던 과거에 대한 성찰의 과정 속에 나타났다. 사회과학자들은 오랫동안 생산을 본질적인 것으로 이해하며 소비를 생산의 부수적 요소나 부산물 정도로만 취급했다. 소비에 대한 최근의 관심 증대에는 3가지의 중요한 전제가 밑바탕에 깔려 있다(Slater 2003). 첫째, 사회·문화적 삶의 재생산에서 소비는 중추

적 역할을 하는 것으로 간주된다. 사회·문화적 삶의 재생산에는 의식주를 마련하거나 사회화를 학습하는 등 자신과 가족의 일상적인 활동이 포함된다. 둘째, 시장중심 사회의 중요한 특징은 '**소비문화(consumer culture)**'인데, 소비문화는 시장에서의 개인 선택 논리에 따라 조직된다. 셋째, 소비에 대한 연구를 통해 경제적 과정 및 제도의 형성에서 문화의 중요성을 보다 잘 이해할 수 있다. 왜냐하면 "문화와 경제가 가장 극적으로 수렴하는 지점"이 바로 소비이기 때문이다(Slater 2003: 149).

소비는 사람의 경제적·사회적·문화적 필요와 욕구에 따라 재화와 서비스를 획득하는 과정을 의미하고, 그렇기 때문에 사회적 재생산에서 결정적인 역할을 한다. 의식주와 같이 생존에 필수적인 기본 욕구와 함께 주류 경제학에서 (쾌락과 여가의 목적으로 필수적이지 않은 것을 구매한다는 이유로) '사치품'으로 언급되는 것도 소비와 관련된다. 소비를 단순히 경제적 관계로만 치부하는 이들도 있지만, 소비의 작용을 통해 폭넓은 사회적, 문화적, 정치적 관계들이 표출된다. 현대인 대부분은 소비를 생활의 일부로 당연시한다. 텔레비전 시청, 영화 관람, 쇼핑, 클럽빙(clubbing) 등 모든 일상활동이 소비와 관련된다. 이와 같은 일상활동은 사소하고 뻔해 보이지만 상당한 경제적·문화적 중요성을 지닌다(Cook and Crang 2016).

모든 사회는 소비가 조직되고 자원이 분배되는 방식에 대해 논의해야 한다. 하지만 이윤과 경쟁 시장이 위세를 떨치는 자본주의에서는, 기본욕구의 충족 수준을 훨씬 초과한 소비가 권장된다. 상품의 판매는 기업이 수입과 이윤을 얻어 경제성

장을 견인하는 과정에서 필수적인 요인이 되었다. 소비 지출의 패턴, 소비 심리의 수준 등을 언급하는 미디어의 보도는 경제성장의 원동력으로서 소비의 중요성을 일상적으로 강조한다. 영국, 미국과 같은 선진국에서 소비는 보통 GDP의 70% 정도를 차지하고, 중국처럼 빠르게 성장하는 국가에서는 수출에 대한 의존도를 줄이고 (내수의) 균형적 성장을 도모하기 위해 국내 소비를 정책적으로 권장하는 경향이 있다(Wolf 2016). 그러나 성장주도 경제발전 모델의 경제적·환경적 지속가능성에 대한 우려가 존재하는 것도 사실이다(12.2 참조). 경제적 지속가능성과 관련해 소비와 가계 부채 간 밀접한 관계에 주목할 필요가 있다(4.6.3 참조). 실질 임금이 하락하고 있음에도 불구하고, 소비를 증진한다는 이유로 (신용카드 사용 및 주택담보대출의 일상화 등을 통해) 소비자의 신용 의존도를 높이는 정책은 문제가 있다. 육류소비 증가의 사례로 환경의 지속가능성에 대해 성찰해볼 수도 있다. 지난 50년 동안 세계의 육류소비는 4배가량 증가했는데, 이는 서구의 패스트푸드 문화의 지리적 확산과 관계가 있다. 육류소비가 늘면 축산 목적의 토지사용 또한 급격히 증가한다는 면에서 환경에도 좋지 않다. 가축의 사료를 마련하기 위해 경작지 면적이 증가하면 사막화나 수자원고갈 문제가 발생할 수 있고, 메탄이나 이산화탄소 같은 온실가스의 배출량도 크게 증가하기 때문이다(Worldwatch Institute 2015).

11.2.2 소비와 정체성

소비를 이해하는 주요 관점에는 2가지가 있다. 첫째, 카를 마르크스(Karl Marx)나 허버트 마르쿠제(Herbert Marcuse)와 같은 사회주의 철학자들은 소비란 시장과 산업사회가 인간의 가치와 의미보다 우위에 있음을 알리는 신호와 같다고 파악한다. 다시 말해, 소비란 경제의 힘이 인간의 문화를 식민화하는 과정이라고 이해한다(Slater 2003: 150). 자본주의사회에서 욕구와 욕망은 인위적으로 생산되며, 그에 따라 사람들은 실제로 필요한 것보다 훨씬 많이 소비한다. 이러한 원인을 파악하기 위해 상당수의 기존 연구는 상품의 수요를 자극하는 광고의 역할에 주목한다. 이런 접근법은 소비자를 '수동적' 존재로 여기며 기업과 미디어가 조종하고 통제하는 '문화적 중독자'처럼 묘사한다. 수동적 소비자에 대한 견해는 포스트모더니즘 비평(Box 2.7)에서도 자주 등장하는데, 소비자는 추상적 기호와 의미로 구성된 무한한 세계를 맞닥뜨린 무기력한 인간의 모습으로 표현되는 경향이 있다.

두 번째 관점에서는 자신의 목적을 위해 무엇인가를 사용하는 소비자의 '능동적' 역할을 강조한다. 이 관점을 받아들인 초창기 연구에서는 소비와 여가활동이 사회적 지위나 차별을 발생시키는 근원이라고 파악했고, 제도경제학자 소스타인 베블런(Thorstein Veblen)의 '과시적 소비(conspicuous consumption)', 사회학자 피에르 부르디외(Pierre Bourdieu)의 '문화자본(cultural capital)' 개념에서도 그런 시각이 잘 드러난다. 보다 최근의 연구는 사회적 지위나 차별에 대한 관심에서 탈피하여, 소비자가 구매한 제품을 창의적으로 활용하여 새로운 의미를 창출하는 과정에 강조점을 둔다(Cook and Crang 2016). 그래서 소비의 과정을 생산 및 기업의 전략에 근거해 해석하기보다 소비가 얽혀 있는 여러 사회적·문화적 관계를 풀어내고 이해하는 것이 더 중요해졌다. 이런 관점에서 소비는 개성과 창의성이 표출되는 그야말로 활력이 샘솟는 영역이고, 많은 이들이 단조롭고 고된 곳이라고 여기는 노동의 세계와 구별된다.

능동적 소비가 뿌리내린 사회·문화적 관계의 예를 가족이나 친분관계에서 살필 수 있다. 인류학자 대니 밀러(Danny Miller)는 소비를 개인적 탐욕이나 쾌락의 발동으로 파악하지 않고 (배우자, 자녀, 친구 등에 대한) 애정과 헌신의 활동으로

이해했다(Miller 1998). 크리스마스나 생일 기념 등과 같은 의례적 축하를 위한 선물 구매도 마찬가지다(Box 11.1). 능동적·창의적 소비에 대한 대부분의 연구는 민족지적 방법으로 수행되며, 상세한 현장연구와 관찰을 통해 사람들이 자신의 소비활동에 부여하는 의미와 중요성에 대해 이해하고자 한다.

소비에 대한 연구는 대체로 문화적인 경향성을 띠며 소비의 성격을 긍정적으로 기술하지만, 정치경제학적 연구는 생산관계에 주목하며 물신숭배(commodity fetishism)를 타파하고자 한다. 동시

크리스마스는 경제와 문화의 긴밀한 관련성을 포착할 수 있는 대표적 사례이다. 선진국에서 크리스마스는 대부분의 사람에게 여가와 소비의 시간이다(그림 11.1). 직장에서 벗어나 휴가를 즐기고 친구, 가족과 시간을 보낼 수 있기 때문이다. 문화 축제로서 크리스마스는 다양한 국가의 전통을 한데 모은 (아상블라주와 같은) 것이다. 크리스마스트리는 독일에서, 스타킹에 선물을 넣는 관습은 네덜란드에서, 산타클로스는 미국에서, 크리스마스카드는 영국에서 시작되었다(Miller 1993, Thrift and Olds 1996에서 재인용). 글로벌화되는 서구 소비문화의 한가지로 크리스마스 축제 활동은 중국과 같은 신흥국으로도 확산되고 있다.

선물 구매는 크리스마스와 관련된 사회적 관습으로 받아들여진다. 크리스마스 쇼핑은 한 해의 마지막 분기 동안 소매업에 상당한 활력을 불어넣는데, 영국에서는 연간 판매량의 12%가 크리스마스 시즌, 즉 12월에 발생한다(British Retail Consortium 2016). 2016년 크리스마스 기간 중 영국에서는 775억 파운드, 미국에서는 492억 파운드의 소비가 발생했다(Centre for Retail Research). 이런 소비활동은 소매업자와 생산자 모두에게 이익이 되는데, 생산활동은 보통 소비의 핵심부에서 멀리 떨어져 이루어진다. 1970년대 이후 홍콩은 장난감 생산의 근거지 역할을 했지만, 중국의 부상으로 영향력이 쇠퇴했다. 전 세계 장난감 생산량의 80%가 중국에서 만들어지는데, 특히 남부 광둥성에 속한 선전, 동관, 광저우에서 활발한 생산활동이 벌어진다(HKTDC Research 2017).

그림 11.1 크리스마스의 소비
(출처: Franco Zecchin, Getty Image)

에 정치경제학자들은 상품이 소비되기 이전에 생산, 분배되는 축적 체제와 조건을 밝히는 데 전념한다(Harvey 1989). 소비가 생산에 종속된다고 여기는 것이 그런 설명의 단점이기도 하다. 앞서 살핀 **상품사슬**은 극단적 물신숭배와 생산주의의 한계를 해결하는 방법론으로 여겨진다(Box 1.4). 농부, 노동자, 수송업자, 해운회사, 소매업자, 소비자 등 다양한 역할을 수행하는 행위자들이 상품을 통해서 어떻게 연결되는지를 추적하여 분석하는 것이 상품사슬 연구의 핵심이다. 경제의 글로벌화가 증대됨에 따라 행위자들은 제각기 다른 장소에 멀리 떨어져 위치할 수 있게 되었으며, 이로 인해 발생하는 상품의 흐름은 인간, 사물, 장소 간 다양한 연계를 창출한다(Mansvelt 2005).

11.2.3 상품의 소비와 소매업

'소비자'와 '시장'을 사전적 의미에서 떠올린다면, 이들이 재화의 생산이나 서비스의 조직방식을 좌지우지하는 것은 정당한 일처럼 보인다. 예를 들어 바나나가 소비자의 기대에 맞게 특정 크기와 품질을 갖춰야 한다거나, 은행을 방문하지 않아도 인터넷으로 업무를 볼 수 있게 서비스를 제공하는 것은 '소비자의 요구'에 부응하는 방침이다(Crang 2005: 126). 하지만 이러한 요구들은 바나나의 표준을 충족하지 못한 카리브해 바나나 재배농가가 빈곤을 겪게 만들거나(Box 1.5), 은행 지점들의 폐쇄를 불러오기 때문에 상당히 심각한 함의를 지닌다. 이런 맥락에서 '소비자'는 '글로벌 독재자'(Miller 1995)와 같은 역할을 한다. 특히 글로벌북부에 사는 부유한 소비자들의 요구는 세

계경제 전반에 걸쳐 재화를 어떻게 생산할 것인지, 또 서비스는 어떻게 제공할지를 결정한다.

이와 같은 소비와 생산 간 관계에 주목하며 소비를 보다 광범위한 글로벌 상품사슬의 맥락 안에 위치시킬 필요가 있다(Box 1.4). 상품사슬은 소비가 인간과 장소를 다양하지만 불균등한 방식으로 연결한다는 점을 알려준다. 또한 소비를 권력의 복잡한 공간관계를 규명하는 수단으로 인식할 수 있게 한다. 글로벌 상품사슬을 살펴보면, 그동안 공급사슬을 조정하고 지배하는 역할은 주로 거대 소매기업과 브랜드 제조업체가 담당해왔다는 것을 깨닫게 된다. 이와 같은 관점에서 사회학자 개리 제레피(Gary Gereffi)는 상품사슬을 생산자주도형과 구매자주도형으로 구분했다(표 9.1 참조). 이 중에서 구매자주도형 상품사슬이 글로벌 경제에서 차지하는 비중이 증가하고 있다. 거대한 브랜드 소매기업은 구매자주도형 상품사슬 형성을 주도하는데, 대체로 디자인, 판매, 마케팅, 금융에만 집중하고 실제 생산은 (반)주변부 국가에 위치한 공급업체와 외주 계약을 맺는다. 월마트, 이케아, 나이키, 갭, 아디다스 등이 구매자주도형 상품사슬을 조직하는 대표적 기업이다.

상품의 생산과 유통을 통해서 불균등발전 패턴이 재생산되기도 한다. 글로벌남부의 가난한 지역이 저부가가치 활동을 담당하는 반면, 고부가가치 활동은 일반적으로 글로벌북부의 부유한 지역에 입지해 있기 때문이다. 이러한 불균등발전 패턴은 식민주의의 유산을 상당 부분 반영한다. 물신숭배의 과정이란 선진국에서 소비자들이 구매할 상품의 가격과 겉모습에만 관심을 갖는 현상을 의미하는데, 이런 소비자들은 그 상품을 생산하고 유통하

는 과정에서 생겨나는 다양한 관계에는 무지하다는 특성이 있다. 그리고 물신숭배는 광고를 통해서도 강화되는 경향이 있다.

이에 경제지리학자, 사회학자, 인류학자들은 연구를 통해 상품의 생산과 유통과정에서 생성되는 복잡한 지리적 문제를 밝혀내면서 물신숭배를 벗어나고자 노력해왔다. 그 결과 글로벌 경제에서 여러 장소들은 상호의존성을 띠며 서로 얽혀 있다는 사실이 더욱 분명히 드러났다. 아래의 인용문에서 데이비드 하비(David Harvey)가 언급하는 바와 같이, 아침식사와 같은 일상적 활동마저 여러 가지 공간 관계와 복잡하게 얽혀 있다.

내 아침식사가 어디에서 오는지 생각해보자. 커피는 코스타리카에서, 빵을 만드는 밀가루는 아마도 캐나다에서, 마멀레이드 속 오렌지는 스페인에서, 오렌지주스의 원료는 모로코에서, 설탕은 바베이도스에서 건너왔다. 이 상품들의 생산을 가능케 했던 모든 것에 대해서도 생각해보자. 기계 장비는 서독에서, 비료는 미국에서, 석유는 사우디아라비아에서 … 내 아침식사가 어디에서 오는지 조금만 조사해서 지도에 그려보면 놀라울 정도로 복잡하다는 사실을 알아차릴 수 있다. 수백만 명의 사람들이 전 세계의 서로 다른 장소에서 내 아침식사를 만드는 것에 참여하고 있기 때문이다. 한 가지 이상한 사실은 내가 아침식사를 먹기 위해 이 모든 것을 알 필요가 없다는 것이다. 슈퍼마켓으로 쇼핑을 갈 때에도 그런 것 따위는 알 필요가 없다. 단지 돈만 내고 구입한 것들을 들고가기만 하면 된다.

(Harvey 1989: 93)

지리학자 마이클 와츠(Michael Watts) 또한 이와 같은 복잡한 연계를 언급하면서, 상품이란 '사회적 관계의 묶음(bundle)'과 같다고 말했다(Watts 2005: 530). 하비가 인용문에서 말한 것처럼 (상품과 관련된) 여러 관계들을 발견할 수 있다면, 그 상품의 '일생이나 일대기(life or biography)'를 추적하는 것이 가능해진다.

일부 학자들은 증대하는 거대 소매업체들의 권력에 주목하며 월마트, 까르푸, 테스코와 같은 기업을 "글로벌 경제의 핵심 조직자"로 평했던 바도 있다(Hamilton et al. 2011: 3). 이런 기업들은 공급사슬에서 제조업자와 공급업체에 막강한 권력을 행사하며 소비가격과 공급가격을 동시에 낮출 수 있고, 상품사슬에서 발생하는 부가가치의 상당한 부분을 그들의 것으로 만들 수 있기 때문이다(Box 1.5 참조).

11.3 소비 패턴의 변천

근대의 소비문화는 19세기 후반에 형성되었고, 뉴욕, 런던, 파리 등 북아메리카와 서유럽의 주요 도시에 백화점이 처음 등장하면서 형성되었다. 백화점은 "19세기 후반에서 20세기 초까지 소비지의 정수"로 묘사되기도 한다(Lowe and Wrigley 1996: 18). 또한 백화점은 "소비문화와 대량생산-대량판매 경제가 가장 가시화된 도시의 징표"로도 간주되었다(Domosh 1996: 257; 그림 11.2). 백화점 안에는 엄청나게 다양한 상품이 진열되어 있었고, 표준화된 상품이 정가로 판매되었다. 지금은 당연한 이야기로 들리겠지만, 근대적 상점이 등장하기 전에는 상품이 진열되지 않고 요청하는 고객에게만 공개되었다. 그리고 가격은 고객과 점주 또는 점원 간의 협상으로 결정되었다(Domosh 1996: 264). 새롭게 등장한 백화점에서 쇼핑객들이 직접 다양한 상품의 가격과 품질을 비교할 수 있게 되면서, 점차 쇼핑은 지식을 요하는 노련한 활동으로 변해갔다. 소매업주와 광고업체는 이러한 추세를 부추기기도 했다.

백화점이 중산층 여성을 주 고객층으로 삼으면서 쇼핑은 고도로 젠더화된 활동으로 변했다(Box 11.2). 이런 방식으로 19세기 백화점에서 성, 계급, 문화를 매개로 중요한 관계들이 형성되어, 오늘날까지 소매업과 소비에 커다란 영향을 끼치고 있다. 상품의 구매가 음식과 의류의 가내 생산을 대체하면서 쇼핑은 여성의 삶에서 상당 부분을 차지하게 되었고, 이에 제조업자와 소매상이 활동하는 시장이 형성되었다. 남성이 주도하는 생산

은 윤리와 금욕, 절제를 상징하는 영역으로 간주된 반면, 소비는 여성적인 것으로 여겨짐과 동시에 여가와 방종의 영역으로 인식되었다(앞의 책: 262). 구경거리처럼 상품을 진열하고, 전시와 광고를 활용하며, 전담 직원을 두고 상담을 제공하는 백화점은 여성들에게 쇼핑을 가르치는 공간으로도 활용되었다(Hudson 2005: 147). 그리고 패션은 수요를 증가시키는 핵심 메커니즘으로 작용했다. 변덕스러운 최신 스타일의 변화를 계속해서 따라가야 했기 때문이다. 쇼핑은 여성의 중요한 임무가 되었고, 백화점을 '대성당'으로, 상품을 '전례용구'로 비유하며 여성, 패션, 종교 간의 연상 작용을 일으키려는 점주들의 노력도 있었다(Domosh 1996: 266).

대량소비의 기반은 19세기에 걸쳐 마련되었는데, 1940~70년대에 이르는 **포디즘** 기간 동안 보다 확고해졌다. 앞서 3.4에서 살펴본 바와 같이,

그림 11.2 메이시스 백화점: 19세기에 설립된 뉴욕의 유명 백화점
(출처: D. MacKinnon)

Box 11.2

19세기 뉴욕의 성(젠더)과 소비

도시경제의 눈부신 성장으로, 뉴욕에는 19세기 동안 소매업 지구가 확산되었다(그림 11.3a 참조). 특히 중산층 여성의 쇼핑 습관은 이들 소매업 지구의 형성에 지대한 영향을 미쳤다. 뉴욕의 백화점에서 쇼핑하는 것은 중산층 여성에게 중요한 활동이었고, 어떤 이에게는 루틴화된 의식과도 같았다(Domosh 1996). 당대의 스타일과 패션은 최상류층 사이에서 형성되었고, 중산층 여성들은 그 것을 모방하여 자신의 취향을 마련하고 사회적 지위를 드러냈다. 이들은 가사의 영역에 자신을 가두지 않고, 살고 있는 교외를 벗어나 맨해튼 중심가를 자주 방문하며 그곳의 소매업 지구 형성에 엄청난 역할을 했다. 그들은 주로 쇼핑을 했지만 때때로 교회의 기도회, 강연, 음악회 참석, 공과금 지불, 친목 등을 위해서도 만나곤 했다(앞의 책: 258).

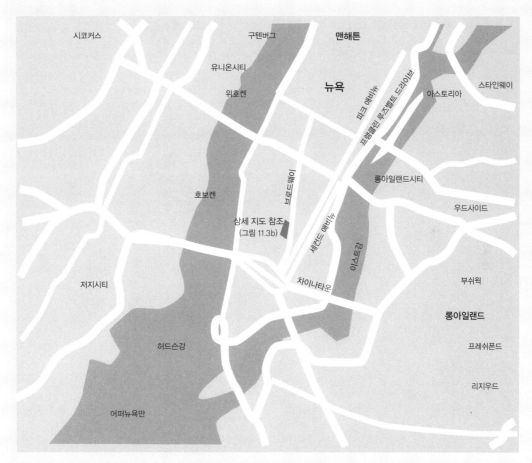

그림 11.3a 19세기 뉴욕 상업지구의 위치 (출처: Multimap, www.multimap.com)

19세기에 번성했던 맨해튼의 소매업 지구는 5번가를 따라서 매디슨 스퀘어와 유니언 스퀘어 사이에 집중하였고, 서쪽으로는 6번가 동쪽으로는 브로드웨이까지 이르렀다(그림 11.3b). 이곳은 "소비에 특화된 도시경관"으로 조성된 것 같았고 "화려한 장식의 건축물, 웅장한 가로수길, 식당과 주점, 소규모 부티크, 대규모 백화점" 등으로 구성되었다(앞의 책: 263-4). 대중 교통망이 개선되면서 중산층 여성은 오전에 맨해튼 중심가로 이동해 쇼핑을 즐기다가, 점심에는 시 외곽에 있는 집으로 돌아가 식사를 한 뒤 오후에 또다시 시내로 나설 수 있게 되었다. 광활한 포장 도로, 석유나 전기로 밝혀진 가로등 때문에 여성들은 그곳에서 안전과 친밀감을 느낄 수 있었다.

1846년 브로드웨이에 문을 연 스튜어트(Stewart's)는 뉴욕 최초의 백화점이었다. 4층 건물 전체가 소매업으로만 사용되었고, 하얀 대리석으로 건물의 앞면을 장식했는데 이 또한 뉴욕에서는 전례가 없던 것이었다(앞의 책: 264). 건물의 내부는 상품 진열을 최대화하고, 대형 거울, 샹들리에, 갤러리 등을 설치해 여성들에게 적절한 분위기를 자아낼 수 있도록 꾸며졌다. 1862년 브로드웨이에서 멀리 떨어진 외곽 지역에 또 다른 스튜어트 백화점이 개장되었는데, 이곳은 인기 있는 관광명소가 되었다. 이곳의 6층 건물에는 1층 로비 공간과 함께 원형으로 둘러싼 5개의 발코니가 설치되었고 자연광으로 조명이 이루어졌다. 소비와 종교 사이의 유추를 통해 어떤 사람은 스튜어트 백화점을 인근의 그레이스 교회(Grace Church)와 비교하기도 했다. 19세기 말에 이르러 백화점에 카페, 식당, 예술 갤러리, 웅장한 건축양식 등이 도입되면서, 백화점은 가정의 영역과 더욱 긴밀하게 통합되었다.

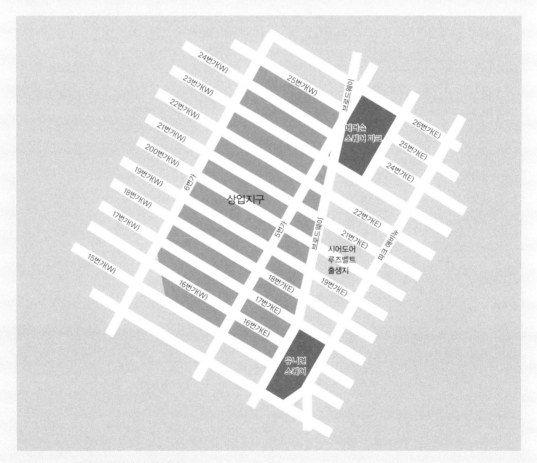

그림 11.3b 맨해튼 중심가의 상업지구

포디즘은 대량생산과 대량소비 간 균형을 기초로 형성된 산업 조직화 시스템이다. 대량생산과 대량소비의 균형을 맞춘 연결고리는, 생산성 증가의 결과로 얻은 노동자의 임금 상승이었다. 포디즘은 자동차, 냉장고, 세탁기 등 표준화된 내구성 소비재의 대량생산을 토대로 성립했고, 포디즘 시대에는 임금이 꾸준히 인상되었기 때문에, 많은 노동자들이 상품을 구매할 수 있었다. 다시 말해, 포디즘은 제조업자와 소매업자에게 대규모 시장을 보장해주는 체계이기도 했다. 포디즘 사회의 지리적 조직에서 중요했던 현상 중 하나는 교외화의 확산이다. 북아메리카에서 특히 교외화가 두드러졌는데, 그 이유는 국가가 도로나 전기 등 사회간접자본에 투자했기 때문이다. 교외에서 생활하기 위해서는 자가용과 세탁기, 잔디 깎는 기계가 꼭 필요했기 때문에, 교외화는 대량소비와 밀접하게 연관되었다(Goss 2005).

그러나 1960년대 후반부터 표준화된 상품의 대량소비시장은 포화상태에 이르렀다. 경제성장이 둔화되고 포디즘 시스템의 문제가 점점 커졌기 때문이다. 그 결과 1970년대 이후 **포스트포디즘** 소비 패턴이 등장하면서 대량소비 경향은 점차 사라져갔다. 포스트포디즘 소비의 핵심은 유연성으로, 유연성이란 시장이 파편화되어 다양한 분절과 틈새의 형태로 존재하는 것을 의미한다. 이러한 점에서 포스트포디즘 소비 패턴은 집단적이기보다 개별적인 특성을 띤다. 개인의 생활방식과 열망이 소비에 투영되면서, 소비자의 선택과 정체성은 점점 중요성이 커지고 있다(Mansvelt 2013). 각자의 정체성과 생활방식을 지향하는 개별화된 소비 패턴은 유연성, 차이, 다양성에 주목하는 포

스트모던 문화의 핵심 요소다(Box 2.7). 또 다른 포스트모던 소비문화의 중요한 단면은 광고 산업과 미디어를 통해서 아이디어, 이미지, 기호가 빠르게 전파되는 것에서도 찾아볼 수 있다.

생산자와 소매업자는 훨씬 높은 수준의 소비자 지향성을 가지게 되었고, 이에 따라 개인이나 특정 소비자 집단의 수요에 부합하는 재화와 서비스를 제공하려 노력한다. 정보통신기술(ICT)의 성장으로 소매업자들은 보다 쉽게 소비자 수요 변화 패턴에 대한 자료를 수집, 처리, 활용할 수 있게 되었다. 1980년대부터 판매시점 관리(POS: Point of Sale) 단말기가 일반화되면서 소매업계에서는 개별 점포에서 수집한 소비 동향에 대한 정보를 신속하게 기업 본사로 전송하고, 본사에서는 이를 다시 디자인 담당자와 공급자에게 전달할 수 있게 되었다. 보다 최근에는 온라인 쇼핑이 성장하고 빅데이터 분석기법이 등장하면서, 소비자의 과거 지출 습관에 대한 전산화된 정보를 기업에서 정교하게 활용해 선택적으로 마케팅하고 광고할 수 있게 되었다. 이러한 변화는 향후 소비 관계에 중대한 영향을 미칠 것으로 보인다.

11.4 소비의 공간과 장소

소비는 로컬 스케일에서부터 글로벌 스케일에 이르기까지 지리적 공간의 생산 및 재생산과 관련되어 있다(Cook and Crang 2016). 먼저 소비는 일상적 삶이 펼쳐지는 로컬 공간을 형성한다. 예를 들어 자동차로 이동 가능한 외곽지역에 쇼핑센터나 상점이 생기면, 소비를 촉진하는 현대적 도시

경관이 조직된다. 또한 글로벌 공간의 생산에서도 소비의 중요성은 점점 커지고 있다. 맥도날드, 코카콜라, 나이키 등과 같은 **브랜드**를 중심으로 **글로벌 소비문화**(global consumer culture)가 형성되기 때문이다. 이러한 변화를 지역 고유의 장소와 문화가 궤멸하는 것으로 파악하여 '지리의 종말'을 논하는 사람들도 생겨났다(Ritzer 2004).

11.4.1 글로벌 문화와 로컬 변형

각종 미디어에서는 획일화된 글로벌 소비문화라는 관념이 유행처럼 퍼지고 있다. 그림 11.4와 같은 이미지를 들면서 글로벌 기업과 브랜드의 확산으로 고유한 지역 문화가 퇴색하고 심지어 사라지고 있다는 논평이 주를 이룬다(Slater 2003: 157). 해외여행은 로컬 문화를 서구의 소비규범에 종속시키는 문화 제국주의의 핵심 요인으로 지목된다. 그러나 문화적 획일화가 전제로 삼는 가정에는 문제점이 많고, 이러한 시각은 너무도 단순화된 견해라는 비판도 존재한다(Crang 2005). 특히 이런 단순한 견해 중 주의 깊게 볼 부분은 서구 밖 사람들이 강력한 기업의 이익을 대변하는 서구의 소비규범에 저항할 힘이 없고, 따라서 수동적 소비자가 되어버린다는 신빙성 없는 인식을 재도입했다는 점이다(Slater 2003). 동시에 비서구 문화의 진정성에 대해 외부의 힘과 영향을 받지 않는 절대적 순수성에 좌우된다고 간주하고 있다. 하지만 실제 현실에서 문화는 장소 간 관계와 연결의

그림 11.4 베이징의 맥도날드 (출처: D. MacKinnon)

산물이며, 다양한 근원에서 탄생한 여러 가지 요소들이 혼합되어 형성된다(Massey 1994). 영국에서 차를 마시고 카레를 먹는 문화가 어떻게 생겨났을지를 떠올려보면 이러한 점은 더 분명해진다.

최신 연구에서는 글로벌 소비문화가 지역 특수적인 방식으로 형성된다는 사실에 주목한다. 부연하면, 글로벌 소비문화는 기존에 형성되어 있던 로컬 문화와 독특한 방식으로 혼합되면서 현지화된

다는 것이다. 예를 들어, 동아시아 국가에서 맥도날드를 어떻게 소비하는가에 대한 연구에서는 맥도날드 체인점이 로컬 관습을 따르면서 현지화된다고 밝혔다. 그뿐만 아니라 맥도날드는 "도시의 삶에서 오는 스트레스에서 벗어나는 여가의 중심지" 기능까지 담당하는 것으로 논의되었다(Crang 2005: 368). 트리니다드의 코카콜라 소비에 대한 밀러의 연구를 통해서 알 수 있는 바와 같이(Box

Box 11.3

코카콜라
트리니다드의 달콤한 흑색 음료

코카콜라는 가장 유명한 글로벌 브랜드이며, 진정한 로컬 문화를 소외, 종속시킨다고 여겨지는 대표적 글로벌 소비문화이다. 그러나 이것은 너무 과도한 단순화에 불과하다는 비판적 견해도 존재한다(Crang 2005). 경제인류학자 대니 밀러가 카리브해 트리니다드섬에서 수행한 코카콜라 소비에 대한 연구를 하나의 사례로 꼽을 수 있다. 이 연구에서 밀러는 코카콜라를 서구 소비문화의 지배성을 대표하는 것으로 여기지 않고 코카콜라가 트리니다드섬에서 로컬 문화와 전통에 흡수되며 독특한 방식으로 소비된다는 점을 강조한다. 이에 따라 그는 코카콜라를 '트리니다드의 달콤한 흑색 음료'라고 언급했다.

트리니다드섬에서 코카콜라는 수입된 서구 음료라기보다 진정성을 가진 트리니다드 고유의 음료로 간주할 수 있다. 일반인들의 기본 필수품으로 여겨지는 음료이기 때문이다(Miller 1988: 177-8). 이곳의 소비자들이 상품을 구매하는 기준은, 생산자나 광고업자가 제시하는 프레임이 아니라 '흑색'과 '적색'이라는 지역 고유의 개념이다. 적색은 인도계 이주민과 관련된 전통적 범주에 해당한다. 흑색은 '럼 앤 콕(rum and coke)'이라는 트리니다드에서 가장 인기를 끄는 칵테일을 연상시키지만, 알코올 성분이 없는 달콤한 흑색 음료인 코카콜라도 그만큼 많이 팔린다. 콜라는 아프리카계 흑인의 정체성과 연관되면서 흑색 음료 중 아마도 가장 인기가 높을 것이다. 이 연관성은 실제 소비패턴을 반영하는 것이라기보

다 역사적으로 형성된 것이다. 실제로 '흑색' 음료인 코카콜라를 소비하는 인구 비중은 아프리카계보다 인도계가 더 높다. 인도인들은 코카콜라의 현대적 이미지를 소비하고 싶어하기 때문이다. 한편 대다수의 아프리카인들은 적색 음료를 마시면서, 트리니다드 정체성의 핵심을 이루는 인도인들과 유대감을 형성하려는 경향이 있다.★

이와 같은 로컬의 특수성과 복잡성으로 인해 생산자들은 마케팅에서 혼란을 겪는다. 소비 행태는 생산자가 통제할 수 없는 로컬한 요인으로 형성되었기 때문이다. 이 사례연구는 두드러진 글로벌 브랜드라 할지라도 특수한 로컬 문화의 실천과 전통에 좌우될 수밖에 없다는 사실을 보여준다. 다시 말해 대량소비는 글로벌 상품을 지역 특수적인 형태로 변환시킨다. 그러므로 우리는 자본주의를 이해할 때 경제적 의무감에 매몰되기보다, 실천들의 다양한 집합으로 자본주의를 파악할 필요가 있다.

★ 약 140만 명의 트리니다드 토바고 인구는 다양한 민족으로 구성되어 있지만 인도계(35.4%)와 아프리카계(34.2%)가 다수를 이룬다. 아프리카계 이주민은 식민지시대 노예무역의 산물인 반면, 동인도인(East Indians)으로 불리는 인도계의 이주는 1834년 노예제 폐지의 여파로 시작되었다. 노예제 폐지와 함께 아프리카인들은 고된 사탕수수 플랜테이션 노동을 거부했고, 영국은 이를 해결하기 위해 1800년 중반부터 인도인의 계약노동 이주를 장려했다.

11.3), 소비자가 주체적으로 자신이 원하는 상품을 선택한다면 글로벌 상품의 소비는 독특한 로컬 문화를 생산하는 과정으로 해석될 수도 있다.

분명한 점은 현대 소비문화가 문화적·지리적 차이를 적극적으로 포용하고 있다는 것이다. 예를 들어 음식의 글로벌화는 다양한 문화권의 민속 요리를 선택할 수 있게 하면서 소비자에게 '접시 위의 세계'를 선사한다(Cook and Crang 1996). 영국의 모든 대도시에서 소비자들은 대중적인 인도, 중국, 멕시코, 이탈리아 음식부터 좀 더 특이한 레바논, 타이, 베트남 음식에 이르기까지 다양한 민속음식을 접할 수 있게 되었다. 슈퍼마켓에서는 다채로운 원산지의 상품도 구매할 수 있다. 소비는 지리적 차이를 궤멸시키는 것이 아니라 글로벌한 것과 로컬한 것, 해외의 것과 국내의 것을 나름대로 독특한 방식으로 재현하면서 새로운 지리를 창출한다(Crang 2005).

11.4.2 브랜드의 지리

브랜드의 등장과 상품의 브랜딩은 소비 기반 자본주의로의 전환과정에서 결정적인 역할을 맡고 있다. 판매자의 입장에서 자신의 제품을 경쟁자와 차별화하는 것이 가치를 창출하고 확보하는 핵심 요소이기 때문이다. 그리고 브랜드는 그 자체로도 상당한 가치를 지니며 제품 자체의 본질적 가치보다 중요한 경우가 많다. 실제로 최상위 브랜드의 경우 해당 기업의 시장 가치에서 상당한 비중을 차지하며, 브랜드 가치가 매출액을 초과하는 경우도 다수 존재한다(표 11.1 참조).

브랜드의 성장과정에서 광고, 홍보, 마케팅, 컨설팅, 디자인과 같은 완전히 새로운 창조적 문화 경제활동 분야가 등장해 상당한 성장 및 고용 효과를 창출하고 있다. 연구결과에 따르면, 금융위기 여파로 지난 10년간 정체를 경험하기 이전까지 영국의 광고, 홍보, 마케팅 부문은 1981년부터 2006년까지 연평균 6%의 성장률을 기록하며 20만 명 이상을 고용하는 분야로 성장했다(www.thecreativeindustries.co.uk). 더 나아가 브랜드는 소비와 마찬가지로, 광범위한 문화적·사회적 중요성을 갖게 되었다. 이에 콘베르거(Kornberger)는 "브랜드 사회"가 도래했다고 언급하면서, 브랜드가 사람들에게 "기성품 정체성(ready-made identities)"을 제공한다고 묘사했다. 또한 브랜드가 "일상을 만들어내는 힘을 거머쥐면서 우리의 사회적 삶을 망쳐놓았다"고 표현했다(Pike 2015: 9에서 재인용). 애플, 코카콜라, 리바이스 등 글로벌 대표 브랜드가 인간의 존재감을 구조화하는 현상에서 분명하게 나타난다. 이와 같은 권력의 작용을 부정적인 것으로 그리며 나오미 클라인(Naomi Klein) 같은 비평가들은 브랜드가 정보 기반의 지식경제 사회에서 일반인들을 유인하고 통제하는 기능을 한다는 주장을 펼친다(Klein 2010).

이처럼 브랜드가 '무장소감'을 일으킨다는 평가가 있는 반면, 브랜드를 뒷받침하는 공간적 동인이 존재한다는 논의도 있다(Pike 2015). 원산지만을 놓고 따져보면 글로벌 브랜드에서 미국산이 주를 이루는데, 이는 미국 자본주의와 기업의 막강한 영향력을 반영한다. 이와 같은 피상적 수준을 넘어 파이크(Pike 2015: 32)는 브랜드의 지리와 관련해 3가지의 중요한 통찰을 제시한다. 첫째, 브랜드는 원산지와 마케팅을 위한 특별한 지리적

표 11.1 글로벌 브랜드의 가치

순위	기업	브랜드 가치 (100만 달러)	시가총액 대비 브랜드 가치(%)	총 매출액 대비 브랜드 가치(%)	국가
1	코카콜라	67,525	64	290	미국
2	마이크로소프트	59,941	22	138	미국
3	IBM	53,376	44	54	미국
4	GE	46,996	12	28	미국
5	인텔	35,588	21	93	미국
6	노키아	26,452	34	68	핀란드
7	디즈니	26,441	46	82	미국
8	맥도날드	26,014	71	128	미국
9	도요타	24,837	19	14	일본
10	말보로	21,189	15	22	미국
11	메르세데스	20,006	49	12	독일
12	시티은행	19,967	8	22	미국
13	HP	18,866	29	22	미국
14	아메리칸 익스프레스	18,559	27	57	미국
15	질레트	17,534	33	157	미국
16	BMW	17,126	61	31	독일
17	시스코	16,592	13	67	미국
18	루이비통	16,077	44	102	프랑스
19	혼다	15,788	33	19	일본
20	삼성	14,956	19	26	한국

(출처: Pike 2015: 31, Table 2.3)

"연결과 함의"를 보유한다. 둘째, 브랜드는 경제적 가치를 확보하고 유지하려는 과정에서 독특한 공간적 형태와 장소 간 흐름을 창출한다. 셋째, 브랜드가 획득한 가치와 이윤은 공간적·사회적으로 불균등하게 분배된다. 공간의 역동성은 브랜드의 형성뿐 아니라 진화의 과정 중에서도 끊임없

이 발생한다. 브랜드가 새로운 시장을 개척하고 소비자를 유인하면서 경제적·사회적 삶의 상품화가 심화되기 때문이다. 파이크가 주장하는 바와 같이 "브랜드 행위자들은 사회적·지리적 차이를 극복하고, 나아가 공간적 순환 속에서 지속적으로 의미와 가치를 창출하기 위해 엄청난 시간과 노

력, 자원을 투자한다"(앞의 책: 36).

파이크(Pike 2015)는 '오리지네이션(origina-tion, 원산지화)'의 개념을 제시하여 행위자들이 브랜드 강화를 목적으로 지리적 의미와 연상을 형성하고 사용하는 방식을 설명했다. 오리지네이션은 단일 개념화가 어려울 정도로 수없이 많은 방식으로 다양하게 발생한다. 몇 가지 예를 살펴보자. 나이키 스포츠웨어는 브라질 축구를, 기네스는 로맨틱한 아일랜드다움을 연상시킨다. 글로벌 도시의 아이콘으로서 뉴욕과 동일시되는 브랜드도 다수 존재한다. 스카치 위스키, 프렌치 샴페인, 파르마 햄, 로크포르 치즈 등 특정 지역과 연동되는 브랜드 인증전략 및 법적 규제도 존재한다. 반면 '지리적 결합(geographical association)'을 의도적으로 약화시키며 '공간적 단절'을 꾀하는 지리적 브랜딩도 존재한다. 의류 패션기업들은 대부분의 생산을 개발도상국의 저비용 장소로 아웃소싱하고 있지만, 이탈리아의 고품격 수공예 제품을 떠올리게 하기 위해 'Made in Italy'라는 라벨을 부착한다.

11.4.3 소비의 장소

소비의 장소(places of consumption)도 최근 경제지리학에서 각광받는 분야이다. 소비가 일어나는 주요한 곳으로는 백화점, 쇼핑몰, 거리, 시장, 가정 등이 있다. 이와 더불어, 눈에 잘 띄지는 않지만 중고품 자선 가게나 자동차 노점* 등도 중요한 소비지이다(Mansvelt 2005). 자선 가게나 노점 등이 들어선 곳은 상대적으로 낮은 사회·경제적 지위를 가진 사람들이 주로 모이며, 비과시적 소비(inconspicuous consumption)가 일어난다. 한편 재화나 서비스 같은 물질적인 것보다는 경관과 체험을 위주로 제공하는 관광지나 유적지 또한 소비지라 할 수 있다. 백화점의 경우 최근 수십 년 동안 고유 브랜드를 만들어 여러 체인점을 내는 '플래그십 스토어(flagship store)'★★ 형태로 발전해왔다. 해비타트(Habitat) 백화점이 플래그십 스토어의 개념 형성에 선구자적인 역할을 했으며, 해롯(Harrods), 하비 니콜스(Harvey Nichols) 등도 좋은 예이다. 이런 곳들은 단순한 상품 판매보다는, "디자이너의 손길이 닿은 인테리어, 전시와 여가 의례(ritual), 섹슈얼리티와 음식" 등의 '라이프스타일'을 제공한다(Lowe and Wrigley 1996: 25).

쇼핑몰은 쇼핑센터로 불리기도 하며 아마도 가장 눈에 잘 띄고 이목을 끄는 소매 환경일 것이다. 최근에 지리학자를 비롯한 소비 연구자 사이에서 쇼핑몰은 중요한 관심 대상이 되었다. 보통 여러 가지 상점과 다채로운 오락 시설이 실내 공간에 들어서 있으며, 사적 소유권을 바탕으로 운영하는 경우가 많다(Masvelt 2005: 61). 이런 공간은 현대 상업 공간의 아이콘으로 인식되며, 현대 자본주의의 '도시 대성당'으로 불리기도 한다(Goss 1993). 외부 세계와 완벽하게 단절된 쇼핑몰은 1956년 미국 미네소타주 미니애폴리스 외곽 사우스데일

★ car boot sale을 번역한 단어로, 자동차 트렁크 안에 쓰지 않는 물건을 올려놓고 파는 노점 판매를 의미한다.

★★ 플래그십 스토어는 시장에서 성공을 거둔 특정 상품 브랜드를 중심으로 브랜드의 성격과 이미지를 극대화한 매장이다. 대개 브랜드의 표준 모델을 제시하고 그 브랜드의 각 라인별 상품을 구분해서 소비자에게 트렌드의 기준을 제시한다. 1990년대 후반부터는 마케팅의 초점이 제품에서 브랜드 및 매장으로 변화하면서, 다양한 체험이 가능한 넓은 공간과 브랜드 이미지에 맞는 인테리어를 갖추게 되었다.

에서 세계 최초로 개장하였고, 이후 이것은 오늘 날 수천 개에 달하는 쇼핑몰의 원형이 되었다.

1960~70년대 쇼핑몰 디자인의 최우선 고려 사항은 소비자에게 재화의 노출을 최대화하는 것이었기 때문에, 이 시기 지어진 쇼핑몰들은 '쇼핑을 위한 기계'라는 별명을 얻기도 했다. 보다 최근에

는 쇼핑몰 기획자와 개발업자는 사람들이 더 오랜 시간을 보내면서 많은 소비를 할 수 있도록 멋진 장소를 제공하려 노력하고 있다. 이러한 움직임에 따라 상점과 함께 오락시설, 푸드코트, 시각 전시품 등이 쇼핑몰의 핵심 구성요소가 되었다 (Crang 2005: 373). 영국에서 이런 형태의 쇼핑몰

은 1980년대부터 생겨나기 시작했고, 여기에는 게이츠헤드의 메트로센터와 셰필드의 메도우홀이 포함된다. 1980년대와 1990년대에 북아메리카에서는 초대형 쇼핑몰(mega mall)이 등장하기 시작했는데, 캐나다 앨버타주의 웨스트 에드먼턴 몰과 미국 미네소타주의 몰오브아메리카(MoA: The Mall of America)를 대표적인 사례로 꼽을 수 있다(Box 11.4 참조). 이런 공간의 방문객들이 소유주나 개발업자의 의도에 맞게만 행동하는 것은 아니다. 쇼핑 대신 사교활동이나 단순히 노는 장소로 이용하는 사회집단도 여럿 존재한다. 그래서 10대 청소년의 경우 쇼핑몰 관리자 측과 빈번한 마찰을 빚기도 한다(Crang 2005).

더 최근에는 연구의 초점이 웅장한 스펙터클을 대표하는 쇼핑몰에서 거리, 가정, 자동차 노점과 같은 평범하고 일상적인 소비의 장소로 이동하고 있다. 거리는 다양한 소비의 환경을 제공하며, 특정 종류의 상점은 도시의 일정한 구역에 몰리는 경향이 있다. 자동차노점, 자선 가게, 복고풍 옷가게 등 비과시적 소비 공간은 중고품의 가치를 평가하고 그에 상응하는 구매가 이루어지는 곳이다(Crewe and Gregson 1998). 가정에서 다양한 소비재를 어떻게 활용하는지 조사한 연구들이 나오면서, 집과 같은 가정의 공간 또한 소비지로서 재평가되고 있다. 관련 연구로 카탈로그나 (신문, 잡지 등에 실린) 광고, 플라스틱 밀폐용기 브랜드인 타파웨어(Tupperware) 등을 분석한 문헌들이 있다. 음식과 요리에 대한 연구는 가정 내의 사회적 관계, 특히 성(젠더) 관계에 주목하면서 또 다른 연구 줄기를 형성하고 있다. 마지막으로, 사람의 신체 또한 소비를 뒷받침하는 중요한 소비지이다.

사람들은 화장품과 의류 등을 소비해서 외모와 이미지를 가꾸며 자신의 정체성을 표현하기 때문이다.

11.4.4 소매 공간의 재구성

온라인 쇼핑의 출현과 성장 때문에 2000년대를 기점으로 소비와 공간 간 관계는 급변하기 시작했고, 급기야 "소매업 대참사의 시대"라는 신조어까지 등장했다(Rusche 2017). 실제로 온라인 쇼핑 때문에 소매점은 엄청난 압박에 시달리고 있고, 이런 과정에서 소비, 공간, 정체성 사이의 관계는 재구성되고 있다. 2000년대 이후 온라인 쇼핑 시장이 급성장하면서 전통적인 백화점과 소매점의 판매 점유율이 급락했다(그림 11.5 참조). 2017년 연구에 따르면, 조사시점을 기준으로 3년 전부터 신규 쇼핑몰이 개장하지 않았으며, 1,200여 개의 기존 쇼핑몰 중 절반가량이 5년 안에 폐장할 것으로 예상된다(앞의 책). 아마존과 같은 디지털 플랫폼의 출현, 홈쇼핑의 성장 등이 기존 소비공간에 위협요소로 작용하고 있으며, 이는 소비의 사회성을 변화시켜 원자화, 개인화된 관계로 전락시킬 가능성이 농후한 실정이다.

오프라인 쇼핑 쇠퇴의 악영향은 여러 곳에서 나타나고 있으며, '시내 중심가의 몰락'(Hubbard 2017)에 대한 근심어린 담론이 등장했다(Box 11.5). 소매업의 장기적 하락세, 교외 쇼핑몰의 성장, 금융위기의 결과로 영국의 시내 중심가는 지속적으로 쇠퇴의 길을 걸었고 공터와 공실의 수가 증가하고 있다(그림 11.6 참조). 2014년에는 영국 시내 중심가 상업시설의 14%가 비어 있는 것으로 추정

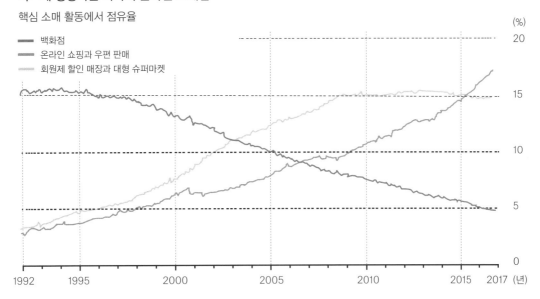

빠르게 성장하는 미국의 온라인 소매업

핵심 소매 활동에서 점유율

— 백화점
— 온라인 쇼핑과 우편 판매
— 회원제 할인 매장과 대형 슈퍼마켓

그림 11.5 미국에서 소매 점포 판매의 하락과 온라인 쇼핑의 성장 (출처: *Financial Times*, 16 July 2017)

그림 11.6 영국의 시내 중심가 쇠퇴 모습 (출처: Alamy)

Box 11.5

영국의 시내 중심가, 이대로 몰락하나?

영국의 많은 도시에서 시내 중심가 상권의 쇠퇴는 소매 점포의 폐쇄와 공실 부동산의 증가로 표면화되며, 대중의 관심을 사고 미디어 논평의 대상이 되었다. 허버드(Hubbard)는 (2010년 중심가 공동화의 수준이 가장 심각하다고 알려진 잉글랜드 남동부 해안지역의 마게이트와 같은) 전통적인 도시 중심부의 몰락과 (런던 동부의 웨스트필드 스트랫포드 시티를 비롯한) 신생 소매공간의 성장을 비교하는 연구를 수행했다. 웨스트필드는 약 5만 6,000평 규모로 조성된 새로운 쇼핑몰이고, 2012년 올림픽 주경기장 인근에서 도시재생이 이루어진 구역에 위치한다. 최상급 브랜드 점포, 보다 많은 수의 대중 점포, 다양한 패스트푸드점 등이 들어서 있으며, 이곳은 글로벌도시에서 다양한 사회적 집단이 뒤섞이는 새로운 형태의 공공공간(public space)으로도 알려져 있다.

마게이트와 웨스트필드는 물론 양극단을 달리는 사례이다. 한곳은 런던 올림픽공원 인근에 위치한다는 지리적 이점을 가지고 심혈을 기울여 계획된 소매업 스펙터클 공간인 반면, 다른 한곳은 잊혀졌고 좋게 말해 더 이상 사랑받지 못하는 해변 도시의 '이빨 빠진' 시내 중심

가에 불과하다. 영국 사람들은 양동이와 삽자루를 쥐고 해변으로 떠나는 짤막한 휴가 따위를 더 이상 좋아하지 않는다.

(Hubbard 2017: 17-18)

쇼핑 습관은 급격하게 변화하고 있고, 공공공간에서 사람들이 교류하는 방식도 바뀌어간다. 허버드는 시내 중심가의 쇠퇴를 부유한 집단과 빈곤/소외를 경험하는 집단 간 분화를 더욱 심화시키는 도시의 파편화 증상이라고 설명했다. 그는 영국의 미디어 담론과 공식적인 정부정책을 비판하기도 했다. 1940~50년대의 인종주의가 만연했던 시내 중심가에 대한 향수를 자극하는 것은 21세기의 다인종, 다문화 사회에는 어울리지 않는다고 여겼기 때문이다. 그는 또한 중산층의 소비문화와 취향이 소매공간에서 지배적으로 가시화되면서 빈곤층에게 필요한 것을 경시하는 문제가 발생한다는 점도 지적한다. 고급 패션 브랜드와 소매점, 말끔하게 정돈되고 화려하게 꾸며진 소비공간은 여러 문화와 계급이 유기적으로 공존했던 다양하고 번잡한 소비공간을 몰아내고 있다.

되었다(앞의 책: 16). 한때는 사교와 유흥의 중심이었던 시내 중심가는 위기의 장소로 여겨지고 있으며, 이런 변화의 (범죄 증가와 같은) 반사회적 효과에 대한 염려와 불안감이 감돌게 되었다(앞의 책). 이에 대하여 허버드는 아래와 같이 명쾌한 해설을 제시한다.

이런 쇠퇴의 과정을 아무 대책 없이 그대로 방치한다면 대량 유기사태로 귀결될 것이다. 도시의 사회·경제생활 상당 부분은 오랫동안 근거지 역할을 수행했던 물리적 공간을 벗어나 온라인으로

옮겨갔다. 도시는 점점 더 개인화되고 분절화될 것이며, 이에 따라 많은 지역의 쇼핑거리는 쓸모없는 구닥다리 같은 존재로 남게 될 것이다.

(Hubbard 2017: 17)

많은 도시에서 동네 정육점, 동네 빵집 등 영세 독립 상점이 사라진 지 오래고, 한때 확고부동해 보였던 소매 체인점마저 문을 닫기 시작했다. 이와는 대조적으로 '파운드(£)'숍, 자선 가게, 전당포와 같이 빈곤층 및 소외계층을 대상으로 운영되는 소매업의 성장은 지속되고 있다. 이와 유사

한 변화는 미국에서도 나타난다. 기존 소매업 체인들은 쇠퇴하는 반면, (빈민층을 주 고객으로 삼는) 달러제너럴(Dollar General) 같은 곳은 급성장하고 있다(Authers and Leatherby 2017).

11.5 소매업의 재구조화와 국제화

소비문화의 글로벌화와 더불어 소매업 부문 **국제화(internationalization)**의 진전도 중요한 변화이다. 소매업은 그동안 국가적 스케일에서 작동하는 경제활동으로 이해되었지만, 다른 서비스업에서와 마찬가지로 최근 급격한 국제화를 경험하고 있다. 코와 리글리(Coe and Wrigley 2007: 342)는 1990년대 후반부터의 변화를 '소매업 해외직접투자(FDI)의 대홍수'로 칭했고, 이런 투자의 상당 부분은 동아시아, 중·동부 유럽, 라틴아메리카의 신흥시장에 집중되었다. 2005년과 2015년 사이 전체 소매업 판매에서 국가 간 거래의 비중은 14.4%에서 22.8%로 성장했고(Coe et al. 2017), 다국적 소매업체가 활동하는 국가 수의 평균치도 5.9개국에서 10.1개국으로 증가했다.

11.5.1 소매업의 국제화

표 11.2에 나타난 세계적 소매업체의 자료는 국제화의 복잡한 모습을 보여준다. 미국 기업들의 해외활동 비중은 대체로 낮은 편이다. 국제적 활동이 활발한 기업들은 글로벌 전략보다 지역적 접근을 채택하는 경향이 있다. 그리고 글로벌 차원에서 '국가를 수집'하는 활동을 피하고, 동아시아와 같은 일부 지역에 집중해 그곳에서 활동을 강화하고

표 11.2 매출액 기준 세계 10대 소매업체(2015년)

순위	기업	출신국	매출액	운영 국가 수	해외 매출액 비중(%)
1	월마트(Walmart)	미국	482,130	30	25.8
2	코스트코(Costco)	미국	116,119	10	27.4
3	크로거(The Kroger)	미국	109,830	1	0.0
4	리들(Lidl)	독일	84,448	26	61.3
5	월그린 부츠(Walgreen Boots)	미국	89,631	10	9.7
6	홈디포(Home Depot)	미국	88,519	4	9.0
7	까르푸(Carrefour)	프랑스	84,856	35	52.9
8	알디(Aldi Einkauf)	독일	82,164	17	66.2
9	테스코(Tesco)	영국	81,019	10	19.1
10	아마존(Amazon)	미국	79,268	14	38.0

(출처: Deloitte 2017: 14를 수정하였음)

Box 11.6

테스코의 국제화와 복잡한 관계의 지리

1990년대 중반부터 테스코(Tesco)의 성장 전략은 해외 시장 확대를 중심으로 진행되었고, 결과적으로 테스코는 2000년대 중반 식료품 소매업 분야에서 세계 3위의 초국적기업(TNC)이 되었다. 이 기업은 아시아 6개국, 동유럽 5개국, 그리고 미국과 아일랜드를 포함해 13곳의 해외시장에서 활동하고 있다. 이처럼 소수의 전략 국가를 중심으로 해외시장을 개척하고 있기 때문에 테스코의 해외 사업은 글로벌화로 칭하는 것보다 고도로 지역화된 전략으로 규정하는 것이 보다 타당하다.

'전략적 현지화(strategic localisation)'(Coe and Lee 2006) 방침의 효과로 테스코는 2000년대에 라이벌 기업보다 우위를 점할 수 있었다. 특히 아시아 시장에서는 현지 기업과 제휴 관계를 맺었던 것이 주효했고, 인도에서는 현지 기업과 프랜차이즈 협약을 맺기도 했다. 1999년 삼성물산과 합작투자 회사인 삼성-테스코를 설립하며 시작된 한국 시장 진출이 가장 성공적인 사례로 꼽힌다. 테스코는 현지 시장을 더 강조하면서 한국에서 홈플러스라는 독자적 브랜드를 개발하여 사용했다. 이것은 해외 브랜드에 대한 신뢰가 낮고 자국 브랜드와 상품을 선호하는 소비문화를 반영한 결정이기도 했다(Coe and Lee 2006). 대다수의 고용은 현지에서 이루어졌고, 한국인 대표이사는 한국인 노동자 특유의 기업에 대한 소속감과 충성심을 테스코의 '합리적' 경영 방식과 조화시키며 혼종의 기업문화를 창출하려 했다(앞의 책). 테스코는 현지의 생산업체, 제조업체와 직접조달 채널을 구축하는 방식으로 한국에서 로컬 소싱을 강조했다.

테스코에서 한국의 홈플러스는 국제적 활동의 '정수'와 같이 언급된다. 1999년 2개의 점포에서 500여 명을 고용하던 해외 사업이 2014년에는 139개 점포로 확대되어 고용 인원은 25,972명까지 증가했다(Coe et al. 2017). 그래서 2015년 42억 파운드(약 2조 6,000억 원)에 달하는 테스코의 홈플러스 지분을 아시아의 한 사모펀드에 매각했을 때 많은 이들은 놀랄 수밖에 없었다(앞의 책). 이 결정을 이해하려면 테스코를 둘러싸고 본거지인 영국과 해외의 조직 사이에서 형성된 복잡한 연계를 살펴보아야 한다. 이 기업의 해외 진출은 확대되었지만, 영국 내 시장은 여전히 핵심적인 지위를 차지하고 있다(표 11.3). 금융위기의 여파로 자국 시장에서 여건이 악화되고 (독일계의 알디와 리들처럼 저가로 공략하는 신규 해외업체의 영국 진출로 인해) 경쟁도 심화되면서 테스코는 2015년 가장 큰 규모의 적자를 기록했다. 부정회계 스캔들이 발생한 후에는 투자자의 신뢰도 잃게 되어 해외 사업의 운영도 어려워졌다. 중국에서는 누적된 적자의 개선 여지가 없어 보였고, 실패한 미국 시장에서는 철수의 결정이 이미 내려진 상태였다. 그래서 테스코는 자국에서 이루어지는 핵심 사업에 더 많은 관심을 기울일 필요가 있었다.

한편, 초기의 성장에도 불구하고 한국에서의 사정도 악화되었으며 미래도 불투명해 보였다. 소비자의 만족도는 하락하고, 홈플러스의 불공정한 기업 운영 관행에 문제를 제기하는 이들도 늘어갔으며, 전통시장의 상권을 침해하는 행태에 대해서도 심각한 저항이 일었다. 더불어 기업 내부에서는 생활임금 보장, 고용 안정성의 개선 등을 요구하며 노동자의 집단 행동이 나타나기 시작했다(앞의 책). 국내외에서 발생하는 여러 가지 압박에 대응하고, 기관투자자들의 요구에 부응하려는 과정에서 홈플러스는 매각되었던 것이다.

표 11.3 2000~2017년 테스코의 국제 경영 방향성 변화(총 매출액 대비 백분율, %)

구분	2000년	2005년	2010년	2017년
영국	90	80	68	76
나머지 유럽	7	11	16	15
아시아	3	9	22	9
미국	–	–	1	0

(출처: Coe and Lee 2006: 72; Tesco 2017: 167을 수정하였음)

시장 기반을 굳히고자 한다(Dawson 2007).

소매업의 국제화는 신흥 국가에서 시장 접근성을 높이는 방식으로 진행되어왔다. 포화된 국내 시장에서 경쟁이 치열해지고 신흥시장에서는 꾸준한 성장이 있을 것이라는 전망이 있었기 때문이다. 1990년대 말부터 2000년대 초까지의 성장기 동안 채권 발행이나 에쿼티 파이낸싱을 통해 자본시장을 상대적으로 저렴하게 이용할 수 있었고, 신흥시장에서 소매업 부문의 시장 자유화도 빠르게 진행되었다(Coe and Wrigley 2007). 초국적 소매기업들은 빠른 경제발전 전망으로만 신흥시장을 공략하지 않았다. 전통적 상점이 주를 이루어 현대적 소매 부문이 제대로 개척되지 못했던 것도 신흥시장을 겨냥한 이유였다. 다음 3가지 유형의 신흥시장 개척 전략이 두드러지게 나타났다. 까르푸와 월마트같은 초국적 식료품 소매업체들은 글로벌 전략을 채택했지만, 네덜란드의 아홀드(Ahold)는 매우 지역화된 '프랜차이즈' 방식을 추구하며 상당한 자율성을 보유하는 지사들의 네트워크를 구축했다.★ Box 11.6에서 상술하는 바와 같이 영국의 테스코처럼 '전략적 현지화(strategic localization)'라는 '제3의 길'을 택했던 기업도 있다.

··

★ 기업 간 관계에서 '프랜차이징(franchising)'은 브랜드나 지적재산권에 대한 독점적 사용권한을 부여하는 방식을 뜻한다. 프랜차이징은 위기를 회피하고 시장점유를 확대하고자 하는 소매업 TNC의 전략으로 널리 활용된다. 또 다른 방식으로는 합작투자(joint venture)가 있는데, 이는 복수의 독립기업이 특정한 목적을 가지고 별도의 회사법인을 설립하는 것이다. 스타벅스코리아는 2가지 방식 모두를 시행한 기업의 친숙한 사례이다. 스타벅스코리아는 1999년 미국의 스타벅스와 한국의 신세계그룹이 5:5의 지분을 합작투자한 기업으로, 매출액의 5%가 상표권의 대가로 스타벅스 본사에 지급된다. 한편 제조업계에서는 TNC 간 관계에서 아웃소싱이 보다 두드러진다(9.2 참조).

11.5.2 소매업 TNC의 복잡한 공간 모자이크

일반적으로 소매업 부문에서는 몇 가지 산업적 특징 때문에 **지역적 착근성**이 매우 중요하게 작용한다(Coe and Lee 2006: 68). 첫째, 기업은 진출국에서 점포 간 네트워크를 광범위하게 구축할 필요성이 있기 때문에 현지에서의 부동산 시장과 계획 체계에 지대한 영향을 받는다. 둘째, 소매업체는 문화적 선호, 기호, 태도를 포함해 현지의 소비 패턴에 주목할 필요가 있으며, 이 때문에 순수하게 경제적인 것 이상으로 여러 가지 사회·문화적 조건을 고려해야 한다. 셋째, 글로벌 스케일과 지역적 스케일에서 이루어지는 아웃소싱이 증가하고 있지만 소매업체에게는 다양한 종류의 상품을 공급받기 위한 로컬소싱의 관계도 매우 중요하다. 이런 착근성의 특색은 대량생산 제조업의 착근성과는 대조적이다. 제조업 TNC는 진출국에서 관계를 거의 맺지 않고, 조립이 필요한 원자재를 대부분 수입하는 경우가 많기 때문이다.

소매업의 국제화는 거침없는 글로벌 팽창과 통합의 이야기가 아니라, "성공과 실패의 복잡한 모자이크"(Coe *et al.* 2017: 2743)라고 묘사된다. 소매기업은 진출국의 환경에 상당한 영향을 받는데, 특히 시장 점유율과 (금융위기 이후에는) 투자 자본의 현지 전략 수립에 중요한 역할을 했다. 시장 점유를 획득하는 데 있어 지역적 착근성의 중요성, 그리고 현지 소비시장과 문화의 영향력 때문에 소매업계에서 실패한 국제화의 사례도 많이 존재한다. 월마트는 저비용, 탈규제의 소매업 모델을 상대적으로 규제가 심한 독일 시장에 이식하려고 노력했으나, 결국에는 철수 결정을 내리고 말았다

(Christopherson 2007).

"저항의 영역"이 명백하게 드러나는 곳에서는 국제적 소매업체에 대한 진출국의 반감도 커졌다(Coe et al. 2017: 2756). 해외기업의 저가 공세에 위협을 느낀 국내 업체가 정부를 압박하며 거대 소매업체를 대상으로 새로운 규제와 조세의 도입을 자극한다. 최근 폴란드 정부는 까르푸, 테스코와 같은 외국계 거대 소매업체를 대상으로 새로운 세금을 부과하기 시작했으며, 자국의 소규모 소매업체에 대해서는 면세 혜택을 제공했다. 그러나 이에 대해 유럽위원회는 철회 명령을 내렸다. 폴란드가 EU의 원조 규정을 위반하며 불공정한 방식으로 작은 국가에게 경쟁우위를 부여한다는 이유 때문이었다(Shotter 2017). 노동의 저항 및 조직화, 그리고 임금 인상 요구 때문에 해외 진출을 포기하는 사례도 많다. 이처럼 소매업의 국제화 전략은 여러 시장과 국가 사이에서 벌어지는 자본이전 및 공간적 조정의 과정으로 구성되고, 여기에서는 경제적 상황의 변화가 중요한 역할을 한다(Coe et al. 2017).

앞서 살핀 바와 같이 온라인 소비 패턴, 디지털 플랫폼, (페이스북, 넷플릭스, 아마존 같은) 새로운 형태의 기업이 등장하며 전통적 소매업체의 주도성은 약화되었다. 예를 들어, 최근의 조사에서는 미국 시장에서 판매액을 기준으로 아마존이 월마트를 추월한 것으로 나타났다(Authers and Leatherby 2017). 월마트를 포함해 기존 소매업체들이 온라인 시장으로 빠르게 진출하면서 앞으로 온라인 플랫폼의 성장은 자명해 보이며, 향후 몇 년 안에 소매업계 판도와 비즈니스 모델은 급진적 변화를 겪을 것으로 예측된다.

이런 변화가 소비의 공간과 장소에 가져올 의미에 대한 답은 아직까지 불명확하지만, 가상 공간 때문에 물질적 소비의 공간이 사라질 것 같지는 않으며 소비와 소매업의 지리는 보다 많이 뒤얽힐 수밖에 없을 것이다. 크루(Crewe 2013: 776)의 주장에 따르면, "소비의 지리와 활동에 인터넷이 미치는 영향은 복잡하며 지금도 진화하고 있다. 그리고 그 영향은 복원력을 지니는 기존의 가치사슬, 권력관계, 네트워크 구조의 공간적 형태에 의해서도 구체화될 것이다." 그래서 기존의 불균등발전의 패턴이 더욱 공고해질 수도 있고, 파열이 발생할 수도 있다. 어쨌든 장소 간 관계는 새로운 모습으로 재탄생하게 될 것이다.

11.6 요약

11장에서는 현대의 글로벌 경제에서 소비의 중요성을 살펴보았다. 대량소비, 상품, 브랜드 등의 중요성이 증대한 이유는 자본주의의 전환과 밀접하게 관련된다. 20세기 전반은 생산 제일주의와 산업자본주의의 시대였지만, 후반부터는 소비 지향의 자본주의로 변화했다. 이것은 선진 자본주의에서 서비스 경제의 진전과도 밀접한 관련성을 가진다. 그렇다고 해서 소비가 생산을 대체하는 것으로 인식해서는 안 된다. 생산과 소비는 글로벌 경제에서 복잡하게 얽혀 있고 서로 영향을 주고받고 있으며, 이런 과정 속에서 장소 간 불균등 패턴과 다채로운 지리적 흐름, 순환, 연결이 형성된다.

소비는 경제적 과정을 매개하는 문화적 실천,

사회적 정체성과도 연관성을 가진다. 글로벌화된 소비활동은 문화적 균일화로 귀결된다는 주장이 있지만, 11장에서는 지속적인 공간적 분화와 장소의 지리적 차별성을 강조했다. 소비양식의 변화에 따라, 백화점이나 교외의 쇼핑몰과 같은 보편적인 도시 현상이 출현하면서 경제경관도 새로워지고 있다. 이와 동시에, 로컬 문화와 실천 또한 글로벌 소비 경제를 형성하는 축으로 기능한다. 이는 코카콜라의 사례, 브랜드의 오리지네이션, 국제적 소매업체의 전략적 현지화에서 나타나는 고유한 공간적 방식들로 확인된다. 그리고 온라인 쇼핑, 디지털 기술과 인터넷의 발전은 글로벌 경제와 소비자의 정체성 및 실천을 더욱 크게 변화시킬 것이다. 그렇다고 해서 과장된 글로벌화 담론에서 만연하게 등장하는 공간의 소멸이 나타날 것 같지는 않아 보인다. 새로운 형식의 지리적 다양성, 공간적 연결과 흐름이 발생하고 있기 때문이다.

 연습문제

글로벌 소매업 체인 하나를 선정하여 주요 시장에서 해당 업체의 소매업 공간 조직과 상품사슬이 어떻게 형성되었는지 살펴보고, 디지털 플랫폼과 온라인 소비의 위협에 대응하는 조사 대상 소매업체의 공간 전략을 비판적으로 평가해보자. 조사한 업체는 그런 위협에 어떻게 대처하는가? 새로운 디지털 시대에 대응하는 데 있어 어떤 강점과 약점을 가지고 있는가?

더 읽을거리

Crewe, L. (2017) *The Geographies of Fashion: Consumption, Space and Value,* London: Bloomsbury.

비판지리학 관점에서의 패션 및 의류 산업에 대한 분석을 제시하는 서적이다. 특히 고급 의류의 생산과 소비를 둘러싼 복잡하고 촘촘한 관계들을 상세히 파헤치며, 그런 패션 산업의 공간적 연결과 연관된 경제적·문화적 가치를 탐구한다.

Gereffi, G. (1994) The organisation of buyer-driven commodity chains: how US retailers shape overseas production networks. In Gereffi, G. and Korzeniewicz, M. (eds) *Commodity Chains and Global Capitalism.* Westport, CT: Greenwood Press, pp. 95-122.

상품사슬 연구의 핵심 문헌 중 하나이다. 의류 산업에 초점을 두고, 글로벌 공급사슬 구축에서 소매업체와 브랜드 기업의 역할과 권력을 구매자주도형으로 개념화하여 논한다.

Hubbard, P. (2017) *The Battle for the High Street: Retail Gentrification, Class and Disgust.* Basingstoke: Palgrave Macmillan.

영국의 긴축재정 맥락에서 시내 중심가와 소매업계가 직면하고 있는 다양한 이슈에 대한 통렬한 비평을 제시하는 서적이다. 공간, 사회, 계급의 측면에서 소매업과 '시내 중심가의 몰락'을 둘러싼 여러 가지 내러티브와 정책 담론을 비판적으로 검토한다.

Mansvelt, J. (2013) Consumption-reproduction. In Cloke, P. *et al. Introducing Human Geographies,* 3rd edition. London: Taylor & Francis, pp. 378-90.

소비의 경제적, 문화적 중요성을 둘러싼 논쟁에 대한 입문서라 할 수 있다. 소비의 다면적 특성을 강조하며 글로벌 경제 관계, 문화적 실천, 정체성 형성에서 소비의 역할을 살핀다.

Pike, A. (2015) *Origination: The Geographies of Brands and Branding.* Oxford: Wiley-Blackwell.

브랜드의 지리에 대한 파격적인 사고를 제시한 선구자적인 문헌이다. 장소 및 공간 관계를 통해서 브랜드가 (재)생산되는 과정과 방식을 고찰하기 위해 오리지네이션(원산지화)의 개념을 제시한다.

웹사이트

https://followtheblog.org/author/iancooketal
문화지리학자 이안 쿡(Ian Cook)의 블로그로 소비 상품과 관련된 혁신적인 통찰력을 제시한다.

참고문헌

Authers, J. and Leatherby, L. (2017) In charts: how US retailers fared as Amazon powered ahead. *Financial Times,* 22 November.

British Retail Consortium (2016) *Festive FAQs: 2016.* London: British Retail Consortium. Available at: https://brc.org.uk/media/105790/brc-festive-faqs-2016.pdf.

Christopherson, S. (2007) Barriers to 'US style' lean retailing: the case of Wal-Mart's failure in Germany. *Journal of Economic Geography* 7(4): 451-69.

Coe, N. and Lee, Y.S. (2006) The strategic localization of transnational retailers: the case of Samsung-Tesco in South Korea. *Journal of Economic Geography* 82 (1): 61-88.

Coe, N. and Wrigley, N. (2007) Host economy impacts of transnational retail: the research agenda. *Journal of Economic Geography* 76: 341-71.

Coe, N., Lee, Y.S. and Wood, S. (2017) Conceptualising contemporary retail divestment: Tesco's departure from South Korea. *Environment and Planning A* 49 (12): 2739-61.

Cook, I. and Crang, P. (1996) The world on a plate:

culinary culture, displacement and geographical knowledges. *Journal of Material Culture* 1: 131-53.

Cook, I. and Crang, P. (2016) Consumption and its geographies. In Daniels, P., Bradshaw, M., Shaw, D., Sidaway, J. and Hall, T. (eds). *Introduction to Human Geography*, 5th edition. London: Pearson Education, pp. 379-96.

Crang, P. (2005) Consumption and its geographies. In Daniels, P., Bradshaw, M., Shaw, D. and Sidaway, J. (eds) *Human Geography: Issues for the Twenty First Century*, 2nd edition, London: Pearson, pp. 359-79.

Crewe, L., (2013) When virtual and material worlds collide: democratic fashion in the digital age. *Environment and Planning A* 45 (4): 760-80.

Crewe, L. (2017) *The Geographies of Fashion: Consumption, Space and Value*. London: Bloomsbury.

Crewe, L. and Gregson, N. (1998) Tales of the unexpected: exploring car boot sales as marginal spaces of consumption. *Transactions, Institute of British Geographers* NS 23: 39-53.

Dawson, J.A. (2007) Scoping and conceptualising retailer internationalisation. *Journal of Economic Geography* 7: 373-97.

Deloitte (2017) *Global Powers of Retailing*, Annual Report.

Domosh, M. (1996) The feminised retail landscape: gender, ideology and consumer culture in nineteenth-century New York City. In Wrigley, N. and Lowe, M. (eds) *Retailing, Consumption and Capital: Towards the New Retail Geography*. Harlow: Longman, pp. 257-70.

Goss, J. (1993) The 'magic of the mall': an analysis of form, function and meaning in the contemporary retail built environment. *Annals of the Association of American Geographers* 83 (1): 18-47.

Goss, J. (1999) Once upon a time in the commodity world: an unofficial guide to the mall of America. *Annals of the Association of American Geographers* 89: 45-75.

Goss, J. (2005) Consumption geographies. In Cloke, P., Crang, P. and Goodwin, M. (eds) *Introducing Human Geographies*, 2nd edition. London: Arnold, pp. 253-66.

Hamilton, G.G., Senauer, B. and Petrovic, M. (2011) *The Market Makers: How Retailers are Reshaping the Global Economy*. Oxford: Oxford University Press.

Harvey, D. (1989) Editorial: a breakfast vision. *Geography Review* 3: 1.

HKTDC Research (2017) *China's Toy Market,* 11 September. Hong Kong: Hong Kong Trade Development Council.

Hubbard, P. (2017) *The Battle for the High Street: Retail Gentrification, Class and Disgust*. Basingstoke: Palgrave Macmillan.

Hudson, R. (2005) *Economic Geographies: Circuits, Flows and Spaces*. London: Sage.

Klein, N. (2010) *No Logo*, 4th edition. New York: Fourth Estate.

Lowe, M. and Wrigley, N. (1996) Towards the new retail geography. In Wrigley, N. and Lowe, M. (eds) *Retailing, Consumption and Capital: Towards the New Retail Geography*. Harlow: Longman, pp. 3-30.

Mansvelt, J. (2005) *Geographies of Consumption*. London: Sage.

Mansvelt, J. (2013) Consumption-reproduction. In Cloke, P., Crang, P. and Goodwin, M. (eds) *Introducing Human Geographies*, 3rd edition. London: Taylor & Francis, pp. 378-90.

Massey, D. (1994) A global sense of place. In Massey, D. (ed.) *Place, Space and Gender*. Cambridge: Polity, pp. 146-56.

Miller, D. (1995) Consumption as the vanguard of history: a polemic by way of introduction. In Miller, D. (ed.) *Acknowledging Consumption: A Review of New Studies*. London: Routledge, pp. 1-57.

Miller, D. (1998) Coca-Cola: A black sweet drink from Trinidad. In Miller, D. (ed.) *Material Culture: Why Some Things Matter*. Chicago: University of Chicago Press, pp. 169-88.

Pike, A. (2015) *Origination: The Geographies of Brands and Branding.* Oxford: Wiley-Blackwell.

Ritzer, G. (2004) *The Globalisation of Nothing.* Thousand Oaks, CA, and London: Pine Forge Press.

Rusche, D. (2017) Big, bold and broke: is the US shopping mall in fatal decline? *The Guardian*, 23 July.

Shotter, J. (2017) European Commission rules Poland retail tax unfair. *Financial Times*, 30 June.

Slater, D. (2003) Cultures of consumption. In Anderson, K., Domosh, M., Pile, S. and Thrift, N. (eds) *Handbook of Cultural Geography.* London: Sage, pp. 146-63.

Tesco (2017) *Annual Report and Financial Statement.* Tesco plc, Cheshunt, Hertfordshire.

Thrift, N. and Olds, K. (1996) Refiguring the economic in economic geography. *Progress in Human Geography* 20: 29-42.

Watts, M. (2005) Commodities. In Cloke, P., Crang, P. and Goodwin, P. (eds) *Introducing Human Geographies,* 2nd edition. London: Arnold, pp. 527-46.

Wolf, M. (2016) China's great economic shift needs to begin. *Financial Times,* 19 January.

Worldwatch Institute (2015) *Vital Signs,* vol. 22. Washington, DC: Worldwatch Institute.

Wrigley, N. and Lowe, M. (2002) *Reading Retail: A Geographical Perspective.* London: Arnold.

경제지리학과 환경

12.1 도입

경제활동의 입지에 영향을 미치는 자연환경의 역할에 경제지리학자들이 관심을 갖기 시작한 시점은, 독일입지이론이 등장한 1920년대를 지나 그 이전으로 거슬러 올라간다(2.2 참조). 그러나 비교적 최근까지도 경제지리학은 노동, 자본, 시장 접근성, 운송비에 기초한 입지모델에서 환경을 늘 원료 정도의 수동적 생산요소로 간주해왔다. 환경 자체를 주제로 삼았던 연구는 지리학의 여러 하위 분야 경계에 구애받지 않고 이루어졌다. 인문지리학의

발전연구, 문화지리학, 농촌지리학, 도시지리학 분야에서도 환경과 자연을 공간적 사고의 중요한 영역으로 간주할 뿐 아니라 인간 사회를 형성하는 능동적 요소로 인식하기 시작했다. 하지만 경제지리학은 그런 변화에서 조금은 뒤처진 모습이다.

기후변화(climate change)가 초래하는 경제적·사회적·공간적 영향에 대처하는 것이 시급해지면서 상황은 바뀌기 시작했다. 12장은 이와 관련된 2가지 중요한 내용을 다룬다. 첫째는 개념적인 것으로, 환경적 관점이 공간경제를 이해하는 방식을 어떻게 바꾸었으며, 이에 따라 기존의 개념과 이론은 또 어떻게 달라졌는가에 대한 것이다. 둘째는 환경을 중시하면서 나타난 정책들과 그 함의이다. 특히 기후변화에 대처하기 위한 정책과 지침이 지역의 경제발전에 어떤 영향을 미치는지, 또 이로 인해 장소들 간 경제적 관계는 어떻게 달라지는지를 살펴본다.

환경과 증대되는 기후변화의 위협에 대한 연구는 상당히 광범위한 영역이기 때문에 다양한 전통과 관점을 모두 담기에 1개 장 분량으로는 너무 부족하다. 그래서 특히 기후변화와 관련되어 새로이 주목을 받고 있는 환경과 에너지 문제에 초점을 맞추고자 한다.

12.2 자연, 기후변화, 경제발전

12.2.1 자원, 자연, 기후변화

자원은 경제의 작동을 이해하고자 할 때 기본적으로 알아야 할 요소이다. 예를 들어, 이디스 펜로즈(Edith Penrose)의 기업이론에서 기업의 경쟁우위는 이용 가능한 자원을 활용해 효과적인 역량을 발전시키는 것에 좌우된다(3.2.1 참조). 경제지리학에서도 토지, 물, 토양, 광물 등 자연자원에 대한 접근성은 (기업 입지의) 중요한 설명요소로 간주되었다. 그러므로 경제지리학이 불균등발전 패턴을 설명할 때 자원을 매우 수동적인 요소로만 치부했다고 한다면 조금 지나친 말일 수도 있다. 하지만 최근까지도 경제지리학의 하위 분야에서 자원이나 자연을 더 심도 있게 연구하고 거시적으로 접근하려는 시도는 거의 없었다고 해도 과언이 아니다.

그러나 경제발전은 **지구온난화(global warming)**를 가속화하는 화석연료 채굴과 연관되어 있고, 기후변화가 인간과 지구에 점점 더 큰 위협을 가하고 있어 경제지리학은 더 이상 이러한 주제들을 피할 수 없게 되었다. '**인류세(Anthropocene)**'는 '산업시대'를 구분하기 위해 자주 등장하는 용어다. 산업시대라는 용어는 UN의 기후변화에 관한 정부 간 패널(IPCC: Intergovernmental Panel on Climate Change)에서 제시한 개념으로, 화석연료 연소 및 이산화탄소(CO_2) 같은 온실가스의 증가로 지구온난화가 나타나는 시기를 말한다(그림 12.1 참조). 산업화가 지구온난화의 원인이라는 것은 95%의 확실성을 가지고 있다. 또한 글로벌북부에서 일어난 산업화의 장기적 영향과 1950년대 후반부터 글로벌남부 일부 지역에서 산업화가 급진전되면서, 지구온난화는 최근 더욱 가속화되었다고 일부 증거들은(Box 12.1 참조) 시사하고 있다.

막강한 권력을 지닌 글로벌 석유업계 **초국적기업(TNCs: Transnational Corporations)**, 자동차 회사들은 지구온난화의 증거를 반박하지만, 기후학자 대다수는 지구온난화를 현실로 받아들이고 인간과 산업화가 그 핵심 원인임을 지적한다. 과학자들은 만장일치에 가깝게 과감한 정책을 도입해 지구온난화의 피해로부터 벗어나야 한다는 의견에 동의한다. 최근 IPCC 보고서에는 이러한 평가내용이 명명백백하게 기술되어 있다.

전(前)산업시대 이래로 인류의 온실가스 배출량은 계속 증가했고, 경제와 인구의 성장이 그 핵심 원인이었다. 이제는 배출량이 어느 때보다 높은 수준에 이르렀다. 최소 지난 80만 년 동안 전례를 찾을 수 없을 정도로 대기 중 이산화탄소, 메탄, 아산화질소의 농도가 증가했다. 이들의 영향은 인류가 발생시킨 다른 것들과 함께 기후시스템 전반에서 확인되었고, 20세기 중반 이래 관찰된 온난화의 주된 원인일 가능성이 매우 높다.

(IPCC 2015: 4)

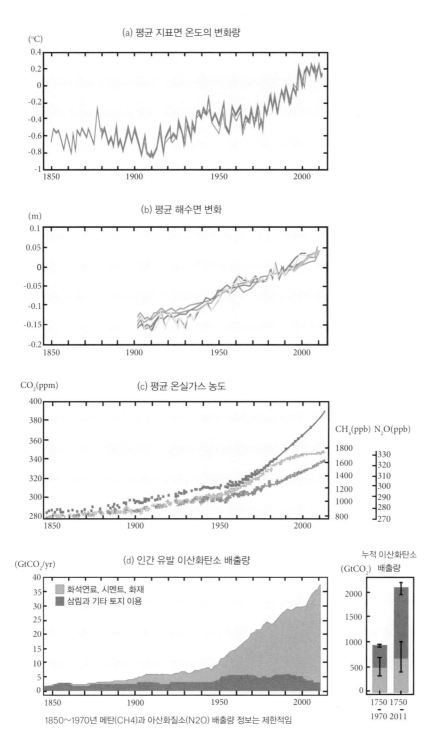

(a) 평균 지표면 온도의 변화량

(b) 평균 해수면 변화

(c) 평균 온실가스 농도

(d) 인간 유발 이산화탄소 배출량

화석연료, 시멘트, 화재
삼림과 기타 토지 이용

1850~1970년 메탄(CH4)과 아산화질소(N2O) 배출량 정보는 제한적임

누적 이산화탄소 배출량

그림 12.1 산업화, 화석연료, 지구온난화 사이의 관계

(출처: IPCC 2015: 3)

Box 12.1

『스턴보고서』
기후변화, 경제학, 'BAU'를 넘어

『스턴보고서(The Stern Review)』는 경제적 관점에서 기후변화를 가장 치밀하게 분석한 연구 중 하나이다. 영국 정부의 의뢰로 수행된 이 연구는 연구책임자였던 니콜라스 스턴(Nicholas Stern)의 이름을 따 명명되었다. 『스턴보고서』에 따르면 이산화탄소 배출량의 24%는 전력 생산과정에서 석탄, 석유, 천연가스 같은 화석연료가 연소되면서 생기고, 교통, 산업, 농업도 중요한 배출원이다(그림 12.2). 보고서에 따르면, "온실가스 배출이 '아무런 대책 없이 지속될 경우(BAU: Business-As-Usual)' 기후변화로 인해 돌이킬 수 없는 심각한 위기를 맞을 것이다"(Stern 2006: iii). 달리 말하면 경제가 운용되는 방식을 완전히 바꾸고, 화석연료에서 벗어나 탄소배출이 적거나 아예 전무한 미래로의 극적인 전환이 필요하다는 것이다.

보고서는 BAU★ 시나리오가 유지된다면 지구상 동식물과 인간의 생명은 매우 치명적인 영향을 받게 된다고 예측한다. 현재의 경제 궤적에 변화가 없으면, 평균적으로 섭씨 5도의 기온 상승이 발생해 지구 대부분의 지역은 거주가 불가능해질 것이다. "이러한 변화는 세계의 자연지리를 변화시킬 것이다. 자연지리의 급격한 변화는 인문지리에도 엄청난 영향을 미칠 수밖에 없다. 인간이 사는 곳, 인간이 살아가는 방식에 지대한 영향을 준다는 말이다"(Stern 2006: iv).

★ BAU는 일상의 지속이라는 표현인데, 기후변화와 관련해서는 감축을 위한 특별한 조치를 취하지 않았을 때의 '온실가스배출전망치'를 의미한다.

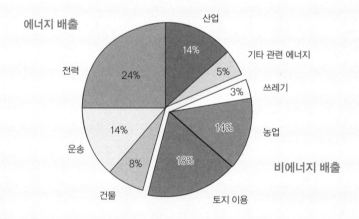

2000년 전체 배출량: 이산화탄소 42기가톤(Gt)
－에너지 배출은 대부분 이산화탄소(일부 산업의 비이산화탄소와 기타 관련 에너지)
－비에너지 배출은 이산화탄소(토지 이용)와 비이산화탄소(농업과 폐기물)

그림 12.2 부문별 온실가스 배출 (출처: Stern 2006: iv)

12.2.2 기후변화와 글로벌 불균등발전

지리적으로 지구온난화의 원인에 대한 비난의 대부분은 글로벌북부의 선진 산업경제로 향한다. 1850년 이후 전체 탄소배출량의 70%가 북미와 유럽에서 발생했다(앞의 책). 이는 세계경제발전에서 중요한 딜레마다. 글로벌북부 수준의 부와 번영에 도달하고자 노력하는 글로벌남부의 저발전 경제는 더 이상 글로벌북부와 유사한 산업발전과 자원 이용 궤적을 따라갈 수 없기 때문이다. 급속히 발전하는 과정에 있는 국가들은 환경보호를 위한 제재 등의 조치를 지구 기후변화 논의에서 생겨나는 부정의(injustice)로 인식하며 불만을 표출하고 있다. 글로벌북부에서 발생한 문제로 인해 발전에 제약을 받는 것이 글로벌남부 입장에서는 못마땅한 것이다. 하지만 이견에도 불구하고, 글로벌남부 국가들은 지구온난화를 줄이려는 '파리기후변화협약(Paris Accord)'과 같은 국제적 기후변화 감소를 위한 노력에 동참하고 있다. 이런 맥락에서 최근 중국은 재생에너지를 적극적으로 장려하기 시작했다.

기후변화로 인한 가장 최악의 결과는 글로벌남부에서 나타날 것이다. 해수면 상승은 뉴욕, 런던과 같은 주요 세계도시를 포함해 세계의 해안지역에 침수 위험을 증가시킬 것이고, 가장 파괴적인 영향은 제일 빈곤한 몇몇 국가에 집중될 것이다. 방글라데시는 가장 우려되는 곳 중 하나로, (아무런 대책 없이 현재의 상황이 지속된다면) 2100년까지 국토의 20% 정도가 침수될 것으로 예측된다. 기후변화는 또한 허리케인, 홍수와 같은 극한 기후상황의 빈도를 증가시킨다. 예를 들어, (옥스팜에 따르면) 2017년 9월 네팔, 방글라데시, 인도에는 예년보다 일찍 불어닥친 몬순으로 홍수가 발생해 1,000명 이상이 사망했으며, (가옥 손실의 피해를 입고 생계 기반을 잃은) 4,100만 명의 이재민이 발생했다(그림 12.3 참조).

그림 12.3 방글라데시에 닥친 이른 몬순의 파괴적 영향(2017년 9월) (출처: Getty Images)

기후변화로 히말라야와 안데스 지역에서는 빙하가 녹아 홍수의 위험이 높아졌고, 인도, 중국, 남아메리카에서는 물 공급이 감소했다. 아프리카에서는 수백만 명이 기아 위협에 처해졌고, 적도와 아열대 지역 사람들은 말라리아와 같은 수인성 질병에 시달리고 있다. 많은 개발도상국은 여전히 농업 의존도가 높아 기후 불안정은 특히 농촌 공동체의 생계에 위협적이다.

글로벌북부 국가들은 생태와 기후에 관해 글로벌남부 국가들에 빚을 지고 있다. 이 사실은 '기후정의(climate justice)'를 내세우는 환경운동과 사회운동의 중요한 원동력이 되었다(Chatterton et al. 2013). 지금은 고인이 된 도린 매시(Doreen Massey)는 기후변화와 관련하여 '책무의 지리'를 언급했다. '책무의 지리'란 몇몇 장소가 다른 곳들에 파괴적 영향을 초래하며 광범위한 공간적 과정을 일으키는 경우를 의미한다(Massey 2004).

12.2.3 기후변화의 정치경제학: 'BAU'를 넘어서

학자와 전문가는 기후변화에 대응하려면 경제 운용에서 그 어떤 것이든 중요한 전환이 필요하다고 주장한다. 하지만 방법론에 대해서는 자본주의 체제 내에서의 개혁과, 전혀 다른 경제체제로의 전환 중에 어느 것이 옳은 방향인지를 두고 많은 논쟁이 일고 있다(13장 참조). 예를 들어『스턴 보고서』는 "역사적 패턴과 온실가스배출전망치(BAU) 예측에도 불구하고, 기후변화 방지와 성장 및 발전의 추구 사이에서 흑백론의 세계관을 가질 필요는 없다"고 주장한다(Stern 2006: xi).

이는 BAU 의제가 시장과 경쟁 중심의 온건한 입장을 취하고 있다는 것을 반영한다. 실제로 이 의제는 효율적인 규제와 (경제발전에서 발생하는) 환경 비용에 대한 '가격 부담' 원칙을 해결책으로 제시하는데, 이는 많은 사람의 비판의 대상이 되었다. 비평가들은 특히 자본주의시스템이 환경파괴를 불러올 수밖에 없다고 지적했다. 언론인이자 활동가인 나오미 클라인(Naomi Klein)은 탐욕적인 자본주의가 성장, 자원의 고갈, 파멸적 경쟁을 기초로 한다고 지적하며, 자본주의적 경제와 사회 시스템에서 탈피해야 한다고 강조한다. 기후변화는 "자본주의와 지구 사이의 전쟁"이며, 여기에서 "자본주의가 너무도 쉽게 이기고" 있기 때문이다(Klein 2014: 22). 그리고 '인류세'라는 용어 자체에 자본주의적 사회시스템이 초래한 환경 파괴를 숨기는 효과가 있다고 주장하는 사람도 있다. 지리학자인 무어(Moore 2017)는 '자본세(Capitalocene)'라는 용어를 선호하며 기후변화와 광범위한 환경위기의 책임을 자본주의의 무자비한 이윤추구 및 자원 축적 탓으로 돌린다.

지금처럼 경제성장을 추구하고 BAU를 유지한다면 기후변화를 막을 수 없으며 유한한 지구는 생태적으로 지속 불가능하다는 강력한 주장도 제기되었고(Jackson 2009), 급진주의 생태경제학자들은 '탈성장(de-growth)'의 새로운 경제가 필요하다고 주장한다(Latouche 2003). 탈성장은 마이너스 성장을 의미하는 것이 아니라, "경제를 관장하는 일련의 가정, 분석, 원칙"을 근본적으로 변혁하자는 것이다(Martinez-Alier et al. 2010: 1742). 그러나 그런 경제를 위해 어떤 종류의 실천과 메커니즘이 필요한지, 어떻게 그것에 도달할 것인지에 대해서는 아직까지 합의에 이르지 못했다.

12.3 환경의 비판경제지리학

경제-환경의 상호작용에 대한 비판지리학 접근은 크게 3가지로 요약할 수 있다(Bakker and Bridge 2006 참조). 첫째는 1970년대 이후 환경관리의 전통을 응용한 것으로, 더욱 지속가능한 방식으로 지구와 자원을 관리하는 것이다(표 12.1 참조). 이 전통은 자연을 수동적인 것으로 인식하여 관리와 통제의 대상으로 간주한다. 그리고 경제발전을 목표로 시장의 메커니즘과 사고방식에 기반해서 자연자원을 보다 잘 활용하는 것을 추구하기 때문에 주류적 관점과 일맥상통한다. 환경경제학에서의 지속가능성 프레임도 마찬가지로 기후변화로 생긴 '외부효과'에 대한 비용 부과에 초점을 맞춘다. 이와 대조적으로, 아래에서 보다 상세하게 소개하는 두 번째와 세 번째 관점은 경제지리학의 핵심 이론과 깊이 관련돼 있다(2장 참조).

12.3.1 경제-환경의 변증법과 정치

두 번째 접근은 **정치경제학**과 **정치생태학** 관점으로 포괄할 수 있다(Smith 1990; Robbins 2012; Castree 2015; Perreault *et al*. 2015; 2.4 참조). 이들은 "세상은 모든 면에서 정치적이며, 어떤 생태계도 정치를 벗어나서는 이해될 수 없다"고 전제하며 (Sundberg and Dempsey 2014: 175), 자연-경제-사회의 관계에 대한 '정치적' 감수성을 요구한다. 이 접근의 핵심 주제는 크게 2가지로 요약할 수 있다. 첫째, 자본축적 과정의 맥락에서 공간적 불균등을 파악하고 이것이 환경과 사회에 초래한 위험과 피해를 탐구한다. 둘째, 자본주의가 유발한 사회-환경적 불평등에 도전하는 대안정치를

표 12.1 경제-자연-사회의 관계에 대한 최근의 주요 접근

구분	환경관리	정치경제학/정치생태학	사회-환경 혼종
환경에 대한 관점	• 자연과 자원은 관리, 생산되는 수동적 개체	• 대체로 수동적으로 인식 • 자본주의가 (지구온난화 등) 자연 재난을 초래	• 환경, 자원, 물질은 경제-사회와 능동적으로 상호작용
연구의 목적	• 자원의 양호한 관리 • 환경보호 • 자원의 이용	• 자본축적을 위한 자연의 과도한 착취 • 자본축적을 위한 시공간 체제의 구축 • 산업과 근대화가 전통문화, 지식, 환경에 미치는 영향 • 환경과 경제의 대안정치 참여	• 생태-사회 혼종 형성 • 창발적이고 긴박한 현상 • 물질성과 담론 • 비선형성, 지속적인 피드백 강조 • 포스트구조주의 입장
공간적 관심	• 환경파괴와 자원고갈의 지도화 • 경제발전에 필요한 자원의 위치 확인	• 불균등발전이 사람과 환경에 미치는 영향 • 자본축적 과정에서 자연의 공간적 생산 • 거대 도시화의 영향 • 전통과 문화의 붕괴	• 사회-환경의 상호작용으로 구축된 새로운 공간적 이상블라주와 형태의 확인 • 일시적이고 유동적인 공간 군집의 강조 • 탈영토화와 재영토화에 초점

마련한다. 이는 사회정의에 관심을 가졌던 마르크스주의의 전통을 확장하여 생태정의와 기후정의를 추구하는 것이다(Chatterton *et al.* 2013). 정치생태학 연구는 (특히 글로벌남부에 집중하여) 자본주의적 산업화와 국가주의적 근대화 과정에 저항하는 사회운동과 투쟁에 많은 관심을 기울여왔다. 이의 연장선상에서 에너지, 물, 식량 관련 이슈를 중심으로 비판자원지리학에 대한 관심도 높아지고 있다(Routledge *et al.* 2018).

자연의 생산에 관한 (이제는 고인이 된) 닐 스미스(Neil Smith)의 이론은 정치경제학에 많은 영향을 주었다(Smith 1990). 그는 자연이 자본주의의 외부에 (독립적으로) 존재하는 것이 아니라, 시장 논리와 이윤추구의 욕망으로 자연이 생산되고 이용되며, 때에 따라서는 훼손되기도 한다는 주장을 펼쳤다(Harvey 1996 참조). 카를 마르크스가 사회는 (시간의 흐름에 따라 원시적 형태에서 산업자본주의로) 진화한다고 말했던 것처럼, 스미스는 (노동이 그랬던 것과 마찬가지로) 자연도 자본주의의 가치 창출 과정에 편입되었다고 논했다. 자연을 변화시키는 주체는 일과 인간의 노동이다. 사회가 더욱 진전되고 복잡한 형태로 발전하는 데 일과 인간의 노동이 핵심적 역할을 하는 것처럼 말이다. 다시 말해, "이제는 인간 사회가 자연을 거의 완벽하게 장악하여 생산할 수 있게 되었다. 그래서 생산활동이 중단되면 자연은 엄청난 변화를 겪을 수밖에 없을 것이다. 인간이 만든 자연은 소멸에 이를 수도 있다는 말이다"(Smith 1990: 36).

이런 논의는 경제지리학 관점에서 2가지의 중요한 의미를 가진다. 첫째, 물, 삼림, 토지, 에너지 자원 등 자연자원은 생산과정에 통합되어 있다.

이는 중립적인 방식이 아니라, 자연에 피해를 주며 궁극적으로는 자연을 파괴할 수 있는 방식으로 이루어진다. 그래서 교환가치를 우선시하는 자본주의는 항상 (생태계 유지에 필수적인) 생태적 가치와 긴장관계에 놓일 수밖에 없다. 지금의 기후변화와 지구온난화에 따른 인간 삶의 소멸위협도 인간에 의한 자연의 변형 과정과 긴밀하게 관련되어 있고, 여기에는 자본주의의 탐욕스런 성장추구로 재생이 불가능한 자원이 고갈되는 것도 포함된다.

정치경제학·정치생태학 관점의 두 번째 가치는 자연이 사회화되는 과정을 강조한다는 점이다. 이는 자본주의적 과정을 통해 특정 경관이 형성되는 것과 관련된다. 가장 발전된 도시경관의 모습도 인간이 자연을 생산한 사례로 파악할 수 있다. 건조환경은 교환가치를 추구하며 토지, 물질, 자원을 흡수해 조성된 것이기 때문이다. 이는 새로운 형태의 불균등발전으로 이어지는데, 가령 도시에서 대중의 소비를 위해 쾌적한 녹색 공간을 새롭게 조성하는 경우에도 사회적 배제의 가능성이 생길 수 있다(Box 12.2 참조).

12.3.2 사회-경제 혼종

세 번째 접근은 '**사회-환경 혼종(socio-environmental hybridities)**'으로 이름붙일 수 있는 관점이다(Whatmore 2002). 이 접근은 자연과 인간이 경제경관을 '공동구성(co-construction)'한다고 보고, 인간과 동등한 행위성을 자연에 부여한다. 과학사회학의 전통, 특히 (행위자-네트워크의 핵심 이론가 중 하나라 알려진) 브루노 라투르(Bruno

뉴욕의 센트럴파크
도시에서의 자연의 생산과 불균등발전

Box 12.2

여러 세대에 걸쳐 뉴욕 관광객들은 맨해튼 한복판에 위치한 평온한 센트럴파크를 찾고 있다. 이곳은 녹지 공간, 나무, 물로 채워져 대도시 뉴욕의 혼잡함으로부터 안식처를 제공하는 오아시스와도 같다(그림 12.4). 그러나 이 공원을 조성하는 도중에 있었던 분열의 역사를 안다면 일부는 약간의 거리감을 느낄지도 모른다. 19세기 급격한 도시화와 산업화의 경관 속에 만들어진 대다수 도시의 녹지 공간처럼 이 공원의 건축가인 프레더릭 로 옴스테드(Frederick Law Olmstead)는 맨해튼 주민을 위해 바위들이 드러나 있는 경사진 목초지의 '자연' 경관을 보존하려 했다.

센트럴파크는 민주주의적 방식으로 모든 집단과 계층에 개방된 공공 공간을 만드려는 의도로 계획되었다. 그러나 도시와 농촌, 사회와 자연을 조화시키고자 했던 여러 도시계획 프로젝트와 마찬가지로, 센트럴파크의 조성 과정에서도 도시빈민과 소외집단은 쫓겨나고 말았다. 옴스테드는 그들이 산업도시의 문명화에 적합하지 않다는 견해를 가지고 있었다. 당시 그의 발언은 다음과 같이 기록으로 남아 있다.

시에서 토지를 매입했을 때, 이곳의 남쪽 구역은 이미 숨막히는 교외의 일부가 되어 있었다. 이보다 더럽고 불결하며 역겨운 교외지역은 어디에서도 찾을 수 없을 것 같았다. 거주자의 상당수가 법에 거슬리는 일에 종사하고 있었고, 도시 근처에서 그런 일을 수행하는 것은 금지되어 마땅했다. ⋯ 1857년 가을 센트럴파크추진단에서 300개 정도의 주거시설을 철거했다. 몇몇 공장, 수많은 젖소와 돼지 축사도 철거의 대상이었다.

(Taylor 1999: 439에 인용)

이는 초기 젠트리피케이션 사례라 할 수 있는 것으로, 도시 주변부에서 가치가 낮은 근린지구가 '개선'을 위해 재생되었던 모습을 보여준다. 옴스테드의 동기는 공공 공간의 전반적인 질 향상이었지만, 센트럴파크 같은 녹지 공간은 근린에 대한 만족도를 높여 인근의 토지와 부동산 임대료를 올리고 이 과정에서 도시빈민은 밀려나게 된다. 현재 맨해튼의 몇몇 곳은 지구상에서 부동산 가격이 가장 높다.

그림 12.4 고층건물 숲 사이의 센트럴파크 (출처: Getty Images)

Latour)의 업적(Latour 1993)에 영향을 받은 관점이다(Bijker *et al.* 2011). 그리고 **포스트구조주의적(post-structural)** 관점을 받아들여 구체적인 상황에서 권력이 어떻게 행사되는지에 관심을 가진다. 이러한 점에서는 심층적 권력관계와 구조를 밝혀내려는 정치경제학적 분석틀에서 벗어난 방법론이라 할 수도 있다(Allen 2003). 이러한 사상을 수용한 에너지지리학의 연구에서는 사회와 환경 간 다중적 상호작용을 중시하고, 이를 위해 물질성(materiality), 아상블라주(집합, assemblage)의 개념이 활용되기도 한다(Bakker and Bridge 2006; Haarstad and Wanvik 2016).

연구의 초점은 (인프라, 석유 같은 상품, 물과 같은 자연자원, 지구온난화, 원전사고, 지진 등의 현상을 모두 망라하는) 물질적인 것들이 어떻게 경관을 능동적으로 공동생산(co-production)하는지

에 관한 것이다. 최근의 적절한 사례로 2011년 일본에서 발생한 후쿠시마 원전사고를 살펴보자(그림 12.5). 여기서 자연적으로 발생하는 현상, 즉 지진에 따른 쓰나미는 인간의 행위성에 따른 원자력 기술 및 경영 실패와 상호작용했다. 이 재난은 지진, (안전과 평가 기준을 충족하지 못해 냉각시스템의 과열을 초래한) 도쿄전력의 실패, 위험한 방사능 물질의 유출이 결합해 공동생산된 것이다. 현장에서 사망자는 없었지만, 당시에는 이후 10년 동안 300명 이상이 방사능과 관련된 암으로 사망할 것이라는 예측이 있었다(Ten Hoeve and Jacobson 2012). 이 사건은 일본을 넘어 독일까지 상당히 광범위한 정치적 영향을 미쳤고, 양국 정부는 원전에서 재생에너지로의 정책 전환을 개시했다.

인간-환경 혼종의 관점을 지닌 인문지리학자들은 인간과 비인간의 조합이 일시적인 공간적

그림 12.5 후쿠시마 다이이치 핵발전소 항공사진 (출처: Getty Images)

조정을 일으키는 것에도 관심을 갖는다. 선도적 이론가 한 명의 말을 빌리면, 이 관점은 "사회, 정치, 경제, 문화 등 이질적인 것들이 결합하는 관계적 과정성(relational processuality)에 주목하며, 또한 실천, 물질성, 창발(emergence)*에 중점을 두는 방법론"이다(Mcfarlane 2011: 652). '자연적' 또는 환경적 개체는 변형과 변화에 민감하여 계속 진행 중인 물질적 과정으로 이해할 필요가 있다는 것이다. 역으로 인간-환경의 상호작용을 거시적 시각에서 고정적으로 바라보는 개념은 거부한다. 혼종의 관점은 물질적인 사물(material objects)의 영향력을 진지하게 받아들이고, 유동적이고 이질적인 현실을 지나치게 구조적으로 해석하는 것을 경계한다. 이 관점이 제시하는 통찰을 1970년대 오일쇼크 사례에서 엿볼 수 있다. 갑작스럽고 예상치 못했던 유가의 변화는 글로벌 경제에 막대한 파장을 일으켰기 때문이다. 재생에너지 부문에서도 같은 현상이 일어나고 있는데 이는 뒤에서 다룰 것이다(12.5 참조).

★ 창발의 개념과 한국의 '상자텃밭' 보급운동 사례를 472쪽 〈심층학습〉에서 자세히 다루었다.

12.3.3 자연과 환경에 개방적인 정치경제학

인간-자연의 상호작용에 대한 지나치게 결정론적인 설명은 옳지 않다. 특히 환경시스템의 파열과 격변의 가능성에 둔감하고, 특정 기술과 발전 궤적에 '고착'된 설명을 비판적으로 바라볼 필요가 있다. 그러나 상대적으로 고정적이고 '구조화된 일관성'(Jessop 2006)을 가진 정치적·경제적 거버넌스 체제가 등장해 지속되고 있음도 무시해서는 안 된다. 자본주의의 사회-생태적 모순이 크다고 하더라도, 이것이 곧 자본주의가 분기점 또는 종착점에 도달했음을 의미하는가와는 전혀 별개의 문제이기 때문이다.

그러나 일시성과 파열에 과도하게 초점을 맞추다가 기저의 구조적 과정과 행위주체를 구분하지 못하는 것은 혼종 접근, 행위자-네트워크와 같은 이론화가 가지는 약점이다. 전환의 역동성을 살피는 경제지리학은 이러한 이유로 개방적인 정치경제학적 관점과 통합될 필요가 있다. 행위성, 불확실성, 우연성을 중시하면서 동시에 행위주체 간 상호작용과 (상대적으로 오래 지속되는) 구조적 과정에도 주의를 기울여야 한다는 말이다(Box 12.3 참조).

Box 12.3

탄소 민주주의와 에너지 전환의 공간정치

미국의 사회학자 팀 미첼(Tim Mitchell)은 에너지 전환에 대한 영향력 있는 설명을 발전시켰다(Mitchell 2009, 2011). 그는 에너지 전환의 정치적, 기술적 측면을 장기적인 정치경제적 맥락 속에서 행위자 중심으로 설명하고자 했다. 그의 설명은 사회 및 경제가 기술, 핵심 물질,

(석유와 같은) 자원과 공진화하는 방식을 강조한다. 미첼은 '탄소의 발자취를 따라가면서(following the carbon)' 자원 채굴의 조직화 방식, 사회관계, 물질, 네트워크, 연결망의 동원 양상, 사회-경제적 혜택이 어떻게 조직되고 분배되는지를 파악할 수 있었다.

우선 에너지의 정치경제학을 이해하기 위해 에너지의 공간성이 기본적으로 중요하다고 인식했다. 그래서 미첼은 에너지 생산과정의 흐름, 집중, 네트워크를 추적하고, 여기에서 드러나는 특정 사람과 장소의 연결방식을 파악했다. 그의 설명은 또한 비인간 물질의 행위성과 변화하는 정치경제적 관계를 강조한다. 미첼은 에너지 체제가 변화하면 정치경제적 관계도 함께 진화한다고 보았으며, 그 양상은 상이한 사회적·정치적·공간적 형태로 나타난다고 설명했다(표 12.2).

표 12.2 탄소 민주주의와 에너지 전환

에너지 체제	에너지의 고유한 특징	사회적 + 정치적 형태	지리적 특징
탄소 이전	• 광범위하게 이용 가능한 태양, 물, 삼림 • 낮은 에너지 용량	• 낮은 산업화 수준 • 대부분 농업사회 • 봉건적이고 비민주적인 전통적 권력관계	• 대체로 분산된 경제활동의 패턴 • (물, 비옥한 농토, 삼림 등) 자원 근처에 집중
탄소 민주주의 1 (석탄)	• 지하에 매장된 에너지 자원 특정 지역에 편재 • 채굴해서 분배하는 데 상당한 노력과 노동이 필요 • 노동에 힘을 실어줌	• 석탄, 운송, 노조의 '삼자 연합' 성장 • 사회개혁과 복지국가에 대한 대중적 요구	• 특정 지역에 매우 집중 • 탄광과 성장하는 산업지역 + 도시를 연결하기 위한 새로운 기반시설 • 국가 스케일에서 채굴과 분배
탄소 민주주의 2 (석유)	• 지하에 매장 • 지역적 편재보다 유동적이고 쉬운 운송 • 석탄보다 적은 노동이 필요 보다 기계화되고 기술 집약적	• 관리 감독과 통제가 보다 쉬움 • 터미널, 정유소 등 주요 시설에서는 노동 및 사회 분규가 일어날 가능성이 적음 • 새로운 지정학적 긴장 등장	• 새로운 지역의 등장(중동, 남미, 서아프리카, 북해 등) • 파이프라인(pipeline)과 유조선으로 연결된 글로벌 유통 네트워크
탈탄소	• 다양한 물질 • 덜 집중되어 있고 네트워크화된 형태 탈중심화된 기반시설 필요	• (석유회사, 노동조합, 원유생산국 등) 탄소 이익집단에 대한 위협 • 지정학적 긴장에서 (물, 바람, 해양 등) 재생자원을 둘러싼 국지적 갈등으로 변화?	• 네트워크로 연결된 탈중심적, 분산적 지리는 더욱 국지화된 형태로 다시 등장할 잠재력을 보유함

(출처: Mitchell 2009를 수정하였음)

1800년까지 인간 사회를 지탱했던 거의 모든 에너지는 (농작물을 위한 태양, 땔감을 위한 초지와 삼림, 운송과 기계를 위한 바람과 물 등) 재생자원이었다. 인간의 주거지는 주로 수로를 따라서 또는 삼림지역이 가까운 비옥한 농토 인근에 형성되었고, 공간적으로 상당히 분산되어 있었다. 유럽과 북미를 제외한 대부분의 세계는 20세기 중반까지 이런 모습으로 존재했다.

1850년부터 대규모 산업화로 탄소의 시대가 열렸는데, 초기에는 삼림자원에서 석탄으로, 그다음은 석유로 대체되었다. 이는 경제와 사회의 공간적·정치적 관계도 근본적으로 변화시켜 '탄소 민주주의(carbon democracy)' 시대가 등장했다. 서유럽과 북미에서 주요 에너지 자원으로 석탄을 사용하면서 석탄 산지와 대도시, 산업지역 등 수요지를 연결하여 유통시킬 수 있는 기반시설이 필요해졌다. 이런 변화는 중요한 정치적·경제적 결과를 낳았다.

특히 일부 노동계급 집단의 권력신장이 두드러졌다. 파업 등의 행동으로 공장이나 가정으로의 석탄 이동을 중단시킬 수 있는, 그리고 그렇게 함으로써 자본주의에 균열을 일으킬 수 있는 역량을 보유했기 때문이다. 이는 노동자의 '구조적 권력'으로 언급될 수 있다(Wright 2001). 구조적 권력이란 생산과 분배의 네트워크 지리에서 중요한 지점을 점유함으로써 노동자가 확보할 수 있는 정치적 역량을 뜻하는 개념이다. 실제로 19세기 말과 20세기 초 사이에 발생한 파업의 대다수는 제조업이 아니라 광업과 운송 부문이었다(Silver 2003). 미첼의 핵심적인 주장은 노동자들의 권력이 자체 조직보다 석탄의 실제적인 공간성과 물질성에서 나왔다는 점이다. 이를 그는 다음과 같이 기술한다.

에너지의 상당량은 매우 좁은 경로를 통해 유통되었다. 이 경로의 주요 접점에는 많은 노동자가 투입되어야 했다. 노동자가 한곳에 집중되고 지위를 얻는 상황은 특정 순간에 그들에게 정치적 권력을 쥐어주었다. … 탄소 에너지가 과도하게 집중된 곳의 노동자들은 에너지의 흐름을 지연, 중단, 단절시킬 수 있었기 때문이다.

(Mitchell 2009: 403)

이러한 상황에서 탄소 민주주의는 20세기 유럽과 북미에서 대중 민주주의 형태로 등장했다. 노동자들이 부와 자원의 재분배를 요구하며 기존의 엘리트에게 도전할 수 있게 되었기 때문이다. 그러나 탄소 민주주의는 글로벌북부에 국한된 것이었고, 글로벌남부는 제국주의 지배와 식민지화의 상황에 처해 있었다.

1920년대가 되자, (세계경제에서 주요 연료로 쓰이던 석탄을 점차 대체하던) 석유에 기반한 새로운 체제가 기존 권력관계에 균열을 일으키며 등장했다. 거대 다국적 석유기업의 등장, 중동의 유전개발, 제2차 세계대전 후 미국과 그 동맹세력의 지정학적 확장 모두 새로운 종류의 탄소민주주의로 이어졌다. 석탄과 운송 노동자의 힘은 상당히 축소되었다. 미국과 서유럽의 석유에 대한 지원은 석탄 기반의 급진적인 노동조합을 와해시키려는 의도도 있었다. 다른 한편으로 주요 도시에서는 자동차산업의 노조가 성장하며 새로운 노동자 권력이 형성되었다.

글로벌 석유공급 네트워크의 특수한 물질성의 영향으로 새로운 정치적 긴장과 위기의 분위기가 조성되었다. 네트워크의 주요 교차점은 정치적 행동에 취약한 지점으로 새롭게 등장했다. 이러한 새로운 지정학적 현실은 이집트의 운하 국유화 조치에 따른 1956년 수에즈 위기, (이스라엘과 아랍 국가 간 갈등으로 표면화된) 1970년대의 석유위기(오일쇼크)로 나타났다. 미첼의 설명에서 탈탄소 시대의 모습은 구체적으로 나타나지 않지만, 이전과는 매우 다른 지리적·물질적 현실이 도래할 것은 자명해 보인다. 석유 매장량이 고갈되면서 재생에너지로의 전환정책은 더욱 절실해졌다. 다음 세기로 나아가는 동안 이와 관련된 새로운 긴장관계와 갈등이 생겨날 것이다.

12.4 지속가능성 전환: 다층적 관점과 그 너머

12.4.1 다층적 관점

'지속가능성 전환(sustainability transition)'은 경제지리학자에게 중요한 관심 주제가 되고 있다. 저탄소경제로 인해 경제활동의 공간 형태가 새롭게 구성되고, 도시와 지역 간 관계가 재정립될 가능성이 있기 때문이다(Truffer and Coenen 2012; Essletzbichler 2012; Gibbs and O'Neill 2017). 이에 대한 분석틀로 다층적 관점(MLP: Multi-Level Perspective)이 주목을 받고 있다. 이 관점은 기술변화의 발생과 도입, (범선에서 증기선, 타자기에서 컴퓨터로의 전환과 같은) 기술체제 전환의 메커니즘과 과정에 관심을 둔다(Geels 2002). MLP를 주도적으로 옹호하는 사람들은 "기술은 그 자체만으로는 권력을 가지지 못하여 아무것도 하지 못한다. 기술은 인간의 행위성, 사회의 구조 및 조직과 결합될 때에만 기능을 수행"한다고 주장한 다(Geels 2002: 1257).

'전환'이란 어떤 기술이 더 효율적이고 생산적 인 다른 기술로 대체되는 것만을 의미하지는 않 는다. 기술이 사회와 상호작용하는 과정, 그리고 그 과정에서 일어나는 사회적 관습, 실천, 행동, 규제의 변화까지 포괄하는 개념이다. 이러한 관 점에서 MLP에서는 3가지의 핵심적 분석 수준이 제시된다(그림 12.6).★ 첫째, 혁신적 사고와 기술 의 테스트베드로 보호되는 공간을 의미하는 '미 시적 수준의 적소(틈새, niche)'가 있다. 둘째, 안

정적으로 정립된 제도, 기술, 규칙, 실천으로 구성 되는 '중범위 수준의 **기술레짐**(technological re- gimes)'이 존재한다. 마지막 분석 수준에는 사회 적 가치, 문화적 규범, 자연의 시스템, 거시경제의 프레임으로 구조화된 '거시적 수준의 경관'이 포 함된다.

새로운 기술의 경로는 기존 방식에 의존하여 작동하는 수많은 경로의존적 장벽과 장애를 극 복할 수 있는 역량을 보유한 행위자만이 창출하 여 실행할 수 있다. 경로의존적 장벽에는 (기존 기 술, 관련 물질성과 인프라, 이들이 전환을 방해하는 방

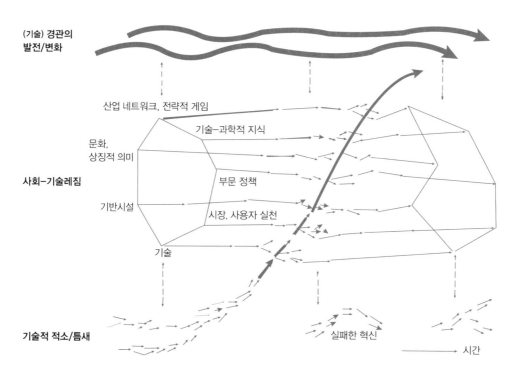

★ 위 그림의 3층위 중 '기술적 적소'는 불안정한 네트워크에서 행위자가 급진적 혁신을 시도하는 수준이다. 기술이 아직 안정화되지 않은 상태로 다양한 노력들이 전개된다(짧은 화살표). '사회-기술레짐'에서는 7개 측면이 서로 연계되어 공진화하는데(긴 화살표), 내부적으로 불확실성과 의견차이 등의 긴장이 존재한다. 특히 기술적 적소에서 등장한 급진적 혁신을 접할 때 긴장은 고조된다(여러 방향의 짧은 화살표). '경관의 발전/변화'는 서서히 변화가 일어나는 층으로 문화나 인구동향 등에서 보편적 변화가 나타난다(굵은 화살표). 급진적 혁신을 이룬 새로운 기술이 틈새를 넘어 주류로 안정화되는 '기술 전환'은 시장을 점유할 뿐만 아니라 새로운 사회- 기술레짐을 형성하고, 정착이 된 후에는 경관의 변화까지 영향을 미친다.

그림 12.6 다층적 전환의 관점 (출처: Geels 2002, Figure 5)

식을 포함하는) 물질적 행위자와 (사회적 실천, 루틴, 관습, 변화와 혁신에 저항하는 기존의 실천양식 등) 사회-정치적 유산이 모두 포함된다.

앞서 미첼의 분석에서 살폈던 바와 같이 기존의 사회-기술레짐으로부터 혜택을 보는 기득권으로부터의 저항이 표면화될 수도 있다. 기후변화의 파괴적인 영향은 이미 널리 인정되었고 글로벌, 국가, 지역의 스케일에서 정책적 대응방안도 다양하게 제시되지만, 아직까지 전환을 방해하는 중요한 사회적·정치적 이해관계가 존재한다. (다국적 석유 산업, 기업, 탄광 관련 부문의 노동자 등) 기존 기술레짐과 관련된 막강한 기득권 세력은 전환 경로를 마련하려는 여론과 정부 정책에 입김을 미칠 정도의 강력한 힘을 보유하고 있다. 때에 따라 그런 힘은 전환의 방해요소로 작용한다.

대표적인 사례로 미국의 코크(Koch) 형제의 활동을 언급할 수 있다. 이들은 화석연료로부터 막대한 부를 축적하는 가족기업을 운영하고, 자신들에게 유리한 여론과 대중매체 환경을 조성하기 위해 1990년대 후반부터 1억 달러 이상을 기후변화를 부정하는 단체와 재단에 제공했다(www.greenpeace.org 참조). 이러한 활동은 미국 내에서 기후변화에 대한 회의론을 확산시키는 데 결정적인 역할을 했다. 2000년대 초까지만 해도 공화당원의 절반 정도가 지구온난화를 위협으로 인식했지만, 이 수치는 2010년 30% 이하로 떨어졌다(McCright and Dunlap 2011).

이러한 구조적 맥락에서 트럼프 대통령의 당선은 미국의 파리기후변화협약 탈퇴로 이어졌다. 이미 탈탄소화를 정책으로 삼은 국가에서조차 기존의 이해관계에 막혀 녹색정책이 교착상태에 빠지기도 한다. 예를 들어, 낡은 석탄 화력발전소에 높은 탄소세를 부과하려던 독일 연방정부의 계획은 (노르트라인베스트팔렌, 브란덴부르크, 작센 등) 주요 석탄 산지의 반대에 가로막혀 좌절되었다(Cumbers 2016). '지속가능성 전환'을 이루려면 막강한 기득권과 대적하는 것 이상의 노력이 필요하다. 개인의 행동부터 사회적 규범과 관행에 이르기까지 화석연료에 의존하지 않도록 변화시키는 새로운 메커니즘의 제도, 규제, 인프라를 개발해야 한다. 무엇보다도 연료를 많이 사용하는 자동차, 서구화된 교외지역에서의 삶 등 소비를 지향하는 경제생활에서 벗어나는 것이 중요하다. 그리고 에너지 소비, 주택, 교통수단, 식량의 생산과 소비 등에도 변화를 주어 지금까지와는 다른 생활방식을 지향할 필요가 있다(Box 13.5 참조). 이런 노력은 분명히 극적인 공간적 변화를 불러올 것이다.

12.4.2 지속가능성 전환의 촉진

새로운 전복적인 기술과 실천양식은 기존 사회-기술레짐에 의존하는 이해관계를 재위치시키고 재조정할 수 있다. 이는 성공적 전환에 탄력을 더하는 결정적 요소일 수 있다. 한 흥미로운 사례는 휘발유와 디젤엔진 자동차를 전기자동차로 완전히 탈바꿈하겠다는 의사를 밝힌 자동차 회사들이 증가하는 것이다. 예를 들어, 스웨덴 자동차 회사 볼보는 2019년부터 모든 자동차를 전기 동력으로 바꿀 것이라는 계획을 발표했다.

MLP 접근에서는 안정적 경제발전의 지속성을 담보하기 위한 조건과 (경제-사회-자연환경의 성공적 진화를 도모하는) 혁신, 적응, 다양화의 필요성

사이에 존재하는 긴장 관계를 인식한다(Hodgson 1999). 한편으로는 이미 정립된 규범, 규칙, 패턴을 바탕으로 기존의 기술을 안정화하고, 다른 한편으로 실험의 적소를 보호해 성공적 진화를 자극하는 것이 필요하다는 것이다. 2가지 측면을 모두 고려하여 건강하고 다양한 경제를 지향한다면, 이러한'희망적 괴물성(hopeful monstrosities)'★ (Geels 2002)이나 '의도적 일탈(mindful devia-tion)'(Garud and Karnoe 2003)은 허용되는 수준을 넘어서 적극적으로 권장되어야 한다.

궤도의 변경을 위해서는 비주류의 대안적 기술과 실천을 바탕으로 적소실험이 이루어져야 하고, 막강한 현행 기술과 행위자의 이익에 반하는 이러한 시도에 대한 국가의 지원이 필요하다. 이와 관련해 풍력터빈 분야에서 덴마크의 성공 스토리는 흥미로운 시사점을 제공한다. 덴마크는 1980~90년대 풍력터빈 제조업의 선도국가로 등극해 전 세계 시장의 50%를 점유하게 되었다 (Cumbers 2012; Box 12.4). 보다 넓게 보면 덴마크

★ 경제사학자 조엘 모키어(Joel Mokyr)가 '거대한 발명'(macro-invention)'을 진화론의 용어 '희망적 괴물(hopeful monsters)'에 빗대 표현한 용어다. 유전학자 리처드 골드슈미트(Richard Goldschmidt)'는 그의 저서 『진화의 물질적 기초(The Material Basis of Evolution)』(1940)에서 생물종의 진화가 점진적으로만 이루어지는 것이 아니라, 갑작스럽게 완전히 새로운 종으로도 진화한다고 주장했다. 그리고 새롭게 출몰한 생물종을 '희망적 괴물'이라 불렀다. 한편 모키어는 새로운 기술'종'(new technological species)이 탄생하기 위해서는 제도적·사회적 환경의 변화가 중요하다고 보았다.

Box 12.4

덴마크의 풍력터빈 부문은 어떻게 세계를 주도하게 되었나?
혁신에서 '돌파'에 대한 '브리콜라주'의 승리

북유럽의 덴마크는 인구 570만 명의 작은 나라로 녹색 에너지 분야에서 예상치 않게 글로벌 선두에 올라섰다. 거대하고 자원이 풍부한 국가들을 앞질러 풍력발전 터빈 부문의 성장을 경험한 것은 주목할 만하다. 덴마크는 1980~90년대에 훨씬 규모가 크고 금융투자가 활발한 미국을 제치고 기술적 우위를 확보했다. 덴마크의 풍력터빈 부문은 세계 시장의 50%를 점유하며 2만 개의 일자리를 창출했다(DEA 2010). 어떻게 가능한 일이었을까?

이는 여러 단계를 거치며 다양한 행위자들의 참여와 공헌으로 만들어진 성과다. 이를 MLP 관점에 따라 살펴보자. 우선, 초기 풍력발전용 터빈 실험은 1950년대부터 1970년대까지 덴마크 서부의 시골 지역에서 소수의 열정적인 사람들에 의해 시작되었다(Andersen and Drejer 2008). 글로벌 에너지 상황이 더 폭넓게 변화하기 시작하면서 시장의 다변화를 추구했던 베스타스(Vestas)와 같은 농기계 제조업체들이 풍력터빈에 관심

을 갖게 되었다.

1970년대 위기 이후, 외국계 석유자본 의존성에 대한 우려가 일었고 반원전 풀뿌리정치도 싹트기 시작했다. 이런 맥락에서 덴마크 정부는 재생에너지를 장려하고 보조하는 정책을 추진하며 사회-기술레짐을 크게 변화시켰다(Cumbers 2012; 9장). 1980~90년대의 강력한 정부지원은 신생 산업에 중요하고 안정적인 사업 환경을 제공했다. 정부에서 풍력터빈 투자금의 30%까지 지원했고, (낮은 판매가격으로 인한 손실을 정부가 보전해주는) 발전차액지원제도(FIT: Feed-In Tariff)를 도입하여 전력공급 회사가 재생에너지를 구매할 수 있도록 했다.

이들은 모두 중요한 성공요인이었지만, 로컬화된 협력학습과 혁신체계가 마련되어 풍력터빈 기술과 제조업 발전에 촉매제 역할을 했던 것이 더 결정적이었다 (Garud and Karnoe 2003). 항공우주공학 개념을 동원해 첨단기술을 활용한 접근을 택했던 미국과는 달리, 덴마크는 놀랍게도 낮은 수준의 기술을 가지고 풍력터빈

에 접근했다. 덴마크는 농기계 장비를 개조하여 풍력터빈을 설계하는 점진적 혁신의 경로를 택했다. 덴마크 혁신체계의 결정적 차별성은 터빈 사용자, 설계자, 생산자 사이의 강력한 협력관계가 덴마크에 착근되었다는 점에서 찾을 수 있다. 이는 행위자 간의 지속적인 피드백 과정을 유도해 기술적 개선과 적응에 이롭게 작용했다.

한 연구에서 이 궤적은 '브리콜라주(bricolage)'로 언급되었다(Garud and Karnoe 2003: 284). 이는 사용자와 생산자 간의 긴밀한 협력과정, 이를 통한 시장 검토와 제품개선, 유치산업(infant industry)에 대한 덴마크 정부의 지원 등 여러 가지 요소가 어우러진 모습을 강조한다(5.3.3 참조). 덴마크의 사례는 최첨단의 기술과 설계를 추구하는 미국식의 '돌파(breakthrough)' 전략과 대조를 이룬다. 미국 회사들은 협력학습 문화가 없었기 때문에 좌절과 실패에 제대로 대응하지 못했고, 덴마크 기업이 누리는 유치산업 정책 전략의 혜택도 얻지 못했다.

는 탄소에서 재생에너지로의 전환에서 글로벌 선두주자로 일컬어진다. 국가의 지원, 반원전 풀뿌리정치운동, 경제발전에 대한 협력적 접근이 결합하여 이루어낸 성과다. 1970년대까지만 해도 수입한 석유와 천연가스에 대한 의존도가 90%에 이르렀지만(DEA 2010), 2014년을 기준으로 재생에너지가 전체 에너지 소비의 28.5%를 차지하게 되었다(State Of Green, 연도미상). 덴마크는 2050년까지 화석연료로부터 완전히 독립하겠다는 의욕적인 계획을 가지고 있다.

12.4.3 지속가능성 전환의 공간

MLP 관점에 대한 주요 지적 중 하나는 암묵적으로 국가 수준을 강조하며 비판적인 공간적 초점이 결여되어 있다는 것이다(Gibbs and O'Neill 2017). 하나의 해결책은 '적소(niche)실험'에서 로컬 스케일의 중요성을 인식하고, 이것이 국가적, 국제적 스케일로 확대되는 과정을 살피는 것이다(Truffer and Coenen 2012). '지속가능성 전환(sustainability transitions)'에서 도시의 역할을 탐구할 때도 공간적 사고가 중시된다(Bulkeley and Betsill 2005; Castan Broto et al. 2010; Rutherford and Coutard 2014). 일상생활은 대체로 로컬 스케일에서 이루어지므로, 기후변화 대처에 도시정치가 중요한 역할을 한다는 점을 인식하는 것이다. 실제로 도시정치의 행위자들은 주택, 교통, 에너지, 물 등 주요 인프라에 대한 통합적 접근을 발전시키고 있다.

국가 수준에서의 거버넌스 틀이 기후변화에 대처하는 데 뒤처지거나 기득권에 의해 좌절되는 상황에서, 도시활동가들이 자치적인 전략을 발전시키는 경우도 있다. 미국에서는 (트럼프 행정부의 거부에도 불구하고) 로스앤젤레스, 피츠버그, 애틀랜타 등이 모인 도시 연합체와, 캘리포니아, 뉴욕, 워싱턴 등으로 구성된 주 단위 연합체가 새롭게 조직되어 UN합의와 파리기후변화협약에 상응하는 온실가스 배출목표를 설정하겠다는 의사를 밝혔다(Tabuchi and Fountain 2017). 그러나 이러한 도시 및 로컬 스케일의 행위자들은 여러 스케일이 겹친 다중스케일(multi-scalar)의 거버넌스 틀 안에 부분적으로 구속되어 있다. 그러므로 국가 스케일의 행위자가 이들을 효과적으로 지원하지 못한다면 지속가능성 전략은 좌절될 수 있다(12.5 참조).

MLP 접근은 전환을 근본적인 지리적 과정으로

표 12.3 녹색경제 담론

정책과 자주 연계됨 ←――――――――――→ 정책과 거의 연계되지 않음 점진적 변화 ←――――――――――→ 전환적 변화 맞추고 순응함 ←――――――――――→ 확장하고 전환함		
전통적 성장 지향/BAU	**선별적 성장/경제의 녹색화**	**성장의 한계/사회경제적 전환**
투자 기회로서의 녹색화 시장경제의 재출발 녹색 케인스주의 녹색 일자리 창출 녹색 뉴딜 정책	자원 효율화 저탄소 성장 탈커플링 청정기술 생태적 근대화 청정기술 클러스터 메이커스페이스(3D 프린팅)	정상상태(Steady-state) 경제 성장 없는 번영 탈성장 사회복지 대안적 식량 네트워크 생태적 주택 개발

(출처: Gibbs and O'Neill 2017: 164, Table 1)

평가하지 않고 시간적 특징만을 강조한다는 한계가 있다(Bridge et al. 2013). 탄소기반 경제에서 재생에너지 경제로의 전환은 에너지 공간 조직의 변화를 동반한다는 것을 간과한다는 뜻이다. 앞서 살핀 바와 같이, 탄소에너지 시대는 집중화된 공간 형태를 취했고, 재생에너지 시대는 보다 탈집중화되고 분산적인 모습으로 변화할 것이다(Box 12.3 참조). 에너지 전환을 위해서는 다양한 산업 부문과 역량 측면에서의 탈바꿈이 요구되기 때문에, 경제와 사회도 광범위한 공간 재조정에 처할 것이다(Bridge et al. 2013). 기술의 전환이 늘 그렇듯, 탄소기반 산업경관이 파괴되고 새로운 녹색경제 산업, 인프라, 사물이 생겨나면서 대규모의 분열이 발생할 수도 있다. 여기에는 로컬, 국가, 글로벌 스케일 사이의 관계 재설정, 새로운 형태의 장소 간 불균등발전도 포함되며, 이에 대한 상세한 논의는 다음 12.5에서 제시된다.

전환과 관련된 문헌에서 지속가능한 녹색경제가 취해야 하는 다른 형태의 전략에 대해서는 침묵하고 있는 것도 문제다(Gibbs and O'Neill 2017). 앞에서 말한 것처럼 녹색경제가 로컬 및 국가 스케일에서 창출하는 경쟁우위에 관심을 가지는 BAU 접근과, 이와는 완전히 다른 경제적 가치를 추구하는 탈성장 관점 사이에는 상당한 차이가 존재한다(표 12.3 참조).

12.5 에너지 전환의 경제지리

저탄소경제로의 전환은 중요한 지리적 반향을 일으킨다. 트럼프 전 미국 대통령이 탄소배출 감축을 약속하는 UN협정에서 탈퇴한다는 결정에도 불구하고, 거의 모든 국가에서는 저탄소경제로의 전환을 추진하고 있다. 여기에는 중국, 인도 등 글로벌남부에서 급속하게 성장하는 개발도상국들이 포함된다. 전환을 촉진하기 위해 정부는 기업을 비롯한 경제행위자에게 (재생에너지 사용, 에너지 효율성 향상, 혁신과 기술개발 활동 증진 등과 관련해) 상당한 정책적 압박과 인센티브를 동시에 제공한다. 앞서 설명한 지구온난화의 위협과, 관련된 주요 도시 및 산업지역의 문제(탄소배출로 인한 심각한 오염, 디젤 및 가솔린 자동차의 유해가스 배출을 둘러싼 건강상의 우려 등)는 주요한 정책적 전환을 촉진하고 있다. 현 체제에서 이익을 얻고 있는 기득권 세력의 저항이 만만치 않기는 하지만 말이다.

12.5.1 재생에너지의 새로운 경관

에너지 부문과 재생에너지로의 전환을 살펴보자. 이와 관련해 나타나는 새로운 글로벌 경향과, 새로운 녹색경제의 산업 공간이 창출되는 것에 주목할 필요가 있다. 우선 재생에너지는 아직까지 초기 단계에 머물러 있다는 점을 인식해야 한다. 재생에너지의 존재감은 여전히 지배적인 (지역에 따라 증가하기까지 하는) 탄소와 원자력에너지 때문에 상당히 미약해 보인다(그림 12.7). 에너지 경

관의 지리적 재구조화가 이제 막 시작되었기 때문이다.

풍력과 태양에너지는 전 세계 전기생산에서 4% 미만을 점유한다. 그러나 탄소기반에너지를 줄이고 재생에너지로 전환하겠다는 UN 합의 목표를 감안하면, 풍력과 태양에너지의 사용은 앞으로 상당히 늘어날 것으로 보인다. 현재 세계 전기생산의 1% 미만인 태양에너지는 2050년까지 16% 수준에 이를 것으로 기대된다(Ball *et al.* 2017). UN의 목표에 비해 진행 속도는 느리지만, 재생에너지의 시장 확대는 자명해 보이고 이는 경쟁우위 확보에 성공한 장소에게는 엄청난 기회로 작용할 것이다.

지난 25년간 재생에너지에 대한 투자는 상당히 증가했다(그림 12.8). 현재까지 녹색에너지 시장을 유럽이 지배해왔는데, 이는 기후변화에 대처한다는 정치적 약속을 이행한 결과이다. 특히 가장 큰

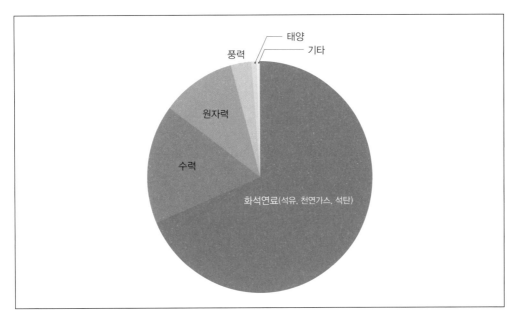

그림 12.7 세계의 연료별 전력 생산 비중(2014년) (출처: UN Energy Statistics)

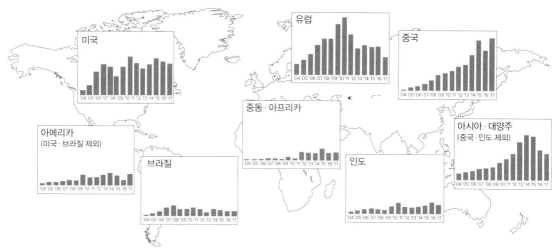

재투자액을 조정한 신규 투자액. 액수가 공개되지 않은 거래의 추정액도 포함(단위: 10억 달러)

그림 12.8 지역별 재생에너지에 대한 신규 투자(2004~2017년) (출처: Franfurt School 2017: 22)

규모의 경제력을 가진 독일의 역할이 중요했고, 보다 일반적으로 EU 지역 전반에서 높은 수준의 탄소감축 목표를 설정했다. 이를 위해 상당한 보조금이 지급되고 있고, 재생에너지에 대한 정부의 적극적인 지원도 이루어지고 있다.

보다 최근에는 다른 지역에서도 재생에너지에 대한 투자가 늘기 시작했다. 특히 중국에서 태양 및 풍력에너지 발전의 비중을 늘리려는 정책이 국가적 과제로 추진되고 있다. 태양광 패널(모듈) 생산에서 중국은 이미 독일을 따라잡았다. 이 산업에서 중국은 최대 생산국이자 최대 시장이 되었다. 2016년을 기준으로 중국은 전 세계 태양광 모듈 생산의 71%를 점유했다. 이러한 시장 지배는 "공격적인 정부지원과 저돌적인 기업가주의"가 결합된 결과이다(Ball et al. 2017: 29).

정부정책과 정치적 변화는 투자를 권장하거나 저지하는 데 상당한 영향을 미치는데, 강력한 정부의 능력은 효과적으로 시장을 형성하고 나아가 경제발전 과정에서 선도적인 역할을 한다. 이는 특히 재생에너지 부문에서도 분명하게 나타난다. 효과적인 정부정책, 특히 신생 기술을 권장하고 장기적인 투자를 제공하는 전략적 경제행위자로서의 능력은 석유, 석탄, 원자력 등 기존 기술이 누리는 비용 우위를 극복할 수 있게 하는 유일한 해결책이다(5.3.3 참조).

12.5.2 탈탄소로의 전환과 지역의 경쟁우위

도시와 지역은 지속가능성 전환에 동참하고 그것을 장려하는 주요 행위주체로 확인되었지만, 도시나 지역에 따라 녹색경제로의 전환으로 얻을 수 있는 수혜에는 차이가 있다. 모든 장소가 광범위한 전환에 성공적으로 적응할 자원, 기술, 능력, 정치적 행위성을 가지지는 못하기 때문이다. 성공적인 전환을 위해 지역발전의 행위주체는 광범위한 외부변화에 효과적으로 대처하고(Truffer and

Coenen 2012), 나아가 새로운 발전 방향을 스스로 창출할 수 있는 역량을 가질 필요가 있다(Dawley *et al.* 2015).

특히 중요한 연계는 지역과 국가 거버넌스 간의 관계다. 이것의 중요성은 재생에너지 산업을 활성화하고 지역발전을 촉진하는 데 어떤 기준에서 보아도 놀라울 정도의 성공을 보이는 중국에서 분명하게 나타난다. 중앙정부는 5개년 계획에서 태양에너지 산업을 우선적 성장 부문으로 채택하고 산업 클러스터를 발전시키기 위해 지방정부 간 경쟁을 유도했다(Chen 2016). 이 전략의 효과로 중국 기업들은 글로벌 시장에 쉽게 진입했고 2000년대에 관련 산업을 완전하게 지배할 수 있게 되었다. 정부와 외국 민간자본의 투자에 힘입어 중국에서는 거대 태양광패널(모듈) 제조업체가 발전할 수 있었다. 중국 업체들은 해외 경쟁업체와 비교해 거대한 규모의 경제를 실현하며 경쟁력을 갖추었고, 북미에서도 정책주도로 커진 시장을 기회로 활용할 수 있었다.

그러나 중국의 성장주도 전략의 한계는 금융위기와 유럽 시장의 붕괴 이후 분명하게 나타났다. 중국 업체는 대규모 과잉공급의 상황에 처하게 되었고, 이는 2013년 가장 큰 두 회사 선텍(Suntech)과 엘디케이(LDK)의 도산으로 이어졌다. 중국의 정책은 지역 **발전국가**(development state) 형태를 권장했다. 즉, 지방정부가 국가의 산업정책과는 독립적으로 지역 선도산업과 수직적으로 통합된 산업단지 조성을 권장했다(Chen 2016). 이는 일자리 창출과 지방세 기반 확대로 이어졌으며, 저비용의 기초 공정과 조립라인을 갖추고 수출시장에 진출하는 기업이 곳곳에서 복제된 형태

로 우후죽순처럼 나타났다. 시장 상황이 변화하며 이러한 접근은 유연성과 적응성의 위기를 맞았다. 대응책으로 중국 정부는 연구개발과 첨단기술 활동을 촉진하며 국내 시장을 확대하려 노력했다. 현재에는 산업 전략과 에너지 정책 사이에 일관성이 없어 보인다. 많은 지방정부에서 원자력과 석탄 화력발전을 지속하고 있기 때문이다.

덴마크는 중국과 확연히 대비된다(표 12.4 참조). 덴마크에서는 전체 취업자의 2.8%에 해당하는 5만 9,000명이 녹색경제 분야에 종사하며, 이 비율은 세계 최고 수준에 가깝다. 전체 수출에서 녹색경제는 7%를 차지하고, 이 중 풍력터빈 형태의 재생에너지 비율은 86%에 달한다(Danmarks Statistik 2014). 정부정책과 개방된 시장경쟁에 영향을 받은 덴마크의 녹색경제 지리에는 **노동의 공간분업**(spatial division of labor) 패턴이 나타난다. 수도인 코펜하겐은 서비스기반 활동을 지배하고, 제조업 부문, 특히 풍력터빈 생산은 유틀란트반도 중앙부에서 클러스터의 형태로 나타난다.

이 지역 내부에는 더 세부적인 노동의 공간분업이 나타나는데, 베스타스와 지멘스 같은 선도기업의 본사와 연구개발 기능은 두 번째로 큰 도시인 동부 해안의 오르후스(Aarhus)에, 기본적 생산시설은 외딴 농촌지역에 입지해 있다. 금융위기 때 이 부문의 침체는 생산시설 4곳의 폐쇄로 이어져 3,000개의 일자리가 사라지기도 했었다(Cornett and Sorensen 2011). 베스타스는 다른 나라와의 경쟁에도 불구하고 계속 성장하여 글로벌 생산네트워크를 발전시키고 세계시장에서 선두를 유지하고 있다(그림 12.9). 그러나 덴마크 내 주변부 지역의 지속가능성에 대해서는 우려가 일고

표 12.4 지속가능성 전환에 새롭게 등장한 지리정치경제: 덴마크와 중국의 성공 비교

구분	덴마크	중국
성공 부문	풍력터빈 제조업 지배	태양광 패널 시장 지배
주요 행위자	중앙정부 전문기술/과학 공동체 지역에 착근한 기업가 협동조합 기업	중앙정부 지방정부 민간 생산자본(지역의 산업 챔피언)
다중 스케일의 역동성	• 로컬화된 풀뿌리접근과 기업가주의 • 정부로부터 시장 형성의 법적·제도적 지원으로 녹색기술을 위한 효과적인 정치적 동원 및 연합 형성	• 하향식 발전국가 • 지역 거버넌스의 자치성(챔피언 선정) • 거버넌스 체계성과 일관성 부족
경쟁우위	• 강력하고 분산된, 그러나 협력학습의 경향 • 분기적, 파열적인 혁신에 대한 관용	• 저비용 • 규모의 경제 • 대규모 투자 • 장기투자가 가능한 자본
초기 성공의 비결	• 효과적이고 안정적인 정부 지원 • 로컬 기업 생태계 • 개방적인 지식 공유 전통	• 정부의 강력한 목표 설정 • 기존 수출지향형 제조업 기반
장기적 발전 문제 (새로운 갈등 요인)	• 재정력 및 거대 국가의 지위 없이 혁신 및 기술 네트워크 내에서 핵심 지위 유지 • 대국의 규제와 시장접근 체제에 대한 회복력 보유 • 혁신을 선도하고 새로운 고용을 창출하는 능력	• 지나친 수출 시장 의존성 • 타국의 규제와 무역정책에 민감 • 효과적 '출구' 전략 부재 • 비용 기반 경쟁력에 과잉 의존 • 지식 기반 경쟁력 미약 • 내수시장 발달 미약
글로벌 경제에서 관계적 위치	• 미약한 글로벌 시장 지배력 • EU 시장과 재생에너지 규제에 의존 • 미, 중, 신흥시장 접근성 확보 필요	• 강력한 글로벌 시장 지배력 • 무역마찰 관리의 필요성 • 신흥시장과의 안정적 관계 필요

있다. 루틴화된 제조업 일자리는 추후 남유럽이나 중국과 같은 저비용 지역으로 옮겨질 수 있기 때문이다.

덴마크가 글로벌 선두 지위를 꾸준히 유지할 수 있을지도 앞으로 두고볼 일이다. 막강한 국력을 지닌 독일과 미국이 경쟁에 참여하고, 글로벌 남부에서는 중국과 인도가 재생에너지 부문의 잠재력을 경제발전에 이용하려 노력한다. 베스타스 이외의 나머지 10대 기업은 미국에 1곳(제너럴일렉트릭), 독일에 3곳(에네르콘, 노르덱스, 지멘스), 스페인에 1곳(가메사), 나머지 4곳(골드윈드, 구오디안, 밍양, 엔비전)은 중국에 위치한다. 독일과 중국 기업의 지배력은 글로벌 재생에너지 제조업의 지리와 관련해 향후 변화의 방향에 대하여 시사하는 바가 크다.

중국, 덴마크, 독일의 성공은 지역 클러스터, 일자리, 선도기업의 측면에서 서로 다른 방식으로 이루어졌지만, 이들의 발전은 국가 수준에서 정부의 역할에 기초한다는 공통점을 가진다. 이들 국가의 정부는 하나같이 태양광, 풍력과 같은 '유치

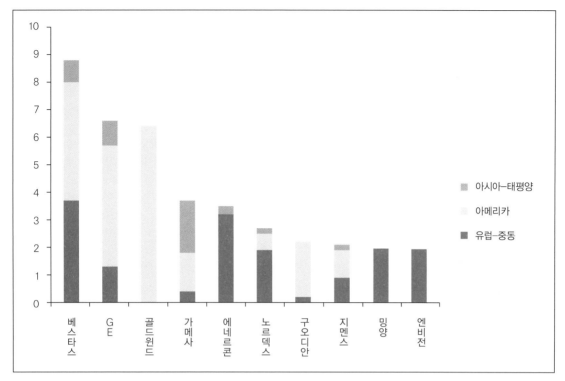

그림 12.9 상위 10개 육상풍력 제조업체와 생산지
(출처: Bloomberg New Energy, https://about.bnef.com/blog/vestas-reclaims-top-spot-annual-ranking-wind-turbine-makers/)

산업'에 장기적이고 지속적인 정책적 지원과 보조금을 제공한다. 가격과 시장점유를 보장해주는 발전차액지원제도(FIT)는 시장의 형성에 효과적이다. 영국에서는 상당히 대조적인 상황이 펼쳐진

다. 정부정책에 힘입어 영국의 재생에너지 분야가 최근 급성장했지만, 해상풍력과 같은 분야에서 제조업 부문 역량은 아직까지 미흡한 수준에 머물러 있다(Box 12.5 참조).

Box **12.5**

시장주도 경로창출
영국 해상풍력발전

영국은 유럽대륙의 북서 해안에서 떨어져 위치하고 변화무쌍하고 습한 기후를 가진 섬나라이다. 그래서 해양, 조력, 풍력 등 가용 재생에너지 자원에서 엄청난 자연적 이점을 가진다. 영국 정부는 2030년까지 전력 수요의 30%까지 재생에너지로 충당하려는 야심찬 탄소저감 목표를 달성하기 위해 강력한 정책을 추진하고 있다. 해

상풍력발전 분야에서 영국은 세계에서 최선두에 위치하고, 2015년을 기준으로 유럽 전체 설치 용량의 46%를 점유한다(MacKinnon et al. 2019: 29).

영국의 풍력발전 부문은 엄청난 투자를 받으며 크게 성장했다. 풍력으로 공급한 전력은 2005년에는 거의 전무했지만, 2017년에는 전체 전력 소비량의 5.3%를

차지했다. 2020년에는 10%를 초과할 것으로 예상했다(Dept. Business, Energy and Industrial strategy 2017: 57). 지금까지 95억 파운드의 엄청난 투자가 이루어졌고, 2021년까지 180억 파운드의 추가 투자가 이어질 계획이다(Labour Energy Forum 2017: 6).

영국 정부는 풍부한 자연자원에 기초한 전력 생산을 강조해왔으며, 이를 대표하는 것은 육상풍력발전이었다. 영국 정부는 2008~11년의 전략적 비전에서 풍력 발전의 대규모 성장을 목표로 설정했고, 재생자원의무(RO: Renewables Obligation)를 지원의 핵심 메커니즘으로 제시했다. RO는 2015~16년까지 재생에너지를 활용한 전기 공급을 14.4%까지 늘리도록 의무화했다. 2009년에는 육상풍력발전에 대한 지원을 기존보다 두 배 늘리는 이른바 '밴딩(banding)'이 도입되었다. 개발비용이 해상풍력발전보다 높았던 육상풍력발전은 밴딩을 통해 급격히 성장할 수 있었다. 그러나 2010년 이후 긴축의 분위기 속에서 RO의 높은 비용에 우려가 생겨났고, 보수-자유민주 연합정부는 전력시장 개혁에 착수해 RO를 대체하는 경쟁적 경매 시스템을 도입했다(MacKinnon et al. 출간예정). 이는 지원 체제에서 자유화가 나타나고 있음을 보여준다. 이러한 과정에서 생겨난 불확실성 때문에 풍력발전 부문의 성장이 둔화되기는 했지만, 비용 절감 측면에서는 큰 성공을 거두었다. 해상풍력 프로젝트에 지원된 금액이 2015년의 절반 수준으로 하락한 것이다. 이는 기술과 지식이 발전하며 기존의 화석연료에 비해 재생에너지 공급에 드는 비용이 전반적으로 감소하는 추세를 나타내며, 보조금 없는 재생에너지라는 밝은 미래를 전망하게 한다.

해상풍력발전 시장의 급속한 성장과는 대조적으로 영국에서 관련 산업 발전은 뒤처져 생산에서 설치에 이르는 모든 과정을 해외투자 유치에 의존하고 있다. 이는 해상풍력발전에서 훨씬 거대한 산업 역량을 키운 독일, 덴마크와는 대조적인 모습이다. 여기에서 국가별로 차이를 보이는 자본주의의 다양성이 드러난다. 예를 들어, 탈산업 서비스 분야에 집중하는 영국의 경제와 달리 독일에서는 제조업 기반의 수출 경제가 발달했다. 영국 해상풍력 설비의 80% 이상이 해외에서, 특히 독일의 지멘스와 덴마크의 베스타스로부터 조달된다. 때문에 영국 정부의 2013년 풍력산업 전략은 국내 생산수준을 개선하는 것에 초점이 맞춰졌고, 이는 "이익의 경제적 순환이 영국에 돌아가도록 완성"하는 것을 지향한다(OWIC 2014: 3). 여기에는 향후 해상풍력 프로젝트에서 50% 이상을 국내 조달로 충당하는 계획도 포함된다.

최근의 보고서에 따르면, 영국 기업은 국내 해상풍력 시장의 18%, 나머지 EU 시장의 5%만을 점유하고 전국적으로 6,800개의 일자리만 확보하고 있어 해상풍력의 산업적 성과는 아직까지 미미한 수준에 머물러 있다(Labour Energy Forum 2017: 14). 이는 제조 분야에서 해외투자 의존성을 반영하는 것이다. 영국 내 제조업체의 부재로 영국 시장의 대부분을 독일과 덴마크에서 생산·조립된 터빈이 장악하고 있다. 2009~12년의 확장기 동안 영국에서는 터빈 제조업체의 '성배'를 유치하기 위한 지역 간 경쟁도 발생했다(Dawley et al. 2015). 영국 동부 해안의 험버 지역은 터빈의 날개를 만드는 지멘스의 공장을 유치하는 데 성공했고, 이 공장이 2016년 말 가동을 시작하며 약 1,000개의 일자리가 만들어졌다. 이곳이 영국에서 유일한 터빈 제조 공장이 될 가능성이 매우 높다. 해상풍력 시장에서 지멘스의 시장 장악력은 여전히 견고하고, 2009~12년의 예측에 비해 영국 시장은 크게 성장하지 못했다. 타워와 기초 구조물의 생산에서 영국 기업의 존재감은 상당히 미약하지만, 일부는 변전소와 케이블 분야에서 성공을 거두었다. 지멘스 공장을 제외하면 대다수의 일자리는 시공, 설치, 운영, 유지보수 등 파견 업무에서 생겨났다.

12.6 요약

환경은 경제지리학자들에게 점점 더 중요한 탐구 문제가 되고 있다. 오래전부터 경제지리학은 경제 활동이 일어나는 곳에서 기업, 사람, 외부 환경 간의 관계에 주목한다는 점에서 경제학과 구분되었지만(2장 참조), 경제지리학자들이 이러한 관계에 대해 중요한 이론적 통찰력을 발전시킨 것은 아주 최근의 일이다. 그 핵심 요소는 자연과 경제 간 상호구성 관계, 그리고 이것이 수반하는 사회적·생태적 관계를 인식하는 것이다. 마르크스주의자, 특히 닐 스미스는 자연환경과 사회적 현실이 불균등발전 과정에서 재구성되는 모습을 설명하며 1980년대에 환경과 경제의 관계에 대한 이해를 진전시키는 계기를 마련했다. 생산방식으로서 자본주의의 환경파괴적인 특성은 자연-사회 관계에 대한 공간적 이해의 핵심 요소가 되었다. (사회-환경 혼종 접근, 행위자-네트워크 이론 등) 인문지리학의 또 다른 방법론에서는 자연과 환경 자체의 행위성과 물질성을 강조하며 관계적 접근의 발전에 영향을 미쳤다(2.5.4 참조).

경제지리학은 인문지리학의 다른 분야와 비교할 때, 변화하는 경제경관에 대한 비판적 분석에 환경문제를 통합하는 것에 뒤늦게 참여했다. 기후변화로 인간 생존에 위협이 닥치자 경제지리학자들은 자본주의적 경제발전이 가지는 공간적·사회적·생태적 함의에 보다 치밀한 관심을 기울이기 시작했다. 구체적 관심사에는 지속가능성 전환을 둘러싼 문제, 성장 중심의 주류 경제발전에 대한 비판적 성찰, 대안경제의 형태(13장 참조), 저탄소경제로의 전환이 초래할 사회-공간적 결과 등이 포함된다. 지역발전의 관점에서 지속가능성 전환과 글로벌 경제지리의 변화 간 관계를 분석하는 것도 미래의 중요한 탐구주제가 될 것이다. 녹색산업 공간이 곳곳에 등장하며 새로이 생겨날 녹색 산업공간과 신생 저탄소경제 부문에서 이윤을 확보하려는 경제행위자들의 전략에 따른 광범위한 불균등발전 과정에 영향을 미친다. 중국과 덴마크의 사례를 통해 보았듯, 탈탄소경제에서 새로운 경제지리의 모습이 등장하고 있다. 장소는 여전히 상이한 방식으로 광범위한 글로벌 경제네트워크에 착근한다. 탈탄소로의 전환이 글로벌 경제에서 정치적·경제적 관계를 보다 근본적으로 재구조화하고, 새로운 노동의 공간분업을 형성할 것인지는 앞으로 두고볼 일이다.

연습문제

(태양광, 해상풍력, 바이오매스, 전기차, 첨단 배터리 등) 새롭게 등장하는 녹색경제 부문 중 관심분야 하나를 선정해 그것의 경제지리와 노동의 공간분업을 지도에 그려보자. 제조업, 서비스, 연구개발, 첨단기술 활동, 루틴화된 생산 및 서비스 업무 등의 관계는 어떻게 조직되었나? 이러한 노동의 분업에서 서로 다른 국가와 지역들이 위치하는 방식도 생각해보자. 이 (글로벌) 생산 네트워크에서 주도적인 행위자는 누구인가? 여기에서 권력과 의사결정의 지리적 연결망은 어떤 모습으로 나타나고 있는가?

창발의 개념과 '상자텃밭' 보급운동

창발(emergence)은 아상블라주와 행위자-네트워크 이론(ANT: Actor-Network Theory)에서 사회적·물질적 관계를 이해하기 위한 중요한 개념이다. 창발이라 함은 이질적인 (즉, 서로 다른 성격을 가진) 다양한 인간 및 비인간 행위자들이 공존하고 결합하여 예기치 못하게 전혀 새로운 것이 출현하는 상황을 뜻한다. 창발은 각 행위자 요소의 작용과 결합을 통제하는 조정자가 없는 환경에서 행위자들이 상호작용하면서 나타난다. 창발의 요소는 명백한 기능적 연계나 확고한 인과관계를 가지지 않고 효과를 발휘하며 우연적으로 발생한 것이기 때문에, 창발을 분해하여 그것을 가능케 하는 요소로 환원하는 것도 어렵다.

한국 도시농업에 지대한 영향을 미치고 있는 '상자텃밭' 보급운동을 생각해보자(대안경제로서 도시농업의 일반적 성격에 대해서는 13.3.4 참조). 상자텃밭은 '한국 도시농업운동의 대부'로 알려진 전국귀농운동본부 소속 활동가가 2000년대 중반 만들어 보급하기 시작했다. 그는 쿠바의 도시농업을 다룬 일본 서적을 번역하며 (토양 유실 방지를 위해 밭이랑에 판자를 대고 수분 공급시스템을 갖춘) 오가노포니코 (organopónicos, 그림 13.4 참조)에서 영감을 얻어 상자텃밭을 발명했다.

이처럼 "쿠바 패러디"로 시작된 상자텃밭은 도시농업 대중화에 중요한 역할을 했고, NGO 주도의 도시농업운동은 상자텃밭을 통해 민간기업, 공공기관, 지방정부, 국가정부의 활동영역에까지 확대되었다. 기업의 사회적 책무(CSR) 참여와 정부의 정책실행 성과를 수치화하여 확인하는 데 유리한 수단이었기 때문이다. 경작할 만한 땅이 부족한 한국 도시의 현실과 아파트 중심의 주거문화도 상자텃밭 보급운동을 성공으로 이끈 주요 행위자였다.

그런데 이러한 도시농업의 창발은 예기치 않게 도시농업에 대한 위협으로 작용했다. 귀농운동본부 텃밭보급소 소장과 전국도시농업시민협의회 대표를 역임했던 안철환은 『녹색평론』 기고문에서 다음과 같이 우려를 표시했다.

상자텃밭은 도시농업을 확대한 일등공신이면서도 도시농업의 방향을 왜곡시키는 부정적인 역할도 했다. 상자로 쓰인 용기들이 대부분 플라스틱인데다 흙 대용으로 쓰는 피트모스, 펄라이트라는 인공흙들이 죄다 수입한 것들이어서 에너지와 비용 낭비, 탄소 배출의 산물들이었다. 농사도 잘되질 않고 생산물의 맛도 떨어져 자칫 쉽게 농사를 포기하게 만들어 쓰레기로 전락할 가능성이 많았다. 자칫하면 도시농업의 무덤이 될지도 모를 만큼 그 위험성은 보급되는 만큼 커져갔다.

안철환(2013), 「우리 도시농업의 역사와 현황」, 『녹색평론』 129.

(http://greenreview.co.kr/greenreview_article/1328/)

요컨대, 상자텃밭 보급운동의 성과는 쿠바의 실천양식, 일본의 도서, 선구적 활동가, NGO, 기업, 정부, 도시화 특성, 주거문화, 수(數) 등 이질적인 인간 및 비인간 행위자가 뒤섞여 만들어낸 창발의 효과라 할 수 있다. 하나의 창발로서 상자텃밭 보급운동은 성공을 가능케 한 각각의 요소 사이에 본질적인 연계기능을 찾을 수 없고, 특수한 지리적 상황과 공간적 관계의 맥락에서 창출된 우연한 성과이다. 역설적이게도 상자텃밭의 성공은 그것의 구성요소인 도시농업의 위협요인으로 변했다. 이처럼 창발은 과정의 우연성, 결과의 불확실성, 예측의 불가지성을 내포한 개념이라 할 수 있다.

그림 12.10 **상자텃밭 모습** (출처: 종로구청 홈페이지, www.jongno.go.kr, 2021년 2월 접속)

• 참고문헌: 이재열(2020), 「서울의 도시농업 거버넌스 아상블라주: 2010년대 초반 형성기를 중심으로」, 『한국지리학회지』 9(2): 359-375.

더 읽을거리

Garud, R. and Karnoe, P. (2003) Bricolage versus breakthrough: distributed and embedded agency in technology entrepreneurship. *Research Policy* 32: 277-300.

덴마크의 풍력터빈 분야의 성공과 경쟁력에 대한 통찰력 있는 설명을 제시하는 논문이다. 경영학적 관점과 사회-기술적 설명을 절충적으로 활용한다.

Klein, N. (2014) *This Changes Everything: Capitalism versus the Planet.* New York: Simon and Schuster.

활동가이자 언론인으로 유명한 나오미 클라인의 저서다. 탐욕스럽고 환경 파괴적인 자본주의를 통렬하게 비판하며 대안적 정치경제학의 필요성을 주장한다.

Martinez-Alier, J., Pascual, U., Vivien, F.-D. and Zaccai, E. (2010) Sustainable de-growth: mapping the context, criticisms and future prospects of an emergent paradigm. *Ecological Economics* 69: 1741-7.

탈성장 관점에 대한 기초 문헌으로, 사회적, 환경적 감수성을 가진 경제발전을 지향한다.

Mitchell, T. (2009) Carbon democracy. *Economy and Society* 38: 399-432.

정치경제학과 사회-기술적 관점을 조합해 혁신적인 방법으로 에너지전환을 설명하는 사회학 문헌이다. 인간 행위성의 영향으로 에너지 경관과 자본주의 경관이 공동으로 생산되는 과정, 이런 변화의 자연적, 물질적, 사회적, 정치적 효과를 강조한다.

 웹사이트

http://gwec.net
세계풍력에너지위원회(GWEC: Global Wind Energy Council)의 홈페이지로, 유용한 최신 정보와 통계자료를 제공한다.

www.iea.org
OECD 국제에너지기구(IEA: International Energy Agency)의 홈페이지이며, 세계의 에너지 동향에 대한 권위 있는 보고서를 제공한다.

www.foei.org
www.sierraclub.org
www.greenpeace.org.uk
지구의 벗, 시에라클럽, 그린피스 등 기후변화에 주도적으로 대항하는 NGO의 홈페이지이다.

참고문헌

Allen, J. (2003) *Lost Geographies of Power*. Oxford: Blackwell.

Andersen, P.H. and Drejer, I. (2008) Systemic innovation in a distributed network: the case of Danish wind turbines. *Strategic Organization* 6: 13-46.

Bakker, K. and Bridge, G. (2006) Material worlds? Resource geographies and the matter of nature. *Progress in Human Geography* 30 (1): 5-27.

Ball, J., Reicher, D., Sun, X. and Pollock, C. (2017) The New Solar System: China's Evolving Solar Industry and Its Implications for Competitive Solar Power in The United States and the World. Stanford, CA: Stanford Law and Business Schools.

Bijker, W.E., Hughes, T.P., Pinch, T. and Douglas, D.G. (2011) *The Social Construction of Technological Systems: New Directions in the Sociology and History of Technology*. Cambridge, MA: MIT Press.

Bridge, G., Bouzarovski, S., Bradshaw, M. and Eyre, N. (2013) Geographies of energy transition: space, place and the low-carbon economy. *Energy Policy* 53: 331-40.

Bulkeley, H. and Betsill, M. (2005) *Cities and Climate Change: Urban Sustainability and Global Environmental Governance*. London: Routledge.

Castan Broto, V., Hodson, M., Marvin, S. and Bulkeley, H. (2010) *Cities and Low Carbon Transitions*. London: Routledge.

Castree, N. (2015) Capitalism and the Marxist critique of political ecology. In Perreault, T., Bridge, G. and McCarthy, J. (eds) *The Routledge Handbook of Political Ecology*. Abingdon, UK: Routledge, pp. 279-92.

Chatterton, P., Featherstone, D. and Routledge, P. (2013) Articulating climate justice in Copenhagen: antagonism, the commons, and solidarity. *Antipode* 45 (3): 602-20.

Chen, T.-J. (2016) The development of China's solar photovoltaic industry: why industrial policy failed. *Cambridge Journal of Economics* 40: 755-74.

Cornett, A. and Sorensen, N.K. (2011) Regional economic aspects of the Danish Windmill Cluster: the case of the emerging off shore wind energy cluster on the west coast of Jutland. Paper delivered at Cluster Development and Regional Transformation in an Economic Perspective, 14th Uddevalla Symposium June 16-18, Bergamo, Italy.

Cumbers, A. (2012) *Reclaiming Public Ownership: Making Space for Economic Democracy*. London: Zed.

Cumbers, A. (2016) Remunicipalization, the low-carbon transition, and energy democracy. In Worldwatch Institute, *State of the World Report 2016*. Washington, DC: Worldwatch.

Danmarks Statistiks (2014) *59.000 Grønne Arbejdspladser*. Bulletin available at: https://dst.dk/da/Statistik/nyt/NytHtml?cid=22249.

Dawley, S., MacKinnon, D., Cumbers, A. and Pike, A. (2015) Policy activism and regional path creation: the promotion of off shore wind in North East England and Scotland. *Cambridge Journal of Regions, Economy and Society* 8 (2): 257-72.

DEA (2010) *Danish Energy Policy 1970-2010*. Copenhagen: Danish Energy Agency.

Department for Business, Energy and Industrial Strategy (2017) *Energy Trends December 2017*. London: Department for Business, Energy and Industrial Strategy.

Essletzbichler, J. (2012) Renewable energy technology and path creation: a multi-scalar approach to energy transition in the UK. *European Planning Studies* 20: 791-816.

Frankfurt School (2017) *Global Trends in Renewable Energy Investment 2017*. Frankfurt am Main: FS-UNEP Collaborating Centre. Available at: http://fs-unep-centre.org/sites/default/files/publications/globaltrendsinrenewableenergyinvestment2017.pdf.

Garud, R. and Karnoe, P. (2003) Bricolage versus breakthrough: distributed and embedded agency in technology entrepreneurship. *Research Policy* 32: 277-300.

Geels, F.W. (2002) Technological transitions as evolutionary reconfiguration processes: a multi-level perspective and a case-study. *Research Policy* 31: 1257-74.

Gibbs, D. and O'Neill, K. (2017) Future green economies and regional development: a research agenda. *Regional Studies* 51 (1): 161-73.

Haarstad, H. and Wanvik, T.I. (2016) Carbonscapes and beyond: conceptualizing the instability of oil landscapes. *Progress in Human Geography.* Online first, DOI:10.1177/0309132516648007.

Harvey, D. (1996) *Justice, Nature and the Geography of Difference.* Oxford: Blackwell.

Hodgson, G.M. (1999) *Economics and Utopia: Why the Learning Economy is Not the End of History.* London: Routledge.

IPCC (2015) *Climate Change 2014: Synthesis Report.* Contribution of Working Groups I, II and III to the Fifth Assessment Report of the Intergovernmental Panel on Climate Change [Core Writing Team: Pachauri, R.K. and Meyer, L.A. (eds)]. Geneva: IPCC.

Jackson, T. (2009) *Prosperity without Growth? The Transition to a Sustainable Economy.* London: Earthscan.

Jessop, B. (2006) Spatial fixes, temporal fixes, and spatiotemporal fixes. In Castree, N. and Gregory, D. (eds) *David Harvey: A Critical Reader.* Oxford: Blackwell, pp. 142-66.

Klein, N. (2014) *This Changes Everything: Capitalism versus the Planet.* New York: Simon and Schuster.

Labour Energy Forum (2017) Who Owns the Wind Owns the Future. Labour Energy Forum. Available at: https://labourenergy.org/policy-briefi

ngs-reports/.

Latouche, S. (2003) Pour une societe de decroissance. *Le monde diplomatique*, pp. 18-19. At www.monde-diplomatique.fr/2003/11/LATOUCHE/10651.

Latour, B. (1993) *We Have Never Been Modern.* Cambridge, MA: Harvard University Press.

MacKinnon, D., Dawley, S., Steen, M., Menzel, M.P., Karlsen, A., Sommer, P., Hansen, G.H. and Normann, H.E. (2019) Path creation, global production networks and regional development: A comparative international analysis of the offshore wind sector. *Progress in Planning* 130: 1-32.

Martinez-Alier, J., Pascual, U., Vivien, F.-D. and Zaccai, E. (2010) Sustainable de-growth: mapping the context, criticisms and future prospects of an emergent paradigm. *Ecological Economics* 69: 1741-7.

Massey, D. (2004) Geographies of responsibility. *Geografisker Annaler B* 86: 5-18.

McCright, A.M. and Dunlap, R. (2011) The politicization of climate change and polarization in the American public's views of global warming, 2001-2010. *The Sociological Quarterly* 52: 155-94.

McFarlane, C. (2011) The city as assemblage. *Environment and Planning D: Society and Space* 29: 649-71.

Mitchell, T. (2009) Carbon democracy. *Economy and Society* 38: 399-432.

Mitchell, T. (2011) *Carbon Democracy: Political Power in the Age of Oil.* New York: Verso.

Moore, J. (2017) The Capitalocene, Part I: on the nature and origins of our ecological crisis. *The Journal of Peasant Studies* 44 (3): 594-630.

OWIC (2014) *The UK Offshore Wind Supply Chain: A Review of Opportunities and Barriers.* London: Offshore Wind Industry Council (OWIC).

Perreault, T., Bridge, G. and McCarthy, J. (eds) (2015) *The Routledge Handbook of Political Ecology.* London: Routledge.

Robbins, P. (2012) *Political Ecology: A Critical Introduction.* Oxford: Wiley Blackwell.

Routledge, P., Cumbers, A. and Derickson, K. (2018) States of just transition: realizing climate justice through and against the state. *Geoforum* 88: 78-86.

Rutherford, J. and Coutard, O. (2014) Urban energy transitions: places, processes and politics of sociotechnical change. *Urban Studies* 51 (7): 1353-77.

Silver, B. (2003) *Forces of Labor: Workers' Movements and Globalisation since 1870.* Cambridge: Cambridge University Press.

Smith, N. (1990) *Uneven Development.* Oxford: Blackwell.

State of Green (undated) *Basic Facts about Denmark.* At https://stateofgreen.com/en/pages/facts-about-denmark. Last accessed October 2017.

Stern, N. (2006) *Stern Review: The Economics of Climate Change.* London: HM Treasury.

Sundberg, J. and Dempsey, J. (2014) Political ecology. In Cloke, P., Crang, P. and Goodwin, M. (eds) *Introducing Human Geographies*, 3rd edition. London: Routledge.

Tabuchi, H. and Fountain, H. (2017) Bucking Trump, these cities, states and companies commit to Paris Accord. *New York Times,* 1 June. At www.nytimes.com/2017/06/01/climate/american-cities-climatestandards.html. Last accessed 16 August 2018.

Taylor, D.E. (1999) Central Park as a model for social control: urban parks, social class and leisure behavior in nineteenthcentury America. *Journal of Leisure Research* 31: 420-77.

Ten Hoeve, J.E. and Jacobson, M.Z. (2012) Worldwide health effects of the Fukushima Daiichi nuclear accident. *Energy and Environmental Science* 5: 8743-57.

Truffer, B. and Coenen, L. (2012) Environmental innovation and sustainability transitions in regional studies. *Regional Studies* 46: 1-21.

Whatmore, S. (2002) *Hybrid Geographies: Natures Cultures Spaces.* London: Sage.

Wright, E.O. (2001) Working-class power, capitalist-class interests, and class compromise. *American Journal of Sociology* 105: 957-1002.

Chapter 13 | 대안적 경제지리

주요 내용

▶ 자본주의와 그 대안들
▶ 다양성과 불균등발전
▶ 대안경제공간
▶ 대안적 지역경제의 실천
▶ 대안적 글로벌 무역과 발전 네트워크

13.1 도입

흔히 접할 수 있는 미디어의 토론이나 대중 담론을 듣다보면, 우리의 '생활세계(lifeworld)'는 마치 자본주의의 식민지처럼 느껴지기도 한다(Habermas1981). 글로벌 경제로 통합되면서 자본주의적 사회관계, 상품 교환과 경쟁, 이윤추구가 날로 심화되는 현 상황에 비추어볼 때 이러한 말은 일견 타당하다. 시장과 경쟁논리를 일상생활의 모든 영역에까지 확장하려는 일부 신자유주의자들도 있으니 말이다(Mirowski 2013). 하지만,

인간관계와 경제관계는 훨씬 다양한 가치와 실천적 특성을 지닌다. 이 책에서 강조했듯 자본주의 그 자체는 복잡한 경제적·지리적 관계로 구성된다. 이러한 복잡함의 한 측면은 **자본주의 다양성**(varieties of capitalism) 문헌에서 언급하는 자본주의경제의 다양한 성격들이다(Hall and Soskice 2001). 복잡함의 또 다른 측면은 자본주의가 경제의 구체적인 모습을 형성하는 다른 형태의 사회적 관계들과 함께 공존한다는 점이다. 글로벌 자본주의경제가 점점 더 상호 연결되고 있다는 점을 인식하는 것은 물론 중요하다. 하지만 경제 내의 모든 관계가 자본주의적인 것은 아니다. 또한 자본주의 그 자체도, 장소에 따라 상이한 형태로 구현된다.

불평등, 빈곤, 소외가 글로벌 자본주의의 특징임이 명백해지면서 대안적 형태의 경제발전에 대한 관심이 높아졌다. 대안적 형태의 경제는 비자

본주의적 사회관계를 부각해, 경쟁적인 개인주의를 협동적·협력적 형태의 경제조직으로 대체해 갔다. 대안적이고 공정한 경제발전을 지향하는 것은 새로운 움직임은 아니다. 오히려 자본주의 초기 단계부터 존재했다는 점에서 자본주의의 특징이기도 하며, 그동안 무정부주의에서 공산주의, '진한 녹색' 환경주의에 이르기까지 여러 가지 철학과 운동을 낳았다. 그리고 '상향식' **반글로벌화 운동**(counter-globalisation movement)이 성장하면서, 대안적 경제에 대한 관심은 다시 부상하고 있다(1.2.1 참조).

13.2 자본주의와 그 대안들

자본주의로 인해 재산을 빼앗긴 사람들의 저항과 반대운동은, 1700년대 말 산업자본주의가 출현한 이후 끊이지 않고 계속되어왔다. 하지만 이와 동시에 자본주의의 문제점을 극복하기 위한 여러 가지 대안들도 오늘날까지 꾸준히 제시되고 있다. 사회민주주의처럼 자본주의 내에서 대안을 찾기도 했고, 무정부주의, 공산주의, 사회주의와 같이 자본주의를 완전히 거부하는 시도도 있었다. 16~17세기 영국에서는 부유한 엘리트가 이윤을 위해 공유지를 사유화하려고 시도하자, 민주적이고 평등한 정부와 경제를 추구하는 저항운동이 일어났다. 이 운동을 이끌었던 레벌러스(The Levellers)는 균등한 토지 분배를 요구했던 이들을 지칭하고, 디거스(The Diggers)는 황무지를 개간하여 토지를 공유했던 사람들을 일컫는다. 19세기에는 산업자본주의와 공장 제도가 발전하고 새

로운 산업노동자 계급, 즉 (엥겔스와 마르크스의 용어로) 프롤레타리아트가 거대한 신도시들로 몰려들면서 새로운 형태의 착취와 소외가 나타났다. 이러한 상황을 탈피하려는 새로운 사회운동의 일환으로 노동조합이 등장했고, 급진적 사회개혁을 추구하는 사람들은 평등과 연대의 비자본주의 원칙에 기초해 노동자의 삶을 개선하고 새로운 사회를 만드는 데 관심을 기울였다.

13.2.1 협동조합운동과 자본주의의 대안적 가치

자본주의사회에서 대안경제를 주장한 가장 초창기 개혁가 중 한 명은 웨일즈의 공장주 출신인 로버트 오언(Robert Owen)이었다. 그는 '주인'계급으로부터 착취를 당하기보다 노동자들이 자신의 공장을 소유하고 운영하는 이상적인 사회를 구상했다. 오언은 1800년부터 여러 유토피아적 계획을 세우며 자신의 원칙을 실천해보고자 했다(Box 13.1).

지난 200년에 걸쳐 오언의 협동조합 원칙은 글로벌북부와 글로벌남부 모두를 아우르는 전 세계적 운동으로 발전했다. 최근의 보고서에 따르면 협동조합에 고용된 인원은 2억 5천만 명이고 이는 G20 국가 전체 고용의 12%를 차지한다(Roelants et al. 2014: 9). **협동조합**(cooperative)은 글로벌한 현상으로 일부는 매우 잘 알려진 회사로 성장했고(표 13.1 참조), 농업에서부터 소매, 금융서비스, 주택 사업에 이르기까지 대부분의 경제 부문에서 활성화되어 있다. 가장 성공적이고 자주 인용되는 사례는 초국적으로 활동하는 스페인 바스크의 협동조합 '몬드라곤(Mondragon)'이다. 몬드

라곤은 100개 이상의 독립된 협동조합으로 구성되고, 제조업, 서비스업, 소매업 분야에 걸쳐 3만 명 가량의 사원주주(worker-owner)가 활동하고 있고, 협동조합의 재정업무를 담당하는 자체 은행도 보유하고 있다(Gibson-Graham 2006). 몬드라곤은 오언의 사상과 스페인 무정부주의 협동조

로버트 오언과 협동조합운동

자본주의적 고용관계에서 고질적으로 나타나는 착취와 소외의 대안으로 노동자가 자신의 일을 소유하고 통제한다는 생각은 산업자본주의만큼이나 역사가 오래되었다. 노동자들에게 가혹한 초기 산업자본주의의 경제적·사회적 결과를 인식하며 오언과 같은 사회개혁가는 노동자소유와 상호주의 형태를 시험해보고자 했다. 초기 사회주의자인 오언은 자본주의에 의해 사회적으로 확대되는 파괴적인 경쟁을 대체할 사회적 협력원칙에 대한 신념을 가지고 있었다. 맨체스터에서 면화 방적 공장의 관리자로 일하며 자본주의 노동현장의 가혹하고 억압적인 현실을 목격했기 때문이다. 1800년 그는 스코틀랜드 뉴라나크(New Lanark)에 있는 공장을 구입하여 자신의 생각을 실천에 옮기기 시작했다. 아래로부터의 변화 사례가 아닌 위로부터 부과된 도덕적 질서였지만, 이곳에서는 능률적인 생산방식을 가진 인간적인 작업환경이 조성됐다. 그는 스코틀랜드와 미국에서도 협동조합 공동체를 세우려고 했지만, 재원과 공동체 지원의 부족으로 실현하지 못했다.

오언의 이상은 착취 대신 '평등한 교환'에 기초한 사회를 지향하는 오어니즘(Owenism)으로 알려진 새로운 운동을 낳았다(Pollard 1971: 106). 오어니즘은 협동조합운동뿐만 아니라 최근의 공정무역운동에까지 영향을 미쳤다. 협동조합 사상은 매우 대중적이고 영속성도 있었지만, 협력적 사회가 경쟁적 사회를 대체해야 한다는 오언 등의 급진적 의도는 실현되지 못했다. 실제로 협동조합운동은 자본주의와 공존하는 경향이 있고, 자본주의적 조직과의 경쟁에서 밀리게 되면 협동조합운동이 붕괴하거나 주류 경제로 흡수되는 경우도 종종 발생한다.

그림 13.1 1799년 뉴라나크의 모습
(출처: RCAHMS Enterprises; © Royal Burgh of Lanark Museum Trust. Licensor www.scran.ac.uk)

합운동에 영향을 받은 아리스멘디아리에타(Ariz-mendiarrieta) 신부가 1941년 설립했다. 몬드라곤의 설립 목적은 "공동체 모두에게 혜택을 주고 전쟁의 혼란을 극복하는 민주적 경제와 사회"를 발전시키는 것이었다(Gibson-Graham 2006: 223).

협동조합은 여러 가지 이유로 설립되며, 모든 협동조합이 오언과 아리스멘디아리에타 신부가 지향하는 이상을 찾는 것은 아니다. 상당수의 협동조합은 민간 회사나 법인과 유사하게 운영되기 때문에 그렇게 색달라 보이지도 않는다. 대다수는 자유시장의 극심한 변동으로부터 (농부와 소비자를 위해 가격을 규제하거나 노동자에게 적정 임금과 고용안정을 제공하는 것처럼) 안전을 조합원에게 제공하려는 목적이 있지만, 아직까지 협동조합은 광범위한 자본주의경제 내에서 운영되기 때문에 일반 기업처럼 경쟁 압력으로부터 보호받지 못하고 있다. 이 점 때문에 협동조합은 종종 비판을 받는다.

협동조합은 자본주의의 영향을 완화할 수는 있지만, 자본주의에 역행해서는 작동하지 못한다는 것이다.

하지만 이러한 시각은 자본주의와 시장을 약간은 결정론적인 관점으로 받아들이는 것이다. 행위성을 강조하는 관점에서는, 몬드라곤 같은 협동조합이 (오늘날의 신자유주의와 같은 탐욕스러운 형태의 자본주의에 도전하는) 대안적 경제와 새로운 가치의 필요성을 환기한다고 본다. 그리고 이러한 관점은 실제로 새로운 윤리와 가치를 지향하는 경제를 만들어낸다. 예를 들면 금융협동조합은 금융위기 때 일반 금융기관에 비해 비교적 적은 타격을 받는다(Birchall and Ketilson 2009; Birchall 2013). 협동조합 형태의 은행은 평소에 부동산, 자산유동화(securitisation)와 같이 위험성 높은 투기적 활동을 하지 않고(4.4 참조), 소매은행 활동에 집중하기 때문이다. 그래서 금융협동조합의 수입

표 13.1 소득 상위 10개 협동조합(2014년)

조직	국가	부문	소득(100만 달러)
Groupe Crédit Agricole	프랑스	금융서비스	90.21
BVR	독일	금융서비스	70.05
Groupe BPCE	프랑스	금융서비스	68.96
NH 농협	한국	농업/식품	63.76
State Farm	미국	보험	63.73
Kaiser Permanente	미국	보험	62.66
ACDLEC-E. Leclerc	프랑스	도매/소매	58.40
Groupe Crédit Mutuel	프랑스	금융서비스	56.54
ReWe Group	독일	도매/소매	56.42
Zenkyoren	일본	보험	54.71

(출처: Roelants et al. 2014)

은 금융위기 전후로도 안정적으로 유지될 수 있었다(Groeneveld 2017).

13.2.2 반자본주의 사상과 실천의 전개

자본주의의 변혁을 추구하는 입장은 오래전부터 사회주의적인 (즉, 사회민주주의 경향성을 가진) 모델을 선호하는 입장과 혁명을 통해 자본주의를 전복하려는 입장으로 나뉘어 있었다. 두 입장 간 분열이 나타난 시기는 1890년대로, 국제 노동자 운동인 '제2차 인터내셔널(Second International)' 이 활동하고 있었다.★ 마르크스의 영향을 받은 독일의 사회민주당(SDP: Social Democratic Party)에서는 분열이 가장 극명하게 나타났다. 로사 룩셈부르크(Rosa Luxembourg), 카를 리프크네히트(Karl Liebknecht) 같은 혁명 이론가는 계급투쟁을 주장하며 자본주의를 전복하려고 했다. 반면 카를 카우츠키(Karl Kautsky), 에두아르트 베른슈타인(Eduard Bernstein) 등 온건파 개혁주의 지식인은 내부로부터의 개혁을 옹호했다.

이러한 대결 구도로 제1차 세계대전 이후 독일 사회민주당과 국제 노동운동은 분리되었고, 여기에서 20세기 계급투쟁과 경제적 대안의 역사가 만들어졌다. 1917년 볼셰비키 혁명 이후 소련, 1945년 이후 동유럽, 1949년 이후 중국, 1959년 이후 쿠바에서는 혁명을 통해 대안적인 공산주의 모델을 받아들여 자본주의를 대체하고자 했다. 반면 다른 나라, 특히 북유럽과 스칸디나비아에서는 노동조합과 사회민주당을 중심으로 사회지향적

....

★ 제1차 인터내셔널은 마르크스 등의 주도하에 1860년대에 창설되었다.

이고 보다 평등한 형태의 자본주의를 발전시켰는데, 1945년부터 1970년대 중반까지는 아주 성공적이었다. 이러한 반자본주의운동의 평등주의적이고 민주적인 실험은 일찍부터 위협을 받았지만, 1980년대 말 소련의 붕괴와 중국의 개방정책으로 끝을 맺게 되었다.

소련이 붕괴한 1989년 이후 시기는 시장의 자유와 개인의 자유가 오래된 사회적 관계보다 우선시되는 단일한 글로벌 경제개념이 이론화되는 단계였다(Fukuyama 1992). **글로벌화**의 확산, 신자유주의적 사고와 경제정책의 만연, (중국을 비롯한) 글로벌남부 국가들의 성장과 경쟁력 강화로 사회민주주의가 쇠퇴하고 내부로부터 자본주의를 개혁하려는 시도도 약화되었다. 이처럼 보다 평등한 대안적 사회를 지향하는 이념이 후퇴하고 (국가 및 지역 간) 경쟁이 증가하는 상황에서 기업 엘리트들은 성공적으로 자신들의 이념을 공공정책에 투사했다. 미국의 작가 로버트 맥체스니(Robert McChesney)는 "현재 상태에 대안은 없고 인류는 이미 최고점에 도달했다는 것이 신자유주의가 전하는 가장 중요한 메시지"라고 말했다(McChesney 1999). 물론 '대안이 없다(TINA: There Is No Alternative)'는 1980년대 영국 수상 마거릿 대처(Margaret Thatcher)가 처음으로 한 말이고, 이후 글로벌화의 맥락에서 TINA 정치는 자유시장을 옹호하는 신자유주의자들이 즐겨 쓰는 수사적 슬로건이 되었다.

1990년대 후반부터 로컬 및 글로벌 스케일에서 사회적 불평등이 증가하고 자본주의로 인한 환경 파괴가 만연하면서 새로운 반글로벌화운동이 나타나기 시작했다(1.2.1 및 Box 1.3 참조). 세계

표 13.2 바마코 협정: 대안적 세계화 선언

1. 글로벌남부 국가의 부채 탕감
2. 금융 투자에 (외환거래에 적용되는) 토빈세(Tobin Tax) 부과
3. 조세피난처(tax haven)의 철폐
4. 고용, 복지, 적정 연금, 남녀평등에 대한 기본권 보장
5. 자유무역의 폐지, 공정무역과 환경적으로 건전한 무역 원칙 수립
6. 농업, 농촌개발, 식량정책에 대한 국가의 주권 보장
7. 생명체에 대한 지식 특허 금지, 공공재의 민영화 금지(특히 물)
8. 모든 형태의 차별, 성차별, 외국인 혐오, 반유대주의, 인종주의에 반대하는 공공정책 마련
9. 신속한 기후변화 대처 방안 마련(대안적 에너지 효율성 모델의 개발, 자연 자원의 민주적 통제 등을 포함)
10. 해외 군사기지 철수(UN의 감독시설은 제외)
11. 개인의 정보 접근의 자유, 민주적인 언론 설립, 주요 대기업의 운영에 대한 통제
12. UN 통제하에 세계은행, IMF 등 글로벌 기구의 개혁과 민주화

(출처: Routledge and Cumbers 2009: 195)

사회포럼(WSF: World Social Forum)과 로컬 및 지역 단위 포럼의 성장을 통해 반글로벌화운동은 상당한 추진력을 갖게 되었고 '새로운 세계는 가능하다(Another World is Possible)'는 슬로건을 기초로 여러 가지 대안적 사고를 확산시켰다. 2006년 말리의 바마코(Bamako)에서 개최된 WSF에서는 대안적 세계화에 대한 선언이 이루어졌다(표 13.2 참조).

1장에서 다루었듯 반글로벌화운동 내에도 경제의 글로벌화에 대한 개혁파와 현재의 질서를 전복하고 새로운 사회를 건설하려는 '반자본주의자' 진영 간에 분열이 나타난다. 반자본주의 진영 내부에서도 지역 차원에서 다양한 방식으로 아래로부터의 재건을 추구하는 사람들과, 공산주의나 사회주의와 같은 단일 모델을 옹호하는 분파로 입장이 나뉜다(Routledge and Cumbers 2009의 7장). 바마코 선언 자체에 대해서도 논쟁이 존재한다. 이를 옹호하는 사람들은 글로벌 비전을 중시하고, 다른 한편에서는 대안추구보다 지역의 자치권 확보를 최우선 과제로 여기는 사람들이 있다.

13.2.3 다양성과 불균등발전

자본주의는 여러 사회적 관계들에 대해 자신만을 유일한 체제로 강요하려 한다. 이러한 약탈적이고 경쟁적인 특성 때문에 자본주의는 '원시적 축적(primitive accumulation)' 또는 '탈취에 의한 축적(accumulation by dispossession)' 형태로 전개될 수밖에 없다(Harvey 2003). 그러나 자본주의는 동시에 분열증적인(schizophrenic) 면도 있다. 자본주의의 중요한 특징 중 하나는 다른 형태의 사회적 관계들과 공존할 수 있고, 또 그 관계들을 활용하여 스스로의 작동에 도움이 되도록 하는 능력이다. 바로 이러한 특징이 현실에서 다양한 형태의 경제가 출현할 수 있는 이유로 작용한다. 제도경제학자인 제프리 호지슨(Geoff Hodgson)은 다양성의 원리를 기초로 경제생활의 형성 과정을 이해하는데(Hodgson 1999), 이 책도 그의 견해를 따른다.

'자본주의 다양성' 또는 자본주의의 국가별 시스템에 대한 문헌에서도 그와 같은 다양성에 주

목하고(5.4 참조), 경제적 성과와 발전이 국가 제도를 통해서 구조화되는 방식을 설명한다(Amable 2003; Hall and Soskice 2001). 이러한 비교 정치경제학, 경제사회학의 논의가 (다소 느린 속도로 진행되지만) 경제지리학으로도 유입되고 있다. 이 이론에서는 (독일, 일본 등) '장기적인 구조적 관계'에 근거한 조정시장경제와 (영국, 미국 등) 탈중심화되고 단기적인 이익을 중시하는 자유시장경제의 차이를 강조한다(Peck and Theodore 2007: 736). 홀과 소스키스(Hall and Soskice 2001)는 자본주의의 다양성 접근에서 자유시장경제와 조정시장경제를 양 끝단에 배치하고, 둘 사이의 연속선상에 제도의 보완성과 적응력을 기준으로 특정 국가의 경제들을 위치시킨다. 그러나 '다양성' 접근은 자본주의하에서 제도의 차이를 개념화하는 데 있어 중대한 한계를 가지고 있다. 그러한 한계로는 국가 스케일에 사로잡혀 지역과 로컬 스케일의 제도를 무시하는 것, (신)자유주의 시장 모델로의 수렴을 중심으로 제도적 변화의 과정을 파악하는 경향 등을 들 수 있다(Peck and Theodore 2007).

이 책에서 줄곧 강조했듯이, 자본주의의 또 다른 주요 특징은 **불균등발전**이다(1.2.2 참조). 마르크스주의 지리학자인 닐 스미스(Neil Smith)는 불균등발전을 균등화(equalisation)와 차별화(differentiation)의 대립되는 경향성 사이의 변증법적 관계의 산물로 이해한다(Smith 1984). 균등화는 새로운 공간적 조정을 추구하는 과정에서 사람, 자원, 공간을 자본주의 궤도로 통합하는 것을 의미한다. 반대로 차별화는 선호하는 특정 지역을 빠르게 발전시키고, 그렇지 않은 곳을, 특히 더 이상의 이익창출과 축적을 기대하기 힘든 자산을 평

가절하하면서 포기하고 떠나는 것을 말한다(Harvey 1982). 그곳은 실업자와 유휴의 공장설비와 황폐화된 산업경관만 남게 된다. 이처럼 자본이 떠난 곳, 그리고 아직까지 자본이 완전하게 통합하지 못한 곳 모두는 자본축적의 중심 바깥에 놓여 있다. 종종 이런 곳은 대안경제 활동 발전의 토대가 되기도 한다.

13.3 대안경제공간

최근 경제지리학에서 경제의 다양성에 대한 인식과 비자본주의 경제공간의 작동에 대한 관심이 증대되고 있다. '대안경제공간(alternative economic spaces)' 전통의 성립에서 중요한 역할을 한 두 명의 페미니스트 지리학자가 있다. 캐서린 깁슨(Katherine Gibson)과 지금은 고인이 된 줄리 그레이엄(Julie Graham)으로, 이들은 깁슨-그레이엄(J.K. Gibson-Graham)이라는 필명으로 활동했다. 깁슨-그레이엄은 경제를 자본주의적 명령이 지배하는 단일시스템으로 이해하지 않았다. 그 대신 "다수의 경제적 형태들이 공존하며 경합하는 영역"으로 경제를 파악하며 급진적이고 논쟁적인 접근을 제시했다(Gibson-Graham 2006: xxi).

13.3.1 깁슨-그레이엄과 다양성경제

깁슨-그레이엄은 주류 경제학자와 마르크스주의자가 공통적으로 신봉하는 경제에 대한 '자본중심적(capitalocentric)' 관점을 비판한다. 지난 20년간 수많은 저술활동을 통해 꾸준히 유지되는

이 논지는 특히 두 권의 대표 저서 『그따위 자본주의는 벌써 끝났다: 여성주의 정치경제학 비판 (The End of Capitalism [As We Knew It]: A Feminist Critique of Political Economy)』(1995)과 『포스트-자본주의 정치(Post-Capitalist Politics)』(2006)에서 상세하게 소개된다. 깁슨-그레이엄은 페미니즘, 포스트식민주의, 후기구조주의 철학에 근거해 경제의 탈중심화를 추구하며, 경제라는 것은 다양하고, 중첩되며, 경쟁하는 형태들과 실천들로 구성된다고 강조한다. 그들은 세계를 정치경제학의 프레임으로 이해하지만, 계급은 경제적 권력관계가 발현되는 여러 가지 과정들 중에서 단지 하나의 요소에 불과하다고 말한다. 계급 외에도 성(젠더), 인종, 연령, 카스트, 심지어는 (노예제와 봉건제 같은) 원시적인 사회형태도 경제적 권력관계에 중요한 영향력을 행사하기 때문이다.

자본주의적 경제관계도 "경제활동의 망망대해에 놓인 단지 하나의 특정한 경제관계"에 불과하다는 주장과 함께 깁슨-그레이엄은 **다양성경제(diverse economies)** 개념을 제시한다(Gibson-Graham 2006: 70; 1.3.1 참조). '빙산 모델'에 나타나는 것처럼(그림 13.2), 이 개념은 자본주의 기업과 임금노동을 넘어서 존재하는 (또는 자본주의의 수면 아래에 존재하는) 여러 가지 다양한 형태의 경제활동에 관심을 기울인다(Box 13.2 참조). 페미니스트 경제학자들이 추정하는 바에 따르면, 전 세계경제활동의 30~50%는 가정에서 무급노동이나 비시장 거래의 형태로 이루어지며(Gibson-Graham 2008; Ironmonger 1996), 다양성경제에 대한 유용한 사례로 육아를 들 수 있다(Box 13.2).

깁슨-그레이엄은 '자본중심적' 담론에 대한 집

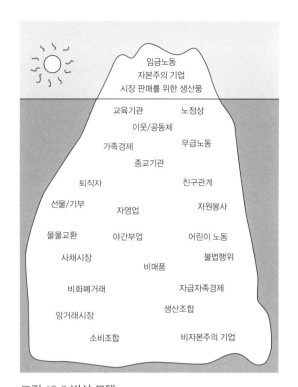

그림 13.2 빙산 모델
(출처: Ken Byrne 그림을 Gibson-Graham 2006: 70에서 재인용)

착을 평등주의적이고 민주적인 경제의 구성과 발전에 대한 장애요소로 간주하는 진보좌파 정치의 영향을 받았다(Gibson-Graham 2006: 72). 이들은 "경제적 차이를 논하는 담론이 경제적 혁신의 정치에 공헌"할 수 있기를 바란다(Gibson-Graham 2008: 615). 그들은 자본주의로 종속되는 원인이 교환과 잉여가치라는 딱딱한 물리적 현실에만 존재한다고 보지 않는다. 그들의 관점에서는 언어, 담론, 정체성 또한 자본주의로의 종속을 불러오는 주요한 요인들이다. 경제 내에 이미 존재하는 다양성을 인식한다면, 대안적인 (개인주의보다 집단주의를, 경쟁보다 협력을 우선하는) 형태의 사회관계를 판별해내는 '반자본중심적(anti-capitalocentric)' 해석을 할 수 있게 된다. 자본주의적 시장경제의

Box 13.2

 다양성경제와 육아의 지리

육아는 다양한 형태의 사회관계를 파악할 수 있는 적절한 사례이다(표 13.3). 육아는 (경제적 보상 측면에서) 저평가되지만, 미래 노동력의 재생산과 관련성을 고려하면 경제의 작동에서 근간을 이룬다고 할 수 있다. 초창기 페미니스트들이 주장했듯이 육아에 착취적 요소가 있는 것은 사실이지만, 육아가 이루어지는 방식의 대부분은 시장의 관계나 메커니즘과는 관련이 거의 없다(Gibson-Graham 2006: 73). 가부장제와 자본주의 권력이 교차하면서, 오랜 역사에 걸쳐 사회적 재생산 영역을 담당하던 여성의 일(육아, 가사 등)은 유급고용에서 배제되었다.

현대 경제에서 육아는 자본주의와 비자본주의 양면에 모두 존재한다. 가정이나 (방과 후 교육, 직장 어린이집, 유치원 등) 민간 육아기관에서 일하는 유급 노동자가 있지만, 대다수의 육아는 다른 형태의 거래를 통해 이루어진다. '비시장' 형태가 가장 일반적이며, 여기에는 부모와 조부모의 육아 분담, 친구와 가족 간의 육아 공유, 부모 집단으로 구성된 육아 협동조합이 포함된다. 비서구 사회에서는 부모보다 다른 가족 구성원들이 양육에 더 힘쓰는 전통을 가진 곳도 많다. (비금전적인 지역거래 네트워크의 일부라 할 수 있는) 육아 품앗이 프로그램, 돌봄 알바에게 지급되는 비공식경제의 급여 등 대안적인 비자본주의 시장의 메커니즘도 다양하게 작동한다. 정부나 공동체에서 제공하는 육아서비스는 이윤창출을 목적으로 양육비를 결정하지 않는다.

육아의 다양성경제로 인해서 여러 다채로운 장소와 흐름의 지리가 형성되기도 한다. 가정과 가족 중심 육아의 전통은 전문적인 사립유치원, 직장 병설 어린이집, 공공 보육시설 등 다양한 공간에 자리를 내주었다. 흐름의 공간을 통해 사회적 상호작용과 노동이 조직되는 현상도 육아의 지리를 다채롭게 한다. 초국적 이주 노동자를 고용해 (일반적으로 낮은 임금과 종종 착취적인 조건으로) 육아를 맡기는 가정이 늘고 있다(Pratt 1999). 지역과 국가의 경계를 초월한 노동의 흐름으로 이주자 공동체에서는 대가족 또는 친족의 초국적 네트워크가 형성되고, 육아는 그러한 네트워크를 통해 이루어지기도 한다. 육아 협동조합, 부모지원 네트워크 등의 공간은 보다 지역적으로 한정되어 있다. 정부시설은 보통 엄격한 행정 경계에 기반해 서비스 수혜자격을 부여한다. 그래서 좋은 학군으로 인식되는 곳에서는 주택 가격이 치솟아 지역경제 전반에 연쇄적인 영향을 주기도 한다.

표 13.3 육아에서의 다양한 정체성과 지리

구분	시장(Market)	대안시장(Alternative Market)	비시장(Nonmarket)
관계의 형태	• 가사 서비스(보모, 가사 도우미, 입주 도우미 등) • 보육 센터 종사자 • 직장	• 육아 품앗이 프로그램 • 비공식경제(돌봄이 알바 등)	• 부모 분담 • 조부모 • 친구, 이웃 • 확대가족(친족) • 자원봉사, 협동조합 형태
공간적 측면	• 가정 • 직장 • 초국적 이주자의 흐름	• 가정 • 커뮤니티센터 • 정부 보육시설 • 지역 내 호혜적 교류 • 연줄로 맺어진 노동	• 가정 • 가족/친구의 집 • 협동조합의 공간 • 지역/초지역적 가족 및 공동체 네트워크

(출처: Gibson-Graham 2006: 73을 수정하였음)

대표적인 대안으로 깁슨-그레이엄의 '공동체경제(community economy)' 개념을 들 수 있다(Gibson-Graham 2008: 72). 공동체경제에서는 윤리적 배려에 의해 시장이 통제되기 때문에 공정무역과 공정교환이 이루어진다. 또한 사적소유는 여러 형태의 공동소유 형태로 대체된다.

다양성경제의 접근은 중요한 지리학적 함의를 가진다. 과도하게 결정론적인 자본주의 논리를 거부하고, 개방성, 경제적 과정, 결과에서의 다양성에 기초해 장소 간 관계를 파악하기 때문이다. 깁슨-그레이엄은 경제경관을 "특정한 지리, 역사, 윤리적 실천"의 모자이크로 파악한다(Gibson-Graham 2008: 71). 이들은 자본주의가 아무런 문제 없이 세계를 잠식해간다기 보다는, 경제관계를 형성하는 데 장소가 중요한 역할을 한다고 강조한다.

13.3.2 기업 지리에 대한 대안적 접근

1970~80년대 (구조주의) 경제지리학에서는 기업 재구조화의 지리적 결과를 경제적·정치적 요구에 따른 것으로 간주하는 경향이 있었다. 이와는 대조적으로 대안적 접근에서는 공간적 의사결정을 (논쟁이 발생하고 결론이 개방적일 수밖에 없는) 여러 담론들 간의 경쟁과 경합의 과정으로 이해한다(O'Neill and Gibson-Graham 1999). 깁슨-그레이엄은 개인 기업, 주식회사 등 자본주의적 기업에서조차 잉여가치 추구가 모든 다른 동기를 지배하는 것으로 가정할 수는 없다고 주장한다. 실제로 다양성의 수준은 상당히 높다. 예를 들어 초국적기업(TNC)은 하나의 지배적인 전략을 구

사하는 것이 아니라, 다양한 집단이 제기하는 경쟁적이거나 때로는 대립적인 담론들이 일어나는 곳이다(O'Neill and Gibson-Graham 1999). 대안적 접근의 관점에서 모든 경제관계는 다양한 정체성과 의미로 구성된다고 할 수 있으며, 모든 것을 이윤 극대화로만 설명하는 것은 너무나 협소한 발상으로 여겨진다.

이런 입장에서 본다면, 기업 전략은 문제제기 차원을 넘어 윤리적이고 진보적인 목적을 달성하는 수단이 될 수 있다. '기업의 사회적 책무(CSR: Corporate Social Responsibility)'와 윤리적 거래에 대한 캠페인은 광범위한 기업 담론에 개입해 기업 수뇌부에서 더 진보적인 의사결정을 내릴 수 있도록 했다. 이러한 캠페인은 1990년대 후반부터 두드러지게 성장했지만, 글로벌화에서 이의 진보적 효과에 대한 평가는 여전히 논쟁의 대상으로 남아 있다. TNC의 행태에서 커다란 변화는 없었다는 증거가 대다수이기 때문이다. 기업이 복잡한 네트워크와 연결망 속에서 운영되는 것도 문제다. 특히 외부의 공급자와 하청업자를 이용해 환경오염과 노동착취의 문제를 숨기는 행태가 많이 벌어진다. 그러나 또 다른 한편, 활동가들이 인터넷을 활용해 기업의 부정행위를 널리 알릴 수 있게 되면서 TNC는 이전보다 더 높은 수준의 사회적 감시의 대상이 되었다고도 할 수 있다.

기업 내에서 대안적 담론은 주주집단을 통해서도 형성된다. 주주들은 (주주와 노동자의 정체성을 동시에 가지는) 연기금의 일반 회원과 (TNC의 활동에 영향을 받는) 노동자 및 공동체의 입장 중간에서 공통 관심사에 대한 네트워크를 효과적으로 발전시킬 수 있기 때문이다. 연금 행동주의는 복

잡하고 모순된 기업의 공간에 개입하면서(O'Neill and Gibson-Graham 1999), 기존의 내러티브에 도전하여 사회적이며 환경친화적인 발전을 추구한다. 이러한 노력이 보다 광범위한 경제경관에 큰 영향을 미치는지의 여부는 논쟁의 여지가 있다. CSR과 관련된 여러 이슈들의 경우, 국경을 초월해 운영되는 기업활동을 감시하고 문제를 제기하는 것에는 한계가 있다. 그럼에도 불구하고 이윤 추구를 최우선 과제로 삼는 기업의 내부에 여러 가지 대안적인 가치에 대한 담론들이 존재하는 것은 중요한 사실이 아닐 수 없다.

보다 윤리적인 전략을 위한 캠페인은 사적 연기금만을 대상으로 삼지는 않는다. 노르웨이 정부는 석유로 벌어들인 수익으로 글로벌 연기금(Global Pension Fund)을 조성했는데, 규모가 7천억 유로를 상회한다. 이 연기금은 유럽에서 가장 큰 규모이며 전 세계 주식의 1% 정도를 차지하는 것으로 추산된다. 노르웨이 연기금의 가장 중요한 특징은 윤리위원회의 설치이며, 위원회의 결정에 따라 무기와 담배 기업에 대한 투자를 철회했다. 윤리위원회는 다음의 5가지 문제를 일으키는 기업에는 투자를 금지한다.

▶ 고문, 살인, 아동착취 등 심각하거나 조직적인 인권 침해
▶ 전쟁, 물리적 충돌과 관련되어 발생하는 개인의 인권 침해
▶ 환경오염 유발
▶ 대규모의 부패
▶ 기타 윤리 규범의 위반

노르웨이 정부 연기금은 2017년 3월 석탄을 30% 이상 사용하는 전력회사에 대한 투자철회 결정을 내렸다(Norges Bank 2017; 표 13.4 참조). 물

표 13.4 노르웨이 정부 연기금 투자가 금지된 석탄 기반 전력회사(2017년)

기업	국가
CEZ AS	체코
Eneva SA	브라질
Great River Energy	미국
HK Electric Investments	홍콩
Huadian Energy Company	중국
한국전력공사	한국
Malakoff Corp Bhd	말레이시아
Otter Tail Corp	미국
PGE Polska Grupa Energetyczna SA	폴란드
SDIC Power Holding Companies Ltd	중국

(출처: Norges Bank 2017)

론 이러한 접근에 모순이 없는 것은 아니다. 노르웨이 전체 수출에서 원유와 천연가스가 차지하는 비율이 55%에 이르기 때문이다(wits.worldbank.org, 2017년 5월 접속).

투자철회 캠페인이 항상 의도한 결과로만 이어지는 것도 아니다(MacAskill 2015). 시민의 캠페인으로 투자철회가 이루어졌다 하더라도 (특히 또 다른 잠재적 투자자가 존재할 때) 기업에 손해를 입히지 못하는 경우도 있다. 최근 미국에서 벌어진 학생운동의 사례에서 알 수 있는 것처럼(Box 13.3 참조), 화석연료 기업에 반대하는 캠페인은 엇갈린 효과를 낳는다. 석탄 부문은 대체 에너지원으로 인해 경쟁력이 떨어지고 있어 투자가 줄어들면 상당한 타격을 받지만, 원유와 천연가스 기업은 아주 쉽게 중동과 중국에서 새 투자자를 찾곤 한다(MacAskill 2015). 동시에 가장 적절한 기업이 캠페인의 대상으로 선정되는 것도 아니다. 부유한 서구 국가에서 백인과 중산층 활동가집단이 대다수의 캠페인을 주도하는 경향성 때문에 다소 편파적인 '책무의 지리(geography of responsibility)'가

Box 13.3

미국 대학생들의 화석연료 투자철회 캠페인

미국 대학 캠퍼스에서 학생들과 활동가단체들이 석유, 석탄 등 화석연료를 생산하는 기업에 대항하는 캠페인을 벌이고 있다. 최초의 (화석연료 부문에 대한 대학과 고등교육기관의 투자철회를 요구하는) 화석연료 투자철회(FFD: Fossil Fuel Divestment) 캠페인은 펜실베이니아의 스와드모어(Swathmore) 대학에서 벌어졌다. 이 학생운동은 애팔래치아산맥 지역에서 환경과 건강에 악영향을 미치는 노천 채굴에 반대하는 사회단체를 지원하는 차원에서 시작되었다. 이후 미국 전역에서 400회 이상의 시위가 벌어졌고, 유럽으로 확산되며 전 세계적으로는 500건 이상의 캠페인이 발생했다(Grady-Benson and Sarathy 2016). 학생 캠페인의 결과로 25개 대학에서 투자철회를 결정했지만, 거부한 대학도 그 숫자가 비슷했다(앞의 책).

캠페인을 반대하는 사람들은 투자철회가 대학의 심각한 재정위기를 초래할 수 있다고 주장했고, 여전히 화석연료를 사용하는 대학에서 캠페인을 벌이고 있다며 위선적 측면도 지적했다. 캠페인이 과도하게 '정치적'이라는 이유로 동참을 거부하는 대학도 있었다. 그러나 투자철회에 극단적인 거부감을 보였던 대학이 나중에는 지속가능성에 관심을 가지게 되는 성과도 있었다. 하버드 대학은 FFD에 반대했었지만, 이후에는 UN의 「사회책임투자원칙(Principles for Responsible Investment)」에 서명한 최초의 미국 대학이 되었다(앞의 책).

이 캠페인이 중요한 이유는 환경, 사회, 경제에 대한 대안적 가치를 창출하려는 광범위한 의제를 제시했기 때문이다. 다시 말해, FFD 캠페인의 주안점은 환경문제에 대한 개인적 신념을 문제 삼아 소비자의 행동 변화를 요구하는 것에 그치지 않고, 더 넓은 사회구조와 가치에 도전하는 것에 있었다(앞의 책). 나오미 클라인(Naomi Klein), 빌 맥키번(Bill McKibben), 환경운동단체인 '350.org' 등의 영향을 받아 탄소기반경제에서 벗어나 사회적으로 정의로운 전환을 이룩하자는 것이었다. 투자철회 학생 네트워크(Divest Student Network)의 웹사이트는 "생태적 지속가능성에 이르려면 토지, 노동, 인간과의 관계를 도덕적·물질적으로 변혁해야 하며, 화석연료에서 탈피하는 전환은 정의로운 전환"이라고 명시한다(www.studentsdivest.org/about, 2017년 5월 접속). 이처럼 참여 학생들은 현 상태에 대한 도전과 함께 대안적이고 더 윤리적인 경제관계를 추구한다. 이 캠페인의 중요한 측면 중 하나는 (윤리적이고 지속가능한 사회를 건설하고 행동하는 시민을 양성하는) 비경제적 가치에 대한 대학의 (본질적) 책무를 환기했다는 것이다.

나타날 수도 있다(Massey 2004). 최악의 경우에는 좋은 의도임에도 불구하고 또 다른 형태의 (포스트)식민주의적 결과를 낳을 수도 있다. 그러나 캠페인을 옹호하는 사람들은 기업의 행동에 직접적인 영향은 없더라도 그런 캠페인이 보다 책임감 있고 윤리적인 자본주의의 면모를 부각시키는 효과를 낳고, 장기적으로는 기업의 규범과 가치에 변화를 초래할 수 있다고 주장한다(Grady-Benson and Sarathy 2016).

13.3.3 대안적인 지역경제공간

깁슨-그레이엄의 영향으로 1990년대 중반부터 경제지리학에서는 대안적인 지역경제공간에 대한 실천적 관심이 증대되었다(Gibson-Graham *et al.* 2013; Gomez and Helmsing 2008; Leyshon *et al.* 2003; North 2005, 2014, 2015; Seyfang 2006). 이런 연구에서는 자본주의경제에서 배제된 장소가 (상품화보다는 호혜적 경제관계가 자유시장 외부에서 필수 재화와 서비스를 제공하는) 거래와 유통의 대안적 지역경제공간으로 탈바꿈하는 과정에 주목한다. 이러한 지역경제공간의 철학은 글로벌화의 통합적 힘에 반대한다. 그 대신 개개인이 광범위한 자본의 순환에서 분리되어 지역 수준에서 지속가능한 경제활동을 할 수 있게 하는 내생적인 힘과 역량을 강조한다(Gomez and Helmsing 2008). 지역경제를 광범위한 글로벌 경제와 분리하는 사고는 전혀 새로운 것은 아니지만(Stohr and Todling 1978), 글로벌화의 압력과 위협, 최근의 금융위기와 긴축정책, 그리고 이런 것들이 사회적 약자에게 미치는 가혹한 결과에 대한 관심이 증대되며 최근

의 모습은 과거의 상황과 많이 달라졌다(5.5 참조).

지역화폐(local currencies)는 대안적 지역경제학에서 발의된 급진적 프로젝트 중 하나이다. 이는 지역경제를 글로벌 경제로부터 '분리(short-circuiting)'해 자본유출을 방지하는 폐쇄 공간을 조성하는 것을 목표로 삼는다(Gomez and Helmsing 2008; North 2010). 공동체화폐로도 불리는 지역화폐는 글로벌화와 지역 공동체의 경제 통제력 상실에 대한 직접적 대응이고, 급진적 녹색경제학자들은 지역화폐를 국가 및 국제 통화체제의 규율적 권력에 도전하는 방안으로 이해한다. 특히 금융위기와 유럽재정위기 이후 부각된 또 하나의 주장은 거대한 국가나 대륙 스케일의 단일 통화체제가 (돈의 흐름을) "가난한 장소에서 부유한 장소로 이동시키고, 덜 선호되는 지역을 구조적 빈곤에 시달리게 하며, 아일랜드, 스페인, 포르투갈, 그리스를 위기로" 몰아넣었다는 것이다(North 2014: 249; 4.5.2 참조). 그래서 최근에는 지역적으로 한정된 통화에 대한 관심이 커지게 되었으며, 이의 결과로 56개 국가에서 약 2,700개의 지역화폐가 통용되고 있는 것으로 추정된다.

가장 성공적인 지역화폐 사례는 2001~02년 금융위기 이후 아르헨티나에서 등장했던 RT(Red de Trueque, 교환네트워크)이다. 이전부터 수많은 지역화폐가 통용되고 있었지만, 금융위기 이후 사용이 급격히 늘어났다. 1990년대 말과 2000년대 초 사이에 발생한 아시아와 라틴아메리카의 금융위기로 GDP가 25% 감소하며 실업자는 급증했고, 중산층과 빈곤층은 곤궁에 빠졌다. 정부는 자본의 해외 유출을 막기 위해 은행 계좌를 동결하기도 했다. 이러한 상황에서 아르헨티나 사람들은 필사

적으로 대안적 경제거래의 형태로 돌아섰다. 토지, 노동, 기술 등 자본주의경제로부터 이탈한 자원은 "저생산성과 소규모 생산의 긴급 순환"으로 불리는 방식으로 운용되었다(Gomez and Helmsing 2008: 2495). 국가 전역에서 대안화폐와 물물교환 네트워크가 발달했으며(North 2005), 이들 중 하나가 RT였던 것이다. 2002년 RT의 참여자 수는 300만 명에 이르러 최고점에 달했다(그림 13.3).

수백만 명이 대안경제 활동에 참여했던 이유는 주류 경제의 절박한 상황 때문이었다. 비공식적인 노점 시장이 전국적으로 생겨났고, 여기에서는 끄레디또(creditos)라 불리는 신용체계를 바탕으로 재화와 서비스의 거래가 이루어졌다. 노점 시장은 교회, 버려진 공장, 주차장 등 여러 장소에서 정해진 시간에 모이는 '결절(nodes)'의 체계로 형성되었다. 가장 큰 규모의 노점 시장 결절은 아르헨티나의 도시 멘도사(Mendoza)의 서쪽에 있었고, 절정기에는 회원의 수가 3만 6,000명에 이르렀다(North 2005). 이런 결절에서는 다양한 종류

의 음식과 의류를 구매하고 이발과 같은 서비스도 이용할 수 있었다. 결절에 지역의 제한은 존재하지 않았고, 결절은 재화와 서비스의 교환을 위해 도시와 지역을 넘나들며 이동하는 사람들과 겹쳐지는 곳이었다. 이 체제에서 중앙의 조정기구는 존재하지 않았지만, 특정 결절에서 거래 당사자의 신용이 유효하다고 판단되면 그 사람은 다른 곳에서도 거래가 가능한 경우도 있었다(North 2005). 국가 단위에서 아르볼리토(Arbolito)라는 대안화폐를 만들려는 노력도 있었지만, 많은 활동가들은 지역 수준을 고수했다. 통화 규제의 '스케일 업(scale up)'으로 지역적인 참여민주주의가 약화되고, (대안화폐에 대한) 감시와 통제가 이루어지며, 인플레이션까지 발생할 수 있다고 우려했기 때문이다. 그러나 국가경제가 회복되고 대안화폐의 관리와 관련해 부패 스캔들까지 발생하면서 대안화폐에 대한 관심은 급속히 낮아졌다(Gomez and Helmsing 2008; North 2005; 그림 13.3). 기업주와 페론주의* 정부는 주류 경제에 미칠 장기적 영

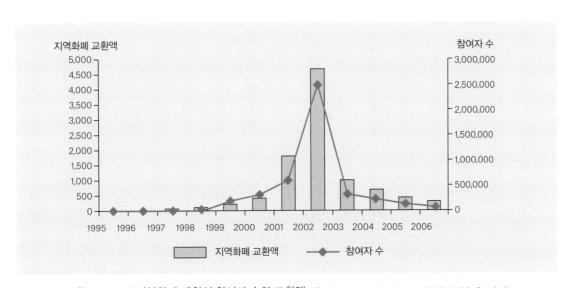

그림 13.3 교환(Trueque) 지역화폐 계획의 참여자 수와 교환액 (출처: Gomez and Helmsing 2008: 2496. Graph 1)

향을 우려해 대안화폐를 의도적으로 약화시켰다 (앞의 책).

신용협동조합(credit unions)은 또 다른 형태의 대안적 경제기구이며, 이는 회원이 소유하고 운영하는 금융기관을 뜻한다. 특정 공동체와 조직, 민족이나 종교집단이 중심이 되어 신용협동조합을 설립하기도 한다. 개인은 최소한의 저축을 해야 신용을 이용할 수 있는데, 보통 저축의 3배까지 신용대출이 이루어진다.

신용협동조합은 쪼들리는 사람에게 시중 은행이나 (빈곤층에게 유일한 신용의 통로인) 지하경제의

....

★ 아르헨티나 대통령을 역임했던 후안 페론(Juan Perón)이 집권 후 시행한 친노동 정책을 지칭한다. 페론주의는 임금인상과 복지확대 등을 담고 있으며 포퓰리즘의 원조로 고려된다.

'악덕 사채업자'보다 좋은 조건으로 저축과 대출의 기회를 제공한다. 신용협동조합은 더 큰 스케일에서도 운영이 가능하지만, 일반적으로 지역 또는 '공동체' 수준에서 작동한다. 소외받는 지역에서 시중 은행이나 (영국의) 주택금융조합(building societies) 같은 '주류' 경제행위자가 철수하는 **금융배제**(financial exclusion) 상황에 대한 대응으로 나타나기도 한다. 경제지리학자들은 신용협동조합이 공동체를 강화하고 지역주민들에게 자율적인 경제공간을 마련해준다고 이해한다(Lee 1999).

신용협동조합 운동은 1850년대 독일에서 시작되었고, 2015년까지 세계 109개국으로 확대되었으며 6만 개에 이르는 곳에서 2억 2천만 명 이상의 회원을 보유한다(표 13.5). 신용협동조합의 지

표 13.5 세계 신용협동조합의 주요 특징

구분		현황
보급된 국가 수		109개국
신용협동조합 수		6만 657개
회원 수		2억 2,300만 명
재정 통계	저축	15억 달러
	대출	12억 달러
	자산	18.23억 달러
세계 지역별 신용협동조합의 보급률	아프리카	6.8%
	아시아	2.9%
	카리브해 지역	19.9%
	유럽	3.4%
	라틴아메리카	8.1%
	북아메리카	48.3%
	오세아니아	18.9%

(출처: 세계신용협동조합 홈페이지, www.woccu.org/documents/2015_Statistical_Report_WOCCU, 2017년 3월 접속)

리는 다양하다. 북미에서는 (신용협동조합 회원을 경제활동인구로 나눈) 보급률이 40%를 넘지만, 서유럽에서는 회원 수가 미미한 수준이다. 독일의 스파르카세(Sparkasse) 네트워크처럼 신용협동조합과 유사한 역할을 하는 지역의 은행 협동조합이 있고 이용객이 상당하기 때문이다. 한편 아일랜드는 예외적으로 신용협동조합의 보급률이 70%에 달한다.

13.3.4 '사회적 경제'와 대안적 지역경제 실천의 한계

자본주의의 대안 모델을 추구하는 급진적 운동은 많이 존재하지만, 현실에서 활동가들은 주류 경제와 불균등발전 과정으로부터 자율성을 확보하기 어렵다는 사실을 잘 알고 있다. 예를 들어, 1990~2000년대에 북미와 서유럽의 신용협동조합은 (사회적으로 배제된 지역과 공동체를 다루기 위해) 중도좌파 정부에서 추진하는 **사회적 경제** (social economy) 정책에 통합되었다. 사회적 경제는 주류 경제의 영역 밖에서 활동하는 협동조합, NGO, 자선단체 등으로 구성되며, 글로벌화에 뒤처진 공동체에서 지역경제와 사회의 재생을 지원하는 방안으로 인식되었다. 이는 정부가 주도하는 프로그램이며, 대체로 신자유주의 경제정책의 대안으로 제시된다. 그러나 사회적 경제정책은 "전통적인 경제의 실행이 더 이상 불가능하고, 비현실적이며, 부적합한 지역, 공동체, 근린지구"만을 대상으로 하고 있어, 불평등을 해소하지 못하고 오히려 심화시키는 원인이 되기도 한다(Amin et al. 2003: 48-9).

정부 주도의 프로그램으로부터 자율성을 확보하고자 시작되었던 계획에서도 활동가들은 자신의 통제를 넘어서는 광범위한 경제구조와 과정으로 끌려들어간다. 예를 들어, 영국의 신용협동조합은 주류 금융기관이 철수해서 생긴 틈새를 채우는 데 이용되었다(Fuller and Jonas 2003: 70). 금융위기와 긴축정책으로 소외된 공동체와 장소에 대한 국가의 지원이 줄면서 사회적 경제는 서구 경제의 주요 관심사가 되었다(4.5.3과 5.5 참조). 그러나 사회적 경제의 활동은 국가에서 제공했던 필수적 욕구와 서비스에 대한 엉성한 대체에 불과한 것으로 보인다.

관련 사례 중 하나로 최근 도시의 빈곤지역에서 도시농업과 공동체 텃밭이 증가하는 현상을 살펴보자. 미국에서 도시 가구의 3분의 1 정도가 먹거리 생산에 참여하는 것으로 파악되었다(McClintock 2014). 이 중 절반 정도는 돈을 절약하는 것이 중요한 동기라고 말한다. 2012년 실시한 광범위한 조사에서 미국에는 9,000개 이상의 공동체 텃밭이 있는 것으로 밝혀졌고, 이것의 40%는 (조사 시점을 기준으로) 5년 전부터 새로 생긴 것이다(Lawson 2012). 일부에서는 도시농업을 근거리 식량 공급망을 구축하며 기후변화에 대처하고, 식량 공급 면에서 보다 윤리적이며 사회적으로 진보적인 대안으로서의 잠재력을 지닌다고 평가한다. 그러나 또 다른 한편에서는 (빈곤 증가에 대한 소규모의 임시방편이라는 이유로) '구명보트'와 같은 것으로만 여기거나, 사회적 경제의 다른 분야처럼 주류 자본주의경제로 '통합'될 위험을 가진 분야로 간주하여 비판적 논의를 제시하는 사람들도 있다(Box 13.4 참조).

소수의 활동가와 열성 지지자에 대한 기능적·조직적 의존성이 높은 소규모 대안경제 프로그램은 시간이 지나며 지속가능성과 재생문제에 봉착하게 되는 것이 일반적이다. 예를 들어, 맨체스터의 '지역교환거래제(LETS: Local Exchange Trading Scheme)'의 회원 수는 정점을 이루었던 1995년 485명에서 2001년에는 125명으로 감소했다. 대다수의 초기 참여자는 (육아, 실업, 비용부담, 시간 부족 등) 개인적 사정을 들며 LETS를 떠났다(North 2005). 이에 대해 노스(North 2005: 227)는 "회원 자격을 유지하는 것조차 힘든 일상생활의 저항 때문에 LETS는 새로운 지역화 실험의 선구자가 되지 못했고 하나의 에피소드로만 남게 되었다"고 설명한다.

아르헨티나의 물물교환 경제의 사례가 보여주듯, 대안적 실천은 주류 경제가 주기적 위기를 맞

Box 13.4

공동체 텃밭
상호 자립을 위한 새로운 공간의 경작? 아니면 신자유주의의 흙을 묻히는 일?

도시에서 먹거리 재배의 부활은 도시의 빈곤지역에서 나타났고, 디트로이트에서 시작되어 글래스고, 베를린 등 여러 도시로 확산되었다. 탈산업화와 도시쇠퇴 과정에 대한 아래로부터의 대응이라고도 할 수 있다(Crossan et al. 2016). 미국의 구산업도시에서는 먹거리와 공동체 형성을 위한 혁신적인 정책이 마련되기도 했다. 클리블랜드, 디트로이트, 밀워키에서는 토지 신탁(land trust)이 설립되어, 먹거리 재배 및 유통과 관련된 훈련을 지원하고 보다 지속가능하고 건강한 지역 먹거리 네트워크를 구축할 목적으로 공동체 시장을 마련했다(Tornaghi 2014).

긴축과 국가 축소의 전반적인 정치적 분위기에서 공동체 텃밭은 종종 정부와 자본에 의해 빈곤한 공동체와 장소를 재생시키는 진보적 조치로 제시된다. 버려져 사용되지 않는 땅을 공동체의 자원이나 물리적 자산으로 전환하여 쇠락하는 도시에 활력을 불어넣는 방법으로 이해되기도 한다(Hospers 2014). 옹호자들은 먹거리 재배를 자본주의가 초래한 사회적·환경적 파괴에 대한 대응책으로 수용하며, 도시농업이 진보적이고 공동체적인 지속가능성의 가치를 발전시키는 근본적 변화의 수단으로 작용할 수 있기를 기대한다(Crossan et al. 2016; Cumbers et al. 2018). 이 현상에 대한 주요 평론가였던 케빈 모건(Kevin Morgan)은 공동체 텃밭을 새로운 도시 먹거리의 패러다임이라고 언급하기까지 했다(Morgan 2015).

그러나 공동체 텃밭에 대한 회의적 시각도 존재한다. 로솔(Rosol 2011: 249)은 베를린에 대한 사례연구에서 공동체 텃밭을 "공공영역에서의 사적활동"이라고 통렬하게 비판했다. 그녀에 따르면 텃밭활동은 사용하지 않는 공간을 토지로 되돌리는 행위이며, 이는 궁극적으로 자본의 이윤추구를 위해 전용될 것이므로 젠트리피케이션과 사유화의 길을 열어주는 것에 불과하다. 데이비드 하비(David Harvey)의 구조적 설명과 일치하는 주장이다. 앞서 살핀 바와 같이, 그는 자본축적 과정에서 가치창출의 기회가 사라지면 토지와 공동체는 버려지고, 그런 곳은 재생을 통해서만 자본 순환에 재편입된다고 주장했다(Harvey 2003).

신자유주의와의 관련성에 주목하는 비판도 있다. 빈곤지역 재생에서 공동체 텃밭이 일정한 역할을 하지만, 이는 지방정부가 특정한 도시 공간을 집단적으로 이용할 수 있도록 관리하고 유지하는 책임에서 벗어나도록 하기 때문에 지배적인 신자유주의적 활동 강화에 기여할 뿐이라는 것이다. 미국의 도시 밀워키의 하렘비(Harembee) 공동체 텃밭에 대한 연구는 도시농업의 착취적 속성을 강조한다(Ghose and Pettigrove 2014). 이곳은 적정 급여를 지급하지 않는, 최빈곤층 시민의 자원봉사 노동으로 운영된다.

상이한 지역적 맥락을 고려하는, 공동체 텃밭의 진보

적 측면과 퇴행적 측면을 모두 다루는 보다 섬세한 평가도 존재한다. 어떤 장소에서는 젠트리피케이션과 같이 예견하지 못했던 부정적인 결과가 나타나지만, 다른 장소에서는 정치적 행위성의 회복, 집단적인 자립정신과 상호신뢰 분위기 형성, 장소에 대한 책임감 고취 등을 통해 공동체가 활성화되기도 한다(McClintock 2014).

그림 13.4 대안적 도시생활 방식: 글래스고 공동체 텃밭 (출처: Blair Cunningham)

을 때 개인과 공동체에게 탈출구를 제공한다. 지역 기반의 프로그램이 국가적 스케일에서 광범위한 결속의 네트워크로 발전한 경우도 마찬가지이다. 이러한 측면에서 대안경제공간은 "불균등한 자본주의 발전에서 소외된 주변부 공간이 글로벌화로부터 대피하려 (일시적으로) 올라탄 구명보트"와 같다(North 2005: 222). 아르헨티나에서 경제조직의 대안적 형태는 비교적 오랫동안 지속되었지만, 경제회복 이후 쇠퇴한 지역화폐의 모습에서 임시방편적인 성격을 확인할 수 있다.

13.4 무역과 발전의 대안적 글로벌 네트워크

13.4.1 공정무역운동

공정무역 운동은 위에서 살펴본 국지적 대안경제 접근과는 구별된다. 하지만 글로벌 경제네트워크에 개입하여 보다 공정하고 윤리적인 사회관계를 추구한다는 점에서 공정무역운동은 보완적 접근이라고 할 수 있다. 1970년대 이후 서유럽과 북미 선진경제에서 의식 있는 소비자들은 글로벌 **상품 사슬(commodity chain)**로 통합된 농부와 노동자의 노동 및 생활 조건을 개선하려는 캠페인을 벌였다. 이는 공정무역 네트워크, (의류와 섬유 노동자의 권리를 개선하기 위해 노동조합과 NGO가 연합한) 네덜란드 기반의 깨끗한 의류 캠페인(Clean Clothes Campaign), (일부 초국적 소매 체인이 참여하는) 영국의 윤리적 무역운동(Ethical Trade Initiative)과 같은 활동의 성장으로 나타났다.

많은 개발도상국은 1~2가지 품목의 수출에 집중하기 때문에 글로벌 시장에서 수출품 가격의 급격한 변동에 큰 영향을 받는다. 가령 글로벌남부의 많은 농부들은 자신들이 아무런 통제를 할 수 없는 초국적 식품/소매 체인과 매우 의존적인 권력관계에 놓여 있다. 반대로 윤리무역, 공정무역 네트워크는 글로벌 네트워크에서 생산자와 소비자 간 관계를 덜 착취적인 것으로 발전시키고자 한다. 공정무역의 정치적 성격은 "공정무역을 통한 구매는 곧 민주주의를 지원하는 것이다"라고 했던 코스타리카 농부 기예르모 바르가스(Guillermo Vargas)의 2002년 영국 하원 연설에서 분명하게 나타난다(Morgan et al. 2006: 1에서 재인용). 공정무역의 성격은 세계공정무역인증기구(FLO: Fairtrade Labelling Organizations International) 홈페이지에서 다음과 같이 소개하고 있다.

공정무역의 목표는 불리한 상황에 처한 생산자를 소비자와 연결해 생산자들이 빈곤을 물리치고, 입지를 강화하며, 자신의 생계에 대한 통제력을 확보할 수 있도록 지원하는 것이다.

우리의 비전과 목표는 우리가 조직으로서 추구하는 가치에 반영될 것이고, 이를 통해 우리 스스로가 모범이 되어 다른 이들에게서 변화를 이끌도록 할 것이다. 우리는 협력적으로 일하고, 우리의 임무에 동참하는 사람들의 역량강화를 위해 노력한다. 신뢰는 매우 중요한 요인이며, 신뢰를 보이는 사람에 대한 우리의 책임을 다할 것이다. 책임감 있는 행동을 위해 투명성과 이해관계자의 참여를 증진하는 것이 무엇보다 중요하다.

(www.fairtrade.net, 2010년 7월 8일 접속)

이런 공정무역은 혁명적이라 할 수 있다. 마르크스가 제시한 주류 경제의 **물신주의**에 대한 비판을 넘어 (실천적으로) 소비자와 생산자 간 공평한 연결망을 발전시키는 방식이기 때문이다. 이러한 점은 사람과 장소 간 관계의 진정한 본질을 드러낸다.

이처럼 생산, 소비, 유통의 지리를 가시화하는 것은 최근에 경제지리학에서도 중요한 연구주제로 자리매김하였지만(Morgan et al. 2006; Cook et al. 2010; Crang and Cook 2012; Mansvelt 2013), 공정무역의 한계에 대한 세부적인 비판도 제기되고 있다(Cook et al. 2010). 한편에서는 생산자 입장에서 TNC와의 의존적 관계가 (공정무역 제품에 높은 가격을 지불할 의향과 능력을 가진) 서구 중산층 소비자와의 의존적 관계로 대치된 것이라는 비판이 있다. 다른 연구는, 공정무역이 실제로 진행되는 양상에는 상당한 편차가 존재하고, 그 편차는 공정무역운동에 참여하는 선진국의 소비자들과 소매업자들 간의 관계에 의해 크게 좌우된다고 지적하고 있다(Hughes et al. 2008).

최근의 글로벌 위기와 경기후퇴에도 불구하고 공정무역의 규모는 2009년 34억 달러에서 2016년 78억 달러로 증가했다(Fair Trade International 2017). 그러나 앞서 살핀 대안적 지역경제 프로그램과 마찬가지로 공정무역의 경제적 중요성에 대하여 의문이 제기되기도 한다. 영국의 초국적 소매기업 테스코(Tesco)의 2017년 연간 매출액은 500억 유로로 약 540억 달러에 달했는데(Tesco 2017: 12), 공정무역의 규모는 여기에 한참을 미치지 못한다.

13.4.2 도덕경제와 책무의 지리

사회학자 앤드루 세이어(Andrew Sayer)는 자본주의적 경제가치 관념과 착취의 현실을 대체하기 위한 대안적 접근으로 '도덕경제(moral economy)'를 옹호한다(Sayer 2000). 이는 누구나 (적정한 의식주, 삶의 질, 교육 등) 기본적인 경제적 권리를 가져야 하고, 타인에 대한 경제적 책무도 인식해야 한다는 것이다. 물론 이러한 원칙은 새로운 것이 아니며, 스미스, 마르크스, 케인스, 폴라니를 비롯해 여러 이론가들이 이미 오래전부터 관심을 두었던 것이다. 경제적 권리에 대한 세계적 기준도 제2차 세계대전 이후 UN 「세계인권선언문(Declaration Human Rights)」을 통해 다음과 같이 마련되었다.

모든 사람은 자신과 가족의 건강과 안녕에 적합한 생활수준을 누릴 권리가 있다. 이러한 권리에는 음식, 입을 옷, 주거, 의료, 그리고 생활에 필요한 사회서비스 등을 누릴 권리가 포함된다. 또한 실업상태에 놓였거나, 질병에 걸렸거나, 장애가 있거나, 배우자와 사별했거나, 나이가 많이 들었거나, 그 밖에 자신의 힘으로 어찌할 수 없는 형편이 되어 생계가 곤란해진 모든 사람은 사회나 국가로부터 보호를 받을 권리가 있다.

(「세계인권선언문」 제25조)

TNC, 선도국가, 글로벌 거버넌스 기관 등과 같은 강력한 행위자에 의해 형성된 오늘날 글로벌화의 현실은 이런 이상향으로부터 멀리 떨어져 있다. 공정무역 단체가 추구하는 가치는 세이어의 도덕경제와 대안적 이상향에 영향을 받은 것이 분명하다. 이와 유사하게 도린 매시(Doreen Massey)는 글로벌 경제의 과정, 연결망, 결과에 주목하며, 우리가 "장소의 의미를 찾기 위해 종종 일상적 삶을 언급하지만, 실제로 일상적 삶의 모습은 그 원인과 결과가 서로 분리되어 있다"고 인식하는 것을 **책무의 지리**라고 주장한다(Massey 2004: 7).

이것은 예전의 '글로벌 장소감(global sense of place)'에 대한 논의를 발전시킨 것이며, 매시는 보다 윤리적이고 책임감 있는 글로벌화가 가능하다고 주장한다. 무엇보다 중요한 것은 자신의 경제적 행동이 긴밀한 글로벌 연결망을 통해서 원거리에 위치한 타인에게 영향을 미친다는 사실을 인식하는 것이다. 다른 장소에 있는 사람들에게 위해가 가해진다면, 그곳의 경제발전 방식에 대해서도 문제를 제기할 줄 알아야 한다. 가령 대안적이고 보다 공평한 금융의 글로벌화를 발전시키고자 한다면, (글로벌 기업과 금융기관이 밀집해 있고 엘리트의 의사결정이 내려지는) 런던의 역할을 비판적으로 사고하고, 지역 수준에서 불균등발전에 대처하는 대안정치에 힘을 실어주어야 한다.

13.4.3 책무의 지리와 장소의 재접속

모건 등(Morgan et al. 2006)은 식품의 글로벌 상품사슬에서 행해지는 2가지 형태의 사회관계와 지리를 구분한다. 첫 번째는 월마트, 테스코, 알디, 카길, 크래프트 등 거대 초국적 소매기업과 농식품 기업이 지배하는 막강한 '경성권력(hard power)'의 체제이며, 여기에서 글로벌 생산네트워크는 '무장소적(placeless)' 특성을 가진다. 두 번째는 보다 윤리적인 체제이며, 여기에서는 공정무역 촉진, 식품의 질에 대한 관심을 통해서 '장소'를 회복하려는 노력이 나타난다. 이는 식품생산과 유통의 지리를 가시화하여 윤리적 소비자와 생산자 간에 재접속이 발생할 수 있도록 하는 것이다(Box 13.5 참조).

이러한 원칙을 바탕으로 보다 일반적인 수준에서 글로벌 경제의 대안지리학 이론을 마련해볼 수 있다. 이것은 세어어의 도덕경제와 매시의 책무의 지리를 기초로 하며, 이윤 극대화의 합리성을 추구하는 주류 또는 신자유주의적 자본주의와는 상반된다(표 13.6 참조). 반글로벌화의 대안적

경제지리학은 상품사슬 내에서 장소 간 연대와 공정무역을 강조하고, 최적의 경제성과를 위해 자유무역과 경쟁우위를 옹호하는 입장과 대조를 이룬다. 대안적 접근에서는 협소하게 금전적 가치를 추구하는 민간 기업과 TNC보다 (가족기업, 협동조합 등) 윤리적·도덕적 가치를 불러일으키는 조직 형태를 선호한다.

주류 경제에서 글로벌 상품사슬을 구성하는 위계적이고 불균등한 권력관계는 탈중심적인 '연성

공정무역 마을과 책무의 연결망

공정무역 개념은 공정무역 마을(Fair Trade Town)의 설립으로 이어졌다. 이는 초창기 옥스팜 회원 브루스 크라우더(Bruce Crowther)가 처음으로 시작한 것이다. 크라우더는 8년 동안 자신의 고향 가스탕(Garstang)에서 카페와 식당에 공정무역 개념을 보급하려 노력했다. 가스탕은 랭커셔에 있는 인구 5천명의 농촌지역으로 장이 열리는 타운(market town)이다. 크라우더가 이런 생각을 하게 된 전환점은 지역 농부들이 유제품 가격이 낮아지는 것에 항의하는 모습을 목격하면서부터였다. 그는 "낙농업 농부가 '우리의 우유에 대한 공정한 가격을 원한다'는 내용의 플래카드를 들고 가스탕 중앙로에서 행진하는 것을 보고 우리가 개발도상국을 위해서만 캠페인을 벌일 수는 없다는 것을 깨달았다"고 말했다.

크라우더는 영국과 같은 선진국의 농부들도 개발도상국의 농부들처럼 글로벌 식품 상품사슬의 착취 관계로 연계되어 있는 것을 깨닫게 되었다. 크라우더가 주도한 지역의 변화 덕분에 가스탕은 2000년 1월 최초의 공정무역 마을로 지정되었다. 이후 이 운동은 영국에서 632개의 타운으로, 전 세계적으로는 30개국 2,016개의 지역 프로그램으로 퍼져갔다. 공정무역 마을은 다음의 5가지 주요 원칙에 합의해야 한다.

► 지역 의회가 공정무역을 지원하는 결의안을 통과시키고, 공정무역 제품을 회의, 사무실, 식당 등에서 사용하는 데 동의할 것

► 지역 내에서 여러 공정무역 제품을 이용 가능할 것 (구체적 목표는 국가마다 다름)

► 학교, 직장, 종교기관, 공동체 조직은 공정무역을 지원하고 가능한 한 공정무역 제품을 사용할 것

► 언론 보도와 행사를 통해 공동체 전반에 공정무역에 대한 인식과 이해를 제고할 것

► 여러 부문을 대변하는 공정무역위원회를 구성하여 목표 달성과 관련한 행동을 조율하고 이를 여러 해에 걸쳐 발전시킬 것.

이제는 EU의 지원을 받는 공정무역 마을의 유럽 네트워크가 만들어져, 회원들을 초빙해 교류 활동을 하며 모범실천사례(best practices)를 서로 공유한다. 공정무역 마을 주민들은 일상적인 식품 소비를 통해서 생산자의 생계에 도움을 주며 글로벌 차원에서 긍정적 변화를 자극하고자 한다. 이런 정서는 도린 매시가 말했던 책무의 지리 개념과 밀접한 관련성을 가진다.

(출처: 공정무역마을 홈페이지, www.fairtradetowns.org, 2017년 12월 접속)

표 13.6 글로벌 경제의 주류와 대안적 경제지리

구분	주류의 글로벌 경제	윤리/대안적 글로벌 경제
지배적인 경제 가치	경쟁우위, 자유무역	연대 관계, 공정무역, 소비(자)의 질
기본적 합리성	이윤 극대화	관심과 책임의 윤리
권력관계	경성권력 위계적, 강제적	연성권력 협력적, 담론적
조직 형태	(보통 TNC가 지배하는) 사적 소유권, 하청업자, 가내노동, 유년노동	가족기업, 중소기업, 협동조합
지리	무장소성, 장소 간 이동, 장소 간 비용경쟁	책무와 재접속의 정치, 장소의 재구성
경제적 결과	거대 행위자가 가치를 보유하는 매우 불평등한 소득 분배 (TNC, 글로벌 소매업체 등)	글로벌남부의 생산자에게 생활임금을 보장하는 상품사슬을 통한 보다 균등한 소득 분배

(출처: Massey 2004; Morgan *et al.* 2006; Sayer 2000)

권력(soft power)'으로 대체되어, 상품사슬과 생산네트워크를 조직하는 행위자 간 대화와 협력을 중시한다. 주류의 글로벌 상품사슬에서는 지역 행위자들이 서로 맞서고 출혈경쟁을 하며 필요에 따라 쉽게 바뀔 수 있는 '무장소'의 경관을 가정하는 반면, 대안적 경제지리에서는 장소의 중요성을 다시금 강조한다. 상품사슬에서 경제행위자들은 다양하게 얽혀 있는 상품사슬의 지리를 깨닫고, (소비자, 생산자, 거래자로서) 자신들의 행동이 어떻게 멀리 있는 다른 사람들에게 영향을 주는지 파악함으로써 더욱 가깝고 친밀한 연결망을 형성할 수 있다.

13.5 요약

자본주의적 경제실천이 다른 형태의 사회적 관계를 완벽하게 지배한 적은 없었다. 자본주의는 글로벌 경제시스템으로 진화하는 과정에서 항상 저항과 대안의 등장에 직면했다. 1980~90년대 글로벌화와 신자유주의 경제정책의 확산, 견고해 보였던 소련과 동유럽 체제의 붕괴, 중국의 개방과 자본주의경제로의 진입 등 중대한 변화가 발생하며 '역사의 종말'을 논하는 사람들까지 생겨났다(Fukuyama 1992). 이러한 사고방식은 자본주의가 1990~2000년대 여러 위기를 겪으며 한계에 봉착했고, 대안적이며 보다 지역화된 형태의 실험이 등장하며 자본주의적 가치와는 다른 방식으로 경제를 재구성할 수 있는 가능성이 어느 때보다 높아졌다.

자본중심적 사고에 대한 비판의 선두에는 깁슨-그레이엄과 같은 지리학자가 있었는데, 이들은 기업과 지역 공동체에서 비자본주의적 관계와 실천이 글로벌 경제를 구성하는 방식을 구체적으로 보여주었다. 공동체 텃밭과 같은 대안적 경제 공간에 대한 연구에서는 경제에 존재하는 다양성과 함께 그러한 대안정치의 한계도 드러났다(McClintock 2014; Crossan *et al.* 2016). 특히 국지적인 대안경제는 주류 자본주의경제에 편입될 위험성이 존재한다는 점이 강조되었다. 다른 한편으로 세이어 같은 학자는 자본주의 자체도 보다 윤리적 방향으로 개혁될 수 있다고 보았다. 이런 관점에서, 공정무역운동은 글로벌 경제에 내재하는 장소 간 불균등발전과 공간적 불균형에 문제를 제기하며 윤리적이고 책임감 있는 지리적 관계의 형성을 자극하고 있다(Massey 2004).

 연습문제

공정무역 또는 윤리무역에 대한 사례 하나를 선정해 탐구해보자. 선정한 사례에서 나타나는 실천은 주류의 상품사슬과 비교할 때 얼마만큼 대안적일까? 그리고 상품사슬에서 나타나는 연결망과 관계의 여러 측면을 살펴보자. 책무의 지리라는 것이 이론적으로 가능할까? 광범위한 불균등발전 과정 속에서 그것을 어떻게 설명할 수 있을까? 선택한 사례에서 거래와 무역이 어떻게 감시되고 통제되는지도 살펴보자. 그런 활동이 기존 네트워크에서 종속적 관계의 문제를 해결하고 보다 평등한 관계를 형성하는 데 어떤 도움이 되었을까? 결과적으로 장소 간의 관계는 어떻게 재설정되었는지도 파악해보자.

 더 읽을거리

Cook I. *et al.* (2010) Geographies of food: 'Afters'. *Progress in Human Geography* 35(1): 104-20.

대안적 먹거리 생산체제의 윤리와 정치에 대한 논문이다. 관련 주제를 새로운 형식으로 아주 쉽게 소개한다. 쿡(Cook)이 직접 운영하는 온라인 블로그를 통해서 진행된 토론을 기초로 집필이 이루어졌다.

Gibson-Graham, J.-K. (2006) *Post-Capitalist Politics*. Minneapolis: University of Minnesota Press.

경제를 재고찰하며 상당한 영향력을 발휘하는 서적이다. 주류의 자본주의적 가치를 뛰어넘어 보다 사회적이며 공동체적인 경제의 존재를 파악하고, 그러한 것들이 확대될 수 있는 가능성을 논한다.

Massey, D. (2004) Geographies of responsibility. *Geografisker Annaler B*: 86(1): 5-18.

이 논문에서 매시는 장소 간 책무의 지리에 대한 자신의 논의를 요약한다. 글로벌화의 과정에서 나타나는 장소 사이의 관계성, 여러 가지 권력의 기하학(power geometries)에 대한 진지한 토론도 제시한다.

McClintock, N. (2014) Radical, reformist, and gar-denvariety neoliberal: coming to terms with urban agriculture's contradictions. *Local Environment* 19 (2): 147-71.

공동체 텃밭 활동과 이것을 통해 형성된 대안공간에 대

한 섬세한 분석을 재미있게 제시하는 논문이다. 공동체 텃밭의 해방적 잠재력에 대하여 긍정적인 평가가 이루어지지만, 도시에서 벌어지는 신자유주의적 젠트리피케이션과의 관련성도 비판적으로 검토한다.

웹사이트

www.communityeconomies.org
공동체경제연대(Community Economies Collective)의 홈페이지이며, 깁슨-그레이엄의 업적에 영향을 받은 활동가와 학자의 플랫폼 역할을 한다. 이곳을 통해 호주, 북미, 유럽, 동남아시아 지역에 퍼져 있는 연구자와 공동체 사이에 연대가 형성된다.

https://thenextsystem.org
넥스트시스템프로젝트(The Next System Project)의 홈페이지이며, 활동가이며 작가인 알페로비츠(Gar Alperovitz)의 업적에 영향을 받아 활동이 이루어지는

곳이다. 미국을 기반으로 활동하는 참여자들은 자본주의를 넘어서 보다 연대적이고 민주적인 경제에 대한 다양한 비전을 공유한다.

www.fairtrade.net
국제공정무역기구(Fairtrade International)의 홈페이지

www.woccu.org
국제신용협동조합협의회(World Council of Credit Unions)의 홈페이지

참고문헌

Amable, B. (2003) *The Diversity of Modern Capitalism*. Oxford: Oxford University Press.

Amin, A., Cameron, A. and Hudson, R. (2003) The alterity of the social economy. In Leyshon, A., Lee, R. and Williams, C.C. (eds) *Alternative Economic Space*. London: Sage, pp. 27-54.

Birchall, J. (2013) The potential of cooperatives during the current recession: theorizing comparative advantage. *Journal of Entrepreneurial and Organizational Diversity* 2 (1): 1-22.

Birchall, J. and Ketilson, L.H. (2009) *Resilience of the Cooperative Business Model in Times of Crisis*. Geneva: ILO.

Cook, I. *et al.* (2010) Geographies of food: 'Afters'. *Progress in Human Geography* 35 (1): 104-20.

Crang, P. and Cook, I. (2012) Consumption and its geographies. In Daniels, P., Bradshaw, M., Shaw, D. and Sidaway, J. (eds) *Introduction to Human Geography*, 4th edition. London: Pearson Education.

Crossan, J., Cumbers, A., McMaster, R. and Shaw, D. (2016) Contesting neoliberal urbanism in Glasgow's community gardens: the practice of DIY citizenship. *Antipode* 48: 937-55.

Cumbers, A., Shaw, D., Crossan, J. and McMaster, R. (2018) The work of community gardens: reclaiming place for community in the city. *Work Employment and Society* 32 (1): 133-49.

Fair Trade International (2017) *Creating Innovations, Scaling Up Impact, Annual Report 2016-2017.* Fair Trade International. Available at: https://annualreport16-17.fairtrade.net/en/.

Fukuyama, F. (1992) *The End of History and the Last Man.* London: Penguin.

Fuller, D. and Jonas, A. (2003) Alternative financial spaces. In Leyshon, A., Lee, R. and Williams, C.C. (eds) *Alternative Economic Space.* London: Sage, pp. 55-73.

Ghose, R. and Pettigrove, M. (2014) Urban community gardens as spaces of citizenship. *Antipode* 46 (4): 1092-112.

Gibson-Graham, J.-K. (2006) *Post-Capitalist Politics.* Minneapolis: University of Minnesota Press.

Gibson-Graham, J.-K. (2008) Diverse economies: performative practices for other worlds. *Progress in Human Geography* 32: 613-32.

Gibson-Graham, J.-K., Cameron, J. and Healy, S. (2013) *Take Back the Economy, Any Time, Any Place.* Minneapolis: University of Minnesota Press.

Gomez, G. and Helmsing, A.H.J. (2008) Selective spatial closure and local economic development: what do we learn from the Argentine local currency systems? *World Development* 36: 2489-511.

Grady-Benson, J. and Sarathy, B. (2016) Fossil fuel divestment in US higher education: student-led organising for climate justice. *Local Environment* 21: 661-81.

Groeneveld, H. (2017) *Snapshot of European Cooperative Banking 2017.* Tilburg: Tilburg University, TIAS School for Business and Society.

Habermas, J. (1981) *The Theory of Communicative Action. Volume 1.* Boston: Beacon Press.

Hall, D. and Soskice, D. (eds) (2001) *Varieties of*

Capitalism: The Institutional Foundations of Comparative Advantage. Oxford: Oxford University Press.

Harvey, D. (1982) *The Limits to Capital.* Oxford: Blackwell.

Harvey, D. (2003) *The New Imperialism.* Oxford: Oxford University Press.

Hodgson, G. (1999) *Economics and Utopia: Why the Learning Economy is not the End of History.* London, Routledge.

Hospers, G.J. (2014) Policy responses to urban shrinkage: from growth thinking to civic engagement. *European Planning Studies* 22: 1507-23.

Hughes, A., Wrigley, N. and Buttle, M. (2008) Global production networks, ethical campaigning and the embeddedness of responsible governance. *Journal of Economic Geography* 8: 345-67.

Ironmonger, D. (1996) Counting outputs, capital inputs and caring labour: estimating gross household product. *Feminist Economics* 2: 37-64.

Lawson, L.J. (2012) *Community Garden Research Survey Preliminary Report.* Presented at the Greater and Greener: Re-imagining Parks for 21st Century Cities. New York: City Parks Alliance.

Lee, R. (1999) Local money: geographies of autonomy and resistance. In Martin, R. (ed.) *Money and the Space Economy.* Chichester: Wiley, pp. 207-24.

Leyshon, A., Lee, R. and Williams, C.C. (2003) *Alternative Economic Spaces.* London: Sage.

MacAskill, W. (2015) Does divestment work? *The New Yorker*, October.

Mansvelt, J. (2013) Consumption-reproduction. In Cloke, P. *et al.* (eds) *Human Geography*, 3rd edition. London: Taylor & Francis, pp. 378-90.

Massey, D. (2004) Geographies of responsibility. *Geografisker Annaler* B 86 (1): 5-18.

McChesney, R.W. (1999) Noam Chomsky and the struggle against neoliberalism. *Monthly Review* 50: 40-47.

McClintock, N. (2014) Radical, reformist, and gardenvariety neoliberal: coming to terms with urban agriculture's contradictions. *Local Environment* 19 (2): 147-71.

Mirowski, P. (2013) *Never Let a Serious Crisis Go to Waste: How Neoliberalism Survived the Financial Meltdown.* London: Verso.

Morgan, K. (2015) Nourishing the city: the rise of the urban food question in the global north. *Urban Studies* 52 (8): 1379-94.

Morgan, K., Marsden, T. and Murdoch, J. (2006) *Worlds of Food: Place Power and Provenance in the Food Chain.* Oxford: Oxford University Press.

Norges Bank (2017) *Grounds for Decision — Product-based Coal Exclusions.* At www.nbim.no/.

North, P. (2005) Scaling alternative economic practices? Some lessons from alternative currencies. *Transactions of the Institute of British Geographers* 30: 233-5.

North, P. (2010) *Local Money: How to Make it Happen in Your Community.* Dartington: Green Books.

North, P. (2014) Ten square miles surrounded by reality? Materialising alternative economies using local currencies. *Antipode* 46 (1): 246-65.

North, P. (2015) The business of the Anthropocene? Substantivist and Diverse Economies perspectives on SME engagement in local low carbon transitions. *Progress in Human Geography* 4 (2): 437-54.

O'Neill, P. and Gibson-Graham, J.-K. (1999) Enterprise discourse and executive talk: stories that destabilize the company. *Transactions of the Institute of British Geographers* 24: 11-22.

Peck, J. and Theodore, N. (2007) Variegated capitalism. *Progress in Human Geography* 31: 731-72.

Pollard, S. (1971) Introduction. In Pollard, S. and Salt, J. (eds) *Robert Owen, Profit of the Poor.* London: Redfern Percy.

Pratt, G. (1999) From registered nurse to registered nanny: discursive geographies of Filipina domestic workers in Vancouver BC. *Economic Geography* 75: 215-36.

Roelants, B., Hyungsik, E. and Terrasi, E. (2014) *Cooperatives and Employment: A Global Report.* Brussels: International Organisation of Industrial and Service Cooperatives.

Rosol, M. (2011) Community volunteering as neoliberal strategy? Green space production in Berlin. *Antipode* 44 (1): 239-57.

Routledge, P. and Cumbers, A. (2009) *Global Justice Networks.* Manchester: Manchester University Press.

Sayer, A. (2000) Moral economy and political economy. *Studies in Political Economy* 61 (1): 79-103.

Seyfang, G. (2006) Sustainable consumption, the new economics and community currencies: developing new institutions for environmental governance. *Regional Studies* 40: 781-91.

Smith, N. (1984) *Uneven Development.* Oxford: Blackwell.

Stohr, W. and Todling, F. (1978) Spatial equity — some antitheses to current regional development doctrine. *Papers of the Regional Science Association* 38: 33-54.

Tesco (2017) *Annual Report.* Tesco Plc. Available at: www.tescoplc.com/media/ 392373/68336_tesco_ar_digital_interactive_250417.pdf.

Tornaghi, C. (2014) Critical geography of urban agriculture. *Progress in Human Geography* 38 (4): 551-67.

PART 5

전망

Chapter 14 결론

14장에서는 책의 핵심 주제를 간략하게 요약한다. 그리고 금융위기 이후에 생겨난 저성장, **기후변화**, 기술의 급격한 변화, 사회적·공간적 불평등, 경제적 포퓰리즘에 대한 우려를 검토한다.

14.1 핵심 주제

글로벌화, 불균등발전, 장소는 이 책의 전반을 아우르는 3가지 핵심 주제다. 글로벌화는 최종 결과물 또는 '최후의 상태'가 아니라 꾸준히 지속되는 전개 과정으로 인식되어야 한다(Dicken 2015). 그 이유는 글로벌화가 개인, 조직, 기업, 국가의 다양한 행위들로 형성되기 때문이다. 국가는 글로벌화의 수동적인 희생양이 아니라, (외환거래 및 자본의 통제, 무역장벽 해소, 민영화 프로그램 추진 등) **신자유주의** 정책의 도입을 통해 글로벌화를 능동

적으로 촉진하는 주체다. 글로벌화는 '더욱 평평한'(Friedmann 2005), 즉 보다 동등한 세계를 만드는 것이 아니라 불균등발전의 과정이다. 어떤 곳이 번영하면 다른 곳에서는 소외가 발생할 수 있다. 글로벌 스케일에서 동아시아, 특히 중국의 급격한 성장으로 글로벌화의 상징적 모습이 나타나지만, 그 이면에 위치한 사하라 이남 아프리카에서는 빈곤이 지속된다. 1980년대 이후 국가 간 불평등의 수준은 줄어들고 있지만 국가 내 불평등은 오히려 증가하고 있다. 이는 급속하게 성장하는 중국, 인도, 러시아에서만 발생하는 것이 아니라, 대부분의 선진국에서도 나타나는 현상이다(Horner and Hulme 2017). 불평등으로 인해 최근 글로벌화에 반대하는 포퓰리즘적 역풍의 분위기가 형성되었다. 미국의 트럼프 당선, 영국의 브렉시트 결정이 그 상징이다. 포퓰리즘과 경제적 국가주의의 등장으로 탈글로벌화, 즉 글로벌화의 역

전이 나타나기 시작했다. 예를 들어, 다자간 무역 협약에 대한 반대, EU와 같은 경제블록의 와해, 자국 경제 이익의 우선시 등이 표면화되었다. 탈글로벌화 과정 또한 글로벌 경제지리에 상당히 불균등한 영향을 줄 수밖에 없을 것이다. 국가와 지역은 글로벌 무역과 투자의 흐름에서 처한 위치가 상이하기 때문이다.

불균등발전은 자본주의 생산양식의 본질적 성격이다. 이는 자본과 노동이 (각각 이윤과 임금의 형태로) 수익을 가장 많이 획득할 수 있는 곳으로 이동하는 경향성과 밀접하게 연관되어 있다. '누적인과모형'(Myrdal 1957) 과정을 통해 성장은 핵심부 지역에 집중한다(Box 3.4). 주변 지역은 핵심부에 자원과 노동을 공급하면서 뒤처지게 된다. 그러나 불균등발전의 패턴은 정적인 것이 아니다. 보다 높은 수준의 이윤과 임금을 획득할 수 있는 곳을 찾아서 자본과 노동은 꾸준히 이동한다. 시간이 흐름에 따라 특정 지역에서 발생한 경제성장의 과정은 바로 그 지역에서 성장의 존립 근거를 약화시킨다. 토지 비용의 상승, 혼잡의 증가와 같은 **집적불경제**가 발생할 수 있기 때문이다. 동시에 저발전 지역의 낮은 비용은 자본과 노동을 유인하는 결정적인 역할을 할 수도 있다. 지역 사이에 발생하는 자본의 '시소'작용은 다양한 지리적 스케일에서 불균등발전의 패턴을 변화시킨다(Smith 1984). 지역의 불균등한 성장과 쇠퇴의 과정은 (잉글랜드의 북부, 미국의 중서부 등) '러스트벨트'라 불리는 지역의 쇠퇴, (미국의 남부와 서부, 독일의 남부 등) '선벨트'의 발전에서 명확히 나타난다.

불균등발전의 패턴은 **노동의 공간분업**과도 밀접하게 관련된다. 노동의 공간분업은 생산과정의 여러 부분이 그에 적합한 여러 지역에 위치하게 되는 것을 의미한다. 글로벌 스케일에서 **초국적기업**은 1960~70년대에 섬유, 신발, 전자산업처럼 루틴화된 제조 및 조립 공정을 개발도상국으로 이동시켰다. 이러한 재입지 과정의 핵심 동력은 개발도상국에서 저임금 잉여노동력의 이용가능성이며, 이 밖에 제조업에서의 분업 증대, 교통 및 통신 기술의 발달도 영향을 미쳤다. 저임금 국가에서 루틴화된 제조 및 조립 공정이 증가함에 따라 선진국에서 기업은 경영전략 수립, 연구개발 등 상층위 기능에 집중했는데, 이런 과정은 **신국제노동분업**이라 불린다. 보다 최근에는 IT서비스마저도 인도와 같은 개발도상국으로 옮겨가고 있고, 이 현상은 서비스 산업에서의 신NIDL 또는 '제2차 글로벌 변동'으로 불린다(Bryson 2016).

불균등발전의 패턴은 지리적 집적과 공간적 분산이라는 대립적인 힘으로도 구조화된다. 양자 중 어느 쪽이 더 큰 영향력을 행사하는지는 경제활동의 종류, 기술수준, (기술적) 분업의 상태, 시장의 규모와 위치 등 여러 요소에 의해 결정된다. 특히 정보통신기술(ICT)은 글로벌 스케일에서 제조업과 IT 기반 서비스업의 재입지를 촉진하며 경제경관이 재구성될 수 있도록 막대한 영향력을 행사한다. 그러나 이것을 '지리의 종말'(O'Brien 1992)에 대한 예고로 받아들여서는 안 된다. 기업의 본사, 금융서비스, 사업서비스 등 고차위 경제활동 기능은 세계도시에 집적하는 경향이 더욱 심해졌다. 다시 말해, 고부가가치 활동은 대도시 지역에 집중하여 집적하는 반면 저부가가치 활동은 저임금 지역으로의 **공간적 분산**에 훨씬 더 민감하게 반응한다. 여러 예외적 상황이 있을 수도 있지만, 그러한 경향성은 경제지리학에서 핵심적 기초를 이루는 '법칙' 또는 '전형적 사실'이라 말할 수 있다.

장소의 역할을 이 책의 세 번째 핵심 주제로 다루었다. 경제발전의 광범위한 과정은 특정 장소에서 독특한 생산 형태를 창출한다. 일반적으로 생산과 소비의 지리는 기존의 (부존자원, 고용 패턴, 노동 숙련도, 소득수준, 문화와 제도, 정치적 지향성 등) 지역적 조건 및 활동과 상호작용하면서 형성된다. 그러한 상호작용을 통해서 장소는 꾸준하게 재생산되기 때문에 장소의 독특성과 특이성은 지리적 고립을 의미하지 않는다(Johnston 1984). 장소는 광범위한 사회적 관계와 연결망으로 구성되는 핵심 결절(node)이며(Massey 1994), 그러한 관계와 연결망은 생산, 소비, 유통의 영역에서 확장되고 있다. 교통 및 통신 네트워크와 금융의 흐름으로 인해 여러 장소들이 서로 묶일 수 있기 때문이다. 공간적 흐름과 연결망의 규모와 강도는 글로벌화 과정에서 현저히 증강되었고, 이를 바탕으로 매시는 **글로벌 장소감**이라는 개념을 제시했다.

글로벌화가 장소의 독특성을 궤멸시키고, 모든 지역을 비슷하게 만들 것이라는 가정은 피상적인 수준에서만 사실이다. 소비의 측면에서 살펴보자. 맥도날드나 코카콜라 같은 글로벌 브랜드의 확산은 대형 쇼핑몰의 일상화와 함께 문화적 동질화의 사례로 자주 거론되지만, 이런 현상들에만 근거해 **글로벌 소비문화**를 이해한다면 과도한 단순화에 빠지기 쉽다. 서로 다른 로컬 문화가 뒤섞이는 복잡한 과정을 인식하지 못하기 때문이다 (Cook and Crang 2016). 문화유산 관광에서는 주

로 '장소'를 소비하는데, 관광업의 성장에서도 알 수 있듯 소비지로서 지역의 역할은 여전히 중요하다.

장소의 중요성은 글로벌 경제의 생산영역에서도 나타난다. 광범위한 경제 재구조화의 과정 속에서 전문성을 지녔던 과거 산업지역의 다수가 사라진 것이 사실이다. 그러나 많은 장소에서 독특한 형태의 경제활동이 여전히 유지되고 있다. 이 책에서 (뉴욕의 월스트리트와 런던의 더시티, 실리콘밸리의 첨단산업 클러스터에서부터 웨일즈와 잉글랜드 북동부의 포스트산업 지역, 안데스 산지의 광업지구까지) 관련 사례를 수없이 많이 소개했다. 글로벌화의 도움으로 어떤 장소는 번영을 이루지만, 자본주의하에서 불균등발전이 늘 그러하듯 소외되고 빈곤에 시달리는 곳도 존재한다. 특정 장소에 나타나는 불균등발전의 영향은 모델을 설정하여 미리 예측할 수 있는 것이 아니다. 지리적 결과는 수많은 우연적(contingent) 요소와 관계에 좌우되기 때문이다. 개방성과 예측불가능성은 경제경관 형성의 기본 성격이다. 경제지리학 연구의 흥미로움은 바로 이런 점에 있다.

14.2 경합하는 미래: 글로벌화와 포퓰리즘

이 책은 **지리정치경제학**의 입장에서 서술되었다. 그래서 경제시스템으로서 자본주의의 역동적이면서도 불안정한 성격을 강조했다. 장기적으로 볼 때 자본주의에는 성장과 정체가 꾸준히 교차하며, 여기에는 위기의 순간도 있다. 이와 같은 역동성은 슘페터의 **창조적 파괴** 개념으로 요약할 수 있

다. 여기에서는 신기술의 주기적 출현으로 기존 기술과 산업의 기반이 약화되고, 심지어 파괴된다는 점을 강조한다. 1970년대 이후 지배적인 경제정책의 근간으로 **신자유주의**가 널리 채택되면서 자본주의의 역동성과 불안정성은 더욱 분명하게 나타났다. **탈규제** 및 **자유화** 정책 때문에 시장이 과도한 영향력을 행사하게 되었고, 사회적 안전망과 자본의 글로벌 흐름을 통제하는 국가의 역량이 눈에 띄게 감소했다.

2008~09년 금융위기는 자본주의의 불안정성을 확실히 보여주는 사건이었다. 대침체(Great Recession) 이후 회복이 늦어지면서 경제의 침체와 불안정성은 지속되고 있다. 이는 미국의 '서브프라임' 모기지 시장의 붕괴로 촉발되었지만, 글로벌 금융시스템 때문에 위기는 순식간에 세계경제 전체로 퍼져갔다. 많은 국가의 은행과 금융기관이 미국 모기지 채권을 다른 것과 패키지로 묶어 거래했기 때문이다(4.5 참조). 2013년부터 위기는 광물 자원과 농산물의 가격 하락과 맞물려 개발도상국과 BRICS 경제로도 퍼져갔다. 2017년 초반 글로벌 경제의 회복 신호가 나타났지만, 이는 미국의 호황, 유럽 경제의 부활, 중국의 완만한 회복에 기인한 것이며(Economist Intelligence Unit 2018), 이러한 회복세의 지속가능성 여부는 앞으로 두고볼 일이다. 위기 이후에 회복세에 내재하는 취약성, 기저의 구조적 문제를 해결하는 데 어려움이 있기 때문이다(12장 참조).

최근 환경도 글로벌 경제에 영향을 주는 위기 요소로 논의된다. 기후변화에 대한 우려가 확연하게 증가하고 있으며, 온실가스 배출을 줄이며 저탄소경제를 촉진하는 노력이 진행되고 있다. 물론 기득권의 이익을 지키기 위한 저항이 강하게 나타나는 것도 사실이다. 이와 관련해 UN의 온실가스 배출 협약으로부터 미국의 탈퇴를 결정한 트럼프 전 대통령의 조치는 상징적인 사건이다(12.3 참조). 그리고 기후변화는 불균등발전과 정의의 문제에 대해 포문을 연 현안으로 등장했다. 왜냐하면 기후변화는 천연자원과 생태계에 대한 경제적 의존도가 높은 개발도상국에 가장 심각한 타격을 주기 때문이다. 그러나 자원에 대한 압력이 증가하고 있기 때문에 환경에 대한 악영향 없이 경제개발이 가능하다는 전제는 선진국에서도 타당하지 않다. 경제의 글로벌화를 가능하게 했던 값싼 에너지와 낮은 운송비의 시대는 종국으로 치닫고 있으며, 공급사슬의 재입지에 대한 새로운 의문도 제기된다(Cumbers 2016).

사회적·공간적 불평등도 이전보다 많은 주목을 받고 있다. 2008~09년 경제위기와 대침체 여파로 임금과 생활수준이 하락했기 때문이다. 이러한 현실은 글로벌화에 대한 포퓰리즘적 반발을 불러왔다. 그림 14.1의 '코끼리 그래프'에 나타난 상황을 보자. 글로벌화의 이익은 대체로 글로벌 부유층(C)과 개발도상국의 신흥 중산층(A)에게로 돌아갔다. 이에 반해 (글로벌 소득분포에서 75~90분위의 범위를 차지하는) 글로벌북부의 중산층과 빈곤층(B)은 글로벌화의 이익에서 배제되었다(Milanovic 2016). 1988년부터 2008년 사이 글로벌 소득분포에서 소득이 향상된 사람들의 90%는 아시아에 위치하는 반면, 소득이 악화된 사람들의 86%는 글로벌북부의 선진국에 속해 있다(Horner and Hulme 2017: 13-14). 이처럼 세계경제의 무게중심이 동쪽으로 이동하면서(Dicken 2015), 이

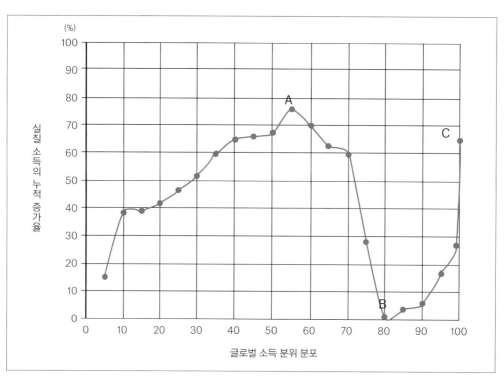

그림 14.1 코끼리 그래프: 글로벌 소득 분위별 소득의 상대적 변화(1988~2008년) (출처: Milanovic 2016: 11)

에 대한 반응으로 글로벌화에 대한 반대가 미국과 유럽에서 가장 두드러지게 나타나게 되었다 (Horner and Hulme 2017: 14). 동시에 글로벌·국가·도시−지역 스케일에서 '포용성장(inclusive growth)' 담론도 등장했다(Lagarde 2014). 여기에서는 소외집단의 보다 많은 참여로 기존 성장모델이 새로워질 수 있는지, 아니면 기존 모델과 정책을 근본적으로 개혁하여 포용 경제를 이룩해야 하는지에 대한 논쟁이 진행되고 있다.

급격한 기술 변화와 빅데이터의 폭발적 성장도 세계경제의 사회적·지리적 조직의 변화에 상당한 영향을 행사하고 있다. **4차 산업혁명**(Industry 4.0)으로 통칭되는 첨단기술은 무엇보다 중요하다. 이것은 증기기관 및 기계화를 기반으로 했던 1차 산업혁명, 전기와 대량생산 기술의 사용으

로 촉발되었던 2차 산업혁명, ICT와 인터넷에 영향을 받은 3차 산업혁명을 잇는 변화를 의미한다. 4차 산업혁명이라는 용어는 2011년 독일 정부의 연구프로젝트에서 처음 등장했는데, 여기서는 제조업과 서비스업의 디지털화 및 관련된 여러 기술의 융합이 강조되었다. 특히 클라우드컴퓨팅, 인공지능(AI), 빅데이터, 사물인터넷, 3D 프린팅, **자동화**의 영향력을 집중 조명한다(Gotz and Jankowska 2017). 로봇과 인공지능으로 급진적 형태의 자동화가 발생하여 인간의 일자리를 대체할 것이라는 우려 섞인 전망도 있다. 루틴화된 직종의 노동자와 이에 과도하게 의존하는 지역은 자동화에 취약하고, 대부분의 이익은 기술과 기업의 소유자나 고숙련 노동자에게 돌아가게 된다 (Lawrence *et al.* 2017). 따라서 자동화 과정을 관

리하기 위해 새로운 형식의 규제를 도입하고, 분배의 정의와 경제민주주의를 촉진하기 위해 ─ 국부펀드나 종업원소유권신탁(Employee Owner-ship Trust) 등 ─ 새로운 소유권 모델을 마련하는 것이 필요하다(앞의 책).

2008~09년 경제위기에 대한 즉각적인 반응으로 신자유주의가 퇴색하고 신케인스주의와 유사한 경제로 전환되는 듯했다. 정부에서는 이자율을 낮추고 갖가지 재정정책을 도입해 경제의 회복을 도모했기 때문이다. 그러나 2010년을 시작으로 (실패한 금융시스템에 기인한) 공공부문 부채가 증가함에 따라 긴축의 정치가 또다시 고개를 들었다. 긴축으로의 전환은 정책 담론으로서 신자유주의의 제도적 권력이 여전히 견고하다는 것을 드러낸다. 신자유주의 정책은 금융계와 비즈니스 엘리트에게 이익을 주면서, 사회의 다른 집단에게는 희생을 요구하는 경향이 있다. 이처럼 위기의 근본 원인은 제대로 해결되지 않은 채 정부 지출 삭감이라는 해결책만 난무하게 되면서 2011년 이후 경제 회복의 기미는 사라지게 되었다(Bivens 2016).

글로벌화와 **긴축**으로 발생한 경제의 불안정성 때문에 새로운 형태의 포퓰리즘이 등장했고, 이것은 탈산업화와 기술변화의 과정에서 뒤처진 사람과 장소에서 잘 받아들여졌다. '아메리카 퍼스트'와 같은 여러 슬로건에서 드러나는 것처럼 포퓰리즘은 경제적 국가주의와 연관되어 있는데, 여기에서는 자유무역, 자본의 이동성, 이주 등 글로벌화의 핵심 요소들이 논쟁의 대상이 되었다(Rodrik

2016). 경제의 통합과 자유화 같은 신자유주의 아젠다는 여전히 국제적 수준에서 논의되고 있다(Peck *et al.* 2010). 이를 통해 경제변화의 결과를 관리하고 사회적 결속력을 강화시키는 국가의 역할이 다시금 강조되기 시작했다(Cowley 2017).

확고부동한 불평등, 불안정성, 경제적 포퓰리즘으로 인해 우울한 분위기가 조성되고 있다. 그러나 경제라는 것은 사회적으로 구성되고 여러 가지 대안에 개방적이라는 사실을 잊지 말아야 한다. 2016년 이후 글로벌화에 반대하는 극우 포퓰리스트가 등장하여 세간의 주목을 받기는 했지만, 사실 글로벌화의 주류인 신자유주의 모델은 1990년대부터 반글로벌화를 주장하는 여러 저항에 부딪혀왔다(1.2.1 참조). 동시에 최근에는 13장에서 강조했던 대안경제공간과 혁신 양상이 다양한 방식으로 나타나고 있으며, 그 예로는 공정무역, **협동조합**, **신용협동조합** 운동 등이 있다. 이처럼 자본주의의 진화는 저항의 요소와 대안경제 모델의 출현을 수반하는 경향이 있다. 경제를 규제하고 조정하기 위한 대안적이고 공정한 방법에 대한 사람들의 관심은, 불평등을 해결할 수 있는 경제적·사회적 개혁이 부재한 상황에서 점점 더 커질 것이다. 하지만 2가지의 중대한 의문점이 남아 있다. 첫째, 대안경제 실천에 기초해 자본주의를 더 진보적인 방향으로 개혁해야 한다면, 적절한 개혁 범위는 어디까지인가? 둘째, 이러한 대안적 노력들로 과연 새로운 경제모델이 창출될 수 있을 것인가? 이런 의문들은 앞으로도 꾸준한 논쟁의 대상이 될 것이다.

참고문헌

Bivens, J. (2016) *Why Is Recovery Taking so Long – and Who's to Blame?* Washington, DC: Economic Policy Institute.

Bryson, J.R. (2016) Service economies, spatial divisions of expertise and the second global shift. In Daniels, P., Bradshaw, M., Shaw, D., Sidaway, J. and Hall, T. (eds) *An Introduction to Human Geography,* 5th edition. Harlow: Pearson, pp. 343–64.

Cook, I. and Crang, P. (2016) Consumption and its geographies. In Daniels, P., Bradshaw, M., Shaw, D., Sidaway, J. and Hall, T. (eds) *Introduction to Human Geography*, 5th edition. London: Pearson Education, pp. 379–96.

Cowley, J. (2017) The May doctrine. *New Statesman*, 8 February.

Cumbers, A. (2016) Remunicipalization, the low-carbon transition, and energy democracy. In Worldwatch Institute, *State of the World Report 2016*. Washington, DC: Worldwatch.

Dicken, P. (2015) *Global Shift: Mapping the Changing Contours of the World Economy*, 7th edition. London: Sage.

Economist Intelligence Unit (2018) *Global Outlook*, February. London: Economist Intelligence Unit.

Friedmann, T. (2005) *The World is Flat: A Brief History of the Twenty First Century*. New York: Farrar, Straus & Giroux.

Gotz, M. and Jankowska, B. (2017) Clusters and industry 4.0 – do they fit together? *European Planning Studies* 25: 1633–53.

Harvey, D. (2005) *A Brief History of Neoliberalism*. Oxford: Oxford University Press.

Horner, R. and Hulme, M. (2017) Converging divergence: unpacking the new geography of 21st century global development. *Global Development Institute Working Paper Series*, 2017–010.

Manchester: The University of Manchester Global Development Institute.

Johnston, R.J. (1984) The world is our oyster. *Transactions of the Institute of British Geographers* NS 9: 443–59.

Lagarde, C. (2014) Economic inclusion and financial integrity. An address to the *Conference on Inclusive Capitalism*. Washington, DC: IMF.

Lawrence, M., Roberts, C. and King, L. (2017) Managing automation: employment, inequality and ethics in the digital age. *Institute for Public Policy Research Discussion Paper*. London: Institute for Public Policy Research.

Massey, D. (1994) A global sense of place. In Massey, D. (ed.) *Place, Space and Gender*. Cambridge: Polity, pp. 146–56.

Milanovic, B. (2016) *Global Inequality: A New Approach for the Age of Globalisation*. Cambridge, MA: Harvard University Press.

Myrdal, G. (1957) *Economic Theory and the Under-developed Regions*. London: Duckworth.

O'Brien, R. (1992) *Global Financial Integration: The End of Geography*. London: Pinter.

Peck, J., Theodore, N. and Brenner, N. (2010) Post-neoliberalism and its malcontents. *Antipode* 42: 94–116.

Rodrik, D. (2016) The surprising thing about the backlash against globalization. At www.weforum.org/agenda/2016/07/the-surprising-thing-about-the-back-lashagainst-globalization?utm_source=feedburner&utm_medium=feed&utm_campaign=Feed%3A+insidethe-world-economic-forum+(Inside+The+World+Economic+Forum), 15 July. Last accessed 9 August 2016.

Smith, N. (1984) *Uneven Development: Nature, Capital and the Production of Space*. Oxford: Blackwell.

용어 해설 📖AZ

4차 산업혁명 Industry 4.0
제조업과 서비스업의 디지털화를 의미하며, 클라우드 컴퓨팅, 인공지능, 빅데이터, 사물인터넷, 3D 프린팅, 자동화 등 연관된 기술의 융합으로 촉진되고 있다.

가치 Value
판매할 상품의 생산을 통해 발생하는 경제적 수확, 이익, 지대를 의미한다. 노동력을 실제 노동으로 전환하는 노동과정을 거쳐 발생한다. 한편 기업의 경우에는 특정 상품과 공정을 통제하거나 조직 및 관리역량 개발, 기업 간 관계 활용, 주요 시장에서의 브랜드 명성 등을 통해 가치를 창출한다.

강제노동 Forced labour
국제노동기구는 강제노동을 "폭력, 협박, 채무, [주민등록증이나 여권 같은] 신분서류의 탈취, [무허가 이주에 대한] 출입국관리사무소 신고 위협처럼 보다 교묘한 수단을 활용해 강압적으로 노동에 참여하게 하는 상황"으로 정의한다. 이러한 형태의 노동은 현대적 의미의 노예, 부채연동 노동(debt bondage), 인신매매라고도 할 수 있다(www.ilo.org 참조).

거버넌스 Governance
전통적인 정부의 관념을 대신해 사회를 지배하는 주체의 확대를 뜻하는 용어다. 정부와 함께 특수목적기관, 기업조직, 시민사회 단체 등이 정책의 형성과 결정을 비롯한 사회 지배에 참여하는 현상과 관련된다.

경로의존성 Path dependence
진화경제지리학의 핵심 개념 중 하나로, 경제경관 형성에 과거의 의사결정과 경험이 하나의 중요한 결정 요인으로 작용하는 것을 의미한다. 광범위한 경제변화에 대한 경제행위자의 대응을 구조화하고 이해하는 데 유용한 개념이다.

경쟁력 Competitiveness

1990년대 초반 이후 경제개발정책의 담론을 주름잡는 핵심 개념이다. 경쟁력은 하나의 경제 단위가 다른 것과 경쟁할 수 있는 역량을 뜻하며, 국가와 지역이 마치 기업인 것처럼 글로벌 시장에서 경쟁해야 한다는 전제를 기초로 생겨났다. 혁신, 기업가정신, 노동 숙련도의 수준이 경쟁력 개념화에 중요한 부분을 차지하고, 그런 역량을 증진시키는 것은 국가 및 지방정부의 책무로 여겨지고 있다.

경쟁우위 Competitive advantage

기업이 기술과 인간의 역량, 규모의 경제 등을 능동적으로 창출함으로써 얻는 역동적인 이익을 지칭한다. 이는 비교우위 개념이 기존에 주어진 주요 생산요소의 효율성을 강조하기 때문에 고정적이고 자연주의적인 성격을 띠는 것과 대비된다.

경제지리학 Economic geography

인문지리학의 핵심 분야 중 하나로서 경제활동의 입지와 분포, 지리적 불균등발전의 역할, 지역경제 발전의 과정에 주목한다.

경제학 Economics

경제지리학의 인접 분야로서, 경제란 시장의 힘에 의해 작동하며 시간 및 공간의 차이와 무관하게 모든 곳에서 보편적으로 작동한다고 믿는다. 경제지리학이 다양성과 개방성을 중시하는 것과 반대로, 경제학은 모델링과 수학적 방법을 기초로 하는 형식적·이론적 설명을 추구하는 학문 분야이다.

공간 Space

지표면상의 일정한 구역을 가리키며, 흔히 복수의 지점 사이를 이동하는 데에 소요되는 시간이나 노력의 측면에서 활용되는 개념이다.

공간분석 Spatial analysis

1960~70년대에 큰 영향을 끼친 경제지리학 접근 중 하나로, 지리학에서는 '계량혁명'이라고도 불린다. 경제지리학의 공간분석은 통계적·수학적 방법을 활용하여 산업 입지, 거리, 이동 등의 문제를 분석하는 것에 초점에 맞춰져 있다.

공간적 분산 Spatial dispersal

집적의 반의어로, 산업이나 기업체가 기존의 생산 거점을 벗어나 새로운 지역으로 이동하는 현상을 뜻한다.

공간적 조정 Spatial fix

특정 기간 동안 안정적으로 자본주의경제의 팽창을 촉진하는 지리적 장치와 과정을 의미한다. 대표적 사례에는 19세기 제국주의, 세계대전 이후의 포디즘, 그리고 1980년대 이후 글로벌화가 해당된다. 글로벌화의 경우, 북아메리카의 '러스트벨트'와 서유럽에 형성된 기존 생산 거점의 탈산업화를 일으킨 반면, '선벨트' 지역의 산업 성장과 동아시아 신흥공업국들의 발전조건을 마련했다.

공급측 경제 Supply side of the economy

노동(훈련 및 기술), 자본(기업과 혁신), 토지(입지 및 인프라) 등 생산요소의 질적 측면과 관련된 경제를 말한다. 1980년대 이후 도시 및 지역의 발전정책은 경제의 공급측면 향상에 초점을 두고 있어, 수요측 경제를 강조했던 기존의 케인스주의 접근과 대조를 이룬다.

공동체경제 Community economy

이윤 중심의 글로벌 경제에 반대하며, 지역적 기반을 공유하는 참여주체 간 호혜적 관계로 이루어지는 경제활동을 뜻한다.

공유경제 Sharing economy

'디지털 플랫폼경제', '긱경제'로도 불리는 공유경제는 "활용도가 낮은 자원에 대한 접근성을 개방할 목적으로, 온라인 플랫폼을 통해 촉진되는 다양한 영리적·비영리적 활동의 교류"(Richardson 2015: 121)를 증진시키는 경제형태를 일컫는다. 그러나 '공유'라는 용어의 사용에 대해 논란이 일기도 한다. 비금전적인 형식의 관계라는 본래의 일상적 의미가 퇴색되었다고 생각하는 이가 많기 때문이다.

공정무역/윤리무역 Fair or ethical trade

생산자에게 적절한 생활수준을 보장하기 위해 공정하고 안정된 가격을 유지하고, 글로벌 시장의 변동이나 지배적인 다국적기업으로부터 가격 압력에 놓이지 않도록 하는 대안적 무역원칙을 말한다. 공정무역은 대체로 의식 있는 (주로 부유한 국가의) 소비자와 글로벌남부의 농부와 생산자 사이의 관계망을 통해 형성된다.

과학적 관리주의 Scientific management

포디즘적 대량생산체계와 관련된 산업 조직화 방식으로, 테일러리즘(Taylorism)으로도 불린다. 이것은 프레더릭 테일러(Frederick Taylor)가 제시한 개념이기 때문이다. 테일러리즘은 생산성 극대화를 목표로 합리적 원리에 따라 업무를 (재)조직화하며, 노동분업의 강화, 관리자의 조정 및 통제력 향상, 노동과정과 조직에 대한 정밀한 모니터링과 분석 등을 특징으로 한다.

관계경제지리학 Relational economic geography

2000년대 초반 이후 지리학에서 부상한 관계적 사조의 영향을 반영하는 학풍이다. 관계경제지리학은 경제적 활동 및 상호작용이 광범위한 사회경제적 관계에 뿌리내리고 있다는 것을 강조한다. 특히 네트워크 연구, 경제적 실천 연구와 밀접하게 관련되어 있다.

교역조건 Terms of trade

한 국가의 수입품 가격 대비 수출품 가격의 비율을 뜻한다. 1980~90년대 많은 개발도상국은 수입한 상품 가격에 비해 수출소득이 하락하여 교역조건 악화를 경험했다. 이와 반대로 2000년대에는 많은 상품 생산 국가들이 교역조건의 개선을 경험하며 발전에 보탬이 되는 수출소득 증진을 이루었다.

구조조정 프로그램

Structural Adjustment Programmes(SAPs)

1980~90년대 워싱턴합의의 일부분으로 IMF와 세계은행이 발전시킨 경제개혁의 번들(bundle)을 의미한다. 많은 개발도상국은 재정지원의 대가로 구조조정 프로그램을 받아들일 수밖에 없었다. 여기에는 무역과 투자 개방, 공공지출 제한에 대한 요구가 포함되어 있었다.

구조주의이론 Structuralist theories

세계 경제구조의 견지에서, 특히 선진국과 개발도상국 사이에 글로벌 불평등 패턴을 설명하는 발전이론의 총체를 뜻한다. 1950~60년대 라틴아메리카의 [라울 프레비시(Raul Prebisch) 같은] 이론가와 활동가집단이 주도적으로 구조주의 접근을 채택하여 발전정책에 반영하였다.

구조화된 일관성 Structured coherence

데이비드 하비(David Harvey)가 고안한 개념으로, 사회적·경제적·정치적 관계는 일정 장소에 형성된 특정 생산양식의 작용으로 구조화된다는 것을 의미한다(Harvey 1982). 예를 들어 19~20세기에 발전했던 선진국의 주요 중공업 지역에는 노동계급을 중심으로 사회주의적 전통과 노동조합 문화가 형성되었다.

국가 State

특정 영토에 대해 배타적 권한을 실행하는 공적 제도의

총체를 가리킨다. 주로 정부, 의회, 공무원, 시민사회, 사법당국, 경찰, 군대, 지방정부 등의 제도적 조직으로 구성됨.

국제노동분업 International division of labour

국가마다 상이한 경제활동으로 전문화되는 지리적 현상을 말한다. 식민주의와 관련된 19세기 고전적인 '구' 국제분업(OIDL)의 경우 유럽과 북아메리카 등 선진국은 공산품 생산활동에, 개발도상국은 원료와 식량을 생산·공급하는 활동에 전문화되었다. OIDL은 1970~80년대 제조업까지 개발도상국으로 이전시킨 **신국제노동분업(NIDL)**과는 대비된다.

국지화경제 Localisation economies

집적경제의 한 형태로 동일한 산업 기업의 집중으로 생겨나는 이익을 의미한다.

권력 Power

다른 사람에 영향을 미치는 의사결정을 할 수 있는 능력 또는 역량을 말한다. 주류 경제학에서는 권력 문제를 등한시하지만, 정치경제학과 같은 대안적 접근에서는 경제의 작동에 미치는 권력의 영향력에 주목한다. 특히 경제행위자 간의 사회적 관계에 초점을 두고 권력을 분석한다.

권한이양 Devolution

국가정부가 권력과 책임을 지역 또는 로컬 정부 수준으로 하향 이전하는 것을 지칭한다(Agranoff 2004). 주로 지역 스케일에서 투표로 구성되는 (지방정부, 지방의회 등) 정치제도를 설립하는 방식으로 이루어지며, 권한이양은 '정치적 분권화'와 밀접한 연관성을 가진다.

규모의 경제 Economies of scale

기업이 생산규모를 증가시키면 단위 당 생산에 소요되는 비용이 감소하여 효율성과 생산성이 향상되는 경향을 지칭한다.

근대화이론 Modernisation theory

1950~60년대를 지배했던 '발전'에 대한 사고방식이다. 선진국이 19세기 산업혁명을 통해 발전을 경험했던 것과 유사한 방식으로, 개발도상국도 선형적인 변화과정을 겪으며 근대화를 이룩할 것이라는 기본적인 전제가 깔려있다. 소득증진과 고용확대에 대한 기대로 경제성장을 최우선 가치로 여기며, 그것이 '낙수효과'를 일으켜 빈곤계층에게도 파급될 것이라고 가정한다. 이러한 사고방식은 미국 경제학자 월트 로스토(Walt Rostow)의 경제발전단계 모델에 명확하게 나타나 있다.

글로벌 가치사슬 Global Value Chains(GVCs)

생산 공정이 단계별로 서로 다른 지역에서 이루어지는 것에 초점을 맞추어 산업의 글로벌 조직을 분석하는 개념이다. 초창기 글로벌 상품사슬 연구의 연장선상에서 등장했다. 가치사슬 연구에서는 기업 간 관계의 거버넌스와 관련된 사항에 관심을 기울인다. 글로벌 생산네트워크 연구와도 관계가 있지만, GVC 연구에서 지리학적 경향성은 훨씬 더 약하게 나타난다.

글로벌 상품사슬 Global Commodity Chains(GCCs)

자원의 공급부터 완제품 소비에 이르기까지 특정 상품의 생산, 유통, 소비의 모든 과정에서 나타나는 여러 관계의 네트워크를 의미한다. 일반적으로 농부, 하청업자, 생산자, 운송업자, 소매업자, 소비자를 비롯한 다양한 행위자가 글로벌 상품사슬 형성에 참여한다.

글로벌 생산네트워크

Global Production Networks(GPNs)

기존 **상품사슬(commodity chains)** 개념의 분석적 한계를 해결하기 위해 다양한 행위자의 광범위한 관계를 아우르며 [맨체스터 학파] 경제지리학자들이 제시한 경제의 세계화에 대한 연구 방법론이다. 글로벌 생산네트워크는 "세계의 여러 시장에서 활동하기 위한 목적으로 다수의 지리적 위치에 걸쳐 재화나 서비스를 생산하는 조직의 배치를 의미한다. 이런 조직은 서로 연관되는 다양한 경제적·비경제적 행위자로 구성되며, 글로벌 선도기업이 전체의 조직 배치를 조정한다"(Yeung and Coe 2015: 32).

글로벌 소비문화 Global consumer culture

맥도날드, 코카콜라, 나이키 같은 브랜드의 확산 과정에서 나타나는 단일 글로벌 시장의 출현을 강조하는 표현이다. 많은 이들이 글로벌 소비문화의 확산을 독특한 로컬 문화와 장소의 궤멸, 즉 '지리의 종말'로 인식하는 경향이 있다. 그러나 상당수의 연구에서 밝혀졌듯 문화적 동질화는 과도하게 단순화된 추측에 불과하다.

글로벌 장소감 Global sense of place

장소를 글로벌화의 맥락에서 새롭게 사유하려는 도린 매시(Doreen Massey)의 저술에서 등장한 개념이다. 장소를 뚜렷한 경계를 지닌 고립적인 대상물로 파악하기보다, 광범위한 사회관계들이 교차하고 연결되며 수렴하는 일종의 만남(회합)의 지점 또는 결절로 이해한다.

글로벌 파이프라인 Global pipelines

지역적으로 착근된 클러스터의 기업이 지역을 초월해 협력관계를 구축하고 지식을 공유하는 소통의 경로를 의미한다. 이와 같은 전략적 협력관계로 인해서 지역에서는 이용이 불가능한 지식과 자산에 대한 접근성을 획득할 수 있다. 이 개념은 클러스터와 타 지역의 기업 간 관계적 연결망을 강조하기 때문에 클러스터 내부의 네트워크에만 몰두했던 기존의 신지역주의 접근과는 명확한 대조를 이룬다.

글로벌화 Globalisation

세계화라고도 불리며 글로벌 스케일에서 경제적 통합의 과정을 뜻한다. 글로벌화를 통해 상이한 장소에 속하는 사람과 기업 간 관계가 긴밀해진다. 글로벌화의 구체적인 모습은 국가 및 대륙의 경계를 초월해 재화, 서비스, 자본, 정보, 사람의 이동이 증대되는 현상에서 찾아볼 수 있다.

금융배제 Financial exclusion

금융시스템에 대한 특정 개인이나 사회집단의 접근성을 제약하는 과정을 의미한다. 금융배제는 보통 소득을 기초로 이루어지고, 사회적 약자 및 소외된 집단이 직면하는 어려움을 가중시킨다.

금융불안가설 Financial instability hypothesis

미국의 경제학자 하이먼 민스키(Hyman Minsky)가 1960년대에 제시한 이론으로 금융시장 탈규제가 어떻게 금융위기를 일으키는지를 설명한다. 민스키의 주장은 2008~09년 금융위기로 다시 주목받게 되었다. 그의 이론은 차입자를 다음 3가지 유형—원금과 이자 모두를 상환할 수 있는 능력을 가진 헤지(hedge) 차입자, 이자는 갚을 수 있지만 원금은 상환할 능력이 없는 투기(speculative) 차입자, 원금과 이자 모두를 상환할 수 없는 폰지(Ponzi) 차입자—으로 구분한다. 시간이 지나 경제호황이 진행될수록 금융기관들은 대출 대상을 헤지 차입자에서 위험도가 높은 투기 차입자나 폰지 차입자까지로 확대한다. 자산가치가 하락하여 투기거품이 꺼지기 시작하면 폰지 차입자들은 더 이상 부채를 상환할 수 없게 되며, 이들이 전체 금융시스템에 만연해있는 경우에 금융위기가 벌어진다.

금융위기 Financial crises

금융기구와 금융행위자들의 자산가치가 급격히 감소하여 시장이 붕괴되는 증상으로 나타난다. 개별 국가정부의 성격이나 역량에 따라 경제에 미치는 파급 정도는 상이하지만, 이따금 심각한 글로벌 경기침체까지 야기한다. 1930년대의 대공황이나 2008~09년 서브프라임 모기지 사태가 금융위기의 대표적 사례로 꼽힌다.

금융화 Financialisation
금융적 동기, 금융시장, 금융행위자, 금융제도의 역할이 일상생활에서 더욱 중요해지는 현상을 지칭한다.

기초수요 Basic needs
1960~70년대에 두드러진 발전 접근의 주된 관심사항으로, 주류의 근대화 정책에서 배제되었던 사람들에 대한 관심을 반영해 빈곤층의 일상생활에 주목한다. 식량, 주거, 취업, 교육, 보건 등에서의 수요를 파악하고 충족시키려는 관심은 최근의 풀뿌리발전운동으로 이어지고 있다.

기술체제 Technological regime
지속가능성 전환의 핵심 개념이며, 특히 **다층적 관점**(MLP)에서 지배적인 기술과 뚜렷한 관련이 있는 제도, 기술, 규칙, 실천 등을 기초로 확립된 시스템으로 정의할 수 있다. 특정 체제 및 그와 연관된 행위자는 기존의 양식을 보존하려고 하며 급진적 혁신을 방해하는 경향이 있다. 급진적 혁신은 대개 기존 기술 영역 외부의 틈새(niche)에서 새롭게 출현하기 때문이다.

기업 Firm
자본의 가장 기본적인 조직양식으로, 재화와 서비스의 생산과 관련된 법률적 실체이다. 기업의 소유권은 개별 자본가 또는 주주집단에 귀속된다.

기후변화 Climate change
세계 평균기온 또는 기후 패턴에서 대규모의 장기적 변화를 일컫는다. 거시적 차원에서의 자연 변동의 영향을 받는 것은 맞지만, 지구 온도의 상승은 이산화탄소와 온실가스 배출을 늘린 인간활동의 결과로 발생했다는 주장에 대해서도 타당한 증거가 존재한다.

긴축 Austerity
국가의 예산과 채무삭감을 통해 가격, 임금, 공공지출을 줄이는 경제조정 방식을 의미한다. 대개 재정 긴축 프로그램은 국가의 규모를 줄이려는 신자유주의 조치와 관련되어 있으며, 2008~09년 금융위기와 그 이후의 공공채무 급증에 대한 대응의 일환으로 2010년 이후 특히 유로존에서 광범위하게 실시되고 있다.

냉전 Cold War
미국이 주도하는 서구 자본주의 국가와 소련의 영향력 하에 있었던 공산주의 블록 사이의 정치적·이데올로기적 갈등을 의미한다. 냉전은 1940년대 중반부터 1980년대 말까지 지속되었다.

노동분업 Division of labour
산업 사회의 핵심 원리로서 노동분업은 기술적·사회적·지리적 차원의 조직으로 구성된다. 노동의 기술적 분업은 생산을 수많은 전문화된 부분들로 쪼개어 각 노동자가 (여러 가지 업무가 아닌) 단일 업무에만 집중하게 만드는 것이다. 애덤 스미스(Adam Smith)의 주장에 따르면, 산업화에 따른 노동의 분업 증대로 인해 생산성은 비약적으로 향상된다. 노동의 사회적 분업은 여러 전문적 직종들이 생겨나 사람들이 사회 내에서 상이한 역할을 수행하는 것을 일컫는다. 지리적 차원에서 발생하는 조직의 구성은 **노동의 공간분업**을 참고하길 바란다.

노동시장 유연성 Labour market flexibility
임금, 고용조건, 노동자의 태도 등이 경쟁의 압박과 기업의 필요에 민감해지는 고용의 체제를 의미한다. 이

체제에서 노동자는 가변적인 시급과 노동시간을 받아들여야 하고, 꾸준하게 새로운 기술을 습득하며 새로운 업무를 맡아야 하는 의무를 이행한다. 노동시장 유연성은 1980년대 이후 신자유주의 정책에서 핵심적인 목표 중 하나가 되었다.

노동의 공간분업 Spatial division of labour
대기업 조직 내에서 노동의 점진적 분업화가 새로운 공간적 패턴 창출에 영향을 주는 과정을 설명할 목적으로 도린 매시가 제안한 개념이다. 숙련된 노동력이 풍부한 대도시 지역에서는 고차기능이 입지하는 반면, 비용이 (특히 인건비가) 저렴한 지역에서는 조립과 같은 저차기능이 입지하는 현상과 관련되어 있다.

노동의 탈숙련화 Deskilling of labour
노동분업을 강화하면서 기획, 계획, 변형 등 고부가가치 업무를 제거하는 과정을 말한다. 노동과정의 세분화와 분절화는 고용주의 생산 통제를 강화시켰으며, 노동자를 전체 시스템 내에서 톱니바퀴와 같은 역할을 하게 만들어 기계로 대치될 수 있는 가능성을 높였다.

노동조합 Trade unions
노동자들을 대표하는 조직체로서 19세기 후반부터 20세기 초반에 본격적으로 부상했다. 많은 국가에서는 의회 정치를 통해 노동당이 노동조합의 권익을 대변한다.

노동지리학 Labour geography
경제지리학에 속하는 하나의 분과 학문으로, 노동자 및 노동조합과 경제지리적 변화 간 관계에 관심을 기울인다. 노동지리학에서는 노동자와 대변자의 행위성을 강조하며, 기업 및 정부 행위자의 지배성에만 집착했던 기존 설명에 문제를 제기한다.

노동통제체제 Labour control regime
지역 및 국가 정부가 기업과 함께 효과적 규제와 노동력 재생산을 위한 지역환경을 만드는 안정적인 지역제도의 틀을 말한다. 노동통제를 위한 지역의 공간은 생산, 재생산, 그리고 소비 간 호혜적 관계 형성에 기초한다(Jonas 1996 참조).

녹색경제 Green economy
저탄소 및 자원 효율적인 기술과 실천에 기초해 환경 피해를 줄이고 지속가능한 발전을 추구하는 경제양식을 말한다.

누적인과관계 Cumulative causation
스웨덴 경제학자 군나르 뮈르달(Gunnar Myrdal)이 지역 불균등발전 과정을 설명하면서 제시한 개념이다. 뮈르달에 따르면 특정 지역에 축적되는 자기강화의 이점은 나선형으로 발전하여 산업의 공간적 집중이 나타난다. 그리고 인근의 주변지역에 불리한 영향을 끼쳐 결국 핵심부-주변부 패턴을 낳는다.

다양성경제 Diverse economies
가사일, 협동조합, 선물 구매처럼 자본주의적 경제활동과 공존하는 다양한 형태의 (비자본주의적) 경제활동이나 조직을 강조하는 용어다.

다이아몬드 모델 Diamond model
클러스터가 경쟁력과 생산력을 강화하며 작동할 수 있는 방식에 대한 마이클 포터의 설명을 시각화한 모형을 의미한다. 여기에서는 수요조건, 연관 및 지원 산업, 요소조건, 기업 전략과 경쟁 관계의 맥락 사이의 상호작용이 중시된다.

다층적 관점 Multi-Level Perspective(MLP)
지속가능성으로의 이행을 고찰하는 유용한 분석틀로

서, 기술 변화를 사회적·기술적 과정의 결과라고 인식한다. 다층적 관점은 3가지 요소—미시적 수준의 적소/틈새(niche), 중범위 수준의 기술레짐(technological regime), 거시적 수준의 경관(landscape)—에 대한 분석으로 이해할 수 있다.

담론 Discourses

구조주의 철학에서 나온 용어로 지식을 생산하는 일련의 개념, 진술, 실천의 네트워크를 총칭한다. 어떤 담론은 의미를 생산하고 확산시키는 역할을 수행한다. 그 과정에서 담론은 단순히 현실의 반영에 그치는 것이 아니라, 적극적 확산과 능동적 실천조건을 형성해서 새로운 현실을 창출하기도 한다.

대량생산 Mass consumption

자동차, 냉장고, 세탁기와 같이 대다수 가구에서 보편적으로 소비하는 표준화된 내구성 소비재를 근간으로 하는 생산방식을 말한다. 이는 **포디즘**의 핵심적 차원으로, 노동자의 임금 상승에 따른 대량소비와 구조적으로 결부된다.

대안경제공간 Alternative economic spaces

주류 자본주의경제의 범위를 넘어 대안적 정체성, 실천, 장소를 만들려는 창조적 경제활동을 의미한다.

도덕경제 Moral economy

자본주의 이전의, 또는 자본주의를 넘어선 사회관계 형태에 기초해 경제활동이 이루어지는 것을 강조하는 용어다. 예를 들어 (기독교, 이슬람교 등) 일부 종교에서는 탐욕과 고리대금을 금기시하는 강한 도덕적·율법적 압력이 존재한다. 일부 이슬람 국가에서는 아직까지 대출에 이자를 물리는 것은 불법적 행태로 여겨진다. 마르크스주의 역사가인 에드워드 톰슨(Edward Thompson)은 18세기 식량가격의 상승에 대응한 가난한 사람들의 폭동을 군중의 '도덕경제'라 언급했다. 최근 이 용어는 글로벌 상품사슬에서 순수 자본주의적 가치를 윤리적인 것으로 대체해서 공정하고 윤리적인 무역을 발전시키려는 부문에서 널리 사용된다.

도시 기업가주의 Urban entrepreneurialism

1980년대 이후 도시정책에서 경제발전과 재생이 핵심 목표로 등장하게 된 경향을 뜻한다. 기업가적 접근을 추구하는 도시는 성장과 고용확대에 큰 관심을 기울이며, 외부로부터 투자를 유치하고 내부에서는 창업활동을 지원하는 정책을 광범위하게 펼친다.

도시경제학 Urban economics

NEG와 유사한 방식으로 도시 내 경제활동의 불균등한 공간적 분포에 대한 설명을 추구하는 경제학의 하위 분야이다. 도시경제학은 집적 현상과 밀접하게 연관되어 있고, 경제활동의 규모와 밀도, 도시 내 부의 축적으로 발생하는 경제적 이익을 강조한다.

도시화경제 Urbanisation economies

집적경제의 두 번째 형태로, 대도시 지역에 서로 다른 산업이 집적하여 발생하는 이익을 말한다.

독일입지이론 German location theory

19세기와 20세기 초반 폰 튀넨, 베버, 크리스탈러, 뢰쉬 등의 독일 이론가들의 연구에 영향을 받아 성립하였던 공간경제 이론을 총칭하는 용어로서, 신고전경제학 이론의 가정들을 수용하며 여러 가지 경제경관 모델 발전의 지적 토대가 되었다.

디지털 격차 Digital divides

정보통신기술(ICT)와 인터넷에 대한 접근성에서 나타나는 불평등을 의미하고, 소득격차, 계급, 연령, 성(젠더), 인종 등이 디지털 격차에 영향을 준다. 인터넷이 확산되고 있지만, 보급의 상태와 연결 및 사용에서 품질의 차이도 두드러지게 나타난다.

디지털경제 Digital economy

"모든 경제분야에서 (하드웨어, 소프트웨어, 응용프로그램, 통신 등의) IT를 활용하는 현상"을 의미한다(Moriset and Malecki 2008: 259). 이 개념은 디지털화와 인터넷의 복합적 효과, 디지털 장비와 응용프로그램의 폭넓은 보급으로 예전보다 정보가 신속하고 효과적으로 수집, 가공, 확산된다는 점을 강조한다.

마르크스주의 Marxism

카를 마르크스(Karl Marx)의 저작에서 유래한 사회경제 이론을 총칭한다. 마르크스주의는 사회를 유물론적 시각에서 이해하며, 관념보다는 현실적인 사회관계와 권력의 문제를 중시한다. 마르크스주의 관점에서 경제는 자본가와 노동자 간 적대적 사회관계를 특징으로 하는 자본주의적 생산양식에 의해 구조화된 것으로 인식된다. 자본가의 이윤추구는 노동의 착취를 야기하며, 이러한 모순적 관계는 자본주의가 사회주의에 의해 전복될 때까지 계속될 것으로 여긴다.

문화적 전환 Cultural turn

1980년대 이후 인문지리학과 기타 사회과학의 주요 관심이 경제적 문제에서 문화적 문제로 변동한 것을 지칭한다.

물신주의 Commodity fetishism

상품의 토대를 이루는 생산과 분배의 지리에는 무지한 사람이 소비과정에서 상품의 겉모습과 가격에만 주목하는 행태를 의미한다.

민영화 Privatisation

1980년대 초반 이후 신자유주의 개혁 프로그램의 핵심 구성요소로, 국영기업을 민간의 영역으로 이전하는 정책을 지칭한다.

반글로벌화운동 Counter-globalisation movement

1990~2000년대에 경제 글로벌화에 대한 신자유주의적 또는 자유시장주의적 관점이 불평등을 야기하는 것에 저항하며 형성된 반헤게모니적 운동을 말한다. 이것은 보다 개방적이고 참여적인 '상향식' 글로벌화를 추구하는 경향이 강한데, 세계사회포럼(World Social Forum)운동을 대표적 사례로 꼽을 수 있다.

발전 Development

경제정책의 맥락에서 개발로 칭하기도 하는 이 용어는 시간이 지남에 따라 특정 국가 또는 지역이 더 부유해지고 진보하는 긍정적 변화의 느낌을 담고 있다. 발전담론은 경제 성장과 근대화를 필수적인 것으로 여기며 세계의 '미발전 지역'을 경제 및 사회 정책의 대상으로 삼았다.

발전국가 Developmental state

경제발전에 고도로 집중하는 국가의 형태를 말하며, 개발국가로도 칭해진다. 이 용어는 일본, 한국, 싱가포르와 같은 동아시아 국가들의 경험에서 비롯되었다. 린다 웨이스(Linda Weiss)는 발전국가의 3가지 특성을 강조한다. 첫째, 생산 증대와 선진국과의 경제격차 축소를 목표로 한다. 둘째, 산업발전을 조정하고 추진하는 (일본의 통상산업성, 한국의 경제기획원과 같은) 발전전담 정부기구를 둔다. 셋째, 기업과 정부는 친밀한 협력 관계를 유지한다(Weiss 2000: 23).

벤처캐피털 Venture capital

민간부문의 에퀴티 파이낸스의 한 유형으로서, 외부의 투자자들이 증권거래 이외의 방식으로 신생기업을 창립하거나 기업성장을 도모하는 투자 전략을 말한다. 이러한 유형의 투자는 위험도가 매우 높은 경향이 있으며, 잠재 성장률이 높은 기업에 투자한 후 나중에 자기 지분을 처분하여 고수익을 얻으려는 투자자들을 끌어들인다.

부채위기 Debt crisis

1980년대 이후 많은 개발도상국이 직면한 막대한 부채 문제가 경제발전을 가로막을 뿐만 아니라 주기적으로 전 세계적 금융위기를 일으키는 현상을 지칭한다. 부채위기는 역사적 측면에서 3가지 주요 요인의 상호작용에서 시작되었다. 첫째, 1970년대에 여러 개발도상국이 저이율의 혜택을 누리며 선진국의 은행들로부터 대규모 차입금을 도입했다. 둘째, 1970년대 말부터 1980년대 초까지 금리가 지속적으로 상승했다. 셋째, 1980년대 초반부터 상품가격이 하락하여 수출로 얻는 수익이 감소했다.

분공장경제 Branch plant economy

기초적인 조립과 생산을 담당하며 외부의 통제를 받는 '분공장'이 지배하는 지역경제의 모습을 파악하기 위해 생겨난 용어다. 분공장경제는 1960~70년대의 경제재구조화 과정에서 출현했고, 그에 따른 기업의 구조조정으로 지역 기반의 소유권이 국가 및 국제적 수준에서 노동의 공간분업 형태로 대체되었다.

불균등발전 Uneven development

특정 국가나 지역이 다른 곳들에 비해 경제적으로 더욱 번성하는 경향을 지칭한다. 불균등발전은 자본주의 경제에 고유한 경향으로, 이윤창출 기회가 보다 높은 특정 지역에 성장과 투자가 집중되는 경향을 반영한다. 시간이 경과함에 따라 불균등발전 패턴은 주기적으로 재구조화되어, 자본은 보다 높은 이윤창출을 위해 여러 지역 사이를 '시소'처럼 이동한다.

불안계급 Precariat

노동을 6가지로 분류한 가이 스탠딩(Guy Standing)이 최근 제시한 새로운 계급의 명칭이다. 불안계급은 특히 글로벌화와 유연화 과정을 통해 안정적인 정규직이 불안정한 노동형태로 바뀌는 것이 일반화되면서 생겨났다. 불안계급은 대체로 일시적이고 임시적 형태의 고용에 의존한다. 특권에 따른 스탠딩의 분류에서 불안계급은 실업상태를 벗어나기 힘들 정도로 무기력한 6번째 최하위계층(underclass) 바로 위에 있는 차하위계층에 속한다.

브랜드/브랜딩 Brands/branding

특정 기업이나 상품을 시장의 다른 기업이나 상품과 차별화하는 상표, 디자인, 상징 등을 의미한다. 자본주의가 소비에 기반한 형태로 변화하면서 경쟁상품과의 차별화가 가치 창출의 결정적 원천으로 작용하게 되었다.

브릭스 BRICS

최근 경제대국으로 급속히 부상하는 브라질, 중국, 인도, 러시아, 그리고 남아프리카공화국(2010년에 추가됨)을 통칭하는 용어다. 브릭스는 2001년에 처음으로 사용되기 시작했다.

비교우위 Comparative advantage

1871년 데이비드 리카도(David Ricardo)가 제시했던 고전적 국제무역이론에 기초가 되는 개념이다. 한 국가는 다른 상품보다 저렴한 비용으로 생산가능한 상품에 전문화(특화)하여 수출해야 한다. 반대로 국내보다 해외에서 더 저렴하게 생산되는 상품은 수입해야 한다. 전문화를 통해 비교우위를 (즉, 상대적 비용우위를) 가진 상품에 집중하고, 비교우위가 없는 상품을 수입함으로써 국가들이 상호 이익을 누릴 수 있다.

비정부기구 Non-Government Organisations(NGOs)

자발적 또는 자선적 성격을 가지고 있는 조직을 의미하며, 민간부문이나 공공부문에 속하지 않는 소위 '제3부문'을 구성한다.

사회관계 Social relations

상이한 경제행위자 간 관계의 총체를 의미한다. 특히 고용주와 피고용인 간 관계가 각별히 중요하지만, 생산자-소비자, 제조업체-공급업체, 관리자-노동자, 정부기관-기업 등의 관계도 상당히 중요하다.

사회적 경제 Social economy

주류 자본주의에 속하지 않는 경제활동을 지칭하기 위해 마련된 광의의 용어다. 사회적 경제활동은 이윤추구보다는 사회적 요구에 부응하는 것을 지향한다. 이 범주 안에는 민영화된 복지서비스부터 자본주의에 대항하는 급진적 형태의 자치활동에 이르기까지 광범위한 활동이 포함되기 때문에, 사회적 경제는 상황에 따라서는 문제점이 내재한 개념으로 여겨지기도 한다.

사회적 네트워크 Social networks

서로 다른 기업에 근무하는 사람들 간의 비공식적이고 일상적인 사회관계를 지칭한다. 이런 관계는 정보와 아이디어의 공유를 촉진하며 혁신을 발생시키는 통로로 작동한다. 이러한 네트워크의 역할에 힘입어 실리콘밸리 같은 **신산업공간**이 부상할 수 있었다.

사회적 재생산 Social reproduction

노동을 지속하기 위해 식사를 하고, 옷을 입고, 잠을 자고, 사회활동에 참여하는 일상적 삶의 과정을 지칭한다. 사회적 재생산은 자본주의적 시장 너머에 존재하고 작동하는 가족, 친구, 커뮤니티 등에 영향을 받아 이루어진다.

사회-환경 혼종 Socio-environmental hybridities

포스트구조주의에 근거한 인간-환경 관계에 대한 일련의 접근이다. 경제경관 형성에서 인간과 자연은 동등한 정도의 행위성을 가진다는 인식론이 반영된 개념이다. 이를 수용해 인문지리학자들은 공간적 조정의 과정에서 인간과 비인간 행위자의 공동구성 역할에 관심을 기울이게 되었다. '자연', 즉 환경적 실체는 이미 주어진 전제가 아니라 변형과 변화가 가능한 일련의 물질적 과정이라고 인식한다.

산업지구 Industrial districts

소기업과 장인의 네트워크를 기초로 형성되어 전문화된 산업지역을 뜻한다. 셰필드의 (칼, 포크 등을 생산하는) 날붙이 제조업지구처럼 산업지구는 1980년대까지 19세기의 현상으로만 여겨졌지만, 최근의 산업지구 담론에서는 1970~80년대 이탈리아 중북부 산업지구의 번영에 초점을 맞춘다.

상업지리학 Commercial geography

초창기 경제지리학의 명칭으로 1880년대부터 1930년대 사이에 융성하였다. 유럽 제국주의와 깊은 관련성 속에서 아프리카, 아시아, 라틴아메리카 일대의 식민영토에 대한 경제지리적 지식을 제공했다. 식민지의 풍토 및 정주 패턴과 관련된 주요 자원, 작물, 항구, 무역로 등을 기술하고 이를 지도로 표현하는 것에 주목했다.

상호작용형 접근 Interactive approach to innovation

혁신을 제조업자, 서비스업자, 사용자(고객), 공급업자, 연구기관, (경제)발전기구 등 여러 행위자 간 협력을 통해 생성되는 순환의 과정으로 이해하는 관점을 말한다. 상호작용형 접근은 인습적인 가정을 바탕으로 성립된 **선형 혁신모델**(linear model of innovation)과 대조를 이룬다.

새천년개발목표
Millennium Development Goals(MDGs)

2000년 UN이 수립하여 2015년까지 성취를 이룩한 일련의 발전 및 개발 목표를 말한다. 극도의 빈곤과 기아 제거, 보편적 초등교육 실현, 양성평등 증진 등의 목표와 전략이 포함되어 있다.

생계접근 Livelihoods approach
개발학(또는 발전학)에서 글로벌남부의 개인과 가구원이 자신의 능력, 자산, 활동에 기초해 다양한 소득 창출 및 고용전략을 마련해 경제변화에 능동적으로 적응하는 방식을 이해하기 위해 등장한 분석틀을 말한다.

생산양식 Modes of production
사회를 조직하는 경제적·사회적 시스템을 지칭한다. 생산양식은 자원을 어떻게 이용할 것인지, 노동을 어떻게 조직할 것인지, 부를 어떻게 분배할 것인지 등을 결정한다. 경제사학자들은 다양한 유형의 생산양식을 확인한 바 있는데, 여기에는 자급자족적, 노예적, 봉건적, 자본주의적, 사회주의적 생산양식이 포함된다.

생산요소 Factors of production
재화와 서비스 생산에 필요한 여러 구성요소를 지칭한다. 자본, 노동, 토지, 지식이 가장 대표적인 생산요소에 속한다.

서브프라임 주택시장 Sub-prime housing market
저소득층 집단과 같이 고위험 대출자들로 구성된 주택시장을 가리킨다. 일반적으로 이들의 소득수준은 주택시장 조건이 악화될 경우 주택담보대출에 대한 상환 능력에 미치지 못하는 특징을 가진다.

선형 혁신모델 Linear model of innovation
혁신에 대한 전통적 관점으로, 혁신을 연구개발부터 생산, 마케팅, 판매로 이어지는 일련의 순차적 단계로 구성된다고 이해한다.

소매업의 국제화 Internationalisation of retail
거대 소매업체가 해외직접투자(FDI), 로컬 파트너십, 프랜차이즈 등의 형식으로 시장과 활동영역을 국제적으로 확대하는 과정을 의미한다. 소매업은 전통적으로 국가 특수적인 활동이었지만 1990년대 후반부터 급속한 국제화를 경험하고 있다.

소비 Consumption
개인이 상품을 구입하고 사용하는 과정을 뜻한다.

소비문화 Consumer culture
현대사회의 중요한 특징 중 하나로, 인간의 삶과 정체성(identity) 형성에서 쇼핑과 소비의 역할이 증대되고 시장에서는 개인의 선택논리를 중심으로 사회가 조직화되는 모습을 포착하는 개념이다.

소비의 장소 Places of consumption
재화와 서비스를 구매하고 소비하는 현장을 의미한다. 백화점, 쇼핑몰, 거리, 시장, 가정은 물론이고 [자선가게와 자동차노점(car boot sale) 같은] 비과시적 소비(inconspicuous consumption)의 장소까지 포함한다.

수요측 경제 Demand side of the economy
공급측(supply side) 경제의 반의어로, 경제에서 재화와 서비스에 대한 총 수요를 중시하며 소비 지출의 역할을 강조하는 용어다. 수요측 이론은 영국 경제학자 존 케인스(John Keynes)의 연구와 관련되어 있는데, 케인스는 유효수요가 산출을 결정한다고 보았다. 지역적 측면에서 볼 때, 수요측면 접근은 특정 지역 내에 노동수요를 늘려 소득과 소비 지출을 증대하는 결과를 낳는다.

수입대체형 산업화
Import-Substitution Industrialisation(ISI)

기존에 수입되던 상품을 자체적으로 생산하여 대체하려는 산업정책을 말한다. 신생 **유치산업**은 높은 관세장벽을 통해 국제 경쟁으로부터 보호되며, 이를 통해 해당 국가의 경제가 다양화되어 해외기술 및 자본에 대한 의존도가 점차 줄어들게 된다.

수출가공지역 Export Processing Zones(EPZs)

경제특구(SEZs: Special Economic Zones)의 한 형태로 국가는 수출가공지역에 입지한 외국소유의 기업에 세금감면이나 인센티브를 제공한다. 대체로 해당 기업에 지역 세금의 100%를 환급해주며, 기업이 필요로 하는 인프라를 제공하고 외국소유와 관련된 여러 규제를 완화해준다.

수출지향형 산업화
Export-Oriented Industrialisation(EOI)

수입대체형 산업화(ISI)와 대비되는 용어로, 해외시장을 대상으로 재화와 서비스를 생산·수출하는 성장전략을 지칭한다. ISI는 국가의 보호와 개입이 높은 반면, EOI는 전통적인 자유무역과 비교우위론을 근간으로 추진된다.

스마트시티 Smart city

빅데이터를 이용하고 유비쿼터스 컴퓨팅의 강점을 활용해 구체적인 문제를 해결하려 노력하는 도시를 의미한다. 정보통신기술(ICT)을 사용함으로써 경제발전을 도모하고, 소프트웨어가 내장된 기술에서 데이터를 추출하여 활용함으로써 도시 관리를 향상시킬 수 있다고 여긴다.

스케일 Scale

국지적, 지역적, 국가적, 초국가적, 글로벌 등 인간활동이 벌어지는 상이한 지리적 수준과 범위를 말한다.

시공간수렴 Time-space convergence

장소 간 이동시간을 감소시키는 "교통혁신의 결과로… 시공간 상에서 장소들이 서로 가까워지는 현상"을 말한다(Janelle 1969: 351). **시공간압축**과 의미가 상당히 중첩되는 개념이다.

시공간압축 Time-space compression

정보통신기술(ICT)의 효과로 공간상에서 정보와 화폐를 전달하는데 드는 비용과 시간이 감소하는 현상을 뜻한다. 이것은 지리학자들이 전통적으로 강조해왔던 '거리마찰'을 감소시킨다.

식민주의 Colonialism

영토의 확장과 지배를 토대로 한 제국주의 정치경제시스템을 일컫는다. 식민 권력은 식민지를 정치적으로 직접 지배한다.

신경제지리학 New Economic Geography(NEG)

폴 크루그먼(Paul Krugman)을 비롯한 경제학자들이 강조했던 지리경제학적 관점으로 산업 입지 분석에 수학적 모델링 기법을 사용한다. NEG는 산업이 왜, 그리고 어떤 조건하에 지리적으로 집중하는가에 관심을 둔다. 주류경제학 방법을 사용해 여러 가지 가정들을 단순화한다는 점이 NEG의 특징이다.

신국제노동분업
New International Division of Labour(NIDL)

서구 선진자본주의에 속하는 **초국적기업**(TNC)이 저차위의 조립 및 가공 기능을 비용이 저렴한 개발도상국으로 이전하는 현상을 말한다. 이는 **노동의 공간분업**의 한 형태로 거대기업의 노동분업, 새로운 교통 및 통신 기술의 발달, 개발도상국의 풍부한 노동력 등의 요인으로 성립되어 발전하였다. 최근에는 보다 복잡한 신 NIDL이 등장하고 있는데, 이는 기존보다 훨씬 더 많은 국가들 간 복잡한 국제관계를 토대로 형성되었다. 신 NIDL은 서비스 부문에서 발생하며, 중국, 브라질, 남아프리카공화국 등을 포함하는 BRICS를 비롯해 신흥 경제대국의 개발도상국에 대한 투자 증가와 밀접하게 관련된다.

신무역이론 New trade theory

폴 크루그먼을 비롯한 경제학자들이 1970년대 이후로 발전시킨 사상으로, [리카도의 관념과는 달리] 비교우위는 천부적인 생산요소의 보유 여부만을 가지고 판단할 수 없다고 본다. 대신에 [국가와 지역의] 비교우위를 기술, 숙련도, 규모의 경제 등의 개발을 통해 기업이 능동적으로 창출할 수 있는 것으로 인식하며 보다 역동적인 경쟁우위의 개념을 제시한다.

신산업공간 New industrial spaces

산업화의 핵심부 지역에서 동떨어져 있지만 1970년대 이후 유연 생산의 중심부로 부상하게 된 지역을 지칭한다. 신산업공간은 유럽과 북아메리카를 중심으로 한 3가지 유형이 분포한다. 첫째는 이탈리아 중부와 북동부에 위치하는 장인 수공업 기반의 산업지구이고, 둘째는 캘리포니아의 실리콘밸리 같은 첨단산업 중심지이며, 셋째는 세계도시에 집중된 선진금융 및 생산자서비스업 클러스터이다.

신용협동조합 Credit unions

멤버십을 기반으로 소유·운영되는 금융분야의 **협동조합**을 말하며, 여기에서는 가입자가 낮은 이자로 대출을 받을 수 있다. 신용협동조합에서는 일반 은행이나 지하경제에서 활동하는 '악덕 사채업자(loan sharks)'보다 나은 조건으로 저축과 대출이 가능하다.

신자유주의 접근 또는 신자유주의 Neoliberal approach or neoliberalism

국가의 개입을 줄이고 자유시장을 확대하여 사회 전반을 시장화하는 것과 관련된 정책을 뒷받침하는 정치경제학 철학이자 실천양식이다. 기업, 경쟁, 개인적 자립 등을 미덕으로 여긴다.

신지역주의 New regionalism

포스트포디즘 자본주의하에서 경제 조직화의 스케일 중 '지역'의 중요성을 강조하는 경제지리학적 연구와 사상을 총칭하는 개념이다.

신흥공업국 Newly Industrialising Countries(NICs)

과거에는 저발전국가였으나 1960~90년대에 급속한 경제발전을 이룩하고 해외직접투자(FDI)를 끌어들인 국가들을 말한다. 여기에는 홍콩, 한국, 싱가포르, 타이완 등의 아시아 국가뿐만 아니라 브라질과 멕시코가 포함되기도 한다.

실증주의 Positivism

과학의 목적은 실세계의 사건과 패턴을 설명하고 예측할 수 있는 보편적 일반이론을 도출하는 것이라고 주장하는 과학철학적 인식론이다.

아웃소싱 Outsourcing

기업이 특정 업무나 작업을 내부에서 수행하지 않고 타 기업에 하청을 맡기는 과정을 의미한다. 해외기업에 하청을 맡기는 글로벌 아웃소싱인 **오프쇼링**은 글로벌 경제를 재조직하는 핵심 트렌드로 등장하였고, 루틴화된 업무의 대부분이 현재 저비용의 개발도상국에서 이루어지고 있다(신국제노동분업 참조).

암묵지 Tacit knowledge

형식지(명시지)와 대조를 이루는 개념으로, 직접적인 경험과 전문성을 가지고 있어 문서화된 형태로는 전달이 잘 이루어지지 않는 지식의 유형을 말한다. 개인과 조직의 숙련도나 업무역량으로 구체화되는 실천적인 '노하우'의 형태를 띤다.

업그레이딩 Upgrading

상품사슬이나 생산네트워크에서 이전보다 많은 가치를 획득하는 것처럼 행위자나 기업이 누리는 지위의 개선을 의미한다. 업그레이딩은 보다 효율적인 생산에 기초한 공정 업그레이딩, 고부가가치의 상품과 서비스를 생산하는 상품 업그레이딩, (기존보다 높은 부가가치의 업무를 수행하며 가치사슬/생산네트워크에서 상층위로 올라가는) 기능적 업그레이딩, 기존 역량을 새로운 부문에서 활용하는 사슬/네트워크(또는 부문 간) 업그레이딩을 포함해 4가지 형태로 구분할 수 있다.

에쿼티 파이낸스 Equity finance

투자자들이 기업의 지분을 사들이기 위해 조성한 자본을 말한다. 시장에 공개된 거대기업들은 주로 증권을 발행하여 자본을 조달한다.

역량(자원)기반 기업이론
Competence or resource-based theory of the firm

1959년에 경제학자 이디스 펜로즈(Edith Penrose)가 제시한 이론이다. 그녀의 이론에서 기업은 오랜 세월에 걸쳐 누적된 각종 자산과 역량의 집합체로 이해되며, 역량은 기술, 실천, 지식을 포함한다.

역류효과 Backwash effects

핵심지역의 성장이 인접한 주변지역에 미치는 부정적인 영향으로, 주변부 지역에 있던 자본과 노동이 보다 높은 이윤과 임금을 얻을 수 있는 핵심부 지역으로 '빨려 들어가는' 현상을 지칭한다. 이런 상황에서는 핵심부 성장의 선순환이 주변부 쇠퇴의 악순환과 맞물려, 자본 부족이나 인구감소 같은 저발전 징후가 주변부 지역에서 나타난다.

오프쇼링 Offshoring

선진국의 경제활동이 저임금 국가와 지역으로 입지 이동하는 현상을 말한다. 오프쇼링은 1960년대부터 나타난 제조업의 특징으로 신국제노동분업(NIDL)의 원인이며, 과정이자 결과이기도 하다. 최근에는 인도의 콜센터산업처럼 루틴화된 서비스업에서도 오프쇼링이 나타나기 시작했다.

워싱턴합의 Washington Consensus

1980~90년대에 워싱턴 D.C.에 본부를 둔 미국 재무부, 세계은행, IMF가 모여 신자유주의(neoliberal) 경제원리를 토대로 채택하고 실행한 종합적 경제정책을 말한다. 공공지출 축소, 경제자유화, 민영화, 수출 및 해외직접투자(FDI) 촉진 등이 워싱턴합의의 핵심 내용이다.

유럽재정위기 Eurozone sovereign debt crisis

2010년 이후 유로존 국가들 중 PIIGS라 불리는 포르투갈, 이탈리아, 아일랜드, 그리스, 스페인에서 벌어진 공공부채위기를 지칭한다. 2010년 그리스, 아일랜드, 포르투갈은 높은 부채수준과 국채 금리의 상승에 대한 우려로 EU, 유럽중앙은행(ECB), IMF로부터 강제적인 긴급구제 자금을 받게 되었다. 결과적으로 구조조정 프로그램에 의해 이들 국가는 정부지출을 크게 줄이고 세율을 높여야만 했다.

유연생산 Flexible production

포디즘에 뒤이어 1980~90년대 초에 등장한 새로운 형태의 생산양식을 말한다. 유연성을 확보하는 방식은 생산과 소비의 영역과 연관되어 구현된다. 생산영역에서는 정보통신기술(ICT)을 광범위하게 활용하여 생산과정과 장비의 (재)가동을 유연적으로 통제한다. 소비영역에서는 표준화된 대량생산체계와는 달리 틈새(적소)시장과 고객맞춤화를 적극 활용하여 유연성을 증진한다.

유치산업 Infant industries
국가가 경제발전을 위해 전략적으로 보호하여 육성하는 신생 산업을 말한다. 글로벌 시장에서 경쟁하여 생존할 수 있을 때까지 국가의 보호를 받으며 성장한다.

인간개발지수 Human Development Index(HDI)
유엔개발계획(UNDP)에서 제시한 발전에 대한 복합지표이며 널리 활용되고 있다. 1990년부터 HDI 관련 보고서가 매년 출간되고 있다. HDI는 3가지의 기본적 인간개발 측면, 즉 건강, 교육, 생활수준을 기준으로 발전의 전반적 성취도를 측정한다.

인류세 Anthropocene
이산화탄소와 여타 온실가스 배출 증가를 포함해 인간의 영향 때문에 지구가 변화하는 시대를 지칭하기 위해 사용하는 용어다. 인류세의 시발점이 언제인가에 대해서는 18세기 후반의 산업혁명을 들거나, 1950년대부터 시작된 원자력의 시대를 꼽는 의견이 있다.

자동화 Automation
경제적 과정 및 업무를 수행하기 위해 인간의 지원이나 노동력 없이 기술을 사용하는 것을 말한다. 흔히 말하듯 산업자본주의의 오랜 특징이었던 기계가 노동을 대체하는 것이 자동화에 포함된다. 인공지능의 진전과 로봇 사용의 확산으로 자동화는 더욱 심화될 것으로 예상된다.

자본의 순환 Circuit of capital
자본주의하에서 상품을 가공해 이윤을 창출하는 기본적 과정을 지칭한다. 공장, 기계, 원료 등의 생산수단에 노동력을 결합해서 상품을 제조, 판매하면 처음에 투입된 기초자본을 초과하는 이윤이 발생한다. 이를 다시 생산과정에 재투자하면 새로운 순환이 발생하여 자본축적의 토대가 형성된다. 자본의 순환에는 이와 같은 1차순환과 더불어 2차 및 3차 순환도 존재하는데, 이들은 건조 환경의 생산과 (교육, 의료, 복지 등) 공공부문에의 투자와 관련된다.

자본의 초이동성 Hypermobility of capital
1970년대 이후 탈규제화와 글로벌화로 금융의 유동성이 증가하고, 전자형태의 통화가 성장하면서 지리학자와 경제학자가 관심을 가지게 된 용어다. 금융행위자들이 버튼 한번으로 손쉽게 막대한 양의 화폐와 금융을 지구의 한 지점에서 다른 곳으로 이동시킬 수 있게 되면서, 자본의 초이동성은 금융위기 초래에 영향을 미치기도 했다.

자본이전 Capital switching
자본이 투자에 따른 기회변동으로 경제 부문과 지역 간에 이동하는 과정을 지칭한다. 일반적으로 자본은 쇠퇴 부문이 지배적인 지역을 이탈하여, 멀리 떨어져 있지만 투자의 매력도가 높은 '신산업공간'으로 이동한다.

자본주의 Capitalism
18~19세기에 출현한 생산양식으로 공장이나 생산시설 등 생산수단의 사적소유에 바탕을 둔다. 자본주의하에서 대부분의 사람들은 임금을 받는 대가로 노동력을 팔아 자신과 가정의 생계를 유지한다.

자본주의 다양성 Varieties of Capitalism(VoC)
자본주의가 지속적으로 취하는 다양한 제도적 형태에 관심을 기울이기 위해 주류 정치경제학자와 비교사회학자가 발전시킨 개념이다. 홀과 소스키스(Hall and

Soskice 2001)는 자본주의의 유형을 2가지 범주로 구분했다. 독일, 일본, 스웨덴 같은 국가와 관계된 조정시장경제(CMEs: coordinated market economies)와 영국, 미국, 호주를 예로 들 수 있는 자유시장경제(LMEs: liberal market economies)가 여기에 포함된다. 하지만 실제 현실에서 자본주의는 국가와 지역의 제도적 차이가 투영되면서 앞의 2가지 이념형보다 훨씬 더 복잡하고 다양한 방식으로 존재한다.

자본축적 Capital accumulation

투자와 재투자를 통해 보다 많은 이윤을 창출하는 과정을 말한다. 자본축적은 자본주의시스템의 핵심으로 경제성장과 혁신을 추동한다.

자유화 Liberalisation

신자유주의의 핵심 구성요소 중 하나로, 국가의 보호를 받던 부문을 경쟁에 노출시키는 정책을 일컫는다.

장소 Place

인간이 점유하는 특정 지점이나 구역을 지칭한다. 장소를 점유한 사람들은 그곳에 대한 애착심을 갖고 의미와 중요성을 부여한다. 가족, 가정, 커뮤니티 등에서의 개인의 삶과 밀접한 관련이 있다.

재스케일화 Rescaling

지리적 **스케일** 간 관계의 변동을 지칭하는 개념이다. 특히 국민국가의 거버넌스와 재구조화와 관련된 논의에서 국민국가의 권한과 책임이 두 방향으로 분산되고 있음을 강조한다. 하나는 국가적 스케일에서 상위국가적 거시 스케일로의 변동이며, 두 번째는 국가적 스케일에서 도시나 지역 등 하위국가적 중범위 또는 미시 스케일로의 변동이다. 후자와 관련해서는 **권한이양**에 대한 설명을 참조하기 바란다.

재정정책 Fiscal policies

세금과 공공지출 수준을 높이거나 낮추는 정책을 말한다. 경제사이클 전반을 조정하려는 케인스주의의 수요관리 정책에서 널리 활용되었다.

전략적 재커플링 Strategic recoupling

지역과 글로벌 생산네트워크 간 관계의 재설정 과정을 뜻하는 용어다. 기존 지역자산과 새로운 투자 사이에 재조합 환경이 마련되면 발생한다.

전략적 커플링 Strategic coupling

글로벌 생산네트워크와 지역자산 사이에 발생하는 역동적인 상호작용 과정을 의미한다. 지역제도는 투자 유치와 투자철회 방지에 중요한 역할을 하고, 이 과정에서 제도적 행위자들은 글로벌 생산네트워크의 요구에 부응해 지역자산을 형성, 변화시키기도 한다.

전략적 탈커플링 Strategic decoupling

지역과 글로벌 생산네트워크 간 관계의 약화나 파열을 표현하는 용어다. 투자의 철회, 초국적기업(TNC)의 이전, 해외시장의 축소 등의 이유로 발생한다.

정치경제학 Political economy

경제를 광범위한 사회정치적 맥락 내에서 분석하는 관점으로, 시장에서 상품교환의 문제뿐만 아니라 생산과정과 여러 집단 간 부의 분배에도 관심을 기울인다.

정치생태학 Political ecology

전통적인 환경 관리의 관점과는 반대로 자연-경제-사회의 관계를 보다 '정치적인' 감수성을 가지고 파악하는 접근이다. 자본주의 축적과정이 환경과 사회에 해로운 공간적 불균등을 낳는 과정에 관심을 기울인다. 생태 또는 기후 정의(justice)를 바탕으로 자본주의가 생산하는 불평등에 저항하는 대안정치도 정치생태학적 탐구와 실천의 대상이다.

제도 Institutions

경제적 삶을 형성하는 광범위한 사회적 관습, 실천, 규칙을 총칭하는 개념이다. 핵심적인 제도로는 기업, 시장, 통화체계, 국가, 노동조합 등이 있다.

조절양식 Modes of regulation

프랑스의 조절학파 경제학자들이 발전시킨 개념으로, 지리학에서도 지리정치경제학자를 중심으로 널리 수용되었다(**조절접근** 참조). 자본주의의 조절양식은 주로 5가지 사항에 초점을 둔다. 노동 및 임금 관계, 경쟁 및 기업조직화 형태, 통화(화폐)체계, 국가의 개입방식, 국제적 관리체제(레짐)가 여기에 포함된다. 제2차 세계대전 이후 선진국의 경제성장은 포디즘-케인스주의 조절양식을 근간으로 이루어졌고(**포디즘** 참조), 1970년대 이후 포스트포디즘하에서는 슈페터주의-신자유주의 조절양식이 주를 이루었다.

조절접근 Regulation approach

1970년대 프랑스의 일부 경제학자들이 발전시킨 이론으로, 광범위한 사회적 조절과정이 어떻게 위기 유발의 본질적 속성을 지닌 자본주의 성장과 발전을 일정기간 동안 안정화하는지에 초점을 두고 설명한다. 이러한 광범위한 조절과정은 자본주의시스템의 본질적 모순을 일시적으로 해결하는 특정한 제도적 장치들의 조합을 통해 이루어진다. 이러한 장치들은 점차 하나의 **조절양식**(modes of regulation)으로 통합되어 일정기간 동안 안정적인 성장을 가능케 하는데, 이를 **축적체제**(regime of accumulation)라고 한다. 포디즘이나 포스트포디즘은 축적체제에 해당하며, 각각을 지탱하는데 기여하는 케인스주의와 슈페터주의를 조절양식으로 언급할 수 있다. 조절접근은 조절이론으로 칭해지기도 한다.

종속이론 Dependency theories

급진주의 경제학자 안드레 군더 프랑크(Andre Gunder Frank)와 관련된 구조주의이론을 말한다. 프랑크의 설명에 따르면, 핵심부는 자신의 이익을 위해 '주변부'를 착취해 이윤(잉여)을 추출하는 경향이 있다. 이런 행태는 전후 시기 보다 비공식적인 제국주의적 특성에 의해 지속되었고, 글로벌 스케일에서는 (특히 서구사회와 라틴아메리카 간) 불평등한 경제관계를 조성했다.

중심지이론 Central place theory

1930년대에 발터 크리스탈러(Walter Christaller)가 제안한 이론으로, 독일입지모델 중 가장 널리 알려져 있다. 경제적 합리성, 인구의 공간적 분포의 균질성 등을 가정하여 도시 체계 내 정주규모와 분포에 나타나는 규칙성을 설명한다. 그에 따르면 상점의 소유주들이 중심지를 선택하는 과정에서 육각형의 네트워크 공간구조가 형성된다.

중앙은행 Central banks

국가 내에서 통화를 공급하고 관리하는 책임을 맡고 있는 국가기구이며, 일반적으로 금리를 정하고 인플레이션을 관리한다.

지구온난화 Global warming

이산화탄소와 다른 오염원 배출의 증가로 온실효과가 발생해 결과적으로는 지구의 대기 온도가 점진적으로 상승하는 현상을 말한다. 최근에는 **기후변화**(climate change)로도 언급된다.

지리정치경제학

Geographical Political Economy(GPE)

1970년대에 등장한 경제지리학의 접근법으로, 지역발전과 도시 재구조화 같은 지리적 문제에 정치경제학 분석틀을 적용하여 설명한다.

지속가능발전목표

Sustainable Development Goals(SDGs)

새천년개발목표(MDG)를 대체하기 위해 UN이 2015년 새롭게 설정한 일련의 발전목표를 말한다. 17개의 목표는 MDG보다 훨씬 광범위한 프로그램을 포함하는데, 빈곤국가 뿐 아니라 모든 나라를 대상으로 지속가능한 발전을 위한 글로벌 의제를 추진한다.

지속가능성 전환 Sustainability transitions

에너지자원, 수자원, 교통과 관련된 경제 부문을 지탱하는 사회-기술레짐에 근본적 변화를 자극하는 과정의 총체를 의미한다. 지속가능성 전환은 (기술, 물질, 조직, 제도, 정치, 경제, 사회문화 등) 여러 차원에서, 또 다양한 행위자 간에 중대한 변화를 이끌고 있다.

지식기반경제 Knowledge-based economy

개인과 기업의 경제활동에서 지식이 핵심 자원이 되고 학습이 중추적 과정이 되는 새로운 형태의 경제이다. 1990년대 초반에 등장하여 발전하기 시작했다.

지역노동시장 Local labour markets

고용활동에서 지역 스케일의 중요성을 강조하는 용어로, 대부분의 인구가 비교적 좁은 지역 내에서 주거와 직장활동을 병행하는 곳에서 형성된다. 지역노동시장을 통계적으로 정의하기 위해 '통근지역(travel-to-work area)'이란 용어도 생겨났는데, 통근지역은 대부분의 인구가 직주(職住, 직장과 집)를 병행하는 지리적 경계로 설정된다.

지역의 부문별 전문화

Regional sectoral specialisation

어떤 지역이 특정한 산업 부문에 전문화하는 것을 의미하며, 19세기부터 20세기 초반까지 지배적인 산업 입지 패턴으로 나타났다. 원료 도입부터 최종 생산에 이르기까지 전체 생산활동이 한 지역에서 이루어지는 것이 가장 중요한 특징이다.

지역적 착근성 Territorial embeddedness

경제활동이 특정한 지리적 장소에 뿌리를 내려 펼쳐지는 현상을 의미한다.

지역정책 Regional policy

지역의 성장과 발전을 도모하기 위해 정부가 수립한 일련의 프로그램과 행정적 조치를 말한다. 전통적 지역정책에서 정부는 보조금과 금융혜택을 지원하며 기업을 유치해 공장이나 오피스시설을 운영하도록 했다. 동시에 잉글랜드 남동부나 파리와 같은 핵심부 지역에 대해서는 성장에 대한 규제를 강화했다. 고전적 지역정책은 1960~70년대에 황금기를 이루었으며, 그 효과로 유럽에서는 고소득 지역과 저소득 지역 간 격차가 줄어들기도 했다.

지역지리학 Regional geography

1920년대부터 1950년대까지 인문지리학을 주도했던 지역 탐구전략의 총체를 지칭한다. 지표면의 다양한 특징을 기술하고 해석하여 차이가 뚜렷한 지역들을 도출하는 이른바 '지역 차(지역 특성화, areal differentiation)' 프로젝트로 여겨진다.

지역혁신모델 Territorial innovation models

도시와 지역에서의 혁신 및 학습과정에 대한 이론들의 집합을 의미하고, 혁신환경, 산업지구, 지역혁신체계, 신산업공간, 클러스터, 학습지역 등을 포함한다.

지역화폐 Local currencies

참여 단체의 활동을 통해 특정 지역에서만 사용할 수 있는 화폐를 의미한다. 공식적인 국가 통화를 대체하는 것이 아니라 대개는 국가 통화와 같이 운영되고, 지역 경제에서 소비를 촉진해 지역 사업체를 지원할 목적으로 활용된다.

진화경제지리학
Evolutionary Economic Geography(EEG)

2000년대 중반에 부상하기 시작한 경제지리학의 하위 분야로, 주로 경제경관이 시간에 따라 어떻게 변동하는지에 초점을 둔다. EEG는 진화경제학과 생물학의 개념들을 차용해 경로의존성과 고착의 과정, 산업의 공간적 군집화, 경제발전에서 혁신과 지식의 역할 등에 주목한다. 고착은 락인(lock-in) 또는 잠금 효과로도 불린다.

질적 국가 Qualitative state

호주의 경제지리학자 필립 오닐(Philip O'Neil)이 고안한 용어로, 국가를 어떤 고정된 '실체'나 대상이 아닌 역동적 과정으로 인식하는 개념이다(O'Neil 1997). 이는 학계의 관심이 국가적 개입의 양적 측면에서 국가의 질적 특성으로 이행하고 있음을 반영한다.

집적 Agglomeration

산업이 특정 장소에 군집을 이루는 경향을 지칭하며, **집적경제**의 토대를 이룬다.

집적경제 Agglomeration economies

동일 지역에 집중함으로써 개별 기업이 누릴 수 있는 여러 가지 경제적 이익의 총체를 의미한다. 숙련 노동자의 이용가능성, 대규모 소비시장으로의 근접성, 지식 확산, 전문적 재화와 서비스 공급자에 대한 접근성 등이 집적경제의 이익에 포함된다. 집적경제는 **국지화경제**와 **도시화경제**로 유형화할 수 있다.

창조계급 Creative classes

리처드 플로리다(Richard Florida)는 독특한 라이프스타일을 추구하는 고학력자와 고숙련 노동자집단을 창조계급으로 칭한다. 이들은 개방성과 다양성을 보유한 장소를 선호하는 특징을 가지고 있다. 플로리다는 창조계급을 적극적으로 유치해야만 도시와 지역이 번영을 누릴 수 있다고 주장한다.

창조적 파괴 Creative destruction

오스트리아의 경제학자 조지프 슘페터(Joseph Schumpeter)가 혁신과 기술발전의 역할에 주목하며 자본주의의 역동성을 설명하기 위해 고안한 개념이다. 새로운 제품과 기술이 개발·채택되면(창조), 기존의 것은 쓸모가 없어져 가격 및 품질 경쟁에서 도태된다(파괴).

책무의 지리 Geography of responsibility

지리학자 도린 매시(Doreen Massey)가 글로벌화와 관련하여 사람들에게 권고한 사항이다. 한 장소의 로컬 경제에서 발생하는 사건과 관계는 저 멀리 떨어진 곳에 사는 사람들과도 연결되어 있으므로, 그들에 대한 책임을 다해야 한다는 것이다.

초국적기업 Transnational Corporations(TNCs)

다수의 국가에서 활동하는 기업을 지칭한다. 초국적인 운영을 통해 기업은 여러 시장에 진출할 수 있고, 기술이나 노동비용 등 생산조건의 지리적 차이를 이용할 수 있다. TNC는 1970년대 이후 **글로벌화**를 추동한 핵심 행위자다.

축적체제 Regime of accumulation

조절이론의 핵심 개념 중 하나로, 생산과 소비 간 균형을 유지시켜 성장을 도모하며 자본주의 발전을 일정기간 안정화하는 경제 조직화의 형식을 지칭한다. 특정한 축적체제는 그에 조응하는 특정 **조절양식**에 의해 뒷받침된다.

콘드라티예프 주기 Kondratiev cycles

1920년대에 이 주기를 발견했던 소련의 경제학자 니콜라이 콘드라티예프(Nikolai Kondratiev)의 이름에서 유래했다. 일련의 새로운 기술이 경제발전의 장기 파동을 일으키는 과정을 설명하고자 했으며, 18세기 후반 이후 발생한 5개의 파동을 중심으로 이론이 구축되었다.

클러스터 Clusters

특정한 지역과 장소에 경제활동이 집중하는 현상으로 집적경제보다 대중화된 용어이다. 최근 들어 클러스터는 하버드대 경제학자 마이클 포터(Michael Porter)의 연구 업적과 관련이 깊다. 포터는 클러스터를 "연계 기업, 전문 공급업체, 서비스업체, 연관 산업에서 활동하는 업체, (대학, 표준관리기관, 노조 등) 연관된 제도적 기관이 지리적으로 집중하면서 경쟁과 협력을 동시에 추구하는 곳"으로 정의한다(Porter 1998: 197).

탄소 민주주의 Carbon democracy

미국 사회학자 미첼(Tim Mitchell)이 제시한 용어로, 19세기 후반과 20세기 유럽과 북미에서 에너지원으로서 석탄에 대한 의존도가 높아지는 상황에서 등장했다. 석탄을 캐고 운반하는 노동자와 노조가 상당한 권력을 가지게 되면서 나타난 대량산업체제 기반의 민주주의를 지칭하는 용어이다.

탈규제 Deregulation

규제완화라 불리기도 하며, 기업운영의 근간을 이루는 규칙이나 법률 등의 축소를 의미한다. 신자유주의와 밀접하게 연관되어 있다.

탈산업화 Deindustrialisation

경제 부문 중 제조업의 쇠퇴를 지칭하는 용어로 주로 제조업의 고용자 수나 생산액 감소로 나타난다. 일반적으로 서비스산업의 성장과 석탄, 제철, 조선 등 오랜 중공업 부문의 쇠퇴와 관련되어 있고, 1960년대 이후 선진국이 공통적으로 경험한 현상이다.

통화정책 Monetary policies

화폐 공급을 과닐하거나 신용을 통해 화폐의 순환을 조절하는 정책을 일컫는다. 주로 중앙은행이 주체가 되어 금리정책으로 인플레이션을 통제하는 방식으로 전개된다.

파급효과 Spread effects

핵심부 지역의 점진적 성장이 인근 주변부 지역에까지 혜택을 가져다주는 과정을 의미한다. 핵심부 지역의 성장은 식량이나 소비재 등 다양한 재화와 제품의 수요를 증가시키고, 이는 주변부 지역에 있는 기업에게 시장 확대에 따른 새로운 기회를 제공한다. 동시에 핵심부에서는 토지, 노동, 자본의 사용비용이 상승하고 교통혼잡 같은 집적불경제의 문제가 발생한다. 결과적으로 주변부 지역으로의 투자가 확대되는 현상이 발생한다.

파생상품 Derivatives

"글로벌 금융시장에서 위험과 변동성을 관리하기 위해 통화, 상품, 서비스 등 기초자산의 실적을 근거로 (이에 의해 파생된) 특정한 권리와 의무를 명시하는 계약"을 통칭하는 새로운 형태의 금융상품을 말한다(Pollard 2005: 347). 대표적 사례로는 선물(futures), 스와프(swap), 옵션(option) 등이 있다.

포디즘 Fordism

1940~70년대까지의 지배적 축적체제. 작업장에서의 생산성 향상과 노동자의 임금 상승이 지속되면서, 대량생산과 대량소비 간 긴밀한 연계가 구축된 것이 특징이다. 수요관리, 완전고용, 복지공급, 노동조합 인정, 단체교섭 등 정책영역에서의 국가 개입주의를 강력하게 추구한다. 이른바 포디즘적 케인스주의 조절양식은 대

량생산과 대량소비 간 연계망을 뒷받침했다. 포디즘은 미국의 자동차 제조업자로서 대량생산 기술을 선구적으로 발전시킨 헨리 포드(Henry Ford)의 이름에서 유래했다. 이로 인해 포디즘은 좁은 의미에서는 노동강도의 강화를 뜻하기도 한다. 포디즘은 매우 정교한 노동분업과 이동식 조립라인의 도입을 바탕으로 이루어졌다.

포스트구조주의 Post-structuralism
철학, 문예, 문화연구 등에서 개별 주체들의 정체성이 분절화되어 있음을 강조하는 사상으로, 개인과 집단의 주체성을 사회적 범주화와 담론의 산물로 여긴다.

포스트모더니즘 Postmodernism
데이비드 레이(David Ley)에 따르면, 포스트모더니즘이란 "근대의 거대 주장 및 이론과 이들의 특권적 우위에 대한 회의주의를 특징으로 하는 철학·예술·사회과학 영역의 한 운동으로, 특히 사회연구에서 다양한 목소리에 대한 개방성, 예술적 실험, 정치적 임파워먼트(권리증진) 등을 강조한다"(Ley 1994: 466).

포스트신자유주의 Post-neoliberalism
신자유주의적 자유시장정책을 거부하는 정치경제적 프로젝트를 총칭하며, 특히 1990년대 말과 2000년대 라틴아메리카 좌파정부들의 정책기조를 지칭한다. 개별 국가마다 차이가 있기는 하지만, 라틴아메리카의 포스트신자유주의 정부들은 기존 시장경제의 방향을 사회적 목표를 달성하는 방향으로 전환시켰고, 새로운 참여정치를 통해 시민사회를 부활시키고자 노력한다(Yates and Bakker 2014).

포스트케인스주의 경제학
Post-Keynesian economics
1940년대 이후 영국과 미국에서 발전한 이단 경제학파

중 하나이다. 포스트케인스주의 경제학자들은 케인스와 마찬가지로 시장경제의 기능에 미치는 총수요 역할과 경기후퇴 시기에서 정부의 안정화 역할을 강조한다. 반면 제2차 세계대전 이후 케인스주의 경제학이 점차 주류 이론으로 자리를 잡은 것과 대조적으로, 포스트케인스주의자들은 현대 경제의 작동에서 불확실성, 사회관계 및 제도의 역할을 강조한다.

포스트포디즘 Post-Fordism
1980~90년대에 등장한 새로운 생산방식의 성장을 설명하기 위해 고안된 개념이다. 표준화된 대량생산 기술에 바탕을 두었던 포디즘과 달리, 포스트포디즘은 시장수요의 분절화와 다변화에 탄력적으로 대응할 수 있는 유연성을 특징으로 한다. 이에 대해서는 **유연적 축적**에 대한 설명을 참고하기 바란다.

혁신 Innovation
시장에서 경쟁우위를 추구하면서 새로운 제품과 서비스를 창출하거나 기존의 것에 수정을 가하는 활동을 의미한다. 아이디어의 상업적 사용여부를 기준으로 혁신은 발명(invention)과 구분된다.

협동조합 Cooperatives
공동소유 형태의 기업 또는 조직(주택조합 등)을 말한다. 주로 피고용인, 소비자, 임차인 등의 최대 이익을 지향하고자 집합적으로 행동하기 위해 설립된다. 보통 경제적 목표와 함께 더 많은 윤리적·사회적 목표를 추구한다.

형식지 Codified knowledge
프로그램이나 매뉴얼처럼 문서화된 형태로 전달될 수 있는 공식적·체계적 지식을 의미하며, 명시지(explicit knowledge)라 불리기도 한다.

흡수역량 Absorptive capacity

기업이 지식을 인식, 채택, 활용할 수 있는 역량으로, 기업문화와 언어의 공유를 근간으로 한다. 이를 위해서는 기업 내의 모든 사람들이 거시적 전망을 공유하고 기업의 목표와 초점을 뚜렷하게 인식하는 것이 중요하다.

찾아보기

지은이 소개

대니 맥키넌 Danny MacKinnon 교수는 제도주의 및 지리정치경제학 관점에서 도시와 지역발전의 거버넌스를 탐구하는 경제지리학자이다. 현재 영국 뉴캐슬대학교의 지리·정치·사회학부에 재직 중이며 도시 및 지역 발전 연구소장을 맡고 있다. 이 연구소는 경로창출을 통한 지역의 적응과 변화에 주목하며 진화경제지리학의 발전을 선도하고 있다. 맥키넌 교수는 사회 공간적 정의 문제에 관심을 갖고, 포용성장을 추구하는 진보적 연구활동에 적극 참여한다.

앤드루 컴버스 Andrew Cumbers 교수는 지리정치경제학 관점에서 지역발전과 고용관계를 연구하는 경제지리학자이다. 현재 영국 글래스고대학교의 애덤스미스 경영학부의 교수이다. 재지방정부화(재공영화, remunicipalization) 개념을 제시하며 경제민주주의, 대안경제, 공적 소유 등 진보적인 공간경제 연구와 실천활동에 적극적으로 참여하고, 맥키넌과 마찬가지로 진화경제지리학의 발전을 주도하는 학자로 널리 알려져 있다.

옮긴이 소개

박경환 교수는 전남대학교 지리교육과에서 경제지리, (도시)사회지리, 지리사상 등을 가르치고 있다. 경제지리 분야에서는 플랫폼·로보틱스경제와 노동시장 공간성, 포스트신자유주의 및 넷제로(Net-Zero) 정책과 글로벌 가치사슬(GVC) 재편, X이벤트와 리질리언스(resilience)의 사회·공간적 격차, '좋은 위기'와 경제 재구조화 등에 관심을 두고 연구하고 있다.

권상철 교수는 제주대학교 지리교육전공에서 경제지리, 도시지리, 정치생태, 아시아 지리, 아프리카 지리 등을 가르치고 있다. 최근에는 개발지리, 국제개발협력을 공부하고 가르치며 지리학의 관심 분야를 해외봉사활동, 개발원조 등으로 확장해 개발도상국의 지리, 사회, 경제 그리고 문화에 대한 이해가 중요함을 알리고자 노력하고 있다.

이재열 교수는 충북대학교 지리교육과에서 경제지리, 지역개발, 금융지리, 인구(노동)지리, 글로벌 생산네트워크(GPN) 등을 가르치며, 포스트구조주의 관점에서 다양한 공간경제 현안을 탐구하는 경제지리학자로 활동 중이다. 도시의 집적경제와 정치경제학에 관심을 갖고 경제지리학에 입문했으며, 현재 문화적·제도적·관계적 전환의 영향을 받으며 공간경제의 착근성, 다양성, 개방성, 연결성에 주목하고 있다.